Piezoelektrische Biegewandler

Rüdiger G. Ballas

Piezoelektrische Biegewandler

Zur Physik des statischen und dynamischen Verhaltens

Ein Lehrbuch
über unverzichtbare Aktoren in der
Mikrotechnik, Mechatronik und
Medizintechnik

Rüdiger G. Ballas
Wilhelm Büchner Hochschule
Fachbereich Ingenieurwissenschaften
Darmstadt, Deutschland

ISBN 978-3-662-70389-2   ISBN 978-3-662-70390-8 (eBook)
https://doi.org/10.1007/978-3-662-70390-8

Die Deutsche Nationalbibliothek verzeichnet diese Publikation in der Deutschen Nationalbibliografie; detaillierte bibliografische Daten sind im Internet über https://portal.dnb.de abrufbar.

© Springer-Verlag GmbH Deutschland, ein Teil von Springer Nature 2025

Das Werk einschließlich aller seiner Teile ist urheberrechtlich geschützt. Jede Verwertung, die nicht ausdrücklich vom Urheberrechtsgesetz zugelassen ist, bedarf der vorherigen Zustimmung des Verlags. Das gilt insbesondere für Vervielfältigungen, Bearbeitungen, Übersetzungen, Mikroverfilmungen und die Einspeicherung und Verarbeitung in elektronischen Systemen.
Die Wiedergabe von allgemein beschreibenden Bezeichnungen, Marken, Unternehmensnamen etc. in diesem Werk bedeutet nicht, dass diese frei durch jede Person benutzt werden dürfen. Die Berechtigung zur Benutzung unterliegt, auch ohne gesonderten Hinweis hierzu, den Regeln des Markenrechts. Die Rechte des/der jeweiligen Zeicheninhaber*in sind zu beachten.
Der Verlag, die Autor*innen und die Herausgeber*innen gehen davon aus, dass die Angaben und Informationen in diesem Werk zum Zeitpunkt der Veröffentlichung vollständig und korrekt sind. Weder der Verlag noch die Autor*innen oder die Herausgeber*innen übernehmen, ausdrücklich oder implizit, Gewähr für den Inhalt des Werkes, etwaige Fehler oder Äußerungen. Der Verlag bleibt im Hinblick auf geografische Zuordnungen und Gebietsbezeichnungen in veröffentlichten Karten und Institutionsadressen neutral.

Planung/Lektorat: Alexander Grün
Springer Vieweg ist ein Imprint der eingetragenen Gesellschaft Springer-Verlag GmbH, DE und ist ein Teil von Springer Nature.
Die Anschrift der Gesellschaft ist: Heidelberger Platz 3, 14197 Berlin, Germany

Wenn Sie dieses Produkt entsorgen, geben Sie das Papier bitte zum Recycling.

Dieses Buch ist meiner liebevollen Frau Twinkle sowie meiner liebenswürdigen und warmherzigen Mutter Helga und meinem Vater Egon, der dessen Fertigstellung leider nicht mehr erleben durfte, gewidmet.

„Die beiden wichtigsten Tage Deines Lebens sind der Tag, an dem Du geboren wurdest, und der Tag an dem Du herausfindest, warum."

Mark Twain, 1879

Geleitwort

Piezoelektrische Biegewandler als Vielschichtsysteme werden als elektromechanische Miniatur- bzw. Mikrowandler im zunehmenden Umfang in technischen Applikationen verwendet. Besonders hervorzuheben sind hierbei Anwendungen in der Optik, in Braille-Displays, in Mikropumpen und Ventilen, in Energy Harvesting Systemen, in Textilmaschinen sowie Anwendungen als Relais. Ausgehend von seinen langjährigen Erfahrungen im Rahmen eigener Forschungsarbeiten zu miniaturisierten Biegewandlern an der TU Darmstadt sowie bei der Überleitung seiner Ergebnisse in die industrielle Forschung und Entwicklung fasst Herr Ballas sein umfangreiches Wissen auf diesem Gebiet zum vorliegenden Lehr- und Fachbuch zusammen.

Das Buch ist vom Inhalt sukzessiv aufgebaut. Ausgehend von den Grundlagen piezoelektrischer Funktionskeramiken erfolgt deren Charakterisierung und Fertigungsbeschreibung. Im Anschluss daran erfolgt eine ausführliche Beschreibung der Energiedichte dieser Materialien sowohl bei elastischer Verformung als auch im elektrostatischen Feld. Darauf beruht die Ableitung der piezoelektrischen Zustandsgleichungen und die daraus folgende Beschreibung des statischen und dynamischen Verhaltens dieser Biegewandler. Ein besonderer Schwerpunkt stellt die anwendungsnahe und übersichtliche Netzwerkbeschreibung dieser elektromechanischen Wandler bezüglich ihres dynamischen Verhaltens dar. Diese Berechnungsmethode ermöglicht deren raschen Entwurf und deren anschließende Optimierung. Abschließend stellt Herr Ballas seine praktischen Arbeiten an einem eigens entwickelten leistungsfähigen Messplatz für die Biegewandler sowie eine Gegenüberstellung der eigenen Messergebnisse im Vergleich mit den analytischen Vorausberechnungen vor.

Als besonders wichtig betrachte ich die vorgestellte Methode der Netzwerkberechnung zur Vorausberechnung des Übertragungsverhaltens derartiger Biegeelemente. Angewandt auf Mehrschicht-Biegewandler ist diese Darstellung in der Fachliteratur neuartig.

Alleinstellungsmerkmal dieses Buches ist die ausführliche Behandlung der Physik der Mehrschicht-Biegewandler. Die Verknüpfung der beiden Fachdisziplinen Mechanik und Elektrotechnik wird bei der Beschreibung dieser Aktor-Elemente sehr anschaulich und ausführlich erläutert. Die dynamische Simulation des Kernelementes, der piezoelektrische Mehrschicht-Wandler, wird anhand der Netzwerkmethode schrittweise abgeleitet. Damit liegt für piezoelektrische Mehrschicht-Biegeaktoren eine anwendungsnahe und experimentell bestätigte Methode zur Vorausberechnung deren dynamischen Übertragungsverhaltens vor. Auf Basis dieser Vorausberechnungen sind anschließende Optimierungsrechnungen zum verzögerungsarmen Zeitverhalten, reduzierter Eigenerwärmung, minimalen Hilfsenergieverbrauch und Abmessungsreduzierung dieser Aktor-Elemente möglich.

Das vorliegende Buch zeigt beispielhaft den erforderlichen langen „Weg" von der Universitätsforschung zur angepassten Industrieentwicklung. Herr Ballas konnte diesen „Weg" erfolgreich absolvieren. Dabei sind die eigenen theoretischen und praktischen Untersuchungen des Autors zum dynamischen Verhalten dieser Elemente hervorzuheben. Der entwickelte leistungsfähige Messplatz kann als erprobtes Beispiel für weitere Messplätze dienen. Die Leistungsfähigkeit der abgeleiteten Netzwerkbeschreibung dieser Aktor-Elemente wird durch die umfangreichen eigenen Messungen eindrucksvoll bestätigt und kann damit weiterempfohlen werden.

Das Buch ist wegen der schrittweisen Behandlung piezoelektrischer Aktor-Elemente von den physikalischen Grundlagen zu deren anschaulichen Vorausberechnung sowohl für Studierende der Mikro- und Feinwerktechnik, der Mess- und Sensortechnik, der Mechatronik und Automatisierungstechnik als auch für Entwicklungsingenieure auf dem Gebiet der piezoelektrischen Biegewandler sehr zu empfehlen.

Darmstadt
September 2024

Roland Werthschützky

Vorwort

In den vergangenen Jahren haben Festkörper-Bauelemente, die auf dem piezoelektrischen Effekt basieren, sowohl in der Wissenschaft als auch in der Technik viel Aufmerksamkeit auf sich gezogen. Diese sind in Form von piezoelektrischen Aktoren, Sensoren und Wandlern in zahlreichen elektromechanischen Anwendungen weit verbreitet, wie z. B. in der aktiven und passiven Schwingungsdämpfung, in Ultraschallmotoren, in der biomedizinischen Ultraschallbildgebung, in Lautsprechern, Beschleunigungsmessern, Resonatoren, Mikropositionierern, akustischen Sensoren usw. Viele neue Systeme und Anwendungen werden intensiv erforscht, und viele neue technologische Entwicklungen, die auf diesen Systemen basieren, zeichnen sich ab.

Die dominierenden Vertreter im Bereich der piezoelektrischen Aktoren sind die Stapelaktoren und Biegewandler. Während Stapelaktoren hohe Stellkräfte (einige kN) bei geringen Auslenkungen im Sub-Mikrometerbereich zu erzeugen in der Lage sind, so weisen Biegewandler Stellkräfte von einigen N bei hohen Auslenkungen (einige 100 μm) auf, ein Aspekt, welcher insbesondere für Mikro-Elektromechanische Systeme (MEMS) von großem Interesse ist.

Die für den industriellen Einsatz wichtigen piezoelektrischen Biegewandler bilden den Schwerpunkt des vorliegenden Buches. Diese bestehen aus einer oder mehreren piezoelektrischen Keramikschichten, gekoppelt mit passiven elektrischen oder dielektrischen Schichten. Übliche Betriebsspannungen von Biegewandlern liegen im Bereich von 100–200 V, was deren Einsatzfelder in vielen industriellen Bereichen zunächst einschränkt. Neue Ansätze in den Materialwissenschaften führten jedoch zu modifizierten piezokeramischen Massesystemen, mit denen sich in Kombination mit der Multilayer-Technologie piezokeramische Schichten mit einer Dicke $< 20\,\mu m$ realisieren lassen. Dadurch wurde es möglich, die Betriebsspannungen auf 24 V herabzusetzen bei gleichzeitiger Zunahme der Aktorperformance. Durch die niedrigen Betriebsspannungen erschlossen sich für Biegewandler daher vollkommen neue industrielle Anwendungsfelder.

Das breite Feld industrieller Anwendungen für piezoelektrische Biegewandler als Aktoren und hochpräzise Positioniersysteme erfordert eine Anpassung ihrer Leistungsfähigkeit an die jeweilige Aufgabe. Dies setzt voraus, dass man bereits in der Entwurfs-

und Entwicklungsphase in der Lage ist abzuschätzen, welches statische und dynamische Verhalten derartige Aktorstrukturen in der jeweiligen Anwendung aufweisen werden. Hierbei spielen die geometrischen Abmessungen der einzelnen aktiven und passiven Schichten, deren Abfolge im Schichtverbund sowie deren elasto- und elektromechanischen Eigenschaften eine entscheidende Rolle.

Die analytische Beschreibung des statischen und dynamischen Verhaltens piezoelektrischer Multilayer-Biegewandler bildet in diesem Buch den Schwerpunkt. Es soll sowohl Studierenden der Naturwissenschaften und Ingenieurwissenschaften als auch Ingenieuren und Wissenschaftlern in der Praxis ein solides Entwurfswerkzeug bei der Auslegung piezokeramischer Biegewandler an die Hand geben. Der Nutzen der gewonnenen analytischen Beschreibung wird anhand realer Messungen an einem Monomorph in Multilayer-Technologie eindrucksvoll demonstriert.

Notwendige Voraussetzungen zum Verständnis des Stoffes beschränken sich auf grundlegende Kenntnisse der ein- und mehrdimensionalen Analysis sowie der elementaren Newtonschen Mechanik und Technischen Mechanik sowie der Elektrizitätslehre.

Jedes Lehrbuch lebt von der kritischen Mitarbeit der Leser. Der Autor freut sich deshalb über Verbesserungsvorschläge und Hinweise auf mögliche Fehler.

Bensheim, Deutschland Rüdiger G. Ballas
September 2024

Danksagung

An erster Stelle gebührt mein Dank meinem leider mittlerweile verstorbenen Doktorvater, Herrn Prof. Dr.-Ing. H. F. Schlaak, welcher mich damals sehr freundlich am Institut für Elektromechanische Konstruktionen, TU Darmstadt aufgenommen hat. Sein motivierendes Engagement zum einen, aber auch sein fachlicher Rat und seine nicht nur fachliche Unterstützung waren maßgebend dafür, die Grundlagen für dieses Buch zu schaffen. Ohne seinen Rat und seine Hilfe wäre dieses Buch in dieser Form nicht möglich gewesen.

Mein ganz besonderer Dank gilt Prof. Dr.-Ing. habil Roland Werthschützky, der sich bereit erklärt hat, stellvertretend für meinen Doktorvater, das Geleitwort des vorliegenden Buches zu verfassen.

Ich möchte mich ganz herzlich bei Herrn Prof. Dr. rer. nat. habil Ralf Greve bedanken, der mein Interesse an der Theoretischen Physik, insbesondere der Theoretischen Mechanik geweckt hat, welche die grundlegenden Impulse zum Gelingen dieses Buches lieferte.

Weiterhin möchte ich allen herzlich danken, die bei dem Korrekturlesen einzelner Kapitel geholfen haben. Zu nennen sind hier die Kolleg*innen Prof. Dr.-Ing. Nataliya Koev, Prof. Dr. rer. nat. Michael Haag, Prof. Dr.-Ing. Eiken Lübbers, Dipl.-Ing. Jan Hamacher sowie Gabriele Bräunig.

Dass die Darstellung komplexer Größen so unkompliziert mit LaTeX erfolgen konnte, ist meinem geschätzten Kollegen und Dekan des Fachbereichs Ingenieurwissenschaften der Wilhelm Bücher Hochschule, Prof. Dr.-Ing. Dierk Schoen, zu verdanken. Hierfür nochmals meinen recht herzlichen Dank.

Dem Springer Verlag danke ich für die Bereitschaft, dieses Lehrbuch herauszugeben. Für die angenehme Zusammenarbeit und kompetente Betreuung sei Herrn Michael Kottusch gedankt.

Besonderer Dank gebührt meiner lieben Frau Twinkle Ballas, die viel Verständnis gehabt hat für die zahlreichen Arbeitswochenenden, welche für dieses Buch gebraucht wurden, und die mir durch ihre Hilfe den notwendigen Freiraum und die Zeit zum Schreiben ermöglicht hat.

Den letzten Abschnitt meiner Danksagung widme ich meiner Mutter Helga Ballas und meinem inzwischen leider verstorbenen Vater Egon Ballas, die es mir beide mit ihrem unermüdlichen Einsatz erst ermöglichten, die Voraussetzungen für meine berufliche Entwicklung und damit die Grundlage für meine wissenschaftliche Arbeit zu erschaffen.

Inhaltsverzeichnis

Teil I   Schwerpunkte des Buches

1 **Einleitung**.. 3
   1.1   Einsatzgebiete piezoelektrischer Aktoren 3
   1.2   Motivation und Zielsetzung des Buches 4
   1.3   Stand der wissenschaftlichen Forschung 5
        1.3.1   Statisches Verhalten piezoelektrischer Biegewandler 6
        1.3.2   Dynamisches Verhalten piezoelektrischer Biegewandler 7
        1.3.3   Netzwerkdarstellung piezoelektrischer Biegewandler 9
   1.4   Aufbau und inhaltliche Schwerpunkte des Buches 10
   Literatur 12

Teil II   Piezoelektrizität und piezoelektrische Funktionskeramik PZT

2 **Piezoelektrizität** 17
   2.1   Entdeckung der Piezoelektrizität 17
   2.2   Direkter und reziproker piezoelektrischer Effekt 19
   Literatur 31

3 **Piezoelektrische Funktionskeramik PZT** 33
   3.1   Entdeckungsgeschichte piezoelektrischer Keramiken 33
   3.2   Kristallstruktur von PZT 37
   3.3   Phasendiagramm und Materialeigenschaften von PZT 42
   3.4   Mikroskopisches Verhalten des Ferroelektrikums PZT 45
        3.4.1   Ferroelektrische Domänen 49
        3.4.2   Polung eines PZT-Keramikkörpers 51
        3.4.3   Domänenprozesse im ferroelektrischen Einkristall 53

3.5		Makroskopisches Verhalten des Ferroelektrikums PZT	56
	3.5.1	Verhalten unter elektrischer Belastung	57
	3.5.2	Verhalten unter mechanischer Belastung	60
	3.5.3	Verhalten unter gekoppelter elektromechanischer Belastung	62

Anhang: Remanente Dehnung einer PZT-Keramik bei Druck- und Zugbelastung 65
Literatur 66

4 Aufbereitung und Herstellung von PZT-Keramiken 71

- 4.1 Einleitende Betrachtungen zum Herstellungsprozess von Keramiken im System Bleizirkonat-Bleititanat (PZT) 71
- 4.2 Auswahl der Rohstoffe 72
- 4.3 Aufbereitung der Rohstoffe 74
  - 4.3.1 Mischoxidverfahren (MO) 74
  - 4.3.2 Trocknungsprozess 75
  - 4.3.3 Kalzinieren 76
  - 4.3.4 Feinmahlen 76
- 4.4 Formgebung 77
  - 4.4.1 Formgebung durch Pressen 78
  - 4.4.2 Formgebung feuchter Keramikmassen 80
  - 4.4.3 Grünfolienbearbeitung 82
- 4.5 Sintern 83
  - 4.5.1 Besonderheiten beim Sintern 85
  - 4.5.2 Mechanische Bearbeitung gesinterter PZT-Keramiken 86
- 4.6 Metallisierung 86
- 4.7 Polung 87
- 4.8 Dotierung 88
  - 4.8.1 Donatordotierte PZT-Keramiken 89
  - 4.8.2 Akzeptordotierte PZT-Keramiken 89
- 4.9 Piezoelektrische Aktoren 89
  - 4.9.1 Stapelaktoren 91
  - 4.9.2 Transversalaktoren 92
  - 4.9.3 Biegeaktoren 92

Literatur 96

Teil III Lineare Theorie piezoelektrischer Materialien

5 Energiedichte der elastischen Verformung 101

- 5.1 Spannungsvektor und Spannungstensor 101
- 5.2 Gleichgewichtsbedingungen am elastisch verformbaren Körper 106
  - 5.2.1 Kräftegleichgewichtsbedingungen 108
  - 5.2.2 Momentengleichgewichtsbedingungen 109

5.3	Der räumliche Verschiebungs- und Verzerrungszustand		111
	5.3.1 Räumliche Verschiebungen		111
	5.3.2 Der räumliche Verzerrungszustand		112
5.4	Energiedichte der elastischen Verformung		118

Anhang 1: Lineare Näherung nichtlinearer Funktionen 126
Anhang 2: Rechnen mit Differenzialen – Produktregel 129
Literatur 130

6 Energiedichte im elektrostatischen Feld 133

- 6.1 Coulomb-Kraft und Coulombsches Gesetz 133
- 6.2 Elektrisches Feld im Vakuum 136
  - 6.2.1 Der Fluss des elektrischen Feldes 137
  - 6.2.2 Arbeit im elektrischen Feld 139
  - 6.2.3 Das elektrische Potenzial 142
- 6.3 Die Feldgleichungen der Elektrostatik im Vakuum 144
  - 6.3.1 Die Integralform der Feldgleichungen 144
  - 6.3.2 Die Differenzialform der Feldgleichungen 145
- 6.4 Feld des Plattenkondensators als Modellfeld 151
- 6.5 Energiedichte des elektrischen Feldes im Vakuum 153
- 6.6 Elektrisches Feld im isotropen Dielektrikum 156
  - 6.6.1 Dielektrikum im homogenen Feld eines Plattenkondensators ... 156
  - 6.6.2 Mittlere Feldgrößen in inhomogenen elektrischen Feldern 159
- 6.7 Energiedichte des elektrischen Feldes in Dielektrika 164
  - 6.7.1 Energiedichte in isotropen Dielektrika 164
  - 6.7.2 Energiedichte in anisotropen Dielektrika 169

Anhang 1: Eigenschaften des elektrischen Flusses 170
Anhang 2: Energie und Energiedichte des elektrostatischen Feldes
im Vakuum 173
Anhang 3: Differenziation von Parameterintegralen nach der Leibniz-Regel ... 177
Anhang 4: Energiedichte des elektrostatischen Feldes im Dielektrikum 179
Literatur 182

7 Piezoelektrische Zustandsgleichungen 185

- 7.1 Thermodynamische Grundbegriffe 185
- 7.2 Erster Hauptsatz der Thermodynamik 187
- 7.3 Thermodynamik der Deformation eines elastischen Dielektrikums 190
- 7.4 Lineare Zustandsgleichungen 193
  - 7.4.1 Zustandsgleichungen – unabhängige Zustandsgrößen (T, E) 196
  - 7.4.2 Zustandsgleichungen – unabhängige Zustandsgrößen (S, E) 201
  - 7.4.3 Komprimierte Notation elastischer, dielektrischer und piezoelektrischer Tensoren 204

Literatur 208

Teil IV Theorie des statischen und dynamischen Verhaltens piezoelektrischer Biegewandler

8 Statisches Verhalten piezoelektrischer Biegewandler 213
- 8.1 Schnittlasten im Biegebalken 213
- 8.2 Kinematik der Verformung des ebenen Balkens 215
- 8.3 Lage der neutralen Faser 220
- 8.4 Biegesteifigkeit des ebenen Schichtsystems und inneres piezoelektrisches Moment 223
- 8.5 Energetische Beschreibung des auf Biegung beanspruchten Schichtsystems 226
  - 8.5.1 Innere Energie der Einzelschicht unter Biegebeanspruchung ... 227
  - 8.5.2 Innere Energie des Schichtsystems unter Biegebeanspruchung 229
- 8.6 Energetisch konjugierte Größen und statische Kopplungsmatrix 231
  - 8.6.1 Eingeprägte Lastgrößen am mehrschichtigen Biegewandler 231
  - 8.6.2 Innere Energie und energetisch konjugierte Größen 233
  - 8.6.3 Grundlegende Betrachtungen zur statischen Kopplungsmatrix 237
- 8.7 Prinzip der virtuellen Arbeit für ein System starrer Körper 239
- 8.8 Prinzip der virtuellen Arbeit für linear elastische Systeme 243
- 8.9 Satz vom stationären Wert des Gesamtpotenzials 246
  - 8.9.1 Arten von Gleichgewichtslagen 250
  - 8.9.2 Prinzip vom Minimum des Gesamtpotenzials 253
  - 8.9.3 Anwendung des Prinzips vom Minimum des Gesamtpotenzials am Beispiel des ebenen Balkens 254
  - 8.9.4 Das Verfahren von Ritz 257
- 8.10 Herleitung der statischen Kopplungsmatrix 260
  - 8.10.1 Statische Momente als eingeprägte Wirklasten 262
  - 8.10.2 Statische Kraft als eingeprägte Wirklast 265
  - 8.10.3 Statischer Druck als eingeprägte Wirklast 268
  - 8.10.4 Eingeprägte Wirklasten und erzeugte Ladungsverschiebungen 271
- 8.11 Statische Kopplungsmatrix 283
- Anhang 1: Biegesteifigkeit eines ebenen Schichtsystems 286
- Anhang 2: Energieinhalt einer piezoelektrischen Einzelschicht unter Biegebeanspruchung 287
- Anhang 3: Punktverschiebungen in kartesischen Koordinaten 289
- Literatur 292

9 Lagrange-Gleichungen und Aspekte der Variationsrechnung ... 295
9.1 Zu den Begriffen Impuls und Kraft ... 295
9.1.1 Klassifikation von Zwangsbedingungen ... 299
9.1.2 Generalisierte Koordinaten ... 300
9.2 D'Alembertsches Prinzip ... 300
9.3 Herleitung der Lagrange-Gleichung I. und II. Art ... 302
9.4 Anwendung der Lagrange-Gleichungen II. Art ... 306
9.5 Euler-Lagrange-Differenzialgleichung ... 308
Literatur ... 313

10 Hamilton-Prinzip und piezoelektrische Biegewandler ... 315
10.1 Hamilton-Prinzip ... 315
10.2 Berücksichtigung nicht-konservativer Lastgrößen ... 316
10.3 Lagrange-Funktion eines piezoelektrischen Biegewandlers ... 319
10.4 Variation der Lagrange-Funktion ... 322
10.5 Arbeit nicht-konservativer Größen ... 325
10.6 Variation der Arbeit ... 331
10.7 Differenzialgleichungen eines piezoelektrischen Biegewandlers ... 332
Anhang 1: Berechnung der elektrischen Enthalpiedichte ... 333
Anhang 2: Zusammenhang zwischen Materialparametern ... 334
Literatur ... 336

11 Dynamisches Verhalten piezoelektrischer Biegewandler ... 337
11.1 Eigenmoden des einseitig eingespannten Biegewandlers ... 337
11.2 Orthogonalitätsbeziehungen der Eigenfunktionen ... 344
11.3 Beschreibung des zeitabhängigen Verhaltens von Eigenmoden ... 347
11.4 Allgemeiner Lösungsansatz für das zeitabhängige Verhalten von Biegeschwingungen ... 349
11.5 Freie gedämpfte Biegeschwingung ... 351
11.6 Biegeschwingungen bei harmonischer Anregung ... 353
11.7 Herleitung der Admittanz-Matrix ... 357
11.7.1 Harmonische Anregung durch ein Moment ... 360
11.7.2 Harmonische Anregung durch eine Kraft ... 362
11.7.3 Harmonische Anregung durch einen Druck ... 364
11.7.4 Harmonische Anregung durch eine Wechselspannung ... 365
11.7.5 Harmonische Lastgrößen und erzeugte Ladungsverschiebung ... 366
11.8 Admittanz-Matrix ... 369
Anhang 1: Von den Rayleigh-Funktionen zur charakteristischen Gleichung ... 372
Anhang 2: Zur harmonischen Anregung durch eine Kraft ... 373
Literatur ... 374

12 Piezoelektrischer Biegewandler als elektromechanisches System ... 377
   12.1 Grundstruktur elektromechanischer Systeme ... 377
      12.1.1 Besonderheiten der Netzwerkbeschreibung ... 378
      12.1.2 Isomorphie zwischen elektrischen und translatorischen mechanischen Netzwerken ... 379
   12.2 Der ideale Stab als Translations-Rotations-Wandler ... 383
   12.3 Biegung eines differenziellen Balkenelements ... 386
      12.3.1 Verknüpfungsgleichungen am differenziellen Balkenelement ... 389
      12.3.2 Übergang zur komplexwertigen Differenzialgleichung für Biegewellen ... 393
      12.3.3 Lösungsansatz zur komplexwertigen Biegewellengleichung ... 396
   12.4 Allgemeine Lösung der Biegewellengleichung ... 398
   12.5 Mitgangsmatrix eines Biegeschwingers ... 401
      12.5.1 Anregung durch eine periodische Erregerkraft $\underline{F}_1$ ... 402
      12.5.2 Anregung durch eine periodische Erregerkraft $\underline{F}_2$ ... 404
      12.5.3 Anregung durch ein periodisches Erregermoment $\underline{M}_1$ ... 405
      12.5.4 Anregung durch ein periodisches Erregermoment $\underline{M}_2$ ... 406
   12.6 Übergang vom mehrschichtigen Biegeschwinger zum Vielschicht-Biegewandler ... 408
   12.7 Der einseitig fest eingespannte Vielschicht-Biegewandler ... 416
      12.7.1 Schaltungstechnische Darstellung eines einseitig fest eingespannten Biegewandlers für die Grundmode ... 421
      12.7.2 Kanonische Schaltungsdarstellung eines einseitig fest eingespannten Biegewandlers ... 425
   Literatur ... 428

Teil V Praktischer Teil

13 Messplatz für piezoelektrische Biegewandler ... 431
   13.1 Aufbau eines Messplatzes ... 431
   13.2 Automatisierung des Messplatzes ... 434
      13.2.1 Stabilisierung des Biegewandlers ... 435
      13.2.2 Elektrische Ansteuerung des Biegewandlers ... 437
      13.2.3 Erfassung der Auslenkung des Biegewandlers ... 437
      13.2.4 Ansteuerung der Linearantriebe ... 437
      13.2.5 Ansteuerung des Voice-Coil-Motors ... 438
      13.2.6 Messdatenspeicherung ... 439
   Literatur ... 439

14 Messungen am realen Biegewandler und analytische Berechnungen im Vergleich 441
    14.1   Morphologischer Aufbau des verwendeten Biegewandlers 441
    14.2   Statische und quasistatische Messungen 442
            14.2.1   Hysteresemessung und Ermittlung der piezoelektrischen Ladungskonstanten aus dem Hystereseverlauf 443
            14.2.2   Biegecharakteristik 447
            14.2.3   Kraft-Weg-Kennlinien 448
    14.3   Dynamische Messungen 451
            14.3.1   Experimentelle Ermittlung des Reibungsbeiwerts 452
            14.3.2   Erste und zweite Eigenmode 455
            14.3.3   Übertragungsverhaltens 459
    Anhang: Logarithmisches Dekrement 465
    Literatur 466

Glossar 469

Stichwortverzeichnis 493

Symbolverzeichnis

Griechische Symbole

Symbol	Beschreibung	Einheit
α	Winkel	rad
α'	Winkel	rad
β	Winkel	rad
β_m	Zahlenwert (m-te Mode)	1
$\Gamma(x)$	Eulersche Gamma-Funktion	
γ	Winkel	rad
γ_{ij}	Gleitungs-/Scherungskomponente	1
ΔA	Flächenelement	m^2
ΔC_b	translatorisch festgebremste Kapazität	F
$\Delta \boldsymbol{F}$	Schnittkraft (Vektor)	N
Δn_R	rotatorische Nachgiebigkeit	rad N^{-1} m^{-1}
ΔP	Polarisationsänderung	C m^{-2}
Δn_{Rk}	rotatorische Kurzschlussnachgiebigkeit	m N^{-1}
$\Delta \boldsymbol{r}_1$	räumliche Verschiebung (parallel zu $\overline{\boldsymbol{E}}$)	m
$\Delta \boldsymbol{r}_2$	räumliche Verschiebung (senkrecht zu $\overline{\boldsymbol{E}}$)	m
$\Delta \boldsymbol{r}_{1j}$	räumliche Verschiebung (parallel zu $\overline{\boldsymbol{E}}$)	m
$\Delta \boldsymbol{r}_{2j}$	räumliche Verschiebung (senkrecht zu $\overline{\boldsymbol{E}}$)	m
$\Delta \mathcal{U}$	Änderung der inneren Energie	J
$\Delta \Theta$	Temperaturänderung	K
$\Delta \Pi$	Potenzialänderung	J
$\Delta \underline{\varphi}$	komplexe Winkeldifferenz	rad
$\Delta \varphi$	Winkeldifferenz	rad
$\Delta \chi$	Elektronegativitätsdifferenz	1
δ	Variationsoperator	
$\partial \mathcal{B}$	Rand eines Körpers (Oberfläche)	

δI	Variation des Funktionals	
δq	Störung (aus der Gleichgewichtslage)	
δS	Variation des Wirkungsfunktionals	Js
$\delta \mathcal{U}$	virtuelle Änderung (gespeicherte innere Energie)	J
$\delta \boldsymbol{u}$	virtuelle Verschiebung (Vektor)	m
$\delta \boldsymbol{u}_i$	virtuelle Verschiebung Raumpunkt P_i (Vektor)	m
δu_{ix}	virtuelle Verschiebung Raumpunkt P_i (x-Koordinate)	m
δu_{iy}	virtuelle Verschiebung Raumpunkt P_i (y-Koordinate)	m
δu_{Qx}	virtuelle Verschiebung Raumpunkt Q (x-Koordinate)	m
δu_{Qy}	virtuelle Verschiebung Raumpunkt Q (y-Koordinate)	m
$\delta \boldsymbol{u}_Q$	virtuelle Verschiebung Raumpunkt Q (Vektor)	m
δW	virtuelle Arbeit	J
$\delta \tilde{W}_a$	virtuelle Endwertarbeit	J
δW_a	verrichtete virtuelle Arbeit	J
δW_i	virtuelle Änderung (gespeicherte Formänderungsenergie)	J
δw	virtuelle Verschiebung (z-Richtung)	m
$\delta(x)$	Dirac-Funktion	1
$\delta \boldsymbol{x}_i$	virtuelle Verrückung (Vektor)	m
$\delta \Pi$	Variation des Gesamtpotenzials	J
$\delta \varphi$	virtuelle Verdrehung	rad
$\delta \varphi_j$	virtuelle Verdrehung (starrer Systemanteil)	rad
ε	mechanische Dehnung	1
ε^0	Dehnung der neutralen Faser	1
$\boldsymbol{\varepsilon}$	Verzerrungstensor	1
$\varepsilon_\parallel$	mechanische Dehnung (parallel zum Polungsfeld)	1
$\varepsilon_\perp$	mechanische Stauchung (senkrecht zum Polungsfeld)	1
ε_e	mechanische Dehnung (elastischer Anteil)	1
ε_{ij}	Verzerrungskomponente (Dehnung, Gleitung)	1
ε_r	remanente Dehnung	1
$\varepsilon_{r,c}$	remanente Dehnung bei Druckspannung	1
ϵ	dielektrische Permittivität	$\mathrm{F\,m^{-1}}$
$\boldsymbol{\epsilon}$	dielektrische Permittivität (Tensor)	$\mathrm{F\,m^{-1}}$
ϵ_0	Dielektrizitätskonstante des Vakuums	$\mathrm{F\,m^{-1}}$
ϵ_{ij}	dielektrische Permittivität (Tensorkomponente)	$\mathrm{F\,m^{-1}}$
ϵ_r	relative Permittivität	1
ϵ_{ik}^S	dielektrische Permittivität (S = konst.)	$\mathrm{F\,m^{-1}}$
$\epsilon_{33,i}^T$	dielektrische Permittivität (T = konst., Schicht i)	$\mathrm{F\,m^{-1}}$

Symbol	Beschreibung	Einheit
ϵ_{ik}^T	dielektrische Permittivität ($T =$ konst.)	$F\,m^{-1}$
ζ	Dämpfungskonstante	1
Θ	Temperatur	K
Θ_C	Curie-Temperatur	K
ϑ	Temperatur	°C
η	Frequenzverhältnis	1
ϑ_C	Curie-Temperatur	°C
$\vartheta_{C(PT)}$	Curie-Temperatur (Bleititanat $PbTiO_3$)	°C
$\vartheta_{C(PZ)}$	Curie-Temperatur (Bleizirkonat $PbZrO_3$)	°C
$\eta(x)$	Testfunktion	
κ^0	Krümmung der neutralen Faser	m^{-1}
Λ	logarithmisches Dekrement	1
Λ_m	Beschleunigungsamplitude	$m\,s^{-2}$
$\lambda_F(k_m l)$	Formfaktor (Lastgröße Kraft)	1
$\lambda_M(k_m l)$	Formfaktor (Lastgröße Moment)	1
λ_m	Eigenwert	m^{-4}
$\lambda_p(k_m l)$	Formfaktor (Lastgröße Druck)	1
μ	längenbezogene Masse	$kg\,m^{-1}$
ξ_0	Amplitude	m
$\underline{\xi}_0$	komplexe Amplitude	m
$\underline{\xi}_S$	komplexe Auslenkung (Sender)	m
$\underline{\xi}(t)$	komplexe Zeitfunktion	m
$\xi(t)$	Zeitfunktion	m
Π_a	Potenzial (eingeprägte generalisierte Kräfte)	J
Π_{st}	stationärer Wert (Gesamtpotenzial)	J
φ_0	Bezugspotenzial	$J\,m^{-1}$
ρ	Massendichte	$kg\,m^{-3}$
φ_i	Einzelpotenziale	$J\,C^{-1}$
$\varphi(\mathbf{r})$	elektrisches Potenzial	$J\,C^{-1}$
ρ	Radius	m
$\rho(\mathbf{r})$	ortsabhängige Raumladungsdichte	$C\,m^{-3}$
Σ	Entropie	$J\,K^{-1}$
σ	Spannungsmatrix, Spannungstensor	$N\,m^{-2}$
σ	mechanische Spannung	$N\,m^{-2}$
σ	Flächenladungsdichte	$C\,m^{-2}$
σ	Entropiedichte	$J\,K^{-1}\,m^{-3}$
σ^c	mechanische Koerzitivspannung	$N\,m^{-2}$

σ_i	Flächenladungsdichte (Schicht i)	C m^{-2}
σ_i	Flächenladungsdichte (Schicht i)	C m^{-2}
σ_{ij}	Spannungskomponente	N m^{-2}
$\sigma_{ij}(x, y, z)$	ortsabhängiges Spannungsfeld	N m^{-2}
$\boldsymbol{\sigma}(\boldsymbol{n})$	Normalspannung (Vektor)	N m^{-2}
$\boldsymbol{\sigma}^{\text{T}}$	Spannungsmatrix (Transponierte)	N m^{-2}
τ_0^{d}	Periodendauer (unterkritisch gedämpfte Schwingung)	s
$\boldsymbol{\tau}(\boldsymbol{n})$	Tangential-/Schubspannung (Vektor)	N m^{-2}
$\phi(t)$	Zeitfunktion	m
ϕ_0	Amplitude	m
$\phi_m^{\text{h}}(t)$	Zeitfunktion (homogene Lösung)	m
$\phi_m(t)$	Zeitfunktion (m-te Eigenmode)	m
$\phi_m^{\text{p}}(t)$	Zeitfunktion (partikuläre Lösung)	m
$W_m(x)$	Eigenmode	1
φ	Verdrehung, energetisch Konjugierte	rad
φ	elektrisches Potenzial	J C^{-1}
φ_{e}	Verdrehung (Endwert)	rad
φ_M	Verdrehung (am Momentenangriffspunkt)	rad
ϕ_p	Amplitudenmaximum	m
ϕ_{p+q}	Amplitudenmaximum	m
$\varphi(x)$	Verdrehungsfunktion	rad
$\varphi(x, t)$	Verdrehung (orts- und zeitabhängig)	rad
χ_{O}	Elektronegativität von Sauerstoff	1
χ_{Si}	Elektronegativität von Silicium	1
Ψ	elektrischer Fluss	C
ψ_m	Phasenwinkel	rad
Ω	Raumwinkel	sr
Ω	Erregerfrequenz	s^{-1}
$\underline{\Omega}$	komplexe Winkelgeschwindigkeit (Differenzgröße)	rad s^{-1}
$\underline{\Omega}_i$	komplexe Winkelgeschwindigkeit (Differenzgröße)	rad s^{-1}
$\underline{\Omega}_{\text{W}}$	komplexe Winkelgeschwindigkeit (Wandler)	rad s^{-1}
ω	Kreisfrequenz	s^{-1}
ω_1	Resonanzfrequenz (Grundmode)	s^{-1}
ω_m	Eigenfrequenz	s^{-1}
ω_m^{d}	dämpfungsabhängige Kreisfrequenz	s^{-1}

Lateinische Symbole

Symbol	Beschreibung	Einheit
A_1, A_2	Äquipotenzialflächen	m^2
A_3	Mantelfläche	m^2
$\underline{A}$	Wandlervierpol	
A	Fläche, Schnittfläche, (geschlossene) Hüllfläche	m^2
A_i	Querschnittsfläche (Schicht i)	m^2
$\underline{A}_{ij}$	Matrixelement (Wandlervierpol)	
A_z	horizontale Schnittebene (x-y-Ebene)	m^2
a	Kristallfläche	m^2
$\boldsymbol{a}$	allgemeines Vektorfeld	1
a	Gitterkonstante, Kantenlänge	m
$\underline{a}$	komplexe Beschleunigung	$m\,s^{-2}$
a_i	Koeffizient (Vergleichsfunktion)	
$\boldsymbol{a}_i$	Beschleunigung (Vektor)	$m\,s^{-2}$
a_m	Amplitude	m
a_T	Gitterparameter (ferroelektrischer Einkristall)	m
$\underline{B}$	Übertragungsfunktion	1
B	Übertragungsfaktor (Lasertriangulator)	$m\,V^{-1}$
$\underline{B}_0$	Übertragungsfunktion (Messkette)	1
$\underline{B}_1$	Übertragungsfunktion (Treiberstufe)	1
$\underline{B}_2$	Übertragungsfunktion (Biegewandler)	$m\,V^{-1}$
$\underline{B}_3$	Übertragungsfunktion (Lasertriangulator)	$V\,m^{-1}$
$\mathcal{B}$	Körper (kompakte Menge materieller Punkte)	
$\underline{B}(\omega)$	Übertragungsfunktion	1
B_{S1}	Übertragungsfaktor (Stromquelle)	$A\,V^{-1}$
B_{S2}	Übertragungsfaktor (Monitorausgang)	$A\,V^{-1}$
b	Kristallfläche	m^2
b	geometrische Hilfsgröße	m
b_i	Schichtbreite (Schicht i)	m
C_1	Kurvenstück	m
C_2	Kurvenstück	m
C	Randkurve, geschlossene Kurve	m
C	Biegesteifigkeit	$N\,m^2$
C_0	Gesamtkapazität	F
C_0'	Kapazitätsbelag	$F\,m^{-1}$
C_i	Kapazität (Schicht i)	F

$\tilde{C}(kx)$	Rayleigh-Funktion	1
c	Nachgiebigkeit	$m^2\,N^{-1}$
c	Proportionalitätskonstante	$N\,m\,rad^{-1}$
c	Gitterkonstante	m
c_{ijkl}^E	Elastizitätsmodul ($E =$ konst.)	$N\,m^{-2}$
c_{pq}^E	Elastizitätsmodul (bei $E =$ konst., komp. Notation)	$N\,m^{-2}$
$\tilde{c}(kx)$	Rayleigh-Funktion	1
c_T	Gitterparameter (ferroelektrischer Einkristall)	m
D	dielektrische Verschiebung	$C\,m^{-2}$
$\boldsymbol{D}$	dielektrische Verschiebung (Vektor)	$C\,m^{-2}$
$\boldsymbol{D}_0$	dielektrische Verschiebung im Raumpunkt $\boldsymbol{r}_0$	$C\,m^{-2}$
D_0	dielektrische Verschiebung (Plattenkondensator)	$C\,m^{-2}$
$\mathcal{D}$	Rayleighsche Dissipationsfunktion	$J\,s^{-1}$
$\underline{D}_3$	komplexe dielektrische Verschiebung	$C\,m^{-2}$
$D_{3,i}$	dielektrische Verschiebung (Schicht i)	$C\,m^{-2}$
$\underline{D}_{3,i}$	komplexe dielektrische Verschiebung (Schicht i)	$C\,m^{-2}$
D_i	dielektrische Verschiebung (Vektorkomponente)	$C\,m^{-2}$
$\boldsymbol{D}(\boldsymbol{r})$	lokale dielektrische Verschiebung (Vektor)	$C\,m^{-2}$
$\boldsymbol{D}(\boldsymbol{r}_0)$	dielektrische Verschiebung im Raumpunkt $\boldsymbol{r}_0$	$C\,m^{-2}$
d	piezoelektrische Ladungskonstante	$m\,V^{-1}$
$\boldsymbol{d}$	Abstand (Vektor)	m
d	Flächendiagonale	m
$d_{31,i}$	piezoelektrische Ladungskonstante (Schicht i)	$m\,V^{-1}$
$\boldsymbol{d}_i$	Einzelabstand (Vektor)	m
d_{ikl}	piezoelektrische Ladungskonstante (Tensorkomponente)	$m\,V^{-1}$
d_{ix}	x-Komponente Einzelabstandsvektor	m
d_{iy}	y-Komponente Einzelabstandsvektor	m
d_{pk}	piezoelektrische Ladungskonstante (komp. Notation)	$m\,V^{-1}$
E	elektrische Feldstärke	$V\,m^{-1}$
$\boldsymbol{E}_0$	elektrische Feldstärke im Raumpunkt $\boldsymbol{r}_0$ (Vektor)	$V\,m^{-1}$
$\overline{E}$	mittlere elektrische Feldstärke (Plattenkondensator)	$V\,m^{-1}$
E_0	Vakuumfeldstärke (Plattenkondensator)	$V\,m^{-1}$
$\overline{\boldsymbol{E}}$	mittlere elektrische Feldstärke (Vektor)	$V\,m^{-1}$
$\overline{\boldsymbol{E}}(\boldsymbol{r}_P)$	mittlere elektrische Feldstärke im Raumpunkt $\boldsymbol{r}_P$	$V\,m^{-1}$
$\overline{\boldsymbol{E}}(\boldsymbol{r})$	mittlere elektrische Feldstärke im Raumpunkt $\boldsymbol{r}$	$V\,m^{-1}$
$\overline{\boldsymbol{E}}(\boldsymbol{r}_0)$	mittlere elektrische Feldstärke im Raumpunkt $\boldsymbol{r}_0$	$V\,m^{-1}$
$\overline{\boldsymbol{E}}_0$	mittlere elektrische Feldstärke im Raumpunkt $\boldsymbol{r}_0$	$V\,m^{-1}$

Symbolverzeichnis

$\boldsymbol{E}$	elektrische Feldstärke (Vektor)	$\mathrm{V\,m^{-1}}$
$\overline{E}_i$	mittlere elektrische Feldstärke (Vektorkomponente)	$\mathrm{V\,m^{-1}}$
E	Elastizitätsmodul	$\mathrm{N\,m^{-2}}$
$\underline{E}_3$	komplexe elektrische Feldstärke	$\mathrm{V\,m^{-1}}$
$E_{3,i}$	elektrische Feldstärke (Schicht i)	$\mathrm{V\,m^{-1}}$
$\underline{E}_{3,i}$	komplexe elektrische Feldstärke (Schicht i)	$\mathrm{V\,m^{-1}}$
E^c	elektrische Koerzitivfeldstärke	$\mathrm{V\,m^{-1}}$
$\boldsymbol{E}^c$	elektrische Koerzitivfeldstärke (Vektor)	$\mathrm{V\,m^{-1}}$
$\boldsymbol{E}_d$	Depolarisationsfeldstärke (Vektor)	$\mathrm{V\,m^{-1}}$
E_i	elektrische Feldstärke (Vektorkomponente)	$\mathrm{V\,m^{-1}}$
$\boldsymbol{E}_l(\boldsymbol{r})$	Vakuumfeldstärke (Längskomponente)	$\mathrm{V\,m^{-1}}$
E_n	elektrische Feldstärke (Normalkomponente)	$\mathrm{V\,m^{-1}}$
$\boldsymbol{E}_{\mathrm{pol}}$	Polungsfeldstärke (Vektor)	$\mathrm{V\,m^{-1}}$
$E_{\mathrm{pot}}(\boldsymbol{r})$	potenzielle Energie	J
$\boldsymbol{E}_q(\boldsymbol{r})$	Vakuumfeldstärke (Querkomponente)	$\mathrm{V\,m^{-1}}$
$\boldsymbol{E}(\boldsymbol{r})$	lokale elektrische Feldstärke (Vektor)	$\mathrm{V\,m^{-1}}$
E_x	elektrische Feldstärke (kartesische Koordinate)	$\mathrm{V\,m^{-1}}$
E_y	elektrische Feldstärke (kartesische Koordinate)	$\mathrm{V\,m^{-1}}$
E_z	elektrische Feldstärke (kartesische Koordinate)	$\mathrm{V\,m^{-1}}$
e	Elementarladung	C
$\boldsymbol{e}_i$	Basisvektoren, Einheitsvektoren	1
e_{ikl}	piezoelektrischer Modul (Tensorkomponente)	$\mathrm{C\,m^{-2}}$
e_{pk}	piezoelektrischer Modul (komprimierte Notation)	$\mathrm{C\,m^{-2}}$
$\boldsymbol{e}_r$	Einheitsvektor (Kugelkoordinaten)	1
$\boldsymbol{e}_x$	Einheitsvektor (kartesische Koordinaten)	1
$\boldsymbol{e}_y$	Einheitsvektor (kartesische Koordinaten)	1
$\boldsymbol{e}_z$	Einheitsvektor (kartesische Koordinaten)	1
$\boldsymbol{F}$	resultierende Kraft (Vektor)	N
$\mathcal{F}(\omega)$	Fourier-Transformierte	
F	freie Energiedichte	$\mathrm{J\,m^{-3}}$
F	Helmholtz-Potenzial	$\mathrm{J\,m^{-3}}$
F	Kraft, eingeprägte Lastgröße	N
F_0	Kraftamplitude	N
$\underline{F}$	komplexe Kraft (Flussgröße)	N
$\boldsymbol{F}_i^{(a)}$	angewendete Kraft	N
F_e	Kraft (Endwert)	N
$\boldsymbol{F}_i^{(\mathrm{ext})}$	äußere Kraft (Vektor)	N

$\boldsymbol{F}_{\text{el}}$	elektrische Kraft (Vektor)	N
F_i	Kraft (Schicht i)	N
$\underline{F}_i$	komplexe Kraft	N
$\boldsymbol{F}_i$	Einzelkraft (Vektor)	N
$\boldsymbol{F}_{ij}$	Wechselwirkungskraft (Vektor)	N
F_{ix}	Einzelkraft (x-Komponente)	N
F_{iy}	Einzelkraft (y-Komponente)	N
F_{iz}	Einzelkraft (z-Komponente)	N
$F^{(\text{r})}$	Reibungskraft	N
$\underline{F}_{\text{S}}$	komplexe Kraft (Sender)	N
$F(s)$	Laplace-Transformierte	
F_{VCM}	Kraft (Voice-Coil-Motor)	N
$\boldsymbol{F}_i^{(\text{z})}$	Zwangskraft (Vektor)	N
$\boldsymbol{f}$	Volumenkraft (Vektor)	N m^{-3}
$\boldsymbol{f}(x, y, z)$	ortsabhängige Volumenkraft (Vektor)	N m^{-3}
$\tilde{f}$	lineare Näherung der Funktion f	1
f	Freiheitsgrad	
f	Frequenz	Hz
f_i	Flächenkraft (Schicht i)	N m^{-2}
$f(t)$	Störfunktion	1
f_x	Volumenkraft (x-Komponente)	N m^{-3}
f_y	Volumenkraft (y-Komponente)	N m^{-3}
f_z	Volumenkraft (z-Komponente)	N m^{-3}
$\boldsymbol{G}$	Gewichtskraft (Vektor)	N
G	Leitwert	S
H_1	elastische Enthalpiedichte	J m^{-3}
H	Enthalpiedichte	J m^{-3}
H_2	elektrische Enthalpiedichte	J m^{-3}
$\tilde{H}_2$	elektrische Enthalpie	J
$\underline{\boldsymbol{H}}$	Mitgangsmatrix	s kg^{-2}
$\boldsymbol{H}(x)$	dynamische Kopplungsmatrix	
h	geometrische Hilfsgröße	m
$\underline{h}$	mechanische Admittanz	s kg^{-2}
$\underline{h}_1^*$	Admittanz	s kg^{-2}
$\underline{h}_2^*$	Admittanz	s kg^{-2}
h_i	Schichtdicke (Schicht i)	m
$\underline{h}_{ij}$	Matrixelement (Mitgangsmatrix)	s kg^{-2}

$h_{ij}(x)$	Matrixelement (dynamische Kopplungsmatrix)	
$h_{i,\text{o}}$	obere Integrationsgrenze	m
$h_{i,\text{u}}$	untere Integrationsgrenze	m
$\underline{h}_m$	mechanische Admittanz (m-te Mode)	s kg^{-2}
I	Flächenträgheitsmoment	m^4
I_{VCM}	Strom (Voice-Coil-Motor)	A
i	Schicht i	1
$\underline{i}$	komplexer Strom (Flussgröße)	A
$\underline{i}_{\text{W}}$	komplexer Wandlerstrom	A
$J_n(x)$	Bessel-Funktion	
K	Motorparameter	N A^{-1}
k	Wellenzahl	m^{-1}
$k_{31,i}$	elektromechanischer Kopplungsfaktor (Schicht i)	1
$k_m l$	charakteristische Nullstellen	1
k_{p}	elektromechanischer Kopplungsfaktor	1
L	Lagrange-Funktion	J
L	Induktivität	H
l	Abstand (Kondensatorplatten)	m
l_0	Länge (elementare Struktureinheiten im Dielektrikum)	m
l'	Abstand (Kondensatorplatten)	m
l	Länge (Schichtsystem)	m
M'_i	Raumpunkt (verformte Konfiguration)	
M	Biegemoment, eingeprägte Lastgröße	N m
M_0	Momentenamplitude	N m
$\underline{M}$	komplexes Moment (Flussgröße)	N m
$M_{\text{b}}(x)$	inneres Biegemoment	N m
M_{e}	Moment (Endwert)	N m
M_i	Raumpunkt (unverformte Konfiguration)	
M_i	Moment (Schicht i)	N m
$\underline{M}_i$	komplexes Moment	N m
$M_i^{(x)}$	Einzelmoment (x-Achse als Bezugsachse)	N m
$M_i^{(y)}$	Einzelmoment (y-Achse als Bezugsachse)	N m
$M_i^{(z)}$	Einzelmoment (z-Achse als Bezugsachse)	N m
M_j	Einzelmoment	N m
M_{piezo}	piezoelektrisches Moment	N m
$M_i^{(Q)}$	Einzelmoment (Momentenbezugspunkt Q)	N m
$\underline{M}_{\text{W}}$	komplexes Wandlermoment	N m

$M(x)$	statische Kopplungsmatrix	
M_x	Moment (um die x-Achse)	N m
M_y	Moment (um die y-Achse)	N m
M_z	Moment (um die z-Achse)	N m
m	Masse	kg
m^*	Masse	kg
m_i	Masse	kg
m_i	Flächenmoment (Schicht i)	N m^{-1}
m_{ij}	Koeffizient (statische Kopplungsmatrix)	
$m_{ij}(x)$	Matrixelement (statische Kopplungsmatrix)	
m_{piezo}	spannungsbezogenes piezoelektrisches Moment	N m V^{-1}
N	Anzahl Punktladungen	1
N	Normalkraft (x-Komponente)	N
N	Wicklungszahl, Motorparameter	1
N_i	Normalkraft (Schicht i)	N
N_{piezo}	piezoelektrische Kraft (x-Richtung)	N
$\boldsymbol{n}'$	Flächennormalenvektor	1
n	Schichtanzahl	1
n	Nachgiebigkeit	m N^{-1}
n_0	translatorische Bezugsnachgiebigkeit	$\text{m}^3\,\text{N}^{-1}$
n^*	Nachgiebigkeit	m N^{-1}
$\boldsymbol{n}$	Flächennormalenvektor	1
n_C	Nachgiebigkeit	m N^{-1}
n'_R	längenbezogene Drehnachgiebigkeit	N^{-1}
$\boldsymbol{n}_t$	Flächennormalenvektor	1
$\boldsymbol{n}_x$	Flächennormalenvektor (Fläche parallel zur y-z-Ebene)	1
$\boldsymbol{n}_y$	Flächennormalenvektor (Fläche parallel zur x-z-Ebene)	1
$\boldsymbol{n}_z$	Flächennormalenvektor (Fläche parallel zur x-y-Ebene)	1
O	Bezugspunkt	
P$'$	Raumpunkt (verformte Konfiguration)	
P$_0, \ldots,$ P$_3$	Raumpunkte	
$\boldsymbol{P}$	elektrische Polarisation (Vektor)	C m^{-2}
P	Polarisation	C m^{-2}
Π	Gesamtpotenzial	J
P	Raumpunkt (unverformte Konfiguration)	
P_i	makroskopisch messbarer Parameter	
P$_i$	Raumpunkt	

Symbolverzeichnis

$\mathcal{P}_i$	Massenpunkt	
$\boldsymbol{P}(\boldsymbol{r})$	lokale elektrische Polarisation (Vektor)	$\mathrm{C\,m^{-2}}$
$\boldsymbol{P}_\mathrm{r}$	remanente Polarisation (Vektor)	$\mathrm{C\,m^{-2}}$
$\boldsymbol{P}_\mathrm{s}$	spontane Polarisation (Vektor)	$\mathrm{C\,m^{-2}}$
$P(s)$	charakteristisches Polynom	$\mathrm{s^{-2}}$
p	Entwicklungsstelle (Taylor-Reihe)	1
$\boldsymbol{p}$	Dipolmoment (Vektor)	$\mathrm{C\,m}$
p	Druck, eingeprägte Lastgröße	$\mathrm{N\,m^{-2}}$
p_0	Druckamplitude	$\mathrm{N\,m^{-2}}$
$\boldsymbol{p}$	Flächenlast, Druck (Vektor)	$\mathrm{N\,m^{-2}}$
p	pyroelektrischer Koeffizient	$\mathrm{C\,m^{-2}\,K^{-1}}$
$\boldsymbol{p}_\Sigma$	Gesamtdipolmoment (Vektor)	$\mathrm{C\,m}$
p_e	Druck (Endwert)	$\mathrm{N\,m^{-2}}$
$\boldsymbol{p}_i$	Einzeldipolmoment (Vektor)	$\mathrm{C\,m}$
$\boldsymbol{p}_i$	Impuls (Vektor)	$\mathrm{N\,s}$
$\boldsymbol{p}_\mathrm{s}$	spontanes Dipolmoment (Vektor)	$\mathrm{C\,m}$
Q	Raumpunkt (unverformte Konfiguration)	
Q'	Raumpunkt (verformte Konfiguration)	
Q	aufgenommene oder abgegebene Wärme	J
Q	Ladung, Ladungsverschiebung, energetisch Konjugierte	C
Q'	Ladungsbelag	$\mathrm{C\,m^{-1}}$
Q_1	Resonanzgüte (Grundmode)	
Q_e	Ladungsverschiebung (Endwert)	C
Q_i	Ladungsmenge (Schicht i), ruhende Punktladung	C
$Q_i(x)$	Vergleichsfunktion	C
Q_j	generalisierte Kraft	
Q_k	generalisierte Kraft	
$Q^{(\mathrm{r})}$	generalisierte Reibungskraft	
$Q(x)$	Ladungsverschiebungsfunktion	C
$Q(x,t)$	Ladungsverschiebung (orts- und zeitabhängig)	C
Q_y	Querkraft (y-Komponente)	N
Q_z	Querkraft (z-Komponente)	N
q	volumenbezogene Wärme	$\mathrm{J\,m^{-3}}$
q	Lageparameter	
q_0	Gleichgewichtslage	
$\tilde{q}$	Linienlast	$\mathrm{N\,m^{-1}}$
$\underline{q}^*$	Übersetzung	

q	Anzahl Schwingungsperioden	1
q_j	generalisierte Koordinate	
$\dot{q}_j$	generalisierte Geschwindigkeit	
$q(x)$	Linienlast (Ortsfunktion)	$\mathrm{N\,m^{-1}}$
$\underline{q}(x)$	komplexe Linienlast	$\mathrm{N\,m^{-1}}$
R	Raumpunkt (unverformte Konfiguration)	
R$'$	Raumpunkt (verformte Konfiguration)	
R	Radius (Kondensatorplatten), Radius (Kugel)	m
R	Widerstand	Ω
R_A	Radius (A-Kation)	m
R_B	Radius (B-Kation)	m
R_O	Radius (Sauerstoffanion)	m
$\boldsymbol{r}$	Ortsvektor	m
$\boldsymbol{r}'$	Ortsvektor (felderzeugende Ladung)	m
r	Radius	m
$\boldsymbol{r}^*$	Ortsvektor	m
r	Reibungskoeffizient	$\mathrm{N\,s\,m^{-1}}$
r^*	Reibungsbeiwert	$\mathrm{N\,s\,m^{-1}}$
$\boldsymbol{r}_A$	Ortsvektor (Raumpunkt A)	m
r_a	längenbezogener Reibungsbeiwert	$\mathrm{N\,s\,m^{-2}}$
$\boldsymbol{r}_B$	Ortsvektor (Raumpunkt B)	m
$\boldsymbol{r}_i$	Ortsvektor (ruhende Punktladung Q_i)	m
r_{ij}	Abstand (Massenpunkte)	m
$\boldsymbol{r}_k$	Ortsvektor (ruhende Punktladung Q_k)	m
$\boldsymbol{r}_P$	Ortsvektor (Raumpunkt P)	m
$\bar{r}_P$	Abstand zum Momentanpol (Punkt P)	m
$\boldsymbol{r}_{P'}$	Ortsvektor (Raumpunkt P$'$)	m
$\boldsymbol{r}_Q$	Ortsvektor (Raumpunkt Q)	m
$\bar{r}_Q$	Abstand zum Momentanpol (Punkt Q)	m
$\boldsymbol{r}_R$	Ortsvektor (Raumpunkt R)	m
$r(x)$	Restglied (Taylor-Reihe)	1
S	Raumpunkt (unverformte Konfiguration)	
S	Momentenbezugspunkt	
S$'$	Raumpunkt (verformte Konfiguration)	
S	mechanische Dehnung	1
S	Wirkungsfunktional	Js
$\underline{S}_1$	komplexe mechanische Dehnung	1

S_{ij}	Verzerrungskomponente (Dehnung, Gleitung)	1
$\tilde{S}(kx)$	Rayleigh-Funktion	1
s	Steifigkeit	$m^2\,N^{-1}$
s	Verschiebung	m
$s_{11,i}$	Elastizitätskoeffizient (Schicht i bei Belastung durch $T_{1,i}$)	$m^2\,N^{-1}$
$s_{11,i}^{E}$	Elastizitätskoeffizient ($E =$ konst., Schicht i)	$m^2\,N^{-1}$
s_{ijkl}^{E}	Elastizitätskoeffizient ($E =$ konst.)	$m^2\,N^{-1}$
s_{pq}^{E}	Elastizitätskoeffizient ($E =$ konst., komprimierte Notation)	$m^2\,N^{-1}$
$\tilde{s}(kx)$	Rayleigh-Funktion	1
T	mechanische Spannung	$N\,m^{-2}$
T	kinetische Energie	J
$\underline{T}_1$	komplexe mechanische Spannung	$N\,m^{-2}$
$T_{1,i}$	Biegespannung (Schicht i), Normalspannung (Schicht i)	$N\,m^{-2}$
$\underline{T}_{1,i}$	komplexe mechanische Spannung (Schicht i)	$N\,m^{-2}$
T_i	kinetische Energie	J
T_{ij}	Spannungskomponente	$N\,m^{-2}$
t	Goldschmidtscher Toleranzfaktor	1
t	Zeit	s
$\boldsymbol{t}$	Oberflächenkraft (Vektor)	$N\,m^{-2}$
$\boldsymbol{t}(\boldsymbol{n})$	Spannungsvektor	$N\,m^{-2}$
U	innere Energiedichte	$J\,m^{-3}$
U	eingeprägte Lastgröße, elektrische Gleichspannung	V
U_0	Spannung (Offset), Spannungsamplitude	V
$\mathcal{U}$	innere Energie, thermodynamisches Potenzial	J
$\mathcal{U}_1$	innere Energie (Anfangswert)	J
$\mathcal{U}_2$	innere Energie (Endwert)	J
$\mathcal{U}_i$	innere Energie (Schicht i)	J
U_e	elektrische Spannung (Endwert)	V
U_{High}	maximaler Spannungspegel (Rechteckspannung)	V
U_{Kraft}	kraftproportionale Spannung	V
U_{Lage}	wegproportionale Spannung (Lasertriangulator)	V
U_{Low}	minimaler Spannungspegel (Rechteckspannung)	V
$U_{\max}$	maximale Spannung	V
U_{soll}	Spannung (Führungsgröße)	V
$\boldsymbol{u}$	Verschiebungsvektor	m
u	Verschiebung (x-Komponente)	m
$\boldsymbol{u}(x, y, z)$	Verschiebungsfeld	m

u_0	Verschiebung (x-Komponente)	m
$\underline{u}$	komplexe Spannung (Differenzgröße)	V
$\ddot{u}$	Übersetzungsverhältnis	1
u_0	Spannungsamplitude	V
u_F	Verschiebung (am Kraftangriffspunkt)	m
$\boldsymbol{u}_{M_i}$	Verschiebungsvektor (Raumpunkt M_i)	m
$\underline{u}_N$	komplexe Spannungsamplitude (Netzwerkanalysator)	V
u_{offset}	Offset-Spannung	V
$\boldsymbol{u}_P$	Verschiebungsvektor (Raumpunkt P)	m
$\underline{u}_P$	komplexe Spannungsamplitude (Teiberstufe)	V
$\boldsymbol{u}_Q$	Verschiebungsvektor (Raumpunkt Q)	m
$u_R(t)$	Rechteckspannung	V
$\boldsymbol{u}_R$	Verschiebungsvektor (Raumpunkt R)	m
$\boldsymbol{u}_S$	Verschiebungsvektor (Raumpunkt S)	m
$\underline{u}_T$	komplexe Spannungsamplitude (Lasertriangulator)	V
u_x	Verschiebung (x-Komponente)	m
u_y	Verschiebung (y-Komponente)	m
u_z	Verschiebung (z-Komponente)	m
V	Volumen(verschiebung), energetisch Konjugierte	m^3
V	Potenzial	J
V_e	Volumenverschiebung (Endwert)	m^3
V_i	Teilvolumen	m^3
V_k	Einzelpotenzial (eingeprägte generalisierte Kraft)	J
$V(x)$	Volumenverschiebungsfunktion	m^3
$V(x,t)$	Volumenverschiebung (orts- und zeitabhängig)	m^3
$V(x,y,z)$	Potenzialfunktion	J
v	Verschiebung (y-Komponente)	m
v	Geschwindigkeit	m s^{-1}
$\underline{v}$	komplexe Geschwindigkeit (Differenzgröße)	m s^{-1}
$\boldsymbol{v}_i$	Geschwindigkeit (Vektor)	m s^{-1}
$\boldsymbol{v}_i$	Geschwindigkeit (Vektor)	m s^{-1}
$\underline{v}_i$	komplexe Geschwindigkeit	s s^{-1}
$\boldsymbol{v}(\boldsymbol{r},t)$	Strömungsfeld	m s^{-1}
$\underline{v}_S$	komplexe Geschwindigkeit (Sender)	m s^{-1}
W	verrichtete Arbeit	J
W_a	verrichtete Arbeit	J
W_a^*	komplementäre Arbeit, Ergänzungsarbeit	J

$\tilde{W}_\mathrm{a}$	Endwertarbeit	J
$\tilde{W}_{\mathrm{a},F}$	Endwertarbeit (eingeprägte Kraft)	J
$\tilde{W}_{\mathrm{a},M}$	Endwertarbeit (eingeprägtes Moment)	J
$\tilde{W}_{\mathrm{a},p}$	Endwertarbeit (eingeprägter Druck)	J
$\tilde{W}_{\mathrm{a},U}$	Endwertarbeit (eingeprägte Spannung)	J
W_el	Arbeit im elektrischen Feld	J
W_i	Formänderungsenergie	J
W_i^*	komplementäre Formänderungsenergie	J
$W_m^{(i)}$	Eigenmode (i-te Ableitung)	
W_k	potenzielle Energie (Ladung Q_k)	J
W_mech	Verformungsarbeit (gesamt)	J
W_x	Verformungsarbeit (x-Richtung)	J
$W(x)$	Ortsfunktion	1
W_{xy}	Verformungsarbeit (x-y-Ebene)	J
W_{xz}	Verformungsarbeit (x-z-Ebene)	J
W_y	Verformungsarbeit (y-Richtung)	J
W_{yz}	Verformungsarbeit (y-z-Ebene)	J
w	Verschiebung (z-Komponente)	m
w	volumenbezogene Arbeit	$\mathrm{J\,m^{-3}}$
w	volumenbezogene gespeicherte Energie	$\mathrm{J\,m^{-3}}$
w_0	Verschiebung (z-Komponente), energetisch Konjugierte	m
w_el	Energiedichte des elektrostatischen Feldes	$\mathrm{J\,m^{-3}}$
w_e	Verschiebung (Endwert)	m
$w_{\mathrm{el},i}$	Teilenergiedichte (elektrostatisches Feld)	$\mathrm{J\,m^{-3}}$
$w_\mathrm{h}(x,t)$	homogene Lösung (gedämpfte Biegeschwingung)	m
$w_i(x)$	Vergleichsfunktion	m
w_k	generalisierte Verschiebung	
w_mech	Energiedichte der elastischen Verformung	$\mathrm{J\,m^{-3}}$
w_max	maximale Auslenkung	m
$w_{\mathrm{max},1}(x)$	maximale Auslenkung (Grundmode)	m
$w_{\mathrm{max},2}(x)$	maximale Auslenkung (erste Nebenmode)	m
$w_\mathrm{p}(x,t)$	partikuläre Lösung (gedämpfte Biegeschwingung)	m
w_r	remanente Auslenkung	m
w_stat	statische Auslenkung (Offset)	m
w_VCM	Verfahrweg (Voice-Coil-Motor)	m
$w(x)$	Verschiebungsfunktion	m
$w(x,t)$	Verschiebung (orts- und zeitabhängig)	m

X_i	polare Achse, Kristallachse	
x	kartesische Koordinate	m
x	Stoffmengenanteil	1
$\underline{x}_a$	Ausgangsgröße (komplexe Amplitude))	
$x_a(t)$	Ausgangsgröße, Systemantwort)	
$\underline{x}_e$	Eingangsgröße (komplexe Amplitude))	
x_i	kartesische Koordinate (Raumpunkt P_i)	m
$\boldsymbol{x}_i$	Ortsvektor	m
$\overline{x}_P$	Koordinate Punkt P ($\overline{x}$-$\overline{y}$-Koordinatensystem)	m
x_P	Koordinate Punkt P (x-y-Koordinatensystem)	m
x_{PT}	Stoffmengenanteil (Bleititanat PbTiO$_3$)	1
$\overline{x}_Q$	Koordinate Punkt Q ($\overline{x}$-$\overline{y}$-Koordinatensystem)	m
x_Q	Koordinate Punkt Q (x-y-Koordinatensystem)	m
$\underline{\boldsymbol{Y}}^*$	zusammgefasster Wandler	
Y	Wandlerkonstante	C^{-1}
$Y_h(s)$	homogene Lösung (Bildbereich)	
$Y_p(s)$	partikuläre Lösung (Bildbereich)	
$Y(s)$	Laplace-Transformierte	
y	kartesische Koordinate	m
y_i	kartesische Koordinate (Raumpunkt P_i)	m
$\overline{y}_P$	Koordinate Punkt P ($\overline{x}$-$\overline{y}$-Koordinatensystem)	m
y_P	Koordinate Punkt P (x-y-Koordinatensystem)	m
$\overline{y}_Q$	Koordinate Punkt Q ($\overline{x}$-$\overline{y}$-Koordinatensystem)	m
y_Q	Koordinate Punkt Q (x-y-Koordinatensystem)	m
Z	optische Achse, Kristallachse	
$\overline{z}$	Lage der neutralen Faser	m
z	kartesische Koordinate	m
$\underline{z}_m$	mechanische Impedanz (m-te Mode)	kg^2 s^{-1}

Abbildungsverzeichnis

Abb. 2.1	Kristallform von α-Quarz mit seinen dazugehörigen Kristallachsen....	20
Abb. 2.2	Erzeugung von Piezoelektrizität an einem sechsseitigen Quarzprisma............	21
Abb. 2.3	Strukturaufbauender Koordinationspolyeder von α-Quarz und seine mesomeren Grenzstrukturen............	22
Abb. 2.4	Strukturzelle von α-Quarz mit zugehörigen polaren Achsen............	22
Abb. 2.5	Vereinfachte Form der Strukturzelle von α-Quarz mit zugehörigen polaren Achsen............	23
Abb. 2.6	Direkter longitudinaler und transversaler piezoelektrischer Effekt......	24
Abb. 2.7	Zur Definition von elektrischem Dipolmoment und elektrischer Polarisation............	25
Abb. 2.8	Reziproker longitudinaler und transversaler piezoelektrischer Effekt...	26
Abb. 2.9	Vereinfachte Strukturzelle von α-Quarz in unverformter Konfiguration............	28
Abb. 2.10	Geometrische Berechnungsgrößen innerhalb der vereinfachten Strukturzelle von α-Quarz............	29
Abb. 3.1	Äquivalente Darstellungsformen der idealen Kristallstruktur eines Perowskits vom Typ ABO_3	37
Abb. 3.2	Zur geometrischen Deutung des Goldschmidtschen Toleranzfaktors auf Basis der Koordinationsgeometrie der idealen Perowskitstruktur vom Typ ABO_3	39
Abb. 3.3	Perowskitische Kristallstruktur PZT ober- und unterhalb der Curie-Temperatur in Abhängigkeit vom Ti/Zr-Verhältnis............	40
Abb. 3.4	Phasendiagramm von PZT in vereinfachter Darstellung............	43
Abb. 3.5	Dielektrische und piezoelektrische Eigenschaften von PZT............	45
Abb. 3.6	Mögliche Richtungsorientierungen der spontanen Polarisation	46
Abb. 3.7	Änderung der spontanen Polarisation verursacht durch eine äußere mechanische Druckspannung............	47
Abb. 3.8	Änderung der spontanen Polarisation verursacht durch eine äußere mechanische Zugspannung............	48

Abb. 3.9	Änderung der spontanen Polarisation verursacht durch ein äußeres elektrisches Feld	49
Abb. 3.10	Schematische Darstellung der polykristallinen Struktur eines ungepolten PZT-Keramikkörpers nach dem Übergang von der paraelektrisch-kubischen in die ferroelektrisch-tetragonale Phase	50
Abb. 3.11	Entstehungsursache von Domänen innerhalb eines ferroelektrischen Einkristalls während des Übergangs von der paraelektrisch-kubischen in die ferroelektrisch-tetragonale Phase	51
Abb. 3.12	Schematische Darstellung des Polungsprozesses eines PZT-Keramikkörpers	52
Abb. 3.13	Domänenprozesse in einem idealen ferroelektrischen, unpolarisierten Einkristall verursacht durch ein äußeres elektrisches Feld	54
Abb. 3.14	Domänenprozesse in einem idealen ferroelektrischen, unpolarisierten Einkristall verursacht durch eine äußere mechanische Spannung..	55
Abb. 3.15	Domänenprozesse in einem idealen ferroelektrischen, polarisierten Einkristall verursacht durch eine äußere mechanische Spannung..	56
Abb. 3.16	Darstellung der makroskopischen Domänenverteilung im Ferroelektrikum PZT mittels Piktogrammen	57
Abb. 3.17	Ferroelektrisches Materialverhalten eines PZT-Keramikkörpers – Polarisation P in Abhängigkeit der elektrischen Feldstärke E	58
Abb. 3.18	Ferroelektrisches Materialverhalten eines PZT-Keramikkörpers – Dehnung ε in Abhängigkeit der elektrischen Feldstärke E	59
Abb. 3.19	Ferroelastisches Materialverhalten eines ungepolten PZT-Keramikkörpers – Dehnung ε in Abhängigkeit der mechanischen Spannung σ	61
Abb. 3.20	Ferroelastisches Materialverhalten eines ungepolten PZT-Keramikkörpers – Polarisation P in Abhängigkeit der mechanischen Spannung σ	62
Abb. 3.21	Ferroelastisches Materialverhalten eines gepolten PZT-Keramikkörpers – Dehnung ε in Abhängigkeit der mechanischen Spannung σ	63
Abb. 3.22	Ferroelastisches Materialverhalten eines gepolten PZT-Keramikkörpers – Polarisation P in Abhängigkeit der mechanischen Spannung σ	64
Abb. 3.23	Zur Erklärung des Unterschieds der remanenten Dehnungen eines ungepolten PZT-Keramikkörpers bei Druck- und Zugbelastung...	65

Abbildungsverzeichnis

Abb. 4.1	Flussdiagramm zur Veranschaulichung der Prozessabfolge für die Herstellung einer PZT-Keramik mittels Trockenpressen bzw. Foliengießen	72
Abb. 4.2	Schematische Darstellung des Prozesses der Formgebung mittels uniaxialem Trockenpressen	78
Abb. 4.3	Schematische Darstellung des kaltisostatischen Pressverfahrens	79
Abb. 4.4	Schematische Darstellung des Schlickergießverfahrens	81
Abb. 4.5	Schematische Darstellung einer kontinuierlich arbeitenden Foliengießanlage mit zwei Gießschneiden	82
Abb. 4.6	Temperatur-Zeit-Regime beim Sintern piezoelektrischer Keramiken	84
Abb. 4.7	Funktionale Struktur eines Aktors	90
Abb. 4.8	Struktureller Aufbau und Nomenklatur der wichtigsten Biegewandlertypen	93
Abb. 4.9	Aufbau eines monomorphen Biegeaktors in Multilayer-Technologie	95
Abb. 5.1	Belasteter Körper mit beliebiger Schnittebene	102
Abb. 5.2	Belasteter Körper mit horizontaler Schnittebene	103
Abb. 5.3	Indexnotation und Vorzeichenkonvention von Spannungskomponenten an einem Volumendifferenzial	105
Abb. 5.4	Im statischen Gleichgewicht befindliches Volumendifferenzial unter Annahme eines stetigen ortsabhängigen Spannungsfeldes	107
Abb. 5.5	Zur Herleitung der Kräftegleichgewichtsbedingungen an einem Volumendifferenzial	108
Abb. 5.6	Zur Herleitung der Momentengleichgewichtsbedingungen an einem Volumendifferenzial	109
Abb. 5.7	Verschiebungen eines Körpers verursacht durch äußere mechanische Belastungen	112
Abb. 5.8	Zur Herleitung von Verzerrungen anhand der unverformten und verformten Konfiguration eines Flächendifferenzials	113
Abb. 5.9	Geometrische Bedeutung der Dehnungen und Gleitung in der x-y-Ebene	116
Abb. 5.10	Veranschaulichung von Dehnungen und Gleitungen im Raum	117
Abb. 5.11	Volumendifferenzial in unverformter und verformter Konfiguration mit zugehörigen Verschiebungen und Kräften	119
Abb. 5.12	Geometrische Darstellung der linearen Näherung einer eindimensionalen nichtlinearen Funktion	126
Abb. 5.13	Geometrische Darstellung der linearen Näherung einer zweidimensionalen nichtlinearen Funktion	128
Abb. 5.14	Geometrische Veranschaulichung der Produktregel (Leibniz-Regel)	129
Abb. 6.1	Die Coulomb-Kraft als Zentralkraft	134
Abb. 6.2	Kraftwirkung auf Ladungen	135
Abb. 6.3	Zur Berechnung des elektrischen Flusses durch ein Flächenelement	138

Abb. 6.4	Probeladung im elektrischen Feld und Unabhängigkeit des Wegintegrals der elektrischen Feldstärke	140
Abb. 6.5	Zur Berechnung des Linienintegrals über geschlossene Kurven	141
Abb. 6.6	Zur Berechnung des elektrischen Potenzials	143
Abb. 6.7	Veranschaulichung des Stokesschen Integralsatzes im Raum am Beispiel einer von der Randkurve C mit positiver Umlaufrichtung umschlossenen räumlichen Fläche A	148
Abb. 6.8	Orientierung der Randkurven bei einer durch zwei geschlossene Kurven C_1 und C_2 begrenzten Fläche A	149
Abb. 6.9	Zur Berechnung des elektrischen Feldes eines Plattenkondensators	152
Abb. 6.10	Gedankenexperiment zur Bestimmung der Energiedichte des elektrischen Feldes im Vakuum	154
Abb. 6.11	Gedankenexperiment zur Erklärung der mittleren elektrischen Feldstärke in einem Dielektrikum	157
Abb. 6.12	Definition der mittleren Feldstärke in einem innerhalb eines isotropen Dielektrikums verlaufenden elektrischen Feld	160
Abb. 6.13	Mittlere Feldgrößen in einem inhomogenen elektrischen Feld	162
Abb. 6.14	Gedankenexperiment zur Bestimmung der Energiedichte des elektrischen Feldes in einem isotropen Dielektrikum	165
Abb. 6.15	Zum Beweis einer der Eigenschaften des elektrischen Flusses	171
Abb. 6.16	Zum Beweis der Eigenschaft des elektrischen Flusses des von einer außerhalb einer beliebigen Hüllfläche befindlichen Ladung erzeugten elektrischen Feldes	172
Abb. 6.17	Zur Berechnung des elektrischen Potenzials an einem beliebig gewählten Raumpunkt	174
Abb. 7.1	Zur Vorzeichenkonvention für den ersten Hauptsatz der Thermodynamik	187
Abb. 7.2	Heckmann-Diagramm zur Darstellung der Wechselwirkung zwischen thermischen, mechanischen und dielektrischen Größen	194
Abb. 7.3	Zur geometrischen Interpretation der Legendre-Transformation	198
Abb. 8.1	Schnittlasten im Balken	214
Abb. 8.2	Ebener Balken mit positivem und negativem Schnittufer und den zugehörigen Schnittlasten	214
Abb. 8.3	Biegung eines ebenen Balkens	215
Abb. 8.4	Kinematik der Verformung eines ebenen Balkens	217
Abb. 8.5	Zur Berechnung der Lage der neutralen Faser	220
Abb. 8.6	Eingeprägte Lastgrößen am einseitig eingespannten piezoelektrischen Biegewandler	232
Abb. 8.7	Äußere Arbeit und komplementäre Arbeit an einem linear elastischen System	233

Abb. 8.8	Einseitig eingespannter piezoelektrischer Biegewandler und zugehörige energetisch konjugierten Größen	236
Abb. 8.9	Virtuelle Verschiebung eines ebenen Balkens	240
Abb. 8.10	Zur Herleitung des *Prinzips der virtuellen Arbeit* an einem starren Körper	241
Abb. 8.11	Die Gewichtskraft als Beispiel für eine Potenzialkraft	248
Abb. 8.12	Stabile, instabile und indifferente Gleichgewichtslage am Beispiel eines Systems mit einem Freiheitsgrad	253
Abb. 8.13	Belastung eines einseitig eingespannten ebenen Balkens durch ein äußeres Moment	254
Abb. 8.14	Auslenkung und Verdrehung eines einseitig eingespannten ebenen Balkens an der Einspannstelle	258
Abb. 8.15	Zur Bestimmung des Zusammenhangs zwischen eingeprägtem Moment und innerem Biegemoment	275
Abb. 8.16	Zur Bestimmung des Zusammenhangs zwischen eingeprägter Kraft und innerem Biegemoment	277
Abb. 8.17	Zur Bestimmung des Zusammenhangs zwischen eingeprägtem Druck und innerem Biegemoment	279
Abb. 8.18	Punktverschiebungen in kartesischen Koordinaten	290
Abb. 9.1	Perle auf Drahtkreis	307
Abb. 9.2	Betrachtung einer Funktion mit festen Raumpunkten	309
Abb. 10.1	Reibungskraft an einem differenziellen Balkensegment	329
Abb. 12.1	Signalverarbeitungsrichtungen und Grundstruktur elektromechanischer Systeme	378
Abb. 12.2	Darstellung einer komplexen Zeitfunktion als Drehzeiger	381
Abb. 12.3	Schaltungstechnische Darstellung idealer Quellen	383
Abb. 12.4	Einseitig drehbar gelagerter Stab als Translations-Rotations-Wandler	384
Abb. 12.5	Der ideale Stab als Translations-Rotations-Wandler	384
Abb. 12.6	Erweitertes Modell des idealen Stabs als Translations-Rotations-Wandler	385
Abb. 12.7	Schaltungskonfiguration des Kopplungsachtpols eines idealen Stabs	386
Abb. 12.8	Mechanische Spannungsverteilung in einem homogenen Balken	386
Abb. 12.9	Verformungszustand eines differenziellen Balkenelements	387
Abb. 12.10	Mechanisches Modell eines differenziellen Balkenelements	388
Abb. 12.11	Differenzielles Balkenelement unter Berücksichtigung der Masse, der Reibung und der Linienlast	389
Abb. 12.12	Mechanisches Schema eines differenziellen Balkenelements für den dynamischen Fall	390

Abb. 12.13 Schaltungskonfiguration des Kopplungsachtpols eines differenziellen Balkenelements für den dynamischen Fall 392
Abb. 12.14 Feder-Masse-Dämpfer-System mit einem Freiheitsgrad 400
Abb. 12.15 Allgemeine Achtpoldarstellung eines freien Biegeschwingers 408
Abb. 12.16 Segment eines mehrschichtigen piezoelektrischen Biegewandlers im verformten Zustand 409
Abb. 12.17 Vierpoldarstellung eines piezoelektrischen Biegewandler-Segments ... 414
Abb. 12.18 Schaltungskonfiguration eines differenziellen piezoelektrischen Biegeschwingers mit rotatorischer und translatorischer Bewegung in Form eines Zehnpols 415
Abb. 12.19 Zehnpol-Ersatzschaltung des gesamten piezoelektrischen Biegewandlers 416
Abb. 12.20 Piezoelektrischer Biegewandler als Erzeuger für mechanische Bewegungsgrößen 417
Abb. 12.21 Einseitig fest eingespannter piezoelektrischer Biegewandler 418
Abb. 12.22 Schaltungstechnische Darstellung des mechanischen Teilvierpols eines piezoelektrischen Biegewandlers und die zugehörige Matrixschreibweise 420
Abb. 12.23 Schaltungstechnische Darstellung eines piezoelektrischen Biegewandlers unter Berücksichtigung des Transformationsverhaltens von rotatorischen und translatorischen Größen 420
Abb. 12.24 Allgemeine schaltungstechnische Darstellung eines piezoelektrischen Biegewandlers bei geringen äußeren Belastungen ... 420
Abb. 12.25 Schaltungstechnische Darstellung eines piezoelektrischen Biegewandlers für die Grundmode 422
Abb. 12.26 Schaltungstechnische Darstellung eines piezoelektrischen Biegewandlers für die Grundmode nach Transformation von der elektrischen auf die mechanische Seite 422
Abb. 12.27 Amplitudengang (Amplitudenkennlinie) der Auslenkung piezoelektrischer Biegewandler für die Grundmode bezogen auf die Ansteuerspannung 424
Abb. 12.28 Kanonische schaltungstechnische Darstellung eines piezoelektrischen Biegewandlers 426
Abb. 12.29 Kanonische schaltungstechnische Darstellung eines piezoelektrischen Biegewandlers nach der Transformation auf die elektrische Seite 427
Abb. 13.1   Prinzipieller Aufbau eines Messplatzes zur messtechnischen Charakterisierung piezoelektrischer Biegewandler 432
Abb. 13.2   Prinzipieller Aufbau und Funktionsweise eines Lasertriangulators 432
Abb. 13.3   Prinzip der Kraftmessung an einem piezoelektrischen Biegewandler ... 433

Abb. 13.4	Aufbau eines Voice-Coil-Motors	434
Abb. 13.5	Konzeptioneller Aufbau des automatisierten Messplatzes für piezoelektrische Biegewandler	435
Abb. 13.6	Verlauf der Ansteuerspannung beim Einschwingvorgang	436
Abb. 13.7	Typischer Verlauf der Auslenkung eines piezoelektrischen Biegewandlers nach dem Start des Einschwingvorgangs und während des Einschwingvorgangs	436
Abb. 13.8	Befehlssyntax zur Ansteuerung des Controllers für die Linearantriebe	438
Abb. 14.1	Aufbau des für statische und dynamische Messungen verwendeten Monomorphs in Multilayer-Technologie	442
Abb. 14.2	Prinzip der Hysteresemessung am verwendeten Monomorph in Multilayer-Technologie	443
Abb. 14.3	Hysteresekurve gemessen am verwendeten Monomorph in Multilayer-Technologie	444
Abb. 14.4	Verlauf der piezoelektrischen Ladungskonstanten in Abhängigkeit der elektrischen Ansteuerspannung abgeleitet aus dem Hystereseverlauf gemessen am verwendeten Monomorph in Multilayer-Technologie	447
Abb. 14.5	Prinzip der messtechnischen Ermittlung der Biegecharakteristik am verwendeten Monomorph in Multilayer-Technologie	448
Abb. 14.6	Biegecharakteristik des verwendeten Monomorphs in Multilayer-Technolgie	449
Abb. 14.7	Prinzip der Messung der Kraft-Weg-Kennlinien am verwendeten Monomorph in Multilayer-Technologie	449
Abb. 14.8	Kraft-Weg-Kennlinien des verwendeten Monomorphs in Multilayer-Technologie	451
Abb. 14.9	Zeitlicher Amplitudenverlauf einer unterkritisch gedämpften Schwingung mit dämpfungsabhängiger Schwingungsperiode	453
Abb. 14.10	Prinzipielle Messanordnung zur Bestimmung des Reibungsbeiwerts am verwendeten Monomorph in Multilayer-Technologie	454
Abb. 14.11	Betriebsspannung und zugehöriger Amplitudenverlauf der Auslenkung gemessen am freien Ende des verwendeten Monomorphs in Multilayer-Technologie	454
Abb. 14.12	Prinzipielle Messanordnung zur Bestimmung der Eigenmoden am verwendeten Monomorph in Multilayer-Technologie	456
Abb. 14.13	Berechnete Werte für die Grundmode und zugehörige Messwerte in normierter Darstellung ermittelt am verwendeten Monomorph in Multilayer-Technologie	457

Abb. 14.14 Berechnete Werte für die erste Nebenmode und zugehörige Messwerte in normierter Darstellung ermittelt am verwendeten Monomorph in Multilayer-Technologie 457

Abb. 14.15 Berechnete und messtechnisch ermittelte Auslenkung bei 1,1 kHz in Abhängigkeit der Längenkoordinate des verwendeten Monomorphs in Multilayer-Technologie 459

Abb. 14.16 Berechnete und messtechnisch ermittelte Auslenkung bei 7,1 kHz in Abhängigkeit der Längenkoordinate des verwendeten Monomorphs in Multilayer-Technologie 460

Abb. 14.17 Experimentelle Aufnahme des dynamischen Verhaltens eines Übertragungssystems 461

Abb. 14.18 Messkette zur experimentellen Verifizierung der kanonischen schaltungstechnischen Darstellung des einseitig fest eingespannten Monomorphs in Multilayer-Technonologie 461

Abb. 14.19 Amplitudenfrequenzgang $|\underline{B}_0|$ der Messkette im Frequenzbereich von 20 Hz bis 10 kHz 462

Abb. 14.20 Amplitudenfrequenzgang $|\underline{B}_1|$ der Treiberstufe 463

Abb. 14.21 Messtechnich ermittelter und berechneter Amplitudenfrequenzgang der Messkette auf Basis der kanonischen schaltungstechnischen Darstellung des einseitig eingespannten Monomorphs in Multilayer-Technologie 465

Tabellenverzeichnis

Tab. 3.1 Ionenradien nach SHANNON zur Berechnung des Goldschmidtschen Toleranzfaktors für PZT 41

Tab. 4.1 Bauformen von piezoelektrischen Aktoren mit typischen Kennwerten 91

Tab. 5.1 Raumpunkte und zugehörige Verschiebungen in der x-y-Ebene 114
Tab. 5.2 Wirkende Kraftkomponenten an ausgewählten Raumpunkten (x-y-Ebene) 120
Tab. 5.3 Verschiebungskomponenten ausgewählter Raumpunkte 120
Tab. 5.4 Auszug verwendeter Symbole nach dem IEEE Standard on Piezoelectricity 125

Tab. 7.1 Definition Materialkonstanten – unabhängige Zustandsgrößen (T, E) 200
Tab. 7.2 Definition Materialkonstanten – unabhängige Zustandsgrößen (S, E) 202
Tab. 7.3 Zuordnung der Tensordoppelindizes zu den Matrixindizes 204

Tab. 8.1 Eingeprägte Lastgrößen und zugehörige energetisch konjugierte Größen am einseitig eingespannten piezoelektrischen Biegewandler ... 236
Tab. 8.2 Generalisierte Kräfte und Verschiebungen am piezoelektrischen Biegewandler und zugehörige verrichtete Arbeiten 245

Tab. 11.1 Lösungen der charakteristischen Gleichung eines einseitig eingespannten Biegewandlers 342
Tab. 11.2 Zur Berechnung des Integrals $\int_0^l W_m^2(x)\,\mathrm{d}x$ 359

Tab. 12.1	Anwendungsbereiche und exemplarische Beispiele elektromechanischer Systeme	378
Tab. 12.2	Isomorphie zwischen elektrischen und translatorischen mechanischen Netzwerken	380
Tab. 12.3	Einspannungen, Randbedingungen und charakteristische Gleichungen für transversale Biegeschwingungen eines Euler-Bernoulli-Balkens	397
Tab. 12.4	Berechnungen zu den ersten vier Eigenmoden	427
Tab. 14.1	Geometrische und materialspezifische Daten des verwendeten Monomorphs in Multilayer-Technologie	442
Tab. 14.2	Berechnungsgrößen für die piezoelektrische Ladungskonstante und weitere messtechnische Untersuchungen	447
Tab. 14.3	Notwendige Berechnungsgrößen zum (längenbezogenen) Reibungsbeiwert	455
Tab. 14.4	Berechnungsgrößen für die erste und zweite Eigenmode eines einseitig fest eingespannten Biegewandlers	458

Teil I

Schwerpunkte des Buches

Einleitung 1

1.1 Einsatzgebiete piezoelektrischer Aktoren

Der piezoelektrische Effekt, erstmals entdeckt von den Brüdern PIERRE und JACQUES CURIE, verknüpft elektrische mit mechanischen Größen und umgekehrt. Werden piezoelektrische (monokristalline) Materialien (z. B. Quarz, Turmalin) entlang bestimmter Kristallorientierungen mit elektrischen Signalen beaufschlagt, so kommt es zu einer Deformation entlang wohldefinierter Kristallrichtungen. Umgekehrt führt eine mechanische Deformation zur Bildung von Polarisationsladungen. Der piezoelektrische Effekt ist jedoch nicht nur monokristallinen Materialien zuzuordnen. Mit der Entwicklung polykristalliner Keramiken mit piezoelektrischen Eigenschaften erreichten die Piezoelektrika eine große technische Bedeutung. Bis heute zählen die polykristallinen Keramiken Bariumtitanat ($BaTiO_3$) und Bleizirkonat-Bleititanat (PZT) zu den am meist verwendeten piezoelektrischen Materialien. Dies ist insbesondere auf die geringen Herstellungskosten gegenüber einkristallinen Piezoelektrika und die nahezu beliebigen Formgebungsmöglichkeiten zurückzuführen. Sie verfügen über herausragende piezoelektrische und dielektrische Eigenschaften, die sie im Bereich der Aktorik unverzichtbar machen (Haertling 1999).

Der Einsatzbereich piezoelektrischer Aktoren umfasst Großserien-Anwendungen wie Tongeber, Ultraschall-Leistungswandler und -sensoren, Biegewandler für Textilmaschinen, Tintendruckköpfe, Bieger in Ventilen, Braille-Displays und in der Optik sowie monolithische Vielschichtaktoren für Kfz-Einspritzsysteme. Die Gründe hierfür sind ihre kompakte und platzsparende Bauweise, ihre enorme Leistungsfähigkeit, extrem kurze Reaktionszeiten, minimale Reibungsverluste, ihre Flexibilität im Vakuum- und Reinraumbereich sowie ihre Flexibilität im Betrieb bei kryogenen Temperaturen (Büttgenbach 1990; Uchino 2017).

Die dominierenden Vertreter im Bereich der piezoelektrischen Aktoren sind die Stapel- und Biegeaktoren. Bei Stapelaktoren, welche auf dem longitudinalen piezoelektrischen Effekt (Längseffekt) basieren, sind mehrere Keramikschichten mit jeweils wechselnder Polarität übereinandergestapelt, wobei sich zwischen den einzelnen Schichten Kontaktelektroden zur Ansteuerung befinden. Dieser Aktortyp ermöglicht hohe Kräfte (kN-Bereich) bei geringen Stellwegen im unteren μm-Bereich und sehr hohen Ansteuerspannungen (kV-Bereich). Verwendung finden Stapelaktoren z. B. in der Automobiltechnik als Einspritzventilantriebe und in der Optik als hochauflösende Stellantriebe (Denzler 2004).

Biegewandler hingegen basieren auf dem transversalen piezoelektrischen Effekt (Quereffekt) und kommen dort zum Einsatz, wo vergleichsweise große Ausschläge erzeugt werden sollen. Die auftretenden geringen transversalen Längenänderungen der aktiven piezoelektrischen Schichten resultieren bedingt durch den Aktoraufbau und die äußere Einspannbedingung in einem inneren piezoelektrischen Moment, welches die Ursache für die Biegeverformung ist. Somit sind große Stellwege von einigen hundert Mikrometern realisierbar. Aufgrund der größeren Nachgiebigkeit von Biegewandlern gegenüber Stapelaktoren sind geringere Ansteuerspannungen erforderlich. Diese liegen in einem Bereich von ca. 2–200 V (Denzler 2004; Ballas et al. 2009).

Zu den bekanntesten Vertretern piezoelektrischer Biegewandler gehören der Monomorph (eine aktive piezoelektrische und eine passive elastische Schicht), der Bimorph (zwei aktive piezoelektrische Schichten) und der Trimorph (eine passive elastische Schicht symmetrisch von zwei aktiven piezoelektrischen Schichten umgeben). Neuere Entwicklungen führten zur Realisierung von Monomorphstrukturen in Multilayer-Technologie, d. h. der Aktor besteht aus mehreren passiven elastischen und aktiven piezoelektrischen Schichten. Die Multilayer-Technologie beinhaltet den Vorteil, mit geringeren Ansteuerspannungen zu arbeiten, was den Einsatzbereich von piezoelektrischen Biegewandlern in industriellen Anwendungen signifikant erweitert (Denzler 2004; Ballas 2007).

1.2 Motivation und Zielsetzung des Buches

Die Betrachtung piezoelektrischer Biegewandler als Systeme bestehend aus einer Vielzahl von Schichten (Multilayer-Biegeaktoren) mit unterschiedlichen mechanischen und elektromechanischen Eigenschaften bilden den Schwerpunkt des vorliegenden Buches.

Die vielfältigen Einsatzbereiche piezoelektrischer Biegewandler als Stellglieder oder Positioniersysteme in industriellen Anwendungen machen eine Anpassung ihrer Performance für den jeweiligen Anwendungsfall erforderlich. In Bezug auf piezoelektrische Vielschicht-Biegewandler bedarf es daher eines tiefergehenden Verständnisses von deren elasto- und elektromechanischen Eigenschaften. Erst daraus erschließt sich die Möglichkeit, Aussagen über deren statisches und dynamisches Verhalten in der entsprechenden Anwendung zu treffen und dies durch entsprechende Maßnahmen gezielt zu beeinflussen.

Ein wesentliches Ziel des vorliegenden Buches besteht darin, das statische und dynamische Verhalten jeglicher Art einseitig eingespannter piezoelektrischer Biegewandler auf Basis des Spannungs- und Verformungszustands eines Biegebalkens bestehend aus n Schichten in analytisch geschlossener Form für jeden beliebigen Punkt entlang der Biegerlängskoordinate abzuleiten. Die Einflüsse extern eingeprägter mechanischer Lastgrößen wie Kräfte, Momente und Drücke, aber auch durch elektrische Spannungsbeaufschlagung bedingte innere piezoelektrische Momente auf das resultierende statische und dynamische Biegeverhalten stehen dabei im Vordergrund. Die Modellbildung soll beliebige Schichtabfolgen aus passiven elastischen und aktiven piezoelektrischen Schichten sowie deren geometrischen, elasto- und elektromechanischen Eigenschaften berücksichtigen. Im Rahmen der dynamischen Beschreibung soll der Schwerpunkt insbesondere auf die räumliche und zeitliche Auflösung des dynamischen Schwingungsverhaltens gelegt werden.

Piezoelektrische Biegewandler sind geradezu ein Paradebeispiel für ein elektromechanisches System. Elektromechanische Systeme bestehen in der Regel aus wechselwirkenden elektrischen, mechanischen und akustischen Teilsystemen, die auf Basis schaltungstechnischer Darstellungen beschrieben werden. Die Form dieser Darstellung ermöglicht tiefergehende Einsichten in die Verknüpfungsstruktur zwischen elektrischen und mechanischen Teilsystemen und erweitert insbesondere das systemische Verständnis sowohl im Bereich der Aktorik als auch im Bereich der Sensorik. Aus den gewonnenen Kenntnissen über das dynamische Verhalten piezoelektrischer Multilayer-Biegeaktoren soll in einem weiteren Schritt die systematische Entwicklung einer schaltungstechnischen Darstellung von Vielschicht-Biegewandlern im Rahmen der Netzwerktheorie erfolgen.

Um die entwickelten analytischen Ansätze sowie die schaltungstechnische Darstellung im Rahmen der Netzwerktheorie zu verifizieren, werden mithilfe eines speziell für piezoelektrische Biegewandler realisierten Messplatzes reale Messungen unterschiedlicher Art an einem monomorphen Biegeaktor in Multilayer-Technologie durchgeführt und Berechnungen auf Basis der entwickelten Formalismen gegenübergestellt.

1.3 Stand der wissenschaftlichen Forschung

In der wissenschaftlichen Literatur finden sich zahlreiche Veröffentlichungen zum statischen und dynamischen Verhalten piezoelektrischer Biegewandler sowie zu deren schaltungstechnischer Darstellung. Im Vordergrund stehen dabei zumeist monomorphe, bimorphe und trimorphe Biegestrukturen. Multimorphe Biegestrukturen werden eher seltener behandelt. Die Erwähnung aller wichtigen Veröffentlichungen auf diesem Gebiet würde den Rahmen des vorliegenden Buches sprengen, weshalb im Folgenden nur die wichtigsten Arbeiten kurz dargestellt werden.

1.3.1 Statisches Verhalten piezoelektrischer Biegewandler

Die elektromechanischen Kopplungsmechanismen monomorpher und bimorpher Biegeaktoren werden von WANG und CROSS auf Basis der den Verformungszustand beschreibenden Gleichungen diskutiert (Wang et al. 1999a). In einer weiteren Arbeit der beiden Autoren erfolgt die Untersuchung des nichtlinearen Verhaltens piezoelektrischer Bimorphstrukturen unter Aufschalten hoher Feldstärken sowohl in analytischer als auch experimenteller Form (Wang et al. 1999b). CUNNINGHAM, JENKINS und BAKUSH verfolgen in ihrer Arbeit die Optimierung der Dicke einer piezoelektrischen Aktorschicht, um eine daran gekoppelte elastische, nicht-piezoelektrische Schicht durch elektrische Ansteuerung maximal auszulenken (Cunningham et al. 1997). KUEPPERS stellt in seiner Arbeit die Realisierung eines miniaturisierten piezoelektrischen Biegewandlers in monomorpher Ausführung vor. Zur Optimierung der Aktoreigenschaften werden analytische Berechnungen zur Auslenkung eines Zweischichtsystems durchgeführt (Kueppers et al. 2001). Die Modellierung asymmetrischer piezoelektrischer Bimorphstrukturen wird in der Arbeit von BRISSAUD, LEDREN und GONNARD diskutiert. Unter Berücksichtigung der Lage der neutralen Faser wird das statische Verhalten bezüglich des zu erwartenden Biegemoments ermittelt (Brissaud et al. 2003). Eine analytische Beschreibung der Auslenkung des freien Biegeaktorendes eines Bimorphs wird von HUANG, LIN und TAN mithilfe der Matrizenrechnung vorgestellt (Huang et al. 2004).

LOW und GUO sowie WANG und CROSS erweitern die den Verformungszustand allgemein beschreibenden Gleichungen auf trimorphe Biegestrukturen (Low und Guo 1995; Wang und Cross 1999). TADMOR und KÓSA präsentieren am Beispiel einer trimorphen Biegestruktur das Biegeverhalten unter Berücksichtigung des Einflusses des elektromechanischen Kopplungsfaktors auf das Flächenträgheitsmoment jeder einzelnen Schicht (Tadmor und Kósa 2003). SMITS und CHOI beschreiben die elektromechanische Charakteristik heterogener bimorpher Biegestrukturen, welche mit unterschiedlichen, extern angreifenden mechanischen und elektrischen Größen beaufschlagt werden. Unter der Annahme des thermodynamischen Gleichgewichts leiten sie auf Basis energetischer Betrachtungen die den Verformungszustand von bimorphen Biegestrukturen allgemein beschreibenden Gleichungen für das freie Biegerende her (Smits und Choi 1991).

In der Arbeit von DEVOE und PISANO wird ein neuartiges Modell zur Ermittlung der Auslenkung des freien Biegewandlerendes piezoelektrischer Vielschicht-Biegewandler bei elektrischer Ansteuerung dargestellt. Die Beschreibung erfolgt dabei in Form einer Matrizengleichung, welche mechanische, geometrische und elastische Größen der einzelnen Schichten miteinander verknüpft (DeVoe und Pisano 1997). MENG, MEHREGANY und DENG betrachten in ihrer Arbeit piezoelektrische Biegewandler ebenfalls als Vielschichtsystem. Auch hier steht die Beschreibung der Auslenkung des freien Biegewandlerendes im Vordergrund (Meng et al. 1993). WEINBERG erweitert die Modellierung piezoelektrischer Vielschicht-Biegewandler unter Einbeziehung der Lage der neutralen Faser. Die Beschreibung des Verformungszustands in Abhängigkeit extern angreifender Größen wie

Kraft, Moment und elektrische Ansteuerspannung beschränkt sich ebenfalls auf das freie Biegewandlerende (Weinberg 1999).

Kennzeichnend für die vorgestellte Auswahl an Arbeiten sind die umfangreichen analytischen Berechnungen zur Beschreibung des statischen Verhaltens der jeweils interessierenden Biegewandlerstrukturen. Die Berechnung der durch die eingeprägten Lastgrößen verursachten Verschiebungen, Verdrehungen, Volumenverschiebungen und elektrischen Ladungsverschiebungen erfolgt nur teilweise und meistens nur für das freie Biegerende. Dies hat den gravierenden Nachteil, dass der Verformungszustand von räumlich ausgedehnten Biegewandlern nicht für jeden beliebigen Punkt entlang der Längskoordinate bekannt ist. Wichtige Informationen gehen somit verloren.

Um sich von speziellen Biegewandlertypen zu lösen, wird in dem vorliegenden Buch der Ansatz eines piezoelektrischen Vielschicht-Biegewandlers bestehend aus n Schichten verfolgt. Jeder einzelnen Schicht soll dabei sowohl passives elastisches als auch aktives piezoelektrisches Verhalten zugewiesen werden können. Durch eine energetische Beschreibung des Vielschichtsystems soll gewährleistet werden, dass die durch die eingeprägten Lastgrößen Kraft, Moment, Druck und elektrische Ansteuerspannung resultierenden energetisch Konjugierten Verschiebung, Verdrehung, Volumenverschiebung und elektrische Ladungsverschiebung für jeden beliebigen Punkt auf der Biegerlängsachse in analytisch geschlossener Form berechnet werden können. Die Formulierung der das statische Verhalten beschreibenden Gleichungen soll dabei so allgemein gehalten werden, dass sich daraus für den Anwender das statische Verhalten konkreter, in der Praxis vorkommender Biegewandlertypen ableiten lässt.

1.3.2 Dynamisches Verhalten piezoelektrischer Biegewandler

Hinsichtlich der analytischen Beschreibung des dynamischen Verhaltens piezoelektrischer Biegewandler als monomorphes, bimorphes, trimorphes und auch multimorphes System finden sich in der wissenschaftlichen Literatur ebenfalls eine Vielzahl von Arbeiten. Im Folgenden werden einige repräsentative Arbeiten vorgestellt.

SMITS und BALLATO beschreiben in ihrer Arbeit das dynamische Verhalten einer bimorphen Biegestruktur, welche durch eingeprägte zeitharmonische Lastgrößen wie Kraft, Moment, Druck und elektrische Ansteuerspannung in Biegeschwingungen versetzt wird (Smits und Ballato 1994). Die daraus resultierenden zeitharmonischen Größen Verschiebung, Verdrehung, Volumen- sowie Ladungsverschiebung werden mittels einer dynamischen Kopplungsmatrix mit den eingeprägten Lastgrößen verknüpft. Das dynamische Verhalten einer homogenen Bimorphstruktur bei zeitharmonischer, elektrischer Ansteuerung wird zur Bestimmung von Elastizitätsmodul unterschiedlicher Materialien in einer Arbeit von COUGHLIN, STAMENOVIC und SMITS herangezogen (Coughlin et al. 1996). Die Verschiebung der Resonanzfrequenz ist dabei ein Maß für das jeweils zu bestimmende Elastizitätsmodul. In einer Arbeit von SMITS, CHOI und BALLATO erfolgt neben der Beschreibung des Resonanzverhaltens einer bimorphen Biegestruktur die Beschreibung der Ausbildung der Grundmode beim Übergang in die erste Antiresonanz (Smits et al. 1997). Ausgangsbasis für diese Betrachtungen bildet die von SMITS und BALLATO formulierte dynamische Kopplungsmatrix eines piezoelektrischen Bimorphs (Smits und Ballato 1994). YAO und UCHINO erweitern einen dynamisch betriebenen Bimorph um eine am freien Biegerende angebrachte elastische Platte (Yao und Uchino 2001). Das Resonanzverhalten der realisierten Anordnung wird als elektromechanisches System mit konzentrierten Parametern beschrieben. Auf der Modellierung basierende Berechnungsergebnisse werden realen Messwerten gegenübergestellt. In der Arbeit von SITTI, CAMPOLO, YAN und FEARING wird das dynamische Verhalten einer unimorphen Biegestruktur dikutiert (Sitti et al. 2001). Im Vordergrund steht dabei die Ausarbeitung von Designkriterien zur gezielten Beeinflussung des Resonanzverhaltens piezoelektrischer Zweischichtsysteme. FERNANDES und POUGET formulieren für einen Bimorph auf Basis des Hamilton-Prinzips das die Dynamik beschreibende Differenzialgleichungssystem (Fernandes und Pouget 2003). Ein besonderes Augenmerk liegt dabei auf der schichtweisen Modellierung des elektrischen Potenzials. Die Arbeit von BRISSAUD, LEDREN und GONNARD geht neben der Beschreibung des statischen Verhaltens piezoelektrischer Zweischichtsysteme auch auf die analytische Formulierung von deren dynamischem Verhalten ein (Brissaud et al. 2003). Im Vordergrund stehen die Bestimmung des ortsabhängigen Verlaufs der sich ausprägenden Grundmode und die damit verbundene Resonanzfrequenz. SEITZ und HEINZL präsentieren in ihrer Arbeit eine mikrofluidische Komponente auf Basis piezoelektrischer Bimorphstrukturen (Seitz und Heinzl 2004). Die Modellierung des dynamischen Verhaltens der Aktorstrukturen erfolgt mithilfe der vereinfachten Differenzialgleichung für Biegewellen.

Die Beschreibung der Dynamik einer trimorphen Biegestruktur bildet den Inhalt der Arbeit von ROGACHEVA, CHOU und CHANG (Rogacheva et al. 1998). Die aus den entwickelten theoretischen Ansätzen prognostizierten Berechnungsergebnisse werden experimentellen Messwerten gegenübergestellt. HA formuliert die von SMITS und CHOI aufgestellte dynamische Kopplungsmatrix bimorpher Biegestrukturen (Smits und Choi 1991) für einen symmetrisch aufgebauten Trimorph (Ha 2001a,b). Auf Basis des Variationsprinzips von Hamilton wird das die Dynamik beschreibende Differenzialgleichungssystem abgeleitet. Die Herleitung der dynamischen Kopplungsmatrix erfolgt mithilfe der Matrizenrechnung.

Energetische Prinzipien im Rahmen des Lagrange-Formalismus und Anwendung des Variationsprinzips von Hamilton werden in mehreren Arbeiten zur Ermittlung des die Dynamik bestimmenden Differenzialgleichungssystems piezoelektrischer Vielschicht-Biegewandlern vorgestellt (Tanaka 1994; Mitchell und Reddy 1995; Chee et al. 1999; Wang und Quek 2000; Ha und Kim 2002). Die analytischen Formulierungen basieren alle auf der linearen Theorie der Piezoelektrizität und beinhalten die Verkopplung von mechanischen Verformungen mit der Ladungsgleichung der Elektrostatik.

Alle Arbeiten weisen den Nachteil auf, dass die äquivalent viskose Dämpfung, die durch innere und äußere Reibungseffekte verursacht wird, in den dynamischen

Beschreibungen keine Berücksichtigung findet. Diese Tatsache führt unweigerlich zu Singularitäten bei Biegeschwingungen im Resonanzfall, was der realen Ausprägung von Biegeschwingungen in keiner Weise entspricht. Des Weiteren ist zu erwähnen, dass die Differenzialgleichung für Biegewellen eine Funktion des Ortes und der Zeit darstellt. In den meisten Arbeiten bleibt der Separationsansatz bzgl. der Orts- und Zeitfunktionen unberücksichtigt. Erst dieser ermöglicht es in Verbindung mit der charakteristischen Gleichung für einseitig eingespannte Biegewandler, die zeitliche und räumliche Ausprägung der Grund- und Nebenmoden analytisch zu beschreiben.

Im vorliegenden Buch wird daher auf Basis des Hamilton-Prinzips das beschreibende Differenzialgleichungssystem eines piezoelektrischen Vielschichtaktors bestehend aus n Schichten unter Berücksichtigung der Rayleighschen Dissipationsfunktion hergeleitet. Die analytische Beschreibung des räumlichen und zeitlichen Schwingungsverhaltens piezoelektrischer Vielschichtaktoren sowohl für die Grundmode als auch für die Nebenmoden schließt sich in einem weiteren Schritt an. Mit der allgemeinen Formulierung soll für den in der Praxis arbeitenden Entwickler ermöglicht werden, das dynamische Verhalten konkreter, in der Praxis eingesetzter Biegeaktoren zu prognostizieren. Durch Variation ausgewählter geometrischer sowie elasto- und elektromechanischer Parameter kann die dynamische Charakteristik jeder beliebigen Art von Biegewandlern gezielt beeinflusst werden.

1.3.3 Netzwerkdarstellung piezoelektrischer Biegewandler

Die Beschreibung piezoelektrischer Biegeaktoren als elektromechanisches System wird ebenfalls in einer Vielzahl von Arbeiten verfolgt.

In einer Arbeit von BALLATO und SMITS erfolgt die schaltungstechnische Darstellung eines piezoelektrischen Zweischichtsystems (Ballato und Smits 1991), basierend auf der entwickelten dynamischen Kopplungsmatrix von SMITS und CHOI (Smits und Choi 1991). Die Beschreibung erfolgt für das freie Biegewandlerende. SHERRIT, WIEDERICK, MUKHERJEE und SAYER entwickeln eine schaltungstechnische Darstellung für einen piezoelektrischen Dickenschwinger bestehend aus drei Schichten (Sherrit et al. 1997). Die Betrachtung konzentriert sich hierbei auf den Bereich tiefer Frequenzen bis hin zur ersten Resonanzüberhöhung. Eine theoretische Formulierung des dynamischen Verhaltens einer bimorphen Biegestruktur als elektromechanisches System ist Inhalt der Arbeit von TILMANS (Tilmans 1997). In ihr wird ein Ansatz mit verteilten Parametern verfolgt. Die dargestellte Struktur des elektromechanischen Netzwerks besitzt jedoch nur für niedrige Frequenzen Gültigkeit. Die Beschreibung des Verhaltens eines Trimorphs auf Basis einer schaltungstechnischen Darstellung wird in der Arbeit von CHO, PAK, HAN und HA verfolgt (Cho et al. 2000). Das Netzwerk wird in Form eines Zehnpols präsentiert. HA beschreibt eine asymmetrische, trimorphe Biegestruktur mittels einer Impedanz-Matrix (Ha 2001b). Mit dieser gelangt er zu einer Netzwerkdarstellung in Form eines Achtpols. Aufbauend auf das die Dynamik eines Multilayer-Biegewandlers beschreibende

Differenzialgleichungssystem (Tanaka 1994) präsentieren AOYAGI und TANAKA in ihrer Arbeit die schaltungstechnische Darstellung piezoelektrischer Vielschichtaktoren (Aoyagi und Tanaka 1994). Die Admittanzen und Resonanzfrequenzen werden berechnet und mit experimentellen Ergebnissen verglichen.

Die Ausarbeitung einer schaltungstechnischen Darstellung erfolgt in allen Arbeiten auf Basis analytischer Gleichungen. Eine anschauliche Darstellung der mechanisch miteinander wechselwirkenden Größen wie Massen, Reibungsbeiwerte und Nachgiebigkeiten sowie deren Verknüpfung untereinander geht dabei verloren. Weiterhin erfolgt die schaltungstechnische Darstellung nur für den Resonanzfall in der Grundmode. Die sich ausprägenden Nebenmoden bleiben in der schaltungstechnischen Darstellung unberücksichtigt. Daher wird im vorliegenden Buch die schaltungstechnische Darstellung für einen piezoelektrischen Biegewandler bestehend aus n Schichten sukzessive herausgearbeitet. Im Vordergrund steht dabei insbesondere die Beschreibung der in der Realität auftretenden Nebenmoden.

1.4 Aufbau und inhaltliche Schwerpunkte des Buches

Das vorliegende Buch beinhaltet insgesamt **14 Kapitel**, welche sich in **fünf Teile** einordnen lassen. Jedem einzelnen Kapitel geht eine Zusammenfassung voraus, die es dem werten Leser ermöglichen soll, einen schnellen Überblick zu den behandelten Themen zu erlangen. Zusätzlich beinhaltet jedes einzelne Kapitel ein eigenes Inhaltsverzeichnis, einen eigenen Anhang (falls notwendig) sowie ein eigenes Literaturverzeichnis. Der Leser findet über alle Kapitel hinweg (vermehrt jedoch in den ersten Kapiteln) **halbfett** dargestellte Fachtermini vor, die eigens in einem Glossar am Ende des Buches beschrieben werden. Somit soll es dem Leser ermöglicht werden, ohne zusätzliche Sekundärliteratur den präsentierten Inhalten des vorliegenden Buches folgen zu können. Zusätzliche Hintergrundinformationen in den einzelnen Kapiteln dienen dazu, dem Leser – wo notwendig – mathematische und physikalische Werkzeuge, Hilfsmittel oder Begrifflichkeiten mit an die Hand zu geben, um den Ausführungen in den jeweiligen Kapiteln mitunter besser folgen zu können.

Kap. 2 – der Beginn des **zweiten Teils** des vorliegenden Buches – geht nach einem kurzen historischen Abriss zur Entdeckung der Piezoelektrizität auf eine anschauliche Beschreibung des direkten und reziproken piezoelektrischen Effekts anhand der Tieftemperaturmodifikation des Quarzkristalls ein. Eng verbunden mit beiden Effekten ist der Begriff der elektrischen Polarisation, der ebenfalls Gegenstand des Kapitels ist.

Im **Kap. 3** steht die für zahlreiche moderne Sensor- und Aktorsysteme nach wie vor unentbehrliche ferroelektrische Oxidkeramik Blei-Zirkonat-Titanat (PZT), welche den Funktionskeramiken zuzuordnen ist, im Mittelpunkt. Ausgehend von einem kurzen Überblick über die Entdeckungsgeschichte piezoelektrischer Keramiken liegt das Hauptaugenmerk auf der Kristallstruktur von PZT. Aus ihr erschließen sich sehr anschaulich die auf mikroskopischer Skala auftretenden Domänen und die damit verbundenen Domänen-

1.4 Aufbau und inhaltliche Schwerpunkte des Buches

prozesse, die ihrerseits der Schlüssel zum Verständnis des makroskopischen Verhaltens eines PZT-Keramikkörpers bei verschiedenen Belastungsarten sind.

Kap. 4 gibt einen kompakten Überblick über die Aufbereitung und Herstellung einer PZT-Keramik. Daran schließt sich ein Überblick über die in technischen Anwendungen anzutreffenden Standard-Bauformen piezoelektrischer Aktoren, insbesondere piezokeramische Biegewandler an.

Mit **Kap. 5** beginnt der **dritte Teil** des vorliegenden Buches, der die Formulierung einer linearen Theorie piezoelektrischer Materialien zum Schwerpunkt hat. Den physikalischen Begriffen der Energiedichte der elastischen Verformung sowie der Energiedichte im elektrostatischen Feld kommt hierbei eine zentrale Bedeutung zu. Besagtes Kapitel beschäftigt sich mit der schrittweisen Herleitung der Energiedichte der elastischen Verformung.

Die schrittweise Herleitung und Formulierung der Energiedichte des elektrostatischen Feldes auf Basis makroskopischer Feldgrößen in isotropen sowie in anisotropen Dielektrika, denen auch das Bleizirkonat-Bleititanat-System PZT zuzuordnen ist, ist Gegenstand von **Kap. 6**.

Ausgangspunkt für **Kap. 7** bilden die Energiedichten der elastischen Verformung und des elektrostatischen Feldes. Darauf aufbauend werden aus Sicht der Thermodynamik die dem Anwendungsfall entsprechenden thermodynamischen Potenziale und die daraus resultierenden piezoelektrischen Zustandsgleichungen mit den zugehörigen Materialkoeffizienten sukzessive hergeleitet und am Ende des Kapitels für das Bleizirkonat-Bleititanat-System PZT dargestellt.

Mit **Kap. 8** erfolgt der Übergang zum **vierten Teil** des Buches, dem statischen und dynamischen Verhalten von piezoelektrischen Biegewandlern. Inhalt dieses Kapitels ist die Entwicklung eines theoretischen Ansatzes zur Beschreibung des statischen Verhaltens eines Vielschicht-Biegewandlers bestehend aus n Schichten. Die Bernoullische Hypothese der Biegetheorie dient hierbei als physikalische Grundlage. Sie ermöglicht in Verbindung mit den Grundgesetzen der Elastostatik die Berechnung der Lage der neutralen Faser, eine Berechnungsgröße, die sich in anderweitigen mechanischen Berechnungsgrößen wiederfindet. Energetische Betrachtungen führen in Verbindung mit den erforderlichen piezoelektrischen Zustandsgleichungen auf den Gesamtenergieinhalt des Biegewandlers. Mit dem Prinzip vom Minimum des elastischen Potenzials erfolgt die Herleitung der Verknüpfungsgleichungen zwischen den eingeprägten Lasten (Moment, Kraft, Druck, elektrische Spannung) und den kanonisch Konjugierten (Verdrehung, Verschiebung, Volumenverschiebung, Ladungsverschiebung) als Funktionen der Längenkoordinate des mehrschichtigen Biegewandlers. Die gewonnenen Kopplungsgleichungen werden in einer sog. statischen Kopplungsmatrix zusammengefasst.

Die beiden **Kap. 9** und **10** sind dem interessierten Leser vorbehalten und können gerne übersprungen werden. Dennoch sind beide Kapitel für ein tiefergehendes Verständnis zu den die Dynamik piezoelektrischer Biegewandler beschreibenden Differenzialgleichungssystemen sehr empfehlenswert.

Kap. 11 beschäftigt sich mit der Beschreibung des zeitharmonischen, dynamischen Verhaltens piezoelektrischer Biegewandler. In Analogie zu Kap. 8 erfolgt die Herleitung der Verknüpfungsgleichungen zwischen den eingeprägten harmonischen Lasten (Moment, Kraft, Druck, elektrische Spannung) und den kanonisch Konjugierten (Verdrehung, Verschiebung, Volumenverschiebung, Ladungsverschiebung) als Funktionen der Längenkoordinate des mehrschichtigen Biegewandlers. Die gewonnenen Kopplungsgleichungen werden in einer dynamischen Kopplungsmatrix, auch Mitgangsmatrix genannt, zusammengefasst.

Inhalt von **Kap. 12** ist die schrittweise Entwicklung einer allgemeingültigen schaltungstechnischen Darstellung piezoelektrischer Vielschicht-Biegewandler als elektromechanisches System. Die bei Biegeschwingungen auftretenden Reibungskräfte (äquivalent viskose Dämpfung) finden hierbei Berücksichtigung. Über das differenzielle Biegeverhalten eines Vielschicht-Biegewandlersegments bei elektrischer Spannungsaufschaltung erfolgt die elektromechanische Kopplung elektrischer und mechanischer Größen mithilfe eines Vierpols in Form eines Gyrators. Eine Verknüpfung des Vierpols mit einem die translatorischen und rotatorischen Größen koppelnden Achtpol führt unter Berücksichtigung der Ausprägung der Eigenmoden zu einer allgemeingültigen schaltungstechnischen Darstellung eines piezoelektrischen Biegewandlers.

Ein für piezoelektrische Biegewandler entwickelter Messplatz sowie die messtechnische Charakterisierung des statischen und dynamischen Verhaltens eines eigens dafür aufgebauten Monomorphs in Multilayer-Technologie bilden die Hauptinhalte der beiden **Kap. 13** und **14 im fünften Teil** des Buches. Neben der Funktionalität des Messplatzes wird detailliert auf die einzelnen Messszenarien und deren experimentelle Realisierung eingegangen. Eine entsprechende Automatisierung des Messplatzes ermöglicht die Verifizierung der in diesem Buch entwickelten theoretischen Modelle am Beispiel des verwendeten Monomorphs in Multilayer-Technologie. Zur Verifizierung der theoretischen Modelle werden die daraus abgeleiteten Berechnungsergebnisse realen Messwerten gegenübergestellt.

Literatur

Aoyagi R, Tanaka H (1994) Equivalent circuit analysis of piezoelectric pending vibrators. Jpn J Appl Phys 33(5S):3010–3014. https://doi.org/10.1143/JJAP.33.3010

Ballas RG (2007) Piezoelectric multilayer beam bending actuators: static and dynamic behavior and aspects of sensor integration. Microtechnology and MEMS. Springer, Berlin/Heidelberg

Ballas RG, Pfeifer G, Werthschützky R (2009) Elektromechanische Systeme der Mikrotechnik und Mechatronik: Dynamischer Entwurf – Grundlagen und Anwendungen, 2. Aufl. Springer, Berlin/Heidelberg

Ballato A, Smits JG (1991) Network representation for piezoelectric bimorphs. IEEE Trans Ultrason Ferroelectr Freq Control 38(6):595–602. https://doi.org/10.1109/58.108858

Brissaud M, Ledren S, Gonnard P (2003) Modelling of a cantilever non-symmetric piezoelectric bimorph. J Micromech Microeng 13(6):832–844. https://doi.org/10.1088/0960-1317/13/6/306

Büttgenbach S (1990) Mikromechanik: Einführung in Technologie und Anwendungen. Teubner Studienbücher – Angewandte Physik. Springer Fachmedien, Wiesbaden

Chee CYK, Tong L, Steven GP (1999) A mixed model for composite beams with piezoelectric actuators and sensors. Smart Mater Struct 8(3):417–432. https://doi.org/10.1088/0964-1726/8/3/313

Cho YS, Pak Y, Han CS, Ha SK (2000) Five-port equivalent electric circuit of piezoelectric bimorph beam. Sens Actuator A Phys 84(1–2):140–148. https://doi.org/10.1016/S0924-4247(99)00231-9

Coughlin MF, Stamenovic D, Smits JG (1996) Determining material stiffness using piezoelectric bimorphs. In: IEEE ultrasonics symposium, San Antonio, S 1607–1610. https://doi.org/10.1109/ULTSYM.1996.584396

Cunningham MJ, Jenkins DFL, Bakush MM (1997) Experimental investigation of optimum thickness of a piezoelectric element for cantilever actuation. IEE Proc-Sei Meas Technol 144(1):45–48. https://doi.org/10.1049/ip-smt:19970902

Denzler MP (2004) Lebensdauer und Zuverlässigkeit dynamisch betriebener piezokeramischer Biegewandler. Cuvillier Verlag, Göttingen

DeVoe D, Pisano A (1997) Modeling and optimal design of piezoelectric cantilever microactuators. J Microelectromech Syst 6(3):266–270. https://doi.org/10.1109/84.623116

Fernandes A, Pouget J (2003) Analytical and numerical approaches to piezoelectric bimorph. Int J Solids Struct 40(17):4331–4352. https://doi.org/10.1016/S0020-7683(03)00222-1

Ha SK (2001a) Admittance matrix of asymmetric piezoelectric bimorph with two separate electrical ports under general distributed loads. IEEE Trans Ultrason Ferroelectr Freq Control 48(4):976–984. https://doi.org/10.1109/58.935714

Ha SK (2001b) Analysis of the asymmetric triple-layered piezoelectric bimorph using equivalent circuit models. J Acoust Soc Am 110(2):856–864. https://doi.org/10.1121/1.1387090

Ha SK, Kim YH (2002) Analysis of a piezoelectric multimorph in extensional and flexural motions. J Sound Vib 253(5):1001–1014. https://doi.org/10.1006/jsvi.2001.4040

Haertling GH (1999) Ferroelectric ceramics: history and technology. J Am Ceram Soc 82(4):797–818. https://doi.org/10.1111/j.1151-2916.1999.tb01840.x

Huang C, Lin YY, Tang TA (2004) Study on the tip-deflection of a piezoelectric bimorph cantilever in the static state. J Micromech Microeng 14(4):530–534. https://doi.org/10.1088/0960-1317/14/4/013

Kueppers H, Hoffmann M, Leuerer T, Schneller T, Boettger U, Waser R, Mokwa W, Schnakenberg U (2001) Basic investigations on a piezoelectric bending actuator for micro-electro-mechanical applications. Integr Ferroelectr 35(1–4):269–281. https://doi.org/10.1080/10584580108016908

Low TS, Guo W (1995) Modeling of a three-layer piezoelectric bimorph beam with hysteresis. J Microelectromech Syst 4(4):230–237. https://doi.org/10.1109/84.475550

Meng Q, Mehregany M, Deng K (1993) Modeling of the electromechanical performance of piezoelectric laminated microactuators. J Micromech Microeng 3(1):18–23. https://doi.org/10.1088/0960-1317/3/1/005

Mitchell JA, Reddy JN (1995) A refined hybrid plate theory for composite laminates with piezoelectric laminae. Int J Solids Struct 32(16):2345–2367. https://doi.org/10.1016/0020-7683(94)00229-P

Rogacheva NN, Chou CC, Chang SH (1998) Electromechanical analysis of a symmetric piezoelectric/elastic laminate structure: theory and experiment. IEEE Trans Ultrason Ferroelectr Freq Control 45(2):285–294. https://doi.org/10.1109/58.660139

Seitz H, Heinzl J (2004) Modelling of a microfluidic device with piezoelectric actuators. J Micromech Microeng 14(8):1140–1147. https://doi.org/10.1088/0960-1317/14/8/004

Sherrit S, Wiederick HD, Mukherjee BK, Sayer M (1997) An accurate equivalent circuit for the unloaded piezoelectric vibrator in the thickness mode. J Phys D Appl Phys 30(16):2354–2363. https://doi.org/10.1088/0022-3727/30/16/014

Sitti M, Campolo D, Yan J, Fearing R (2001) Development of PZT and PZN-PT based unimorph actuators for micromechanical flapping mechanisms. In: IEEE international conference on robotics and automation, Seoul, Bd 4, S 3839–3846. https://doi.org/10.1109/robot.2001.933216

Smits J, Ballato A (1994) Dynamic admittance matrix of piezoelectric cantilever bimorphs. J Microelectromech Syst 3:105–112. https://doi.org/10.1109/84.311560

Smits JG, Choi W (1991) The constituent equations of piezoelectric heterogeneous bimorphs. IEEE Trans Ultrason Ferroelectr Freq Control 38(3):256–270. https://doi.org/10.1109/58.79611

Smits JG, Choi WS, Ballato A (1997) Resonance and antiresonance of symmetric and asymmetric cantilevered piezoelectric flexors. IEEE Trans Ultrason Ferroelectr Freq Control 44(2):250–258. https://doi.org/10.1109/58.585110

Tadmor EB, Kósa G (2003) Electromechanical coupling correction for piezoelectric layered beams. J Microelectromech Syst 12(6):899–906. https://doi.org/10.1109/JMEMS.2003.820286

Tanaka H (1994) Generalized basic equations for bending motions of piezoelectric bars formulated from Hamilton's principle. J Acoust Soc Am 95(4):1768–1772. https://doi.org/10.1121/1.408696

Tilmans HAC (1997) Equivalent circuit representation of electromechanical transducers: II. Distributed-parameter systems. J Micromech Microeng 7(4):285–309. https://doi.org/10.1088/0960-1317/7/4/005

Uchino K (2017) Advanced piezoelectric materials: science and technology. Woodhead publishing series in electronic and optical materials, 2. Aufl. Woodhead Publishing, Duxford

Wang Q, Quek ST (2000) Flexural vibration analysis of sandwich beam coupled with piezoelectric actuator. Smart Mater Struct 9(1):103–109. https://doi.org/10.1088/0964-1726/9/1/311

Wang QM, Cross LE (1999) Constitutive equations of symmetrical triple layer piezoelectric benders. IEEE Trans Ultrason Ferroelectr Freq Control 46(6):1343–1351. https://doi.org/10.1109/58.808857

Wang QM, Du XH, Xu B, Cross LE (1999a) Electromechanical coupling and output efficiency of piezoelectric bending actuators. IEEE Trans Ultrason Ferroelectr Freq Control 46(3):638–646. https://doi.org/10.1109/58.764850

Wang QM, Zhang Q, Xu B, Liu R, Cross LE (1999b) Nonlinear piezoelectric behavior of ceramic bending mode actuators under strong electric fields. J Appl Phys 86(6):3352–3360. https://doi.org/10.1063/1.371213

Weinberg MS (1999) Working equations for piezoelectric actuators and sensors. J Microelectromech Syst 8(4):529–533. https://doi.org/10.1109/84.809069

Yao K, Uchino K (2001) Analysis on a composite cantilever beam coupling a piezoelectric bimorph to an elastic blade. Sens Actuator A Phys 89(3):215–221. https://doi.org/10.1016/S0924-4247(00)00552-5

Teil II

Piezoelektrizität und piezoelektrische Funktionskeramik PZT

Piezoelektrizität 2

2.1 Entdeckung der Piezoelektrizität

Im Jahre 1880 wurde die **Piezoelektrizität** von den Gebrüdern CURIE entdeckt (Curie und Curie 1880). Sie fanden heraus, dass eine mechanische Deformation mancher **Kristalle** in bestimmte Richtungen mit einem Auftreten positiver und negativer Oberflächenladungen einhergeht. Diese Entdeckung geschah jedoch nicht ganz zufällig, vielmehr reicht deren Geschichte über zwei Jahrtausende zurück. Die erste Überlieferung zu elektrischen Erscheinungen bei Kristallen stammt von dem griechischen Philosophen und Naturforscher THEOPHRASTOS (ca. 371–287 v. Chr.) und handelte von dem mysteriösen Verhalten des Kristalls **Turmalin** (Lang 2005).

Wurden Turmaline in heiße Asche gelegt, zogen sie an einer Seite Aschepartikel an, an der gegenüberliegenden Seite wurden sie abgestoßen. Nach einiger Zeit kehrte sich dieser Effekt des Anziehens und Abstoßens um. Anfang des 18. Jahrhunderts brachten niederländische Kaufleute die Turmalinkristalle aus Ceylon mit nach Europa. Wegen ihrer Herkunft und ihres scheinbar magnetischen Verhaltens wurden Turmaline auch **Ceylon'sche Magnete** genannt.

Der berühmte schwedische Naturforscher LINNÉ, wahrscheinlich der erste Wissenschaftler, der die Eigenschaften von Turmalin mit elektrischen Phänomenen in Beziehung brachte, gibt im Jahre 1747 den Turmalinkristallen den wissenschaftlichen Namen *lapis electricus*. Im Jahre 1756 präsentierte der deutsche Physiker AEPINUS der Königlichen Akademie der Wissenschaften in Berlin erstmals eine wissenschaftliche Abhandlung über die elektrischen Eigenschaften von Turmalin. Er erkannte, dass die beiden Enden eines erhitzten Turmalinkristalls entgegengesetzte elektrische Polaritäten aufweisen. Basierend auf diesem Effekt, welcher sich später bei weiteren Arten von Kristallen beobachten ließ, prägte schließlich der schottische Physiker BREWSTER im Jahre 1824 den Begriff der **Pyroelektrizität** (griech.: *pyrein* = brennen) (Forbes 1834). Im Jahre 1828 gelang dem französischen Physiker BECQUEREL an unterschiedlichen Kristallen die erste qualitative Messung pyroelektrischer Eigenschaften (Erhart et al. 2017).

In den Jahren 1878 und 1893 verfasste der britische Physiker THOMSON – mit der Verleihung des Titels Lord KELVIN später in den Adelsstand erhoben – die ersten wegweisenden theoretischen Abhandlungen über die Pyroelektrizität. Er postulierte, dass Pyroelektrizität bei den Kristallarten zu beobachten ist, welche über eine einzige **polare Achse** verfügen, d. h. sie besitzen einen permanenten **elektrischen Dipol** und sind demnach permanent polarisiert. Die polare Achse muss dabei nicht notwendigerweise mit den sich aus der **Kristallsymmetrie** ergebenden Richtungen der kristallografischen Hauptachsen zusammenfallen. Wird ein **pyroelektrischer Kristall** um die Temperatur $\Delta\Theta$ erwärmt oder abgekühlt, resultiert daraus eine Änderung der **elektrischen Polarisation** ΔP, d. h. die gegenüberliegenden Flächen des Kristalls laden sich entgegengesetzt elektrisch auf. Zwischen der Polarisationsänderung ΔP und der Temperaturänderung $\Delta\Theta$ existiert ein linearer Zusammenhang, welcher sich mittels des **pyroelektrischen Koeffizienten** p in einfacher Form darstellen lässt (Tichý et al. 2010).

$$\Delta P = p\,\Delta\Theta \qquad (2.1)$$

Im weiteren Verlauf des 19. Jahrhunderts bemühten sich einige Wissenschaftler, einen Zusammenhang zwischen Effekten einer mechanischen Druckwirkung und elektrischen Effekten zu finden. BECQUEREL erwartete sogar, dass derartige Effekte eigens bei Kristallen existieren sollten. Zeitgleich mit dem deutschen Physiker VOIGT begründete THOMSON im Jahre 1878 schließlich den Zusammenhang zwischen Pyroelektrizität und Piezoelektrizität. Es konnte nachgewiesen werden, dass der größte Teil der pyroelektrischen Aufladung von Turmalin auf die Bildung von Oberflächenladungen durch die elastischen Deformationen des Kristalls bei Temperaturänderungen zurückzuführen ist. Die Aussagen von THOMSON und die Tatsache, dass Pierre CURIE aus seinen vorhergehenden Forschungstätigkeiten über ein großes Wissen verfügte, was die **Kristallografie** sowie die Eigenschaften der Pyroelektrizität anbelangte, bildeten letztlich die notwendige Grundlage zur Entdeckung der Piezoelektrizität. Gemeinsam mit seinem Bruder Jacques CURIE war er in der Lage vorherzusagen, entlang welcher Achsen eines Kristalls eine mechanische Druckspannung aufgebracht werden muss, um elektrische Oberflächenladungen zu erzeugen. Des Weiteren waren sie in der Lage, diejenigen **Kristallklassen** zu identifizieren, bei denen dieser Effekt zu erwarten war.

Den **direkten piezoelektrischen Effekt**, welchen sie anfänglich **Polarelektrizität** nannten, entdeckten die Gebrüder CURIE zuerst an Turmalinkristallen (Curie und Curie 1881). Sie erkannten, dass eine mechanische Deformation, verursacht durch eine von außen eingeprägte mechanische Druckspannung σ entlang der vorhergesagten kristallografischen Achsen, an den gegenüberliegenden **Kristallflächen** ungleichnamige elektrische Oberflächenladungen hervorruft, deren Ursache in der sich ändernden elektrischen Polarisation ΔP zu suchen ist. Die dabei auftretenden elektrischen Ladungen sind proportional zur Deformation des Kristalls. Wird der Kristall anschließend entlastet, sind keine Ladungen mehr nachweisbar. Zwischen der Polarisationsänderung ΔP und der mechanischen Druckspannung σ existiert ebenso ein linearer Zusammenhang, welcher mittels der **piezoelektrischen Ladungskonstanten** d wie folgt formuliert werden kann (Erhart et al. 2017):

$$\Delta P = d\sigma \qquad (2.2)$$

Diesen Effekt, welcher später auch an Quarzen und weiteren Kristallen ohne **Symmetriezentrum** gefunden wurde, bezeichnete man auf den Vorschlag des deutschen Physikers HANKEL hin als *piezoelektrischen Effekt* (griech.: *piezein = drücken*) (Hankel 1881). Die Namensgebung wurde umgehend von den Gebrüdern CURIE und von Wissenschaftlern weltweit angenommen.

Nur einige Monate nach der ersten Veröffentlichung zum direkten piezoelektrischen Effekt durch die Gebrüder CURIE leistete der französische Physiker LIPPMANN einen wichtigen Beitrag zur Piezoelektrizität. Auf Basis thermodynamischer Überlegungen sagte er die Umkehrbarkeit des direkten piezoelektrischen Effekts, den sog. **reziproken piezoelektrischen Effekt**, voraus (Lippmann 1881). Seiner Meinung nach sollte ein piezoelektrischer Kristall unter der Einwirkung eines äußeren elektrischen Feldes eine mechanische Deformation erfahren. Unmittelbar danach konnten die Voraussagen LIPPMANN's von den Gebrüdern CURIE experimentell nachgewiesen werden (Curie und Curie 1881). In den Jahren darauf folgten weitere experimentelle Untersuchungen zum reziproken piezoelektrischen Effekt, welche bedeutend dazu beigetragen haben, die der Piezoelektrizität zugrunde liegenden physikalischen Prinzipien zu formulieren (Curie 1889). Die hier skizzierte Abhandlung zur Entdeckung der Piezoelektrizität ließe sich beliebig weiter detaillieren, was jedoch den Rahmen des vorliegenden Buches sprengen würde. Dem interessierten Leser sei an dieser Stelle die bemerkenswerte Monografie von KATZIR empfohlen (Katzir 2006).

2.2 Direkter und reziproker piezoelektrischer Effekt

Das gemeinsame Kennzeichen aller piezoelektrischen Kristalle ist das Vorhandensein einer oder mehrerer polarer Achsen. In der Kristallografie zeichnet sich eine polare Achse dadurch aus, dass deren vorderes und hinteres Ende nicht gleichwertig sind, d. h. eine Drehung um eine senkrecht zu einer polaren Achse verlaufende Achse um 180° bringt den betreffenden Kristall nicht mit der ursprünglichen Ausgangsstellung zur Deckung (Schwarzenbach 2001; Raith et al. 2006). Dieser Sachverhalt lässt sich anhand der in Abb. 2.1 dargestellten Kristallform von Quarz, oftmals auch als **Tiefquarz** oder α-**Quarz** bezeichnet, auf makroskopischer Ebene veranschaulichen.

Der Quarzkristall gehört in seiner unterhalb von 573 °C auftretenden Tieftemperaturmodifikation (daher auch die Bezeichnung *Tiefquarz*) zum **trigonalen Kristallsystem**, einem von sieben **Kristallsystemen** in der Kristallografie, mit dessen Hilfe sich

Abb. 2.1 Kristallform von α-Quarz (Tiefquarz) mit seinen dazugehörigen Kristallachsen

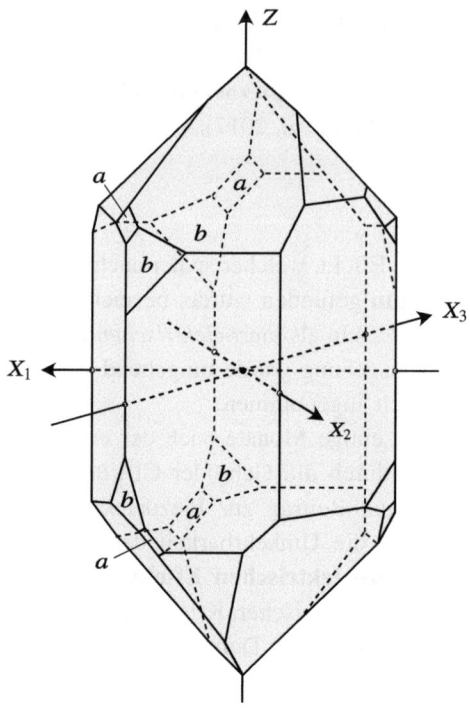

der zu beschreibende Kristall dreidimensional klassifizieren lässt (Okrusch und Matthes 2014). Es existieren drei polare Achsen, welche mit X_1, X_2 und X_3 bezeichnet werden. Die Achsen verbinden jeweils zwei gegenüberliegende Kanten des sechsseitigen Prismas. Die einander gegenüberliegenden Kanten sind jedoch nicht gleichwertig, was daran zu erkennen ist, dass z. B. an der hinteren Kante, welche der Achse X_2 zugeordnet ist, die kleinen mit a und b gekennzeichneten Flächen anliegen, diese bei der gegenüberliegenden Kante jedoch fehlen, d. h. dass eine Drehung um die mit Z bezeichnete Achse um 180° den Quarzkristall nicht mit seiner ursprünglichen Ausgangsstellung zur Deckung bringt. Die Z-Achse repräsentiert die sog. **kristallografische Hauptachse** (oft auch als **optische Achse** bezeichnet) und ist nicht polar. Dies rührt daher, dass nach einer 180°-Drehung um eine der X-Achsen der Quarzkristall mit seiner Ausgangsstellung abermals in Deckung kommt (Cady 1946).

Abb. 2.2a zeigt ein sechsseitiges Prisma, welches wir uns aus dem in Abb. 2.1 dargestellten Quarzkristall parallel zur Ebene der polaren Achsen X_1, X_2 und X_3 herausgeschnitten vorstellen können. Dieses setzen wir nun entlang der X_1-Achse einer mechanischen Druckbelastung aus (s. Abb. 2.2b). Wir können beobachten, dass bei einer mechanischen Beanspruchung des Kristalls an den Enden der jeweiligen polaren Achsen entgegengesetzt gleich große elektrische Ladungen auftreten, mit anderen Worten, dass *Piezoelektrizität* erzeugt wird. Die mechanische Belastung muss dabei nicht notwendigerweise direkt in Richtung der polaren Achse erfolgen. Eine in Richtung der polaren Achse vorhandene Druckbelastungskomponente ist hierbei schon ausreichend. Die

2.2 Direkter und reziproker piezoelektrischer Effekt

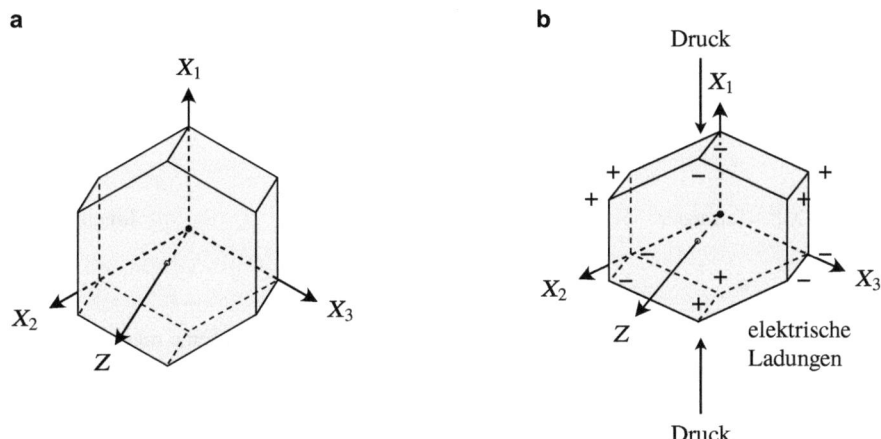

Abb. 2.2 Erzeugung von Piezoelektrizität an einem sechsseitigen Quarzprisma. (**a**) Das Quarzprisma befindet sich zunächst in einem unbelasteten Zustand. (**b**) Bei einer mechanischen Druckbelastung treten an den Kanten des Quarzprismas entgegengesetzt gleich große elektrische Ladungen auf, d. h. es wird Piezoelektrizität erzeugt

nachfolgenden Betrachtungen zum strukturellen Aufbau von α-Quarz und seinen chemischen Bindungsverhältnissen auf molekularer Ebene ermöglichen uns eine physikalische Erklärung der an dem Prisma auftretenden piezoelektrischen Erscheinung.

Der α-Quarz repräsentiert die wichtigste in der Natur vorkommende Modifikation des **Siliciumdioxids** (SiO_2). Auf molekularer Ebene ist dieser als Netzwerk aus kontinuierlich miteinander verbundenen $[SiO_4]^{4-}$-Tetraedern aufzufassen (Davila et al. 2008). In **Silicaten**, denen der α-Quarz zuzuordnen ist, sind $[SiO_4]^{4-}$-Tetraeder die wichtigsten strukturaufbauenden **Koordinationspolyeder**. Dabei ist das Siliciumatom von vier Sauerstoffatomen umgeben (s. Abb. 2.3a). Was die Si–O-Bindung und damit die Bindungsverhältnisse innerhalb des $[SiO_4]^{4-}$-Tetraeders betrifft, so liegt weder eine rein **kovalente** (s. Abb. 2.3b) noch eine rein **ionische Bindung** vor (s. Abb. 2.3c). Die Wahrheit bzgl. der realen Bindungsverhältnisse liegt irgendwo dazwischen. Eine Betrachtung der **Elektronegativitäten** der einzelnen Bindungspartner und der daraus resultierenden **Elektronegativitätsdifferenz** gibt Aufschluss über die vorherrschenden Bindungsverhältnisse. Anhand der Elektronegativität des **Siliciums** ($\chi_{Si} = 1,8$) und der des **Sauerstoffs** ($\chi_O = 3,5$) ergibt sich eine Elektronegativitätsdifferenz von $\Delta\chi = 1,7$. Bei einem derartigen Wert kann von einem zu 50% partiell ionischen Charakter der Si–O-Bindung ausgegangen werden (Mortimer et al. 2015). Um nachfolgend den piezoelektrischen Effekt auf anschauliche Weise zu erklären, wollen wir die Annahme treffen, dass innerhalb des $[SiO_4]^{4-}$-Tetraeders eine rein ionische Bindung gemäß Abb. 2.3c vorliegt.

Wegen der für α-Quarz spezifischen räumlichen Vernetzung von $[SiO_4]^{4-}$-Tetraedern ergibt sich in erster Näherung eine sechsseitige Strukturzelle (s. Abb. 2.4). Diese setzt sich aus drei Formeleinheiten SiO_2 zusammen. Die Annahme rein ionischer Bindungsverhältnisse bedingt, dass das Siliciumion (**Kation**) ein geringeres Raumvolumen als

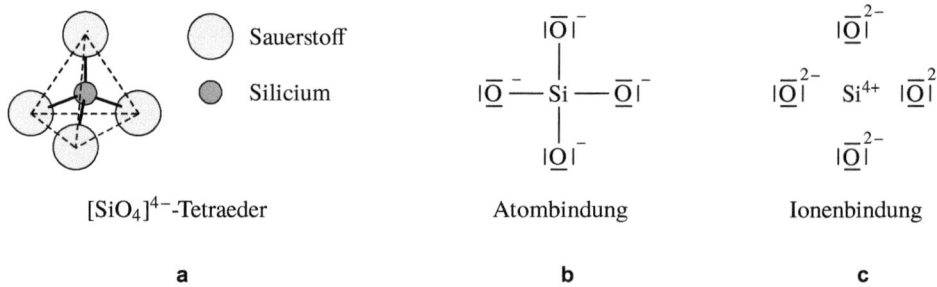

Abb. 2.3 Strukturaufbauender Koordinationspolyeder von α-Quarz und seine **mesomeren Grenzstrukturen** (die **Valenzelektronenpaare** sind durch Striche gekennzeichnet). (**a**) $[SiO_4]^{4-}$-Tetraeder (das Siliciumatom ist von vier Sauerstoffatomen umgeben). (**b**) Rein kovalente Bindung (auch bezeichnet als *Atombindung, homöopolare Bindung* oder *Elektronenpaarbindung*). (**c**) Rein ionische Bindung (auch bezeichnet als *Ionenbindung, heteropolare Bindung* oder *elektrovalente Bindung*)

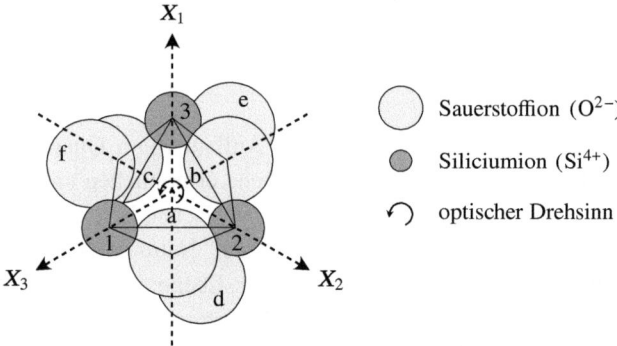

Abb. 2.4 Strukturzelle von α-Quarz mit den zugehörigen polaren Achsen X_1, X_2 und X_3 (die kristallografische Hauptachse Z weist senkrecht in die Zeichenebene hinein). (Nach Gobrecht et al. 1971)

das Sauerstoffion (**Anion**) einnimmt (Ketelaar 1953). Dieser Tatsache wird in Abb. 2.4 durch die unterschiedliche Größendarstellung der Silicium- und Sauerstoffionen Rechnung getragen. Die kristallografische Hauptachse Z steht senkrecht auf der von den polaren Achsen X_1, X_2 und X_3 aufgespannten Ebene und weist in die Zeichenebene hinein. Bezogen auf die Zeichenebene liegt das Siliciumion 1 über dem Siliciumion 2 und dieses wiederum über dem Siliciumion 3. Die Anordnung der jeweils um 60° versetzten Sauerstoffionen a, b und c ist entsprechend (Gobrecht et al. 1971). Daraus wird ersichtlich, dass sich die Lage der Siliciumionen und die der Sauerstoffionen im Gegenuhrzeigersinn spiralförmig in die Zeichenebene hinein fortsetzt. Die Drehrichtung der Spirale entspricht dem optischen Drehsinn der vorliegenden Kristallstruktur, d. h. die Ebene von linear polarisiertem Licht wird im Gegenuhrzeigersinn gedreht, womit es sich in Abb. 2.4 um die Strukturzelle eines **linksdrehenden Quarzkristalls** handelt. Nach außen hin ist die Strukturzelle elektrisch neutral. Denn jedes der drei Siliciumionen trägt vier positive und

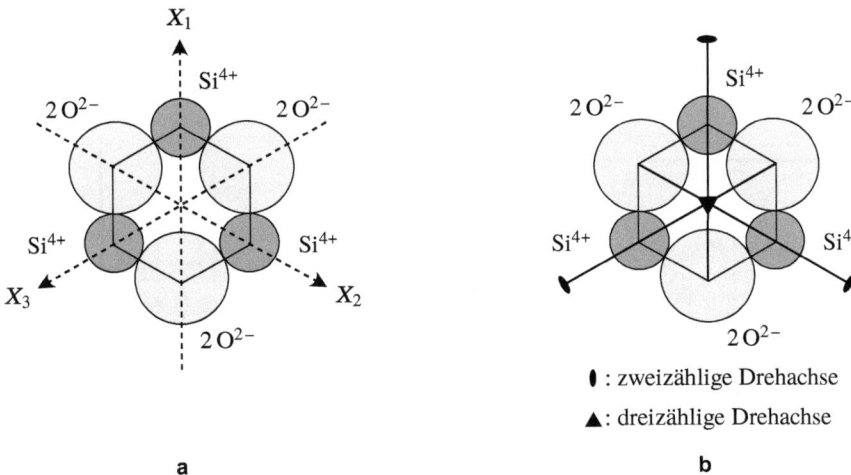

Abb. 2.5 Vereinfachte Form der Strukturzelle von α-Quarz mit den zugehörigen polaren Achsen X_1, X_2 und X_3. (**a**) Anordnung der Si^{4+}- und O^{2-}-Ionen in einem regulären Sechseck. (**b**) Zwei- und dreizählige Drehachsen als Symmetrieelemente

jedes der sechs Sauerstoffionen zwei negative **Einheitsladungen**, womit alle Ladungen gegenseitig abgesättigt sind (Raith et al. 2006).

Zwecks weiterer Vereinfachung möchten wir annehmen, dass die Sauerstoffionen d, e und f geringfügig verschoben sind, sodass sie mit den jeweiligen Sauerstoffionen a, b und c in Richtung der kristallografischen Hauptachse zur Deckung kommen. Hieraus resultiert eine vereinfachte Form der Strukturzelle von α-Quarz (s. Abb. 2.5). Diese weist eine reguläre sechsseitige Grundstruktur auf, an deren Eckpunkten die negativ geladenen O^{2-}- und die positiv geladenen Si^{4+}-Ionen angeordnet sind. Die polaren Achsen X_1, X_2 und X_3 sind jeweils zweizählige Drehachsen, die senkrecht in die Zeichenebene weisende kristallografische Hauptachse Z ist eine dreizählige Drehachse. In der Kristallografie bezeichnet man eine Drehachse als n-zählige Drehachse, wenn ein **Kristallgitter** bereits nach einer Drehung um $360°/n$ zu einer Konfiguration führt, welche von der Ausgangskonfiguration des Kristallgitters nicht zu unterscheiden ist. Wird die Strukturzelle in Abb. 2.5b beispielsweise um die polare Achse X_1 gedreht, erhält man bei einer Drehung um $180°$ eine zur Ausgangssituation identische Konfiguration. Die Drehung um $180°$ ist somit eine **Symmetrieoperation**, und die zweizählige Drehachse ($360°/2 = 180°$) ist das **Symmetrieelement**. Wird diese Symmetrieoperation zweimal hintereinander ausgeführt, befinden sich alle Ionen der Strukturzelle wieder in der ursprünglichen Position (Paufler und Leuschner 1975; Huheey et al. 1993; Borchardt-Ott und Sowa 2018). Auf gleiche Weise lässt sich die Dreizähligkeit der kristallografischen Hauptachse Z erklären.

Wenn wir die Strukturzelle in Richtung der polaren Achse X_1 mechanisch auf Druck beanspruchen (s. Abb. 2.6a), rückt das obere Siliciumion zwischen die beiden oberen Sauerstoffionen und das untere Sauerstoffion zwischen die beiden unteren Siliciumionen.

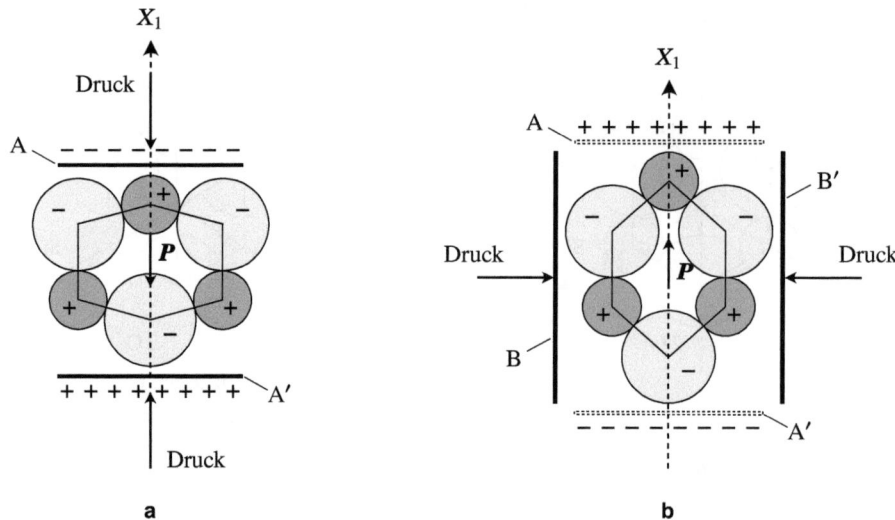

Abb. 2.6 Direkter piezoelektrischer Effekt innerhalb der Strukturzelle von α-Quarz. (**a**) Longitudinaler piezoelektrischer Effekt (der Vektor der elektrischen Polarisation P verläuft *parallel* zur Richtung der mechanischen Druckbeanspruchung). (**b**) Transversaler piezoelektrischer Effekt (der Vektor der elektrischen Polarisation P steht *senkrecht* zur Richtung der mechanischen Druckbeanspruchung)

Die Verschiebung der positiv und negativ geladenen Ionen der Strukturzelle gegeneinander verursacht eine *elektrische Polarisation* P entlang der polaren Achse X_1 und somit in Richtung der mechanischen Druckbeanspruchung. Die Folge davon ist, dass auf der oberen Elektrode A negative und auf der unteren Elektrode A′ positive Ladungen influenziert werden, welche zu einer äußeren elektrischen Polarisationsspannung führen. Diesen Effekt bezeichnet man als **direkten longitudinalen piezoelektrischen Effekt**, welcher auch die piezoelektrische Erscheinung entlang der polaren Achse X_1 des in Abb. 2.2b dargestellten druckbeanspruchten Quarzprismas auf makroskopischer Ebene erklärt.

Beanspruchen wir die Strukturzelle andererseits senkrecht zur polaren Achse X_1 mechanisch auf Druck, verschieben sich das Silicium- und Sauerstoffion links- und rechtsseitig der Strukturzelle gleichmäßig nach innen und deren Ladungen heben einander auf. Somit werden auf den beiden äußeren Elektroden B und B′ keine Ladungen influenziert (s. Abb. 2.6b). Das obere Silicium- und das untere Sauerstoffion der Strukturzelle werden jedoch nach außen verschoben, sodass abermals eine elektrische Polarisation P in Richtung der polaren Achse X_1 entsteht, jedoch um 180° gedreht und dieses Mal senkrecht zur Richtung der mechanischen Druckbeanspruchung. Auf der oberen Elektrode A werden folglich positive und auf der unteren Elektrode A′ negative Ladungen influenziert, welche zu einer äußeren elektrischen Polarisationsspannung mit umgekehrtem Vorzeichen führen. Diesen Effekt bezeichnet man als **direkten transversalen piezoelektrischen Effekt**.

2.2 Direkter und reziproker piezoelektrischer Effekt

Die elektrische Polarisation P ist eine physikalische Größe aus der Elektrodynamik und als Quotient aus der Vektorsumme aller in der Strukturzelle wirksamen **elektrischen Dipolmomente** und dem Raumvolumen der Strukturzelle definiert (Moore 1963). Zur rechnerischen Ermittlung der sich einstellenden elektrischen Polarisation P innerhalb der druckbeanspruchten Strukturzelle von α-Quarz wird auf die Ausführungen im Anhang verwiesen.

Hintergrundinformation | Dipolmoment und elektrische Polarisation
Ein *elektrischer Dipol* besteht aus zwei entgegengesetzt gleich großen elektrischen Ladungen $\pm Q$, die sich im Abstand d voneinander befinden (s. Abb. 2.7a). Da sich die entgegengesetzten Ladungen gegenseitig kompensieren, ist ein Dipol stets elektrisch neutral. Charakterisiert wird dieser durch sein *elektrisches Dipolmoment* p. Es gilt:

$$p = Qd \tag{2.3}$$

Das Dipolmoment ist demnach ein Vektor mit dem Betrag $|p| = Qd$, dessen Richtung definitionsgemäß von der negativen zur positiven Ladung zeigt. Liegt derweilen ein System von n elektrisch wirksamen Dipolen innerhalb eines betrachteten Raumvolumens V vor, so ergibt sich aus der vektoriellen Addition aller Einzeldipolmomente p_i das *Gesamtdipolmoment* p_Σ:

$$p_\Sigma = \sum_{i=1}^{n} p_i \tag{2.4}$$

Der Quotient aus dem Gesamtdipolmoment p_Σ und dem Raumvolumen V definiert die elektrische Polarisation P (s. Abb. 2.7b):

$$P = \frac{p_\Sigma}{V} = \frac{1}{V}\sum_{i=1}^{n} p_i \tag{2.5}$$

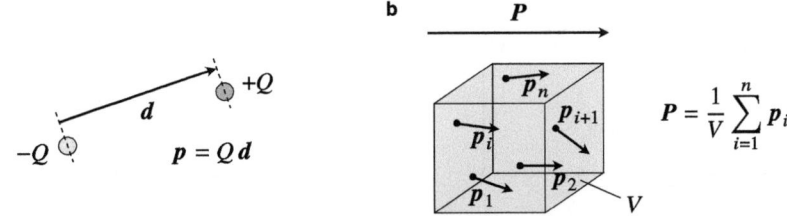

Abb. 2.7 Zur Definition von elektrischem Dipolmoment und elektrischer Polarisation. (**a**) Die Anordnung zweier entgegengesetzt gleich großer Ladungen in einem geringen Abstand voneinander bezeichnet man als *elektrischen Dipol*; das *elektrische Dipolmoment* p, definiert als Produkt aus Abstandsvektor d und Betrag Q der Ladungen, ist ein Maß für die elektrische Stärke eines Dipols. (**b**) Die *elektrische Polarisation* P definiert als volumenbezogenes Gesamtdipolmoment

Beide Formen des direkten piezoelektrischen Effekts sind umkehrbar, d. h. unter dem Einfluss entsprechend orientierter elektrischer Felder kommt es zur Kontraktion oder Dilatation der Strukturzelle von α-Quarz. Man nennt dies den *reziproken piezoelektrischen Effekt*.

Legen wir zwischen der oberen Elektrode A und der unteren Elektrode A' derart eine äußere elektrische Gleichspannung an, dass die obere Elektrode A negativ und die untere Elektrode A' positiv geladen ist, so bildet sich zwischen den Elektroden ein **elektrisches Feld** mit der **elektrischen Feldstärke** E aus. Die elektrische Feldstärke E ist ebenso wie die elektrische Polarisation P eine vektorielle Größe und weist im Gegensatz zu dieser definitionsgemäß von der positiven zur negativen Ladung (s. Abb. 2.8a). Dies hat zur Folge, dass die beiden oberen Sauerstoffionen teilweise zur unteren Elektrode A' hin und die beiden unteren Siliciumionen teilweise zur oberen Elektrode A hin angezogen werden. Somit erfährt die Strukturzelle eine Stauchung in Richtung der polaren Achse X_1. Die Verschiebung der positiv und negativ geladenen Ionen gegeneinander verursacht darüber hinaus eine elektrische Polarisation P entlang der polaren Achse X_1 und somit parallel zur Stauchungsrichtung der Strukturzelle. Diesen Effekt bezeichnet man als **reziproken longitudinalen piezoelektrischen Effekt**.

Schließen wir nun die Spannungsquelle derart an die Elektroden an, dass die obere Elektrode A positiv und die untere Elektrode A' negativ aufgeladen werden, so dreht

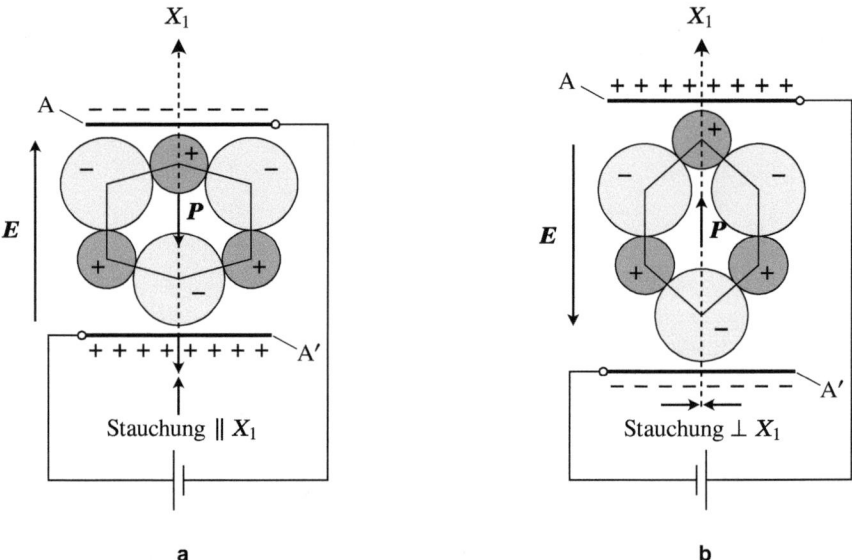

Abb. 2.8 Reziproker piezoelektrischer Effekt innerhalb der Strukturzelle von α-Quarz. (**a**) Longitudinaler piezoelektrischer Effekt (der Vektor der elektrischen Polarisation P verläuft *parallel* zur Stauchungsrichtung der Strukturzelle). (**b**) Transversaler piezoelektrischer Effekt (der Vektor der elektrischen Polarisation P verläuft *senkrecht* zur Stauchungsrichtung der Strukturzelle)

sich die Richtung der elektrischen Feldstärke E um 180° um. Hierdurch werden die beiden oberen Sauerstoffionen teilweise zur oberen Elektrode A hin und die beiden unteren Siliciumionen teilweise zur unteren Elektrode A' hin angezogen. Gleichzeitig verschieben sich das Silicium- und Sauerstoffion links- und rechtsseitig der Strukturzelle gleichmäßig nach innen (s. Abb. 2.8b). Die Verschiebung der positiv und negativ geladenen Ionen gegeneinander verursacht abermals eine elektrische Polarisation P entlang der polaren Achse X_1, jedoch um 180° gedreht und senkrecht zur Stauchungsrichtung der Strukturzelle. Diesen Effekt bezeichnet man als **reziproken transversalen piezoelektrischen Effekt**.

Die vom Quarz gebildete und bis zu 573 °C stabile, kristalline Modifikation α-Quarz repräsentiert den wichtigsten Vertreter piezoelektrischer Kristalle und findet heutzutage seine Hauptanwendung in Schwingquarzen als elektronisches Bauelement in Oszillatorschaltungen, welches zur Erzeugung von elektrischen Schwingungen mit einer bestimmten Frequenz dient. Als weitere wichtige Vertreter piezoelektrischer Kristalle wären **Lithiumniobat** ($LiNbO_3$), **Galliumorthophosphat** ($GaPO_4$) und **Langasit** ($La_3Ga_5SiO_{14}$) zu erwähnen. Sie kommen im Gegensatz zum Quarz nicht in der Natur vor, sondern können nur synthetisch hergestellt werden. Sie weisen gegenüber Quarz einerseits bedeutend höhere piezoelektrische Konstanten auf, andererseits findet deren **Phasenübergang** bei wesentlich höheren Temperaturen statt (970–1470 °C) (Heywang et al. 2008; Jiang et al. 2013). Die Anwendungen reichen von piezoelektrischen SAW-Filtern (engl.: *surface acoustic wave* = *akustische Oberflächenwelle*) zur Signalerkennung und -verarbeitung in modernen Telekommunikationssystemen, über SAW-Sensoren zur drahtlosen Messung von Temperaturen, Kräften und Drehmomenten an starren oder bewegten Elementen bis zu piezoelektrischen Druckaufnehmern für Hochtemperaturanwendungen (Tichý et al. 2010).

Piezoelektrische Eigenschaften sind jedoch nicht nur monokristallinen Materialien vorbehalten. Nach dem Zweiten Weltkrieg erreichten die Piezoelektrika mit der Entdeckung polykristalliner Keramiken mit piezoelektrischen Eigenschaften eine enorme technische Bedeutung. Eine Vielzahl heutzutage verfügbarer sensorischer und aktorischer Anwendungen wäre ohne diese Funktionskeramiken nicht denkbar. Das nachfolgende Kapitel legt die Grundlagen für das Verständnis der phänomenologischen Eigenschaften und des elektromechanischen Verhaltens dieser Funktionskeramiken am Beispiel des technisch bedeutenden Bleizirkonat-Bleititanat-Systems PZT.

Anhang

Gesamtdipolmoment und elektrische Polarisation Gleichung (2.5) bildet die Grundlage zur rechnerischen Ermittlung der sich innerhalb der in Abb. 2.6 dargestellten druckbeaufschlagten Strukturzelle von α-Quarz einstellenden elektrischen Polarisation P. Zunächst ist es zweckmäßig, wenn wir den Blick auf die unverformte Konfiguration der vereinfachten Strukturzelle richten (s. Abb. 2.9). Der Einfachheit halber drücken wir die negative Ladung eines O^{2-}-Ionenpaares und die positive Ladung eines Si^{4+}-Ions (s.

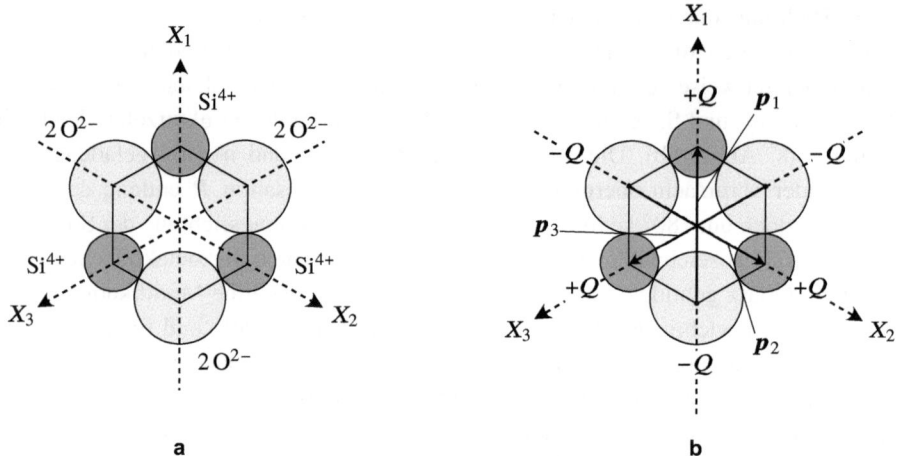

Abb. 2.9 Vereinfachte Strukturzelle von α-Quarz in unverformter Konfiguration. (**a**) Anordnung der Si^{4+}-Ionen und O^{2-}-Ionenpaare im regulären Sechseck. (**b**) Darstellung der Gesamtladung der jeweiligen Si^{4+}-Ionen und O^{2-}-Ionenpaare durch die Größen $+Q$ und $-Q$ und die daraus resultierenden Dipolmomente p_1, p_2 und p_3

Abb. 2.9a) durch die Größen $-Q$ und $+Q$ aus (s. Abb. 2.9b). Die jeweils auf den polaren Achsen X_1, X_2 und X_3 angeordneten und entgegengesetzt gleich großen elektrischen Ladungen $\pm Q$ bilden jeweils einen elektrischen Dipol. Die Dipole lassen sich gemäß Abb. 2.7a jeweils durch ein elektrisches Dipolmoment p_1, p_2 und p_3 charakterisieren. Der Vektor jedes einzelnen Dipolmoments fällt mit der Richtung der zugehörigen polaren Achse zusammen und weist, wie in Abb. 2.9b veranschaulicht, definitionsgemäß von der negativen zur positiven Ladung.

Zwecks rechnerischer Ermittlung der elektrischen Polarisation P ist es zunächst erforderlich, die geometrischen Verhältnisse innerhalb der sechsseitigen Grundstruktur der Strukturzelle in unverformter Konfiguration näher zu beleuchten. Hierzu ergänzen wir das reguläre Sechseck aus Abb. 2.9 um die in Abb. 2.10 dargestellten geometrischen Parameter a, b, h und α. Weiterhin führen wir ein kartesisches Koordinatensystem ein. Die Größen e_x und e_y bezeichnen die den Koordinatenachsen zugehörigen Einheitsvektoren. Anstatt der Dipolmomente p_1, p_2 und p_3 (vgl. Abb. 2.9b) verwenden wir mit Bezug auf Definition (2.3) die Abstandsvektoren d_1, d_2 und d_3 der sich jeweils gegenüberliegenden Ladungen $\pm Q$ (s. Abb. 2.10).

Die in Abb. 2.10 dargestellte Größe a bezeichnet die Kantenlänge des regulären Sechsecks. Ein Vergleich mit Abb. 2.9a zeigt, dass wir die Kantenlänge a als Summe aus den jeweiligen Radien eines Si^{4+}- und eines O^{2-}-Ions auffassen können. Da die Si^{4+}- und O^{2-}-Ionen auch bei verformter Konfiguration der Strukturzelle zentrisch um deren Eckpunkte angeordnet sind (vgl. Abb. 2.6), können wir die Kantenlänge a als Konstante auffassen. Der Winkel α und damit verbunden die geometrischen Hilfsgrößen h und b sind

Abb. 2.10 Geometrische Berechnungsgrößen innerhalb der vereinfachten Strukturzelle von α-Quarz mit den zugehörigen Abstandsvektoren der jeweils sich gegenüberliegenden Ladungen ± Q (unverformte Konfiguration)

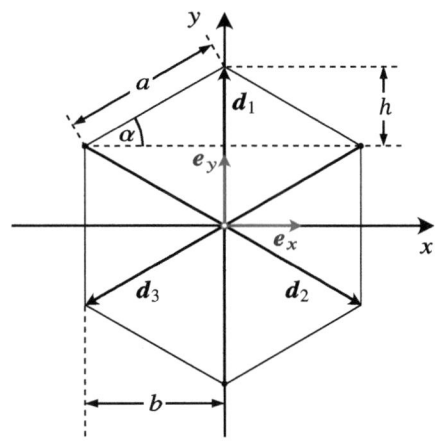

abhängig vom Verformungszustand der Strukturzelle und demzufolge variable Größen. Ausgehend von Abb. 2.10 können wir zunächst die Berechnungsvorschriften für die geometrischen Hilfsgrößen h und b angeben:

$$h = a \sin \alpha, \qquad b = a \cos \alpha \qquad (2.6)$$

Unter Berücksichtigung der beiden Zusammenhänge (2.3) und (2.4) erschließt sich die Berechnungsgrundlage für das Gesamtdipolmoment p_Σ in der Strukturzelle. Wir können schreiben:

$$p_\Sigma = \sum_{i=1}^{3} p_i = Q \sum_{i=1}^{3} d_i = Q \sum_{i=1}^{3} \left(d_{ix} e_x + d_{iy} e_y \right)$$

$$\Rightarrow p_\Sigma = Q \left[\left(d_{1x} + d_{2x} + d_{3x} \right) e_x + \left(d_{1y} + d_{2y} + d_{3y} \right) e_y \right] \qquad (2.7)$$

Die dargestellten Vektorkomponenten d_{ix} und d_{iy} der jeweiligen Abstandsvektoren d_i können wir durch die geometrischen Größen in Abb. 2.10 ausdrücken. Die Vektorkomponenten in x-Richtung ergeben sich wie folgt:

$$d_{1x} = 0, \qquad d_{2x} = 2b, \qquad d_{3x} = -2b$$

Für die Vektorkomponenten in y-Richtung erhalten wir folgende Ausdrücke:

$$d_{1y} = a + 2h, \qquad d_{2y} = -a, \qquad d_{3y} = -a$$

Anschließendes Einsetzen der geometrischen Beziehungen (2.6) liefert die Vektorkomponenten d_{ix} und d_{iy} in Abhängigkeit der Kantenlänge a und des Winkels α:

$$d_{1x} = 0, \qquad d_{2x} = 2a\cos\alpha, \qquad d_{3x} = -2a\cos\alpha$$

$$d_{1y} = a + 2a\sin\alpha, \qquad d_{2y} = -a, \qquad d_{3y} = -a$$

In Verbindung mit Gl. (2.7) gelangen wir schließlich zu einem einfachen Ausdruck für das Gesamtdipolmoment p_Σ und somit für die elektrische Polarisation P innerhalb der Strukturzelle.

> **Gesamtdipolmoment und elektrische Polarisation**
> Das Gesamtdipolmoment und die elektrische Polarisation innerhalb der vereinfachten Strukturzelle von α-Quarz berechnen sich wie folgt:
>
> $$p_\Sigma = Qa\,(2\sin\alpha - 1)\,e_y \qquad (2.8)$$
>
> bzw.
>
> $$P = \frac{Qa}{V}\,(2\sin\alpha - 1)\,e_y \qquad (2.9)$$
>
> Beide Größen hängen vom Winkel α und folglich vom Verformungszustand der Strukturzelle ab.

Das Gesamtdipolmoment p_Σ und die elektrische Polarisation P weisen lediglich eine y-Komponente auf. Ob die y-Komponente des elektrischen Polarisationsvektors P den Wert Null oder einen negativen oder positiven Wert annimmt, ist abhängig davon, ob die Strukturzelle mechanisch auf Druck beansprucht wird, und falls ja, entlang welcher Koordinatenachse die Druckbeanspruchung erfolgt.

- *unverformte Konfiguration der Strukturzelle*
  Liegt die Strukturzelle in unverformter Konfiguration gemäß Abb. 2.10 vor, nimmt der Winkel innerhalb der Strukturzelle den Wert $\alpha = \pi/6$ an. Hieraus resultiert für den Vektor der elektrischen Polarisation P nach der Berechnungsvorschrift (2.9)

$$P = \frac{Qa}{V}\Big(\underbrace{2\sin\left(\frac{\pi}{6}\right)}_{=1} - 1\Big)e_y = \mathbf{0},$$

  d. h. ohne eine von außen einwirkende mechanische Druckbeanspruchung liegt innerhalb der Strukturzelle von α-Quarz keine elektrische Polarisation vor.
- *mechanische Druckbeanspruchung entlang der y-Achse*

Wird die Strukturzelle entlang der y-Achse, d. h. in Richtung der polaren Achse X_1 mechanisch auf Druck beansprucht (vgl. Abb. 2.6), rückt das obere Siliciumion zwischen die beiden oberen Sauerstoffionen und das untere Sauerstoffion zwischen die beiden unteren Siliciumionen, d. h. der Winkel innerhalb der Strukturzelle in Abb. 2.10 nimmt Werte $\alpha < \pi/6$ an. Der resultierende Vektor der elektrischen Polarisation P berechnet sich folglich zu

$$P = \underbrace{\underbrace{\frac{Qa}{V}}_{>0} \underbrace{(2\sin\alpha - 1)}_{<1}}_{<0} e_y = -P_y e_y,$$

d. h. eine eingeprägte mechanische Druckspannung entlang der y-Achse führt innerhalb der Strukturzelle von α-Quarz zu einer elektrischen Polarisation P, deren y-Komponente negative Werte annimmt und somit entgegen der Richtung der polaren Achse X_1 orientiert ist.

- *mechanische Druckbeanspruchung entlang der x-Achse*
  Bei einer mechanischen Druckbeanspruchung der Strukturzelle entlang der x-Achse, d. h. senkrecht zur polaren Achse X_1, verschieben sich das Silicium- und Sauerstoffion links- und rechtsseitig der Strukturzelle gleichmäßig nach innen, wohingegen das obere Silicium- und das untere Sauerstoffion nach außen verschoben werden (s. Abb. 2.6). Somit nimmt der Winkel innerhalb der Strukturzelle Werte $\alpha > \pi/6$ an. In diesem Fall ergibt sich für den resultierenden Vektor der elektrischen Polarisation

$$P = \underbrace{\underbrace{\frac{Qa}{V}}_{>0} \underbrace{(2\sin\alpha - 1)}_{>1}}_{>0} e_y = +P_y e_y,$$

d. h. eine eingeprägte mechanische Druckspannung entlang der x-Achse hat innerhalb der Strukturzelle von α-Quarz eine elektrische Polarisation P zur Folge, deren y-Komponente dieses Mal positive Werte annimmt und somit um 180° gedreht in Richtung der polaren Achse X_1 weist.

Literatur

Borchardt-Ott W, Sowa H (2018) Kristallographie: Eine Einführung für Studierende der Naturwissenschaften, Springer-Lehrbuch, 9. Aufl. Springer Spektrum, Berlin/Heidelberg

Cady WG (1946) Piezoelectricity: An introduction to the theory and applications of electromechanical phenomena in crystals. McGraw-Hill, London

Curie J, Curie P (1880) Développement par compression, de l'électricité polaire dans les cristaux hémièdres à faces inclinées. Comptes Rendus de l'Académie des Sciences 91:294–295

Curie J, Curie P (1881) Contractions et dilatations produites par des tensions électriques dans les cristaux hémièdres à faces inclinées. Comptes Rendus de l'Académie des Sciences 93:1137–1140

Curie P (1889) Dilatation électrique du quartz. J Phys Theor Appl 8(1):149–168. https://doi.org/10.1051/jphystap:018890080014900

Davila LP, Risbud SH, Shackelford JF (2008) Quartz and silicas. In: Shackelford JF (Hrsg) Ceramic and glass materials. Springer, New York, S 75

Erhart J, Pulpán P, Pustka M (2017) Piezoelectric ceramic resonators. Topics in Mining, Metallurgy and Materials Engineering. Springer, Cham

Forbes JD (1834) An account of some experiments on the electricity of tourmaline, and other minerals, when exposed to heat. Philos Mag 5(26):133–143. https://doi.org/10.1080/14786443408648423

Gobrecht H, Bergmann L, Schaefer C (1971) Elektrizität und Magnetismus, Lehrbuch der Experimentalphysik, Bd 2, 6. Aufl. De Gruyter, Berlin

Hankel WG (1881) Elektrische Untersuchungen: Über die aktino- und piezoelektrischen Eigenschaften des Bergkrystalles und ihre Beziehung zu den thermoelektrischen, Abhandlungen der mathematisch-physischen Classe der Königlich Sächsischen Gesellschaft der Wissenschaften, Bd 7. Hirzel, Leipzig

Heywang W, Lubitz K, Wersing W (2008) Piezoelectricity: Evolution and future of a technology, Springer Series in Materials Science, Bd 114. Springer, Berlin/Heidelberg

Huheey JE, Keiter EA, Keiter RL (1993) Inorganic chemistry: Principles of structure and reactivity, 4. Aufl. Harper Collins, New York

Jiang X, Kim K, Zhang S, Johnson J, Salazar G (2013) High-temperature piezoelectric sensing. Sensors 14(1):144–169. https://doi.org/10.3390/s140100144

Katzir S (2006) The beginnings of piezoelectricity: A study in mundane physics, Boston Studies in the Philosophy and History of Science, Bd 246. Springer, Dordrecht

Ketelaar JAA (1953) Chemical constitution: An introduction to the theory of the chemical bond. Elsevier, Amsterdam

Lang SB (2005) Pyroelectricity: From ancient curiosity to modern imaging tool. Phys Today 58(8):31–36. https://doi.org/10.1063/1.2062916

Lippmann G (1881) Principe de la conservation de l'électricité, ou second principe de la théorie des phénomènes électriques. J Phys Theor Appl 10(1):381–394. https://doi.org/10.1051/jphystap:0188100100038100

Moore WJ (1963) Physical chemistry, 4. Aufl. Longmans, London

Mortimer CE, Müller U, Beck J (2015) Chemie: Das Basiswissen der Chemie, 12. Aufl. Thieme, Stuttgart

Okrusch M, Matthes S (2014) Mineralogie: Eine Einführung in die spezielle Mineralogie, Petrologie und Lagerstättenkunde, Springer-Lehrbuch, 9. Aufl. Springer Spektrum, Berlin/Heidelberg

Paufler P, Leuschner D (1975) Kristallographische Grundbegriffe der Festkörperphysik. Mathematik und Physik. Vieweg+Teubner, Wiesbaden

Raith W, Bergmann L, Schaefer C (2006) Elektromagnetismus, Lehrbuch der Experimentalphysik, Bd 2, 9. Aufl. De Gruyter, Berlin

Schwarzenbach D (2001) Kristallographie. Springer, Berlin/Heidelberg

Tichý J, Erhart J, Kittinger E, Přívratská J (2010) Fundamentals of piezoelectric sensorics: Mechanical, dielectric, and thermodynamical properties of piezoelectric materials. Springer, Heidelberg

Piezoelektrische Funktionskeramik PZT

3.1 Entdeckungsgeschichte piezoelektrischer Keramiken

Grundvoraussetzung für die Existenz piezoelektrischer Eigenschaften in einem Material ist das Vorhandensein ein oder mehrerer polarer Achsen. Dieser Kernaussage sind wir bereits zu Beginn des vorangehenden Kapitels begegnet und konnten deren Gültigkeit am Beispiel der Strukturzelle von α-Quarz auf anschauliche Weise demonstrieren. Die Existenz polarer Achsen in einigen Kristallklassen ist bedingt durch deren grundlegenden Symmetrieeigenschaften. Andererseits sind in einer Vielzahl von Kristallklassen sowie in Materialien mit *isotropen* (richtungsunabhängigen) Eigenschaften keine polaren Achsen vorzufinden. Dies hatte zur Folge, dass die Piezoelektrizität in der ersten Hälfte des 20. Jahrhunderts zunächst als eigenständiger Zweig der Kristallphysik behandelt wurde (Jaffe et al. 1971).

Der Begriff *piezoelektrische Keramik* wäre den Physikern der damaligen Zeit als *contradictio in se* erschienen, da ein polykristalliner Körper wie eine Keramik wegen der statistischen Orientierung der einzelnen Körner isotropes Verhalten aufweist und ein makroskopisches **Inversionszentrum** besitzt (Wehr 2003). Heute wissen wir, dass einer isotropen polykristallinen Keramik mehr oder weniger dauerhafte piezoelektrische Eigenschaften durch Anlegen eines zeitlich begrenzten, starken elektrischen Feldes verliehen werden können. Dieser als **Polung** bezeichnete Prozess ist in Analogie zur Magnetisierung eines Permanentmagneten zu sehen. Die damalige Auffassung in der wissenschaftlichen Welt, dass Piezoelektrizität und Kristallsymmetrie untrennbar zusammenhängen, erschwerte es zunächst umso mehr, dass die Analogie zur Magnetisierung eines Permanentmagneten wissenschaftliche Anerkennung fand. Vereinzelt wurde von Beobachtungen über das Auftreten realer oder scheinbarer piezoelektrischer Effekte in nichtkristallinen Materialien, wie z. B. polarisierten Wachsen (*Elektrete*) berichtet. Die Effekte waren jedoch zu schwach ausgeprägt, um für technische Anwendungen zur damaligen Zeit geeignet zu sein.

Die Erzeugung technisch verwertbarer Piezoelektrika durch entsprechende Behandlung eines polykristallinen Materials beruht auf dem Phänomen der **Ferroelektrizität**. Dieses wurde erstmals an monokristallinem **Seignettesalz**, einem Salz der Weinsäure, entdeckt (Valasek 1921; von Münch 1987). Unter Ferroelektrizität versteht man die Anwesenheit eines **spontanen Dipolmoments** und damit einer **spontanen Polarisation** $\boldsymbol{P}_\mathrm{s}$ innerhalb eines Kristalls, wobei der polarisierte Zustand *nicht* an ein äußeres elektrisches Feld gebunden ist. Die Ursache für ein derartiges Verhalten liegt in einer starken **Dipol-Dipol-Wechselwirkung** begründet (Jaynes 1953; Lines und Glass 1977). Jedoch lässt sich durch Anlegen eines äußeren elektrischen Feldes die Ausrichtung der spontanen Polarisation zwischen zwei oder mehreren kristallografischen Richtungen verändern. Da die spontane Polarisation dem äußeren angelegten elektrischen Feld folgen kann, ergibt sich eine **Hysterese**, wenn man die Polarisation gegenüber der elektrischen Feldstärke aufträgt. Die Analogie zum **Ferromagnetismus** gibt diesem Phänomen den Namen *Ferroelektrizität*, welches jedoch in *keiner* Weise etwas mit dem chemischen Element Eisen (lat.: *ferrum*) zu tun hat (Hammer und Hammer 1994).

Seignettesalz sowie einige eng verwandte Salze der Weinsäure und Kaliumdihydrogenphosphat, ein farb- und geruchloses Kaliumsalz der Phosphorsäure sowie dessen *isomorphe* Verbindungen (Verbindungen mit gleicher Kristallstruktur, jedoch unterschiedlicher chemischer Zusammensetzung), waren bis etwa 1940 die einzig bekannten Vertreter von Materialien mit ferroelektrischen Eigenschaften (Jaffe et al. 1971; Spice 1971). Erste Anzeichen für ungewöhnliche dielektrische Eigenschaften hitzebeständiger Oxidkeramiken konnten erstmals im Jahre 1941 bei einer Reihe unterschiedlicher Bariumtitanat-Zusammensetzungen ($BaTiO_3$ – ein Mischoxid aus Barium und Titan aus der Gruppe der Titanate) von THURNAUER und DAEDERICK, beide Mitarbeiter der American Lava Corporation, festgestellt werden (Thurnauer und Daederick 1941). In den Laboren der Erie Resistor Corporation, einem Kunden der American Lava Corporation, konnten bei weiteren Testreihen an den besagten Materialzusammensetzungen **Permittivitäten** von nahezu 1100 nachgewiesen werden. Dies war ein enorm hoher Wert, wies doch Rutil, ein Mineral mit der chemischen Zusammensetzung TiO_2, mit einer Permittivität von 100 den zur damaligen Zeit höchsten bekannten Wert auf. WAINER und seine Mitarbeiter der Titanium Alloy Manufacturing Company führten detaillierte Untersuchungen an Dielektrika durch, welche auf Titanoxid-Erdalkalisystemen basierten. Sie konnten erstmals die Abhängigkeit des Maximalwerts der Permittivität von der Temperatur an $BaTiO_3$ nachweisen. Zudem entdeckten sie, dass sich das Maximum der Permittivität zu tieferen Temperaturen hin verschob, wenn Barium (Ba) durch Strontium (Sr) ersetzt wurde. Diese und andere wegweisende Messdaten wurden umgehend in einschlägigen Fachzeitschriften veröffentlicht (Brown et al. 1956; Jaffe et al. 1971).

Eine Verbreitung der veröffentlichten Messdaten wurde in den Wirren des Zweiten Weltkrieges zunächst behindert, sie erreichten jedoch 1944 Europa. WAINER hatte Anfang 1943 einen weiteren wissenschaftlichen Zeitschriftenaufsatz zur Veröffentlichung eingereicht, die Drucklegung erfolgte jedoch erst im Jahre 1946 (Wainer 1946). Dieser vorausgegangen waren zum einen eine Veröffentlichung der Arbeiten der beiden in Russland lebenden Physiker VUL und GOLDMAN sowie eine im Jahre 1946 in England veröffentlichte Notiz von COURSEY und BRAND (Vul und Goldman 1945; Coursey und Brand 1946). Von der gleichen Entdeckung wurde unabhängig voneinander in einer japanischen Fachzeitschrift im Jahre 1944 in einem Artikel von MIYAKE und UEDA berichtet (Miyake und Ueda 1946). Durch Forschungsarbeiten des schweizer Geochemikers GOLDSCHMIDT war schon lange zuvor bekannt gewesen, dass $BaTiO_3$ in der **Perowskitstruktur** kristallisiert, ein wichtiger Strukturtyp für technisch bedeutende Verbindungen wie Ferroelektrika (Goldschmidt 1926). Es ist jedoch offensichtlich, dass bei all den vielen technischen Fortschritten in den Wirren des 2. Weltkrieges die enorm hohe Permittivität von $BaTiO_3$ unabhängig voneinander in verschiedenen Teilen der Welt entdeckt wurde.

Was die Entdeckung und das Verständnis der Piezoelektrizität in keramischen Materialien betrifft, so waren hierfür drei grundlegende Erkenntnisschritte maßgebend. Der Erste davon war die Entdeckung der enorm hohen Permittivität. Der zweite Schritt war die Erkenntnis, dass die Ursache der hohen Permittivität in der Ferroelektrizität begründet lag. Zu dieser Erkenntnis gelangte man erstmals in den Laboren für Isolationsforschung am MIT (Massachusetts Institute of Technology), als der deutsch-amerikanische Materialwissenschaftler VON HIPPEL und seine Mitarbeiter ausgehend von den empirischen Daten von WAINER systematisch die dielektrischen Eigenschaften von $BaTiO_3$-Keramiken untersuchten und diese als eine neue Klasse von Ferroelektrika identifizierten (von Hippel et al. 1944, 1945). Die Ergebnisse der Arbeit wurden schließlich im Jahre 1946 in einem wissenschaftlichen Zeitschriftenaufsatz veröffentlicht. Diesem jedoch ist wiederum eine Veröffentlichung der beiden Physiker VUL und GOLDMAN vorausgegangen, mit welcher sie die Erstentdeckung für sich beanspruchen konnten (Vul und Goldman 1945). Einen entscheidenden Beitrag zum Verständnis des Auftretens von Ferroelektrizität lieferten die Arbeiten des britischen Kristallografen ROOKSBY und der irischen Kristallografin MEGAW. Sie konnten nachweisen, dass $BaTiO_3$ bei Raumtemperatur eine *tetragonale* Strukturzelle aufweist (Rooksby 1945; Megaw 1945).

Der dritte bedeutende Schritt war die Entdeckung des als *Polung* bezeichneten Prozesses. Sowohl in Berichten als auch in einer Reihe von Patentanmeldungen seitens WAINER wird erwähnt, dass bei $BaTiO_3$-Keramiken Eigenschaften ähnlich denen der Piezoelektrizität beobachtet werden konnten (Wainer und Salomon 1945; Wainer 1946, 1949). Bei einer leichten Verbiegung eines Stabes aus $BaTiO_3$-Keramik ließ sich die Erzeugung einer elektrischen Spannung nachweisen. Es war allerdings nicht klar, wie der direkte bzw. der reziproke piezoelektrische Effekt innerhalb eines polykristallinen Materials wie $BaTiO_3$ überhaupt zustande kommt. Hier spielt der Polungsprozess die entscheidende Rolle, d. h. eine von außen an die $BaTiO_3$-Keramik angelegte Hochspannung, welche ausreichend ist, die elektrischen Dipolmomente spontan polarisierter Bereiche innerhalb der Keramik wohldefiniert auszurichten. Aus Aufzeichnungen sowie aus einer am 20. September 1946 eingereichten Patentanmeldung geht hervor, dass GRAY, ein Mitarbeiter der Erie Resistor

Corporation, diesen Sachverhalt erstmals erkannte (BNA 1960; Gray 1949). Aus der Feder des amerikanischen Wissenschaftlers ROBERTS, welcher unabhängig von GRAY arbeitete, stammt die erste Veröffentlichung zu polarisierter piezoelektrischer BaTiO$_3$-Keramik (Roberts 1947). Seine Veröffentlichung profitierte von den Untersuchungen des dielektrischen Verhaltens von BaTiO$_3$ seitens VON HIPPEL und seinen Mitarbeitern.

Die Arbeiten von GRAY und ROBERTS konnten eindeutig eine piezoelektrische Wechselwirkung zwischen einer *parallel* zur ursprünglichen *Polungsfeldstärke* angelegten elektrischen Spannung und einer mechanischen Spannung bzw. Dehnung nicht nur parallel, sondern auch senkrecht zur Richtung der Polungsfeldstärke nachweisen. Das Vorhandensein einer starken Kopplung des piezoelektrischen *Schereffekts* an ein elektrisches Feld senkrecht zur ursprünglichen Polungsrichtung wurde von dem amerikanischen Physiker CHERRY und dem österreichisch-amerikanischen Physiker ADLER entdeckt (Cherry Jr. und Adler 1947). Nur kurze Zeit später veröffentlichte der amerikanische Physiker MASON eine Systematik zur Beschreibung des piezoelektrischen Effekts innerhalb einer polarisierten Keramik (Mason 1948), eine erste Auflistung *piezoelektrischer Koeffizienten* für BaTiO$_3$ wurde im Jahre 1948 in einer Notiz von dem deutsch-amerikanischen Physiker und Chemiker JAFFE bekannt gegeben (Jaffe 1948).

Die ersten kommerziellen Produkte aus BaTiO$_3$-Keramik waren Tonabnehmer für Schallplattenspieler, welche um 1947 von der Sonotone Corporation vermarktet wurden. Daraufhin nahmen die Forschungs- und Entwicklungsaktivitäten an Piezoelektrika bestehend aus BaTiO$_3$ enorm an Fahrt auf. Nachteilig an BaTiO$_3$-Keramiken sind deren geringe Temperaturstabilität und die Tatsache, dass die generierten elektrischen Spannungen sehr geringe Werte aufweisen. Daher wurde es als erstrebenswert erachtet, die Entwicklungen *neuartiger* piezoelektrischer Keramiken voranzutreiben. Im Jahre 1952 wurde die piezoelektrische Keramik Bleiniobat (PbNb$_2$O$_6$) entdeckt, welche sich vom strukturellen Aufbau her sehr stark von dem der BaTiO$_3$-Struktur unterscheidet (Jaffe et al. 1971; von Münch 1987). Weitere Niobat-Modifikationen folgten.

Die Entdeckung sehr stark ausgeprägter sowie temperaturstabiler piezoelektrischer Effekte in Blei-Zirkonat-Titanat Pb(Zr$_{1-x}$Ti$_x$)O$_3$, in der Fachliteratur auch als PZT bezeichnet, bedeutete einen großen Fortschritt in der Entwicklung piezoelektrischer Keramiken und war, so sollte es sich schon kurze Zeit später herausstellen, von enormer praktischer Bedeutung für die Realisierung ganz neuartiger, kommerzieller Produkte (Jaffe et al. 1954). Blei-Zirkonat-Titanat in seinen verschiedensten Modifikationen entwickelte sich seitdem zur dominierenden piezoelektrischen Keramik und zählt heute zu den am meisten eingesetzten piezoelektrischen Materialien überhaupt. Ihr Vorteil gegenüber den einkristallinen Piezoelektrika stellen die deutlich geringeren Herstellungskosten und die nahezu beliebigen Formgebungsmöglichkeiten dar. Des Weiteren besitzen sie ausgezeichnete piezoelektrische und dielektrische Eigenschaften, weshalb sie für die unterschiedlichsten Einsatzmöglichkeiten im Bereich der Aktorik und Sensorik geradezu prädestiniert sind (Zhou 2003).

3.2 Kristallstruktur von PZT

Bei der ferroelektrischen Oxidkeramik Blei-Zirkonat-Titanat Pb(Zr$_{1-x}$Ti$_x$)O$_3$ (kurz als PZT bezeichnet) handelt es sich um ein Mischkristallsystem aus den Verbindungen Bleizirkonat (PbZrO$_3$) und Bleititanat (PbTiO$_3$). Beide Verbindungen gehören zu der Strukturfamilie der **Perowskite**. Der Name *Perowskit* ist im eigentlichen Sinne die mineralogische Bezeichnung für Calciumtitanat (CaTiO$_3$), tritt jedoch gleichzeitig als Namensgeber für alle *isomorph* (gleichgestaltig) kristallisierenden Strukturen auf (Picht 2014). Die Perowskit-Kristallstruktur wird im Allgemeinen mit der chemischen Summenformel ABX$_3$ beschrieben und weist in der Idealform eine kubische Struktur auf. Auf dem A- und B-Platz befinden sich Metallkationen, der X-Platz wird durch die Anionen des Wasserstoffs, Sauerstoffs, Stickstoffs, Kohlenstoffs oder eines Elements aus der Hauptgruppe der **Halogene** besetzt. In der überwiegenden Mehrzahl der Fälle nimmt jedoch das Sauerstoffanion (O^{2-}) den X-Platz ein (Hansch 2003; Hayd 2012). Je nachdem, welche Wertigkeit die beteiligten Metallkationen haben, gibt es Strukturen vom Typ A$^+$B^{5+}O$_3$, A^{2+}B^{4+}O$_3$ und A^{3+}B^{3+}O$_3$. Wegen der Notwendigkeit der Elektroneutralität muss die Summe der Wertigkeiten beider Kationen gleich sechs sein. Zur Ausbildung einer perowskitischen Kristallstruktur bedarf es günstiger Kationengrößen. Das A-Kation muss eine dem O^{2-}-Ion vergleichbare Größe aufweisen, das B-Kation hingegen muss wesentlich kleiner sein (Zühlke 1999; Wehr 2003). Abb. 3.1 veranschaulicht die ideale perowskitische Struktur vom Typ ABO$_3$ anhand zweier äquivalenter Darstellungsformen. In der ersten Darstellungsform (vgl. Abb. 3.1a) besetzen die A-Kationen die Ecken der kubischen **Elementarzelle**, das raumzentrierte B-Kation wird von sechs O^{2-}-Ionen *oktaedrisch* koordiniert (umgeben). Eine alternative Darstellung zeigt Abb. 3.1b. Hier wird die Elementarzelle derart gewählt, dass sich das A-Kation im Zentrum des Würfels befindet und somit von zwölf O^{2-}-Ionen in Form eines **Kuboktaeders** koordiniert ist. Die B-Kationen selbst besetzen die Würfelecken, welche wiederum von sechs O^{2-}-Ionen koordiniert sind (Riedel 2010).

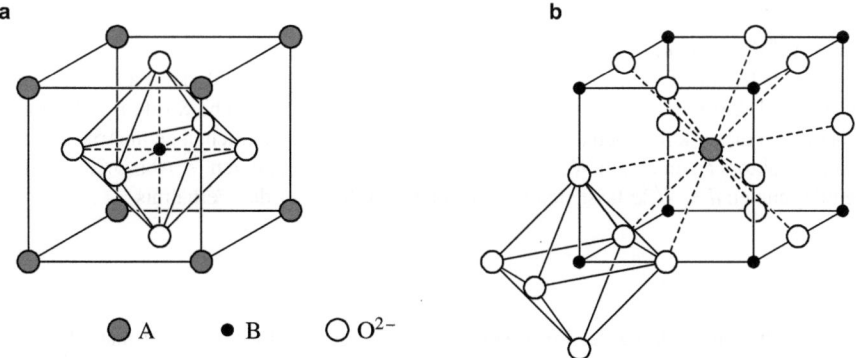

Abb. 3.1 Äquivalente Darstellungsformen der idealen Kristallstruktur eines Perowskits vom Typ ABO$_3$. (**a**) Oktaedrische Koordination des raumzentrierten B-Kations mit sechs O^{2-}-Ionen. (**b**) Kuboktaedrische Koordination des raumzentrierten A-Kations mit zwölf O^{2-}-Ionen. (Nach Riedel 2010)

Das Mineral Perowskit wurde erstmals im Jahr 1840 durch den deutschen Mineralogen ROSE beschrieben (Rose 1840). Einige Jahre später wurde die Kristallstruktur durch den Schweizer Geochemiker GOLDSCHMIDT einer intensiven und systematischen Betrachtung unterzogen. Die Untersuchung mehrerer hundert verschiedener Perowskitverbindungen ergab, dass sich die Stabilität der perowskitischen Struktur durch einen sogenannten **Toleranzfaktor** t abschätzen lässt, welcher sich ausgehend von der Koordinationsgeometrie der idealen Perowskitstruktur in Abb. 3.1 wie folgt beschreiben lässt (Krupička 1973):

$$t = \frac{R_A + R_O}{\sqrt{2}(R_B + R_O)} \tag{3.1}$$

Der Toleranzfaktor t ist auch als Maß für die Abweichungen von der idealen Perowskitstruktur aufzufassen. Die in Gl. (3.1) auftretenden Größen R_A, R_B und R_O bezeichnen die Ionenradien der A- und B-Kationen sowie den Ionenradius des Sauerstoffanions. Im idealen Fall ($R_A + R_O = \sqrt{2}(R_B + R_O)$) nimmt der Toleranzfaktor den Wert $t = 1$ an, d. h. das Perowskitgitter liegt in einem *unverzerrten* Zustand vor (Schafranek 2009). Das systematische Studium oxidischer Verbindungen aus der Strukturfamilie der Perowskite hat jedoch gezeigt, dass die perowskitische Struktur auch für Werte $0,77 < t < 1,07$ erhalten bleibt. Hierbei wird das Gitter lediglich zu einer anderen als kubischen Symmetrie *verzerrt* (Zühlke 1999). Unterschreitet der Toleranzfaktor den Wert $t = 0,77$, d. h. sind die A-Kationen zu klein für die Kuboktaederlücken, kristallisieren die ABO$_3$-Mischoxide in der **Korundstruktur** (Al$_2$O$_3$). Umgekehrt sind bei einem Toleranzfaktor $t > 1,07$ die B-Kationen zu klein für die Oktaederlücken, und es findet ein Strukturwechsel von der Perowskitstruktur zur **Calcitstruktur** (CaCO$_3$) statt (Wehr 2003; Picht 2014). Den Toleranzfaktor werden wir in Kürze zur qualitativen Beschreibung der unterschiedlichen Verzerrungszustände der Perowskitstruktur von PZT heranziehen.

Hintergrundinformation | Goldschmidtscher Toleranzfaktor
Die Perowskit-Kristallstruktur weist in der überwiegenden Mehrzahl der Fälle die chemische Summenformel ABO$_3$ auf und ist in der Idealform durch eine kubische Struktur gekennzeichnet. Ausgehend von dieser kubischen Struktur wird zwecks einer anschaulichen geometrischen Deutung des Toleranzfaktors t von einem Würfel der Kantenlänge a ausgegangen (s. Abb. 3.2a). Mithilfe der Flächendiagonalen $d = \sqrt{2}a$ lässt sich für eine kubische Struktur das Verhältnis

$$1 = \frac{d}{\sqrt{2}a}$$

ableiten. Für die Abweichung des Perowskitgitters von der Idealform definiert man allgemein den Toleranzfaktor

3.2 Kristallstruktur von PZT

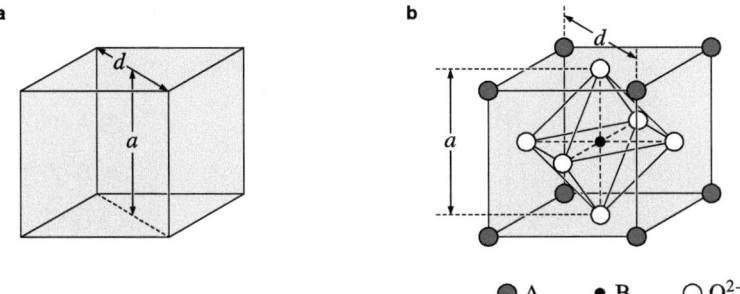

Abb. 3.2 Zur geometrischen Deutung des Goldschmidtschen Toleranzfaktors t auf Basis der Koordinationsgeometrie der idealen Perowskitstruktur vom Typ ABO$_3$. (**a**) Würfel mit Kantenlänge a und Flächendiagonale $d = \sqrt{2}a$. (**b**) Ideale Kristallstruktur eines Perowskits mit Kantenlänge a und Flächendiagonale d. (Nach Vieten 2019)

$$t = \frac{d}{\sqrt{2}a}. \tag{3.2}$$

Der Würfel wird, wie in Abb. 3.2b dargestellt, um das A-Kation im Zentrum, die B-Kationen an den Ecken und die Sauerstoffanionen in den Flächenmittelpunkten ergänzt. Es ist zu beachten, dass die jeweiligen Ionen zwecks einer übersichtlicheren Darstellung nicht raumfüllend gezeichnet sind. In der Realität stehen die Oberflächen der jeweils benachbarten als Kugeln angenommenen Sauerstoffanionen und A- bzw. B-Kationen in direktem Kontakt. Mithilfe der jeweiligen Ionenradien lassen sich einerseits die Flächendiagonale d durch

$$d = \frac{1}{2}R_A + R_O + \frac{1}{2}R_A = R_A + R_O$$

und andererseits die Kantenlänge a durch

$$a = \frac{1}{2}R_O + R_B + \frac{1}{2}R_O = R_B + R_O$$

ausdrücken. Hieraus resultiert in Verbindung mit Definition (3.2) die Berechnungsvorschrift für den Toleranzfaktor in Abhängigkeit der in der Perowskitstruktur anzutreffenden Ionenradien R_A, R_B und R_O:

$$t = \frac{R_A + R_O}{\sqrt{2}(R_B + R_O)}$$

Wie bereits erwähnt, handelt es sich bei PZT um ein Mischkristallsystem aus den Verbindungen Bleizirkonat (PbZrO$_3$) und Bleititanat (PbTiO$_3$), welche der Strukturfamilie der Perowskite zuzuordnen sind, und kristallisiert wie viele andere **Ferroelektrika** in der gleichnamigen Struktur. Oberhalb einer für das Materialsystem charakteristischen Temperatur Θ_C, welche als **Curie-Temperatur** bezeichnet wird, weist PZT eine kubische

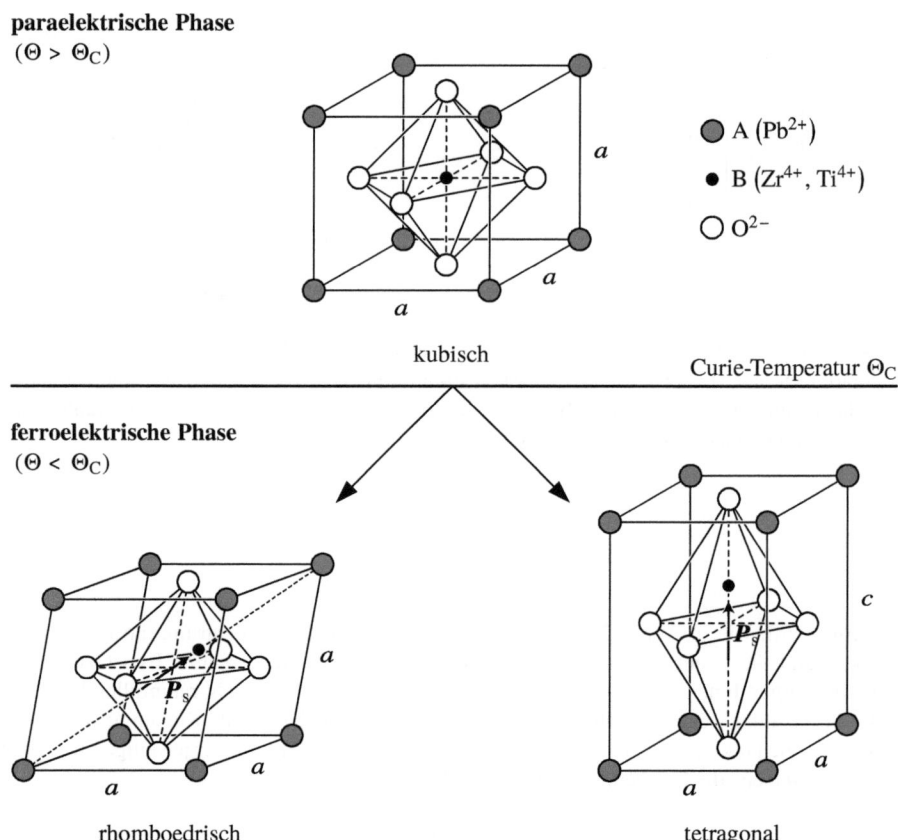

Abb. 3.3 Perowskitische Kristallstruktur von PZT: Übergang von der ferroelektrisch-kubischen in die rhomboedrisch-ferroelektrische oder tetragonal-ferroelektrische Phase bei Unterschreiten der Curie-Temperatur Θ_C in Abhängigkeit vom Ti/Zr-Verhältnis

Struktur auf (s. Abb. 3.3). Hierbei sitzen die relativ großen Bleikationen (Pb^{2+}) auf den Ecken (A-Platz), die kleineren Zirkonium- bzw. Titankationen (Zr^{4+} bzw. Ti^{4+}) sitzen im Zentrum der Elementarzelle (B-Platz). Die O^{2-}-Ionen, welche eine annähernd vergleichbare Größe mit den Pb^{2+}-Ionen auf den Ecken haben, besetzen die Flächenmitten der Elementarzelle (X-Platz) (Marsilius 2011). Aus dieser Anordnung resultiert, dass die raumzentrierten Zr^{4+}- bzw. Ti^{4+}-Ionen, wie in Abb. 3.3 dargestellt, von sechs O^{2-}-Ionen *oktaedrisch* koordiniert sind, wohingegen sich für die Pb^{2+}-Ionen auf den Ecken eine *kuboktaedrische* Koordination mit zwölf O^{2-}-Ionen ergibt. In Anlehnung an die Ausführungen zur idealen Perowskitstruktur zu Beginn dieses Abschnitts lässt sich diese auch als dreidimensionales Gerüst von eckenverknüpften Sauerstoffoktaedern auffassen, in deren Mitte sich die kleineren Zr^{4+}- bzw. Ti^{4+}-Ionen befinden, zwischen den Kuboktaederlücken befinden sich die größeren Pb^{2+}-Ionen (Wehr 2003). Wegen der in der Hochtemperaturphase ($\Theta > \Theta_C$) vorliegenden kubischen Symmetrie fallen die positiven und negativen Ladungsschwerpunkte zusammen. In dieser Phase liegt innerhalb der Elementarzellen keine elektrische Polarisation vor, d. h. PZT ist *paraelektrisch* und es tritt *keine* Piezoelektrizität auf.

Wie wir Abb. 3.3 entnehmen können, erfährt die kubische Perowskitstruktur des paraelektrischen PZT's bei *Unterschreiten* der Curie-Temperatur Θ_C (*paraelektrisch-ferroelektrischer Phasenübergang*) je nach Ti/Zr-Verhältnis entweder eine *rhomboedrische* oder eine *tetragonale* Verzerrung (Heywang et al. 2008). Beide Verzerrungszustände lassen sich mit dem zuvor eingeführten Toleranzfaktor t erklären. Für zirkoniumreiches und somit titanarmes Pb($Zr_{1-x}Ti_x$)O_3 errechnet sich bei Verwendung der Ionenradien nach SHANNON (s. Tab. 3.1) ein Toleranzfaktor $t < 1$ (im Fall von reinem Bleizirkonat PbZrO$_3$ beträgt der Toleranzfaktor $t = 0,96$), d. h. der höhere Anteil der gegenüber den Ti^{4+}-Ionen größeren Zr^{4+}-Ionen (B-Platz) führt zu einer Gitteraufweitung, sodass sich die Pb^{2+}-Ionen (A-Platz) ihrerseits frei in den Kuboktaederplätzen bewegen können. Dies resultiert in einer geringfügigen Verzerrung und Verkippung des Sauerstoffoktaeders, gleichbedeutend mit einer rhomboedrischen Verzerrung. Man spricht in diesem Fall auch von einer **spontanen Deformation**. Gleichzeitig wird das zentrale Zr^{4+}-Ion aus der Mitte entlang der Diagonalen der Elementarzelle verschoben. Durch die Ladungsverschiebung entsteht ein *spontanes Dipolmoment* p_s, welches seine Ursache in der nicht-zentrosymmetrischen Struktur der rhomboedrischen Einheitszelle hat (Wehr 2003). Mit dem Auftreten eines spontanen Dipolmoments p_s bezogen auf das Volumen der Einheitszelle ist die Existenz einer spontanen Polarisation P_s verbunden (s. Kap. 2, Gl. (2.3)), die *parallel* oder *antiparallel* zur Diagonalen ausgerichtet ist. Beim Übergang vom kubischen Gitter in die rhomboedrische Struktur ist eine Verschiebung des zentralen Zr^{4+}-Ions entlang der vier Raumdiagonalen gleich wahrscheinlich. Entsprechend existieren acht mögliche Richtungen für die spontane Polarisation P_s (Hackemann 2001).

Für titanreiches und somit zirkoniumarmes Pb($Zr_{1-x}Ti_x$)O_3 hingegen errechnet sich bei Verwendung der in Tab. 3.1 aufgeführten Ionenradien ein Toleranzfaktor $t > 1$ (dieser nimmt im Fall von reinem Bleititanat PbTiO$_3$ den Wert $t = 1,092$ an), d. h. die gegenüber den Zr^{4+}-Ionen kleineren Ti^{4+}-Ionen (B-Platz) füllen die Oktaederlücken nicht vollständig aus. Oberhalb der Curie-Temperatur Θ_C verfügen diese über ausreichend thermische Energie und besetzen im zeitlichen Mittel alle möglichen Positionen der Oktaederlücke. Bei Unterschreiten der Curie-Temperatur sind jedoch die **Potenzialbarrieren** zwischen den

Tab. 3.1 Ionenradien nach SHANNON zur Berechnung des Goldschmidtschen Toleranzfaktors für PZT. (Nach Shannon 1976)

Element	Symbol	Ladung	Koordinationszahl	Ionenradius / pm
Blei	Pb	+2	12	149,0
Zirkonium	Zr	+4	6	72,0
Titan	Ti	+4	6	60,5
Sauerstoff	O	−2	6	140,0

einzelnen Positionen größer als die zur Verfügung stehende thermische Energie. Folglich sind die Ti^{4+}-Ionen auf eine Position der Oktaederlücke fixiert, woraus eine tetragonale Verzerrung in Richtung der c-Achse der perowskitischen Struktur resultiert. In Richtung der beiden a-Achsen erfolgt gleichzeitig eine Kontraktion. Durch die Verschiebung des zentralen Ti^{4+}-Ions aus der Mitte der Elementarzelle entsteht erneut eine spontane Polarisation P_s, welche dieses Mal parallel oder antiparallel zur c-Achse ausgerichtet ist (Xu 1991). Beim Übergang vom kubischen Gitter in die tetragonale Struktur ergeben sich entsprechend den vorhandenen Raumrichtungen sechs mögliche Positionen für die Fixierung des zentralen Ti^{4+}-Ions in der Oktaederlücke und folglich sechs Richtungen für die spontane Polarisation P_s (Schwaab 2012).

Es ist ersichtlich, dass das Auftreten einer spontanen Polarisation in der rhomboedrisch oder tetragonal verzerrten Elementarzelle maßgebend dafür ist, dass PZT piezoelektrische Eigenschaften auf mikroskopischer Ebene aufweist. Wird nämlich die rhomboedrisch oder tetragonal verzerrte Elementarzelle von außen mechanisch belastet, so werden durch das damit verbundene Spannungsfeld die Ladungsschwerpunkte der jeweiligen Elementarzelle verrückt und es entsteht eine zusätzliche Deformation und Polarisation (*direkter piezoelektrischer Effekt*). Umgekehrt entsteht beim Anlegen eines äußeren elektrischen Feldes aufgrund der Kraftwirkung auf die vorhandenen Ladungsschwerpunkte in der jeweiligen Elementarzelle eine zusätzlich *feldinduzierte* Polarisation und Deformation. Sie ist umso größer, je höher der Grad der Parallelität zwischen der Richtung der spontanen Polarisation und spontanen Deformation einerseits und der Richtung des äußeren elektrischen Feldes andererseits ist (*reziproker piezoelektrischer Effekt*). Neben piezoelektrischen Eigenschaften weist die Oxidkeramik PZT auch *ferroelektrische* Eigenschaften auf, d. h. die Ausrichtung der spontanen Polarisation lässt sich durch Anlegen eines äußeren elektrischen Feldes zwischen zwei oder mehreren kristallografischen Richtungen verändern. Die Änderung der spontanen Polarisation auf mikroskopischer Ebene in Abhängigkeit einer äußeren mechanischen Belastung oder eines äußeren elektrischen Feldes, welche letzten Endes die Basis für das Verständnis des elektromechanischen Verhaltens von PZT auf makroskopischer Ebene bildet, ist Gegenstand weiterer Ausführungen an späterer Stelle. Zunächst wollen wir unser Augenmerk auf das Phasendiagramm von PZT und die damit verbundenen wichtigsten Materialeigenschaften richten.

3.3 Phasendiagramm und Materialeigenschaften von PZT

Das Blei-Zirkonat-Titanat Mischkristallsystem $Pb(Zr_{1-x}Ti_x)O_3$ zeichnet sich durch eine **lückenlose Mischbarkeit** aus den binären Verbindungen Bleizirkonat $PbZrO_3$ (PZ) und Bleititanat $PbTiO_3$ (PT) im festen Zustand aus. Abb. 3.4 zeigt eine vereinfachte Darstellung des **Phasendiagramms** von PZT nach JAFFE (Jaffe et al. 1971) zwischen 0 °C und 500 °C, welches hauptsächlich auf die Arbeiten von SHIRANE (Shirane und Takeda 1952; Shirane et al. 1952; Shirane und Suzuki 1952), SAWAGUCHI (Sawaguchi 1953), JAFFE (Jaffe et al. 1954) und BERLINCOURT (Berlincourt et al. 1964) zurückgeht.

3.3 Phasendiagramm und Materialeigenschaften von PZT

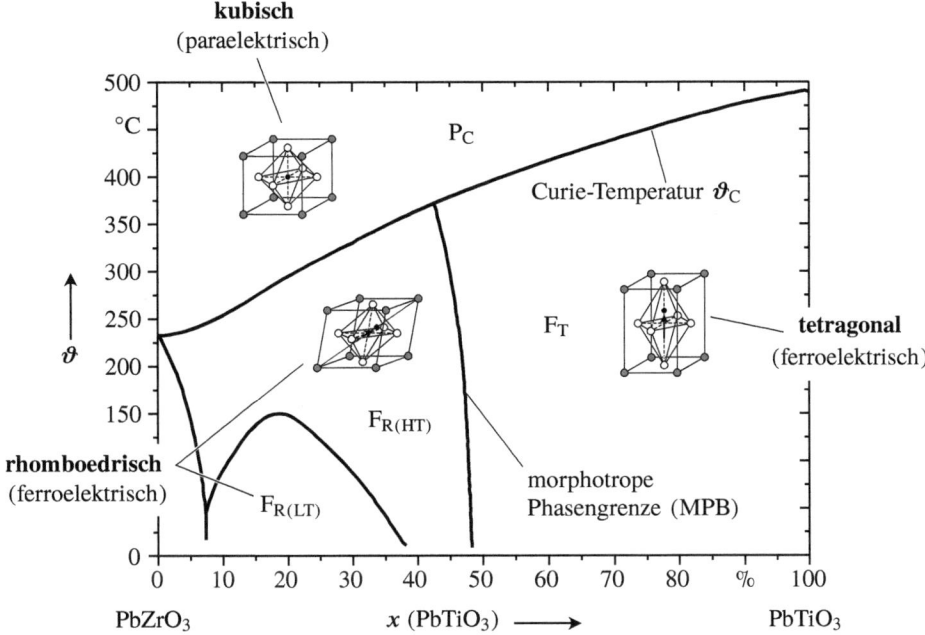

Abb. 3.4 Phasendiagramm von PZT in vereinfachter Darstellung. (Nach Jaffe et al. 1971)

Dem Phasendiagramm von PZT, welches sich aus den beiden Endgliedern PbZrO$_3$ und PbTiO$_3$ aufbaut, können wir entnehmen, dass PZT oberhalb der Curie-Temperatur ϑ_C[1] unabhängig vom Ti/Zr-Verhältnis in einer paraelektrisch-kubischen Perowskitstruktur P$_C$ kristallisiert. Die sechs möglichen Richtungen der drei a-Achsen der Elementarzelle sind hierbei äquivalent (s. Abb. 3.3). Ausgehend von reinem PbZrO$_3$ wird die Curie-Temperatur bei einer Substitution der Zr^{4+}-Ionen durch die kleineren Ti^{4+}-Ionen von $\vartheta_{C(PZ)} = 230\,°C$ auf $\vartheta_{C(PT)} = 490\,°C$ angehoben. Wie schon im vorangehenden Abschnitt diskutiert, kommt es bei Unterschreiten der Curie-Temperatur je nach Ti/Zr-Verhältnis zu einer rhomboedrischen oder tetragonalen Verzerrung der Elementarzelle. Beide Verzerrungszustände lassen sich zwei unterschiedlichen ferroelektrischen Phasen zuordnen.

Bei einem PbTiO$_3$-Gehalt $6\,\% < x_{PT} < 48\,\%$ führt der größere Radius der Zr^{4+}-Ionen zu einer ferroelektrischen Mischkristallphase mit einer rhomboedrischen Gitterstruktur F$_R$. Die rhomboedrisch-ferroelektrische Phase lässt sich hierbei in eine Hochtemperaturmodifikation F$_{R(HT)}$ und in eine Tieftemperaturphase F$_{R(LT)}$ unterteilen. Strukturell gesehen unterscheiden sich beide Phasen nur gering (Michel et al. 1969; Glazer et al.

---

[1] Das kleingeschriebene Symbol ϑ_C bezeichnet die Curie-Temperatur in der Einheit °C und ist nicht zu verwechseln mit dem Symbol Θ_C (Curie-Temperatur in der Einheit K).

1978; Dai et al. 1995; Oh und Jang 1999), hinsichtlich ihrer thermischen Ausdehnung und dielektrischen Eigenschaften existieren jedoch signifikante Unterschiede (Barnett 1962; Dai und Wang 1991).

Bei einem PbTiO$_3$-Gehalt 48% < x_{PT} < 100% kristallisieren PZT-Mischkristalle *isotyp* (zum gleichen Strukturtyp gehörend) zu reinem PbTiO$_3$ bei Raumtemperatur in einer tetragonal-ferroelektrischen Phase F$_T$. Die sukzessive Substitution der Zr^{4+}-Ionen durch die kleineren Ti^{4+}-Ionen ist mit einer Zunahme der tetragonalen Verzerrung verbunden (Kim und Yoon 1994; Joseph et al. 2000).

Das Grenzgebiet zwischen rhomboedrischer und tetragonaler Hochtemperaturphase bezeichnet man als **morphotrope Phasengrenze** (engl. Abk.: *MPB = morphotropic phase boundary*). Unter dem Begriff **Morphotropie** versteht man mit Bezug auf das in Abb. 3.4 dargestellte Phasendiagramm des Blei-Zirkonat-Titanat Mischkristallsystems die Ausbildung unterschiedlicher Kristallstrukturen bei *geringfügiger* Modifizierung des Ti/Zr-Verhältnisses. Die chemische Summenformel ABO$_3$ selbst erfährt keine Änderung (Hackemann 2001; Wehr 2003). Bei der morphotropen Phasengrenze handelt es sich nicht um einen scharfen Phasenübergang, sondern um einen schmalen Bereich, in dem rhomboedrische und tetragonale Kristalle *koexistieren* (Singh et al. 1995). Man spricht in diesem Fall auch von einem *Phasenkoexistenzgebiet*, in dem rhomboedrische und tetragonale Phase *gleichzeitig* nebeneinander vorliegen (Jaffe et al. 1971). Eine allgemeingültige Aussage, wie weit sich dieser schmale Bereich ausdehnt, ist nicht möglich, hierauf haben verschiedene Faktoren wie z. B. **chemische Reinheit**, **Homogenität** sowie unterschiedliche Sinterbedingungen und **Korngrößen** einen signifikanten Einfluss (Ari-Gur und Benguigui 1974; Isupov 1975; Mabud 1980; Laubersheimer 1996).

Die morphotrope Phasengrenze der Funktionskeramik PZT, welche insbesondere für aktorische Anwendungen mit Zusammensetzungen im Koexistenzbereich der rhomboedrischen und tetragonalen Hochtemperaturphase hergestellt wird, ist von enormer technischer Bedeutung. Einerseits ist die morphotrope Phasengrenze nahezu *temperaturunabhängig* (Fukuhara et al. 1990), andererseits nehmen die relative Permittivität ϵ_r und der elektromechanische Kopplungsfaktor k_p von PZT im Bereich der morphotropen Phasengrenze Maximalwerte an (s. Abb. 3.5), welche durch Variation der Herstellungsparameter, der Dotierung oder durch externe elektrische Felder zusätzlich beeinflusst werden können (Jaffe et al. 1954, 1955). Die Ursache für das Auftreten der Maximalwerte ist bisher nicht vollständig geklärt. Allerdings wird als eine Ursache hierfür das aus der Koexistenz der rhomboedrischen und tetragonalen Phase resultierende Maximum der möglichen Richtungen für die spontane Polarisation $\boldsymbol{P}_s$ (sowohl acht gleich wahrscheinliche Polarisationsrichtungen in der rhomboedrischen als auch sechs gleich wahrscheinliche Polarisationsrichtungen in der tetragonalen Phase) gesehen, gleichbedeutend mit einer signifikanten Zunahme piezoelektrischer Kennwerte und einer größeren makroskopischen Dehnung (Isupov 1983; Newnham 1997; Lal et al. 1993).

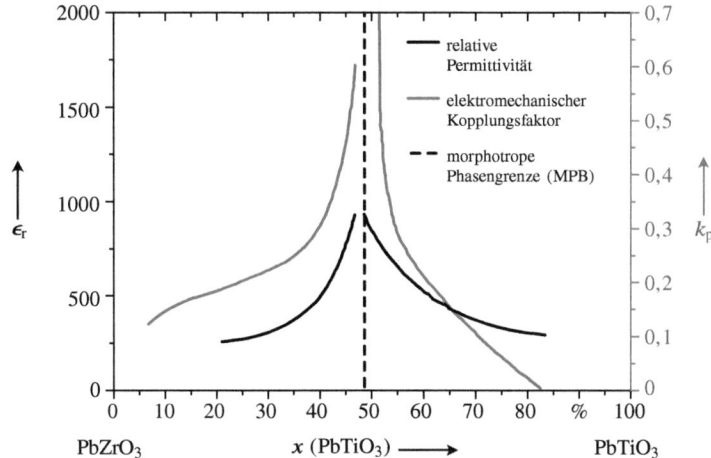

Abb. 3.5 Dielektrische und piezoelektrische Eigenschaften von PZT. (Nach Jaffe et al. 1971)

3.4 Mikroskopisches Verhalten des Ferroelektrikums PZT

Wie wir bereits im Abschn. 3.2 feststellen konnten, ist das Auftreten einer spontanen Polarisation P_s in der rhomboedrisch oder tetragonal verzerrten Elementarzelle maßgebend für die piezoelektrischen Eigenschaften von PZT auf mikroskopischer Ebene. Neben piezoelektrischen Eigenschaften weist die Funktionskeramik PZT auch ferroelektrische Eigenschaften auf, d. h. durch Anlegen eines äußeren elektrischen Felds lässt sich die spontane Polarisation P_s zwischen zwei und mehreren kristallografischen Richtungen verändern. Ferroelektrisches wie piezoelektrisches Verhalten werden wir im Verlauf dieses Abschnitts zunächst auf der Größenskala einer tetragonal verzerrten Elementarzelle bei deren Beaufschlagung mit einer äußeren mechanischen Normalspannung σ oder einem äußeren elektrischen Feld E näher beleuchten.

Beim Übergang von der paraelektrisch-kubischen in die ferroelektrisch-tetragonale Phase ergeben sich für das zentrale Ti^{4+}-Ion sechs mögliche Gleichgewichtslagen entsprechend den sechs vorhandenen Raumrichtungen und somit sechs Richtungen für die spontane Polarisation P_s (Kamlah 2001; Arockiarajan 2005; Jayendiran und Arockiarajan 2014). Dieser Sachverhalt ist in Abb. 3.6 anschaulich dargestellt. Wir nehmen an, dass die jeweiligen Elementarzellen entlang der z-Richtung einer äußeren mechanischen *Druckspannung* σ ausgesetzt sind. Wegen der zu erwartenden identischen Gestaltsänderung der Elementarzellen ①–④ sowie der Elementarzellen ⑤ und ⑥ ist es ausreichend, den Fokus auf die beiden Konfigurationen ③ und ⑤ zu legen (s. Abb. 3.7, Spalte $\sigma = 0$). Unterhalb einer kritischen Druckspannung, der sogenannten **Koerzitivspannung** σ^c, erfahren beide Konfigurationen eine reversible Gestaltsänderung (*direkter piezoelektrischer Effekt*). Die Längen der im Zentrum der Elementarzelle schematisch schwarz dargestellten Vektoren

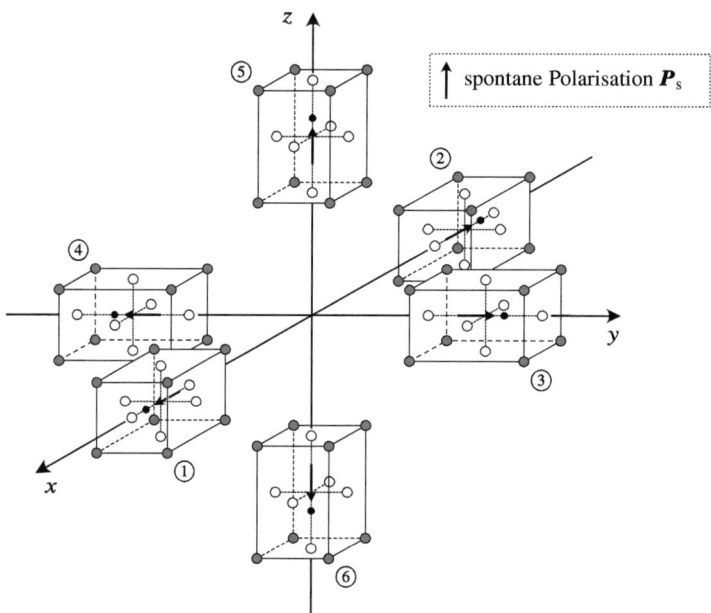

Abb. 3.6 Mögliche Richtungsorientierungen der spontanen Polarisation P_s aufgrund der Verschiebung des Ti^{4+}-Ions beim Übergang von der paraelektrisch-kubischen in die ferroelektrisch-tetragonale Phase

kennzeichnen hierbei die *Betragsänderung* der spontanen Polarisation P_s (Schwaab 2012). Steht der Vektor der spontanen Polarisation P_s senkrecht zur beaufschlagten Druckspannung σ (Konfiguration ③), nimmt der *Betrag* der spontanen Polarisation bei Überschreiten der Koerzitivspannung ($\sigma > \sigma^c$) weiter zu, verbunden mit einem nach außen hin zunehmenden direkten piezoelektrischen Effekt. Bei einer *parallelen* Ausrichtung des Vektors der spontanen Polarisation P_s zur beaufschlagten Druckspannung σ (Konfiguration ⑤) kommt es bei Überschreiten der Koerzitivspannung ($\sigma > \sigma^c$) zu einem 90°-Umklappen der spontanen Polarisation P_s. Hierbei ergeben sich nach Abb. 3.7 vier gleich wahrscheinliche Umklapprichtungen.

Als Nächstes treffen wir die Annahme, dass die beiden Konfigurationen ③ und ⑤ aus Abb. 3.6 entlang der z-Richtung eine äußere mechanische *Zugspannung* σ erfahren. Eine anschauliche Darstellung dieses Sachverhalts ist Abb. 3.8 zu entnehmen. Analog zum Verhalten unter Druckbeanspruchung tritt bei beiden Konfigurationen für Zugspannungen $\sigma < \sigma^c$ eine reversible Gestaltsänderung auf (*direkter piezoelektrischer Effekt*). Bei einer *senkrechten* Ausrichtung des Vektors der spontanen Polarisation P_s zur beaufschlagten Zugspannung σ (Konfiguration ③) kommt es dieses Mal bei Überschreiten der Koerzitivspannung ($\sigma > \sigma^c$) zu einem 90°-Umklappen der spontanen Polarisation P_s. Wie in Abb. 3.8 dargestellt, ergeben sich aufgrund der identischen Gestaltsänderung zwei

3.4 Mikroskopisches Verhalten des Ferroelektrikums PZT

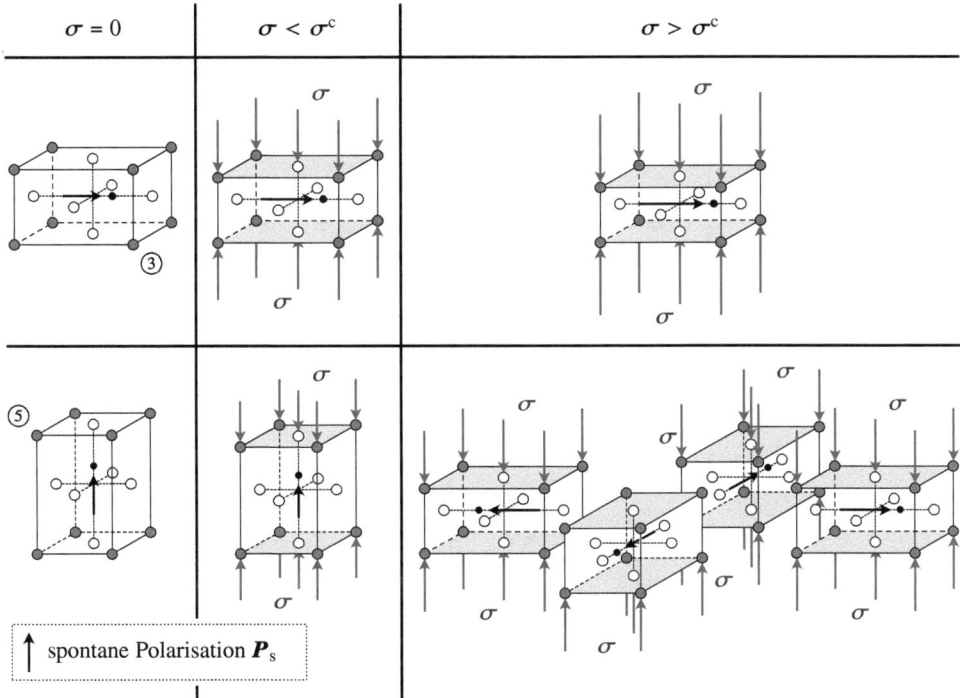

Abb. 3.7 Änderung der spontanen Polarisation P_s verursacht durch eine äußere mechanische Druckspannung σ (Konfiguration ③: $P_s \perp \sigma$ für alle Werte von σ → direkter *transversaler* piezoelektrischer Effekt / Konfiguration ⑤: $P_s \parallel \sigma$ für Werte $\sigma < \sigma^c$ → direkter *longitudinaler* piezoelektrischer Effekt; $P_s \perp \sigma$ für Werte $\sigma > \sigma^c$ → direkter *transversaler* piezoelektrischer Effekt)

gleich wahrscheinliche Umklapprichtungen. Für den Fall, dass der Vektor der spontanen Polarisation P_s *parallel* zur beaufschlagten Druckspannung σ (Konfiguration ⑤) steht, kommt es bei Überschreiten der Koerzitivspannung ($\sigma > \sigma^c$) zu einer Zunahme des *Betrags* der spontanen Polarisation, verbunden mit einem nach außen hin zunehmenden direkten piezoelektrischen Effekt.

Abschließend wollen wir untersuchen, welchen Einfluss ein von außen angelegtes elektrisches Feld auf die elektrische Polarisation P_s einer Elementarzelle ausübt. Hierzu treffen wir die Annahme, dass bei beiden Konfigurationen ③ und ⑤ (s. Abb. 3.6) ein äußeres elektrisches Feld mit der Feldstärke E in negativer z-Richtung wirkt. Abb. 3.9 veranschaulicht diesen Sachverhalt. Für ein elektrisches Feld, dessen Feldstärke betragsmäßig unterhalb der sogenannten elektrischen **Koerzitivfeldstärke** $|E^c|$ liegt, erfahren beide Konfigurationen eine reversible Gestaltsänderung (*reziproker piezoelektrischer Effekt*). Für den Fall, dass der Vektor der spontanen Polarisation P_s senkrecht zum äußeren Feldstärkevektor E orientiert ist (Konfiguration ③), kommt es bei Überschreiten der Koer-

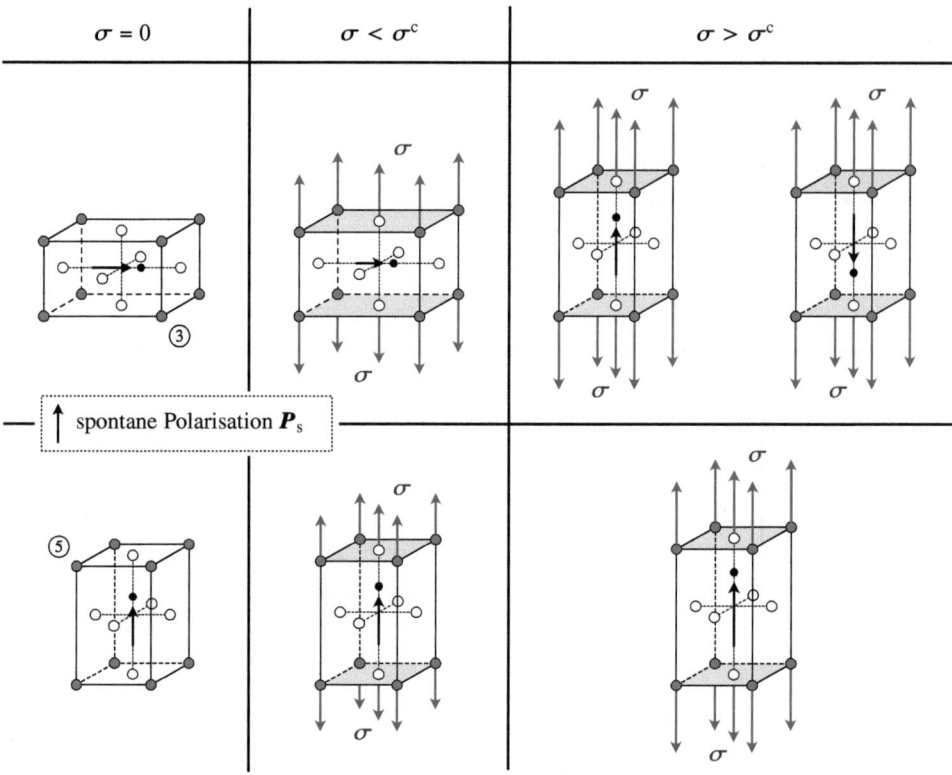

Abb. 3.8 Änderung der spontanen Polarisation P_s verursacht durch eine äußere mechanische Zugspannung σ (Konfiguration ③: $P_s \perp \sigma$ für Werte $\sigma < \sigma^c$ → direkter *transversaler* piezoelektrischer Effekt; $P_s \parallel \sigma$ für Werte $\sigma > \sigma^c$ → direkter *longitudinaler* piezoelektrischer Effekt/ Konfiguration ⑤: $P_s \parallel \sigma$ für alle Werte von σ → direkter *longitudinaler* piezoelektrischer Effekt)

zitivfeldstärke ($|E| > |E^c|$) zu einem 90°-Umklappen der spontanen Polarisation P_s. Bei einer *parallelen* Ausrichtung des Vektors der spontanen Polarisation P_s zum elektrischen Feldstärkevektor E (Konfiguration ⑤) resultiert ein Überschreiten der elektrischen Koerzitivfeldstärke ($|E| > |E^c|$) in einem 180°-Umklappen der spontanen Polarisation P_s.

Wir können somit schlussfolgern, dass sowohl 90°- als auch 180°-Umklappvorgänge entsprechend der Orientierung des elektrischen Feldes möglich sind (Schwaab 2012). Ergänzend sei angemerkt, dass das auftretende Umklappen der spontanen Polarisation bei Beaufschlagung der Elementarzelle mit sowohl mechanischen Normalspannungen als auch äußeren elektrischen Feldern einen *irreversiblen* Prozess darstellt, d. h. *nach dem Entlasten* verbleibt die Elementarzelle im umgeklappten Zustand.

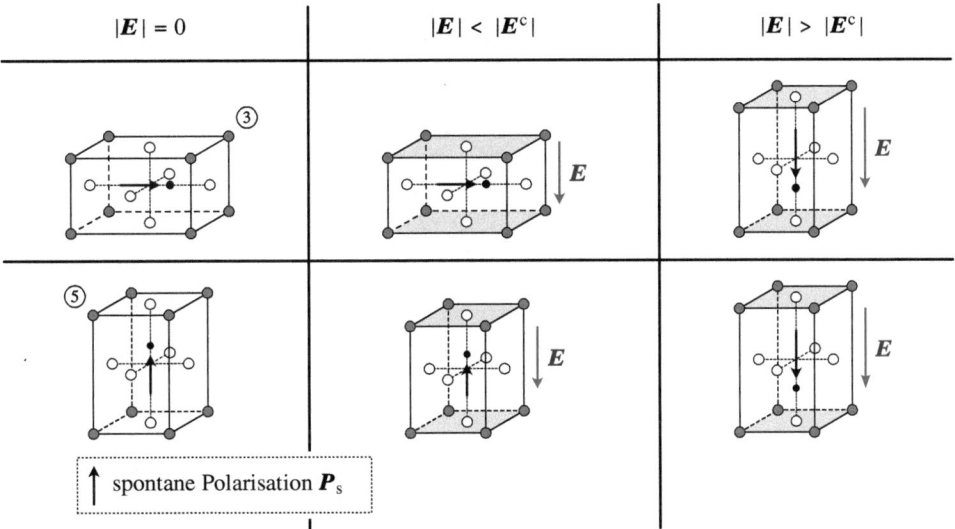

Abb. 3.9 Änderung der spontanen Polarisation P_s verursacht durch ein äußeres elektrisches Feld E (Konfiguration ③: $P_s \perp E$ für Werte $|E| < |E^c|$ → reziproker *transversaler* piezoelektrischer Effekt; $P_s \parallel E$ für Werte $|E| > |E^c|$ → reziproker *longitudinaler* piezoelektrischer Effekt / Konfiguration ⑤: $P_s \parallel E$ für alle Werte von $|E|$ → reziproker *longitudinaler* piezoelektrischer Effekt)

3.4.1 Ferroelektrische Domänen

Die Mikrostruktur eines PZT-Keramikkörpers weist beim Abkühlen unter die Curie-Temperatur Θ_C einen polykristallinen Aufbau auf und wird während der Herstellung maßgeblich von der gewählten chemischen Zusammensetzung des Materials und von den Parametern des *Sinter-* und *Polungsprozesses*, welche oberhalb der Curie-Temperatur erfolgen, beeinflusst. Auf die wichtigsten Aspekte der Herstellung einer PZT-Keramik werden wir im Kap. 4 eingehen. Jeden einzelnen **Kristalliten** des Keramikkörpers können wir als **ferroelektrischen Einkristall** ansehen. Die spontane Polarisation P_s in einem ferroelektrischen Einkristall ist jedoch nicht gleichmäßig über den gesamten Einkristall entlang einer einzigen wohldefinierten Richtung orientiert. Vielmehr hängen die Richtungen, entlang denen sich die spontane Polarisation entwickeln wird, von elektrischen und mechanischen Randbedingungen während des Herstellungsprozesses ab. Die Regionen des Einkristalls mit gleichförmig orientierter spontaner Polarisation bezeichnet man als *ferroelektrische Domänen*. Den Grenzbereich zwischen zwei benachbarten Domänen bezeichnet man als *Domänenwand*. Abb. 3.10 verdeutlicht diesen Sachverhalt.

Legt man einen zunächst ungepolten Keramikkörper zugrunde, welcher aus dem Übergang von der paraelektrisch-kubischen in die ferroelektrisch-tetragonale Phase hervorgegangen ist, so unterscheidet man entsprechend den möglichen Polarisationsrichtungen zwischen den sogenannten 180°- und 90°-Domänen. 180°-Domänen zeichnen sich dadurch aus, dass sie eine entgegengesetzt gerichtete Polarisation in benachbarten

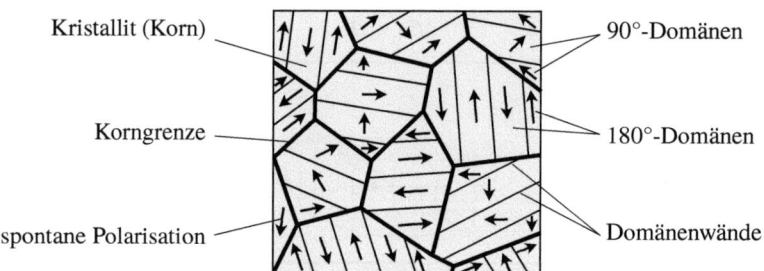

Abb. 3.10 Schematische Darstellung der polykristallinen Struktur eines *ungepolten* PZT-Keramikkörpers nach dem Übergang von der paraelektrisch-kubischen in die ferroelektrisch-tetragonale Phase

Bereichen aufweisen, wohingegen bei benachbarten 90°-Domänen die Polarisationsrichtungen senkrecht aufeinander stehen (s. Abb. 3.10). In gleicher Weise bezeichnet man die Domänenwände, welche benachbarte Domänen mit entgegengesetzt gerichteter Polarisation trennen, als 180°-Domänenwände. Solche, die Bereiche mit zueinander senkrechter Polarisation trennen, bezeichnet man als 90°-Domänenwände (Damjanovic 1998).

Die Ausbildung ferroelektrischer Domänen dient der Minimierung der elektrostatischen Energie von **Depolarisationsfeldern** und der elastischen Energie, beides Energieformen, welche beim Abkühlprozess aus der paraelektrisch-kubischen in die ferroelektrisch-tetragonale Phase in jedem einzelnen Kristalliten des Keramikkörpers durch die auftretende spontane Polarisation und die sich ausbildenden mechanischen Spannungen entstehen (Newnham 1975; Lines und Glass 1977; Arlt 1990; Arockiarajan 2005).

Das Einsetzen der spontanen Polarisation bei Unterschreiten der Curie-Temperatur führt zur Bildung einer *Oberflächenladung*. Diese Oberflächenladung erzeugt ihrerseits ein elektrisches Feld, welches als *Depolarisationsfeld* bezeichnet wird. Der Vektor der Depolarisationsfeldstärke E_d ist somit entgegengesetzt zum Vektor der elektrischen Polarisation P_s orientiert (s. Abb. 3.11a links). Ein Depolarisationsfeld wird sich stets dann bilden, wenn eine inhomogene Verteilung der spontanen Polarisation vorliegt, beispielsweise aufgrund des Rückgangs der spontanen Polarisation nahe der Oberfläche eines Ferroelektrikums (der Wert der spontanen Polarisation innerhalb des Ferroelektrikums ist von null verschieden) oder aufgrund einer Änderung der Polarisationsrichtung an den **Korngrenzen**. Die Depolarisationsfeldstärke kann mitunter Werte in der Größenordnung von einigen kV mm^{-1} annehmen (de Araujo et al. 1996). Die mit dem Depolarisationsfeld verbundene elektrostatische Energie wird letztlich dadurch minimiert, dass sich die einzelnen Kristalliten des Keramikkörpers in mehrere Domänen mit entgegengesetzt orientierter Polarisation aufteilen (s. Abb. 3.11a rechts).

Die Aufteilung eines ferroelektrischen Kristalls in Domänen kann auch, wie in Abb. 3.11 schematisch dargestellt, durch den Einfluss mechanischer Spannungen erfolgen (Newnham 1975; Arlt 1990; Damjanovic 1998). Angenommen, ein Teil des ferroelektrischen Einkristalls wird während des Übergangs von der paraelektrisch-kubischen in die ferroelektrisch-tetragonale Phase mechanisch entlang der a_T-Achse komprimiert. Um die mit der mechanischen Spannung σ verbundene elastische Energie zu minimieren,

3.4 Mikroskopisches Verhalten des Ferroelektrikums PZT

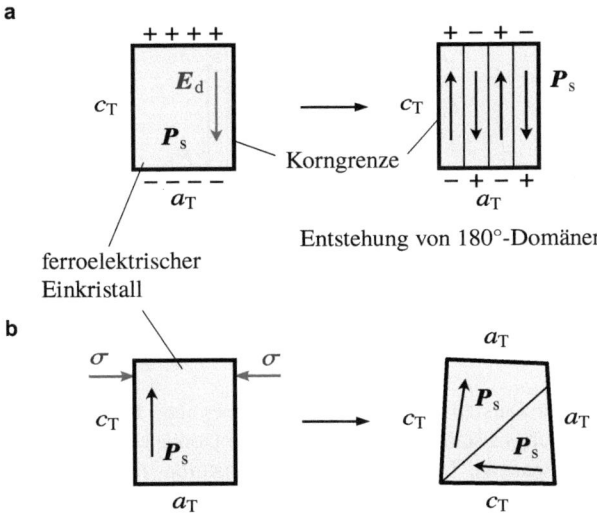

Abb. 3.11 Entstehungsursache von Domänen innerhalb eines ferroelektrischen Einkristalls während des Übergangs von der paraelektrisch-kubischen in die ferroelektrisch-tetragonale Phase (die Größen a_T bzw. c_T kennzeichnen die Achsen des *tetragonal* verzerrten Kristalliten mit $a_T < c_T$). (**a**) Entstehung von 180°-Domänen zur Minimierung der elektrostatischen Energie. (**b**) Entstehung von 90°-Domänen zur Minimierung der elastischen Energie. (Nach Damjanovic 1998)

wird sich die c_T-Achse des ferroelektrischen Einkristalls senkrecht zur mechanischen Spannung entwickeln und sich somit die Polarisation *senkrecht* zur mechanischen Spannung ausbilden. Innerhalb des *unbelasteten* Bereichs des Einkristalls kann sich die Polarisation *parallel* zur mechanischen Spannung ausbilden (kurze a_T-Achse senkrecht zur mechanischen Spannung).

Ergänzend ist zu erwähnen, dass neben der Ausbildung von 180°-Domänen auch die Entstehung von 90°-Domänen dazu beiträgt, die mit Depolarisationsfeldern verbundene elektrostatische Energie zu minimieren. Jedoch nur die Ausbildung von 90°-Domänen ermöglicht eine Reduzierung der mit mechanischen Spannungen verbundenen elastischen Energie.

3.4.2 Polung eines PZT-Keramikkörpers

Nach dem Sinterprozess weist ein PZT-Keramikkörper eine polykristalline Struktur bestehend aus einer Vielzahl von Kristalliten (Körnern) und zugehörigen Korngrenzen auf. Die Betrachtungen im vorangehenden Abschnitt lassen die Schlussfolgerung zu, dass die unterschiedlichen Kombinationen von elektrischen und mechanischen Randbedingungen, denen jeder einzelne Kristallit eines ungepolten PZT-Keramikkörpers während des Herstellungsprozesses beim Übergang von der paraelektrisch-kubischen in die

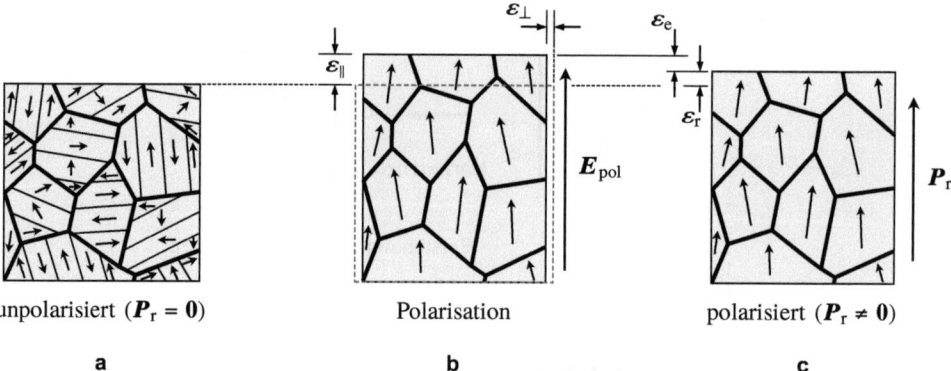

Abb. 3.12 Schematische Darstellung des Polungsprozesses eines PZT-Keramikkörpers. (**a**) Makroskopisch isotroper Ausgangszustand. (**b**) Umklappen von Domänen während des Polungsprozesses ($|E_{pol}| > E^c$). (**c**) remanente Dehnung ε_r und Polarisation P_r nach Entlasten ($E_{pol} = 0$). (Nach Melz 2002; Schwaab 2012)

ferroelektrisch-tetragonale Phase ausgesetzt ist, zu einer komplexen Domänenstruktur mit einer Vielzahl von 90°- und 180°-Domänen innerhalb eines jeden Kristalliten führt (s. Abb. 3.12a).

Jeder einzelnen Domäne lässt sich eine spontane Polarisation zuweisen. Wegen der zufälligen Verteilung der Richtungen der spontanen Polarisation über den Keramikkörper hinweg heben sich die piezoelektrischen Eigenschaften der einzelnen Domänen auf, d. h. der Keramikkörper in Abb. 3.12a verfügt in diesem *unbehandelten* Zustand nach außen hin über keine erkennbare äußere **Restpolarisation** P_r sowie *Piezoelektrizität* und verhält sich folglich makroskopisch *isotrop*. Um eine technisch nutzbare *äußere* Piezoelektrizität zu erzielen, ist es notwendig, den einzelnen Domänen eine wohldefinierte singuläre Vorzugsrichtung künstlich aufzuprägen. Hierzu wird der Keramikkörper metallisiert und ein wenig unterhalb der Curie-Temperatur Θ_C einem hohen *statischen* elektrischen Polungsfeld ($|E_{pol}| > 3\,\text{kV}\,\text{mm}^{-1}$) oberhalb der Koerzitivfeldstärke E^c ausgesetzt (Jaffe et al. 1971; Melz 2002). Bei diesem als *Polung* bezeichneten Prozess beginnen die Domänen in Richtung des anliegenden Polungsfeldes zu klappen (s. Abb. 3.12b). Eine *exakte* Orientierung in Richtung des Polungsfeldes ist wegen der vorhandenen Domänenstruktur nur zum Teil möglich (Zhou 2003).

Während des Polungsprozesses erfolgt einerseits ein dehnungsfreies Umklappen ganzer Domänen um 180°. Andererseits wachsen günstig zum Polungsfeld ausgerichtete Domänen auf Kosten anderer. Der PZT-Keramikkörper erfährt hierbei entlang des Polungsfeldes eine *positive* Dehnung $\varepsilon_\parallel$, senkrecht zum Polungsfeld erfolgt eine *Stauchung* $\varepsilon_\perp$ mit einem typischen Größenverhältnis $\varepsilon_\parallel/\varepsilon_\perp \approx 2,2$ (Melz 2002). Die positive Dehnung $\varepsilon_\parallel$ setzt sich aus einem makroskopischen Mittelwert der *remanenten* (irreversiblen) *Dehnung* ε_r und einem mittleren *elastischen* Anteil ε_e zusammen (s. Abb. 3.12c). Ist der elastische Anteil durch die *reversible* additive Auslenkung der Ti^{4+}-Ionen innerhalb der Gitterstruktur bedingt, dann resultiert die remanente Dehnung ε_r aus der *dauerhaften*, energetisch günstigeren Neupositionierung der Ti^{4+}-Ionen innerhalb der Gitterstruktur. Nach dem Entlasten ($E_{pol} = 0$) kontrahiert der Keramikkörper nur um den elastischen Anteil (s. Abb. 3.12c). Die **remanente Dehnung** ε_r und die damit verknüpfte **remanente Polarisation** P_r (makroskopischer Mittelwert der spontanen Polarisation) verbleiben im Material (Schwaab 2012). Letztlich ist es die remanente Polarisation P_r, welche den makroskopischen piezoelektrischen Effekt ermöglicht.

3.4.3 Domänenprozesse im ferroelektrischen Einkristall

Ferroelektrizität wie auch **Ferroelastizität** repräsentieren zwei Phänomene, welche für das Verständnis des *makroskopischen elektromechanischen* Verhaltens des Ferroelektrikums PZT von grundlegender Bedeutung sind. Beide Phänomene lassen sich sehr anschaulich auf der Größenskala eines *idealen* (in der Natur nicht vorkommenden) ferroelektrischen Einkristalls (Kristalliten) beschreiben. Hierzu werden wir die zuvor in Abschn. 3.4 gewonnenen Erkenntnisse zum Änderungsverhalten der spontanen Polarisation P_s innerhalb einer tetragonal verzerrten Elementarzelle in Abhängigkeit einer äußeren mechanischen Spannung bzw. eines äußeren elektrischen Feldes heranziehen. Bei den nachfolgenden Überlegungen zur *Ferroelektrizität* nehmen wir zudem an, dass der aus einer Vielzahl von 90°- und 180°-Domänen bestehende Kristallit mit einem statischen und hinreichend starken elektrischen Feld $|E|$ oberhalb der Koerzitivfeldstärke E^c beaufschlagt wird. Zwecks Charakterisierung der *Ferroelastizität* gehen wir davon aus, dass der Kristallit einer hinreichend großen mechanischen Normalspannung σ oberhalb der Koerzitivspannung σ^c ausgesetzt ist.

3.4.3.1 Ferroelektrizität

Weist ein Kristall bei Abwesenheit eines elektrischen Feldes E zwei oder mehrere unterschiedliche Orientierungszustände der spontanen Polarisation P_s auf, welche mithilfe eines hinreichend starken, äußeren elektrischen Feldes E bleibend verändert werden können, spricht man von *Ferroelektrizität* (Aizu 1962). Eine systematische Untersuchung dieses Verhaltens kann den Arbeiten von CAO und EVANS sowie HWANG und seinen Mitarbeitern entnommen werden (Cao und Evans 1993; Hwang et al. 1995).

Aus Abschn. 3.4.1 wissen wir bereits, dass ein ungepolter PZT-Keramikkörper nach dem Übergang von der paraelektrisch-kubischen in die ferroelektrisch-tetragonale Phase eine komplexe Domänenstruktur mit einer Vielzahl von 90°- und 180°-Domänen innerhalb eines jeden Kristalliten aufweist. Abb. 3.13a zeigt einen solchen Kristalliten in einer vereinfachten, idealisierten Darstellung. Wegen der statistisch gleichverteilten Orientierung der Domänen heben sich die Dipolwirkungen der einzelnen Domänen gegenseitig auf, weshalb der Kristallit nach außen hin über keine makroskopisch erkennbare remanente Polarisation P_r verfügt. Das Anlegen eines hinreichend starken elektrischen Feldes oberhalb der Koerzitivfeldstärke E^c führt zu einer Umorientierung der Domänen in Richtung des anliegenden Feldes. Bei dieser Umorientierung spricht man auch von *Domänenprozessen*.

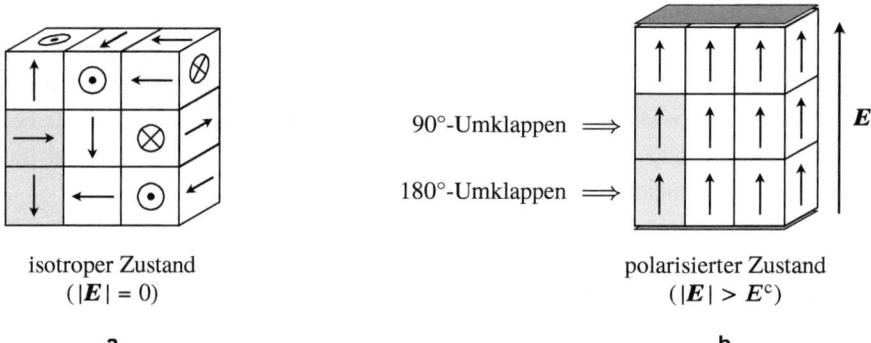

Abb. 3.13 Domänenprozesse in einem idealen ferroelektrischen, unpolarisierten Einkristall verursacht durch ein äußeres elektrisches Feld. (**a**) Isotroper Ausgangszustand. (**b**) Polarisierter Zustand (die Gestaltsänderung des Kristalliten ist rein durch 90°-Domänenprozesse bedingt). (Nach Anteboth 2007)

Bei einem Kristalliten in der ferroelektrisch-tetragonalen Phase lassen sich 90°- und 180°-Domänenprozess unterscheiden. Beim 180°-Domänenprozess klappt die spontane Polarisation P_s einer 180°-Domäne mit *antiparalleler* Orientierung zum äußeren elektrischen Feld allmählich um 180° um, bis diese parallel zum elektrischen Feld ausgerichtet ist (s. Abb. 3.13b). Beim 90°-Domänenprozess klappt die spontane Polarisation P_s einer senkrecht zum äußeren elektrischen Feld orientierten 90°-Domäne allmählich um 90° um, bis auch diese parallel zum elektrischen Feld ausgerichtet ist. Sowohl der 90°- als auch der 180°-Domänenprozess lassen sich schlussendlich auf das feldabhängige Änderungsverhalten der spontanen Polarisation einer tetragonal verzerrten Elementarzelle zurückführen (s. Abschn. 3.4, Abb. 3.9).

90°- und 180°-Domänenprozesse haben einen signifikanten Einfluss auf die Änderung der remanenten Polarisation P_r im ferroelektrischen Einkristall. Jedoch nur 90°-Domänenprozesse bewirken bedingt durch die verschieden langen *a*- und *c*-Achsen der Elementarzellen eine *Gestaltsänderung* des ferroelektrischen Kristalliten (s. Abb. 3.13b).

3.4.3.2 Ferroelastizität

Das Phänomen der *Ferroelastizität* tritt häufig neben dem der Ferroelektrizität auf und repräsentiert hierzu das mechanische Analogon. In Anlehnung an die Definition von Ferroelektrizität spricht man von Ferroelastizität, wenn ein Kristall bei der Abwesenheit einer mechanischen Spannung σ zwei oder mehrere unterschiedliche Orientierungszustände der spontanen Polarisation P_s aufweist, welche sich unter Anwendung einer hinreichend großen äußeren mechanischen Spannung σ verändern lassen (Aizu 1962). Die bereits zuvor genannten Arbeiten von CAO und EVANS sowie HWANG gehen ebenso ausführlich auf Untersuchungen zum ferroelastischen Materialverhalten ein (Cao und Evans 1993; Hwang et al. 1995).

3.4 Mikroskopisches Verhalten des Ferroelektrikums PZT

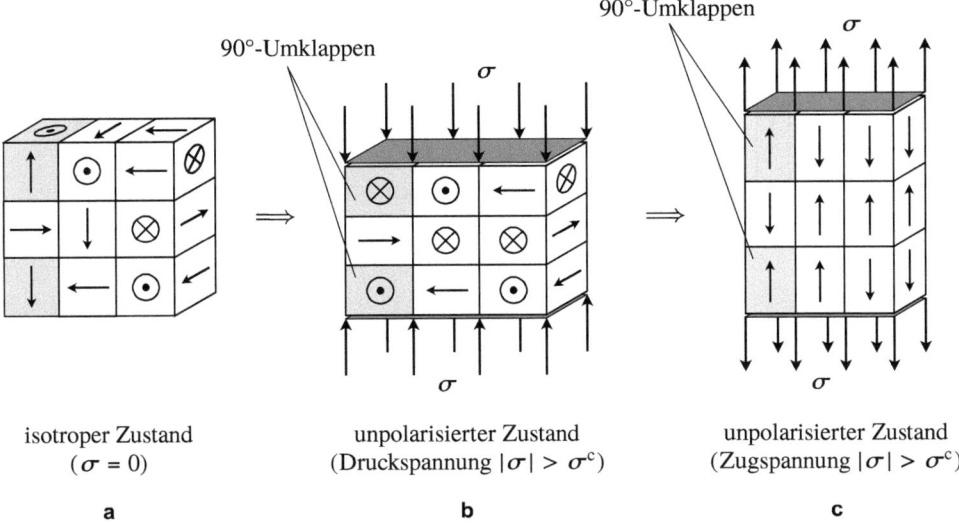

Abb. 3.14 Domänenprozesse in einem idealen ferroelektrischen, unpolarisierten Einkristall verursacht durch eine äußere mechanische Spannung. (**a**) Isotroper Ausgangszustand. (**b**) Unpolarisierter Zustand nach Belastung durch eine hinreichend große Druckspannung. (**c**) Unpolarisierter Zustand nach Belastung durch eine hinreichend große Zugspannung

Abb. 3.14a zeigt ein weiteres Mal einen Kristalliten in einer vereinfachten idealisierten Darstellung. Nach außen hin weist der Kristallit wie zu erwarten keine makroskopisch erkennbare remanente Polarisation P_r auf. Wird der Kristallit mit einer hinreichend großen mechanischen Druckspannung oberhalb der Koerzitivspannung σ^c belastet, klappen die ursprünglich in Belastungsrichtung orientierten Domänen in eine Richtung *senkrecht* zur mechanischen Belastungsrichtung um (s. Abb. 3.14b). Für die spontane Polarisation P_s existieren demnach innerhalb einer Ebene vier mögliche Richtungen, welche, insofern keine anderweitige Belastung vorliegt, gleich wahrscheinlich sind. Es erfolgt eine Stauchung des Kristalliten, eine remanente Polarisation entsteht hierbei nicht.

Umgekehrt klappen im Fall einer hinreichend großen mechanischen Zugspannung oberhalb der Koerzitivspannung σ^c die senkrecht zur Belastungsrichtung orientierten Domänen parallel zur Richtung der mechanischen Spannung um, wobei hier nur zwei gleich wahrscheinliche Richtungen existieren (s. Abb. 3.14c). Der Kristallit erfährt eine Streckung, eine remanente Polarisation entsteht auch hier nicht. Die in Abb. 3.14 dargestellten Domänenprozesse lassen sich beidermaßen auf das in Abschn. 3.4 beschriebene Änderungsverhalten der spontanen Polarisation einer tetragonal verzerrten Elementarzelle unter Einwirkung einer mechanischen Spannung zurückführen (s. Abb. 3.7 oder 3.8).

Liegt dahingegen der Kristallit, wie in Abb. 3.15a dargestellt, in einem polarisierten Ausgangszustand vor, lässt sich mithilfe einer hinreichend großen mechanischen Druckspannung oberhalb der Koerzitivspannung σ^c die remanente Polarisation P_r eliminieren (s. Abb. 3.15b). Man spricht in diesem Fall von **mechanischer Depolarisation**. Die

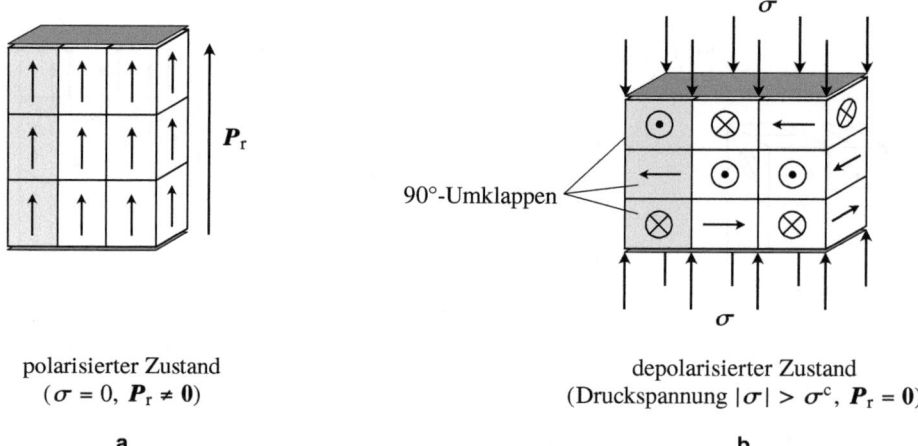

Abb. 3.15 Domänenprozesse in einem idealen ferroelektrischen, polarisierten Einkristall verursacht durch eine äußere mechanische Spannung. (**a**) Polarisierter Ausgangszustand. (**b**) Depolarisierter Zustand nach Belastung durch eine hinreichend große Druckspannung

ursprünglich in Belastungsrichtung orientierten Domänen klappen gleichermaßen in eine Richtung senkrecht zur mechanischen Belastungsrichtung um. Wegen der vier gleich wahrscheinlichen Richtungen der spontanen Polarisation P_s in der Ebene weist der Kristallit nach außen hin keine makroskopisch erkennbare remanente Polarisation mehr auf ($P_r = 0$).

3.5 Makroskopisches Verhalten des Ferroelektrikums PZT

Ein wesentliches Charakteristikum eines ferroelektrischen, unpolarisierten PZT-Keramikkörpers ist dessen polykristalliner Aufbau. Dieser setzt sich aus einer Vielzahl von einzelnen Kristalliten zusammen, die durch Korngrenzen voneinander getrennt sind (s. Abb. 3.10). Im Gegensatz zu einem *monokristallinen* Material wie z. B. α-Quarz ist die Orientierung der Kristallachsen wegen der Vielzahl von Kristalliten und somit wegen der Vielzahl der damit verbundenen ferroelektrischen Domänen in allen Raumrichtungen gleich wahrscheinlich. Zwecks Darstellung der räumlichen Ausrichtung der Domänen auf makroskopischer Ebene werden in der Fachliteratur oftmals Piktogramme verwendet (s. Abb. 3.16).

Da die Polarisationsrichtung mit dem Kristallachsensystem der Domänen verknüpft ist, ergibt sich für die Polarisationsrichtung innerhalb eines unpolarisierten PZT-Keramikkörpers, wie in Abb. 3.16a dargestellt, eine statistische Verteilung in alle Raumrichtungen. Damit ist es nicht mehr möglich, die spontane Polarisation P_s in allen Körnern durch Anlegen eines äußeren elektrischen Feldes in exakt eine Richtung

3.5 Makroskopisches Verhalten des Ferroelektrikums PZT

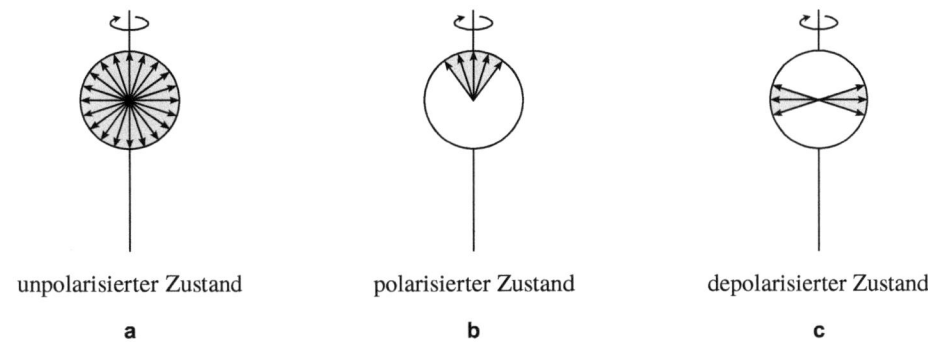

unpolarisierter Zustand   polarisierter Zustand   depolarisierter Zustand

a   b   c

Abb. 3.16 Darstellung der makroskopischen Domänenverteilung im Ferroelektrikum PZT mittels Piktogrammen. **a** Unpolarisierte Keramik (makroskopische Polarisation $|P| = 0$). **b** Polarisierte Keramik (makroskopische Polarisation $|P| \neq 0$). **c** Depolarisierte Keramik (makroskopische Polarisation $|P| = 0$). (Nach Kuhnen 2001)

parallel auszurichten. Vielmehr erfolgt die Ausrichtung der Domänen, wie in Abb. 3.16b gezeigt, nur noch innerhalb eines Raumbereichs um die Feldrichtung herum. Unterliegt der PZT-Keramikkörper einer äußeren mechanischen Druckbelastung, orientieren sich die Domänen in der Nähe der Äquatorebene (s. Abb. 3.16c). Es liegt dann eine mechanische Depolarisation vor.

3.5.1 Verhalten unter elektrischer Belastung

Die durch ein äußeres elektrisches Feld auftretenden Domänenprozesse in einem PZT-Keramikkörper sind durch das *dielektrische* und das *reziproke piezoelektrische* Verhalten überlagert. Aufgrund der Domänenprozesse besteht zwischen der makroskopischen Polarisation P und der eingeprägten elektrischen Feldstärke E ein *nichtlinearer* und *hysteresebehafteter* Zusammenhang. Abhängig von der Belastungsvorgeschichte des Keramikkörpers können sich stark differierende Domänenkonfigurationen einstellen, weshalb für einen bestimmten Momentanwert der elektrischen Feldstärke unterschiedliche Polarisationswerte existieren. Für hinreichend niederfrequente Feldstärken besteht daher ein hysteresebehafteter Zusammenhang zwischen Polarisation P und elektrischer Feldstärke E (s. Abb. 3.17).

Ausgehend von einem ungepolten Zustand (Ursprung des Koordinatensystems der E-P-Ebene) orientieren sich die Domänen bei ansteigender Feldstärke so lange in deren Richtung, bis alle Domänen ausgerichtet sind. Hieraus resultiert die in Abb. 3.17 dargestellte **Neukurve** zwischen den Punkten A und B. Sinkt der Wert der elektrischen Feldstärke auf null, so klappt ein geringer Anteil der Domänen aufgrund der inneren mechanischen Spannungen in der Keramik zurück. Die verbleibende Polarisation bezeichnet man bekanntermaßen als *remanente Polarisation* P_r (s. Abb. 3.12). Dieser

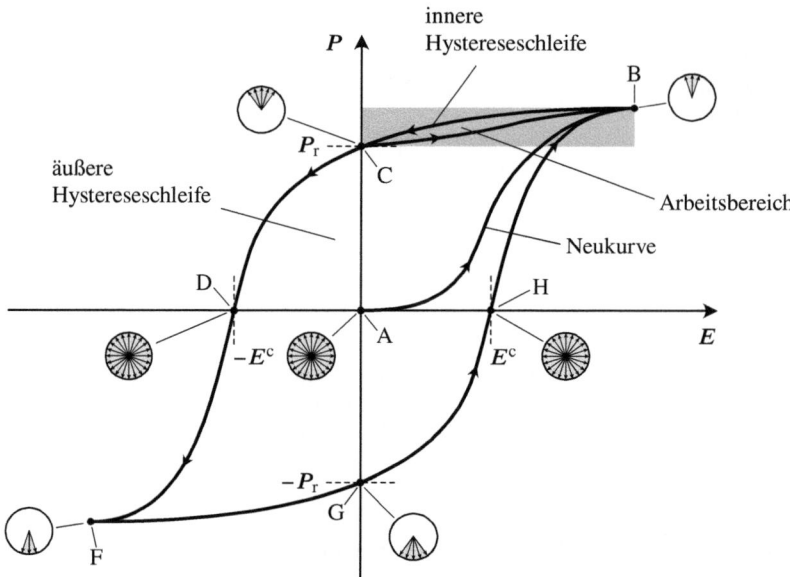

Abb. 3.17 Ferroelektrisches Materialverhalten eines PZT-Keramikkörpers – Polarisation P in Abhängigkeit der elektrischen Feldstärke E. (Nach Kuhnen 2001; Arockiarajan 2005)

Zusammenhang ist durch den Pfad der Wertepaare (E, P) zwischen den Punkten B und C in Abb. 3.17 dargestellt. Wird ein elektrisches Feld nun in entgegengesetzter Richtung angelegt, so werden die Domänen schrittweise in die entsprechende Richtung umorientiert, solange bis alle Domänen in Feldrichtung ausgerichtet sind. In diesem Fall durchläuft das Wertepaar (E, P) den Pfad entlang der Punkte C-D-F. Am Punkt D ist die elektrische Feldstärke gerade so groß, dass die Keramik nach außen hin einen unpolarisierten Zustand aufweist. Den Wert der elektrischen Feldstärke, bei der dieser Effekt auftritt, bezeichnet man, wie zuvor erwähnt, als *Koerzitivfeldstärke* E^c (s. Abb. 3.9). Kommt es indessen zu einer erneuten Richtungsumkehr des elektrischen Feldes, so werden die Domänen schrittweise entlang der Feldlinien orientiert, solange bis alle Domänen ausgerichtet sind. Das Wertepaar (E, P) durchläuft in diesem Fall den Pfad entlang der Punkte F-G-H-B. Die Pfade entlang der Punkte B-C-D-F und F-G-H-B bilden *äußere Hystereseschleifen*. Ändert sich jedoch die Richtung des äußeren elektrischen Feldes, bevor alle Domänen ausgerichtet sind, dann verzweigt das Wertepaar (E, P) in das von der äußeren Hystereseschleife umschlossene Hysteresegebiet und bildet sogenannte *innere Hystereseschleifen* aus.

Neben dem hysteresebehafteten Zusammenhang zwischen Polarisation P und elektrischer Feldstärke E wollen wir im Folgenden den ebenfalls hysteresebehafteten Zusammenhang zwischen der mechanischen Dehnung ε eines PZT-Keramikkörpers und der elektrischen Feldstärke E einer genaueren Betrachtung unterziehen. Wir nehmen zusätzlich an, dass die Belastungsvorgeschichte des Keramikkörpers mit derjenigen aus Abb. 3.17 übereinstimmt. Aufgrund des charakteristischen Verlaufs der Kurve in Abb. 3.18 wird diese auch als *Schmetterlingskurve* bezeichnet.

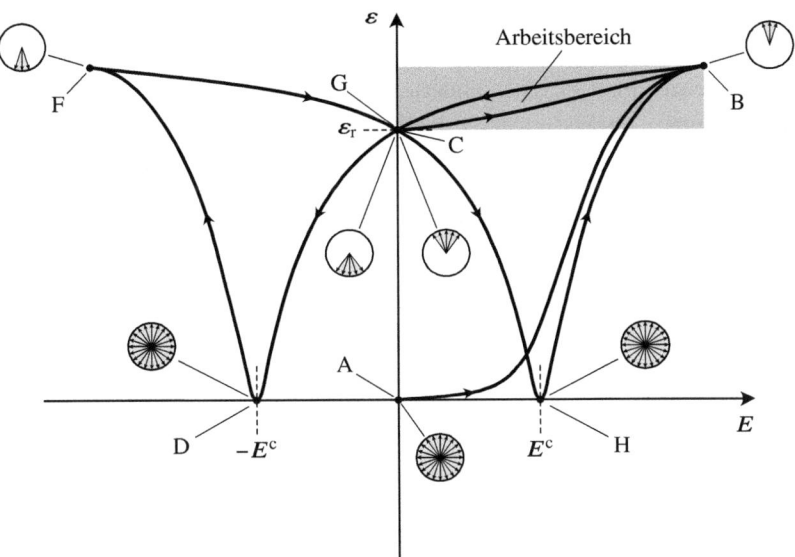

Abb. 3.18 Ferroelektrisches Materialverhalten eines PZT-Keramikkörpers – Dehnung ε in Abhängigkeit der elektrischen Feldstärke E. (Nach Kamlah 2001; Kuhnen 2001)

Ausgangspunkt unserer Überlegungen stellt abermals ein ungepolter PZT-Keramikkörper dar (Punkt A). Wegen der Gleichverteilung der Domänenorientierungen ist das makroskopische Materialverhalten isotrop und die Dehnung zunächst nicht mit dem äußeren elektrischen Feld gekoppelt. Diese Tatsache äußert sich in der nahezu horizontalen Anfangsgeraden in der Schmetterlingshysterese in Abb. 3.18. Bei Überschreiten der Koerzitivfeldstärke E^c werden die Domänen in Richtung des angelegten Feldes orientiert. Dies führt zu einem deutlichen Anstieg der Dehnung ε der Keramik. Die Wertepaare (E, ε) durchlaufen dabei den Pfad zwischen den Punkten A-B. Nach Ausrichtung aller Domänen ist eine weitere Zunahme der Dehnung nur noch mittels des reziproken piezoelektrischen Effektes möglich. Erniedrigt man das äußere elektrische Feld auf den Wert Null (Punkt C), klappen nur einige Domänen zurück, weshalb wir eine Restdehnung bzw. *remanente Dehnung* ε_r der Keramik beobachten können (s. Abb. 3.12c). Beim Anlegen des elektrischen Feldes in entgegengesetzte Richtung stellt sich bei Erreichen der negativen Koerzitivfeldstärke $-E^c$ zunächst der Zustand ein, dass alle Domänen statistisch gleichverteilt sind und die Dehnung ε der Keramik auf null zurückgeht (Punkt D). Erniedrigt man die Feldstärke weiter, klappen die Domänen mit ihrer tetragonalen Gitterstruktur schrittweise in Feldrichtung um, und die Dehnung der Keramik nimmt abermals zu. Die Wertepaare (E, ε) durchlaufen somit den Pfad C-D-F. Bei abermaliger Änderung der Richtung des elektrischen Feldes erfolgt wiederum eine Umorientierung der Domänen. Die Wertepaare (E, ε) durchlaufen den Pfad F-G-H-B und bilden somit die charakteristische *Schmetterlingskurve* (Kuhnen 2001; Schwaab 2012).

Der Bereich der elektrischen Feldstärke, innerhalb derer eine piezoelektrische Keramik wie PZT angesteuert wird, erstreckt sich von ca. $0-2\,\text{kV}\,\text{mm}^{-1}$ und wird allgemein als *Arbeitsbereich* bezeichnet (s. grau hinterlegter Bereich in Abb. 3.17 sowie Abb. 3.18). Dies hat zum einen den Vorteil, dass durch die einheitliche Ausrichtung der Domänen der piezoelektrische Effekt am größten ist, zum anderen wird die durch Domänenprozesse verursachte hysteresebehaftete Nichtlinearität im elektrischen Übertragungsverhalten der Keramik reduziert (*nahezu linearer Zusammenhang* zwischen der Dehnung ε oder der Polarisation P und der elektrischen Feldstärke E), was wiederum eine *Verringerung der Verlustleistung* zur Folge hat. Dies ist insbesondere für einen späteren Aktor- bzw. Sensor-Betrieb von großer Bedeutung. Um die Keramik auf diesen Arbeitsbereich einzustellen, wird diese am Ende des Herstellungsprozesses etwas unterhalb der Curie-Temperatur durch Anlegen eines starken äußeren elektrischen Feldes in die gewünschte Richtung vorpolarisiert. Im späteren Einsatz wird sie nur mit *positiven* elektrischen Feldstärken betrieben (Kuhnen 2001).

3.5.2 Verhalten unter mechanischer Belastung

Zur Untersuchung des Verhaltens eines PZT-Keramikkörpers unter rein mechanischer Belastung gehen wir wie bereits zuvor von einem ungepolten Ausgangszustand der Funktionskeramik aus. Diese Art der Belastung führt in Anlehnung an Abb. 3.7, 3.8 oder 3.14 zu mechanisch induzierten 90°-Domänenprozessen, welche ihrerseits von Betrag und Richtung der mechanischen Belastung abhängig sind. Es sei angemerkt, dass sich in der Fachliteratur Untersuchungen bzgl. mechanisch induzierter Domänenprozesse nahezu ausschließlich auf mechanische Druckspannungen ($\sigma < 0$) beschränken. Dies liegt darin begründet, dass die für das Erreichen des Sättigungszustandes notwendige Zugspannung oberhalb der Zugfestigkeit eines PZT-Keramikkörpers liegt und somit bereits geringe Zugbelastungen zu dessen Zerstörung führen (Kamlah 2001; Kuhnen 2001; Schwaab 2012). Daher sind die in Abb. 3.19 und 3.20 gestrichelt dargestellten Verläufe für Zugspannungen ($\sigma > 0$) als Ergänzung zu verstehen, eine experimentelle Verifikation ist nicht möglich.

Abb. 3.19 zeigt schematisch den Zusammenhang zwischen der Dehnung ε und einer äußeren, auf die Keramik *uniaxial* einwirkenden mechanischen Spannung σ. Wegen mechanisch induzierter Domänenprozesse besteht zwischen der makroskopischen Dehnung ε und der beaufschlagten mechanischen Spannung σ ein *nichtlinearer* und *hysteresebehafteter* Zusammenhang. Der charakteristische Verlauf wird als *ferroelastische Hysterese* bezeichnet. Ausgehend von einem ungepolten Zustand (Ursprung des Koordinatensystems der σ-ε-Ebene) verhält sich die Keramik auf makroskopischer Ebene für mechanische Druckspannungen hinreichend kleiner Amplitude zunächst linear elastisch (Schäufele und Härdtl 1996; Hackemann 2001; Kuhnen 2001). Analog zum ferroelektrischen Verhalten werden mit zunehmenden mechanischen Druckspannungen 90°-Domänenprozesse eingeleitet. Diese verursachen eine zusätzliche Deformation, bis alle Domänen so nah wie möglich entlang einer Richtung orientiert sind, die *senkrecht* zur mechanischen Druckspannung steht. Solange die Umklappvorgänge stattfinden, *sinkt* die makroskopische

3.5 Makroskopisches Verhalten des Ferroelektrikums PZT

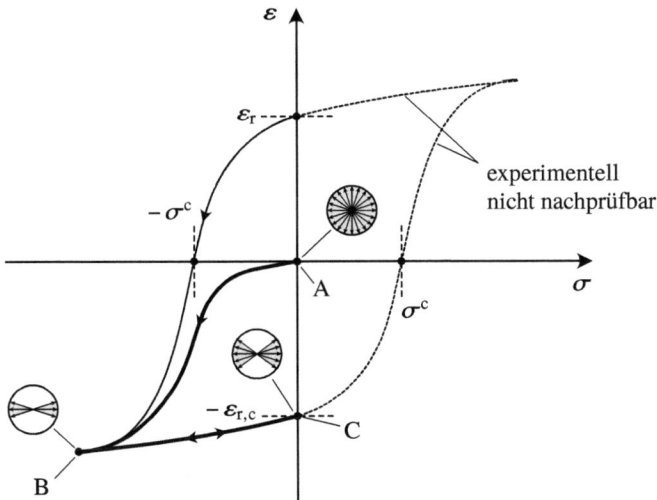

Abb. 3.19 Ferroelastisches Materialverhalten eines *ungepolten* PZT-Keramikkörpers – Dehnung ε in Abhängigkeit der mechanischen Spannung σ (gestrichelt dargestellte Verläufe für Zugbelastungen sind experimentell nicht nachprüfbar). (Nach Kuhnen 2001)

Elastizität. Sind die Domänen vollständig ausgerichtet, erfolgt der Übergang von einem nichtlinearen in einen abermals vom linear elastischen Verhalten der Keramik geprägten Verlauf und deren Steifigkeit nimmt ein weiteres Mal zu. Als Folge dieses Verhaltens durchläuft das Wertepaar (σ, ε) den in Abb. 3.19 skizzierten Pfad zwischen den Punkten A und B. Nach Entlastung klappt nur ein Teil der Domänen zurück, und in der Keramik verbleibt eine negative remanente Dehnung $-\varepsilon_{r,c}$ (Punkt C). Im Falle *irreversibler* Domänenprozesse gelangt die Keramik *nicht* in ihren Ursprungszustand (Punkt A) zurück. Für nachfolgende Belastungs- und Entlastungszyklen bewegt sich das Wertepaar (σ, ε) stets auf dem Pfad zwischen den Punkten B und C. Hierbei weist der Verlauf des Pfades nahezu *keine Hysterese* auf (Schäufele und Härdtl 1996; Kamlah 2001). Wegen der gleich wahrscheinlichen Richtungsorientierung der Domänen senkrecht zur mechanischen Belastungsrichtung ist an der Keramik keine makroskopische Polarisation nachweisbar.

Dem ein oder anderen Leser ist sicherlich nicht entgangen, dass in Abb. 3.19 zwischen der remanenten Dehnung $\varepsilon_{r,c}$ bei Druckbelastung und der remanenten Dehnung ε_r bei Zugbelastung unterschieden wird. Dies liegt darin begründet, dass für einen tetragonalen Einkristall, welcher in Belastungsrichtung orientiert ist, wegen der doppelten Anzahl von möglichen Gleichgewichtslagen unter Druckbelastung im Vergleich zur Zugbelastung (s. Abb. 3.7 im Vergleich zu Abb. 3.8) ein Verhältnis von 1:2 zwischen der remanenten Dehnung unter Druck- bzw. Zugbelastung zu erwarten ist (Schwaab 2012). Eine anschauliche Darstellung dieses Sachverhalts erfolgt im Anhang. Dieser verdeutlicht, dass Abb. 3.19 als nicht maßstabsgerechte Darstellung des Zusammenhangs zwischen der Dehnung ε und einer von außen auf die Keramik uniaxial einwirkenden mechanischen Spannung σ aufzufassen ist.

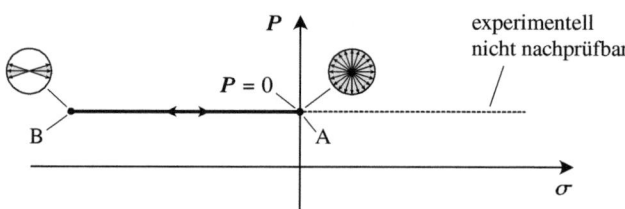

Abb. 3.20 Ferroelastisches Materialverhalten eines *ungepolten* PZT-Keramikkörpers – Polarisation P in Abhängigkeit der mechanischen Spannung σ (gestrichelt dargestellter Verlauf für Zugbelastungen ist experimentell nicht nachprüfbar). (Nach Kuhnen 2001)

Der Zusammenhang zwischen der Polarisation P eines ungepolten PZT-Keramikkörpers und einer *uniaxial* einwirkenden mechanischen Spannung σ gestaltet sich vergleichsweise einfach und ist schematisch in Abb. 3.20 dargestellt. Die Polarisation ändert sich bei mechanischer Belastung aus makroskopischer Sicht nicht, da diese stets durch entgegengesetzt orientierte Domänen kompensiert wird. In diesem Fall bewegt sich das Wertepaar (σ, P) entlang des Pfades zwischen den Punkten A und B (Kuhnen 2001). Da der Pfad mit der σ-Achse zusammenfällt, ist diese in Abb. 3.20 zwecks besserer Darstellbarkeit nach unten verschoben.

3.5.3 Verhalten unter gekoppelter elektromechanischer Belastung

Unsere bisherigen Betrachtungen konzentrierten sich auf die Untersuchung des Verhaltens eines PZT-Keramikkörpers unter rein mechanischer oder rein elektrischer Belastung. Beide Belastungsarten lassen sich jedoch auch nacheinander auf die Keramik ausüben. In diesem Fall spricht man von einer *gekoppelten elektromechanischen Belastung*. Die Experimente hierzu gestalten sich in der Praxis als sehr schwierig. Einerseits sind für das Erzeugen einer homogenen, uniaxial mechanischen Druckspannung meist größere Keramikproben notwendig.

Bedingt durch die makroskopischen Abmessungen der Keramikproben müssen andererseits hinreichend große elektrische Feldstärken erzeugt werden, weshalb geeignete Hochspannungsquellen unabdingbar sind. Dem interessierten Leser seien an dieser Stelle die Arbeiten von ZHOU empfohlen, welche die Komplexität dieser Versuche aufzeigen (Zhou et al. 2005, 2010).

Ausgehend von einem ungepolten Zustand (Punkt A) wird die Keramik zunächst einem hinreichend großen elektrischen Feld ausgesetzt und dieses anschließend wieder auf den Wert Null erniedrigt. Bei diesem Polungsprozess durchläuft der Wert der Dehnung ε, wie in Abb. 3.21 dargestellt, den vertikalen Pfad entlang der Punkte A-B-C und entspricht der Projektion des Verlaufs der Wertepaare (E, ε) aus Abb. 3.18 auf die ε-Achse. In der Keramik verbleibt nach Wegnahme des elektrischen Feldes bekanntermaßen eine remanente Dehnung ε_r (Punkt C).

3.5 Makroskopisches Verhalten des Ferroelektrikums PZT

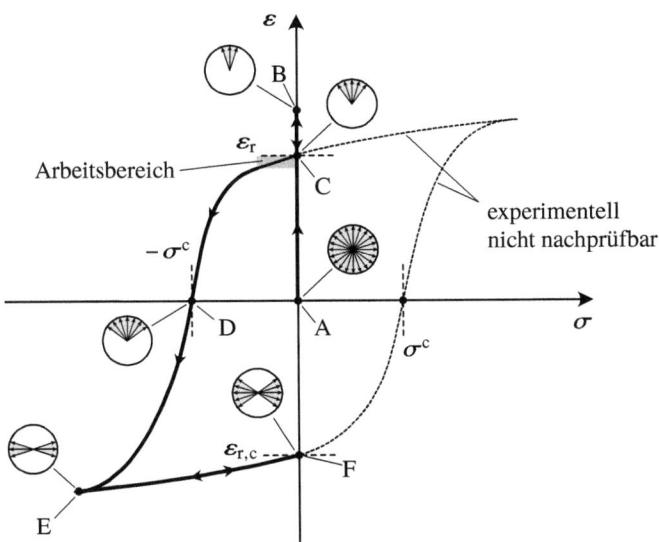

Abb. 3.21 Ferroelastisches Materialverhalten eines *gepolten* PZT-Keramikkörpers – Dehnung ε in Abhängigkeit der mechanischen Spannung σ (gestrichelt dargestellter Verlauf für Zugbelastungen ist experimentell nicht nachprüfbar). (Nach Kuhnen 2001)

Im Anschluss an den Polungsprozess wird die Keramik parallel zur Polungsrichtung einer homogenen, uniaxial mechanischen Druckspannung ($\sigma < 0$) ausgesetzt. Auch hier verhält sich die Keramik auf makroskopischer Ebene für hinreichend kleine Werte der mechanischen Druckspannung zunächst linear elastisch und reversibel. Der Bereich des linearen Verhaltens zwischen der mechanischen Druckspannung und der Dehnung kennzeichnet den Arbeitsbereich der Keramik und ist in Abb. 3.21 grau hinterlegt. Nach Unterschreiten der negativen mechanischen Koerzitivspannung $-\sigma^c$ werden 90°-Domänenprozesse eingeleitet. Diese laufen so lange ab, bis alle Domänen so nah wie möglich entlang einer senkrecht zur mechanischen Druckspannung orientierten Richtung stehen. Während der Phase, innerhalb der die Umklappvorgänge ablaufen, nimmt die makroskopische Elastizität ab. Erst wenn die Domänen vollständig ausgerichtet sind, erfolgt der Übergang von einem nichtlinearen in einen abermals vom linear elastischen Verhalten der Keramik geprägten Verlauf, d. h. deren Steifigkeit nimmt erneut zu. Bedingt durch dieses Verhalten durchläuft das Wertepaar (σ, ε) den in Abb. 3.21 skizzierten Pfad entlang der Punkte C-D-E. Wird die Keramik im Anschluss entlastet, klappt nur ein Teil der Domänen zurück, folglich verbleibt in der Keramik eine negative remanente Dehnung $-\varepsilon_{r,c}$ (Punkt F). Für nachfolgende Belastungs- und Entlastungszyklen bewegt sich das Wertepaar (σ, ε) – irreversible Domänenprozesse vorausgesetzt – stets auf dem Pfad zwischen den Punkten E und F.

Der Zusammenhang zwischen der Polarisation P eines *gepolten* PZT-Keramikkörpers und einer homogenen, uniaxial einwirkenden mechanischen Druckspannung σ ist schematisch in Abb. 3.22 dargestellt. Der vorausgehende Polungsprozess gestaltet sich

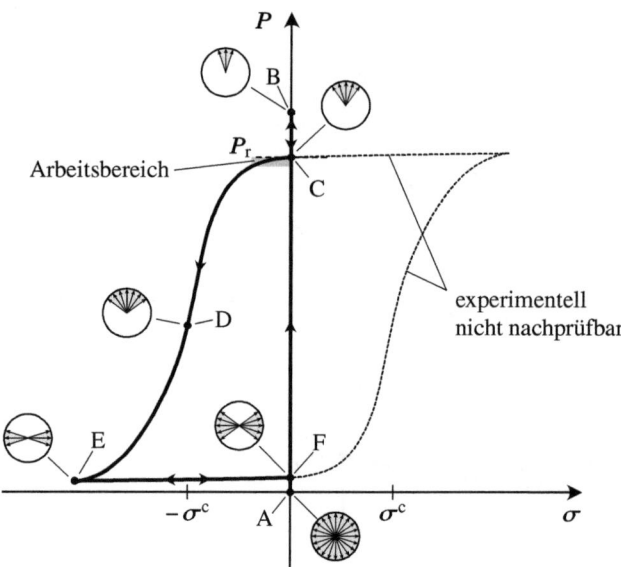

Abb. 3.22 Ferroelastisches Materialverhalten eines *gepolten* PZT-Keramikkörpers – Polarisation P in Abhängigkeit der mechanischen Spannung σ (gestrichelt dargestellter Verlauf für Zugbelastungen ist experimentell nicht nachprüfbar). (Nach Kuhnen 2001)

analog zu dem zuvor beschriebenen: Die Keramik wird ausgehend von einem ungepolten Zustand einem hinreichend großen elektrischen Feld ausgesetzt. Anschließend erfolgt die Wegnahme des elektrischen Feldes. Der Wert der Polarisation P durchläuft dabei den vertikalen Pfad entlang der Punkte A-B-C und entspricht dieses Mal der Projektion des Verlaufs der Wertepaare (E, P) aus Abb. 3.17 auf die P-Achse. Nach Wegnahme des elektrischen Feldes verbleibt in der Keramik, analog zu einer remanenten Dehnung ε_r, eine remanente Polarisation P_r.

Nach dem Polungsprozess wird die Keramik mit einer homogenen, uniaxial mechanischen Druckspannung beaufschlagt. Auch hier wird die Wirkrichtung der beaufschlagten Druckspannung parallel zur Polungsrichtung vorausgesetzt. Für hinreichend kleine Werte der mechanischen Druckspannung ist der *direkte longitudinale piezoelektrische Effekt* maßgebend für das lineare Verhalten zwischen mechanischer Druckspannung und Polarisation. Der Bereich, innerhalb dessen die Polarisation und die mechanische Druckspannung linear voneinander abhängig sind, kennzeichnet auch hier den Arbeitsbereich (s. grau hinterlegter Bereich in Abb. 3.22). Mit zunehmenden Druckspannungen ($\sigma < 0$) kommt es vermehrt zu 90°-Domänenprozessen. Dieser induzierte *Depolarisationsvorgang* verursacht eine überproportional starke Abnahme der Polarisation und läuft so lange ab, bis nahezu alle Domänen in eine senkrecht zur mechanischen Druckspannung orientierten Ebene umgeklappt sind (Kuhnen 2001). In diesem Falle durchläuft das Wertepaar (σ, P) den in Abb. 3.22 skizzierten Pfad entlang der Punkte C-D-E. Nach anschließendem Entlasten der Keramik klappt nur ein Teil der Domänen zurück, was folglich zum Verbleib einer *remanenten Depolarisation* in der Keramik führt (Punkt F). Werden abermals irreversible Domänenprozesse vorausgesetzt, bewegt sich das Wertepaar (σ, P) bei nachfolgenden Belastungs- und Entlastungszyklen stets auf dem Pfad zwischen den Punkten E und F.

Welche Erkenntnisse können wir aus den Betrachtungen in diesem Abschnitt ableiten? War der Keramikkörper zu Beginn der Druckbeanspruchung polarisiert (Punkt C in Abb. 3.21 bzw. 3.22), so ist nach Durchlaufen des Pfades entlang der Punkte C-D-E-F sowohl in Abb. 3.21 als auch in Abb. 3.22 *keine* makroskopische Polarisation mehr nachweisbar, d. h. die Keramik ist *mechanisch depolarisiert*. Folglich sind die nach einer mechanischen Depolarisation notwendigen piezoelektrischen Eigenschaften einer PZT-Keramik für aktorische und sensorische Anwendungen *endgültig verloren*.

Anhang

Remanente Dehnung einer PZT-Keramik bei Druck- und Zugbelastung Die remanenten Dehnungen eines PZT-Keramikkörpers weisen für Druck- und Zugspannungen unterschiedliche Werte auf. Damit verbunden ist ein asymmetrisches Verformungsverhalten, welches sich anhand des Umklappverhaltens der für PZT typischen tetragonalen Einheitszellen anschaulich erklären lässt. Ausgangspunkt der Betrachtung bildet der ungepolte Zustand (Ursprung des Koordinatensystems der σ-ε-Ebene) der Keramik (s. Abb. 3.23). Die möglichen Orientierungen der c-Achsen der tetragonalen Einheitszellen

Abb. 3.23 Zur Erklärung des Unterschieds der remanenten Dehnungen eines ungepolten PZT-Keramikkörpers bei Druck- und Zugbelastung. (Nach Kamlah 2001)

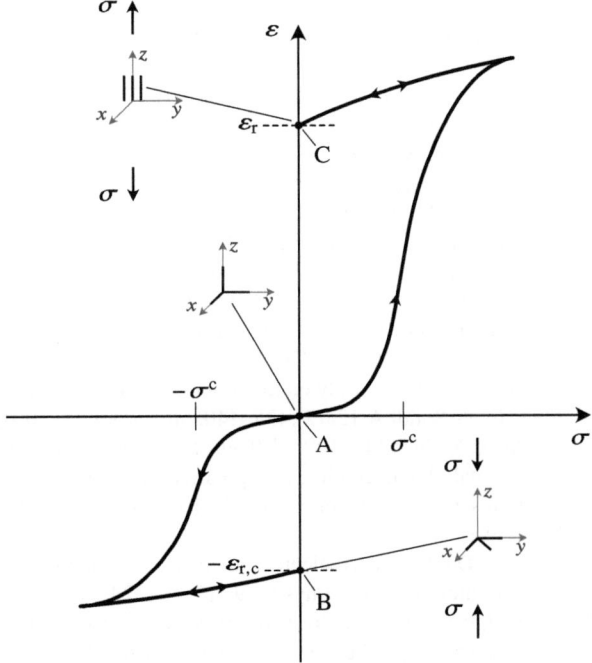

im Raum sind grob durch drei dickere Linien dargestellt, welche den Zuständen vor der Belastung (Punkt A) und nach der Druckentlastung (Punkt B) oder Zugentlastung (Punkt C) zugeordnet sind (Kamlah 2001). Anhand dieser Darstellung ist zu erwarten, dass die Anzahl der unter Zugbelastung umklappbaren Einheitszellen doppelt so groß ist als die Anzahl derer unter Druckbelastung. Dies wiederum bedeutet, dass ausgehend von einem ungepolten Zustand die maximale remanente Dehnung ε_r bei Zugbelastung (Punkt C) doppelt so groß ist wie der Betrag der maximalen remanenten Dehnung $-\varepsilon_{r,c}$ bei Druckbelastung (Punkt B), d. h. auf makroskopischer Skala ist ein Verhältnis von 1 : 2 zwischen der remanenten Dehnung unter Druck- und Zugbelastung zu erwarten.

Literatur

Aizu K (1962) Polarization, pyroelectricity, and ferroelectricity of ionic crystals. Rev Mod Phys 34(3):550–576. https://doi.org/10.1103/RevModPhys.34.550

Anteboth S (2007) Simulation des elektromechanischen Verhaltens von PZT mit realer Domänenstruktur. Dissertation, Universität Kassel

Ari-Gur P, Benguigui L (1974) X-ray study of the PZT solid solutions near the morphotropic phase transition. Solid State Commun 15(6):1077–1079. https://doi.org/10.1016/0038-1098(74)90535-3

Arlt G (1990) Twinning in ferroelectric and ferroelastic ceramics: stress relief. J Mater Sci 25(6):2655–2666. https://doi.org/10.1007/BF00584864

Arockiarajan A (2005) Computational modeling of domain switching effects in piezoceramic materials. Dissertation, Technische Universität Kaiserslautern

Barnett HM (1962) Evidence for a new phase boundary in the ferroelectric lead zirconate-lead titanate system. J Appl Phys 33(4):1606. https://doi.org/10.1063/1.1728781

Berlincourt D, Krueger H, Jaffe B (1964) Stability of phases in modified lead zirconate with variation in pressure, electric field, temperature and composition. J Phys Chem Solids 25(7):659–674. https://doi.org/10.1016/0022-3697(64)90175-1

BNA (1960) United States patents quarterly (Bureau of National Affairs) 125:658–661

Brown WF, Franz W, Forsbergh PW (1956) Dielectrics, Encyclopedia of Physics, Bd 17. Springer, Berlin/Heidelberg

Cao H, Evans AG (1993) Nonlinear deformation of ferroelectric ceramics. J Am Ceram Soc 76(4):890–896. https://doi.org/10.1111/j.1151-2916.1993.tb05312.x

Cherry Jr WL, Adler R (1947) Piezoelectric effect in polycrystalline barium titanate. Phys Rev 72(10):981–982. https://doi.org/10.1103/PhysRev.72.981

Coursey PR, Brand KG (1946) Dielectric constants of some titanates. Nature 157(3984):297–298. https://doi.org/10.1038/157297c0

Dai X, Wang Y (1991) Study on the order of the $F_{R(LT)} - F_{R(HT)}$ phase transition of PZT ceramics. Phys Status Solidi A 124(2):435–440. https://doi.org/10.1002/pssa.2211240207

Dai X, Xu Z, Viehland D (1995) Effect of oxygen octahedron rotations on the phase stability, transformational characteristics, and polarization behavior in the lead zirconate titanate crystalline solution series. J Am Ceram Soc 78(10):2815–2827. https://doi.org/10.1111/j.1151-2916.1995.tb08059.x

Damjanovic D (1998) Ferroelectric, dielectric and piezoelectric properties of ferroelectric thin films and ceramics. Rep Prog Phys 61(9):1267–1324. https://doi.org/10.1088/0034-4885/61/9/002

de Araujo CP, Scott JF, Taylor GW (1996) Ferroelectric thin films: synthesis and basic properties, Ferroelectricity and Related Phenomena, Bd 10. Gordon and Breach, Amsterdam

Fukuhara M, Bhalla AS, Newnham RE (1990) Morphotropic phase boundary in the Pb($Zr_x Ti_{1-x}$)O_3 system. Phys Status Solidi A 122(2):677–682. https://doi.org/10.1002/pssa.2211220230

Glazer AM, Mabud SA, Clarke R (1978) Powder profile refinement of lead zirconate titanate at several temperatures. I. $PbZr_{0.9}Ti_{0.1}O_3$. Acta Crystallogr B 34(4):1060–1065. https://doi.org/10.1107/S0567740878004926

Goldschmidt VM (1926) Die Gesetze der Krystallochemie. Naturwissenschaften 14(21):477–485. https://doi.org/10.1007/BF01507527

Gray RB (1949) Transducer and method of making same. US Patent 2,486,560, 18 Apr 1949

Hackemann S (2001) Ortsaufgelöste röntgendiffraktometrische Charakterisierung von Domänenumklappvorgängen in ferroelektrischen Keramiken. Dissertation, Universität Karlsruhe (TH)

Hammer H, Hammer K (1994) Grundkurs der Physik 2, 5. Aufl. de Gruyter, München

Hansch R (2003) Optimierung des PbO-Haushaltes in undotierten und SKN-substituierten PZT-Fasern: Gefüge und Eigenschaften. Dissertation, Universität Würzburg

Hayd J (2012) Nanoskalige Kathoden für den Einsatz in Festelektrolyt-Brennstoffzellen bei abgesenkten Betriebstemperaturen, Schriften des Instituts für Werkstoffe der Elektrotechnik, Karlsruher Institut für Technologie, Bd 21. KIT Scientific Publishing, Karlsruhe

Heywang W, Lubitz K, Wersing W (2008) Piezoelectricity: Evolution and future of a technology, Springer Series in Materials Science, Bd 114. Springer, Berlin/Heidelberg

Hwang SC, Lynch CS, McMeeking RM (1995) Ferroelectric/ferroelastic interactions and a polarization switching model. Acta Metall Mater 43(5):2073–2084. https://doi.org/10.1016/0956-7151(94)00379-V

Isupov VA (1975) Comments on the paper „X-ray study of the PZT solid solutions near the morphotropic phase transition". Solid State Commun 17(11):1331–1333. https://doi.org/10.1016/0038-1098(75)90595-5

Isupov VA (1983) Some aspects of the physics of piezoelectric ceramics. Ferroelectrics 46(1):217–225. https://doi.org/10.1080/00150198308225269

Jaffe H (1948) Properties of electromechanical ceramics. Electronics 21:128–130

Jaffe B, Roth RS, Marzullo S (1954) Piezoelectric properties of lead zirconate-lead titanate solid-solution ceramics. J Appl Phys 25(6):809–810. https://aip.scitation.org/doi/10.1063/1.1721741

Jaffe B, Roth RS, Marzullo S (1955) Properties of piezoelectric ceramics in the solid-solution series lead titanate-lead zirconate-lead oxide: Tin oxide and lead titanate-lead hafnate. J Res Natl Bur Stand 55(5):239–254. https://archive.org/details/jresv55n5p239

Jaffe B, Cook WR, Jaffe H (1971) Piezoelectric Ceramics, Non-metallic Solids, Bd 3. Academic, London

Jayendiran R, Arockiarajan A (2014) Micromechanical modeling and experimental characterization of 1-3 piezocomposites subjected to electromechanical loads. Int J Eng Sci 81:15–32. https://doi.org/10.1016/j.ijengsci.2014.03.003

Jaynes ET (1953) Ferroelectricity, Investigations in Physics, Bd 1. Princeton University Press, Princeton

Joseph J, Vimala TM, Sivasubramanian V, Murthy VRK (2000) Structural investigations on Pb($Zr_x Ti_{1-x}$)O_3 solid solutions using the X-ray Rietveld method. J Mater Sci 35(6):1571–1575. https://doi.org/10.1023/A:1004778223721

Kamlah M (2001) Ferroelectric and ferroelastic piezoceramics – modeling of electromechanical hysteresis phenomena. Continuum Mech Thermodyn 13(4):219–268. https://doi.org/10.1007/s001610100052

Kim JS, Yoon KH (1994) Physical and electrical properties of MnO_2-doped Pb($Zr_x Ti_{1-x}$)O_3 ceramics. J Mater Sci 29(3):809–815. https://doi.org/10.1007/BF00445997

Krupička S (1973) Physik der Ferrite und der verwandten magnetischen Oxide. Vieweg, Braunschweig

Kuhnen K (2001) Inverse Steuerung piezoelektrischer Aktoren mit Hysterese-, Kriech- und Superpositionsoperatoren. Dissertation, Universität des Saarlandes Saarbrücken

Lal R, Sharma SC, Dayal R (1993) Phase transition and piezoelectric properties of (Pb, La) (Zr, Ti)O_3 ceramics prepared from spray-dried powders. Ferroelectrics 141(1):165–175. https://doi.org/10.1080/00150199308223444

Laubersheimer J (1996) Verfahren zur Herstellung von piezokeramischen Mikroformteilen. Dissertation, Friedrich-Alexander-Universität Erlangen-Nürnberg

Lines ME, Glass AM (1977) Principles and Applications of Ferroelectrics and Related Materials. The International Series of Monographs on Physics. Clarendon Press, Oxford

Mabud SA (1980) The morphotropic phase boundary in PZT solid solutions. J Appl Crystallogr 13(3):211–216. https://doi.org/10.1107/S0021889880011958

Marsilius MM (2011) Schaltverhalten ferroelektrisch-ferroelastischer Materialien. Dissertation, Technische Universität Darmstadt

Mason WP (1948) Electrostrictive effect in barium titanate ceramics. Phys Rev 74(9):1134–1147. https://doi.org/10.1103/PhysRev.74.1134

Megaw HD (1945) Crystal structure of barium titanate. Nature 155(3938):484–485. https://doi.org/10.1038/155484b0

Melz T (2002) Entwicklung und Qualifikation modularer Satellitensysteme zur adaptiven Vibrationskompensation an mechanischen Kryokühlern. Dissertation, Technische Universität Darmstadt

Michel C, Moreau JM, d Achenbach G, Gerson R, James WJ (1969) Atomic structures of two rhombohedral ferroelectric phases in the Pb(Zr, Ti)O_3 solid solution series. Solid State Commun 7(12):865–868. https://doi.org/10.1016/0038-1098(69)90429-3

Miyake S, Ueda R (1946) On polymorphic change of $BaTiO_3$. J Phys Soc Jpn 1(1):32–33. https://doi.org/10.1143/JPSJ.1.32

Newnham RE (1975) Structure-Property Relations, Crystal Chemistry of Non-Metallic Materials, Bd 2. Springer, Berlin

Newnham RE (1997) Molecular mechanisms in smart materials. MRS Bull 22(05):20–34. https://doi.org/10.1557/S0883769400033170

Oh SH, Jang HM (1999) Thermodynamic analysis of the $F_{R(LT)}$-$F_{R(HT)}$ phase transition in the Pb(Zr, Ti)O_3 system under a hydrostatic pressure. J Am Ceram Soc 82(1):233–236. https://doi.org/10.1111/j.1151-2916.1999.tb01751.x

Picht G (2014) Einfluss der Korngröße auf ferroelektrische Eigenschaften dotierter Pb($Zr_{1-x}Ti_x$)O_3 Materialien, Schriftenreihe des Instituts für Angewandte Materialien, Bd 29. KIT Scientific Publishing, Karlsruhe

Riedel E (2010) Allgemeine und anorganische Chemie, 10. Aufl. Studium, de Gruyter, Berlin

Roberts S (1947) Dielectric and piezoelectric properties of barium titanate. Phys Rev 71(12):890–895. https://doi.org/10.1103/PhysRev.71.890

Rooksby HP (1945) Compounds of the structural type of calcium titanate. Nature 155(3938):484. https://doi.org/10.1038/155484a0

Rose G (1840) Ueber einige neue Mineralien des Urals. J Prakt Chem 19(1):459–468. https://doi.org/10.1002/prac.18400190179

Sawaguchi E (1953) Ferroelectricity versus antiferroelectricity in the solid solutions of $PbZrO_3$ and $PbTiO_3$. J Phys Soc Jpn 8(5):615–629. https://doi.org/10.1143/JPSJ.8.615

Schafranek RG (2009) Kathodenzerstäubte (Ba, Sr)TiO_3-Dünnschichten für steuerbare Mikrowellenkomponenten. Dissertation, Technische Universität Darmstadt

Schäufele AB, Härdtl KH (1996) Ferroelastic properties of lead zirconate titanate ceramics. J Am Ceram Soc 79(10):2637–2640. https://doi.org/10.1111/j.1151-2916.1996.tb09027.x

Schwaab H (2012) Nichtlineare Modellierung von Ferroelektrika unter Berücksichtigung der elektrischen Leitfähigkeit, Bd 5. KIT Scientific Publishing, Karlsruhe

Shannon RD (1976) Revised effective ionic radii and systematic studies of interatomic distances in halides and chalcogenides. Acta Crystallogr B 32(5):751–767. https://doi.org/10.1107/S0567739476001551

Shirane G, Suzuki K (1952) Crystal structure of Pb(Zr-Ti)O$_3$. J Phys Soc Jpn 7(3):333. https://doi.org/10.1143/JPSJ.7.333

Shirane G, Takeda A (1952) Phase transitions in solid solutions of PbZrO$_3$ and PbTiO$_3$ (I) Small concentrations of PbTiO$_3$. J Phys Soc Jpn 7(1):5–11. https://doi.org/10.1143/JPSJ.7.5

Shirane G, Suzuki K, Takeda A (1952) Phase transitions in solid solutions of PbZrO$_3$ and PbTiO$_3$ (II) X-ray study. J Phys Soc Jpn 7(1):12–18. https://doi.org/10.1143/JPSJ.7.12

Singh AP, Mishra SK, Lal R, Pandey D (1995) Coexistence of tetragonal and rhombohedral phases at the morphotropic phase boundary in PZT powders I. X-ray diffraction studies. Ferroelectrics 163(1):103–113. https://doi.org/10.1080/00150199508208268

Spice JE (1971) Chemische Bindung und Struktur. Springer Fachmedien, Wiesbaden

Thurnauer H, Daederick J (1941) Insulating material. US Patent 2,429,588, 21 Oct 1947

Valasek J (1921) Piezo-electric and allied phenomena in rochelle salt. Phys Rev 17(4):475–481. https://link.aps.org/doi/10.1103/PhysRev.17.475

Vieten J (2019) Perovskite materials design for two-step solar-thermochemical redox cycles. Dissertation, Technische Universität Dresden

von Hippel A, Breckenridge RG, de Bretteville AP, Tisza L, Tisza L, Brownlow JM, Chesley FG, Oster G, Westphal WB (1944) High dielectric constant ceramics, Report National Defense Research Committee, Division 14, Bd 300. Laboratory for Insulation Research Massachusetts Institute of Technology

von Hippel A, Breckenridge RG, de Bretteville AP, Tisza L, Brownlow JM (1945) Titania ceramics II, Report National Defense Research Committee, Division 14, Bd 540. Laboratory for Insulation Research Massachusetts Institute of Technology

von Münch W (1987) Elektrische und magnetische Eigenschaften der Materie, Leitfaden der Elektrotechnik, Bd 1. Vieweg+Teubner, Wiesbaden

Vul BM, Goldman IM (1945) Dielectric constants of titanantes of metals of the second group. Dokl Akad Nauk SSSR 46:154–157

Wainer E (1946) High titania dielectrics. Trans Electrochem Soc 89(1):331. https://doi.org/10.1149/1.3071718

Wainer E (1949) High dielectric material and method of making same. US Patent 2,467,169, 18 Apr. 1949

Wainer E, Salomon AN (1945) High dielectric constant ceramics. US Patent 2,377,910, 12 June 1945

Wehr J (2003) Temperaturabhängige Untersuchungen zum mikroskopischen und makroskopischen Dehnungsverhalten von akzeptor- und donatordotierten PZT-Keramiken. Dissertation, Universität Karlsruhe (TH)

Xu Y (1991) Ferroelectric Materials and Their Applications. North-Holland, Amsterdam

Zhou D (2003) Experimental investigation of non-linear constitutive behavior of PZT piezoceramics. Dissertation, Universität Karlsruhe (TH)

Zhou D, Wang Z, Kamlah M (2005) Experimental investigation of domain switching criterion for soft lead zirconate titanate piezoceramics under coaxial proportional electromechanical loading. J Appl Phys 97(8):084,105. https://aip.scitation.org/doi/10.1063/1.1870117

Zhou D, Wang R, Kamlah M (2010) Determination of reversible and irreversible contributions to the polarization and strain response of soft PZT using the partial unloading method. J Eur Ceram Soc 30(12):2603–2615. https://doi.org/10.1016/j.jeurceramsoc.2010.04.042

Zühlke S (1999) Herstellung und Charakterisierung perowskitischer Katalysatoren zur Nachverbrennung organischer Komponenten. Dissertation, Universität Karlsruhe (TH)

4 Aufbereitung und Herstellung von PZT-Keramiken

4.1 Einleitende Betrachtungen zum Herstellungsprozess von Keramiken im System Bleizirkonat-Bleititanat (PZT)

Mit der Entdeckung des Phänomens der Ferroelektrizität als Ursache für die ungewöhnlich hohe *Dielektrizitätskonstante* in keramischen Bariumtitanat-Kondensatoren schlug in den frühen 1940er-Jahren die Geburtsstunde ferroelektrischer Keramiken (*Ferroelektrika*) (Haertling 1999). Ferroelektrika verfügen über herausragende Materialeigenschaften. Zu den wichtigsten Eigenschaften zählen u. a. deren Hystereseverhalten (zur Verwendung in nichtflüchtigen Speichern), deren hohen Permittivitäten (für den Einsatz in Kondensatoren) sowie deren stark ausgeprägter piezoelektrischer Effekt (für aktorische und sensorische Anwendungen gleichermaßen verwendbar). Die zusätzliche Vielzahl kommerziell nutzbarer Formen, von Einkristallen über polykristalline Keramiken und dünne Folien bis zu Polymeren, prädestiniert Ferroelektrika zum Einsatz in vielfältigen technischen Anwendungen. Bis heute dominieren neben Bariumtitanat die Keramiken im System Bleizirkonat-Bleititanat (PZT) – allesamt polykristalline Keramiken auf oxidischer Basis – das Feld der milliardenschweren Industrien von Ferroelektrika und deren technischen Anwendungen (Kasap und Capper 2017).

Im Laufe der Jahre haben sich unterschiedliche Technologien zur Herstellung polykristalliner Oxidkeramiken etabliert, in der Prozessabfolge zur Herstellung polykristalliner Oxidkeramiken bestehen jedoch grundsätzliche Gemeinsamkeiten. Dies wird auch am Beispiel der Prozessabfolge zur Herstellung einer PZT-Keramik in Abb. 4.1 deutlich. Abhängig vom verwendeten Formgebungsverfahren (Press- und Foliengießverfahren) teilt sich die Prozessabfolge in zwei unterschiedliche Stränge auf. Die linke Seite in Abb. 4.1 zeigt die übliche Prozessabfolge zur Herstellung einer PZT-Keramik durch das Trockenpressverfahren, die rechte Seite in Abb. 4.1 repräsentiert die Prozessabfolge bei Verwendung des Foliengießverfahrens. Beiden Formgebungsverfahren werden wir uns näher im Abschn. 4.4 zuwenden.

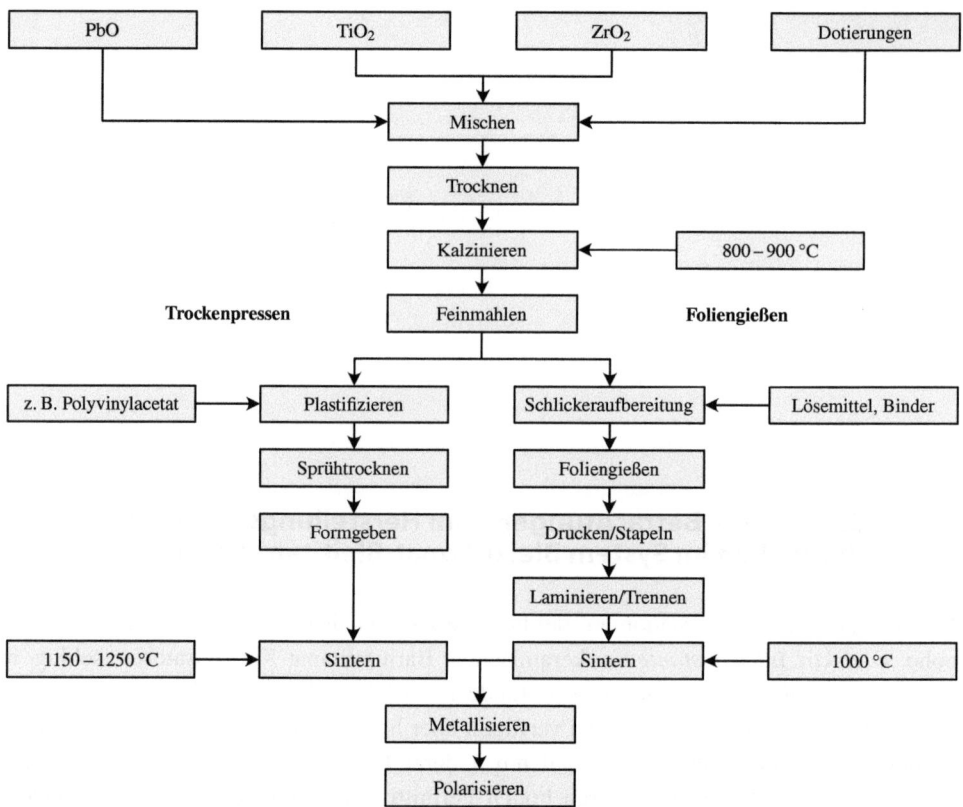

Abb. 4.1 Flussdiagramm zur Veranschaulichung der Prozessabfolge für die Herstellung einer PZT-Keramik mittels *Trockenpressen* bzw. *Foliengießen*. (Nach Ruschmeyer und Bartz 1995; Webster und Eren 2017; Winner et al. 2009)

Die Eigenschaften von Ferroelektrika werden durch die zugrundeliegenden Herstellungsverfahren enorm beeinflusst. Die Zusammensetzung einer ferroelektrischen Keramik ist prinzipiell einfach zu kontrollieren, jedoch hängt das Eigenschaftsprofil der gesinterten Keramik stark von den Details des Herstellungsprozesses ab. Besonders bei Keramiken im System Bleizirkonat-Bleititanat (PZT) ist diese Abhängigkeit deutlich zu sehen. Demzufolge wurde dem Herstellungsprozess dieses Materials seit der Entdeckung seiner piezo- und ferroelektrischen Eigenschaften große Bedeutung beigemessen (Haertling 1999; Hansch 2003).

4.2 Auswahl der Rohstoffe

Ein keramischer Fertigungsprozess beginnt mit der Auswahl der Rohstoffe. Oxidische Ferroelektrika können aus Oxiden oder Karbonaten hergestellt werden. Auch andere Verbindungen wie Nitrate, Zitrate usw. können verwendet werden, welche sich beim

4.2 Auswahl der Rohstoffe

Erhitzen in die benötigten Oxide zersetzen (Kasap und Capper 2017). Als Rohstoffe für industriell hergestellte PZT-Keramiken dienen üblicherweise die Oxide der Metalle Blei (PbO), Titan (TiO_2) und Zirkonium (ZrO_2) sowie die Oxide der entsprechenden Dotierungen (Hansch 2003). Bei der keramischen Fertigung ist unbedingt auf eine hohe **Reinheit** der Rohstoffe (i. d. R. >99,9 % in Bezug auf unerwünschte Kationen) zu achten, da bereits geringe Mengen an Dotierstoffen einen signifikanten Einfluss auf die elektrischen Eigenschaften sowie die Sintereigenschaften und **Korngröße** des keramischen Körpers und somit auf die Reproduzierbarkeit seiner endgültigen Werkstoffeigenschaften haben (Kasap und Capper 2017).

Eine Erhöhung der Reinheit der Rohstoffe (>99,99 %) wirkt sich wiederum negativ auf die Reaktivität der Oxidpulver aus. Ein hohes Maß an Reaktivität der pulverförmigen Rohstoffe ist für die anschließende Fertigung jedoch von großer Bedeutung. In der Regel bestimmt sich diese aus der Kombination von **Partikelgröße** und **spezifischer Oberfläche** der pulverförmigen Rohstoffe. Auch die Wahl der richtigen **kristallografischen Phasen** kann hierbei von Bedeutung sein. Zur Qualitätskontrolle können Partikelgröße, kristallografische Phase sowie spezifische Oberfläche mit verschiedenen Messmethoden analysiert werden. Zu den wichtigsten zählen hierbei die *Laserdiffraktometrie*, die *Röntgen-Pulverdiffraktometrie* sowie die *BET-Methode* (Kasap und Capper 2017).

Hintergrundinformation | Laserdiffraktometrie
Die Laserdiffraktometrie ist eine der wichtigsten Methoden zur Bestimmung der geometrischen Partikelgrößenverteilung in einer Probe. Neben dem Vorteil eines großen Messbereichs (einige Nanometer bis zu mehreren Millimetern) ermöglicht sie die Bestimmung der Partikelgröße nicht nur in festen und flüssigen (z. B. Pulver und Emulsionen), sondern auch in halbfesten Systemen (z. B. Suspensionen) (Keck und Müller 2012). Die Beugung von parallelem Laserlicht an Partikeln in einer Probe in Verbindung mit dem proportionalen Zusammenhang zwischen Beugungswinkel und Partikelgröße (mathematisch beschreibbar mit der Mie- oder der Fraunhofer-Theorie) begründen das Messprinzip der Laserdiffraktometrie. Wird paralleles Laserlicht gleichzeitig an unterschiedlich großen Partikeln in einer Probe gebeugt, kommt es zu einer Überlagerung der Beugungsmuster, anhand derer mithilfe eines geeigneten Algorithmus die Partikelgrößenverteilung bestimmt werden kann (Weiler 2008).

Hintergrundinformation | Röntgenpulver-Diffraktometrie
Bei der Röntgen-Pulverdiffraktometrie handelt es sich um eine Röntgenmethode zur Untersuchung von Zusammensetzung und Struktur von Pulverproben, die durch Zermahlen und Zerstoßen aus größeren Einkristallen entstehen oder direkt als Pulver hergestellt werden. Das Phänomen der Röntgenbeugung beim Bestrahlen einer Pulverprobe, welches formal auf die Reflexion von Röntgenstrahlen an Netzebenenscharen von statistisch gleich-verteilten kristallinen Teilchen in der Pulverprobe unter ganz bestimmten Winkeln (Bragg-Winkel) zurückzuführen ist, bildet die physikalische Grundlage für die Methode der Röntgen-Pulverdiffraktometrie (Allmann 2003). Die Röntgen-Pulverdiffraktometrie erlaubt neben der Phasenanalyse auch Aussagen über die Realstruktur (z. B. Kristallitgröße, Textur) sowie zu Gitterparametern, Atompositionen und Temperaturfaktoren einer Pulverprobe. Die Tatsache, dass sich mit der Röntgen-Pulverdiffraktometrie Kristallarten eindeutig identifizieren lassen, verleiht dieser Methode ihre herausragende Bedeutung in der Kristallografie (Borchardt-Ott und Sowa 2018).

Hintergrundinformation | BET-Methode
Die Bestimmung der spezifischen Oberfläche, die einen maßgeblichen Einfluss auf die Reaktivität pulverförmiger Rohstoffe und somit den Materialtransport beim späteren Sinterprozess hat, erfolgt mittels der Adsorptionsmethode nach BRUNAUER, EMMETT und TELLER (BET-Verfahren), einem Oberflächenmessverfahren, welches sich neben einer hohen Empfindlichkeit und Genauigkeit durch einen großen Anwendungsbereich auszeichnet (Brunauer et al. 1938). Das BET-Verfahren beruht auf der Methode der Adsorption von Edelgasen oder Inertgasen an der Oberfläche einer Pulverprobe, bei der sich aus der Gasmenge und dem Flächenbedarf eines Adsorbatmoleküls zur vollständigen Bedeckung der eingewogenen Pulverprobe mit einer monomolekularen Schicht von Gasmolekülen die spezifische Oberfläche (die an einer Pulverprobe und auf die Masseneinheit 1 Gramm bezogene Oberfläche) berechnen lässt (Schatt et al. 2007; Weiler 2008).

4.3 Aufbereitung der Rohstoffe

4.3.1 Mischoxidverfahren (MO)

Das wirtschaftlichste Verfahren zur Herstellung piezoelektrischer Keramiken repräsentiert das *Mischoxidverfahren* (MO), bei welchem die einzelnen Oxide oder anderen Verbindungen wie Karbonate oder Nitrate nass gemahlen werden (in Form eines Schlickers) (Haertling 1999). Das Mischen der Rohstoffe erfolgt für gewöhnlich in einer zylinderförmigen Kugelmühle (*Trommel-Kugelmühle*). Eine Kugelmühle gehört zur Gruppe der **Mahlkörpermühlen** und dient neben der Homogenisierung eines Pulvergemisches vorrangig zum Zerkleinern des Mahlguts mittels sog. Mahlkörper (Hansch 2003; Salmang und Scholze 2007). Vor dem Mischen der Rohstoffe erfolgt zunächst eine genaue Einwaage (Dosierung) der oxidischen Ausgangsstoffe. Diese werden anschließend zusammen mit einer zuvor festgelegten Menge an Mahlflüssigkeit in die Kugelmühle gegeben. In Kugelmühlen werden meist kleine Kugeln oder Zylinder aus **Chromstahl**, **Wolframcarbid**, **Steatit** (ein silikatkeramischer Werkstoff) oder **Yttrium-stabilisiertem Zirkoniumoxid** als Mahlkörper verwendet. Beim Mischoxidverfahren wird als Mahlflüssigkeit vorwiegend deionisiertes Wasser verwendet, gelegentlich kommen auch organische Lösungsmittel wie Aceton zum Einsatz. Um die Bildung von Agglomeraten (Ansammlung schwach gebundener Partikel) zu verhindern, wird üblicherweise ein **Dispergiermittel** mit hinzugegeben. Dadurch wird die optimale Durchmischung von mehreren nicht mischbaren Substanzen ermöglicht (Kasap und Capper 2017).

Nach dem Befüllen und Verschließen der Kugelmühle wird diese in Rotation versetzt, um eine homogene Durchmischung zu erzielen. Neben der Abmessung der Kugelmühle hängt die Effektivität des Homogenisierungs- und Mahlprozesses von der Umdrehungszahl sowie der Masse der verwendeten Kugeln (Zylindern) ab. Die Mischzeit liegt gewöhnlich in der Größenordnung von einigen Stunden. Es erweist sich als vorteilhaft, Kugeln bzw. Zylinder aus Materialien zu verwenden, deren Verschleißprodukte die Rohstoffmischung möglichst nicht kontaminieren. Demzufolge werden bei vielen

Ferroelektrika Kugeln oder Zylinder aus Yttrium-stabilisiertem Zirkoniumoxid gegenüber Kugeln aus Chromstahl, Wolframcarbid oder Steatit bevorzugt. Denn bereits geringe Mengen an Chrom-, Eisen-, Wolfram- und Silikat-Verunreinigungen können unerwünschte und sogar schädliche Auswirkungen auf die Eigenschaften ferroelektrischer Keramiken wie PZT haben. Eine Kugelmühle ist häufig mit einem Kunststoff ausgekleidet, um Kontaminationen, die von der Trommel ausgehen könnten, möglichst zu vermeiden (Kasap und Capper 2017).

Neben den Trommel-Kugelmühlen kommt den sog. *Hochenergie-Kugelmühlen* eine besondere Bedeutung zu. Sie stellen eine konsequente Weiterentwicklung zu den konventionellen Trommel-Kugelmühlen dar. In einer horizontal angeordneten Mahlkammer werden Mahlkugeln und Mahlgut mit einem Rotor bei hoher Umdrehungszahl in Bewegung versetzt oder die Kugelmühle selbst wird in hochdynamische Schwingungen versetzt. Das zwischen die Mahlkugeln geratene Mahlgut wird einerseits zerkleinert. Wenn der Energieeintrag hoch genug ist, kann das Mahlgut andererseits erste chemische Reaktionen eingehen. Die Tatsache, dass sich kristalline Rohstoffe mit Hochenergie-Kugelmühlen in einen amorphen Zustand überführen lassen, zeigt, welchem beachtlichen Energieeintrag das Mahlgut ausgesetzt ist. Nach dem Mahlen bleibt ein Großteil der Energie im Mahlgut gespeichert. Somit kann der nachgelagerte Sinterprozess bei niedrigeren Temperaturen erfolgen (Wielage et al. 2009; Kasap und Capper 2017).

4.3.2 Trocknungsprozess

Nachdem alle Ausgangsmaterialien durch den Homogenisierungs- und Mahlprozess in eine Suspension, den sog. **Schlicker**, überführt worden sind (man spricht in der Keramikfertigung auch von *Nassaufbereitung*), wird dieser im Anschluss einem Trocknungsprozess zugeführt. Die Entwässerung des Schlickers erfolgt im großtechnischen Maßstab hauptsächlich durch *Sprühtrocknung*. In kleinem Maßstab findet auch die Methode der *Gefriertrocknung* Anwendung (Laubersheimer 1996; Kasap und Capper 2017).

4.3.2.1 Sprühtrocknung
Die Sprühtrocknung ist eine Methode aus der Verfahrenstechnik zur schnellen und einfachen Trocknung von Lösungen, **Emulsionen** und **Suspensionen**. Dabei wird der keramische Schlicker mittels eines Zerstäubers in feine kugelförmige Tropfen gegen einen Heißgasstrom versprüht, welcher den zerstäubten Schlicker in sehr kurzer Zeit (wenige Sekunden bis Bruchteilen einer Sekunde) zu einem feinen rieselfähigen Pulver (Granulat) trocknet. Dieses kann im nachfolgenden Prozess der plastischen Formgebung unter Hinzufügen diverser organischer **Additive** trocken verpresst oder für den Schlickerguss wieder aufgeschlämmt werden (Laubersheimer 1996; Salmang und Scholze 2007; Beiss 2013).

4.3.2.2 Gefriertrocknung

Bei der Gefriertrocknung (*Lyophilisation*) wird das Lösungs- und/oder Suspensionsmittel einer Substanz direkt aus der festen in die gasförmige Phase überführt (*sublimiert*), um die verbleibende Festsubstanz zu trocknen. Der Trocknungsvorgang ist in den allermeisten Fällen eine **Sublimation** von Wasser, d. h. von Eis. Im ersten Schritt wird der keramische Schlicker tiefgefroren, damit das Wasser auskristallisiert. Im zweiten Schritt, der eigentlichen Trocknung, wird das im Schlicker enthaltene Wasser unter Anlegen eines Vakuums direkt vom gefrorenen in den gasförmigen Aggregatzustand überführt (Oetjen 1997; Westkämper et al. 2010).

4.3.3 Kalzinieren

Das nach dem Trocknungsprozess gewonnene Vielphasen-Pulvergemisch wird in einen versiegelten Tiegel (i. d. R. hochreines Aluminiumoxid oder Zirkoniumdioxid) gegeben und erfährt im Anschluss in einem Temperaturbereich von 800 bis 900 °C einen *ersten thermischen Aufbereitungsschritt* (*Kalzinieren*) (Hansch 2003; Kasap und Capper 2017). Das Kalzinieren soll eine *Vorreaktion* der Edukte veranlassen (Verbindungen wie Karbonate und Nitrate zersetzen sich zu Oxiden) und folglich die Synthese der erforderlichen Zusammensetzung und die Bildung der erforderlichen kristallografischen Phase der PZT-Keramik ermöglichen. Die Beschaffenheit der verwendeten Rohmaterialien bestimmt dabei weitestgehend die Bildungsbedingungen (*Temperaturregime*). Unter dem *Kalzinieren* bzw. *Vorsintern* versteht man somit alle chemischen Reaktionen, welche allgemein die Verbindungsbildung der Keramik umfassen. Neben der Verbindungsbildung werden beim Kalzinieren auch gasförmige Nebenprodukte abgesondert (z. B. O_2, CO_2) (Ruschmeyer und Bartz 1995; Hofmann und Spindler 2018).

4.3.4 Feinmahlen

Nach dem Kalzinieren schließt sich ein weiterer Mahlprozess an. Dieser gestaltet sich in der Regel ähnlich wie der vorausgegangene Prozess des Mischens. Was die Zeitdauer des Mahlens betrifft, so ist diese bedeutend länger als die des Mischens. Üblicherweise kommen für das Mahlen die bereits zuvor beschriebenen Hochenergie-Kugelmühlen zum Einsatz, welche die Homogenität der PZT-Keramik weiter erhöhen (Ruschmeyer und Bartz 1995; Kasap und Capper 2017). Die Bildungsreaktion bestimmt die Mahlbedingungen, die zur Gewährleistung der notwendigen Partikelgrößenverteilung und **mechanischen Aktivierung** unbedingt zu beachten sind. Wie bereits erwähnt, hängt das spätere Sinterverhalten der PZT-Keramik maßgeblich von der Partikelgröße und dem Aktivierungszustand ab. Für Piezoelektrika wie PZT kommt als Mahlflüssigkeit aus Kosten- und Umweltgründen in der Regel destilliertes Wasser zum Einsatz (Ruschmeyer und Bartz 1995).

Neben dem Zusatz von Dispergiermitteln, welche die **Agglomeration** verhindern, werden dem gemahlenen Pulver zusätzlich Bindemittel (*Plastifikatoren*) wie Polyvinylacetat, ein thermoplastischer Kunststoff, hinzugefügt. Für den Fall, dass bei dem nachgelagerten Prozess der *Formgebung* einer PZT-Keramik ein *Trockenpressverfahren* zum Einsatz kommt, wird die Aufschlämmung aus dem Mahlprozess sprüh- oder gefriergetrocknet. Grund hierfür ist die Notwendigkeit eines frei fließenden, aggregierten Pulvers. Die gebildeten, weichen Aggregate lösen sich beim anschließenden Trockenpressen auf. Alternativ kann der Schlicker auch direkt einem *Schlicker-* oder *Foliengießverfahren* zugeführt werden. Die Verwendung von Bindemitteln beeinflusst hierbei **Plastizität** und **Fließverhalten** des Schlickers, Eigenschaften, welche für das Schlicker- oder Foliengießverfahren von enormer Bedeutung sind (Kasap und Capper 2017).

4.4 Formgebung

Im Laufe der Jahre haben sich unterschiedliche Formgebungsverfahren etabliert. Das Ziel der Formgebung ist die Verdichtung und Verarbeitung von Granulaten, plastifizierten Massen oder verflüssigtem Schlicker zu einem **Grünkörper** mit definierter Größe, Form, Dichte und reproduzierbaren Toleranzen. Das anzuwendende Formgebungsverfahren wird hierbei durch die geometrischen Abmessungen und die zu fertigenden Stückzahlen bestimmt (Salmang und Scholze 2007). Als *Grünkörper* oder *Grünling* bezeichnet man im Kontext der Herstellung keramischer Werkstoffe den *ungesinterten* Rohling. Die Schwankung der Gründichte und masslichen Toleranzen haben einen direkten Einfluss auf die Schwindung beim anschließenden Brand (Sintern) (Laubersheimer 1996).

Die Wirtschaftlichkeit eines Formgebungsverfahrens wird durch die Reproduzierbarkeit der Formgrößen sowie die Vermeidung von Defekten bestimmt, die sich beim anschließenden Sinterprozess nicht mehr ausheilen lassen. Ob ein Formgebungsverfahren wirtschaftlich ist, hängt weiterhin sehr stark davon ab, wie aufwendig nachbearbeitet werden muss, um die erforderlichen Endkonturen eines keramischen Bauteils zu gewährleisten. Die Bearbeitungskosten sowohl im Grün- als auch im Sinterzustand können die Herstellungskosten eines keramischen Bauteils deutlich übersteigen. Es ist daher unbedingt darauf zu achten, aufwendige Nachbearbeitungen möglichst zu vermeiden. Um sicherzustellen, dass die keramischen Halbfabrikate zum Transport eine ausreichende Grünfestigkeit besitzen und um die Verarbeitungseigenschaften der Ausgangsmaterialien für das jeweilige Formgebungsverfahren zu optimieren, werden den keramischen Massen organische (oder anorganische) Additive zugegeben. Aufgrund der komplexen Wechselwirkung der Additive untereinander werden die Konzentrationen in der Praxis empirisch ermittelt (Salmang und Scholze 2007). Im Folgenden sind die gängigsten Formgebungsverfahren zur Herstellung piezokeramischer Halbfabrikate aufgelistet:

- *Pressverfahren* (uniaxiales Trockenpressen, kalt- bzw. heißisostatisches Pressen)
- *Gießverfahren* (Schlickergießen, Druckschlickergießen, Foliengießen)
- *Plastische Formgebung* (Rollerformgebung, Extrudieren, Spritzgießen)

4.4.1 Formgebung durch Pressen

Bei der Formgebung unter Verwendung von Pressverfahren werden erforderliche Plastizität und *rheologisches* Verhalten (Fließverhalten) des keramischen Pulvers durch das **Granulat** – auch als **Sekundärkorn** bezeichnet – bestimmt. Die Größe des Sekundärkorns liegt im Allgemeinen bei etwa 100 bis 200 µm (Ruschmeyer und Bartz 1995). Die **Granulation** (Granulataufbau) erfolgt in industriellem Maßstab während der direkt nach dem Mahlprozess sich anschließenden *Sprühtrocknung* des feuchten und feingemahlenen Schlickers, welchem verschiedenste Bindemittel zugesetzt wurden. Durch die Zugabe von Bindemitteln werden *während* der Sprühtrocknung *adhäsive* Kräfte zwischen den keramischen **Primärkörnern** herbeigeführt, welche eine optimale Bindung zwischen den Teilchen beim Granulataufbau erreichen. Ziel der Granulation ist es, für eine *weiche* Körnung zu sorgen, welche bei den beiden nachfolgend beschriebenen Formgebungsverfahren *uniaxiales Trockenpressen* in metallischen Pressformen (*Matrizen*) sowie *kaltisostatisches Pressen* in Gummiformen die Reibungskräfte zwischen dem Pulver und den Wänden der Pressformen (Matrizen) oder der Gummiformen minimiert, und damit der Druck unmittelbar auf das zu verdichtende Pulver übertragen werden kann (Ruschmeyer und Bartz 1995; Salmang und Scholze 2007).

4.4.1.1 uniaxiales Trockenpressen

Nach der Sprühtrocknung wird das Granulat zunächst in eine metallische Pressform (Matrize) gegeben (vgl. Abb. 4.2). Diese besteht in der Regel aus einem Formeinsatz

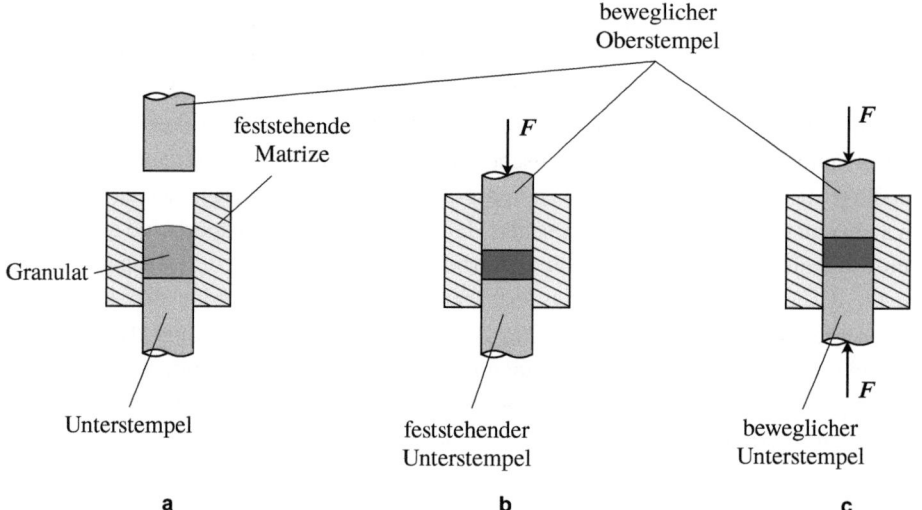

Abb. 4.2 Schematische Darstellung des Prozesses der Formgebung mittels uniaxialem Trockenpressen. (**a**) Befüllen der Pressform mit Granulat. (**b**) Uniaxiales einseitiges Trockenpressen. (**c**) Uniaxiales zweiseitiges Trockenpressen. (Nach Glass und Ewsuk 1997; Kasap und Capper 2017)

4.4 Formgebung

und einem Ober- und Unterstempel. Die *uniaxiale* Druckübertragung auf das Granulat erfolgt mittels mechanischer und hydraulischer Pressen. Zunächst wird die Pressform gleichmäßig mit Granulat gefüllt (s. Abb. 4.2a). Beim einseitigen Trockenpressen wird der Oberstempel mit einer Kraft F beaufschlagt, der Unterstempel selbst ist dabei feststehend (s. Abb. 4.2b). Nachteilig beim einseitigen Pressen ist, dass der nach dem Pressvorgang gewonnene Pressling eine unterschiedliche Dichteverteilung aufweist. Dies hat seine Ursache in den Reibungsvorgängen im Granulat sowie zwischen dem Granulat und der Matrizenwand (Salmang und Scholze 2007).

Um den Nachteil der unterschiedlichen Dichteverteilung zu vermeiden, bedient man sich in der Praxis der Formgebung durch *zweiseitiges* Trockenpressen. Hierbei wird über einen beweglichen Ober- und Unterstempel ein beidseitiger Druck auf das Granulat ausgeübt und dadurch verdichtet (s. Abb. 4.2c). Im Anschluss daran erfolgt die Entformung des Presslings (Grünkörpers). Bei der Formgebung des Grünkörpers mit der Methode des zweiseitigen Trockenpressens ist unbedingt darauf zu achten, dass Ober- und Unterstempel mit einem gleichförmigen Druck beaufschlagt werden. Üblicherweise hat die Matrize eine leicht konische Form, sodass die Entformung des Grünkörpers möglichst leicht erfolgen kann. In dieser Prozessphase kann es leicht zu radialen Rissbildungen im Grünkörper kommen, welche aus einer ungleichmäßigen Druckverteilung während des Pressens resultieren (Ruschmeyer und Bartz 1995).

4.4.1.2 kaltisostatisches Pressen

Eine Möglichkeit, um Rissbildungen bei der Formgebung durch Trockenpressen im Grünkörper zu verhindern, bietet die Methode des *kaltisostatischen Pressens* (s. Abb. 4.3). Beim kaltisostatischen Pressen wird eine vakuumdichte Gummiform mit dem losen Granulat befüllt und mit geeigneten Dichtkappen aus gut dehnbaren Gummisorten verschlossen.

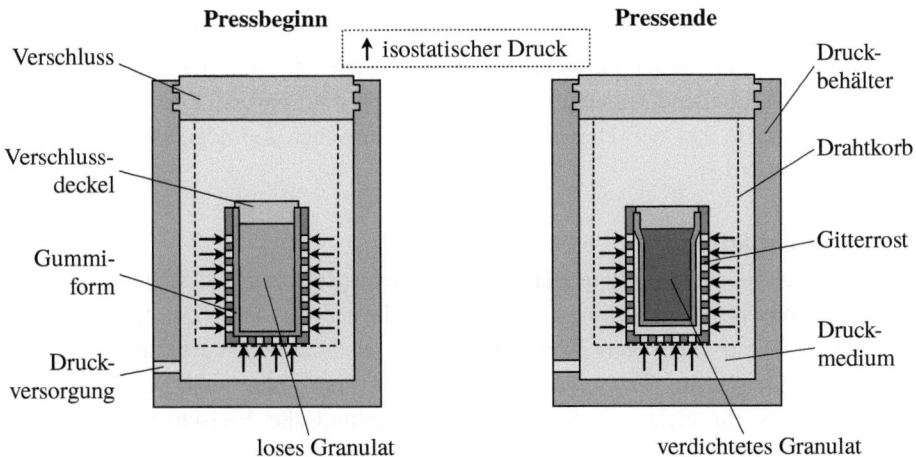

Abb. 4.3 Schematische Darstellung des kaltisostatischen Pressverfahrens. (Nach Salmang und Scholze 2007; Kalpakjian et al. 2011)

Anschließend wird die Form in einen mit Öl gefüllten Druckbehälter eingetaucht. Das Öl, welches als Druckmedium dient, wird anschließend über die Druckversorgung einem hohen Druck ausgesetzt. Dabei wirkt die Gummiform wie eine Membran, die wegen ihrer elastischen Nachgiebigkeit das Granulat *isostatisch* (unter allseitig gleichem Druck) verdichtet (Beiss 2013). In der allseitig gleichartigen Druckbeaufschlagung des Granulats liegt der Vorteil dieses Formgebungsprozesses. Diese ermöglicht das Aufbrechen von Agglomeraten und führt zu einer bedeutend höheren Dichte des Grünkörpers (*Gründichte*), was den nachfolgenden Sinterprozess signifikant unterstützt (Kasap und Capper 2017).

4.4.2 Formgebung feuchter Keramikmassen

Die Herstellung langer dünner Stäbe und Röhrchen bzw. dünner Keramikplatten oder -scheiben mit einer Dicke kleiner 200 μm (auch als Folien bezeichnet) ist mit den im vorherigen Abschnitt dargestellten herkömmlichen Pressverfahren nicht mehr möglich. Um diese Einschränkungen zu umgehen, wurden Verfahren zur *Formgebung feuchter Keramikmassen* entwickelt. Im Rahmen des vorliegenden Buches wollen wir den Fokus auf die Gruppe der *Gießverfahren* legen. Zu den technologisch wichtigsten Vertretern dieser Gruppe gehören das *Schlickergießen* und das *Foliengießen* (Ruschmeyer und Bartz 1995).

4.4.2.1 Schlickergießen

Das Schlickergießen ist ein Verfahren zur Herstellung von Grünkörpern, bei dem der Schlicker in eine zuvor sorgfältig getrocknete Gipsform überführt und diese anschließend in eine leichte Drehbewegung versetzt wird (vgl. Abb. 4.4a und b). Hierbei entzieht die poröse, wassersaugende Gipsform dem Schlicker das Wasser. Dadurch lagern sich die keramischen Partikel an der Gipsform ab und werden, bedingt durch die Drehbewegung, weiter verdichtet und zunehmend verfestigt. Es bildet sich somit eine feste Schicht. Sobald ein gewünschter plastischer Festigkeitszustand erreicht ist, wird die teilbare Gipsform entleert und anschließend vorsichtig entfernt (s. Abb. 4.4c und d). Das Schlickergießen findet insbesondere bei der Herstellung piezokeramischer Zylinderstrukturen Anwendung (Rahaman 2017).

4.4.2.2 Foliengießen

Zur kostengünstigen Herstellung dünner keramischer Substrate hat sich das *Foliengießen* als keramisches Formgebungsverfahren etabliert (vgl. Abb. 4.5). Sein Einsatzgebiet reicht von einschichtigen Komponenten bis zu Vielschichtstrukturen. Aus Folien mit einer Dicke von 25 μm bis 1,5 μm lassen sich unter anderem Substrate aus Al_2O_3 und AlN für elektronische Schaltkreise, keramische Vielschichtkondensatoren (MLCC, engl.: *Multi-Layer-Ceramic-Capacitors*) sowie piezoelektrische Vielschichtaktoren (MLC, engl.: *Multi-Layer-Ceramics*) herstellen (Williams 1976). Durch Mahlen

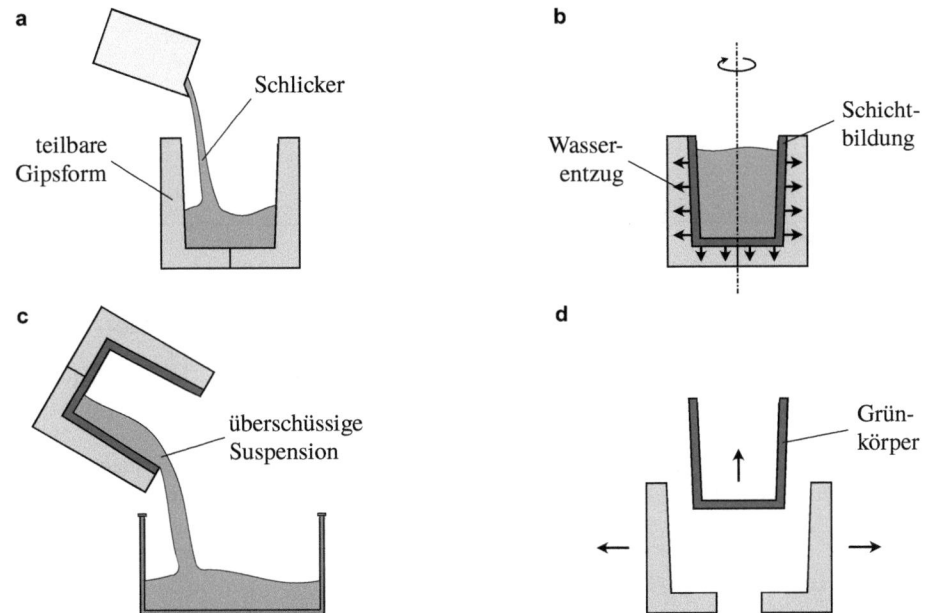

Abb. 4.4 Schematische Darstellung des Schlickergießverfahrens. (**a**) Befüllen der Gipsform. (**b**) Wasserentzug und Schichtbildung. (**c**) Entleeren der Gipsform. (**d**) Entformung des Grünkörpers. (Nach Rahaman 2017)

und Mischen der keramischen Ausgangsstoffe in einem Lösungsmittel mit verschiedenen, meist organischen Prozessadditiven (Dispergiermittel und Bindersystem) wird ein von Blasen und Verunreinigungen freier homogener, deagglomerierter Schlicker hergestellt, welcher als Ausgangspunkt nahezu aller Foliengießprozesse dient (Friedrich 2004).

Das Gießen der Folie erfolgt in industriellem Maßstab größtenteils nach dem *Doctor-Blade-Verfahren*. Hierzu wird der Schlicker in einen *Gießschuh* (Schlickerreservoir) mit einem durch eine Schneide, dem sog. *Doctor-Blade*, definierten Spalt gefüllt (s. Abb. 4.5). Die Relativbewegung von Gießschuh und Substratfolie ermöglicht das Gießen der Folie. Im industriellen Maßstab erfolgt das Foliengießen kontinuierlich, indem die Substratfolie über zwei Rollen horizontal bewegt wird. Als Substratfolie finden flexible Polymere wie Polypropylen (PP), Polyethylenterephtalat (PET) oder Polymethylmethacrylat (PMMA) Verwendung (Friedrich 2004; Salmang und Scholze 2007).

Die Spaltdimensionen, die Füllhöhe des Schlickers im Gießschuh, die Schlickerviskosität sowie die Ziehgeschwindigkeit der Substratfolie bestimmen maßgeblich die Dicke der gegossenen Folie. Durch den in der Trocknungszone eingeleiteten Trocknungsprozess kommt es durch das Verdampfen der Lösungsmittel zu einer *Schwindung*, die wegen der Haftung des Schlickers auf der Substratfolie hauptsächlich in Dickenrichtung erfolgt (Friedrich 2004).

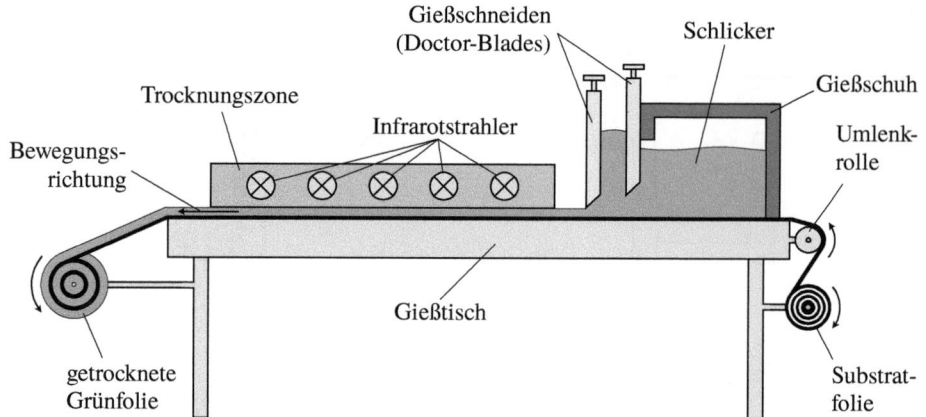

Abb. 4.5 Schematische Darstellung einer kontinuierlich arbeitenden Foliebgießanlage mit zwei Gießschneiden (Doctor-Blades). (Nach Friedrich 2004; Kasap und Capper 2017)

4.4.3 Grünfolienbearbeitung

Die nach dem Trocknungsprozess verfestigte und aufgewickelte, flexible Grünfolie wird von der Substratfolie gelöst und je nach Verwendungszweck durch Zuschneiden, Stanzen, Bedrucken oder Laminieren weiterverarbeitet (*Grünfolienbearbeitung*). Beispielsweise wird bei der Herstellung keramischer Vielschichtkondensatoren (MLCC) und piezoelektrischer Vielschichtaktoren (MLC) die Grünfolie im **Siebdruckverfahren** mit metallischen Elektroden bedruckt und im Anschluss durch Warmpressen laminiert, um so mehrschichtige Strukturen mit ineinander verschachtelten Elektroden herzustellen (Kasap und Capper 2017). Gerade in der Kondensator- und Vielschichttechnologie sind höchste Anforderungen hinsichtlich der Schlickerqualität zu gewährleisten, was daher ein tiefgehendes Verständnis der Funktionen aller Schlickerkomponenten, ihrer gegenseitigen Wechselwirkungen sowie deren Auswirkungen auf den Foliengießprozess voraussetzt (Lewis et al. 1992; Hellebrand 2006).

4.4.3.1 Elektrodensiebdruck

Nach dem Trocknungsprozess werden die getrockneten Folien von der Substratfolie abgelöst, für ein späteres Stapeln in passgenaue rechteckige Stücke geschnitten und anschließend im Siebdruckverfahren mit metallischen Elektroden bedruckt. Das Aufbringen der metallischen Elektroden erfolgt meist im Nutzen, d. h. auf einem Folienstück werden die Elektroden für mehrere keramische Kondensatoren oder piezoelektrische Aktoren gleichzeitig gedruckt. Bei der für das Drucken der Elektroden verwendeten Siebdruckpaste handelt es sich um ein feines Metallpulver, welchem organische Binder und Lösungsmittel beigemischt sind. Die Fließeigenschaften der Siebdruckpaste werden dabei so eingestellt, dass diese ein thixotropes Verhalten aufweist, d. h. sie wird unter dem Fließvorgang des Siebdrucks flüssig und im Anschluss daran sofort fest.

Für keramische Sonder- und Einzelteile findet oftmals Platin (Pt) als Metallpulver Verwendung. Nachteilig sind zwar seine hohen Kosten, jedoch reagiert es kaum mit keramischem Material und wirkt sich auch nicht einschränkend auf die Sintertemperaturen aus. Für die industrielle Serienfertigung wird aus Kostengründen eine um ein Vielfaches günstigere Silber-Palladium-Legierung (AgPd 70/30) als Metallpulver verwendet. Hierbei ist zu berücksichtigen, dass die AgPd-Legierung die Sintertemperatur auf 1130 °C beschränkt, da sie knapp oberhalb dieser Temperatur in den flüssigen Zustand übergeht. Was das Design der metallischen Elektroden anbelangt, so richtet sich dieses nach dem entsprechenden Kondensator bzw. Aktor und nach der Bedingung, dass im Vielschichtsystem benachbarte Elektroden später mit einem unterschiedlichen elektrischen Potenzial betrieben werden und somit eine getrennte Spannungszuführung besitzen müssen (Ruschmeyer und Bartz 1995).

4.4.3.2 Laminieren

Nach dem Elektrodensiebdruck erfolgt das passgenaue Übereinanderstapeln in einer Form. Hierbei ist darauf zu achten, dass wegen der getrennten Spannungsführung unterschiedliche Druckmuster übereinanderliegen. Unter Druck und Temperatur (typische Werte: 10 MPa, 80 °C) wird der Stapel in der Form zusammengepresst. Das durch die Porosität der Keramik eingeschlossene Gasvolumen und das verwendete Bindersystem bedingen einerseits eine solide Verbindung der einzelnen Schichten untereinander, andererseits sorgen sie für die im Bereich der Elektrodenenden notwendigen Fließvorgänge zur Komplettierung der nichtmetallisierten Bereiche. Nach dem Prozess des Laminierens werden die Bauteile durch Stanzen entlang mitgedruckter Marken vereinzelt (Ruschmeyer und Bartz 1995; Hellebrand 2006).

4.5 Sintern

Durch die sich anschließende Hochtemperaturbehandlung, auch als *Sintern* bezeichnet, erfolgt eine nahezu vollständige Verdichtung des Materials und die Bildung des eigentlichen Festkörpers. Die Verdichtung des Materials äußert sich zum einen in einer Volumenabnahme bzw. *Schwindung*, zum anderen in einer Abnahme der Porosität. Die Reduzierung der freien Oberflächenenergie der Primärkorn-Oberflächen, um damit einen Zustand geringerer **freier Enthalpie** einzunehmen, ist die treibende Kraft des Sintervorgangs (Ruschmeyer und Bartz 1995; Salmang und Scholze 2007; Oldenkotte 2013). Die tatsächlichen Sintertemperaturen hängen einerseits von der Zusammensetzung des Materials ab, andererseits hat auch die Vorgeschichte des jeweiligen Materials, also der **Aktivierungsgrad** und die Größe des Primärkorns (Feinmahlbedingungen) sowie die Verarbeitung des Sekundärkorns (Granulierung, Plastifizierung) bis zur Vorverdichtung (Pressdruck), einen signifikanten Einfluss auf die zu wählenden Sintertemperaturen. Bei festen Lösungen des Mischkristallsystems $Pb(Ti, Zr)O_3$ liegen die maximalen Sintertemperaturen bei 1250 °C (Ruschmeyer und Bartz 1995).

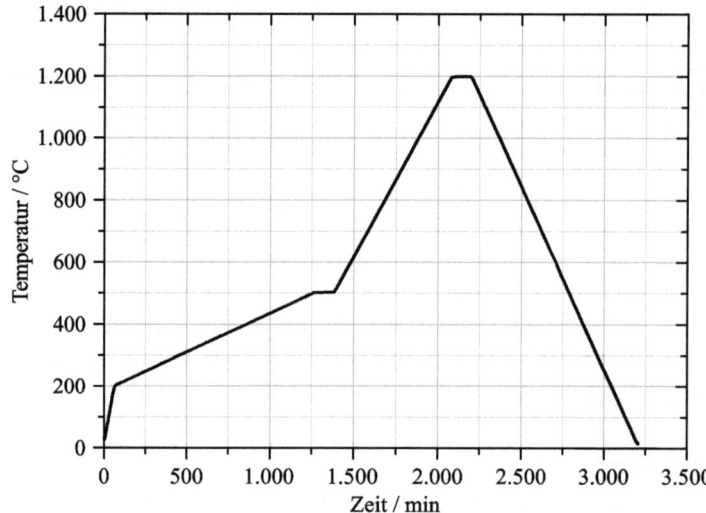

Abb. 4.6 Temperatur-Zeit-Regime beim Sintern piezoelektrischer Keramiken. (Nach Bach et al. 2018)

Im kontinuierlichen Produktionsbetrieb erfolgt der Sinterprozess in Kanalöfen (Tunnelöfen) bei Temperaturen zwischen 1100 °C und 1300 °C (Hansch 2003; Kasap und Capper 2017). Die keramischen PZT-Halbfabrikate werden innerhalb eines Kanalofens (5 bis 8 m Länge) einem definierten Temperatur-Zeit-Regime unterworfen, welches in Abb. 4.6 qualitativ dargestellt ist (Bach et al. 2018). Die zentralen Punkte des Sinterprozesses lassen sich wie folgt zusammenfassen:

- Zunächst wird der Grünkörper kontrolliert erhitzt und anschließend für eine wohldefinierte Zeit auf einer konstanten Temperatur von 500 °C gehalten, um die organischen Bindemittel und Plastifikatoren quantitativ zu entfernen (Temperaturbereich: 20 … 500 °C, Abb. 4.6). Erfolgt die Erhitzung des Grünkörpers zu schnell, kommt es zur Bildung großer Poren oder sogar zu Rissen (Kasap und Capper 2017; Bach et al. 2018).
- Mit zunehmender Bauteilgröße gestaltet sich der Prozess des Erhitzens immer aufwendiger und komplexer. Bei einer bleihaltigen Keramik wie PZT ist es wichtig, dass der Luftsauerstoff freien Zugang zu dem verdampfenden organischen Material hat, da es sonst verkohlt und in der Keramik zur Reduktion von Bleioxid (PbO) zu freiem Blei (Pb) kommen kann (Kasap und Capper 2017).
- Im Fall von laminierten Bauteilen müssen die Reaktionsprodukte von Elektroden- und Folienbinder durch Gasdiffusion im gepressten Teil an die Oberfläche gelangen und schließlich am Ofenausgang kondensiert oder zu CO_2 nachverbrannt werden. Für eine Optimierung dieses Prozessschritts ist eine genaue Kenntnis der Temperatur- und O_2-Partialdruckeinflüsse aus **thermogravimetrischen Analysen** unerlässlich (Ruschmeyer und Bartz 1995).

- Bei höheren Temperaturen (> 800 °C) kommt es durch Verflüchtigung zu einem Verlust von PbO. Dies bedeutet, dass der keramische Körper in einer PbO-reichen Umgebung gesintert werden muss, was zumeist durch Einpacken des keramischen Körpers in ein Abstandshaltepulver aus $PbZrO_3$ oder PZT-Keramikchips in abgedichteten keramischen Tiegeln gewährleistet werden kann (Kasap und Capper 2017).
- Während des Sinterprozesses muss sich der Körper frei bewegen können, da es zu einer linearen Schrumpfung des Körpers (ca. 15 bis 18 %) kommt. Kann der Körper nicht über die Oberfläche gleiten, auf der er aufsitzt, kann dies insbesondere bei großen Bauteilen zu Rissen führen. Als Lösung hierfür bietet es sich an, den Körper auf **Zirkoniumsand** zu setzen (Kasap und Capper 2017).

4.5.1 Besonderheiten beim Sintern

PZT weist eine Besonderheit beim Sinterprozess auf. Typische Literaturwerte für die Sinterung von PZT bewegen sich im Bereich zwischen 1100 °C und 1300 °C. Jedoch beginnt schon ab 900 °C die Zersetzung der während der Kalzination erzeugten PZT-Mischkristalle nach der Formel von SAHA und AGRAWAL (Saha und Agrawal 1992; Hansch 2003).

> **Formel von SAHA und AGRAWAL**
>
> $$Pb(Zr_x Ti_{1-x})O_3 \longrightarrow Pb_{1-\Delta}(Zr_{x-\delta} Ti_{1-x})O_{3-\Delta-2\delta} + \Delta PbO \uparrow + \delta ZrO_2 \quad (4.1)$$
>
> Die Formel von SAHA und AGRAWAL beschreibt die beim Sintervorgang auftretende Zersetzung von PZT-Mischkristallen und liefert einen Erklärungsansatz für die damit verbundenen PbO-Verluste.

Wegen seines Schmelzpunktes von 884 °C wird Bleioxid (PbO) freigesetzt. Der damit verbundene hohe PbO-Partialdruck führt dazu, dass PbO aus der Probe verdampft, und damit die resultierende PZT-Keramik ein PbO-Defizit bezogen auf die PZT-Stöchiometrie von typischerweise 2–3 Mol-% sowie schlechte piezo- und ferroelektrische Eigenschaften aufweist.

Erklärt werden kann die Verschlechterung der piezo- und ferroelektrischen Eigenschaften einerseits durch eine Anreicherung der $PbTiO_3$-Komponente im PZT-Mischkristall gemäß Gl. (4.1). Nach der Reaktionsgleichung bewegt sich durch die Verdampfung von PbO das Zr/Ti-Verhältnis der PZT-Keramik weg von dem Zusammensetzungsbereich an der morphotropen Phasengrenze (MPB), an der PZT-Keramiken bekanntermaßen ihre optimalen di- und piezoelektrischen Eigenschaften besitzen (Hansch 2003). Ein weiterer Erklärungsansatz für die Verschlechterung der piezo- und ferroelektrischen Eigenschaften liefert die vom PbO-Gehalt in der Endzusammensetzung beeinflusste **Defektstruktur** von PZT-Keramiken. Ein unterstöchiometrischer PbO-Gehalt führt zu einer erhöhten Anzahl von Leerstellen im Gefüge, was sich nachteilig auf die piezo- und ferroelektrischen Eigenschaften der PZT-Keramik auswirken kann (Hansch 2003; Oldenkotte 2013).

Die beschriebenen Auswirkungen von PbO-Verlusten während des Sinterns auf die piezo- und ferroelektrischen Eigenschaften der PZT-Keramik machen eine Regulierung des Bleihaushaltes während des Sintervorgangs unumgänglich. Hierzu bedient man sich eines geschlossenen Systems, in dem es möglich ist, den PbO-Partialdruck während des Sintervorgangs auf zwei unterschiedliche Art und Weisen gezielt einzustellen. Eine Möglichkeit besteht darin, dass die Proben in ihrer ausgangsseitigen **Stöchiometrie** einen Überschuss an PbO aufweisen, sodass der während der Sinterung auftretende PbO-Verlust kompensiert wird. Die zweite Möglichkeit besteht in der Einstellung des PbO-Partialdrucks in der Sinterkammer mithilfe eines **Puffersystems**. Die Einstellung des PbO-Partialdrucks wirkt dem PbO-Verlust aus der Probe gezielt entgegen. Für die Verwendung eines Überschusses an PbO oder eines Puffersystems zur Kontrolle des PbO-Haushaltes bedarf es der genauen Kenntnis des PbO-Partialdrucks (Hansch 2003).

4.5.2 Mechanische Bearbeitung gesinterter PZT-Keramiken

Infolge der Verringerung der Porosität und Schwindung der geometrischen Abmessungen ändert sich beim Sintern maßgeblich die Dichte der vorverdichteten Keramikhalbzeuge, die Gestalt selbst erfährt keine allzu große Änderung. Um erforderliche geometrische Abmessungen und Oberflächenbeschaffenheit in engen Toleranzen zu gewährleisten, müssen die in ihrer Gestalt beim Sintern erhaltenen piezoelektrischen Keramiken größtenteils mechanisch bearbeitet werden. Neben den Materialeigenschaften definieren geometrische Abmessungen die funktionellen Eigenschaften wie Kapazität, Impedanz und Resonanzfrequenz. Zur mechanischen Bearbeitung piezoelektrischer Keramiken kommen Verfahren wie das Schleifen, Läppen und Polieren, aber auch das Trennsägen unter Verwendung von Siliziumcarbid-, Korund- und Diamant-Schleifkörpern (Schleifscheiben, Schleifpulver unterschiedlicher Körnung) zum Einsatz. Im Fall von laminierten Bauteilen wie piezoelektrischen Vielschichtaktoren (MLC) erfolgt eine mechanische Nachbearbeitung mittels Planparallel-Schleifen von deren Endflächen. Die an die Oberfläche der Vielschichtaktoren heraustretenden Kontaktnasen der Elektroden gleicher Polarität werden mit Einbrennsilber-Kontaktstreifen zusammengefasst, an welche anschließend die Zuleitungsdrähte angelötet werden (Ruschmeyer und Bartz 1995).

4.6 Metallisierung

Elektrisch gut leitende Beläge (*Elektroden*) sind für alle piezoelektrischen Keramiken aus mehreren Gründen unerlässlich (Ruschmeyer und Bartz 1995; Kasap und Capper 2017):

- Ohne Elektroden ist es nicht möglich, die zum Zweck der *Polung* notwendige Gleichspannung an piezoelektrische Keramiken anzulegen.
- Nur mit Elektroden ist ein Betrieb piezoelektrischer Keramiken unter Nutzung des direkten oder reziproken piezoelektrischen Effekts als *elektromechanischer Wandler* möglich.
- Die Qualität der Elektroden (Leitfähigkeit, Haftfestigkeit) hat einen entscheidenden Einfluss auf die Qualität der piezoelektrischen Keramiken (Alterungsverhalten, Funktionsbeständigkeit).

Für piezoelektrische Keramiken finden in der Regel eingebrannte Silberelektroden (Ag) Verwendung. In der Massenproduktion erfolgt das Aufbringen der Elektroden mittels Siebdruck von pastenförmigen Silberpräparaten, welche aus einer Mischung aus Silberverbindungen (z. B. Ag_2O), einer fein verteilten Glaskomponente (*Fritte*) und einem Flussmittel bestehen. Das richtige Verhältnis zwischen Silber- und Glasanteil ist wichtig, da ein zu hoher Silberanteil zu einer schlechten Elektrodenhaftung und ein zu hoher Glasanteil zu einer schlechten Elektrodenleitfähigkeit führt. Beim Einbrennen der Paste (üblicherweise 500 bis 800 °C) entsteht aus den Silberverbindungen metallisches Silber, welches in der geschmolzenen Fritte eingebettet wird. Nach dem Abkühlen der Fritte kommt eine feste Verbindung mit der piezoelektrischen Keramik zustande. Durch Siebdruckpasten lassen sich typischerweise Schichtdicken von ca. 5 bis 10 μm mit einer Haftfestigkeit von ca. 10 MPa realisieren (Ruschmeyer und Bartz 1995; Kasap und Capper 2017).

Neben dem Silbereinbrennen lassen sich alternativ auch aufgedampfte oder gesputterte Metallelektroden wie Nickel (Ni) oder Chrom-Gold (Cr/Au) sowie durch stromlose Verfahren (*electroless plating*) abgeschiedene Metallelektroden (z. B. Ni) verwenden. Zur Herstellung von Vielschichtaktoren verfügt man heutzutage über piezoelektrische PZT-Zusammensetzungen, die in derartigen Atmosphären gesintert werden können, bei welchen Kupfer (Cu) als Elektrodenmaterial Verwendung finden kann (Kasap und Capper 2017).

4.7 Polung

Um den Betrieb piezoelektrischer PZT-Keramiken unter Nutzung des direkten oder reziproken piezoelektrischen Effekts als *elektromechanische Wandler* zu ermöglichen, müssen diese nach der Metallisierung einem Polungsprozess unterzogen werden. Der Polungsprozess dient der Einstellung der remanenten Polarisation der PZT-Keramiken, d. h. in dem bis dahin isotropen Keramikkörper erfolgt eine weitgehende Orientierung der ferroelektrischen Domänen. Hierzu wird der zuvor metallisierte Keramikkörper unterhalb der Curie-Temperatur einem hohen *statischen* elektrischen Polungsfeld oberhalb der Koerzitivfeldstärke ausgesetzt (s. Abschn. 3.4.2) (Jaffe et al. 1971; Melz 2002).

Für unterschiedliche PZT-Zusammensetzungen kann die erforderliche Polungsfeldstärke mitunter sehr verschieden sein. Die Ursache hierfür liegt in der *Beweglichkeit* der ferroelektrischen Domänen im jeweiligen keramischen Gefüge begründet. Generell verringert sich die Polungsfeldstärke mit zunehmender Temperatur. PZT-Keramiken mit einer Curie-Temperatur von 230–350 °C können beispielsweise mit Polungsfeldstärken von 3–5 kV mm^{-1} (je nach Zusammensetzung der PZT-Keramik benötigen *weiche* PZT-Keramiken niedrigere Polungsfeldstärken als *harte* PZT-Keramiken) bei ca. 150 °C gepolt werden, wobei das statische elektrische Polungsfeld solange angelegt bleibt, bis das Werkstück kontrolliert auf Raumtemperatur abgekühlt ist. Die niedrige Durchschlagsfestigkeit von Luft macht es notwendig, dass der Polungsprozess insbesondere *harter* PZT-Keramiken in erhitzten Ölbädern (Mineral- oder Silikonöle) erfolgt. Vorteilhaft hierbei ist die Möglichkeit der Polung bei höheren Temperaturen und damit bei niedrigeren Polungsfeldstärken. Nachteilig ist, dass die PZT-Keramiken nach dem Polungsprozess sorgfältig gereinigt werden müssen. Speziell Silikonöle lassen sich nur sehr schwer komplett entfernen. Im Fall von laminierten Bauteilen wie piezoelektrischen Vielschichtaktoren (MLC) ermöglichen die geringeren Schichtdicken der einzelnen piezoelektrischen Lagen niedrigere elektrische Spannungen (20–200 V) und somit den Polungsprozess in Luft (Jaffe et al. 1971; Ruschmeyer und Bartz 1995; Kasap und Capper 2017).

4.8 Dotierung

Wie bereits erwähnt, zeichnet sich das Anwendungsspektrum für piezoelektrische Materialien durch eine breite Palette von Sensoren, Aktoren sowie SAW-Technologien (engl.: *surface acoustic wave* = *akustische Oberflächenwelle*) und BAW-Technologien (engl.: *bulk acoustic wave* = *akustische Volumenwelle*) für Frequenzsteuerungs- und Filteranwendungen aus (Kasap und Capper 2017). Was die industrielle Piezoaktorik anbelangt, so wird diese bis heute von den Keramiken des Systems Bleizirkonat-Bleititanat (PZT) dominiert. PZT-Keramiken zeichnen sich durch einen hohen piezoelektrischen Effekt, hohe Curie-Temperaturen und vielseitig anpassbare Eigenschaften aus. Hier ist insbesondere die Mischbarkeit der Komponenten PbTiO$_3$ und PbZrO$_3$ in beliebigen Verhältnissen im Mischkristallsystem Pb(Zr$_{1-x}$Ti$_x$)O$_3$ hervorzuheben (s. Abschn. 3.3, Abb. 3.4) (Denzler 2004). Speziell im Bereich der morphotropen Phasengrenze (MPB) nehmen die dielektrischen und piezoelektrischen Materialkonstanten *undotierter* PZT-Keramiken Maximalwerte an (s. Abschn. 3.3, Abb. 3.5) (Jaffe et al. 1971).

Durch den Einbau ausgewählter **Dotierkationen** können die Eigenschaftsprofile von PZT-Keramiken je nach Einsatzgebiet gezielt angepasst werden (Denzler 2004). Hierbei werden die relativ großen Bleikationen (Pb^{2+}) auf den Ecken (A-Platz) oder die Zirkonium- bzw. Titankationen (Zr^{4+} bzw. Ti^{4+}) im Zentrum der Elementarzelle (B-Platz) durch Kationen unterschiedlicher Valenz ersetzt (s. Abschn. 3.2, Abb. 3.1). Je nach Art der Dotierung spricht man von *weichen* oder *harten* PZT-Keramiken (Heywang und Thomann 1984; Xu 1991).

4.8.1 Donatordotierte PZT-Keramiken

Substituiert man die Pb^{2+}-Ionen (A-Platz) durch drei- und vierwertige Kationen (z. B. La^{3+}, Nd^{3+}, Sb^{3+}, Bi^{3+}, Th^{4+}) oder die Zr^{4+}/Ti^{4+}-Ionen durch fünf- und sechswertige Kationen (z. B. Nb^{5+}, Sb^{5+} oder W^{6+}) erhält man eine donatordotierte *weiche* PZT-Keramik (Xu 1991; Denzler 2004). Zur Erhaltung der Ladungsneutralität erfolgt in diesem Fall der Ladungsausgleich durch die Bildung von Kationenleerstellen in der Perowskitstruktur, d. h. die zusätzlichen positiven Ladungen werden in der Regel von Pb^{2+}-Leerstellen ausgeglichen. In einem Kristallgitter mit Pb^{2+}-Leerstellen können Atome und damit auch Domänenwände leichter verschoben werden. Dies hat zur Folge, dass *weich* dotierte PZT-Keramiken kleinere Koerzitivfeldstärken aufgrund der vermehrten Domänenschaltprozesse, aber auch höhere mechanische und elektrische Verluste aufweisen. Für die elektromechanischen Eigenschaften bedeutet dies neben kleineren Koerzitivfeldstärken leichtere **Polarisierbarkeit**, größere Dielektrizitätszahlen und höhere **elektromechanische Kopplungsfaktoren**. Wegen der hohen elektromechanischen Kopplung werden weich dotierte PZT-Keramiken vorzugsweise für aktorische Anwendungen eingesetzt (Xu 1991; Damjanovic 1998; Denzler 2004).

4.8.2 Akzeptordotierte PZT-Keramiken

Substituiert man hingegen die Pb^{2+}-Ionen (A-Platz) durch einwertige Kationen (z. B. K^+, Na^+ oder Ag^+) oder die Zr^{4+}/Ti^{4+}-Ionen durch zwei- und dreiwertige Kationen (z. B. Fe^{2+}, Fe^{3+}, Co^{2+}, Co^{3+}, Mn^{2+}, Mn^{3+}, Ni^{2+} oder Mg^{2+}) erhält man eine akzeptordotierte *harte* PZT-Keramik (Xu 1991; Damjanovic 1998; Denzler 2004). Der Einbau von Akzeptoren führt aus Gründen der Erhaltung der Elektroneutralität zur Erzeugung von O^{2-}-Leerstellen im Kristallgitter. In der Folge kommt es durch die entstehenden Raumladungen in den Kristalliten zu induzierten elektrischen Feldern, welche zu einer Stabilisierung der Domänenkonfiguration und somit zu einer Verringerung der Domänenwandbeweglichkeit führen. Hieraus resultieren bei akzeptordotierten PZT-Keramiken geringere Dielektrizitätszahlen, kleinere Kopplungsfaktoren sowie höhere Koerzitivfeldstärken und schlechtere Polarisierbarkeit. Wegen der niedrigeren mechanischen und elektrischen Verluste eignet sich eine harte PZT-Keramik z. B. für den Bau von Ultraschallgebern (Damjanovic 1998; Denzler 2004).

4.9 Piezoelektrische Aktoren

Ein Aktor (engl.: *actuator*) wandelt ein eingangsseitiges (elektrisches) Stellsignal geringer Energie oder Leistung in eine nichtelektrische Ausgangsgröße (Kraft, Druck, Drehmoment, ...) um, welche in Form einer Energie oder Leistung als mechanisches Arbeitsvermögen einem oder mehreren nachgelagerten Prozessen zur Verfügung steht.

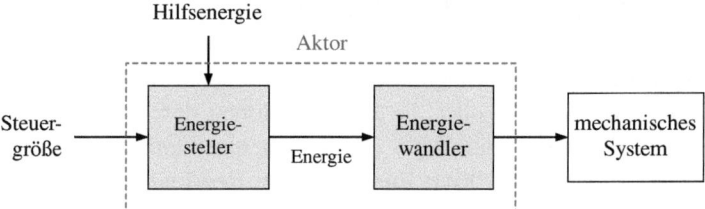

Abb. 4.7 Funktionale Struktur eines Aktors. (Nach Paul und Paul 2012)

Er dient als Bindeglied zwischen dem informationsverarbeitenden Teil von elektrischen Steuerungen und dem Materie- oder Energiestrom eines Prozesses (Janocha 2004; Paul und Paul 2012).

Die funktionale Struktur eines Aktors lässt sich durch die elementaren Funktionsglieder *Energiewandler* und *Energiesteller* beschreiben (s. Abb. 4.7). Ein *Energiewandler* (Stellglied) ist dadurch gekennzeichnet, dass Ein- und Ausgangsgröße jeweils eine Energie sind. Die Energieform kann entweder gleichartig wie bei Strom- oder Drehmomentwandlern sein, oder sie ist verschiedenartig wie bei elektrodynamischen oder piezoelektrischen Wandlern. Bei einem *Energiesteller* entstammt die ausgangsseitige Energie einer Hilfsenergiequelle und wird über die Eingangsgröße (Steuergröße) gesteuert. Das Steuern von Materie- bzw. Energieflüssen ist die Hauptaufgabe eines Aktors, weshalb jeder Aktor über mindestens einen Energiesteller verfügen muss (Janocha 2004).

Neben den klassischen elektromechanischen Aktoren (Elektromotoren und Elektromagnete) sowie den fluidischen Aktoren (Hydraulikzylinder, Radial- und Axialkolbenmotoren) sind auch piezoelektrische Aktoren der Gruppe der elektromechanischen Wandler zuzuordnen, welcher unter elektrischer Ansteuerung mechanische Arbeit („Kraft mal Weg") zu leisten vermögen. Die Umwandlung elektrischer in mechanische Energie erfolgt bei piezoelektrischen Aktoren unter Ausnutzung des reziproken piezoelektrischen Effekts (s. Abschn. 2.2) (Denzler 2004; Janocha 2004; Paul und Paul 2012). Charakteristisch für piezoelektrische Aktoren ist die Verbundstruktur aus piezoelektrisch aktiver isolierender Keramik und elektrisch leitenden Materialien. Um elektrische Energie in mechanische Energie umzuwandeln, werden für die Aktorherstellung bis heute Keramiken im System Bleizirkonat-Bleititanat (PZT) verwendet (Al-Wahab 2004). Die je nach Anwendung unterschiedlichen Aktorstrukturen können in der Regel auf drei Standard-Bauformen zurückgeführt werden: *Stapel-*, *Transversal-* und *Biegeaktoren*. Je nach Bauform generieren piezoelektrische Aktoren Kräfte von wenigen mN bis zu mehreren kN bei Ausdehnungen im µm-Bereich bis zu Stellwegen von einigen Millimetern (Denzler 2004; Al-Wahab 2004). Eine übersichtliche Darstellung der wichtigsten Bauformen piezoelektrischer Aktoren mit ihren typischen Kennwerten kann Tab. 4.1 entnommen werden.

Tab. 4.1 Bauformen von piezoelektrischen Aktoren mit typischen Kennwerten. (Nach Denzler 2004)

Effekt	Longitudinal		Transversal			
Bauformen	Stapelaktor	Stapel mit Hebel	Streifenaktor	Zylinderaktor	Biegewandler	Biegescheibe
Stellwege	20–200 µm	< 2 mm	< 50 µm	< 50 µm	< 2 mm	< 0,5 mm
Stellkräfte	< 30 kN	< 3,5 kN	< 1 kN	< 1 kN	< 5 N	< 40 N
Betriebsspannungen	40 V–1 kV	40 V–1 kV	40–500 V	80 V–1 kV	10–400 V	10–500 V

4.9.1 Stapelaktoren

Stapelaktoren (engl.: *stack actuator*) nutzen den reziproken *longitudinalen* piezoelektrischen Effekt (piezoelektrischer Längseffekt), d. h. die mechanische Ausdehnung erfolgt *in Richtung* der Polarisationsachse der einzelnen Keramikschichten. Durch den Schichtaufbau – eine wechselnde Folge von dünnen Keramikschichten wechselnder Polarität mit dazwischenliegenden, elektrisch parallel verschalteten Elektroden – werden bei verhältnismäßig niedrigen Ansteuerspannungen die zum Aktorbetrieb notwendigen elektrischen Feldstärken in der Größenordnung von 1–$2\,\text{kV}\,\text{mm}^{-1}$ ermöglicht (Denzler 2004; Wallaschek 2008; Oldenkotte 2013). Die Herstellung von Stapelaktoren erfolgt entweder durch Stapeln und anschließendes Verkleben von gesinterten, polierten und mit Elektroden versehenen Keramikschichten (Schichtdicken zwischen 5 mm und 2 mm oder durch den kosteneffizienten Prozess des *Kosinterns* (engl.: *co-firing*), also dem gleichzeitigen Sintern von Keramik und Elektrode zu monolithischen Multilayer-Stapelaktoren (sog. *Multilayer-Technologie*) mit Schichtdicken typischerweise zwischen 20 µm und 200 µm (Wallaschek 2008; Oldenkotte 2013). Mit dem Durchbruch zur Großserie für Diesel-Einspritzsysteme in Common-Rail-Motoren hat sich die Herstellung monolithischer Multilayer-Stapelaktoren zum industriellen Standard etabliert (Denzler 2004). Neben der einfachen und kompakten Bauweise zeichnen sich Stapelaktoren insbesondere durch ihre hohen Stellkräfte (kN-Bereich) und schnellen Schaltzeiten (ms-Bereich) aus (Schuh et al. 2000; Al-Wahab 2004).

4.9.2 Transversalaktoren

Transversalaktoren nutzen im Gegensatz zu Stapelaktoren den reziproken *transversalen* piezoelektrischen Effekt (piezoelektrischer Quereffekt), d. h. die mechanische Ausdehnung (oder Kontraktion) erfolgt *senkrecht* zur Polarisationsachse der einzelnen Keramikschichten (Wallaschek 2008). Ebenso wie bei den Stapelaktoren geht auch hier der Trend aufgrund der niedrigeren Ansteuerspannungen immer mehr zur Multilayer-Technologie (Denzler 2004). Zu den Hauptvertretern der Transversalaktoren zählen die *Streifen-* sowie die *Zylinderaktoren* (s. Tab. 4.1). Streifenaktoren finden insbesondere Anwendung in Präzisionspositioniersystemen. Hierbei wird der Stellweg durch die Streifenlänge, die notwendige Betriebsspannung durch die Streifendicke und die Gesamtsteifigkeit des Aktors durch die Anzahl parallel liegender Streifen definiert (Drossel 2006). Zylinderaktoren sind monolithische Aktoren und bestehen aus einer radial polarisierten piezoelektrischen Keramik (Wallaschek 2008). Beim Anlegen einer Spannung zwischen der inneren und äußeren Elektrode kommt es zu einer radialen und axialen Kontraktion des Zylinderaktors. Anwendung finden Zylinderaktoren häufig in Rastersondenmikroskopen zur Erzeugung dynamischer Scan-Bewegungen oder in der Mikrodosierung zum Aufbau von Nanoliterpumpen oder Tintenstrahldruckern. Im letzten Abschnitt dieses Kapitels werden wir uns dem zentralen Thema dieses Buchs, den piezoelektrischen Biegeaktoren, zuwenden.

4.9.3 Biegeaktoren

Ebenso wie Transversalaktoren nutzen auch Biegeaktoren den reziproken *transversalen* piezoelektrischen Effekt (piezoelektrischer Quereffekt) (Denzler 2004). Der strukturelle Aufbau der wichtigsten Vertreter piezoelektrischer Biegeaktoren (oft auch als *Biegewandler* bezeichnet) sowie deren Nomenklatur können Abb. 4.8 entnommen werden.

In der Regel sind Biegeaktoren an einem Ende mechanisch fest eingespannt. Durch Transformation der relativ geringen Querdehnungen (Querkontraktionen) innerhalb des Schichtverbundes lassen sich am freien Ende des Aktors verhältnismäßig große Auslenkungen erzielen (Denzler 2004). Die Nomenklatur der in Abb. 4.8 dargestellten Biegeaktortypen leitet sich im Wesentlichen aus der Anzahl der in der Verbundstruktur enthaltenen piezokeramischen Schichten ab (Denzler 2004). *Bimorph-* und *Multimorph-*Biegeaktoren lassen sich durch Kombination von zwei oder mehreren piezokeramischen Schichten aufbauen (s. Abb. 4.8b und d). Die geeignete Kombination von einer oder zwei piezokeramischen Schichten mit einem passiven Biegeträger ermöglicht den Aufbau von sog. *Monomorph-* oder *Trimorph-*Biegeaktoren (s. Abb. 4.8a und c) (Wallaschek 2008).

Monomorph Ein *Monomorph* besteht aus zwei miteinander verklebten Schichtkomponenten, einer aktiven piezokeramischen und einer passiven elastischen Komponente (Biegeträger) (Ballas 2007). Ist die piezokeramische Komponente aus einer einzelnen

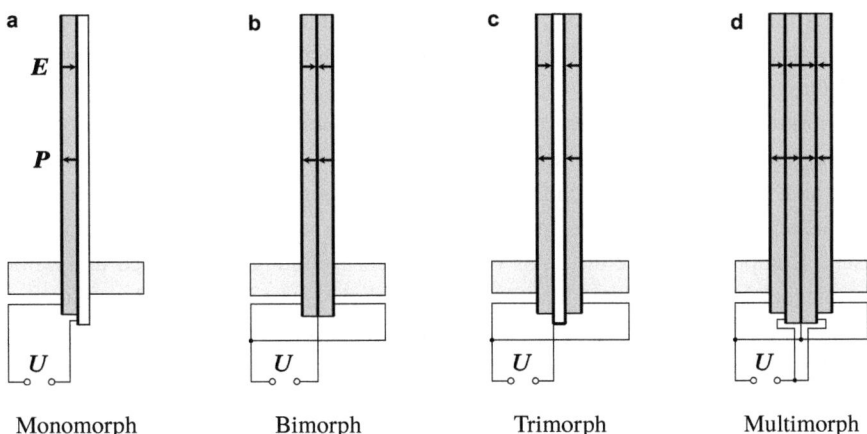

Abb. 4.8 Struktureller Aufbau und Nomenklatur der wichtigsten Biegewandlertypen (jede piezokeramische Schicht ist auf ihren Flächen mit Elektroden versehen; die Pfeile oben geben die Richtung der elektrischen Feldstärke E, die Pfeile unten geben die Richtung der elektrischen Polarisation P an). (**a**) Monomorph (**b**) Bimorph (**c**) Trimorph (**d**) Multimorph. (Nach Denzler 2004)

Schicht aufgebaut, so spricht man von *Singlelayer-Technologie*. Eine Piezokeramik in *Multilayer-Technologie* hingegen besteht aus mehreren piezoelektrischen Schichten mit dazwischen liegenden Elektroden (Schmid 2005; Ballas 2007).

Bimorph Zur Steigerung der Auslenkung des Biegeaktors kann die passive elastische Komponente durch eine zweite, aktive piezokeramische Komponente ersetzt werden (s. Abb. 4.8b) (Ballas 2007). Diese Variante wird auch als *Bimorph* bezeichnet. Die beiden Schichten können auch im Wechsel betrieben werden, sodass sich die Gesamtauslenkung verdoppelt (Denzler 2004).

Trimorph Wenn man zwischen zwei verschiedenen piezokeramischen Schichten eine passive Mittellage einbringt und diese miteinander verklebt, dann spricht man von einem *Trimorph* (s. Abb. 4.8c). Dieser weist eine höhere mechanische Stabilität auf. Die passive Mittellage kann sowohl leitfähig als auch isolierend aus Metall, Kunststoff oder einem Faserverbundwerkstoff ausgeführt werden (Denzler 2004).

Multimorph Durch die Verwendung mehrerer aktiven Schichten im sog. *Multimorph* (vgl. Abb. 4.8d) lassen sich höhere Stellkräfte erzeugen. Der Mehrschichtaufbau gewinnt mit der Serienfähigkeit der Multilayer-Technologie immer mehr an Bedeutung (Denzler 2004). Einerseits lassen sich damit Biegewandler realisieren, die bei niedrigen Ansteuerspannungen hervorragende Kraft-Auslenkungs-Eigenschaften aufweisen, andererseits ist es auch möglich, im Schichtverbund Sensoren zu integrieren und damit vollkommen neuartige Anwendungsfelder für piezoelektrische Biegewandler zu erschließen (Schmid 2005; Ballas 2007).

Das Funktionsprinzip von Biegewandlern lässt sich sehr anschaulich am Beispiel eines Monomorphs gemäß Abb. 4.8a erklären. Durch elektrische Ansteuerung in Dickenrichtung verkürzt sich die piezokeramische Komponente in Längsrichtung. Die durch die Stauchung entstehende Bewegung der piezokeramischen Komponente wird durch die passive elastische Komponente gehemmt. Als Folge tritt ein Dehnungsunterschied und damit ein inneres piezoelektrisches Moment auf, welches ähnlich wie beim Bimetall zur Biegung des Verbunds führt. Die Auslenkung am freien Ende der Monomorphanordnung ist deutlich größer als die Verformung der piezoelektrischen Komponente in Längsrichtung. Durch die mechanische Transformation der geringen Längenänderungen der piezokeramischen Komponente in eine Verbiegung des Aktors ist man in der Lage, große Stellwege bis zu einigen Millimetern bei Ansteuerung mit vergleichsweise niedrigen elektrischen Spannungen zu erzeugen (24–200 V) (Denzler 2004; Ballas 2007).

Bis heute repräsentieren der Bimorph und der Trimorph die am weitesten verbreiteten Bauformen piezokeramischer Biegewandler. In der Fachliteratur sind zahlreiche technische Anwendungen beschrieben. Besonders hervorzuheben sind hierbei Anwendungen in Braille-Displays (Homma et al. 2004; Zagler et al. 2018), Mikropumpen und Ventilen (Morris et al. 2000; Groen et al. 2015; Zeng et al. 2016; Zhang et al. 2016), Energy Harvesting Systemen (Sodano et al. 2005; Song et al. 2022), Textilmaschinen (Zhiming et al. 2009; Ren und Lai 2018) und Relais (Guntersdorfer et al. 1976; Pietsch 2000).

Zum Ende dieses Kapitels wollen wir uns dem in Abb. 4.9 dargestellten monomorphen Biegeaktor mit piezokeramischer Komponente in Multilayer-Technologie zuwenden. Die piezokeramische Komponente besteht aus fünf aktiven piezoelektrischen Schichten, die mit einer passiven Komponente bestehend aus einer Trägerschicht und einer thermischen Anpassschicht kombiniert sind. Des Weiteren besteht der Biegeaktor aus einer Gleitschicht, welche die durch die Biegung verursachten Auslenkungen und Kräfte an eine externe Mechanik weiterleitet. Die thermische Anpassschicht dient dazu, die unterschiedlichen thermischen Ausdehnungskoeffizienten der im Biegeaktor verwendeten Materialien auszugleichen. Bei dem thermischen Anpassmaterial handelt es sich um eine Ni-Basis-Legierung vom Typ NiCo 2918. Die Elektroden werden in der Regel wechselseitig miteinander verbunden, womit eine wechselnde Polung benachbarter Schichten gewährleistet ist (Betrieb der piezokeramischen Schichten in einer elektrischen Parallelschaltung). Der Vorteil von Multilayer-Keramiken im Vergleich zu Singlelayer-Keramiken liegt bekanntermaßen in der niedrigeren Betriebsspannung, welche zur Ansteuerung der Biegeaktoren verwendet wird. Herkömmliche Biegeaktoren in Singlelayer-Technologie werden mit einer Betriebsspannung von 200 V oder mehr angesteuert, wohingegen es mit der Multilayer-Technologie möglich ist, die Betriebsspannung bis auf 24 V herabzusetzen (Ballas 2007).

4.9 Piezoelektrische Aktoren

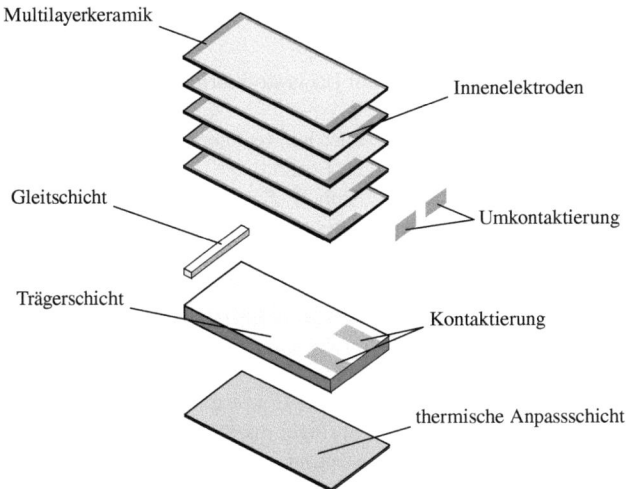

Abb. 4.9 Aufbau eines monomorphen Biegeaktors in Multilayer-Technologie. (Nach Ballas 2007)

Um piezoelektrische Biegeaktoren wie den in Abb. 4.9 dargestellten Monomorph in Multilayer-Technologie in technischen Anwendungen sinnvoll einsetzen zu können, ist bereits in der Entwurfs- und Entwicklungsphase derartiger Aktorstrukturen die Kenntnis von deren zu erwartendem statischen und dynamischen Verhalten unverzichtbar. Hierbei spielen die geometrischen Abmessungen der einzelnen aktiven und passiven Schichten, deren Abfolge im Multilayer-Verbund sowie deren elasto- und elektromechanischen Eigenschaften eine entscheidende Rolle (Ballas 2007).

Die analytische Beschreibung des statischen und dynamischen Verhaltens piezoelektrischer Vielschicht-Biegewandler bildet in diesem Buch den Schwerpunkt. Es soll sowohl Studierenden der Naturwissenschaften und Ingenieurwissenschaften als auch Ingenieuren und Wissenschaftlern in der Praxis ein solides Entwurfswerkzeug bei der Auslegung piezokeramischer Biegewandler an die Hand geben.

Wegen der ausgeprägten Nichtlinearität der ε-E-Kennlinie (s. Abschn. 3.5.1, Abb. 3.18) konzentrieren sich die weiteren Betrachtungen auf den Kleinsignalbereich, d. h. es erfolgt eine lineare Näherung um den in Abb. 3.18 dargestellten Punkt C bzw. G. Der Weg hin zu einer analytischen Beschreibung beginnt mit einer detaillierten Betrachtung der linearen Theorie piezoelektrischer Materialien. Auf deren Grundlage gelangt man im weiteren Verlauf zu einer allgemeingültigen, analytisch geschlossenen Beschreibung piezoelektrischer Biegeaktoren mit beliebigem Schichtaufbau. Der Nutzen der gewonnenen analytischen Beschreibung wird im letzten Kapitel des vorliegenden Buches in Verbindung mit realen Messungen an dem in Abb. 4.9 dargestellten Monomorph in Multilayer-Technologie demonstriert.

Literatur

Al-Wahab MA (2004) Neue Aktorsysteme auf Basis strukturierter Piezokeramik. Dissertation, Otto-von-Guericke-Universität Magdeburg

Allmann R (2003) Röntgen-Pulverdiffraktometrie: Rechnergestützte Auswertung, Phasenanalyse und Strukturbestimmung, 2. Aufl. Springer, Berlin

Bach M, Sebastian T, Melnykowycz M, Lusiola T, Scharf D, Clemens F (2018) Additive manufacturing of piezoelectric 3-3 composite structures. In: Industrializing Additive Manufacturing – Proceedings of Additive Manufacturing in Products and Applications – AMPA2017. Springer International Publishing, Cham, S S93–103

Ballas RG (2007) Piezoelectric multilayer beam bending actuators: static and dynamic behavior and aspects of sensor integration. Microtechnology and MEMS. Springer, Berlin

Beiss P (2013) Pulvermetallurgische Fertigungstechnik. Springer Vieweg, Berlin

Borchardt-Ott W, Sowa H (2018) Kristallographie: Eine Einführung für Studierende der Naturwissenschaften, Springer-Lehrbuch, 9. Aufl. Springer Spektrum, Berlin

Brunauer S, Emmett PH, Teller E (1938) Adsorption of gases in multimolecular layers. J Am Ceram Soc 60(2):309–319. https://pubs.acs.org/doi/abs/10.1021/ja01269a023

Damjanovic D (1998) Ferroelectric, dielectric and piezoelectric properties of ferroelectric thin films and ceramics. Rep Prog Phys 61(9):1267–1324. https://doi.org/10.1088/0034-4885/61/9/002

Denzler MP (2004) Lebensdauer und Zuverlässigkeit dynamisch betriebener piezokeramischer Biegewandler, Cuvillier Verlag, Göttingen

Drossel WG (2006) Adaptronik-Anwendungen. In: Technischer Lärmschutz. Springer, Berlin, S S426–444

Friedrich H (2004) Wässriges Foliengießen von $BaTiO_3$: Untersuchungen zur Entwicklung von Schlickerzusammensetzungen mit optimierten rheologischen Eigenschaften. Dissertation, Julius-Maximilians-Universität Würzburg

Glass SJ, Ewsuk KG (1997) Ceramic powder compaction. MRS Bull 22(12):24–28. https://doi.org/10.1557/S0883769400034709

Groen MS, Brouwer DM, Lötters JC, Wiegerink RJ (2015) Miniature proportional control valve with top-mounted piezo bimorph actuator with millisecond response time. J Micromech Microeng 25(10):105,008. https://doi.org/10.1088/0960-1317/25/10/105008

Guntersdorfer M, Kleinschmidt P, Veith R (1976) Application of piezoceramics in relays. Electrocomp Sci Technol 3(1):1–12. https://doi.org/10.1155/apec.3.1

Haertling GH (1999) Ferroelectric ceramics: History and technology. J Am Ceram Soc 82(4):797–818. https://doi.org/10.1111/j.1151-2916.1999.tb01840.x

Hansch R (2003) Optimierung des PbO-Haushaltes in undotierten und SKN-substituierten PZT-Fasern: Gefüge und Eigenschaften. Dissertation, Universität Würzburg

Hellebrand H (2006) Tape casting. In: Cahn R, Haasen P, Kramer E (Hrsg) Materials science and technology. Wiley-VCH, Weinheim

Heywang W, Thomann H (1984) Tailoring of piezoelectric ceramics. Ann Rev Mater Sci 14(1):27–47. https://doi.org/10.1146/annurev.ms.14.080184.000331

Hofmann H, Spindler J (2018) Werkstoffe in der Elektrotechnik: Grundlagen – Struktur – Eigenschaften – Prüfung – Anwendung – Technologie, 8. Aufl. Carl Hanser, München

Homma T, Ino S, Kuroki H, Izumi T, Ifukube T (2004) Development of a piezoelectric actuator for presentation of various tactile stimulation patterns to fingerpad skin. In: The 26th Annual International Conference of the IEEE Engineering in Medicine and Biology Society, Bd. 7, S 4960–4963

Jaffe B, Cook WR, Jaffe H (1971) Piezoelectric ceramics, Non-Metallic Solids, Bd 3. Academic, London

Janocha H (Hrsg) (2004) Actuators. Springer, Berlin

Kalpakjian S, Schmid SR, Werner E (2011) Werkstofftechnik, 5. Aufl. Pearson Studium, München

Kasap S, Capper P (2017) Springer handbook of electronic and photonic materials, 2. Aufl. Springer Handbooks. Springer, Cham

Keck CM, Müller RH (2012) Physikalische Analysenverfahren der Pharmazeutischen Technologie – die aktuelle Ergänzung zu den „Standardbüchern". In: Moderne Arzneiformen & Pharmazeutische Technologie. Eigenverlag, Berlin

Laubersheimer J (1996) Verfahren zur Herstellung von piezokeramischen Mikroformteilen. Dissertation, Friedrich-Alexander-Universität Erlangen-Nürnberg

Lewis JA, Ogden AL, Schroeder D, Duchow KJ (1992) The effect of polymers on ceramic suspension rheology and green component properties. MRS Proc 289:117–122. https://doi.org/10.1557/proc-289-117

Melz T (2002) Entwicklung und Qualifikation modularer Satellitensysteme zur adaptiven Vibrationskompensation an mechanischen Kryokühlern. Dissertation, Technische Universität Darmstadt

Morris CJ, Forster FK, Morris CJ (2000) Optimization of a circular piezoelectric bimorph for a micropump driver. J Micromech Microeng 10(3):459–465. https://doi.org/10.1088/0960-1317/10/3/323

Oetjen GW (1997) Gefriertrocknen. VCH, Weinheim

Oldenkotte M (2013) Einfluss der Sinteratmosphäre auf die Eigenschaften kogesinterter PZT-Multilayeraktoren mit Ag-Pd Elektroden. Dissertation

Paul S, Paul R (2012) Grundlagen der Elektrotechnik und Elektronik 2: Elektromagnetische Felder und ihre Anwendungen, Springer-Lehrbuch, Bd 2, 1. Aufl. Springer, Berlin

Pietsch K (2000) Ein Beitrag zur Entwicklung und Optimierung von Bauformen und Fertigungstechniken piezoelektrischer Relais. Logos Verlag, Berlin

Rahaman MN (2017) Ceramic processing and sintering, 2. Aufl. CRC Press, Boca Raton

Ren W, Lai S (2018) Embedded electronic jacquard guide bar: a new approach to warp knitting using the machine jacquard control system. Fibres Textil Eastern Eur 26(6(132)):95–101. https://doi.org/10.5604/01.3001.0012.5172

Ruschmeyer K, Bartz WJ (1995) Piezokeramik: Grundlagen, Werkstoffe, Applikationen, Kontakt & Studium Werkstoffe, Bd 460. Expert-Verlag, Renningen-Malmsheim

Saha SK, Agrawal DC (1992) Composition fluctuations and their influence on the properties of lead zirconate titanate ceramics. Am Ceram Soc Bull 71:1424–1428. https://www.osti.gov/biblio/7018697

Salmang H, Scholze H (2007) Keramik, 7. Aufl. Springer, Berlin

Schatt W, Kieback B, Wieters KP (Hrsg) (2007) Pulvermetallurgie: Technologien und Werkstoffe, 2. Aufl. VDI-Buch, Springer, Berlin

Schmid AJ (2005) Aufbau und Charakterisierung von smarten piezokeramischen Multilayer-Biegewandlern mit integrierter Auslenkungs- und Kraftsensorik. Logos Verlag, Berlin

Schuh C, Steinkopff T, Wolff A, Lubitz K (2000) Piezoceramic multilayer actuators for fuel injection systems in automotive area. In: SPIE Proceedings. https://doi.org/10.1117/12.388201

Sodano HA, Inman DJ, Park G (2005) Comparison of piezoelectric energy harvesting devices for recharging batteries. J Intell Mater Syst Struct 16(10):799–807. https://doi.org/10.1177/1045389x05056681

Song J, Sun G, Zeng X, Li X, Bai Q, Zheng X (2022) Piezoelectric energy harvester with double cantilever beam undergoing coupled bending-torsion vibrations by width-splitting method. Sci Rep 12(1):583. https://pubmed.ncbi.nlm.nih.gov/35022473

Wallaschek J (2008) Sensoren und Aktoren. In: Konstruktionselemente des Maschinenbaus 2. Springer, Berlin, S S665–706

Webster JG, Eren H (2017) Measurement, instrumentation, and sensors handbook: spatial, mechanical, thermal, and radiation measurement, 2. Aufl. CRC Press, Boca Raton

Weiler C (2008) Generierung leicht dispergierbarer Inhalationspulver mittels Sprühtrocknung. Dissertation, Johannes Gutenberg-Universität Mainz

Westkämper E, Warnecke HJ, Dinkelmann M (2010) Einführung in die Fertigungstechnik, 8. Aufl. Studium. Vieweg+Teubner, Wiesbaden

Wielage B, Lampke T, Podlesak H, Halle T, Steger H (2009) Verbundwerkstoffe: 17. Symposium Verbundwerkstoffe und Werkstoffverbunde – Dispersionsverstärkte Kontaktwerkstoffe auf Silberbasis – Herstellung, Mikrostruktur und Mechanische Eigenschaften. Wiley-VCH, Weinheim, S 116–121

Williams J (1976) Doctor-Blade process. In: Ceramic fabrication processes – treatise on materials science and technology. Elsevier, S 173–198

Winner H, Hakuli S, Wolf G (2009) Handbuch Fahrerassistenzsysteme: Grundlagen, Komponenten und Systeme für aktive Sicherheit und Komfort. ATZ/MTZ-Fachbuch. Vieweg+Teubner, Wiesbaden

Xu Y (1991) Ferroelectric materials and their applications. North-Holland, Amsterdam

Zagler WL, Treml M, Busse D, Busboom M, Deák I (2018) BrailleRing: the shortest long Braille-Display in the world – a review of the state-of-the-art and a new approach. In: Lecture notes in computer science: computers helping people with special needs. Springer International Publishing, Cham, S 313–321

Zeng P, Li L, Dong J, Cheng G, Kan J, Xu F (2016) Structure design and experimental study on single-bimorph double-acting check-valve piezoelectric pump. Proc Inst Mech Eng C J Mech Eng Sci 230(14):2339–2344. https://doi.org/10.1177/0954406215596357

Zhang Z, Kan Jw, Wang S, Wang H, Ma J, Jiang Y (2016) Development of a self-sensing piezoelectric pump with a bimorph transducer. J Intell Mater Syst Struct 27(5):581–591. https://doi.org/10.1177/1045389x15575082

Zhiming Z, Qiao X, Shunqi M, Lianqing Y (2009) Research on the needle selecting machine of computerized Jacquard circle knitting machine based on piezoelectric ceramics. In: 2009 IITA International Conference on Services Science, Management and Engineering, S 104–106. https://doi.org/10.1109/ssme.2009.58

Teil III
Lineare Theorie piezoelektrischer Materialien

Energiedichte der elastischen Verformung 5

5.1 Spannungsvektor und Spannungstensor

Ausgangspunkt der nachfolgenden Betrachtungen bildet ein Körper $\mathcal{B}^1$, auf den von außen mehrere Einzelkräfte $F_i(x, y, z)$ sowie eine Flächenlast $p(x, y, z)$ einwirken und sich nach der Belastung im mechanischen Gleichgewicht befindet (s. Abb. 5.1). Als Folge der äußeren Oberflächenlasten entsteht im Innern des Körpers $\mathcal{B}$ ein Beanspruchungszustand. Als Maß für die Beanspruchung in einem Punkt des Körpers gilt die dort auftretende Spannung. Grundlage für eine derartige Vereinbarung ist das *Spannungsprinzip von* EULER-CAUCHY (Hahn 1985; Altenbach 2018).

> **Spannungsprinzip von EULER-CAUCHY**
> An jeder gedachten Schnittfläche im Innern eines Körpers $\mathcal{B}$ finden Wechselwirkungen statt, die von gleicher Art wie die der verteilten Oberflächenlasten sind.

Eine gedachte, beliebig gewählte Schnittebene mit der Fläche A trennt den Körper $\mathcal{B}$ in zwei Teile mit den Volumina V_1 und V_2 auf (s. Abb. 5.1a). Ziel ist es, die innere Beanspruchung an einem beliebigen Punkt P(x, y, z) der Schnittfläche des Körpers zu bestimmen. Es ist offensichtlich, dass die inneren Kräfte (Spannungen) einerseits über die gesamte Schnittfläche verteilt sind. Andererseits sind diese Spannungen in der Regel über die Schnittfläche veränderlich, weshalb es notwendig ist, die mechanische Spannung in einem beliebigen Punkt zu definieren (Gross et al. 2017).

---

[1] Unter einem Körper $\mathcal{B}$ versteht man eine kompakte Menge materieller Punkte. Der Rand dieser Punktmenge wird mit $\partial \mathcal{B}$ bezeichnet und Oberfläche des Körpers $\mathcal{B}$ genannt (Becker und Bürger 1975).

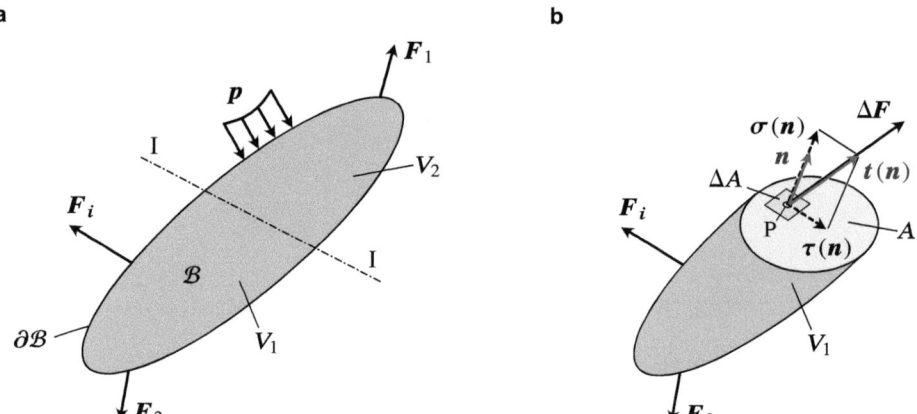

Abb. 5.1 Belasteter Körper $\mathcal{B}$ mit beliebiger Schnittebene. (**a**) Auf den im Gleichgewicht befindlichen Körper wirken verteilte Oberflächenlasten (Einzelkräfte und Flächenlast) ein. (**b**) Kraft- und Spannungsvektor in einer beliebigen Schnittebene; für $\Delta A \to 0$ liefert der Quotient $\Delta \boldsymbol{F}/\Delta A$ den im Punkt P wirkenden Spannungsvektor $\boldsymbol{t}(\boldsymbol{n})$ mit den dazugehörigen Komponenten $\sigma(\boldsymbol{n})$ (Normalspannung) und $\tau(\boldsymbol{n})$ (Tangentialspannung). (Nach Mahnken 2015)

Das Flächenelement ΔA durch einen Punkt P auf der Schnittfläche wird durch einen in Richtung des Volumens V_2 weisenden Normaleneinheitsvektor $\boldsymbol{n}$ charakterisiert. Die vom Volumen V_2 im Punkt P auf das Volumen V_1 ausgeübte Wirkung kann durch eine Schnittkraft $\Delta \boldsymbol{F}$ dargestellt werden (s. Abb. 5.1b). Aus dem Quotienten der zum Flächenelement gehörenden Schnittkraft $\Delta \boldsymbol{F}$ und dem Flächenelement ΔA lässt sich ein *mittlerer* **Spannungsvektor** definieren. Dieser liefert jedoch keine Aussage über die lokale Beanspruchung an dem vom Flächenelement ΔA umschlossenen Punkt P(x, y, z). Setzen wir voraus, dass der Quotient $\Delta \boldsymbol{F}/\Delta A$ für den Grenzübergang $\Delta A \to 0$ gegen einen endlichen Wert strebt, erhalten wir den am Flächendifferenzial dA (charakterisiert durch den Flächennormalenvektor $\boldsymbol{n}$) wirkenden Spannungsvektor $\boldsymbol{t}(\boldsymbol{n})$ (Becker und Gross 2002; Wriggers et al. 2006).

> **Spannungsvektor in einem Punkt**
> Der Spannungsvektor $\boldsymbol{t}$ in einem Punkt auf der durch den Normalenvektor $\boldsymbol{n}$ charakterisierten Schnittfläche durch einen Körper ist definiert als
>
> $$\boldsymbol{t}(\boldsymbol{n}) = \lim_{\Delta A \to 0} \frac{\Delta \boldsymbol{F}}{\Delta A} = \frac{\mathrm{d}\boldsymbol{F}}{\mathrm{d}A} \qquad (5.1)$$

Da der Spannungsvektor $\boldsymbol{t}(\boldsymbol{n})$ nicht notwendigerweise senkrecht auf dem Flächendifferenzial dA steht und damit im Allgemeinen nicht parallel zu dem Flächennormalenvektor

5.1 Spannungsvektor und Spannungstensor

n verläuft, lässt sich der Vektor $t(n)$ entsprechend Abb. 5.1b in einen Vektor $\sigma(n)$ normal und einen Vektor $\tau(n)$ tangential zur infinitesimalen Schnittfläche dA zerlegen. Der Normalenvektor $\sigma(n)$ bezeichnet eine **Normalspannung**, der tangential verlaufende Vektor $\tau(n)$ bezeichnet eine **Tangential-** bzw. **Schubspannung**. Wir können schreiben:

$$t(n) = \sigma(n) + \tau(n) \tag{5.2}$$

Die Tatsache, dass der Spannungsvektor $t(n)$ von der Wahl des Flächennormalenvektors n abhängig ist, lässt eine *eindeutige* Beschreibung des Spannungszustandes in einem Punkt P(x, y, z) nicht zu. Legt man nämlich durch P(x, y, z) Schnitte in unterschiedlichen Richtungen, dann wirken entsprechend der unterschiedlichen Orientierung der jeweiligen Flächendifferenziale dA (charakterisiert durch den jeweils dazugehörigen Flächennormalenvektor n) unterschiedliche **Schnittkräfte**. Abb. 5.2 veranschaulicht diesen Sachverhalt am Beispiel einer horizontalen Schnittebene (x-y-Ebene) mit der Fläche A_z.

Zur Beschreibung des Spannungszustandes in einem Punkt P(x, y, z) sind drei senkrecht aufeinander stehende Schnittflächen mit jeweils drei Spannungsvektoren notwendig (Trostel 1993; Mahnken 2015). Die Schnittflächen lassen wir sinnvollerweise mit den Koordinatenebenen eines kartesischen Koordinatensystems zusammenfallen. Zwecks einer anschaulichen Darstellung wollen wir uns die Schnittflächen als die Seitenflächen eines Volumendifferenzials mit den Kantenlängen dx, dy, dz in der Umgebung von

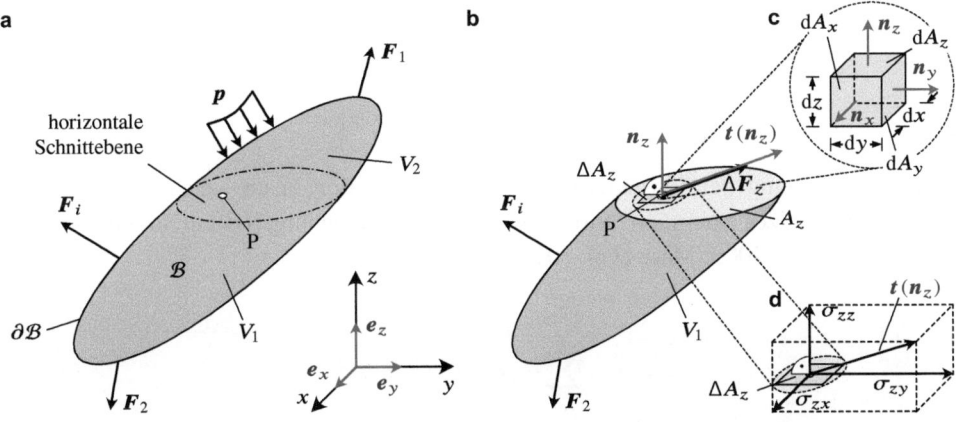

Abb. 5.2 Belasteter Körper $\mathcal{B}$ mit horizontaler Schnittebene. (**a**) Auf den im Gleichgewicht befindlichen Körper wirken verteilte Oberflächenlasten (Einzelkräfte und Flächenlast) ein. (**b**) Kraft- und Spannungsvektor in einer horizontalen Schnittebene (x-y-Ebene). (**c**) Flächennormalenvektoren am Volumendifferenzial dV. (**d**) Zerlegung des Spannungsvektors $t(n_z)$ in seine zugehörigen Komponenten $\sigma_{zx} e_x$, $\sigma_{zy} e_y$ und $\sigma_{zz} e_z$. (Nach Mahnken 2015)

P(x, y, z) denken (s. Abb. 5.2c). Deren nach außen gerichteten Flächennormalenvektoren n_x, n_y, n_z verlaufen parallel zu den Einheitsvektoren e_x, e_y, e_z des kartesischen Koordinatensystems. Mit dem beispielsweise zu n_z gehörigen Seitenflächenelement dA_z ergibt sich nach Gl. (5.1) der Spannungsvektor zu

$$t(n_z) = \lim_{\Delta A_z \to 0} \frac{\Delta F_z}{\Delta A_z} = \frac{dF_z}{dA_z}.$$

Nach Gl. (5.2) lässt sich der Spannungsvektor $t(n_z)$ unter Verwendung der Einheitsvektoren e_x, e_y, e_z in

$$t(n_z) = \sigma(n_z) + \tau(n_z)$$

zerlegen, wobei gilt:

$$\sigma(n_z) = \underbrace{\sigma_{zz} e_z}_{(*)} \quad \text{und} \quad \tau(n_z) = \underbrace{\sigma_{zx} e_x + \sigma_{zy} e_y}_{(**)} \tag{5.3}$$

Der Ausdruck (∗) entspricht dem senkrecht zum Flächendifferenzial dA_z wirkenden Normalspannungsvektor. Der Schubspannungsvektor lässt sich entsprechend dem Ausdruck (∗∗) in die beiden in der Schnittebene (x-y-Ebene) wirkenden Komponenten $\sigma_{zx} e_x$ und $\sigma_{zy} e_y$ aufteilen. In gleicher Weise ergeben sich die den Flächendifferenzialen dA_x und dA_y zugehörigen Spannungsvektoren $t(n_x)$ und $t(n_y)$. Zusammenfassend können wir festhalten:

$$t(n_x) = \sigma_{xx} e_x + \sigma_{xy} e_y + \sigma_{xz} e_z$$
$$t(n_y) = \sigma_{yx} e_x + \sigma_{yy} e_y + \sigma_{yz} e_z$$
$$t(n_z) = \sigma_{zx} e_x + \sigma_{zy} e_y + \sigma_{zz} e_z$$

Unter Verwendung der Einsteinschen Summenkonvention, nach welcher über doppelt auftretende Indizes summiert wird, lässt sich das Gleichungssystem in kurzer Form darstellen (Greve 2003; Mase et al. 2010):

$$t(n_i) = \sum_{i,j} \sigma_{ij} e_j, \quad i, j = x, y, z \tag{5.4}$$

Abb. 5.3 veranschaulicht die in Gl. (5.4) verwendete

5.1 Spannungsvektor und Spannungstensor

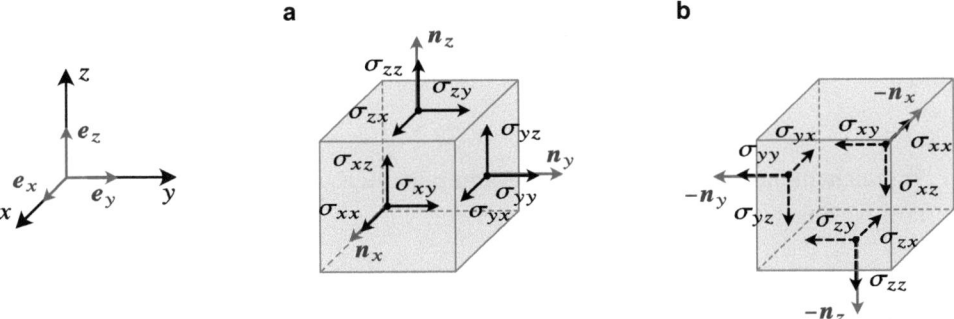

Abb. 5.3 Indexnotation und Vorzeichenkonvention von Spannungskomponenten σ_{ij} an einem Volumendifferenzial. (**a**) An positiven Schnittufern (Flächennormalenvektoren $\boldsymbol{n}_x$, $\boldsymbol{n}_y$, $\boldsymbol{n}_z$ weisen nach außen) zeigen positive Spannungen in positive Koordinatenrichtungen. (**b**) An negativen Schnittufern (Flächennormalenvektoren $-\boldsymbol{n}_x$, $-\boldsymbol{n}_y$, $-\boldsymbol{n}_z$ weisen nach außen) zeigen positive Spannungen in negative Koordinatenrichtungen. (Nach Mahnken 2015)

Indexnotation der Spannungskomponenten σ_{ij}

1. Der erste Index i gibt jeweils die Richtung des Flächennormalenvektors der Schnittebene an.
2. Der zweite Index j kennzeichnet jeweils die Richtung der Spannungskomponente.

Des Weiteren lässt sich Abb. 5.3 entnehmen, dass die zu einem Flächendifferenzial gehörende Normalspannung zwei gleiche Indizes und die beiden zugehörigen Schubspannungen zwei ungleiche Indizes besitzen. Die insgesamt neun Spannungskomponenten σ_{ij} lassen sich in einer Spannungsmatrix zusammenfassen (Boresi und Schmidt 2003):

$$\boldsymbol{\sigma} = (\sigma_{ij}) = \begin{pmatrix} \sigma_{xx} & \sigma_{xy} & \sigma_{xz} \\ \sigma_{yx} & \sigma_{yy} & \sigma_{yz} \\ \sigma_{zx} & \sigma_{zy} & \sigma_{zz} \end{pmatrix} = \begin{pmatrix} \sigma_{xx} & \tau_{xy} & \tau_{xz} \\ \tau_{yx} & \sigma_{yy} & \tau_{yz} \\ \tau_{zx} & \tau_{zy} & \sigma_{zz} \end{pmatrix} \tag{5.5}$$

Auf der rechten Seite von Gl. (5.5) verwenden wir entsprechend der Definition (5.3) das Symbol σ für die Normalspannungskomponenten und das Symbol τ für die Schubspannungskomponenten. Insbesondere in technischen Anwendungen findet diese Schreibweise häufig Verwendung. Die Hauptdiagonale der Spannungsmatrix wird von den Normalspannungen gebildet, die restlichen Elemente bezeichnen die Schubspannungen. Für die weiteren Ausführungen bedarf es der Festlegung nachfolgender Konventionen (Gross et al. 2017).

Vorzeichenkonvention für Spannungskomponenten
Positive Spannungen zeigen

1. an einem positiven Schnittufer in positive Koordinatenrichtungen.
2. an einem negativen Schnittufer in negative Koordinatenrichtungen.

Konvention für die Bezeichnung von Schnittufern
Ein Schnittufer heißt

1. positiv, wenn die Flächennormalenvektoren n_x, n_y, n_z nach außen zeigen.
2. negativ, wenn die Flächennormalenvektoren $-n_x$, $-n_y$, $-n_z$ nach außen zeigen.

Die Konventionen werden zudem durch Abb. 5.3 zum Ausdruck gebracht. Die Größe σ in Gl. (5.5) wird auch als **Spannungstensor** bezeichnet und beschreibt eindeutig den Spannungszustand in einem Punkt eines Körpers. Im Unterschied zu einer Matrix muss ein Tensor gegebene Transformationsregeln für die einzelnen Tensorkomponenten beim Übergang von einem Koordinatensystem zu einem gedrehten Koordinatensystem erfüllen (Berger 1991; Gross et al. 2017).

Im folgenden Abschnitt richten wir unser Augenmerk auf die Gleichgewichtsbedingungen an einem Volumendifferenzial eines durch äußere Lasten beanspruchten Körpers $\mathcal{B}$ (vgl. Abb. 5.1a bzw. Abb. 5.2a). Die daraus ableitbaren Ergebnisse fließen an späterer Stelle in die Berechnung der Energiedichte der elastischen Verformung ein.

5.2 Gleichgewichtsbedingungen am elastisch verformbaren Körper

Die Ausführungen im vorangehenden Abschnitt haben gezeigt, dass wir den Spannungszustand in einem Punkt eines Körpers durch den Spannungstensor σ beschreiben können. Die Komponenten des Spannungstensors (s. Abb. 5.3) sind im Allgemeinen nicht unabhängig voneinander, sondern sind durch Kräfte- und Momentengleichgewichtsbedingungen miteinander verknüpft (Gross et al. 2017). Abb. 5.4 zeigt ein an der Stelle x, y, z eines Körpers $\mathcal{B}$ herausgetrenntes Volumendifferenzial $dV = dx\,dy\,dz$. Wir nehmen erneut an, dass auf den Körper mehrere Einzelkräfte $F_i(x, y, z)$ sowie eine Flächenlast $p(x, y, z)$ einwirken und sich dieser im verformten Zustand in einem statischen Gleichgewicht

5.2 Gleichgewichtsbedingungen am elastisch verformbaren Körper

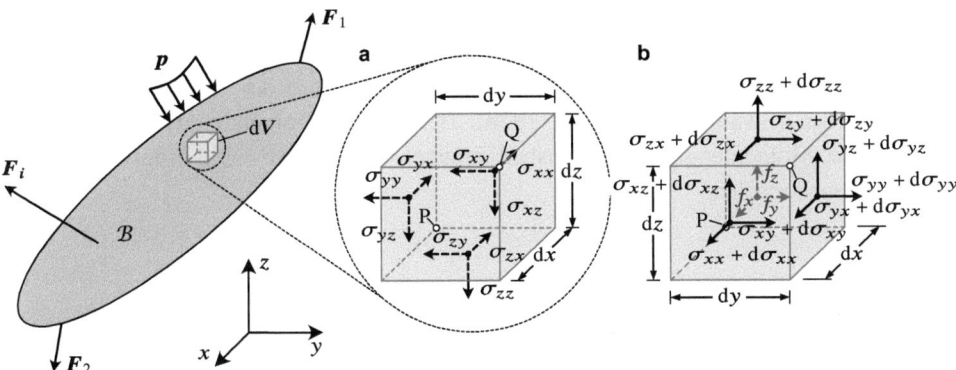

Abb. 5.4 Im statischen Gleichgewicht befindliches Volumendifferenzial unter Annahme eines stetigen ortsabhängigen Spannungsfeldes $\sigma_{ij}(x, y, z)$. (**a**) Negative Schnittufer mit den zugehörigen Normal- und Schubspannungskomponenten σ_{ij}. (**b**) Infinitesimale Spannungszuwächse $d\sigma_{ij}$ an den positiven Schnittufern unter Berücksichtigung der Volumenkraft $f(x, y, z) = f_x e_x + f_y e_y + f_z e_z$

befindet. Folglich befindet sich auch das Volumendifferenzial dV im Gleichgewicht. Neben den Spannungen σ_{ij} wollen wir zusätzlich eine auf das Volumen bezogene *Volumenkraft*[2] $f = f(x, y, z) = f_x e_x + f_y e_y + f_z e_z$ berücksichtigen (s. Abb. 5.4b). Unter der Voraussetzung eines stetigen ortsabhängigen Spannungsfeldes $\sigma_{ij} = \sigma_{ij}(x, y, z)$ sind die Spannungen an gegenüberliegenden Flächen nicht gleich groß, sondern sie unterscheiden sich durch infinitesimale Zuwächse $d\sigma_{ij}$ (vgl. Abb. 5.4b). So wirkt beispielsweise in Abb. 5.4a auf der hinteren Schnittfläche (negatives Schnittufer) die Normalspannung σ_{xx}, auf der vorderen Schnittfläche (positives Schnittufer) hingegen wirkt die Normalspannung $\sigma_{xx} + d\sigma_{xx}$ (s. Abb. 5.4b). Beim Fortschreiten von Punkt P(x, y, z) zum infinitesimal benachbarten Punkt Q$(x + dx, y + dy, z + dz)$ ändern sich die Spannungskomponenten wie folgt:

$$\sigma_{ij}(x + dx, y + dy, z + dz) = \sigma_{ij} + \frac{\partial \sigma_{ij}}{\partial x} dx + \frac{\partial \sigma_{ij}}{\partial y} dy + \frac{\partial \sigma_{ij}}{\partial z} dz. \quad (5.6)$$

Die rechte Seite der Gleichung bezeichnet man als *lineare Näherung* des Spannungsfeldes $\sigma_{ij}(x, y, z)$ an der Stelle $x + dx, y + dy, z + dz$. Das Symbol $\partial/\partial i$ kennzeichnet die partielle Ableitung nach der jeweiligen Raumkoordinate. Der formale Zusammenhang in Gl. (5.6) beruht auf dem Taylorschen Entwicklungssatz einer dreidimensionalen Funktion $f(x, y, z)$. Dieser Form der linearen Näherung werden wir erneut bei der Beschreibung

---

[2] Beispiele für Volumenkräfte sind die Gravitationskraft oder die Zentrifugalkraft (Mahnken 2012; Skolaut 2018).

des *Verzerrungszustandes* eines Körpers begegnen. Wegen Ihrer Relevanz in den Natur- und Ingenieurwissenschaften wird diese im Anhang 1 ausführlich hergeleitet. Basierend auf Gl. (5.6) lassen sich somit die infinitesimalen Zuwächse dσ_{ij} in allgemeingültiger Form angeben (Swain und Mehmel 1928). Bei den nachfolgenden Herleitungen der Kräfte- bzw. Momentengleichgewichtsbedingungen werden wir von diesem Zusammenhang Gebrauch machen.

5.2.1 Kräftegleichgewichtsbedingungen

Zwecks besserer Übersicht tragen wir zur Herleitung der Kräftegleichgewichtsbedingungen an einem Volumendifferenzial dV nur die in z-Richtung wirkenden Schnittkräfte (äquivalenten Kräfte) ein (vgl. Abb. 5.5). Zu den jeweiligen Schnittkräften gelangen wir, indem wir die Spannungskomponenten mit den zugehörigen Flächendifferenzialen multiplizieren (Mang und Hofstetter 2018). Für ein System im statischen Gleichgewicht lautet die Kräftegleichgewichtsbedingung allgemein:

$$\sum_{i=1} F_i = \sum_{i=1} \left(F_{ix} e_x + F_{iy} e_y + F_{iz} e_z \right) = 0$$

Hieraus folgt unmittelbar die Kräftegleichgewichtsbedingung in z-Richtung. Es gilt:

$$\sum_{i=1} F_{iz} = 0 \quad \Rightarrow \quad \left(\sigma_{xz} + \frac{\partial \sigma_{xz}}{\partial x} dx \right) dy\,dz - \sigma_{xz} dy\,dz$$

$$+ \left(\sigma_{yz} + \frac{\partial \sigma_{yz}}{\partial y} dy \right) dx\,dz - \sigma_{yz} dx\,dz$$

$$+ \left(\sigma_{zz} + \frac{\partial \sigma_{zz}}{\partial z} dz \right) dx\,dy - \sigma_{zz} dx\,dy$$

$$+ f_z dx\,dy\,dz = 0$$

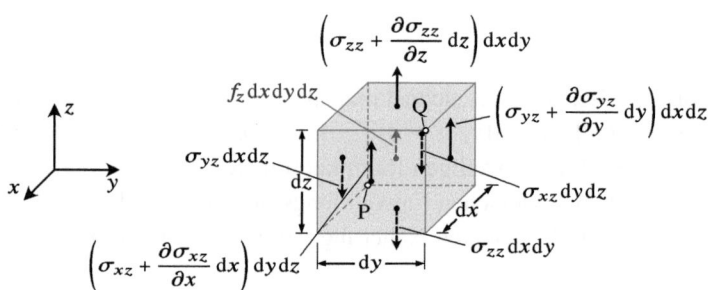

Abb. 5.5 Zur Herleitung der Kräftegleichgewichtsbedingungen an einem Volumendifferenzial mit in z-Richtung wirkenden Schnittkräften (die Spannungskomponenten werden mit den zugehörigen Flächendifferenzialen multipliziert)

5.2 Gleichgewichtsbedingungen am elastisch verformbaren Körper

Die Terme $\sigma_{xz}\,dy\,dz$, $\sigma_{yz}\,dx\,dz$ und $\sigma_{zz}\,dx\,dy$ verschwinden. Die verbleibenden Terme können wir durch das Volumendifferenzial $dV = dx\,dy\,dz$ teilen. Eine analoge Vorgehensweise für die x- und die y-Richtung führt zusammenfassend zu den

---

Kräftegleichgewichtsbedingungen für Spannungen

$$x\text{-Richtung:} \quad \sum_{i=1} F_{ix} = 0 \quad \Rightarrow \quad \frac{\partial \sigma_{xx}}{\partial x} + \frac{\partial \sigma_{yx}}{\partial y} + \frac{\partial \sigma_{zx}}{\partial z} + f_x = 0 \tag{5.7}$$

$$y\text{-Richtung:} \quad \sum_{i=1} F_{iy} = 0 \quad \Rightarrow \quad \frac{\partial \sigma_{xy}}{\partial x} + \frac{\partial \sigma_{yy}}{\partial y} + \frac{\partial \sigma_{zy}}{\partial z} + f_y = 0 \tag{5.8}$$

$$z\text{-Richtung:} \quad \sum_{i=1} F_{iz} = 0 \quad \Rightarrow \quad \frac{\partial \sigma_{xz}}{\partial x} + \frac{\partial \sigma_{yz}}{\partial y} + \frac{\partial \sigma_{zz}}{\partial z} + f_z = 0 \tag{5.9}$$

Die Kräftegleichgewichtsbedingungen (5.7)–(5.9), welche man auch als *statische Gleichungen* bezeichnet, lassen sich mithilfe der Einsteinschen Summenkonvention ebenso in Kurzform darstellen (Becker und Gross 2002):

$$\frac{\partial \sigma_{ij}}{\partial i} + f_j, \quad i, j = x, y, z \tag{5.10}$$

5.2.2 Momentengleichgewichtsbedingungen

Zur Ermittlung der Momentengleichgewichtsbedingungen ziehen wir Abb. 5.6 heran. Der besseren Übersicht halber sind darin nur diejenigen Schnittkräfte eingetragen, die ein Moment bzgl. der Achse A-A liefern. Die Achse A-A verläuft parallel zur x-Achse durch das Symmetriezentrum S des Volumendifferenzials. Die Normalspannungen und

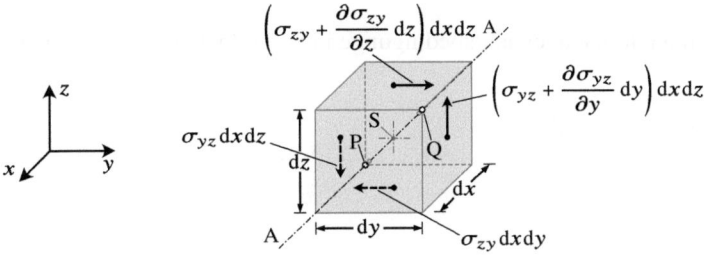

Abb. 5.6 Zur Herleitung der Momentengleichgewichtsbedingungen an einem Volumendifferenzial

die Volumenkraft liefern demzufolge keinen Beitrag zum Drehmoment. Wie bereits zuvor erhalten wir die Schnittkräfte, indem wir die Spannungen mit den zugehörigen Flächendifferenzialen multiplizieren. Wählen wir das Symmetriezentrum S als *Momentenbezugspunkt*, und treffen wir die Vereinbarung, dass ein Moment positiv ist, wenn es gegen den Uhrzeigersinn dreht (↺), so können wir das Momentengleichgewicht bzgl. der Achse A-A formulieren (Mang und Hofstetter 2018):

$$\sum_{i=1} M_i^{(S)} = 0 \quad \Rightarrow \quad \sigma_{yz} dx\, dz\, \frac{dy}{2} + \left(\sigma_{yz} + \frac{\partial \sigma_{yz}}{\partial y} dy\right) dx\, dz\, \frac{dy}{2}$$

$$-\sigma_{zy} dx\, dy\, \frac{dz}{2} - \left(\sigma_{zy} + \frac{\partial \sigma_{zy}}{\partial z} dz\right) dx\, dy\, \frac{dz}{2} = 0$$

Division durch $dV = dx\, dy\, dz$ und anschließendes Ordnen der Terme liefert:

$$\sigma_{yz} - \sigma_{zy} + \frac{1}{2}\left(\frac{\partial \sigma_{yz}}{\partial y} dy - \frac{\partial \sigma_{zy}}{\partial z} dz\right) = 0$$

Für den Fall, dass wir anstatt der Achse A-A die x-Achse als Bezugsachse für die Formulierung des Momentengleichgewichts verwenden, erhalten wir den identischen Zusammenhang. Im Grenzübergang $dy \to 0$, $dz \to 0$ folgt daraus $\sigma_{yz} = \sigma_{zy}$. Analoge Beziehungen hinsichtlich zu y- und z-Richtung parallel verlaufender Achsen (und damit auch die y- und z-Achse als solche) resultieren zusammenfassend in den

Momentengleichgewichtsbedingungen für Spannungen

$$x\text{-Achse:} \quad \sum_{i=1} M_i^{(x)} = 0 \quad \Rightarrow \quad \sigma_{yz} = \sigma_{zy} \tag{5.11}$$

$$y\text{-Achse:} \quad \sum_{i=1} M_i^{(y)} = 0 \quad \Rightarrow \quad \sigma_{xz} = \sigma_{zx} \tag{5.12}$$

$$z\text{-Achse:} \quad \sum_{i=1} M_i^{(z)} = 0 \quad \Rightarrow \quad \sigma_{xy} = \sigma_{yx} \tag{5.13}$$

Aus den Momentengleichgewichtsbedingungen (5.11)–(5.13) folgt allgemein:

$$\sigma_{ij} = \sigma_{ji}, \quad i, j = x, y, z \tag{5.14}$$

Dies wiederum bedeutet, dass die Spannungsmatrix $\boldsymbol{\sigma}$ (s. Gl. 5.5) mit Ihrer **Transponierten** $\boldsymbol{\sigma}^T$ übereinstimmt $\left(\boldsymbol{\sigma} = \boldsymbol{\sigma}^T\right)$, d. h. der Spannungstensor ist *symmetrisch*. Wir können somit schreiben (Weizel 1963; Wriggers et al. 2006):

$$\boldsymbol{\sigma} = \boldsymbol{\sigma}^T = \begin{pmatrix} \sigma_{xx} & \sigma_{xy} & \sigma_{xz} \\ \sigma_{xy} & \sigma_{yy} & \sigma_{yz} \\ \sigma_{xz} & \sigma_{zy} & \sigma_{zz} \end{pmatrix} = \begin{pmatrix} \sigma_{xx} & \tau_{xy} & \tau_{xz}. \\ \tau_{yx} & \sigma_{yy} & \tau_{yz}. \\ \tau_{zx} & \tau_{yz} & \sigma_{zz} \end{pmatrix} \quad (5.15)$$

Dieses wichtige Ergebnis wird auch als **Boltzmann-Axiom** bezeichnet (Hahn 1985; Berger 1991). Wir werden auf dieses bei der Herleitung der Energiedichte der elastischen Verformung in Abschn. 5.4 zurückgreifen. Zuvor jedoch bedarf es der näheren Untersuchung des *räumlichen Verschiebungs-* und *Verzerrungszustandes* eines Körpers unter dem Einfluss äußerer mechanischer Lasten.

5.3 Der räumliche Verschiebungs- und Verzerrungszustand

Von außen eingeprägte mechanische Belastungen führen zu Verformungen eines Körpers. Mithilfe der Kontinuumsmechanik lässt sich ein geeignetes Maß zur Beschreibung der Verformungen festlegen. Hierzu bedienen wir uns der Grundlagen zur Beschreibung der Kinematik eines Kontinuums. Es handelt sich dabei um ein rein geometrisches Problem, die Ursachen der Verformung und das Materialverhalten spielen hierbei keine Rolle (Hahn 1985).

5.3.1 Räumliche Verschiebungen

Abb. 5.7 zeigt einen Körper $\mathcal{B}$ in einem unverformten Ausgangszustand und in einem verformten Momentanzustand infolge einer äußeren mechanischen Belastung. Durch die Verformung erfährt der Raumpunkt P eine Verschiebung aus seiner ursprünglichen Lage in eine neue Lage P'. Bezüglich eines festen Bezugspunktes O lässt sich die Position von P und P' mit den beiden Ortsvektoren

$$\boldsymbol{r} = \overrightarrow{OP} \quad \text{und} \quad \boldsymbol{r}' = \overrightarrow{OP'}$$

eindeutig beschreiben (Sayir et al. 2004). Aus der Differenz beider Vektoren gewinnt man den

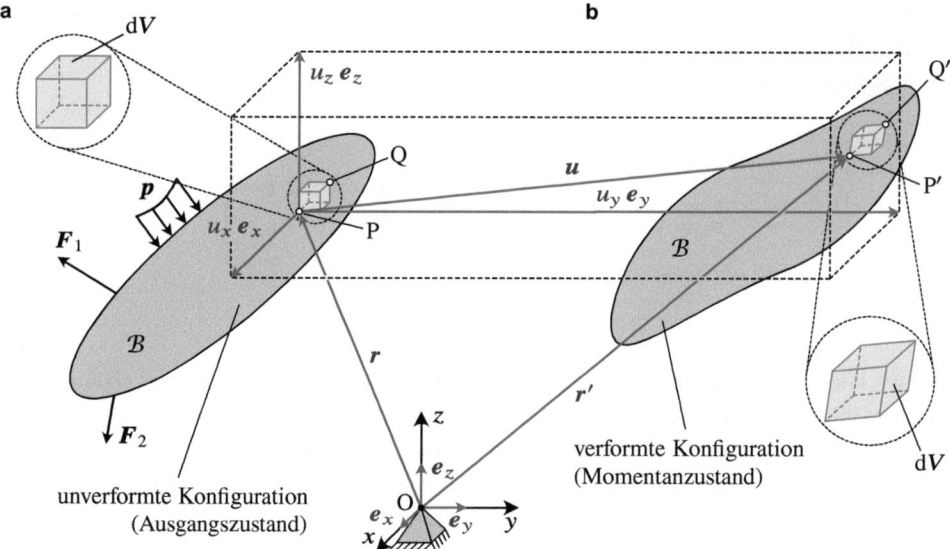

Abb. 5.7 Verschiebungen eines Körpers $\mathcal{B}$ verursacht durch äußere mechanische Belastungen. (**a**) Unverformte Konfiguration (Ausgangszustand). (**b**) In der verformten Konfiguration (Momentanzustand) erfährt der Raumpunkt P eine Verschiebung aus seiner Ursprungslage in eine neue Lage P′. (Nach Mahnken 2015)

Verschiebungsvektor des Punktes $P(x, y, z)$

$$u = u(x, y, z) = \overrightarrow{PP'} = r' - r = u_x e_x + u_y e_y + u_z e_z$$

$$= \begin{pmatrix} u_x(x,y,z) \\ u_y(x,y,z) \\ u_z(x,y,z) \end{pmatrix} := \begin{pmatrix} u(x,y,z) \\ v(x,y,z) \\ w(x,y,z) \end{pmatrix} \quad (5.16)$$

Die Gesamtheit aller durch die Definition (5.16) festgelegten Verschiebungsvektoren $u(x, y, z)$ bezeichnet man als **Verschiebungsfeld**.

5.3.2 Der räumliche Verzerrungszustand

Jedes Volumendifferenzial dV erfährt eine Gestalts- und Volumenänderung, da sich die Verschiebungen einzelner Punkte P und Q im Allgemeinen unterscheiden (vgl. Abb. 5.7). Die Änderungen werden mithilfe von *Verzerrungen* beschrieben. Grundlage zu deren Herleitung bildet die lineare Näherung einer dreidimensionalen Funktion $f(x, y, z)$

5.3 Der räumliche Verschiebungs- und Verzerrungszustand

(s. Anhang 1). Die Anwendung auf ein stetiges ortsabhängiges Verschiebungsfeld $u_i = u_i(x, y, z)$ liefert für die Verschiebungen des zum Punkt P(x, y, z) benachbarten Punktes Q($x + dx, y + dy, z + dz$):

$$u_i(x + dx, y + dy, z + dz) = u_i(x, y, z) + \frac{\partial u_i}{\partial x} dx + \frac{\partial u_i}{\partial y} dy + \frac{\partial u_i}{\partial z} dz \quad (5.17)$$

Der besseren Übersicht halber beschränken wir uns zunächst auf die Verformung eines ursprünglich rechtwinkligen Flächendifferenzials dA in der x-y-Ebene mit den Eckpunkten P, Q, R, S (s. Abb. 5.8). Nach der Verformung gehen diese mit den zugehörigen Verschiebungsvektoren $\boldsymbol{u}_P$, $\boldsymbol{u}_Q$, $\boldsymbol{u}_R$, $\boldsymbol{u}_S$ in die Raumpunkte P', Q', R', S' über. Unter Verwendung der für die Verschiebungen $u_x(x, y)$, $u_y(x, y)$ definierten Bezeichnungen $u(x, y)$, $v(x, y)$ (s. Gl. (5.16)) gewinnen wir aus der linearen Näherung des Verschiebungsfeldes $u_i(x, y, z)$ nach Gl. (5.17) die Verschiebungen für die Raumpunkte P, Q und S in x- und y-Richtung. Der Verschiebungsvektor $\boldsymbol{u}_P(x, y)$ des Raumpunktes P(x, y) lässt sich durch die Komponenten $u = u(x, y)$ bzw. $v = v(x, y)$ in x- bzw. y-Richtung darstellen. Beim Fortschreiten vom Raumpunkt P(x, y) zum Raumpunkt Q($x + dx, y$) ändert sich die y-Koordinate nicht (d$y = 0$). Somit verschiebt sich der zum Punkt P infinitesimal benachbarte Punkt Q um $u + (\partial u/\partial x) dx$ bzw. $v + (\partial v/\partial x) dx$ in x- bzw. y-Richtung (vgl. Abb. 5.8). Entsprechend erhalten wir für den Raumpunkt S($x, y + dy$) wegen d$x = 0$ die

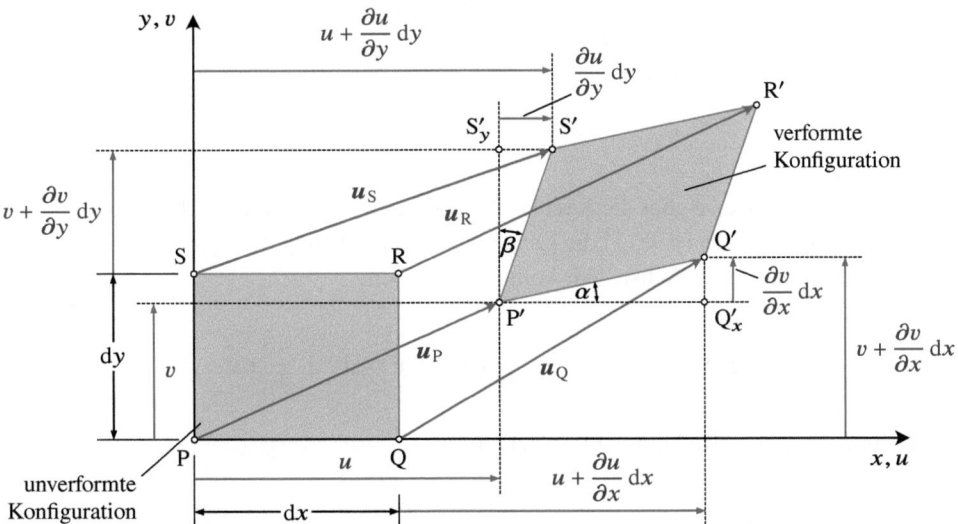

Abb. 5.8 Zur Herleitung von Verzerrungen anhand der unverformten und verformten Konfiguration eines Flächendifferenzials d$A = $ dx dy in der x-y-Ebene

Tab. 5.1 Raumpunkte und zugehörige Verschiebungen in der x-y-Ebene

Raumpunkt	Verschiebung in x-Richtung	Verschiebung in y-Richtung
P(x, y)	u	v
Q($x + \mathrm{d}x$, y)	$u + \dfrac{\partial u}{\partial x} \mathrm{d}x$	$v + \dfrac{\partial v}{\partial x} \mathrm{d}x$
S(x, $y + \mathrm{d}y$)	$u + \dfrac{\partial u}{\partial y} \mathrm{d}y$	$v + \dfrac{\partial v}{\partial y} \mathrm{d}y$

Verschiebungskomponenten $u + (\partial u/\partial y)\,\mathrm{d}y$ bzw. $v + (\partial v/\partial y)\,\mathrm{d}y$ in x- bzw. y-Richtung. Die Verschiebungskomponenten der Raumpunkte P, Q und S sind nochmals in Tab. 5.1 in übersichtlicher Form zusammengefasst.

Bei der Verformung geht die Strecke $\overline{PQ} = \mathrm{d}x$ in die Strecke $\overline{P'Q'}$ über. Für kleine Verformungen ($\alpha \ll 1$) ist die Länge der Strecke $\overline{P'Q'}$ näherungsweise gleich der Länge der Projektion $\overline{P'Q'_x}$ auf die x-Achse (vgl. Abb. 5.8).

$$\overline{P'Q'_x} \approx \mathrm{d}x + \left(u + \frac{\partial u}{\partial x}\mathrm{d}x\right) - u = \mathrm{d}x + \frac{\partial u}{\partial x}\mathrm{d}x$$

Als neue Größe führen wir das Verhältnis von Längenänderung zur Ausgangslänge ein, welche üblicherweise als Dehnung ε bezeichnet wird. Für die Dehnung ε_{xx} in x-Richtung erhalten wir (Wittenburg und Pestel 2011):

$$\varepsilon_{xx} = \frac{\overline{P'Q'_x} - \overline{PQ}}{\overline{PQ}} = \frac{\left(\mathrm{d}x + \dfrac{\partial u}{\partial x}\mathrm{d}x\right) - \mathrm{d}x}{\mathrm{d}x} = \frac{\partial u}{\partial x} \qquad (5.18)$$

Auf die gleiche Weise geht die Strecke $\overline{PS} = \mathrm{d}y$ in die Strecke $\overline{P'S'}$ über. Auch hier ist für kleine Verformungen ($\beta \ll 1$) die Länge der Strecke $\overline{PS}$ ungefähr gleich der Länge der Projektion $\overline{P'S'_y}$ auf die y-Achse. Wir können schreiben:

$$\overline{P'S'_y} \approx \mathrm{d}y + \left(v + \frac{\partial v}{\partial y}\mathrm{d}y\right) - v = \mathrm{d}y + \frac{\partial v}{\partial y}\mathrm{d}y$$

Die Dehnung ε_{yy} in y-Richtung ergibt sich zu

$$\varepsilon_{yy} = \frac{\overline{P'S'_x} - \overline{PS}}{\overline{PS}} = \frac{\left(\mathrm{d}y + \dfrac{\partial v}{\partial y}\mathrm{d}y\right) - \mathrm{d}y}{\mathrm{d}y} = \frac{\partial v}{\partial y}. \qquad (5.19)$$

Die aus der Verformung resultierende Änderung des ursprünglich rechten Winkels im Flächendifferenzial wird als *Gleitung* bzw. *Scherung* γ_{xy} bezeichnet und ist nach Abb. 5.8 als Summe der beiden Winkel α und β aufzufassen. Wir erhalten zunächst

$$\tan \alpha = \frac{\overline{Q'_x Q'}}{\overline{P'Q'_x}} = \frac{\frac{\partial v}{\partial x}\,\mathrm{d}x}{\mathrm{d}x + \frac{\partial u}{\partial x}\,\mathrm{d}x} = \frac{\frac{\partial v}{\partial x}\,\mathrm{d}x}{\underbrace{\left(1 + \frac{\partial u}{\partial x}\right)}_{=1+\varepsilon_{xx}\approx 1}\mathrm{d}x}$$

sowie

$$\tan \beta = \frac{\overline{S'_y S'}}{\overline{P'S'_y}} = \frac{\frac{\partial u}{\partial y}\,\mathrm{d}y}{\mathrm{d}y + \frac{\partial v}{\partial y}\,\mathrm{d}y} = \frac{\frac{\partial u}{\partial y}\,\mathrm{d}y}{\underbrace{\left(1 + \frac{\partial v}{\partial y}\right)}_{=1+\varepsilon_{yy}\approx 1}\mathrm{d}y}.$$

Für geringe Dehnungen $(\varepsilon_{xx}, \varepsilon_{yy} \ll 1)$ nähern sich die Klammerausdrücke in den Nennern dem Wert eins. Setzen wir zusätzlich geringe Verformungen voraus $(\alpha, \beta \ll 1)$, dann können wir schreiben:

$$\alpha \approx \tan \alpha = \frac{\partial v}{\partial x}, \qquad \beta \approx \tan \beta = \frac{\partial u}{\partial y}$$

Die gesamte Winkeländerung γ_{xy} ergibt sich dementsprechend zu

$$\gamma_{xy} = \alpha + \beta = \frac{\partial v}{\partial x} + \frac{\partial u}{\partial y}. \tag{5.20}$$

Die Indizes x und y geben an, dass γ_{xy} die Winkeländerung in der x-y-Ebene beschreibt. Die *halbe* Winkeländerung führen wir als *Winkelverzerrung* ε_{xy} ein.

Die für kleine Verformungen gewonnenen Ausdrücke (5.18), (5.19) sowie (5.20) sind Näherungen und kennzeichnen zusammenfassend die

Verzerrungen in der x-y-Ebene

$$\varepsilon_{xx} = \frac{\partial u}{\partial x}, \qquad \varepsilon_{yy} = \frac{\partial v}{\partial y}, \qquad \varepsilon_{xy} = \frac{1}{2}\gamma_{xy} = \frac{1}{2}\left(\frac{\partial v}{\partial x} + \frac{\partial u}{\partial y}\right). \tag{5.21}$$

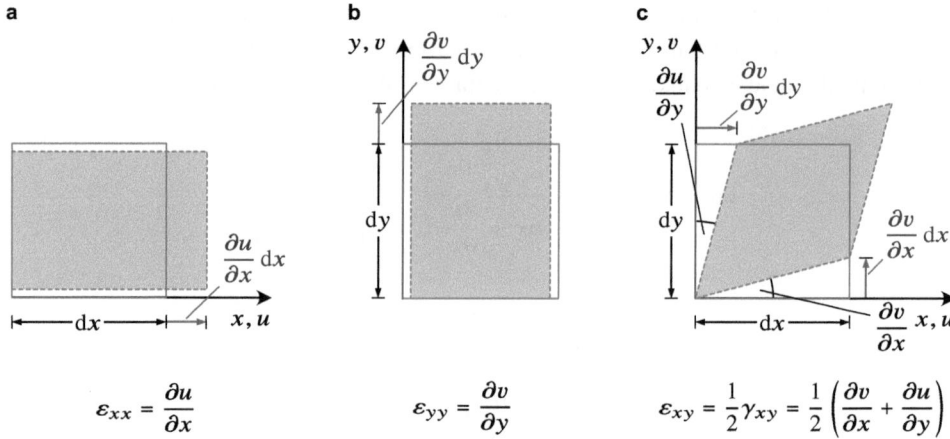

Abb. 5.9 Geometrische Bedeutung der Dehnungen und Gleitung in der x-y-Ebene (die verformte Konfiguration des Flächendifferenzials ist jeweils grau schraffiert dargestellt). (**a**) Dehnung ε_{xx} als Verhältnis der Längenänderung $(\partial u/\partial x)\,\mathrm{d}x$ zur Ausgangslänge $\mathrm{d}x$. (**b**) Dehnung ε_{xy} als Verhältnis der Längenänderung $(\partial v/\partial y)\,\mathrm{d}y$ zur Ausgangslänge $\mathrm{d}y$. (**c**) Gleitung γ_{xy} (durch Verformung bedingte Änderung des ursprünglich rechten Winkels im Flächendifferenzial) als Summe der beiden Winkel $\partial v/\partial x$ und $\partial u/\partial y$ sowie die damit verbundene Winkelverzerrung ε_{xy}. (Nach Becker und Gross 2002)

Die geometrische Bedeutung der Dehnungen ε_{xx}, ε_{yy} sowie der Gleitung γ_{xy} in der x-y-Ebene ist in Abb. 5.9 veranschaulicht. Bei einem dreidimensionalen Verschiebungsfeld erfolgen die obigen Herleitungen in gleicher Weise für die x-z- bzw. y-z-Ebene. Zusammenfassend erhalten wir die

Verzerrungen im Raum

$$\varepsilon_{xx} = \frac{\partial u}{\partial x}, \qquad \varepsilon_{yy} = \frac{\partial v}{\partial y}, \qquad \varepsilon_{zz} = \frac{\partial v}{\partial y}, \tag{5.22}$$

$$\varepsilon_{xy} = \frac{1}{2}\gamma_{xy} = \frac{1}{2}\left(\frac{\partial v}{\partial x} + \frac{\partial u}{\partial y}\right), \tag{5.23}$$

$$\varepsilon_{xz} = \frac{1}{2}\gamma_{xz} = \frac{1}{2}\left(\frac{\partial w}{\partial x} + \frac{\partial u}{\partial z}\right), \tag{5.24}$$

$$\varepsilon_{yz} = \frac{1}{2}\gamma_{yz} = \frac{1}{2}\left(\frac{\partial w}{\partial y} + \frac{\partial v}{\partial z}\right). \tag{5.25}$$

Die sechs unterschiedlichen Verzerrungen (Dehnungen und Gleitungen) im Raum sind in Abb. 5.10 veranschaulicht. Die Berechnungsvorschriften (5.22)–(5.25) lassen sich unter

5.3 Der räumliche Verschiebungs- und Verzerrungszustand

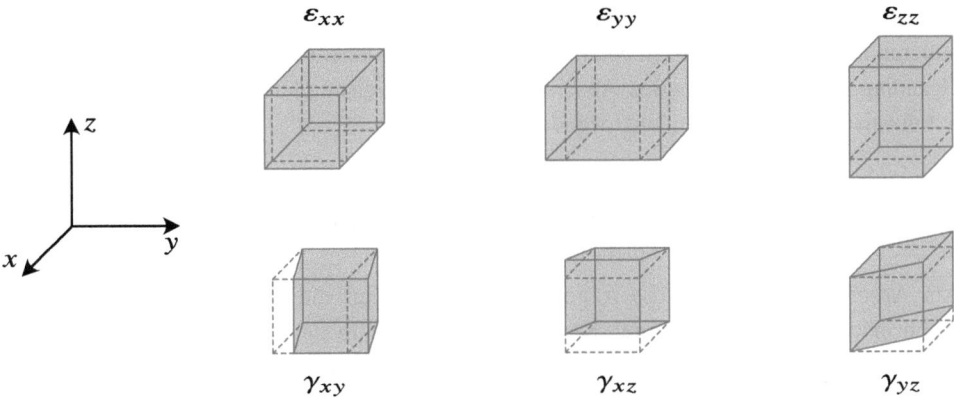

Abb. 5.10 Veranschaulichung von Dehnungen und Gleitungen im Raum (die unverformte Konfiguration des Volumenelements ist jeweils gestrichelt dargestellt). (Nach Mahnken 2015)

Verwendung der Definition (5.16) in Kurzform zusammenfassen (Landau und Lifsic 1970; Borisenko und Tarapov 1979):

$$\varepsilon_{ij} = \frac{1}{2}\left(\frac{\partial u_i}{\partial j} + \frac{\partial u_j}{\partial i}\right), \quad i,j = x, y, z \qquad (5.26)$$

Aus der Kurzschreibweise erschließt sich ferner die Symmetrie der Verzerrungen.

$$\varepsilon_{ij} = \varepsilon_{ji}, \quad i,j = x, y, z \qquad (5.27)$$

Ebenso wie der räumliche Spannungszustand lässt sich der räumliche Verzerrungszustand durch neun Koeffizienten ε_{ij} darstellen. In Analogie zum Spannungstensor $\boldsymbol{\sigma}$ (s. Gl. (5.15)) fasst man die Verzerrungen in einem **Verzerrungstensor** zusammen. Wegen der Symmetrieeigenschaften (5.27) halten wir fest (Kauderer 1958; Weizel 1963):

$$\boldsymbol{\varepsilon} = \begin{pmatrix} \varepsilon_{xx} & \varepsilon_{xy} & \varepsilon_{xz} \\ \varepsilon_{yx} & \varepsilon_{yy} & \varepsilon_{yz} \\ \varepsilon_{zx} & \varepsilon_{zy} & \varepsilon_{zz} \end{pmatrix} = \begin{pmatrix} \varepsilon_{xx} & \varepsilon_{xy} & \varepsilon_{xz} \\ \varepsilon_{xy} & \varepsilon_{yy} & \varepsilon_{yz} \\ \varepsilon_{xz} & \varepsilon_{zy} & \varepsilon_{zz} \end{pmatrix} = \boldsymbol{\varepsilon}^{\mathrm{T}} \qquad (5.28)$$

Mit den Kenntnissen zum räumlichen Spannungs- und Verzerrungszustand eines mit äußeren mechanischen Lasten beaufschlagten Körpers verfügen wir über die notwendigen Grundlagen, uns im folgenden Abschnitt der schrittweisen Herleitung der Energiedichte der elastischen Verformung zuzuwenden.

5.4 Energiedichte der elastischen Verformung

Als Arbeitsgrundlage für die folgenden Überlegungen dient ein Volumendifferenzial in unverformter und verformter Konfiguration innerhalb der x-y-Ebene (s. Abb. 5.11). Die Dicke des Volumendifferenzials in z-Richtung beträgt dz. Zusätzlich zu den Verschiebungen in der x-y-Ebene sind die in x- und y-Richtung wirkenden Normal- und Querkraftkomponenten unter Berücksichtigung der Symmetrie des Spannungstensors $(\sigma_{xy} = \sigma_{yx})$ sowie die in x- und y-Richtung wirkenden Volumenkräfte dargestellt. Der besseren Übersicht halber sind in Abb. 5.11 alle am Volumendifferenzial angreifenden Kraftkomponenten entsprechend ihren Richtungszugehörigkeiten voneinander getrennt dargestellt. Wir setzen erneut ein stetiges ortsabhängiges Spannungsfeld $\sigma_{ij}(x, y)$ voraus, d. h. die Spannungen an gegenüberliegenden Flächen unterscheiden sich durch infinitesimale Zuwächse

$$d\sigma_{ij} = \frac{\partial \sigma_{ij}}{\partial i}\, di, \qquad i, j = x, y.$$

Wir setzen weiterhin voraus, dass die den mechanischen Spannungen zuzuordnenden äquivalenten Kräfte im jeweiligen Flächenmittelpunkt der zugehörigen Seitenfläche und die Volumenkräfte im Zentrum der verformten Konfiguration angreifen. Die den mechanischen Spannungen zuzuordnenden Kraftkomponenten an den Raumpunkten M'_i sind ergänzend zu Abb. 5.11 in Tab. 5.2 übersichtlich zusammengefasst.

Die Mittelpunkte M_1, M_2, M_3, M_4 der jeweiligen Strecken $\overline{PQ}$, $\overline{QR}$, $\overline{SR}$, $\overline{PS}$ sowie der Mittelpunkt M_5 der Flächendiagonalen $\overline{PR}$ gehen nach der Verformung mit den Verschiebungsvektoren $\boldsymbol{u}_{M_1}$, $\boldsymbol{u}_{M_2}$, $\boldsymbol{u}_{M_3}$, $\boldsymbol{u}_{M_4}$ und $\boldsymbol{u}_{M_5}$ in die Raumpunkte M'_1, M'_2, M'_3, M'_4 und M'_5 über (s. Abb. 5.11). Der besseren Übersicht halber ist in Abb. 5.11 lediglich der Verschiebungsvektor $\boldsymbol{u}_{M_1}$ für den Raumpunkt M_1 dargestellt. Unter Verwendung der Komponenten des Verschiebungsvektors $\boldsymbol{u}_P(x, y)$ für den Raumpunkt $P(x, y)$ gelangt man in Verbindung mit Gl. (5.17) zu den Verschiebungen der jeweiligen Mittelpunkte in x- und y-Richtung. Der Verschiebungsvektor $\boldsymbol{u}_P(x, y)$ ist durch seine Komponenten $u = u(x, y)$ bzw. $v = v(x, y)$ in x- bzw. y-Richtung festgelegt (vgl. Abb. 5.8). Beim Fortschreiten von Raumpunkt $P(x, y)$ nach Raumpunkt $M_1(x + dx/2, y)$ ändert sich die y-Koordinate nicht ($dy = 0$). Somit verschiebt sich der zum Punkt P infinitesimal benachbarte Punkt M_1 unter Anwendung von Gl. (5.17) um $u + (\partial u/\partial x)\, dx/2$ bzw. $v + (\partial v/\partial x)\, dx/2$ in x- bzw. y-Richtung. Entsprechend erhalten wir für den Raumpunkt $M_2(x+dx, y+dy/2)$ die Verschiebungskomponenten $u+(\partial u/\partial x)\, dx+(\partial u/\partial y)\, dy/2$ bzw.

5.4 Energiedichte der elastischen Verformung

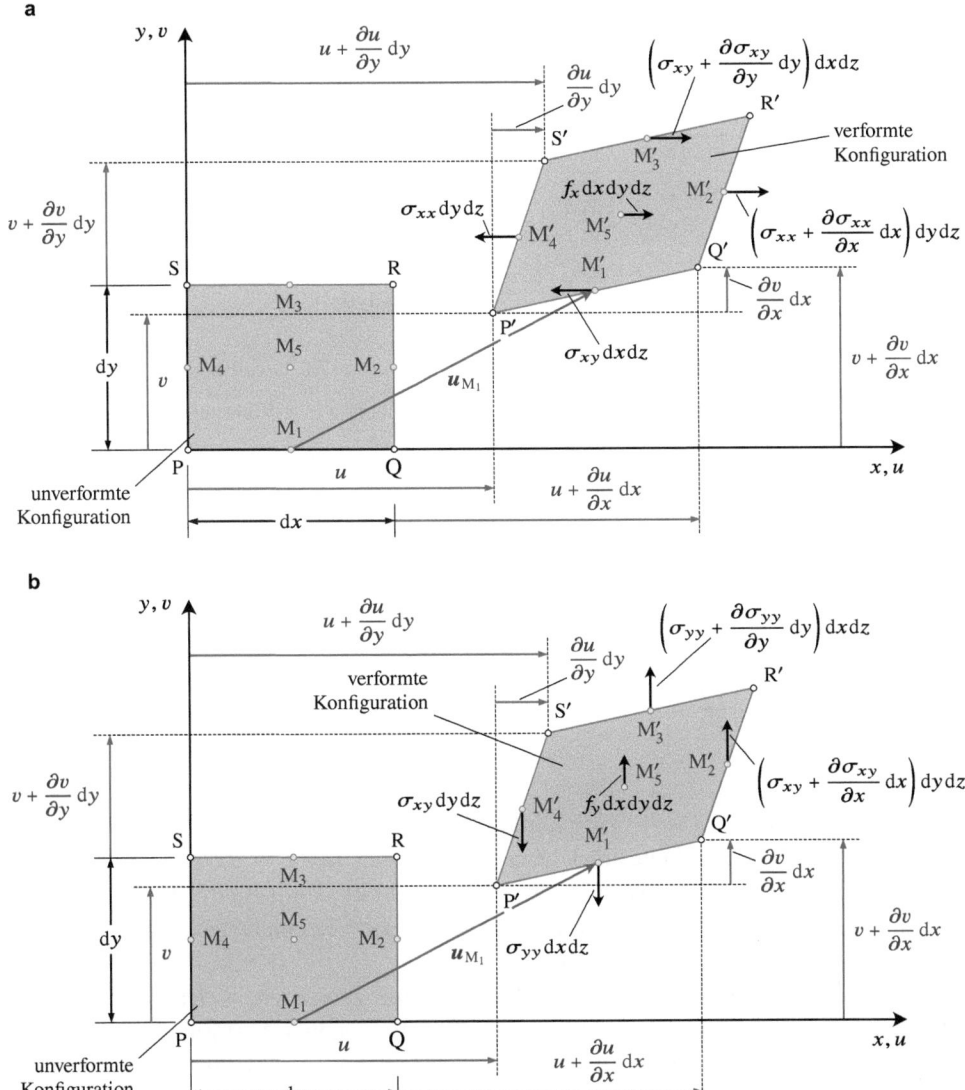

Abb. 5.11 Volumendifferenzial in unverformter und verformter Konfiguration mit zugehörigen Verschiebungen und Kräften in der x-y-Ebene. (**a**) Verformte Konfiguration des Volumendifferenzials mit in x-Richtung angreifenden Kraftkomponenten. (**b**) Verformte Konfiguration des Volumendifferenzials mit in y-Richtung angreifenden Kraftkomponenten

$v + (\partial v/\partial x)\,dx + (\partial v/\partial y)\,dy/2$ in x- bzw. y-Richtung. Die Verschiebungskomponenten für den Raumpunkt $M_3(x+dx/2, y+dy)$ ergeben sich zu $u + (\partial u/\partial x)\,dx/2 + (\partial u/\partial y)\,dy$ bzw. $v + (\partial v/\partial x)\,dx/2 + (\partial v/\partial y)\,dy$ in x- bzw. y-Richtung. Für den Raumpunkt $M_4(x, y+dy/2)$ erhalten wir wegen $dx = 0$ die Verschiebungskomponenten $u +$

Tab. 5.2 Wirkende Kraftkomponenten an ausgewählten Raumpunkten M'_i (x-y-Ebene)

Raumpunkt	Kraftkomponente in x-Richtung	Kraftkomponente in y-Richtung
M'_1	$-\sigma_{xy}\,\mathrm{d}x\,\mathrm{d}z$	$-\sigma_{yy}\,\mathrm{d}x\,\mathrm{d}z$
M'_2	$\left(\sigma_{xx} + \dfrac{\partial \sigma_{xx}}{\partial x}\,\mathrm{d}x\right)\mathrm{d}y\,\mathrm{d}z$	$\left(\sigma_{xy} + \dfrac{\partial \sigma_{xy}}{\partial x}\,\mathrm{d}x\right)\mathrm{d}y\,\mathrm{d}z$
M'_3	$\left(\sigma_{xy} + \dfrac{\partial \sigma_{xy}}{\partial y}\,\mathrm{d}y\right)\mathrm{d}x\,\mathrm{d}z$	$\left(\sigma_{yy} + \dfrac{\partial \sigma_{yy}}{\partial y}\,\mathrm{d}y\right)\mathrm{d}x\,\mathrm{d}z$
M'_4	$-\sigma_{xx}\,\mathrm{d}y\,\mathrm{d}z$	$-\sigma_{xy}\,\mathrm{d}y\,\mathrm{d}z$
M'_5	$f_x\,\mathrm{d}x\,\mathrm{d}y\,\mathrm{d}z$	$f_y\,\mathrm{d}x\,\mathrm{d}y\,\mathrm{d}z$

Tab. 5.3 Verschiebungskomponenten ausgewählter Raumpunkte M_i (x-y-Ebene)

Raumpunkt	Verschiebung in x-Richtung	Verschiebung in y-Richtung
M_1	$u + \dfrac{1}{2}\dfrac{\partial u}{\partial x}\,\mathrm{d}x$	$v + \dfrac{1}{2}\dfrac{\partial v}{\partial x}\,\mathrm{d}x$
M_2	$u + \dfrac{\partial u}{\partial x}\,\mathrm{d}x + \dfrac{1}{2}\dfrac{\partial u}{\partial y}\,\mathrm{d}y$	$v + \dfrac{\partial v}{\partial x}\,\mathrm{d}x + \dfrac{1}{2}\dfrac{\partial v}{\partial y}\,\mathrm{d}y$
M_3	$u + \dfrac{1}{2}\dfrac{\partial u}{\partial x}\,\mathrm{d}x + \dfrac{\partial u}{\partial y}\,\mathrm{d}y$	$v + \dfrac{1}{2}\dfrac{\partial v}{\partial x}\,\mathrm{d}x + \dfrac{\partial v}{\partial y}\,\mathrm{d}y$
M_4	$u + \dfrac{1}{2}\dfrac{\partial u}{\partial y}\,\mathrm{d}y$	$v + \dfrac{1}{2}\dfrac{\partial v}{\partial y}\,\mathrm{d}y$
M_5	$u + \dfrac{1}{2}\dfrac{\partial u}{\partial x}\,\mathrm{d}x + \dfrac{1}{2}\dfrac{\partial u}{\partial y}\,\mathrm{d}y$	$v + \dfrac{1}{2}\dfrac{\partial v}{\partial x}\,\mathrm{d}x + \dfrac{1}{2}\dfrac{\partial v}{\partial y}\,\mathrm{d}y$

$(\partial u/\partial y)\,\mathrm{d}y/2$ bzw. $v + (\partial v/\partial y)\,\mathrm{d}y/2$ in x- bzw. y-Richtung. Zu guter Letzt verschiebt sich der zum Punkt P infinitesimal benachbarte Punkt $M_5(x + \mathrm{d}x/2, y + \mathrm{d}y/2)$ um $u + (\partial u/\partial x)\,\mathrm{d}x/2 + (\partial u/\partial y)\,\mathrm{d}y/2$ bzw. $v + (\partial v/\partial x)\,\mathrm{d}x/2 + (\partial v/\partial y)\,\mathrm{d}y/2$ in x- bzw. y-Richtung. Eine übersichtliche Zusammenfassung der Verschiebungskomponenten der Raumpunkte M_i ist Tab. 5.3 zu entnehmen.

Im Folgenden möchten wir uns der Fragestellung zuwenden, welche differenzielle Gesamtarbeit zu verrichten ist, um den in Abb. 5.11 dargestellten Verformungszustand des Volumendifferenzials in der x-y-Ebene herbeizuführen. Ausgangspunkt zur Beantwortung dieser Frage bildet die

---

Definition des Arbeitsdifferenzials
Das Arbeitsdifferenzial $\mathrm{d}W$ entsteht aus dem Skalarprodukt des Kraftvektors $\boldsymbol{F}$ und dem Verschiebungsdifferenzial $\mathrm{d}\boldsymbol{u}$, welches die Kraft $\boldsymbol{F}$ an einem Raumpunkt $\boldsymbol{r}$ momentan zurücklegt (Bruhns 2003; Mahnken 2016):

$$\mathrm{d}W = \boldsymbol{F} \cdot \mathrm{d}\boldsymbol{u} \tag{5.29}$$

Das Arbeitsdifferenzial $\mathrm{d}W$ selbst ist eine skalare Größe.

5.4 Energiedichte der elastischen Verformung

Mithilfe der Definition des Arbeitsdifferenzials lässt sich die in der x-y-Ebene am Volumendifferenzial verrichtete differenzielle Gesamtarbeit dW_{xy} als Summe aus den Arbeitsdifferenzialen (Skalarprodukte aus den an den Raumpunkten M_i' wirkenden Kräften und den Verschiebungsdifferenzialen an den Raumpunkten M_i) darstellen. Zwecks Vereinfachung der Berechnung des Gesamtarbeitsdifferenzials dW_{xy} wollen wir uns zunächst nur auf die Bestimmung des Arbeitsdifferenzials dW_x in x-Richtung konzentrieren. Die Berechnung des Arbeitsdifferenzials dW_y in y-Richtung erfolgt analog. Unter Zuhilfenahme der in den Tab. 5.2 und 5.3 aufgelisteten Kraft- und Verschiebungskomponenten in x-Richtung können wir schreiben:

$$dW_x = \left(\sigma_{xx} + \frac{\partial \sigma_{xx}}{\partial x} dx\right) dy\, dz\, d\left(u + \frac{\partial u}{\partial x} dx + \frac{1}{2}\frac{\partial u}{\partial y} dy\right) - \sigma_{xx} dy\, dz\, d\left(u + \frac{1}{2}\frac{\partial u}{\partial y} dy\right)$$

$$+ \left(\sigma_{xy} + \frac{\partial \sigma_{xy}}{\partial y} dy\right) dx\, dz\, d\left(u + \frac{1}{2}\frac{\partial u}{\partial x} dx + \frac{\partial u}{\partial y} dy\right) - \sigma_{xy} dx\, dz\, d\left(u + \frac{1}{2}\frac{\partial u}{\partial x} dx\right)$$

$$+ f_x dx\, dy\, dz\, d\left(u + \frac{1}{2}\frac{\partial u}{\partial x} dx + \frac{1}{2}\frac{\partial u}{\partial y} dy\right)$$

Anschließendes Ausmultiplizieren und Eliminieren gleichartiger Terme liefert:

$$dW_x = \frac{\partial \sigma_{xx}}{\partial x} d\left(u + \frac{\partial u}{\partial x} dx + \frac{1}{2}\frac{\partial u}{\partial y} dy\right) dx\, dy\, dz + \sigma_{xx} \underbrace{d\left(\frac{\partial u}{\partial x} dx\right)}_{(*)} dy\, dz$$

$$+ \frac{\partial \sigma_{xy}}{\partial y} d\left(u + \frac{1}{2}\frac{\partial u}{\partial x} dx + \frac{\partial u}{\partial y} dy\right) dx\, dy\, dz + \sigma_{xy} \underbrace{d\left(\frac{\partial u}{\partial y} dy\right)}_{(**)} dx\, dz$$

$$+ f_x d\left(u + \frac{1}{2}\frac{\partial u}{\partial x} dx + \frac{1}{2}\frac{\partial u}{\partial y} dy\right) dx\, dy\, dz$$

Die beiden Terme $(*)$ und $(**)$ lassen sich mithilfe der Rechenregeln für Differenziale zu

$$d\left(\frac{\partial u}{\partial x} dx\right) = d\left(\frac{\partial u}{\partial x}\right) dx$$

und

$$d\left(\frac{\partial u}{\partial y} dy\right) = d\left(\frac{\partial u}{\partial y}\right) dy$$

umformulieren. Detailliertere Informationen zum Rechnen mit Differenzialen können dem Anhang 2 entnommen werden. Für das Arbeitsdifferenzial dW_x erhalten wir:

$$dW_x = \left[\frac{\partial \sigma_{xx}}{\partial x} d\left(u + \frac{\partial u}{\partial x} dx + \frac{1}{2}\frac{\partial u}{\partial y} dy\right) + \sigma_{xx} d\left(\frac{\partial u}{\partial x}\right)\right] dx\,dy\,dz$$
$$+ \left[\frac{\partial \sigma_{xy}}{\partial y} d\left(u + \frac{1}{2}\frac{\partial u}{\partial x} dx + \frac{\partial u}{\partial y} dy\right) + \sigma_{xy} d\left(\frac{\partial u}{\partial y}\right)\right] dx\,dy\,dz$$
$$+ \left[f_x d\left(u + \frac{1}{2}\frac{\partial u}{\partial x} dx + \frac{1}{2}\frac{\partial u}{\partial y} dy\right)\right] dx\,dy\,dz$$

Nochmaliges Anwenden der Rechenregeln für Differenziale und anschließendes Ordnen der Terme führt uns in Verbindung mit dem Volumendifferenzial $dV = dx\,dy\,dz$ zu folgendem Ausdruck:

$$dW_x = \left[\sigma_{xx} d\left(\frac{\partial u}{\partial x}\right) + \sigma_{xy} d\left(\frac{\partial u}{\partial y}\right)\right] dV$$
$$+ \underbrace{\left[\left(\frac{\partial \sigma_{xx}}{\partial x} + \frac{\partial \sigma_{xy}}{\partial y} + f_x\right) du\right] dV}_{(*)}$$
$$+ \underbrace{\left[\left(\frac{\partial \sigma_{xx}}{\partial x} + \frac{1}{2}\frac{\partial \sigma_{xy}}{\partial y} + \frac{1}{2}f_x\right) d\left(\frac{\partial u}{\partial x}\right) dx\right] dV}_{(**)}$$
$$+ \underbrace{\left[\left(\frac{1}{2}\frac{\partial \sigma_{xx}}{\partial x} + \frac{\partial \sigma_{xy}}{\partial y} + \frac{1}{2}f_x\right) d\left(\frac{\partial u}{\partial y}\right) dy\right] dV}_{(***)}$$

Bei genauerem Hinsehen erkennen wir, dass der Klammerausdruck $(*)$ exakt der Kräftegleichgewichtsbedingung (5.7) entspricht und wegen $\sum_i F_{ix} = 0$ entfällt. Die beiden Terme $(**)$ und $(***)$ enthalten neben den Differenzialen $d(\partial u/\partial x)$ bzw. $d(\partial u/\partial y)$ zusätzlich die Differenziale dx bzw. dy, d. h. sie sind klein von höherer Ordnung und können daher vernachlässigt werden. Somit verbleiben nur noch die beiden ersten Terme, und wir können schreiben:

$$dW_x = \left[\sigma_{xx} d\left(\frac{\partial u}{\partial x}\right) + \sigma_{xy} d\left(\frac{\partial u}{\partial y}\right)\right] dV$$

Den Ausdruck $(\partial u/\partial x)$ haben wir bereits zuvor im Zusammenhang mit den Verzerrungen im Raum als Dehnung ε_{xx} definiert (s. Gl. (5.22)), womit sich das Arbeitsdifferenzial dW_x in x-Richtung schließlich in der Form

$$dW_x = \left[\sigma_{xx} d\varepsilon_{xx} + \sigma_{xy} d\left(\frac{\partial u}{\partial y}\right)\right] dV$$

5.4 Energiedichte der elastischen Verformung

darstellen lässt. Das Arbeitsdifferenzial dW_y in y-Richtung ergibt sich analog. Es gilt:

$$dW_y = \left[\sigma_{yy}d\varepsilon_{yy} + \sigma_{xy}d\left(\frac{\partial v}{\partial x}\right)\right]dV$$

Aus der Summe der gewonnenen Arbeitsdifferenziale dW_x und dW_x erhalten wir die am Volumendifferenzial verrichtete differenzielle Gesamtarbeit dW_{xy} in der x-y-Ebene:

$$dW_{xy} = \left[\sigma_{xx}d\varepsilon_{xx} + \sigma_{yy}d\varepsilon_{yy} + \sigma_{xy}d\left(\frac{\partial u}{\partial y} + \frac{\partial v}{\partial x}\right)\right]dV$$

Den Klammerausdruck $(\partial u/\partial y + \partial v/\partial x)$ können wir nach Gl. (5.23) durch die Winkelverzerrung ε_{xy} in der Form

$$\frac{\partial u}{\partial y} + \frac{\partial v}{\partial x} = 2\varepsilon_{xy}$$

ausdrücken und gelangen schließlich zu einer kompakten Darstellung der in der x-y-Ebene des Volumendifferenzials verrichteten differenziellen Gesamtarbeit. Wir erhalten:

$$dW_{xy} = \left(\sigma_{xx}d\varepsilon_{xx} + \sigma_{yy}d\varepsilon_{yy} + 2\sigma_{xy}d\varepsilon_{xy}\right)dV \qquad (5.30)$$

Die Herleitung der in der x-z-Ebene bzw. y-z-Ebene des Volumendifferenzials verrichteten differenziellen Gesamtarbeiten dW_{xz} bzw. dW_{yz} erfolgt analog. Es gilt:

$$dW_{xz} = \left(\sigma_{xx}d\varepsilon_{xx} + \sigma_{zz}d\varepsilon_{zz} + 2\sigma_{xz}d\varepsilon_{xz}\right)dV \qquad (5.31)$$

bzw.

$$dW_{yz} = \left(\sigma_{yy}d\varepsilon_{yy} + \sigma_{zz}d\varepsilon_{zz} + 2\sigma_{yz}d\varepsilon_{yz}\right)dV \qquad (5.32)$$

Im Fall einer räumlichen elastischen Verformung des Volumendifferenzials können wir die am System verrichtete mechanische Gesamtarbeit und somit die im Volumendifferenzial gespeicherte mechanische Gesamtenergie als Summe der einzelnen Arbeitsdifferenziale (5.30)–(5.32) auffassen. Es ist lediglich darauf zu achten, dass bei der

Summenbildung jeweils nur einer der doppelt auftretenden Terme $\sigma_{xx}\,d\varepsilon_{xx}$, $\sigma_{yy}\,d\varepsilon_{yy}$, $\sigma_{zz}\,d\varepsilon_{zz}$ Berücksichtigung finden darf. Aus

$$dW_{\text{mech}} = dW_{xy} + dW_{xz} + dW_{yz} - \left(\sigma_{xx}\,d\varepsilon_{xx} + \sigma_{yy}\,d\varepsilon_{yy} + \sigma_{zz}\,d\varepsilon_{zz}\right) dV$$

erhalten wir schließlich

$$\begin{aligned}dW_{\text{mech}} = \big(&\sigma_{xx}\,d\varepsilon_{xx} + \sigma_{yy}\,d\varepsilon_{yy} + \sigma_{zz}\,d\varepsilon_{zz} \\ &+ 2\sigma_{xy}\,d\varepsilon_{xy} + 2\sigma_{xz}\,d\varepsilon_{xz} + 2\sigma_{yz}\,d\varepsilon_{yz}\big) dV.\end{aligned}$$

In der Fachliteratur werden die kartesischen Koordinaten x, y, z oftmals durch die Indizes 1, 2, 3 ersetzt. Hierdurch lässt sich das Differenzial der gespeicherten Gesamtenergie dW_{mech} unter Berücksichtigung der Symmetrie des Spannungs- und Verzerrungstensors (s. Gl. (5.14) und (5.27)) und für den Fall, dass ε_{ij} nicht konstant ist, in Form eines Integrals über eine Doppelsumme ausdrücken:

$$dW_{\text{mech}} = \left(\int_0^{\varepsilon_{ij}} \sum_{i=1}^{3} \sum_{j=1}^{3} \sigma_{ij}\,d\varepsilon_{ij}\right) dV \tag{5.33}$$

Notation nach dem IEEE Standard on Piezoelectricity
Piezoelektrika gehören zu den Materialien, welche neben mechanischen auch besondere elektrische Eigenschaften aufweisen. Hier kann es bei physikalischen Beschreibungen hinsichtlich der Notation zu Überschneidungen kommen, da bestimmte Symbole in der Mechanik eine andere Bedeutung haben als in der Elektrizitätslehre. Wir haben etwa bisher, wie in der Mechanik üblich, die mechanische Spannung mit dem Symbol σ bezeichnet. In der Elektrizitätslehre jedoch bezeichnet das Symbol σ die elektrische Flächenladungsdichte. Um Mehrdeutigkeiten bei den weiteren Ausführungen zu vermeiden, werden wir uns im weiteren Verlauf des Buches auf den *IEEE Standard on Piezoelectricity* beziehen (IEEE steht als Abkürzung für *Institute for Electrical and Electronics Engineering*, ein weltweit agierender Berufsverband von Ingenieuren hauptsächlich aus den Bereichen Elektrotechnik und Informationstechnik mit Sitz in Piscataway, New Jersey). Ein Auszug der wichtigsten Symbole ist in Tab. 5.4 aufgelistet (Solecki und Conant 2003).

5.4 Energiedichte der elastischen Verformung

Tab. 5.4 Auszug verwendeter Symbole nach dem IEEE Standard on Piezoelectricity

Symbol	Bedeutung	SI-Einheit
D	dielektrische Verschiebung	$C\,m^{-2}$
E	elektrische Feldstärke	$V\,m^{-1}$
S	mechanische Dehnung	1
T	mechanische Spannung	$N\,m^{-2}$
ϵ	dielektrische Permittivität	$F\,m^{-1}$
s	Steifigkeit	$N\,m^{-2}$
c	Nachgiebigkeit	$m^2\,N^{-1}$
d	piezoelektrische Ladungskonstante	$m\,V^{-1}$

Bezugnehmend auf Tab. 5.4 wollen wir die bisher verwendeten Symbole σ_{ij} (mechanische Spannung) bzw. ε_{ij} (Verzerrung) durch die Symbole T_{ij} (engl.: *tension*) bzw. S_{ij} (engl.: *strain*) ersetzen und im weiteren Verlauf des Buches konsequent verwenden.
Das Differenzial für die gespeicherte Gesamtenergie (5.33) lässt sich somit wie folgt schreiben:

$$dW_{\text{mech}} = \left(\int_0^{\varepsilon_{ij}} \sum_{i=1}^{3} \sum_{j=1}^{3} T_{ij}\, dS_{ij} \right) dV \tag{5.34}$$

Die anschließende Division durch das Volumendifferenzial dV bei gleichzeitiger Verwendung der Einsteinschen Summenkonvention führt schließlich zur gesuchten Berechnungsvorschrift für die

---

Energiedichte der elastischen Verformung in Kurzschreibweise

$$dw_{\text{mech}} = T_{ij}\, dS_{ij} \tag{5.35}$$

bzw. bei Linearität

$$w_{\text{mech}} = \frac{1}{2} T_{ij} S_{ij} \tag{5.36}$$

Die Energiedichte der elastischen Verformung w_{mech} repräsentiert eine Zustandsfunktion, deren Wert von dem *Weg*, welchen die Zustandsvariable S_{ij} von null bis zum Endwert genommen hat, unabhängig ist, d. h. dw_{mech} ist ein **vollständiges Differenzial**. Wir werden diese wichtige Tatsache im Rahmen thermodynamischer Überlegungen im Kap. 7 erneut aufgreifen.

Neben der Energiedichte der elastischen Verformung trägt die Beschreibung der Energiedichte des elektrostatischen Feldes zum physikalischen Gesamtverständnis elektromechanischer Wechselwirkungen innerhalb von Dielektrika mit piezoelektrischen Eigenschaften bei. Im folgenden Kapitel werden wir diese Form der Energiedichte ausführlich diskutieren.

Anhang 1

Lineare Näherung nichtlinearer Funktionen
Eindimensionale Funktion Abb. 5.12 zeigt eine nichtlineare Funktion $f(x)$ in Abhängigkeit einer Variablen x. Durch Anlegen einer Tangente an die Funktion an der Stelle x, deren Steigung gleich der Ableitung $f'(x) = \mathrm{d}f/\mathrm{d}x$ ist, lässt sich der Funktionswert $f(x + \mathrm{d}x)$ an der Stelle $x + \mathrm{d}x$ in drei Anteile zerlegen:

$$f(x + \mathrm{d}x) = f(x) + \mathrm{d}f + r(x) \tag{5.37}$$

Gl. (5.37) repräsentiert eine Taylor-Reihe mit dem Restglied $r(x)$. Dieser Sachverhalt lässt sich anhand der Definition der Taylor-Reihe einer eindimensionalen Funktion $f(\tilde{x})$ mit Entwicklungsstelle p leicht nachvollziehen.

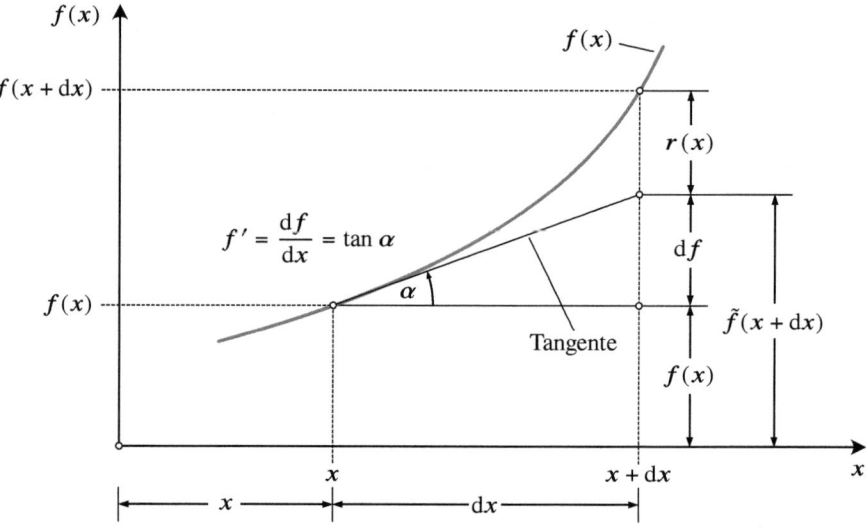

Abb. 5.12 Geometrische Darstellung der linearen Näherung einer eindimensionalen nichtlinearen Funktion $f(x)$

Formal können wir zunächst schreiben (Bronstein und Semendjaev 2013):

$$f(\tilde{x}) = \sum_{k=0}^{\infty} \frac{f^{(k)}(p)}{k!} (\tilde{x} - p)^k \qquad (5.38)$$

Hierbei bezeichnet $k!$ die Fakultät von k sowie $f^{(k)}$ die k-te Ableitung von f, wobei man $f^{(0)} := f$ setzt. Die Darstellung der Taylor-Reihe mit Restglied $r(\tilde{x})$ macht Aussagen darüber, inwiefern das Taylor-Polynom von der Funktion $f(\tilde{x})$ abweicht und ergibt sich direkt aus der Definition (5.38):

$$f(\tilde{x}) = \sum_{k=0}^{n} \frac{f^{(k)}(p)}{k!} (\tilde{x} - p)^k + \underbrace{r_{n+1}(\tilde{x})}_{\text{Restglied}}$$

Ersetzen wir die Variable $\tilde{x}$ durch das Argument $x + \mathrm{d}x$ der Funktion f in Gl. (5.37), und wählen wir $p = x$ als Entwicklungsstelle, gewinnen wir folgende Darstellung

$$f(x + \mathrm{d}x) = \frac{f^{(0)}(x)}{0!} (\mathrm{d}x)^0 + \frac{f^{(1)}(x)}{1!} (\mathrm{d}x)^1 + \underbrace{\sum_{k=2}^{\infty} \frac{f^{(k)}(x)}{k!} (\mathrm{d}x)^k}_{=r(x)}$$

und somit in Verbindung mit $0! = 1$ die in Gl. (5.37) dargestellte Taylor-Reihe. Lassen wir $\mathrm{d}x$ gegen null laufen, dann ist das Restglied $r(x)$ *klein von höherer Ordnung* und kann daher für nichtlineare Funktionen vernachlässigt werden.

Gl. (5.37) können wir somit durch einen linearen Term annähern:

$$f(x + \mathrm{d}x) \approx \tilde{f}(x + \mathrm{d}x) = f(x) + f'(x)\,\mathrm{d}x = f(x) + \mathrm{d}f \qquad (5.39)$$

Den Ausdruck $\tilde{f}(x + \mathrm{d}x)$ bezeichnet man als *lineare Näherung der Funktion $f(x)$ an der Stelle $x + \mathrm{d}x$* (vgl. Abb. 5.12).

Zweidimensionale Funktion Abb. 5.13 zeigt eine nichtlineare Funktion $f(x, y)$ in Abhängigkeit von zwei Variablen x und y. An der Stelle x, y legen wir wie dargestellt zwei Tangenten an die Funktion $f(x, y)$, deren Steigungen gleich den partiellen Ableitungen $\partial f/\partial x$ an der Stelle x bzw. $\partial f/\partial y$ an der Stelle y entsprechen. In Analogie zum eindimensionalen Fall (s. Gl. (5.37)) lässt sich der Funktionswert $f(x + \mathrm{d}x, y + \mathrm{d}y)$ an der Stelle $x + \mathrm{d}x, y + \mathrm{d}y$ durch eine Taylor-Reihe mit einem Restglied darstellen. Wenn wir $\mathrm{d}x$ und $\mathrm{d}y$ gegen null laufen lassen, dann gilt auch hier, dass das Restglied *klein von höherer*

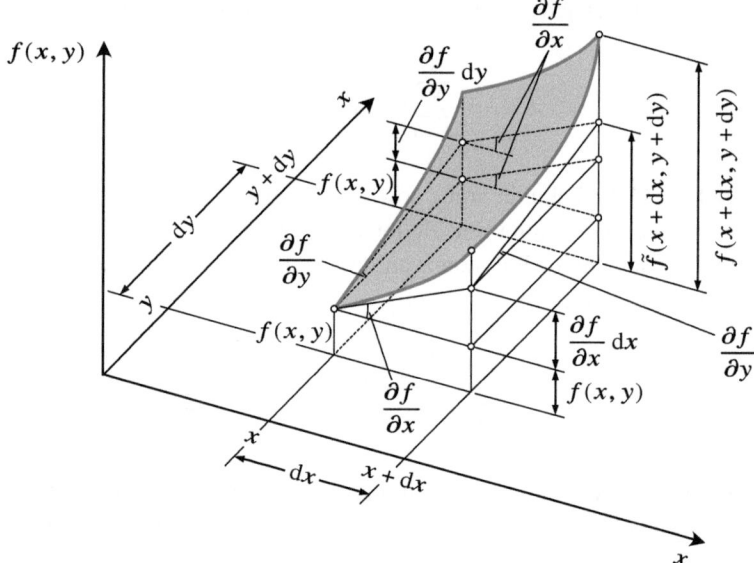

Abb. 5.13 Geometrische Darstellung der linearen Näherung einer zweidimensionalen nichtlinearen Funktion $f(x, y)$

Ordnung ist und in Anlehnung an Gl. (5.39) vernachlässigt werden kann. Der Abbruch der Taylor-Reihe nach den linearen Termen liefert die lineare Näherung der Funktion $f(x + dx, y + dy)$:

$$f(x + dx, y + dy) \approx f(x, y) + \frac{\partial f}{\partial x} dx + \frac{\partial f}{\partial y} dy \qquad (5.40)$$

Dreidimensionale Funktion Für eine nichtlineare Funktion $f(x, y, z)$ in Abhängigkeit von drei Variablen x, y, z lautet die lineare Näherung (ebenfalls durch Abbruch der Taylor-Reihe nach den linearen Termen)

$$f(x + dx, y + dy, z + dz) \approx f(x, y) + \frac{\partial f}{\partial x} dx + \frac{\partial f}{\partial y} dy + \frac{\partial f}{\partial z} dz. \qquad (5.41)$$

Anhang 2

Rechnen mit Differenzialen – Produktregel

Die *Produktregel* oder *Leibniz-Regel* ist eine fundamentale Regel der Differenzialrechnung. Das Produkt fg zweier reeller, an einer Stelle x differenzierbarer Funktionen f und g hat an der Stelle x den Wert $f(x)\,g(x)$ (s. Abb. 5.14). Dieser Wert lässt sich geometrisch als Flächeninhalt eines Rechtecks mit den Seiten $f(x)$ und $g(x)$ deuten. Ändert sich nun x um dx, so ändert sich $f(x)$ um df und $g(x)$ um dg. Die Änderung $d(fg)$ des Flächeninhalts fg ergibt sich nach Abb. 5.14 zu

$$d(fg) = f\,dg + g\,df + df\,dg.$$

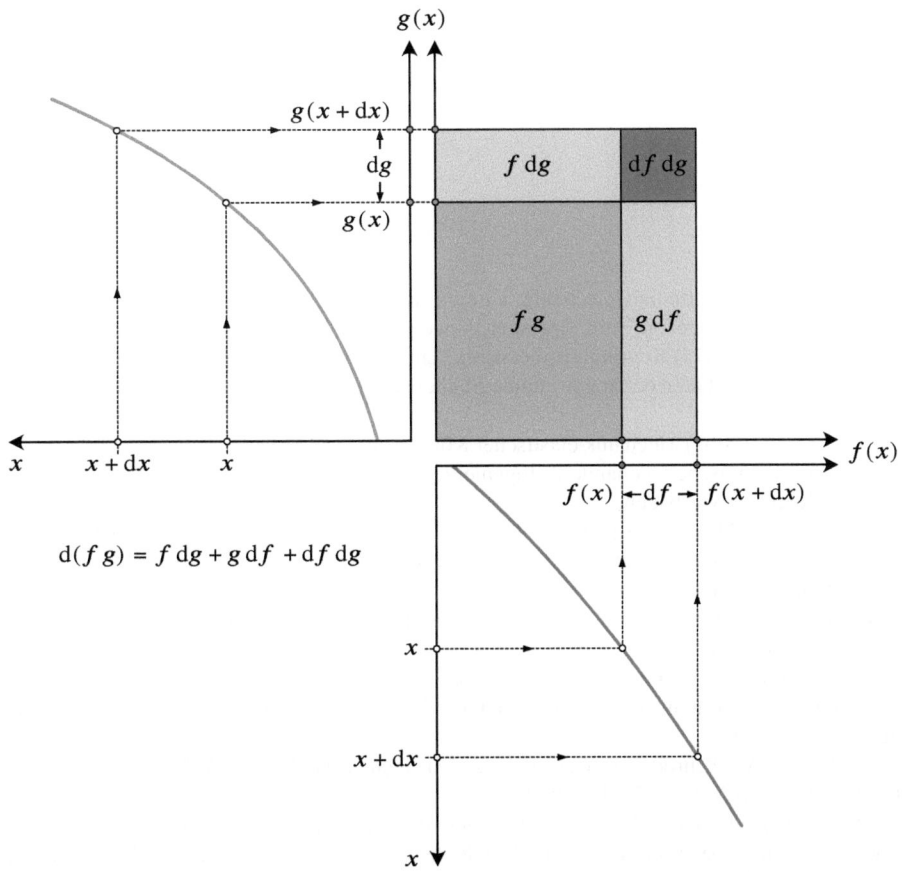

Abb. 5.14 Geometrische Veranschaulichung der Produktregel (Leibniz-Regel) anhand zweier an einer Stelle x differenzierbarer Funktionen $f(x)$ und $g(x)$

Da der Term $\mathrm{d}f\,\mathrm{d}g$ im Vergleich zu $\mathrm{d}f$ bzw. $\mathrm{d}g$ vernachlässigbar klein ist, folgt direkt

$$\mathrm{d}(fg) = f\,\mathrm{d}g + g\,\mathrm{d}f, \tag{5.42}$$

was der differenziellen Form der Produktregel entspricht. Dividieren wir nämlich den gewonnenen Ausdruck (5.42) auf beiden Seiten durch $\mathrm{d}x$, dann erhalten wir

$$\frac{\mathrm{d}(fg)}{\mathrm{d}x} = f\frac{\mathrm{d}g}{\mathrm{d}x} + g\frac{\mathrm{d}f}{\mathrm{d}x}$$

bzw. in der auf LEIBNIZ zurückgehenden Schreibweise für Ableitungen (Leibniz-Notation)

$$(fg)' = fg' + gf'.$$

Literatur

Altenbach H (2018) Kontinuumsmechanik: Einführung in die materialunabhängigen und materialabhängigen Gleichungen, 4. Aufl. Springer Vieweg, Berlin/Heidelberg

Becker E, Bürger W (1975) Kontinuumsmechanik: Eine Einführung in die Grundlagen und einfache Anwendungen, Leitfäden der angewandten Mathematik und Mechanik, Bd 20. Vieweg+Teubner, Wiesbaden

Becker W, Gross D (2002) Mechanik elastischer Körper und Strukturen. Springer, Berlin/Heidelberg

Berger J (1991) Technische Mechanik für Ingenieure: Statik, Viewegs Fachbücher der Technik, Bd 1. Vieweg+Teubner, Wiesbaden

Boresi AP, Schmidt RJ (2003) Advanced mechanics of materials, 6. Aufl. Wiley, Hoboken

Borisenko AI, Tarapov IE (1979) Vector and tensor analysis with applications, 3. Aufl. Dover Publications, New York

Bronstein IN, Semendjaev KA (2013) Springer-Taschenbuch der Mathematik, 3. Aufl. Springer Spektrum, Wiesbaden

Bruhns OT (2003) Advanced mechanics of solids. Springer, Berlin/Heidelberg

Greve R (2003) Kontinuumsmechanik: Ein Grundkurs für Ingenieure und Physiker. Springer, Berlin/Heidelberg

Gross D, Hauger W, Schröder J, Wall WA (2017) Technische Mechanik 2: Elastostatik, Bd 2, 13. Aufl. Springer Vieweg, Berlin/Heidelberg

Hahn HG (1985) Elastizitätstheorie: Grundlagen der linearen Theorie und Anwendungen auf eindimensionale, ebene und räumliche Probleme, Leitfäden der angewandten Mathematik und Mechanik, Bd 62. Vieweg+Teubner, Wiesbaden

Kauderer H (1958) Nichtlineare Mechanik. Springer, Berlin/Heidelberg

Landau LD, Lifsic EM (1970) Theory of elasticity. Course of Theoretical Physics, Bd 7, 2. Aufl. Pergamon Press, Oxford

Literatur

Mahnken R (2012) Lehrbuch der Technischen Mechanik – Dynamik: Eine anschauliche Einführung, Springer-Lehrbuch, Bd 2, 2. Aufl. Springer, Berlin/Heidelberg

Mahnken R (2015) Lehrbuch der Technischen Mechanik – Elastostatik: Mit einer Einführung in Hybridstrukturen, Bd 3. Springer Vieweg, Berlin/Heidelberg

Mahnken R (2016) Lehrbuch der Technischen Mechanik – Starrkörperstatik: Grundlagen und Anwendungen, Bd 1, 2. Aufl. Springer Vieweg, Berlin/Heidelberg

Mang HA, Hofstetter G (2018) Festigkeitslehre, 5. Aufl. Springer Vieweg, Berlin/Heidelberg

Mase GT, Smelser RE, Mase GE (2010) Continuum mechanics for engineers, 3. Aufl. Applied and Computational Mechanics, CRC Press, Boca Raton

Sayir MB, Dual J, Kaufmann S (2004) Ingenieurmechanik 2: Deformierbare Körper, Bd 2. Vieweg+Teubner, Wiesbaden

Skolaut W (Hrsg) (2018) Maschinenbau: Ein Lehrbuch für das ganze Bachelor-Studium, Lehrbuch, 2. Aufl. Springer Vieweg, Berlin/Heidelberg

Solecki R, Conant RJ (2003) Advanced mechanics of materials. Oxford University Press, New York

Swain GF, Mehmel A (1928) Festigkeitslehre. Springer, Berlin/Heidelberg

Trostel R (1993) Mathematische Grundlagen der Technischen Mechanik I: Vektor- und Tensoralgebra. Beiträge zur Theoretischen Mechanik. Vieweg+Teubner, Wiesbaden

Weizel W (1963) Lehrbuch der Theoretischen Physik: Physik der Vorgänge, Bd 1. Springer, Berlin/Heidelberg

Wittenburg J, Pestel E (2011) Festigkeitslehre: Ein Lehr- und Arbeitsbuch, 3. Aufl. Klassiker der Technik, Springer, Berlin/Heidelberg

Wriggers P, Nackenhorst U, Beuermann S, Spiess H, Löhnert S (2006) Technische Mechanik kompakt: Starrkörperstatik – Elastostatik – Kinetik, 2. Aufl. Vieweg+Teubner, Wiesbaden

Energiedichte im elektrostatischen Feld 6

6.1 Coulomb-Kraft und Coulombsches Gesetz

Die Erscheinungsformen gewöhnlicher Materie bestehend aus Atomkernen und Elektronen und die in der Natur beobachtbaren Phänomene (wie die physikalischen Eigenschaften eines Festkörpers oder chemische Reaktionen) werden durch die **Coulomb-Kraft** zwischen den Elektronen und Atomkernen bestimmt. Vergleichbar ist die Coulomb-Kraft mit der Gravitationskraft. Sie weist die gleiche Abstandsabhängigkeit auf, ist jedoch um viele Größenordnungen stärker. Ist die Gravitationskraft proportional zu den beteiligten Massen, so ist die Coulomb-Kraft proportional zu einer Größe, welche als Ladung Q bezeichnet wird, eine physikalische Größe, die wir bereits in Kap. 2 im Kontext der Erklärung des piezoelektrischen Effekts am Beispiel vom α-Quarz eingeführt haben.

Zunächst gehen wir davon aus, dass die räumliche Ausdehnung der betrachteten geladenen Teilchen (Elektronen, Atomkerne, Moleküle) gegenüber ihren räumlichen Abständen zueinander zu vernachlässigen ist. Die Ladungen können wir dann als in einem Punkt konzentriert annehmen und nennen diese begriffliche Idealisierung **Punktladung** (in Analogie zur Punktmasse in der Mechanik). Die Festlegung einer Punktladung erfolgt durch die Angabe ihres zugehörigen Ortsvektors r und ihrer Stärke Q (Harnwell 1938; Fließbach 2012). Die nachfolgend aufgeführten Sachverhalte für zwei ruhende Punktladungen Q_0 und Q_1 spezifizieren das

---

Coulombsche Gesetz

1. Die Coulomb-Kraft ist eine Zentralkraft, d. h. sie wirkt in Richtung der Verbindungslinie von zwei Ladungen.

(Fortsetzung)

2. Die Kraft F_{01} auf die Punktladung Q_0 am Ort r_0 hervorgerufen durch die Punktladung Q_1, welche am Ort r_1 fixiert ist, ist entgegengesetzt gleich groß der Kraft F_{10} auf die Punktladung Q_1 am Ort r_1 hervorgerufen durch die Punktladung Q_0 am Ort r_0 (s. Abb. 6.1). Die Coulomb-Kraft genügt somit dem 3. Newtonschen Axiom (actio = reactio):

$$F_{01} = -F_{10} \tag{6.1}$$

3. Die Kraftwirkung zwischen den beiden Ladungen Q_0 und Q_1 ist proportional dem Produkt beider Ladungen. Sind die Ladungen *gleichnamig*, stoßen sie sich ab, sind sie *ungleichnamig*, ziehen sie sich an.

4. Die Coulomb-Kraft ist umgekehrt proportional zum Quadrat des Abstandes $|r_{01}| = |r_0 - r_1|$ der beiden Ladungen Q_0 und Q_1 zueinander. Hierbei sind r_0 und r_1 die Ortsvektoren der beiden Punktladungen. Mit den bislang aufgezählten Eigenschaften nimmt das Coulombsche Gesetz in vektorieller Schreibweise folgende Form an:

$$F_{01} = \frac{1}{4\pi\varepsilon_0} \frac{Q_0 Q_1}{|r_0 - r_1|^2} \underbrace{\frac{r_0 - r_1}{|r_0 - r_1|}}_{(*)} \tag{6.2}$$

Der Quotient $(*)$ entspricht dem in Abb. 6.1 dargestellten Einheitsvektor e_r. Die Konstante $1/(4\pi\varepsilon_0)$ ist eine Folge des gewählten MKSA-Maßsystems (Einheitensystem mit den drei mechanischen Basiseinheiten Meter, Kilogramm und Sekunde sowie der elektrischen Basiseinheit Ampere). Die physikalische Konstante ε_0 bezeichnet man als *Dielektrizitätskonstante des Vakuums* und hat den Wert (Henke 2007)

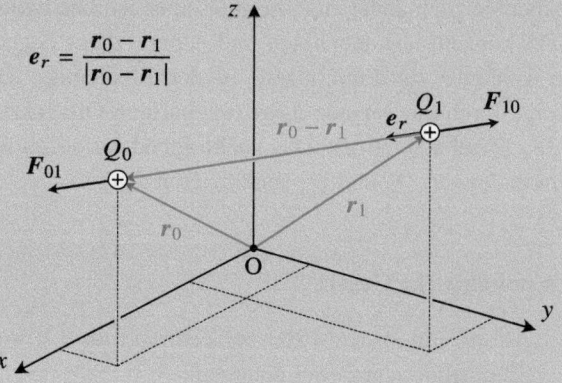

Abb. 6.1 Die Coulomb-Kraft als Zentralkraft: zwei gleichnamige Ladungen stoßen sich in Richtung der Verbindungslinie mit entgegengesetzt gleich großen Kräften ab ($F_{01} = -F_{10}$), welche umgekehrt proportional zum Quadrat des Abstandes $|r_{01}| = |r_0 - r_1|$ der beiden Ladungen Q_0 und Q_1 zueinander sind.
(Nach Bartelmann et al. 2015)

(Fortsetzung)

$$\varepsilon_0 = 8{,}854 \cdot 10^{-12} \, \frac{\mathrm{A\,s}}{\mathrm{V\,m}}.$$

5. Für Coulomb-Kräfte gilt das Superpositionsprinzip, d. h. die Kraft auf eine Ladung Q_0 entspricht der vektoriellen Summe der Coulomb-Kräfte, die alle übrigen Ladungen auf Q_0 ausüben (Heintze 2016).
6. Für Ladungen gilt der Erhaltungssatz, welcher besagt, dass die Summe aus positiver und negativer Ladung in einem abgeschlossenen System konstant bleibt (Nolting 2013).
7. Elektrische Ladungen treten in der Natur als ganzzahliges Vielfaches einer Elementarladung e in Erscheinung. Gemessen in SI-Einheiten beträgt die Elementarladung

$$e = 1{,}16022 \cdot 10^{-19}\,\mathrm{C} \quad (1\,\mathrm{C} = 1\,\mathrm{A\,s}).$$

Für geladene makroskopische Körper gilt im Allgemeinen $|Q| \gg e$, sodass die Quantisierung keine Rolle spielt.

Aus dem Coulombschen Gesetz (6.2) können wir schlussfolgern, dass eine Ladung Q_0 bei Anwesenheit einer zweiten räumlich fixierten Ladung Q_1 nur dann im Gleichgewicht gehalten werden kann, wenn auf die Ladung Q_0 eine äußere Kraft $-\boldsymbol{F}' = \boldsymbol{F} = \boldsymbol{F}_{01}$ ausgeübt wird (s. Abb. 6.2a).

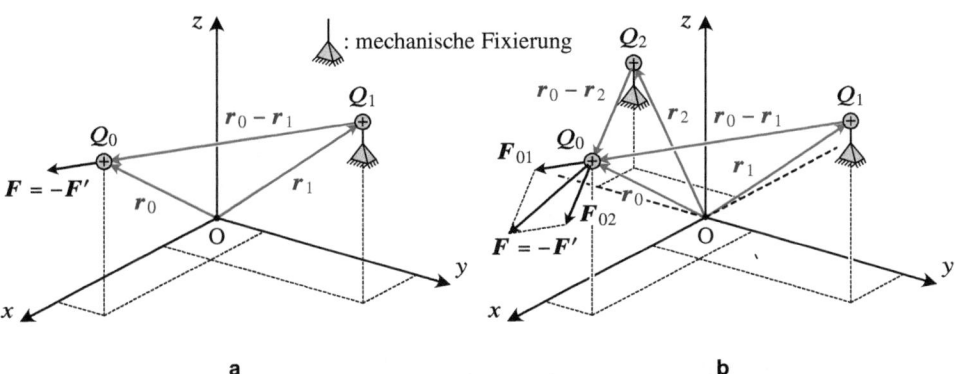

Abb. 6.2 Kraftwirkung auf Ladungen. (**a**) Eine Ladung Q_0 befindet sich bei Anwesenheit einer zweiten räumlich fixierten Ladung Q_1 im Gleichgewicht, wenn auf die Ladung Q_0 eine Kraft $\boldsymbol{F}' = -\boldsymbol{F} = -\boldsymbol{F}_{01}$ ausgeübt wird. (**b**) Zur Aufrechterhaltung des Gleichgewichts an einer Ladung Q_0 bedarf es bei Anwesenheit von zwei räumlich fixierten Ladungen Q_1 und Q_2 einer äußeren Kraft $\boldsymbol{F}' = -\boldsymbol{F} = -(\boldsymbol{F}_{01} + \boldsymbol{F}_{02})$

Bei der Existenz von zwei räumlich fixierten Ladungen Q_1 und Q_2 ist die zur Aufrechterhaltung des Gleichgewichts an einer Ladung Q_0 erforderliche Kraft $-F$ durch die Summe der aus Gl. (6.2) resultierenden Kraftwirkungen der Ladungen Q_1 und Q_2 auf die Ladung Q_0 gegeben (**Superpositionsprinzip**) (vgl. Abb. 6.2b):

$$F = F_{01} + F_{02} = Q_0 \left[\frac{Q_1}{4\pi\varepsilon_0 |r_0 - r_1|^2} \frac{r_0 - r_1}{|r_0 - r_1|} + \frac{Q_2}{4\pi\varepsilon_0 |r_0 - r_2|^2} \frac{r_0 - r_2}{|r_0 - r_2|} \right]$$

Dieser Befund lässt sich natürlich auf m Ladungen $Q_1, \ldots, Q_m$ erweitern. Wir erhalten somit:

$$F = \sum_{i=1}^{m} F_i = Q_0 \sum_{i=1}^{m} \frac{Q_i}{4\pi\varepsilon_0 |r_0 - r_i|^2} \frac{r_0 - r_i}{|r_0 - r_i|} \qquad (6.3)$$

Zusammen mit der verallgemeinerten Formulierung (6.3) bildet das Coulombsche Gesetz die Grundlage der **Elektrostatik** (Raith et al. 2006; Paul und Paul 2014; Ida 2015).

6.2 Elektrisches Feld im Vakuum

Es hat sich als zweckmäßig erwiesen, die in Gl. (6.3) rechts von Q_0 stehende Vektorsumme als elektrische Feldstärke E[1] zu bezeichnen und anzunehmen, dass E einen speziellen Zustand des Raumes am Ort $r = r_0$ der Ladung Q_0 beschreibt, welcher auch unabhängig von der Existenz der Ladung Q_0 am Raumpunkt $r = r_0$ vorhanden ist (Raith et al. 2006). Wir halten fest:

$$E = E(r) = \sum_{i=1}^{m} \frac{Q_i}{4\pi\varepsilon_0 |r_0 - r_i|^2} \frac{r_0 - r_i}{|r_0 - r_i|} \qquad (6.4)$$

Auf dieser Vorstellung beruht die von dem schottischen Physiker MAXWELL entwickelte Theorie der Elektrizität und des Magnetismus (Lenk und Irrgang 1977; Heintze 2016). Wenngleich physikalische Ladungsverteilungen stets aus einzelnen Elementarladungen aufgebaut sind, deren räumliche Ausdehnung im Vergleich zu ihrem Abstand vernachläs-

---

[1] Die qualitativen Eigenschaften der elektrischen Feldstärke E haben wir uns bereits im Rahmen der Ausführungen in den beiden Kap. 2 und 3 zunutze gemacht.

6.2 Elektrisches Feld im Vakuum

sigbar klein sind, lassen sie sich in vielen Fällen durch eine kontinuierliche Ladungsdichte $\rho(r)$ beschreiben. Mittels der Beziehung

$$dQ = \rho(r)\,dV \qquad (6.5)$$

liefert sie die Ladung dQ in einem Volumendifferenzial dV. Die elektrische Feldstärke berechnet man dann mithilfe des Volumenintegrals

$$E(r) = \frac{1}{4\pi\varepsilon_0} \int_V \frac{\rho(r')}{|r-r'|^2} \frac{r-r'}{|r-r'|}\,dV. \qquad (6.6)$$

Hierbei kennzeichnet der Ortsvektor r den Aufpunkt, an welchem die elektrische Feldstärke $E(r)$ angegeben wird, wohingegen die Ortsvektoren r' die Quellpunkte, d. h. die Orte der Ladungen angeben, die das Feld verursachen (Brandt und Dahmen 2005).

6.2.1 Der Fluss des elektrischen Feldes

Mit dem *elektrischen Fluss* ϕ_{el} möchten wir nachfolgend eine weitere nützliche Größe einführen. Die Bezeichnung elektrischer Fluss rührt von der Analogie einer strömenden Flüssigkeit mit dem Strömungsfeld $v = v(r,t)$ her. Ist die Flüssigkeit inkompressibel, so bezeichnet die pro Zeiteinheit durch eine Fläche A hindurchtretende Flüssigkeitsmenge $v \cdot dA$ als Fluss durch das Flächenelement dA (Lehner 2010). Wir wollen uns nun der Frage zuwenden, welcher elektrische Fluss durch eine beliebig geschlossene Fläche hindurchgeht, wenn sich an beliebiger Stelle im Raum, d. h. außerhalb oder innerhalb dieser Fläche Ladungen befinden. Hierzu ersetzen wir zunächst das Strömungsfeld v durch die elektrische Feldstärke E. Der elektrische Fluss durch ein Flächenelement dA (vgl. Abb. 6.3) ist gegeben durch

$$d\phi_{el} = E \cdot dA = E \cdot n\,dA = E\cos\alpha\,dA = E_n\,dA.$$

Die anschließende Integration liefert den elektrischen Fluss durch eine Fläche A:

$$\phi_{el} = \int_A E \cdot dA = \int_A E_n\,dA \qquad (6.7)$$

Abb. 6.3 Zur Berechnung des elektrischen Flusses $d\phi_{el}$ durch ein Flächenelement dA (nur die Normalkomponente der elektrischen Feldstärke E trägt zum elektrischen Fluss bei)

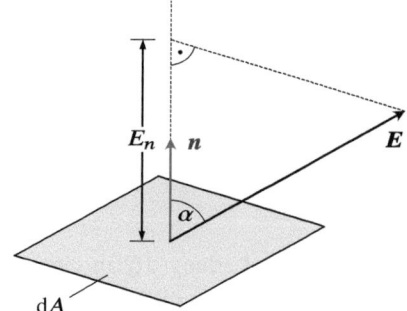

Nachfolgend untersuchen wir die Eigenschaften des elektrischen Flusses durch eine *geschlossene* Fläche. Hierzu bedienen wir uns einer Kugel mit Radius r, in deren Zentrum sich eine Punktladung Q befindet. In diesem Fall ist die Normalkomponente E_n der elektrischen Feldstärke auf der Kugeloberfläche konstant und berechnet sich nach Gl. (6.4) zu

$$E_n = E = \frac{Q}{4\pi\varepsilon_0}\frac{1}{r^2}.$$

Für den elektrischen Fluss durch die geschlossene Kugeloberfläche erhalten wir

$$\phi_{el} = \oint_A \boldsymbol{E} \cdot d\boldsymbol{A} = \frac{Q}{4\pi\varepsilon_0}\frac{1}{r^2}\oint_A dA = \frac{Q}{4\pi\varepsilon_0 r^2} 4\pi r^2 = \frac{Q}{\varepsilon_0}. \tag{6.8}$$

Der elektrische Fluss durch eine geschlossene Kugeloberfläche ist *unabhängig* vom Kugelradius r. Dies ergibt sich zwangsläufig aus der Tatsache, dass E_n proportional zu $1/r^2$ abnimmt und die Kugeloberfläche A proportional zu r^2 zunimmt (Feynman et al. 2011; Heintze 2016). Die Aussage (6.8) gilt auch für beliebig geformte Oberflächen. Ein Beweis dieser und der nachfolgend aufgeführten Eigenschaften des elektrischen Flusses kann dem Anhang 1 entnommen werden.

Eigenschaften des elektrischen Flusses

1. Für eine beliebige Fläche, die eine Punktladung Q umschließt, gilt:

$$\phi_{el} = \oint_A \boldsymbol{E} \cdot d\boldsymbol{A} = \frac{Q}{\varepsilon_0} \tag{6.9}$$

(Fortsetzung)

6.2 Elektrisches Feld im Vakuum

2. Befinden sich mehrere Ladungen Q_i innerhalb der geschlossenen Fläche, so gilt unter der Bedingung, dass Q der Summe der eingeschlossenen Ladungen entspricht:

$$\phi_{el} = \oint_A \boldsymbol{E} \cdot d\boldsymbol{A} = \frac{\sum_i Q_i}{\varepsilon_0} = \frac{Q}{\varepsilon_0} \qquad (6.10)$$

3. Für den Fall, dass die geschlossene Fläche keine Ladung einschließt, gilt, auch wenn sich beliebig viele Ladungen im Außenraum befinden:

$$\phi_{el} = \oint_A \boldsymbol{E} \cdot d\boldsymbol{A} = 0 \qquad (6.11)$$

6.2.2 Arbeit im elektrischen Feld

Eine in einem elektrischen Feld befindliche Ladung Q wird sich unter der Voraussetzung, dass diese nicht an einem beliebigen Raumpunkt fixiert wird, unter dem Einfluss der in Gl. (6.3) beschriebenen Kraft $\boldsymbol{F} = Q\boldsymbol{E}$ bewegen. Hierbei verrichtet das elektrische Feld Arbeit an der Ladung. Wollen wir eine Ladung Q gegen die Feldkräfte verschieben, so müssen wir im Umkehrschluss Arbeit leisten. Bewegen wir eine Ladung Q beispielsweise längs einer Kurve C_1 von einem beliebig gewählten Anfangspunkt P_0 zu einem Endpunkt P_1 (s. Abb. 6.4a), berechnet sich die insgesamt zu leistende Arbeit unter Verwendung der Definition des Arbeitsdifferenzials (5.29) wie folgt:

$$W_1 = -\int_{C_1} \boldsymbol{F} \cdot d\boldsymbol{s}_1 = -Q \int_{C_1} \boldsymbol{E} \cdot d\boldsymbol{s}_1 \qquad (6.12)$$

Verschieben wir, wie in Abb. 6.4b dargestellt, die Ladung Q entlang der Kurve C_2, dann ergibt sich die insgesamt zu leistende Arbeit zu

$$W_2 = -\int_{C_2} \boldsymbol{F} \cdot d\boldsymbol{s}_2 = -Q \int_{C_2} \boldsymbol{E} \cdot d\boldsymbol{s}_2. \qquad (6.13)$$

Im Einklang mit dem Energieerhaltungssatz muss für zeitunabhängige Felder ruhender Ladungen gelten, dass die jeweils zu leistenden Arbeiten gleich groß sind, d. h. $W_1 = W_2$ (Lehner 2010). Die Gleichheit beider zu leistender Arbeiten ist gleichbedeutend mit

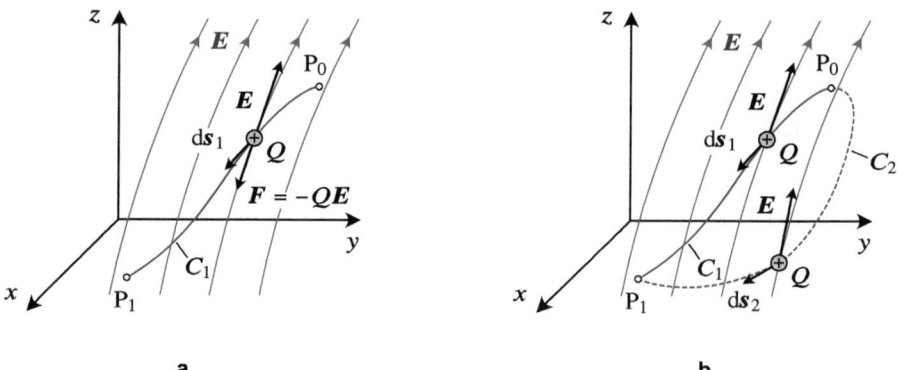

Abb. 6.4 Probeladung im elektrischen Feld und Unabhängigkeit des Wegintegrals der elektrischen Feldstärke. (**a**) Eine Probeladung Q wird mit einer der Coulomb-Kraft entgegengesetzt gerichteten äußeren Kraft $F = -QE$ entlang der Kurve C_1 um das Wegdifferenzial ds_1 verschoben, d. h. an der Ladung Q wird die differenzielle Arbeit $dW_1 = -QE \cdot ds_1$ verrichtet. (**b**) Die zur Verschiebung einer Probeladung Q entlang der Kurve C_1 zu verrichtende Arbeit W_1 ist gleich der Arbeit W_2, die zur Verschiebung der Probeladung entlang der Kurve C_2 aufgewendet werden muss, d. h. die zu verrichtende Arbeit ist unabhängig vom gewählten Weg, um vom Anfangspunkt P_0 zum Endpunkt P_1 zu gelangen

$$\int_{C_1} E \cdot ds_1 - \int_{C_2} E \cdot ds_2 = 0 \quad \Leftrightarrow \quad \oint_C E \cdot ds = 0. \tag{6.14}$$

Gleichung (6.14) besagt, dass das Wegintegral der elektrischen Feldstärke auf einem beliebigen, in sich geschlossenen Weg null ergibt, mit anderen Worten: das Wegintegral $\int E \cdot ds$ ist unabhängig davon, welcher Weg gewählt wird, um vom Anfangspunkt P_0 zum Endpunkt P_1 zu gelangen (Harnwell 1938; Bartelmann et al. 2015).

Bemerkenswert ist, dass wir die wichtige Beziehung (6.14) ohne Verwendung unserer Kenntnisse über elektrische Felder direkt aus dem **Energieerhaltungssatz** gewinnen konnten. Es bleibt zu prüfen, ob elektrostatische Felder diese Bedingung tatsächlich erfüllen. Gilt die Beziehung (6.14) für das Feld einer einzelnen ruhenden Punktladung, so gilt diese auch für beliebige Verteilungen ruhender Ladungen. Die Ursache hierfür liegt im Superpositionsprinzip begründet. Daher wollen wir nachfolgend die Gültigkeit von Gl. (6.14) lediglich für eine einzelne Punktladung nachweisen. Hierbei wenden wir uns zunächst einer trivialen Eigenschaft von Linienintegralen über geschlossene Kurven zu. Abb. 6.5a veranschaulicht eine geschlossene Kurve C, welche ihrerseits durch ein Kurvenstück in zwei geschlossene Kurven C_1 und C_2 zerlegt ist. In Verbindung mit der Existenz eines allgemeinen Vektorfeldes a können wir

6.2 Elektrisches Feld im Vakuum

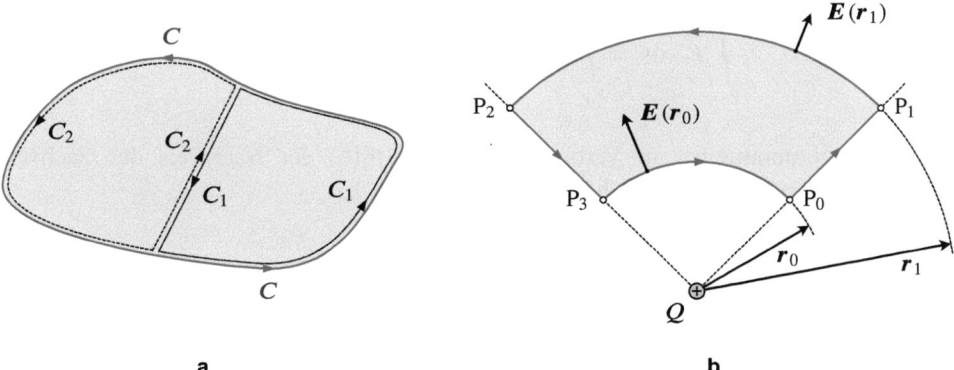

Abb. 6.5 Zur Berechnung des Linienintegrals über geschlossene Kurven. (**a**) Bei der Zerlegung einer geschlossenen Kurve C in zwei geschlossene Kurvenstücke C_1 und C_2 lässt sich das Kurvenintegral $\oint_C \boldsymbol{a} \cdot \mathrm{d}\boldsymbol{s}$ als Summe der beiden Einfachintegrale $\int_{C_1} \boldsymbol{a} \cdot \mathrm{d}\boldsymbol{s} + \int_{C_2} \boldsymbol{a} \cdot \mathrm{d}\boldsymbol{s}$ ausdrücken, da die gegenläufigen Kurvenanteile der beiden geschlossenen Kurvenstücke einander kompensieren. (**b**) Das Wegintegral der elektrischen Feldstärke einer ruhenden Punktladung auf einem beliebigen in sich geschlossenen Weg ergibt null, d. h. $\oint_C \boldsymbol{E} \cdot \mathrm{d}\boldsymbol{s} = 0$

$$\oint_C \boldsymbol{a} \cdot \mathrm{d}\boldsymbol{s} = \int_{C_1} \boldsymbol{a} \cdot \mathrm{d}\boldsymbol{s} + \int_{C_2} \boldsymbol{a} \cdot \mathrm{d}\boldsymbol{s} \tag{6.15}$$

schreiben, da die durch das Kurvenstück hinzukommenden jedoch gegenläufigen Kurvenanteile einander kompensieren. Diese Unterteilung lässt sich beliebig fortsetzen, indem man die Integrale über C_1 und C_2 wieder unterteilt usw. Bei Vorgabe einer beliebig geschlossenen Kurve im Feld einer Punktladung können wir das Kurvenintegral $\oint \boldsymbol{E} \cdot \mathrm{d}\boldsymbol{s}$ auf Kurven der in Abb. 6.5b dargestellten Art zurückführen. Wir halten fest:

$$\oint_C \boldsymbol{E} \cdot \mathrm{d}\boldsymbol{s} = \int_{P_0}^{P_1} \boldsymbol{E} \cdot \mathrm{d}\boldsymbol{s} + \underbrace{\int_{P_1}^{P_2} \boldsymbol{E} \cdot \mathrm{d}\boldsymbol{s}}_{(*)} + \int_{P_2}^{P_3} \boldsymbol{E} \cdot \mathrm{d}\boldsymbol{s} + \underbrace{\int_{P_3}^{P_0} \boldsymbol{E} \cdot \mathrm{d}\boldsymbol{s}}_{(**)} \tag{6.16}$$

Die Integralausdrücke $(*)$ und $(**)$ werden zu null, da auf den Kreisbögen von P_1 nach P_2 bzw. von P_3 nach P_0 die Vektoren $\boldsymbol{E}$ und $\mathrm{d}\boldsymbol{s}$ jeweils senkrecht aufeinander stehen. Auf den beiden übrigen Wegen von P_0 nach P_1 bzw. von P_2 nach P_3 hingegen verlaufen die Vektoren $\boldsymbol{E}$ und $\mathrm{d}\boldsymbol{s}$ parallel bzw. antiparallel zueinander, d. h.

$$\int_{P_0}^{P_1} \boldsymbol{E} \cdot \mathrm{d}\boldsymbol{s} = \int_{P_0}^{P_1} E\,\mathrm{d}r = -\int_{P_2}^{P_3} E\,\mathrm{d}r = -\int_{P_2}^{P_3} \boldsymbol{E} \cdot \mathrm{d}\boldsymbol{s}.$$

Hieraus folgt unmittelbar in Verbindung mit Gl. (6.16) der Nachweis des Sachverhalts (6.14) für ruhende elektrische Ladungen.

6.2.3 Das elektrische Potenzial

Bei einer radial gerichteten Kraft, welche proportional zu $1/r^2$ abfällt, handelt es sich um eine *konservative Kraft*. Konservative Kräfte sind in der Physik Kräfte, welche längs eines beliebigen geschlossenen Weges keine Arbeit verrichten. Das wohl bekannteste Beispiel für eine konservative Kraft ist die Gravitationskraft (Heintze und Bock 2014). So wie man der Gravitationskraft eine potenzielle Energie (Potenzialfunktion) zuordnen kann,[2] ist dies auch auf gleiche Weise bei der Coulomb-Kraft möglich. Dies gilt für eine einzelne Punktladung und wegen des Superpositionsprinzips auch für beliebige Ladungsverteilungen (Heintze 2016). Mithilfe von Gl. (6.12) haben wir die Arbeit ermittelt, welche zu leisten ist, um eine Ladung Q gegen die wirkende Coulomb-Kraft $\boldsymbol{F} = Q\boldsymbol{E}$ von einem beliebig gewählten Anfangspunkt P_0 zu einem Endpunkt P_1 zu verschieben (s. Abb. 6.4). Die zu leistende Arbeit entspricht mit Bezug auf die Definition der potenziellen Energie $E_{\mathrm{pot}}(\boldsymbol{r})$ in der Mechanik der Differenz $E_{\mathrm{pot}}(\boldsymbol{r_2}) - E_{\mathrm{pot}}(\boldsymbol{r_1})$. Wir halten fest:

$$E_{\mathrm{pot}}(\boldsymbol{r}_1) - E_{\mathrm{pot}}(\boldsymbol{r}_0) = -\int_{P_0}^{P_1} \boldsymbol{F} \cdot \mathrm{d}\boldsymbol{s} = -Q \int_{P_0}^{P_1} \boldsymbol{E} \cdot \mathrm{d}\boldsymbol{s}$$

Bezieht man die Energien auf die Ladung Q

$$\frac{E_{\mathrm{pot}}(\boldsymbol{r}_1)}{Q} - \frac{E_{\mathrm{pot}}(\boldsymbol{r}_0)}{Q} = -\int_{P_0}^{P_1} \boldsymbol{E} \cdot \mathrm{d}\boldsymbol{s}, \qquad (6.17)$$

resultiert daraus eine physikalische Größe, welche ausschließlich den Feldeigenschaften zuzuordnen ist. Diese Größe bezeichnet man als *elektrisches Potenzial* (Frohne 1994; Ida 2015).

---

[2] vgl. hierzu die Hintergrundinformation zur Gewichtskraft als Beispiel für eine Potenzialkraft im Kap. 8.

6.2 Elektrisches Feld im Vakuum

Das elektrische Potenzial

$$\varphi(\mathbf{r}) = \frac{E_{\text{pot}}(\mathbf{r})}{Q} \qquad (6.18)$$

entspricht der potenziellen Energie E_{pot} einer Ladung Q im elektrischen Feld bezogen auf die Ladung.

Mit dem Potenzial $\varphi(\mathbf{r})$ ist einem Raumpunkt P eine auf die Ladung bezogene potenzielle Feldenergie allgemein zugeordnet. Dieses ist jedoch nach Definition (6.18) vom Ausgangspunkt der Integration abhängig. Daher ist es für eine eindeutige Bestimmung des Potenzials notwendig, einen Bezugspunkt P_0 mit einem zugeordneten Bezugspotenzial $\varphi_0 = \varphi(\mathbf{r}_0)$ (Ausgangspunkt der Potenzialberechnung) festzulegen. Die in Abb. 6.6 skizzierte Darstellung liefert eine anschauliche Erklärung des Potenzialbegriffs. Einem beliebig gewählten Bezugspunkt P_0 wird ein ebenfalls beliebig gewähltes Bezugspotenzial $\varphi_0 = E_{\text{pot}}(\mathbf{r}_0)/Q$ nach Gl. (6.18) zugeordnet und als untere Integrationsgrenze festgelegt. Die nach Gl. (6.17) durchgeführte Integration vom Bezugspunkt P_0 entlang eines beliebigen Weges bis zu einem beliebig gewählten Punkt P_1, welcher als obere Integrationsgrenze gesetzt ist, liefert das Potenzial $\varphi_1 = \varphi(\mathbf{r}_1)$ in diesem Punkt.
Nach Gl. (6.17) gilt

$$\varphi_1 - \varphi_0 = -\int_{\mathbf{r}_0}^{\mathbf{r}_1} \mathbf{E} \cdot \mathrm{d}\mathbf{s},$$

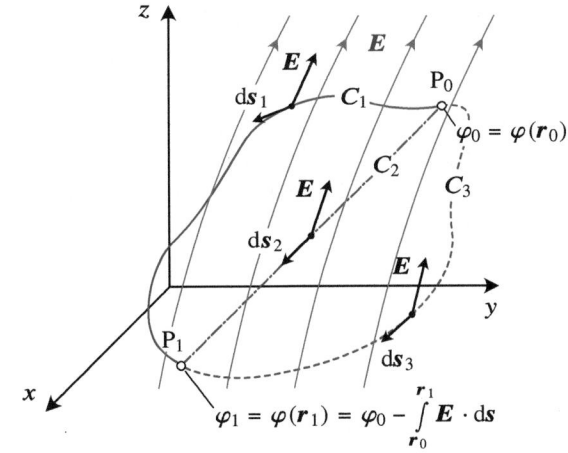

Abb. 6.6 Zur Berechnung des elektrischen Potenzials: durch Festlegung eines Bezugspunktes P_0 (Ortsvektor $\mathbf{r}_0$) mit einem zugeordneten Bezugspotenzial $\varphi_0 = \varphi(\mathbf{r}_0)$ ist auch einem beliebig gewählten Raumpunkt P_1 ein eindeutig bestimmtes Potenzial $\varphi_1 = \varphi(\mathbf{r}_1)$ zugeordnet

und wir erhalten für das Potenzial φ_1 im Punkt P_1

$$\varphi_1 = \varphi_0 - \int_{r_0}^{r_1} \boldsymbol{E} \cdot d\boldsymbol{s}.$$

Somit lässt sich das elektrische Potenzial für einen beliebigen Raumpunkt mit Ortsvektor $\boldsymbol{r}$ wie folgt definieren:

$$\varphi(\boldsymbol{r}) = \varphi_0 - \int_{r_0}^{r} \boldsymbol{E} \cdot d\boldsymbol{s}. \tag{6.19}$$

Aus Gründen der Zweckmäßigkeit wählt man oftmals als Bezugspunkt einen Punkt im Unendlichen und ordnet diesem das Bezugspotenzial $\varphi_0 = 0$ zu. Gleichung (6.19) nimmt schließlich folgende Form an (Lenk und Irrgang 1977):

$$\varphi(\boldsymbol{r}) = -\int_{\infty}^{r} \boldsymbol{E}(\boldsymbol{r}') \cdot d\boldsymbol{r}' \quad \text{mit} \quad \varphi_0 = \varphi(r_0 \to \infty) = 0 \tag{6.20}$$

6.3 Die Feldgleichungen der Elektrostatik im Vakuum

6.3.1 Die Integralform der Feldgleichungen

Die Theorie des Elektromagnetismus handelt von Vektorfeldern, genauer gesagt von dem elektrischen Feld und der magnetischen Induktion (Henke 2007). Die zugrunde liegenden physikalischen Gesetzmäßigkeiten werden in den **Maxwell-Gleichungen** zusammengefasst und miteinander verknüpft. Die beiden Gl. (6.10) und (6.14) repräsentieren einen Teil der Maxwellschen Gleichungen in Integralform. Somit erachten wir für nachfolgende Betrachtungen nicht das Coulombsche Gesetz, sondern die eben erwähnten Gleichungen in Integralform als *Feldgleichungen der Elektrostatik*. Die Feldgleichungen und die damit verbundenen Kernaussagen können der folgenden kompakten Zusammenfassung entnommen werden.

6.3 Die Feldgleichungen der Elektrostatik im Vakuum

Feldgleichungen der Elektrostatik

- Der elektrische Fluss durch eine geschlossene Fläche (multipliziert mit der Dielektrizitätskonstanten des Vakuums ε_0) ist gleich der eingeschlossenen Ladung.

$$\varepsilon_0 \oint_A E(r) \cdot dA = Q \quad \text{mit} \quad Q = \int_V \rho(r) \, dV \tag{6.21}$$

- Das Linienintegral der elektrischen Feldstärke auf einem geschlossenen Weg ist im elektrostatischen Feld gleich null.

$$\oint_C E(r) \cdot ds = 0 \tag{6.22}$$

Auf Basis der Feldgleichung (6.22) lässt sich unmittelbar auf die Existenz eines elektrischen Potenzials zurückschließen (s. Gl. (6.20)).

Die erste Feldgleichung (6.21) bezeichnet man als das *Gaußsche Gesetz* der Elektrostatik. Dieses gilt sowohl für beliebige statische Ladungsverteilungen im leeren Raum als auch für zeitabhängige Positionen von elektrischen Ladungen und damit zeitabhängige elektrische Felder. Die zweite Feldgleichung (6.22) bezeichnet man als *Zirkulationsgesetz* der Elektrostatik. Bei kontinuierlich verteilten Ladungen im Raum, aber auch bei Punkt-, Linien- und Flächenladungen sind beide Feldgleichungen anwendbar (Heintze 2016).

6.3.2 Die Differenzialform der Feldgleichungen

Der Weg der Überführung der integralen Darstellung des Gaußschen Gesetzes bzw. des Zirkulationsgesetzes in eine differenzielle Form erfolgt mithilfe des *Gaußschen* bzw. des *Stokesschen Integralsatzes*, zwei zentrale Integralsätze der *Vektoranalysis*. Zunächst wollen wir unser Augenmerk auf das Gaußsche Gesetz (6.21) richten. Mithilfe des *Gaußschen Integralsatzes*

$$\oint_A a \cdot dA = \int_V \text{div} \, a \, dV \tag{6.23}$$

lässt sich das Gaußsche Gesetz (6.21) in der Form

$$\oint_A E(r) \cdot dA = \int_V \text{div}\, E(r)\, dV = \frac{Q}{\varepsilon_0} \quad \text{mit} \quad Q = \int_V \rho(r)\, dV \tag{6.24}$$

darstellen, woraus unmittelbar folgt:

$$\int_V \text{div}\, E(r)\, dV = \frac{1}{\varepsilon_0} \int_V \rho(r)\, dV \tag{6.25}$$

Die beidseitige Integration von Gl. (6.25) hat hierbei über das von der Integrationsfläche A in Gl. (6.24) umschlossene Volumen V zu erfolgen (Heintze 2016). Da die Integrationsfläche beliebig gewählt werden kann, muss Gl. (6.25) auch für ein differenzielles Volumenelement gelten, d. h. die Integranden müssen gleich sein und wir erhalten das Gaußsche Gesetz in differenzieller Form (Ida 2015):

$$\text{div}\, E(r) = \nabla \cdot E(r) = \frac{\rho(r)}{\varepsilon_0} \tag{6.26}$$

Hintergrundinformation | Gaußscher Integralsatz
Der Gaußsche Integralsatz, der wichtigste Satz der Integralrechnung im $\mathbb{R}^n$, erlaubt es, das Volumenintegral über die Divergenz eines Vektorfeldes a durch ein Oberflächenintegral zu ersetzen und stellt somit eine Verbindung zwischen einem zwei- und dreidimensionalen Integral her (Papula 2016).

Gaußscher Integralsatz im Raum
Das Oberflächenintegral eines räumlichen Vektorfeldes a über eine geschlossene Fläche A ist gleich dem Volumenintegral der Divergenz von a über ein beliebiges Volumen V, das von der Fläche A berandet wird:

$$\oint_A a \cdot dA = \oint_A (a \cdot n)\, dA = \int_V \text{div}\, a\, dV \tag{6.27}$$

Hierbei bedeuten:
$a = a(x, y, z)$: Stetig differenzierbares räumliches Vektorfeld
A: Geschlossene Fläche (Oberfläche), die das Volumen V berandet
V: Räumlicher Bereich (Volumen) mit der geschlossenen Oberfläche A
n: Nach außen gerichteter Flächennormalenvektor

Anmerkungen

1. Ein *Volumenintegral* lässt sich über die Divergenz eines Vektorfeldes in ein *Oberflächenintegral* des Vektorfeldes über die (geschlossene) Oberfläche dieses Volumens umwandeln und umgekehrt.
2. Bei einem *quellenfreien* Feld ($\text{div}\, a = 0$) beträgt der *Gesamtfluss* durch die geschlossene Oberfläche *null*.

6.3 Die Feldgleichungen der Elektrostatik im Vakuum

Die Differenzialform des Gaußschen Gesetzes besagt, dass der Vektoroperator div angewandt auf das Vektorfeld der elektrischen Feldstärke E die Änderung der elektrischen Feldstärke in einem Raumpunkt im differenziellen Volumenelement angibt, welche dem Quotienten aus der im Raumpunkt anzutreffenden Ladungsdichte $\rho(r)$ und der Dielektrizitätskonstanten des Vakuums ε_0 entspricht. Anstelle der Bezeichnung div wird oftmals das Symbol ∇ verwendet (Feynman et al. 2011; Donnevert 2017). Dieses bezeichnet man als *Nabla-Operator* und findet in der Vektor- und Tensoranalysis Anwendung, um kontextabhängig einen der drei Differenzialoperatoren *Gradient* (grad), *Divergenz* (div) bzw. *Rotation* (rot) zu notieren. Formal lässt sich der Nabla-Operator als ein Vektor auffassen, dessen Komponenten die partiellen Ableitungsoperatoren $\partial/\partial x_i$ sind:

$$\nabla = \left(\frac{\partial}{\partial x_1}, \frac{\partial}{\partial x_2}, \ldots, \frac{\partial}{\partial x_n}\right) = \frac{\partial}{\partial x_1}\boldsymbol{e}_1 + \frac{\partial}{\partial x_2}\boldsymbol{e}_2 + \cdots + \frac{\partial}{\partial x_n}\boldsymbol{e}_n$$

Im dreidimensionalen kartesischen Koordinatensystem lautet dieser

$$\nabla = \left(\frac{\partial}{\partial x}, \frac{\partial}{\partial y}, \frac{\partial}{\partial z}\right) = \frac{\partial}{\partial x}\boldsymbol{e}_x + \frac{\partial}{\partial y}\boldsymbol{e}_y + \frac{\partial}{\partial z}\boldsymbol{e}_z,$$

wobei $\boldsymbol{e}_x$, $\boldsymbol{e}_y$ und $\boldsymbol{e}_z$ die Einheitsvektoren des kartesischen Koordinatensystems bezeichnen (Schmutzer 2005; Lehner 2010; Donnevert 2017).

Das Zirkulationsgesetz (6.22) lässt sich ebenso in eine differenzielle Form überführen. Hierzu machen wir von einem weiteren wichtigen Integralsatz der Vektor- und Tensoranalysis Gebrauch, dem sog. *Stokesschen Integralsatz*. Mit diesem lässt sich das Integral der Rotation eines Vektorfeldes $\boldsymbol{a}$ über eine Fläche A in ein Wegintegral des Vektorfeldes über den Rand C dieser Fläche überführen (Feynman et al. 2011; Scheck 2017). Es gilt:

$$\oint_C \boldsymbol{a} \cdot \mathrm{d}\boldsymbol{r} = \int_A \operatorname{rot} \boldsymbol{a} \cdot \mathrm{d}\boldsymbol{A} \qquad (6.28)$$

Die Anwendung des Stokesschen Integralsatzes auf das Vektorfeld der elektrischen Feldstärke E ergibt in Verbindung mit der Feldgleichung (6.22)

$$\oint_C \boldsymbol{E} \cdot \mathrm{d}\boldsymbol{s} = \oint_A \operatorname{rot} \boldsymbol{E} \cdot \mathrm{d}\boldsymbol{A} = 0.$$

Die Gleichung muss für beliebige Kurven bzw. die von ihnen umschlossene Flächen gelten, woraus wir direkt das Zirkulationsgesetz in differenzieller Form gewinnen:

$$\text{rot}\,\boldsymbol{E} = \nabla \times \boldsymbol{E} = \boldsymbol{0} \tag{6.29}$$

Hintergrundinformation | Stokesscher Integralsatz
Der Integralsatz von Stokes ermöglicht die Umwandlung eines Oberflächenintegrals in ein Kurven- oder Linienintegral und umgekehrt (Papula 2016).

Stokesscher Integralsatz im Raum
Das Kurven- oder Linienintegral eines räumlichen Vektorfeldes $\boldsymbol{a}$ längs einer einfach geschlossenen Kurve C ist gleich dem Oberflächenintegral der Rotation von $\boldsymbol{a}$ über eine beliebige räumliche Fläche A, die durch die Kurve C berandet wird:

$$\oint_C \boldsymbol{a} \cdot d\boldsymbol{r} = \int_A \text{rot}\,\boldsymbol{a} \cdot d\boldsymbol{A} = \int_A \text{rot}\,\boldsymbol{a} \cdot \boldsymbol{n}\, dA \tag{6.30}$$

Hierbei bedeuten:
$\boldsymbol{a} = \boldsymbol{a}(x, y, z)$: Stetig differenzierbares räumliches Vektorfeld
A: Räumliche Fläche mit der Randkurve C
$\boldsymbol{n}$: Flächennormalenvektor
C: Orientierte Randkurve der Fläche A, wobei die *positive* Umlaufrichtung wie folgt festgelegt wird: Ein Beobachter, der in die Richtung des Flächennormalenvektors schaut, durchläuft die Randkurve C dabei so, dass die Fläche links liegen bleibt (s. Abb. 6.7).

Anmerkungen

1. Der Stokessche Integralsatzes stellt eine Verbindung zwischen der Zirkulation und der Rotation eines Vektorfeldes her.
2. Das Oberflächenintegral $\int_A \text{rot}\,\boldsymbol{a} \cdot d\boldsymbol{A}$ beschreibt den Fluss des Vektors $\text{rot}\,\boldsymbol{a}$ durch die Fläche A und wird daher in naturwissenschaftlich-technischen Anwendungen oft auch als *Wirbelfluss* bezeichnet. Der Stokessche Integralsatz lässt sich dann auch folgendermaßen formulieren: Der Wirbelfluss eines Vektorfeldes $\boldsymbol{a}$ durch eine Fläche A ist gleich der Zirkulation von $\boldsymbol{a}$ längs der Randkurve C dieser Fläche.

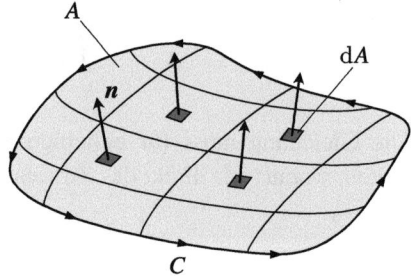

Abb. 6.7 Veranschaulichung des Stokesschen Integralsatzes im Raum am Beispiel einer von der Randkurve C mit positiver Umlaufrichtung umschlossenen räumlichen Fläche A. (Nach Papula 2016)

Abb. 6.8 Orientierung der Randkurven bei einer durch zwei geschlossene Kurven C_1 und C_2 begrenzten Fläche A. (Nach Papula 2016)

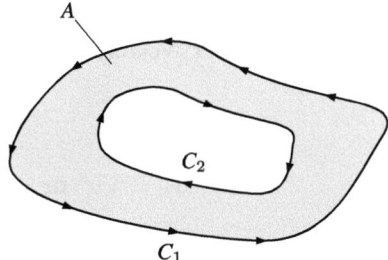

3. Der Wirbelfluss durch eine geschlossene Fläche (d. h. durch die Oberfläche eines räumlichen Bereiches) ist gleich null:

$$\oint_A \operatorname{rot} \boldsymbol{a} \cdot \mathrm{d}\boldsymbol{A} = 0$$

Diese Aussage lässt sich aus dem Gaußschen Integralsatz gewinnen, wenn man dort formal $\boldsymbol{a}$ durch $\operatorname{rot} \boldsymbol{a}$ ersetzt und dabei beachtet, dass $\operatorname{div}(\operatorname{rot} \boldsymbol{a}) = 0$ ist:

$$\oint_A \operatorname{rot} \boldsymbol{a} \cdot \mathrm{d}\boldsymbol{A} = \int_V \underbrace{\operatorname{div}(\operatorname{rot} \boldsymbol{a})}_{=0} \mathrm{d}V = 0 \qquad (6.31)$$

4. Der Wirbelfluss eines Vektorfeldes $\boldsymbol{a}$ ist für alle Flächen A, die von der gleichen Kurve C berandet werden, gleich groß, d. h. vollkommen unabhängig von der Gestalt der Fläche.
5. Der Stokessche Integralsatz gilt auch für Flächen, die von mehreren (einfach) geschlossenen Kurven begrenzt werden. Dabei ist die Orientierung der Kurven derart festzulegen, dass die Fläche beim Durchlaufen der Kurven in *positiver* Richtung stets links liegen bleibt. Abb. 6.8 zeigt die Orientierung der Randkurven bei einer Fläche, die durch zwei geschlossene Kurven begrenzt wird.

Ergänzend zu den Feldgleichungen der Elektrostatik in integraler Form haben wir im Abschnitt zuvor das Potenzial $\varphi(\boldsymbol{r})$ ausgehend von der Kenntnis des Vektorfeldes der elektrischen Feldstärke $\boldsymbol{E}(\boldsymbol{r})$ definiert. Dieses wollen wir ebenfalls in eine Differenzialform überführen. Ausgehend von der integralen Darstellung (6.20) gewinnen wir zunächst das Differenzial

$$\mathrm{d}\varphi(\boldsymbol{r}) = -\boldsymbol{E}(\boldsymbol{r}) \cdot \mathrm{d}\boldsymbol{r}. \qquad (6.32)$$

Für kartesische Koordinaten liefert die Auswertung des Skalarproduktes

$$\mathrm{d}\varphi = -E_x \mathrm{d}x - E_y \mathrm{d}y - E_z \mathrm{d}z. \qquad (6.33)$$

Das totale Differenzial

$$\mathrm{d}\varphi = \frac{\partial \varphi}{\partial x} \mathrm{d}x + \frac{\partial \varphi}{\partial y} \mathrm{d}y + \frac{\partial \varphi}{\partial z} \mathrm{d}z$$

der skalaren Funktion $\varphi(\mathbf{r}) = \varphi(x, y, z)$ lässt die Schlussfolgerung zu, dass $\mathrm{d}\varphi$ als Skalarprodukt der Vektoren $\nabla\varphi$ und $\mathrm{d}\mathbf{r}$ darstellbar ist (Papula 2016). Wir können schreiben:

$$\mathrm{d}\varphi = \nabla\varphi \cdot \mathrm{d}\mathbf{r} = \begin{pmatrix} \partial\varphi/\partial x \\ \partial\varphi/\partial y \\ \partial\varphi/\partial z \end{pmatrix} \cdot \begin{pmatrix} \mathrm{d}x \\ \mathrm{d}y \\ \mathrm{d}z \end{pmatrix} := \mathrm{grad}\,\varphi \cdot \mathrm{d}\mathbf{r}$$

Ein Vergleich mit Gl. (6.32) bzw. (6.33) lässt erkennen, dass sich die kartesischen Komponenten der elektrischen Feldstärke $\mathbf{E}(\mathbf{r})$ aus den partiellen Ableitungen des Potenzials $\varphi(\mathbf{r})$ nach x, y und z ergeben (Tipler und Mosca 2019). Es gilt somit:

$$\mathbf{E}(\mathbf{r}) = -\nabla\varphi(\mathbf{r}) = -\mathrm{grad}\,\varphi(\mathbf{r}) \qquad (6.34)$$

Die bisher gewonnenen Erkenntnisse spielen für die Berechnung der Energiedichte des elektrostatischen Feldes an späterer Stelle eine wesentliche Rolle.

Zusammenfassung der Feldgleichungen der Elektrostatik im Vakuum
Als Feldgleichungen der Elektrostatik lassen sich die beiden folgenden integralen Beziehungen angeben (Lehner 2010):

$$\varepsilon_0 \oint_A \mathbf{E}(\mathbf{r}) \cdot \mathrm{d}\mathbf{A} = \int_V \rho(\mathbf{r})\,\mathrm{d}V = Q \qquad \text{(Gaußsches Gesetz)} \qquad (6.35)$$

$$\oint_C \mathbf{E}(\mathbf{r}) \cdot \mathrm{d}\mathbf{r} = 0 \qquad \text{(Zirkulationsgesetz)} \qquad (6.36)$$

$$\mathrm{div}\,\mathbf{E}(\mathbf{r}) = \nabla \cdot \mathbf{E}(\mathbf{r}) = \frac{\rho(\mathbf{r})}{\varepsilon_0} \qquad \text{(Gaußsches Gesetz)} \qquad (6.37)$$

$$\mathrm{rot}\,\mathbf{E}(\mathbf{r}) = \nabla \times \mathbf{E}(\mathbf{r}) = \mathbf{0} \qquad \text{(Zirkulationsgesetz)} \qquad (6.38)$$

In der Sprache der Strömungslehre besagt das Gaußsche Gesetz, dass die *Quellen* des elektrischen Feldes die *positiven*, die *Senken* die *negativen* elektrischen Ladungen sind. Das Zirkulationsgesetz bringt zum Ausdruck, dass das elektrostatische Feld *wirbelfrei* ist. Der Zusammenhang zwischen der integralen und differenziellen Form des Gaußschen Gesetzes bzw. des Zirkulationsgesetzes erschließt sich aus dem Gaußschen bzw. Stokesschen Integralsatz (Schmutzer 2005):

(Fortsetzung)

$$\int_V \operatorname{div} \boldsymbol{a}(\boldsymbol{r}) \, dV = \oint_A \boldsymbol{a}(\boldsymbol{r}) \cdot d\boldsymbol{A} \qquad \text{(Gaußscher Integralsatz)} \qquad (6.39)$$

$$\int_A \operatorname{rot} \boldsymbol{a}(\boldsymbol{r}) \cdot d\boldsymbol{A} = \oint_C \boldsymbol{a}(\boldsymbol{r}) \cdot d\boldsymbol{r} \qquad \text{(Stokesscher Integralsatz)} \qquad (6.40)$$

Aus Gl. (6.35) folgt die Existenz eines Potenzials

$$\varphi(\boldsymbol{r}) = -\int_\infty^r \boldsymbol{E}(\boldsymbol{r}') \cdot d\boldsymbol{r}' \quad \text{mit} \quad \varphi_0 = \varphi(r_0 \to \infty) = 0, \qquad (6.41)$$

$$\boldsymbol{E}(\boldsymbol{r}) = -\nabla \varphi(\boldsymbol{r}) = -\operatorname{grad} \varphi(\boldsymbol{r}) \qquad (6.42)$$

6.4 Feld des Plattenkondensators als Modellfeld

In den folgenden Abschnitten werden wir das Feld des Plattenkondensators als Modellfeld benutzen. Da diesem Modell eine zentrale Bedeutung zukommt, soll zunächst gezeigt werden, wie das zwischen den Kondensatorplatten entstehende Vektorfeld der elektrischen Feldstärke mithilfe der Berechnungsgrundlage (6.4) ermittelt werden kann. Hierzu betrachten wir die in Abb. 6.9a bzw. b dargestellte Anordnung zweier sich im Abstand l gegenüberstehenden kreisförmigen Platten mit dem Radius R. Wir nehmen an, dass der Abstand beider Platten um ein Vielfaches kleiner als der Plattendurchmesser ist, d. h. $l \ll 2R$. Auf beiden Platten sollen die Ladungen $+Q$ bzw. $-Q$ gleichmäßig verteilt sein, sodass die Flächenladungsdichte $\sigma = dQ/dA$ als konstant angesehen werden kann. Weiterhin soll der Raum zwischen den Kondensatorplatten frei von Materie sein (Vakuum). Die von den Ladungen der linken Kondensatorplatte auf der x-Achse erzeugte Feldstärke E_x ergibt sich durch Integration der zu den Teilladungen dQ gehörigen Teilfeldstärken dE_x. Mithilfe von Gl. (6.4) können wir die Teilfeldstärke dE_x in Abhängigkeit der in Abb. 6.9c definierten Größen angeben. Wir erhalten:

$$dE_x = \cos \alpha \, dE = \frac{\cos \alpha \, dQ}{4\pi \varepsilon_0 \left(\rho^2 + x_1^2\right)}$$

Mit der zugrundeliegenden Geometrie ergibt sich der Term $\cos \alpha$ zu

$$\cos \alpha = \frac{x_1}{\sqrt{\rho^2 + x_1^2}},$$

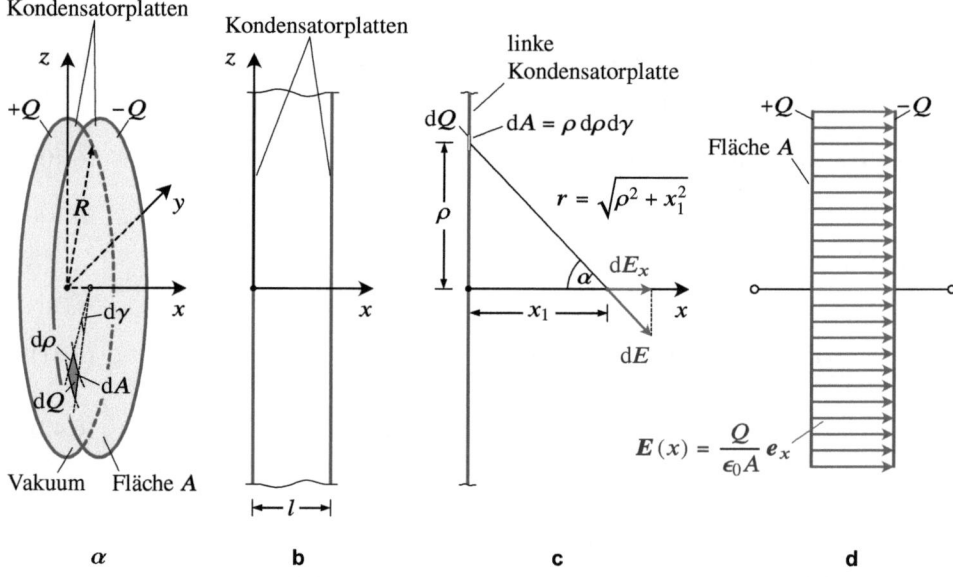

Abb. 6.9 Zur Berechnung des elektrischen Feldes eines Plattenkondensators. (**a**) Kondensator bestehend aus zwei gegenüberstehenden kreisförmigen Kondensatorplatten; der Raum zwischen den Kondensatorplatten ist frei von Materie (Vakuum). (**b**) Anordnung der beiden im Abstand l gegenüberstehenden Kondensatorplatten in der x-z-Ebene. (**c**) Geometrische Größen zur Ermittlung der Teilfeldstärke dE_x im Abstand $x_1 \leq l \ll 2R$. (**d**) Die Ladungen $\pm Q$ auf den Kondensatorplatten erzeugen ein homogenes elektrisches Feld im Innern des Plattenkondensators

und wir können für die Teilfeldstärke schreiben:

$$dE_x = \frac{\sigma\, dA\, x_1}{4\pi\varepsilon_0 \sqrt{(\rho^2 + x_1^2)^3}} = \frac{\sigma\rho\, d\rho\, d\gamma\, x_1}{4\pi\varepsilon_0 \sqrt{(\rho^2 + x_1^2)^3}}$$

Die anschließende Integration über den die Kondensatorplatte aufspannenden Winkel 2π und Radius R ergibt die an der Stelle x_1 erzeugte Feldstärke

$$E_x = \int_0^R \int_0^{2\pi} \frac{\sigma\rho\, x_1}{4\pi\varepsilon_0 \sqrt{(\rho^2 + x_1^2)^3}}\, d\gamma\, d\rho = \frac{\sigma}{2\varepsilon_0}\left(1 - \frac{x_1}{\sqrt{R^2 + x_1^2}}\right).$$

Für $R \gg x_1$ vereinfacht sich der gewonnene Ausdruck zu

$$E_x = \frac{\sigma}{2\varepsilon_0}.$$

Die erzeugte Feldstärke in y- und z-Richtung verschwindet aus Symmetriegründen. Von der zweiten Kondensatorplatte resultiert ein gleich großer Beitrag, sodass die gesamte auf der x-Achse erzeugte Feldstärke $E(x)$ für $R \gg l$ durch

$$E(x) = 2E_x\, e_x = \frac{\sigma}{\varepsilon_0}\, e_x = \frac{Q}{\varepsilon_0 A}\, e_x \qquad (y = z = 0) \tag{6.43}$$

gegeben ist. Die exakte Lösung des Problems für $y \neq 0$ und $z \neq 0$ zeigt, dass die Feldstärke im Innern des Kondensators, mit Ausnahme einer kleinen Randzone, deren Abmessung in der Größenordnung vom Plattenabstand l liegt, durch Gl. (6.43) bestimmt ist. Da wir das Verhältnis R/l grundsätzlich beliebig groß wählen können, sind wir somit berechtigt, die elektrische Feldstärke im Innern eines derartigen Plattenkondensators als ortsunabhängig anzunehmen (Lenk und Irrgang 1977).

Mit den bisher erarbeiteten physikalischen Grundlagen zum elektrostatischen Feld sowie dem gerade beschriebenen Modellfeld eines Plattenkondensators wenden wir uns im folgenden Abschnitt der schrittweisen Untersuchung und Herleitung der Energiedichte des elektrischen Feldes im Vakuum zu.

6.5 Energiedichte des elektrischen Feldes im Vakuum

In Fachbüchern zur Theoretischen Physik bzw. zur Elektrodynamik wird die Existenz einer Energiedichte des elektrischen Feldes für gewöhnlich damit begründet, dass man die Energie, welche notwendig ist, um Ladungen aus dem Unendlichen herbeizuholen und in bestimmte Positionen zueinander zu bringen, durch ein Integral über die Feldstärken bestimmen kann, die dieser Ladungsverteilung zugehörig sind:

$$W_{\text{el}} = \frac{1}{2} \varepsilon_0 \int_V |E(r)|^2\, dV \tag{6.44}$$

Diese Beziehung lässt dann den Rückschluss zu, dass in jedem Volumenelement dV ein Energiebetrag $\varepsilon_0 E^2/2\, dV$ enthalten ist, d. h. dass die Energiedichte des elektrischen Feldes $w_{\text{el}} = dW_{\text{el}}/dV$ im Vakuum $\varepsilon_0 E^2/2$ beträgt (Lenk und Irrgang 1977). Eine Herleitung der Energiedichte des elektrischen Feldes im Vakuum unter Verwendung formaler Ansätze aus der Theoretischen Physik erfolgt im Anhang 2.

Den in Gl. (6.44) beschriebenen Zusammenhang kann man jedoch anhand eines einfachen Gedankenexperimentes auf eine viel anschaulichere Art und Weise erbringen. Hierzu betrachten wir ein beliebiges elektrisches Feld $E(r)$. In der Umgebung eines Raumpunktes mit dem Ortsvektor r_0 bringen wir einen ungeladenen Plattenkondensator mit geringem Plattenabstand l und geringer Plattenfläche A derart in das elektrische Feld

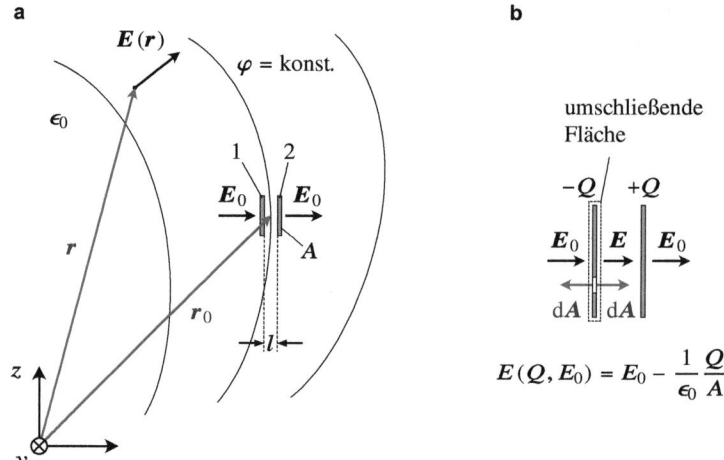

Abb. 6.10 Gedankenexperiment zur Bestimmung der Energiedichte des elektrischen Feldes im Vakuum. (**a**) Zwischen den Platten eines ungeladenen Plattenkondensators bildet sich bei Einbringen in ein äußeres elektrisches Feld E_0 im Raumpunkt r_0 ein elektrisches Feld mit gleicher Feldstärke aus. (**b**) Beim Transport von kleinen positiven Ladungsmengen dQ von der linken Kondensatorplatte 1 zur rechten Kondensatorplatte 2 resultiert auf der Kondensatorplatte 1 ein negativer und auf der Kondensatorplatte 2 ein positiver Ladungsüberschuss, was zu einem von E_0 verschiedenen Wert $E(Q)$ der elektrischen Feldstärke im Innern des Kondensators führt. (Nach Lenk und Irrgang 1977)

ein, dass die Richtung der Flächennormalen der Kondensatorplatten mit der Richtung des Feldstärkevektors $E_0 = E(r_0)$ zusammenfällt (vgl. Abb. 6.10a). Das elektrische Feld erfährt hierdurch keine Veränderung, vielmehr bildet sich zwischen den Kondensatorplatten ebenfalls ein Feld mit der Feldstärke $|E_0| = E_0$ aus. Wir transportieren nun eine kleine positive Ladungsmenge dQ von der linken Platte 1 zur rechten Platte 2. Nach Gl. (6.12) ist hierzu die Energie $dW = -E_0 l\, dQ$ erforderlich, d. h. beim Transport der Ladung wird die Energie $-dW$ frei. Wir wiederholen diesen Vorgang in differenziellen Schritten. Als Folge davon resultiert auf der Kondensatorplatte 1 ein negativer, auf der Kondensatorplatte 2 ein positiver Ladungsüberschuss. Dieser wiederum hat zur Folge, dass das Feld im Innern des Kondensators einen von E_0 verschiedenen Wert $E(Q)$ annimmt (s. Abb. 6.10b). Für die bei einem beliebigen Schritt dQ freigewordene Energie $-dW$ können wir schreiben:

$$-dW = E(Q, E_0) l\, dQ$$

Für den Fall, dass die transportierte Ladungsmenge nach Gl. (6.43) den Wert $\varepsilon_0 E_0 A$ erreicht hat, ist das Innere des Kondensators feldfrei. Dies wiederum berechtigt zur Annahme, dass die bis dahin frei gewordene Energie aus dem nun feldfreien Raum stammt, denn schließlich hat sich im übrigen Raum am elektrischen Feld nichts geändert. Die frei gewordene Energie gewinnen wir aus

6.5 Energiedichte des elektrischen Feldes im Vakuum

$$W_{el} = -\int dW = l \int_0^{\varepsilon_0 E_0 A} E(Q, E_0)\, dQ.$$

Die Funktion $E(Q, E_0)$ gewinnen wir durch Anwenden des Gaußschen Gesetzes (6.35) auf die unmittelbare Umgebung der Kondensatorplatte 1 (s. Abb. 6.10b). Wir erhalten

$$\varepsilon_0 \oint_A \boldsymbol{E} \cdot d\boldsymbol{A} = -\varepsilon_0 \int_0^A E_0\, dA + \varepsilon_0 \int_0^A E\, dA = -Q$$

bzw.

$$\varepsilon_0 E_0 - \varepsilon_0 E = \frac{Q}{A}$$

und somit die gesuchte Funktion

$$E(Q, E_0) = E_0 - \frac{1}{\varepsilon_0}\frac{Q}{A}.$$

Die frei gewordene Energie berechnet sich somit zu

$$W_{el} = l \int_0^{\varepsilon_0 E_0 A} \left(E_0 - \frac{1}{\varepsilon_0}\frac{Q}{A}\right) dQ = l \left(E_0 Q - \frac{1}{2\varepsilon_0}\frac{Q^2}{2A}\right)\Bigg|_0^{\varepsilon_0 E_0 A} = \frac{\varepsilon_0}{2} l A E_0^2.$$

Der Term lA entspricht dem von den Kondensatorplatten eingeschlossenen Raumvolumen V, sodass wir schließlich die Energiedichte des elektrostatischen Feldes $w_{el} = dW_{el}/dV$ in Analogie zu Gl. (6.44) in der Form

$$w_{el} = \frac{\varepsilon_0}{2} E_0^2 \qquad (6.45)$$

beschreiben können. Im folgenden Abschnitt wollen wir untersuchen, welchen Effekt *isotrope* Dielektrika im Zwischenraum zweier Kondensatorplatten auf das elektrische Feld haben.

6.6 Elektrisches Feld im isotropen Dielektrikum

6.6.1 Dielektrikum im homogenen Feld eines Plattenkondensators

Zunächst fordern wir von dem betrachteten Dielektrikum, dass es völlig isolierende Eigenschaften aufweist und im Mittel keine Ladung enthält, d. h. die **makroskopische Raumladungsdichte** ρ soll null sein. Den Begriff der Raumladungsdichte haben wir bereits in Gl. (6.5) eingeführt. Basierend darauf ist unter der makroskopischen Raumladungsdichte ρ der Quotient dQ/dV zu verstehen. Die Größe dV bezeichnet hierbei ein Volumen, welches einerseits so groß ist, dass darin noch hinreichend viele atomare oder molekulare Strukturelemente enthalten sind. Andererseits ist es jedoch gerade noch so klein, dass es im Sinne einer Kontinuumstheorie als Volumendifferenzial angesehen werden kann (Lenk und Irrgang 1977). Die Größe dQ entspricht der im Volumendifferenzial enthaltenen Gesamtladung, welche infolge der zuvor erwähnten Forderungen im Mittel verschwinden soll. Was die atomare oder molekulare Struktur des Dielektrikums angeht, so haben wir hierüber keine Informationen.

Ein weiteres Gedankenexperiment mit dem Modellkondensator soll dabei helfen, eine Kenngröße zu definieren, welche die dielektrischen Eigenschaften des Dielektrikums beschreibt. Wir stellen uns zunächst vor, dass zwischen den Kondensatorplatten Vakuum herrscht. Die zum Trennen der Ladungen $\pm Q$ erforderliche Energie beträgt nach den Überlegungen im vorangehenden Abschnitt

$$W_{el} = \frac{1}{2}\frac{l}{\varepsilon_0 A}Q^2 = \frac{1}{2}E\sigma l A \qquad (6.46)$$

mit

$$E = \frac{\sigma}{\varepsilon_0}.$$

Nun befüllen wir den Kondensator vollständig mit einem **Dielektrikum**. Als Ergebnis des Gedankenexperiments kann festgehalten werden, dass die zur Trennung der gleichen Ladungsmenge $\pm Q$ erforderliche Energie W_{el}^* um einen Faktor $1/\varepsilon_r$ mit $\varepsilon_r > 1$ geringer ist. Es gilt also:

$$W_{el}^* = \frac{W_{el}}{\varepsilon_r} = \frac{1}{2}\frac{l}{\varepsilon_0 \varepsilon_r A}Q^2 \qquad (6.47)$$

Da wir keine Kenntnisse über die atomare bzw. molekulare Struktur des Dielektrikums haben, kommen wir nicht umhin, die Größe ε_r bzw. $\varepsilon = \varepsilon_0\varepsilon_r$ als experimentell zu bestimmende Konstante anzusehen (Fitzpatrick 2008). Analog zu Gl. (6.46) lässt sich Gl. (6.47) umschreiben und wir erhalten eine neue elektrische Feldstärke $\overline{E}$:

6.6 Elektrisches Feld im isotropen Dielektrikum

$$W_{\text{el}} = \frac{1}{2}\overline{E}\sigma l A$$

mit

$$\overline{E} = \frac{\sigma}{\varepsilon_0 \varepsilon_r} \tag{6.48}$$

Wie können wir die elektrische Feldstärke $\overline{E}$ physikalisch interpretieren? Um diese Frage zu beantworten, treffen wir die Annahme, dass die Ladungstrennung im zweiten Gedankenexperiment wie in Abb. 6.10b dargestellt vonstattengeht, nur dass dieses Mal negative Teilladungen $-\,\mathrm{d}Q$ von der linken Kondensatorplatte 1 zur rechten Kondensatorplatte 2 durch eine winzige Bohrung oder direkt durch die Lücken der atomaren bzw. molekularen Struktur in x-Richtung geführt gedacht werden. Abb. 6.11a stellt diesen Sachverhalt anschaulich dar. Der Transport soll derart ablaufen, dass dieser durch Gleichgewichtszustände im Sinne der Thermodynamik führt, d. h. die Bewegung der Teilladungen soll so langsam erfolgen, dass die kinetischen Energiebeiträge vernachlässigbar sind, und die Kraft $\mathrm{d}F(x)$ stets den Wert aufweist, welche sie auch im statischen Gleichgewicht annimmt. Hat sich auf diese Weise bereits eine Ladung $\pm Q$ auf den Kondensatorplatten angesammelt, dann beträgt die zum Transport einer weiteren Ladung $-\,\mathrm{d}Q$ erforderliche Energie

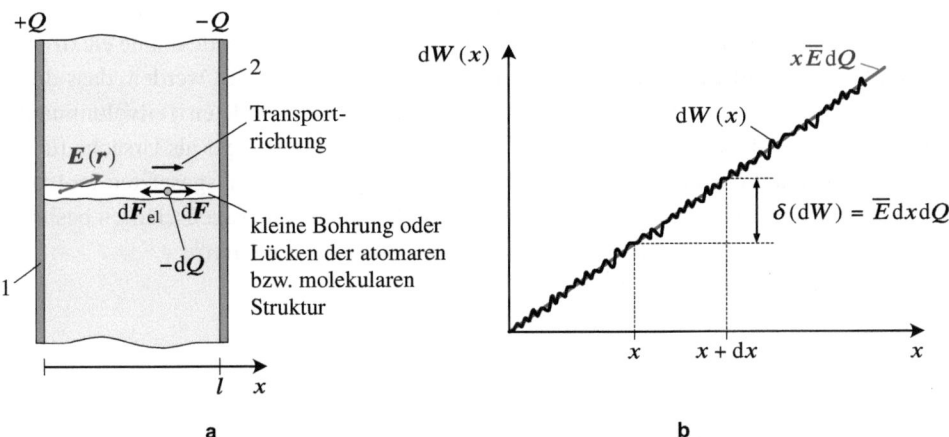

Abb. 6.11 Gedankenexperiment zur Erklärung der mittleren elektrischen Feldstärke $\overline{E}$ in einem Dielektrikum. (**a**) Die Existenz einer Kraft $\mathrm{d}F$ auf dem Transportweg negativer Teilladungen $-\,\mathrm{d}Q$ durch eine mikroskopisch kleine Bohrung oder die Lücken der atomaren bzw. molekularen Struktur des Dielektrikums erfordert die Existenz einer lokalen Feldstärke $E(r)$, welche die entgegengesetzt gerichtete Kraft $\mathrm{d}F_{\text{el}}$ auf die Teilladungen $-\mathrm{d}Q$ erzeugt. (**b**) Die nicht näher bekannte Mikrostruktur der Ladungsverteilung hat eine Schwankung der Teilenergie $\mathrm{d}W(x)$ um die Gerade $\mathrm{d}W(l)/l\,x$ zur Folge, aus der sich bei Verwendung einer hinreichend großen Länge $\mathrm{d}x$ die mittlere elektrische Feldstärke $\overline{E}$ bestimmen lässt. (Nach Lenk und Irrgang 1977)

$$dW = \int_0^l dF(x)\, dx.$$

Die Existenz einer derartigen Kraft macht auf dem Transportweg, d. h. im Vakuum, die Existenz einer lokalen Feldstärke $E(r)$ erforderlich, welche diese Kraft auf die Teilladung $-dQ$ erzeugt (Lenk und Irrgang 1977). Wir können schreiben:

$$dW = dQ \int_0^l E(x)\, dx = l\, dQ \frac{1}{l} \int_0^l E(x)\, dx \tag{6.49}$$

Aus der experimentellen Erfahrung, welche sich in Form von Gl. (6.47) niederschlägt, gewinnen wir aus dem Differenzialquotienten dW_{el}^*/dQ unter Berücksichtigung der **mittleren elektrische Feldstärke** $\overline{E}$ nach Gl. (6.48) die Teilenergie

$$dW_{el}^* = \frac{lQ}{\varepsilon_0 \varepsilon_r A}\, dQ = \overline{E} l\, dQ. \tag{6.50}$$

Spätestens jetzt enthüllt ein Vergleich der beiden Gl. (6.49) und (6.50) die Bedeutung der elektrischen Feldstärke $\overline{E}$ als Mittelwert der x-Komponente $E_x = E(x)$ des lokalen Feldstärkevektors $E(r)$ auf dem in Abb. 6.11a dargestellten Transportweg.

Als wichtiges Ergebnis des beschriebenen Gedankenexperiments können wir festhalten, dass in einem Dielektrikum eine im Mittel nicht verschwindende lokale elektrische Feldstärke $E(r)$ vorhanden sein muss. Daraus kann geschlussfolgert werden, dass die in den zur Definition der makroskopischen Ladungsdichte ρ verwendeten Teilvolumina dV in gleichem Maße befindlichen positiven und negativen Ladungsträger als Ursache für die lokale elektrische Feldstärke $E(r)$ anzusehen sind. Wegen der vorausgesetzten **Isotropie** des Dielektrikums müssen alle Teilvolumina dV im Mittel gleiche Eigenschaften besitzen. Eine Betrachtung des Integrals (6.49) als Funktion seiner oberen Grenze x

$$dW(x) = dQ \int_0^x E(\tilde{x})\, d\tilde{x}$$

führt zu dem in Abb. 6.11b skizzierten zu erwartenden Verlauf. Die nicht näher bekannte Mikrostruktur der Ladungsverteilung hat zur Folge, dass die Teilenergie $dW(x)$ um die Gerade $dW(l)/l\, x$ schwanken wird. Die in Abb. 6.11b stark vergrößert dargestellten Schwankungen sind ein Maß für die Längen l_0 der elementaren Struktureinheiten des Dielektrikums. Bei Verwendung einer gegenüber den Längen der Elementarbereiche hinreichend großen Länge dx resultiert der Quotient $\delta(dW/dx)$ ebenfalls in der mittleren Feldstärke (vorausgesetzt dQ ist bekannt). Die Näherung ist umso besser, je größer dx gegenüber den Längen l_0 der elementaren Struktureinheiten ist. Somit sind wir berechtigt,

6.6 Elektrisches Feld im isotropen Dielektrikum

von einer elektrischen Feldstärke $\overline{E}$ zu sprechen, welche einer Umgebung dx eines Punktes zugeordnet werden kann (Lenk und Irrgang 1977).

Befindet sich eine der Kondensatorplatten in Abb. 6.11a im Abstand l' von der Oberfläche des Dielektrikums entfernt, so hat dies keine Änderungen an den Verhältnissen im Dielektrikum zur Folge. Im Dielektrikum existiert weiterhin die mittlere Feldstärke $\overline{E}$ nach Gl. (6.48), wohingegen im luftleeren Zwischenraum l' wieder die Vakuumfeldstärke E_0 vorherrscht:

$$E_0 = \frac{\sigma}{\varepsilon_0} = \frac{\varepsilon_r}{\varepsilon_0}\overline{E} \qquad (6.51)$$

Neben der Aussage von Gl. (6.50) repräsentiert die keineswegs selbstverständliche Feststellung (6.51) den zweiten experimentellen Sachverhalt, welcher für die Berechnung von elektrischen Feldern in Anwesenheit von Dielektrika unerlässlich ist. Somit haben wir das Ziel einer formalen als auch begrifflich korrekten Definition der mittleren oder makroskopischen elektrischen Feldstärke $\overline{E}$ im homogenen elektrischen Feld erreicht. Aus ihr geht deutlich hervor, dass es sich hier bei genauer Betrachtung um eine zweckmäßig normierte Form der Energie handelt, wie auch die Dielelektrizitätskonstante $\varepsilon = \varepsilon_0\varepsilon_r$ ausschließlich als Energieverhältnis experimentell ermittelt werden kann.

Im folgenden Abschnitt wollen wir untersuchen, wie wir die für das Vakuum gültigen integralen und differenziellen Formen des Gaußschen Gesetzes (s. Gl. (6.35) und (6.37)) bzw. des Zirkulationsgesetzes (s. Gl. (6.36) und (6.38)) unter Berücksichtigung der aus den Gedankenexperimenten gezogenen Schlussfolgerungen für den Fall beliebiger inhomogener Felder in Dielektrika definieren können.

6.6.2 Mittlere Feldgrößen in inhomogenen elektrischen Feldern

Im vorangehenden Abschnitt haben wir unsere Überlegungen ausschließlich auf das homogene elektrische Feld beschränkt. Wir heben diese Beschränkung nun auf und nehmen ein beliebiges elektrisches Feld in einem isotropen Dielektrikum an. Hierzu bedarf es zunächst der Festlegung, auf welche Weise die Richtung des elektrischen Feldstärkevektors $\overline{E}$ zu bestimmen ist. Dazu bewegen wir die Probeladung dQ aus Abb. 6.11a in der Umgebung des Punktes P mit dem Ortsvektor r_P, an dem der Vektor der elektrischen Feldstärke $\overline{E} = \overline{E}(r_P)$ gesucht ist, um ein Wegstück r_0 von Punkt P ausgehend zu verschiedenen umliegenden Punkten (s. Abb. 6.12a). In Anlehnung an Abb. 6.11a kann diese Bewegung durch hinreichend kleine Schlitze oder durch Lücken der atomaren Struktur ausgeführt gedacht werden. Die Bewegung zum Raumpunkt Q, dessen Position durch den Ortsvektor r_P definiert ist, bedarf einer als maximal anzunehmenden Energie $\delta(dW)$. Die Verbindungslinie zwischen den Raumpunkten P und Q kennzeichnet die Richtung des mittleren Feldstärkevektors $\overline{E}$, der Betrag von $\overline{E}$ ergibt sich wie in Abb. 6.11b dargestellt. Für eine Bewegung senkrecht dazu, z. B. von Raumpunkt P

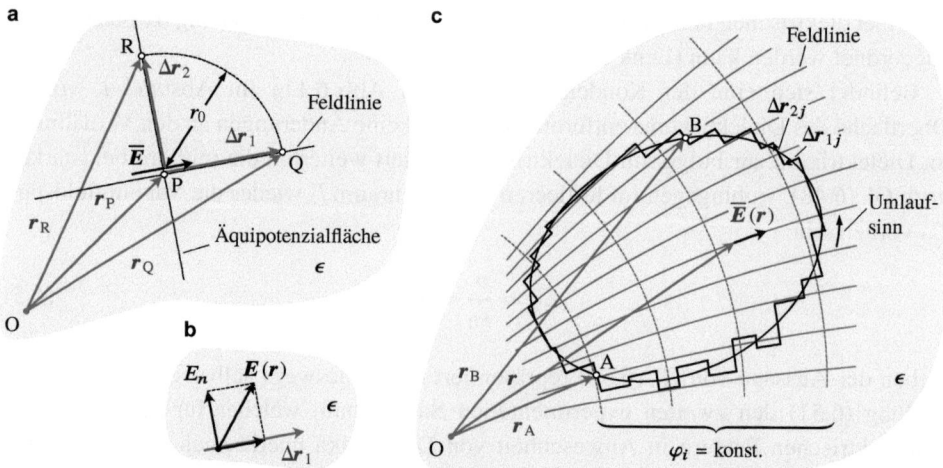

Abb. 6.12 Definition der mittleren Feldstärke $\overline{E}$ in einem innerhalb eines isotropen Dielektrikums verlaufenden elektrischen Feld. (**a**) Die Richtung des mittleren elektrischen Feldstärkevektors $\overline{E} = \overline{E}(r_P)$ entspricht der Richtung des maximalen Energiebedarfs für den Transport einer Probeladung dQ (hier in Richtung Δr_1). (**b**) Darstellung des lokalen elektrischen Feldstärkevektors $E(r)$ durch seine lokale Normalkomponente $E_n = E_n(r)$ und seine lokale Tangentialkompomente (in Richtung Δr_1 verlaufend). (**c**) Zum Nachweis der Gültigkeit des Zirkulationsgesetzes für mittlere oder makroskopische Feldstärken $\overline{E}(r)$. (Nach Lenk und Irrgang 1977)

zum Raumpunkt R (mit dem Ortsvektor r_R) ist keine Energie notwendig. Die entlang dieser Richtung Δr_2 durch den Raumpunkt P senkrecht zur Zeichenebene verlaufende Fläche repräsentiert eine Fläche konstanten Potenzials (**Äquipotenzialfläche**). Die Linie in Richtung Δr_1 ist eine Feldlinie. Aus diesen Erkenntnissen lassen sich zwei wesentliche Aussagen ableiten:

1. Bei einer Verrückung der Ladung dQ von Raumpunkt P nach Q wird auch das lokale elektrische Feld $E(r)$ durchlaufen, so dass gilt:

$$\int_{r_P}^{r_Q} E(r) \cdot dr = \Delta r_1 \overline{E}(r_P) \tag{6.52}$$

2. Die Normalkomponente E_n von $E(r)$, welche senkrecht auf Δr_1 steht (vgl. Abb. 6.12b), muss bei einer Verrückung der Ladung dQ von Raumpunkt P nach Q im Mittel verschwinden, da die Energie $\delta(dW)$ in Richtung Δr_1 maximal ist.

$$\int_{r_P}^{r_Q} E_n(r) \, dr = 0 \tag{6.53}$$

6.6 Elektrisches Feld im isotropen Dielektrikum

Wenn wir jetzt, wie in Abb. 6.12c dargestellt, einen endlichen Weg zwischen r_A und r_B im Dielektrikum durch Wegelemente Δr_{1j} und Δr_{2j} annähern, welche jeweils in Richtung der elektrischen Feldstärke $\overline{E} = \overline{E}(r)$ verlaufen bzw. in einer Potenzialfläche liegen, erhalten wir unter Berücksichtigung von Gl. (6.52):

$$\int_{r_A}^{r_B} E(r) \cdot dr = \sum_{j=1}^{k} (\overline{E}_j \cdot \Delta r_{1j} + \overline{E}_j \cdot \Delta r_{2j}) = \int_{r_A}^{r_B} \overline{E}(r) \cdot dr$$

Da für zeitunabhängige Felder ruhender Ladungen gelten muss, dass die zu verrichtenden Arbeiten, um eine Probeladung dQ vom Raumpunkt A zum Raumpunkt B zu transportieren und umgekehrt, gleich groß sind, d. h. $W_{AB} = W_{BA}$, können wir schreiben:

$$\int_{r_A}^{r_B} \overline{E}(r) \cdot dr - \int_{r_B}^{r_A} \overline{E}(r) \cdot dr = 0$$

bzw. für einen geschlossenen Kurvenumlauf

$$\oint_C \overline{E}(r) \cdot dr = 0 \qquad (6.54)$$

Ein Vergleich mit Gl. (6.36) zeigt, dass das Zirkulationsgesetz neben den elektrischen Feldstärken im Vakuum auch für die mittleren oder makroskopischen elektrischen Feldstärken $\overline{E}$ Gültigkeit hat. Der Gesetzmäßigkeit (6.54) steht der Zirkulationssatz in gleichwertiger differenzieller Form gegenüber:

$$\text{rot } \overline{E} = \nabla \times \overline{E} = \mathbf{0} \qquad (6.55)$$

Widmen wir uns nun der Fragestellung, was wir für das Gaußsche Gesetz in integraler bzw. differenzieller Form (s. Gl. (6.35) und (6.37)) schlussfolgern können. Hierzu betrachten wir das in Abb. 6.13a dargestellte Volumenelement. Dieses wird auf zwei Seiten durch Äquipotenzialflächen und seine Mantelfläche durch Feldlinien begrenzt. Parallel zu diesen Flächen sei das Volumenelement durch schmale, mikroskopisch kleine Schlitze vom umgebenden Dielektrikum abgetrennt (s. Abb. 6.13b). In den Schlitzen treten die lokalen Vakuumfeldstärken $E_1(r)$ und $E_q(r)$ auf. Für die beiden Vakuumfeldstärken gelten bekanntermaßen das Gaußsche Gesetz sowie das Zirkulationsgesetz in integraler und differenzieller Form (s. Gl. (6.35)–(6.38)). Die Anwendung der integralen Form des

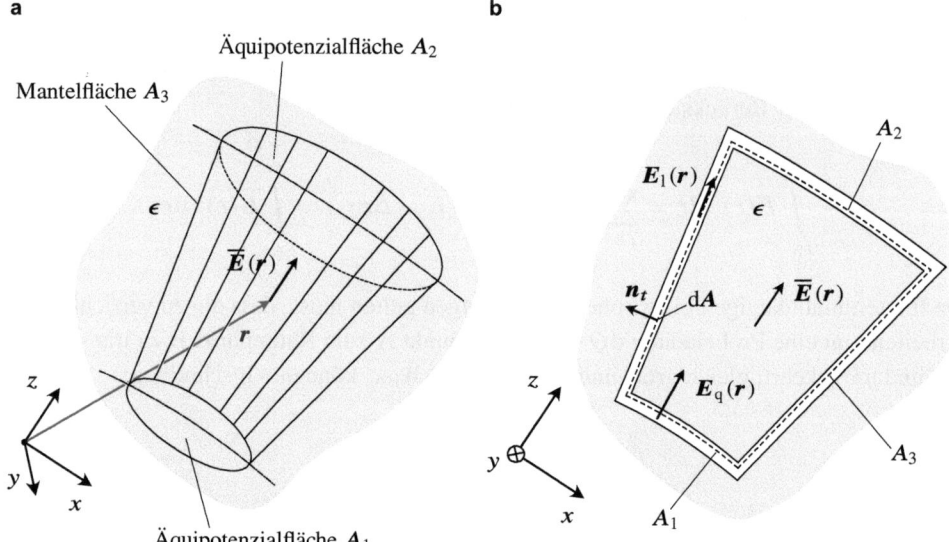

Abb. 6.13 Mittlere Feldgrößen in einem inhomogenen elektrischen Feld. (**a**) Ein Volumenelement wird auf zwei Seiten durch Äquipotenzialflächen und seine Mantelfläche durch Feldlinien begrenzt. (**b**) Zur Herleitung des Gaußschen Gesetzes für mittlere Feldgrößen dient die innerhalb der x-z-Ebene in den Schlitzen gestrichelt dargestellte und das Volumenelement umschließende Integrationsfläche. (Nach Lenk und Irrgang 1977)

Gaußschen Gesetzes liefert in Verbindung mit der in Abb. 6.13b gestrichelt dargestellten Integrationsfläche in den Schlitzen

$$\varepsilon_0 \oint_A \boldsymbol{E}(\boldsymbol{r}) \cdot \mathrm{d}\boldsymbol{A} = \varepsilon_0 \left(\int_{A_1} \boldsymbol{E}_\mathrm{q}(\boldsymbol{r}) \cdot \mathrm{d}\boldsymbol{A} + \int_{A_2} \boldsymbol{E}_\mathrm{q}(\boldsymbol{r}) \cdot \mathrm{d}\boldsymbol{A} + \int_{A_3} \boldsymbol{E}_\mathrm{l}(\boldsymbol{r}) \cdot \mathrm{d}\boldsymbol{A} \right).$$

Mithilfe der Beziehung (6.53) können wir schlussfolgern, dass das dritte Integral auf der rechten Seite zu null wird, da die Normalkomponenten des lokalen Feldstärkevektors $\boldsymbol{E}_\mathrm{l}(\boldsymbol{r})$ auf der Mantelfläche A_3 im Mittel verschwinden, und somit der elektrische Fluss durch die Mantelfläche im Mittel gleich null ist. Was die lokalen Vakuumfeldstärken $\boldsymbol{E}_\mathrm{q}(\boldsymbol{r})$ im Querschlitz anbelangt, so können wir diese mithilfe von Gl. (6.51) durch die zugehörigen mittleren Feldstärken $\overline{\boldsymbol{E}}(\boldsymbol{r})$ im Dielektrikum ersetzen:

$$\varepsilon_0 \oint_A \boldsymbol{E}(\boldsymbol{r}) \cdot \mathrm{d}\boldsymbol{A} = \int_{A_1} \varepsilon \overline{\boldsymbol{E}}(\boldsymbol{r}) \cdot \mathrm{d}\boldsymbol{A} + \int_{A_2} \varepsilon \overline{\boldsymbol{E}}(\boldsymbol{r}) \cdot \mathrm{d}\boldsymbol{A} \qquad (6.56)$$

6.6 Elektrisches Feld im isotropen Dielektrikum

Aus dem Zirkulationsgesetz (s. Gl. (6.54) bzw. (6.55)) können wir zudem schlussfolgern, dass an der Mantelfläche die mittleren Feldstärken $\overline{E}_1$ im Schlitz und $\overline{E}$ im Dielektrikum übereinstimmen. Ferner stehen sie zu den Normalenvektoren der Flächendifferenziale dA senkrecht, d. h. das Skalarprodukt aus der jeweiligen Feldstärke und dem zugehörigen Flächennormalenvektor n_t liefert keinen Beitrag. Daher kann die Integration in Gl. (6.56) auf die gesamte Hüllfläche erweitert werden. Hieraus resultiert schließlich die Formulierung des Gaußschen Gesetzes für isotrope Dielektrika in seiner integralen Darstellung:

$$\varepsilon_0 \oint_A E(r) \cdot dA = \oint_A \varepsilon \overline{E}(r) \cdot dA = 0 \qquad (6.57)$$

Das Integral ist null, da wir gefordert haben, dass sich im Mittel keine Ladungen im Dielektrikum befinden. Wenn dies nicht erfüllt ist und somit eine endliche, von null verschiedene makroskopische Raumladungsdichte ρ existiert, nimmt das Integral in Gl. (6.57) den Wert der Gesamtladung an, welche in dem von der Hüllfläche A umschlossenen Volumen vorhanden ist. Mithilfe des Gaußschen Integralsatzes (6.39) erhalten wir das Gaußsche Gesetz für isotrope Dielektrika in differenzieller Form:

$$\mathrm{div}\, \varepsilon \overline{E}(r) = 0 \qquad (6.58)$$

Den Vektor $\varepsilon \overline{E}(r)$ bezeichnet man üblicherweise als *dielektrische Verschiebung* oder *Verschiebungsdichte* $D(r)$. Unter Verwendung der Hilfsgröße $P(r)$, welche wir bereits in Kap. 2 als Vektor der elektrischen Polarisation eingeführt haben, lässt sich der Ausdruck $D(r) = \varepsilon \overline{E}(r)$ wie folgt schreiben (Fitzpatrick 2008; Feynman et al. 2011; Heintze 2016):

$$D(r) = \varepsilon_0 \overline{E}(r) + P(r) = \varepsilon \overline{E}(r) \qquad (6.59)$$

Wegen $D = \varepsilon_0 E$ im Vakuum ist die Polarisation P nur im Dielektrikum von null verschieden. Gl. (6.59) bezeichnet man auch als Materialgesetz. Der besseren Übersicht halber ist auch hier eine Konsolidierung der bisherigen Ergebnisse angebracht.

Zusammenfassung der Feldgleichungen der Elektrostatik in Dielektrika
Als Feldgleichungen der Elektrostatik in Dielektrika, in denen sich im Mittel keine Ladungen befinden ($Q = 0$), lassen sich die beiden folgenden integralen Beziehungen angeben:

(Fortsetzung)

$$\oint_A \boldsymbol{D}(\boldsymbol{r}) \cdot \mathrm{d}\boldsymbol{A} = 0 \qquad \text{(Gaußsches Gesetz)} \qquad (6.60)$$

$$\oint_C \overline{\boldsymbol{E}}(\boldsymbol{r}) \cdot \mathrm{d}\boldsymbol{r} = 0 \qquad \text{(Zirkulationsgesetz)} \qquad (6.61)$$

$$\mathrm{div}\, \boldsymbol{D}(\boldsymbol{r}) = \nabla \cdot \boldsymbol{D}(\boldsymbol{r}) = 0 \qquad \text{(Gaußsches Gesetz)} \qquad (6.62)$$

$$\mathrm{rot}\, \overline{\boldsymbol{E}}(\boldsymbol{r}) = \nabla \times \overline{\boldsymbol{E}}(\boldsymbol{r}) = \boldsymbol{0} \qquad \text{(Zirkulationsgesetz)} \qquad (6.63)$$

Im nächsten Abschnitt wenden wir uns der Bestimmung der Energiedichte des elektrischen Feldes in Dielektrika zu. Hierbei werden wir zwischen Dielektrika mit **isotropen** und **anisotropen** Eigenschaften unterscheiden.

6.7 Energiedichte des elektrischen Feldes in Dielektrika

6.7.1 Energiedichte in isotropen Dielektrika

Zur Bestimmung der Energiedichte des elektrischen Feldes in isotropen Dielektrika bedienen wir uns des Gedankenexperiments aus Abschn. 6.5. Die Überlegungen hierzu sind vollkommen analog. Wir nehmen an, dass der Raum vollständig mit einem isotropen Dielektrikum gefüllt ist. In die Umgebung eines Raumpunktes mit dem Ortsvektor $\boldsymbol{r}_0$ bringen wir abermals einen ungeladenen Plattenkondensator derart in das elektrische Feld ein, dass die Richtung der Flächennormalen mit der Richtung des mittleren Feldstärkevektors $\overline{\boldsymbol{E}}_0 = \overline{\boldsymbol{E}}(\boldsymbol{r}_0)$ bzw. der des dielektrischen Verschiebungsvektors $\boldsymbol{D}_0 = \boldsymbol{D}(\boldsymbol{r}_0)$ zusammenfällt (s. Abb. 6.14a). Die beim Aufbringen der Ladungen $\pm Q$ auf den Kondensatorplatten frei werdende Energie beträgt unter Berücksichtigung des Materialgesetzes (6.59)

$$W_{\mathrm{el}} = -\int \mathrm{d}W = l \int_0^{D_0 A} \overline{E}(Q, D_0)\, \mathrm{d}Q. \qquad (6.64)$$

Bei der Lösung des Integrals ist es notwendig, hinsichtlich des funktionalen Zusammenhangs zwischen der dielektrischen Verschiebung D und der elektrischen Feldstärke $\overline{E}$ zu differenzieren.

6.7 Energiedichte des elektrischen Feldes in Dielektrika

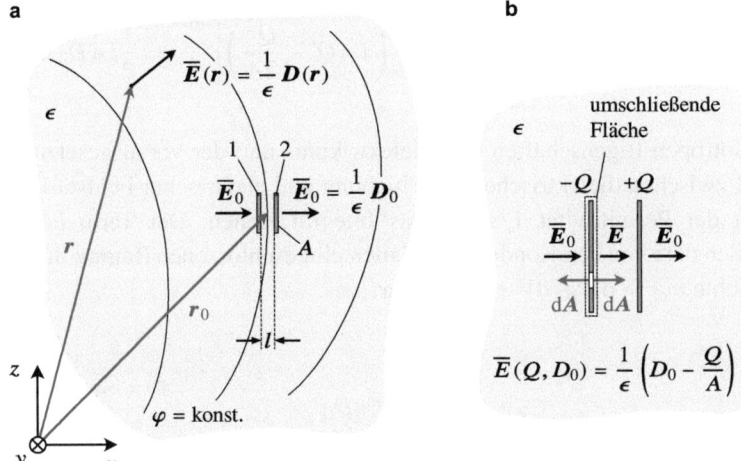

Abb. 6.14 Gedankenexperiment zur Bestimmung der Energiedichte des elektrischen Feldes in einem isotropen Dielektrikum. (**a**) Zwischen den Platten eines ungeladenen Plattenkondensators bildet sich bei Einbringen in ein äußeres elektrisches Feld E_0 im Raumpunkt r_0 ein elektrisches Feld mit gleicher Feldstärke aus. (**b**) Beim Transport von kleinen positiven Ladungsmengen dQ von der linken Kondensatorplatte 1 zur rechten Kondensatorplatte 2 resultiert auf der Kondensatorplatte 1 ein negativer und auf der Kondensatorplatte 2 ein positiver Ladungsüberschuss, was zu einem von $\overline{E}_0$ verschiedenen Wert $\overline{E}(Q, D_0)$ der elektrischen Feldstärke im Innern des Kondensators führt. (Nach Lenk und Irrgang 1977)

Lineare Abhängigkeit zwischen D und $\overline{E}$ Analog zu Abschn. 6.5 gewinnen wir bei gegebener linearer Abhängigkeit den Integranden $\overline{E}(Q, D_0)$ in Gl. (6.64) unter Anwendung des Gaußschen Gesetzes auf die unmittelbare Umgebung der linken Kondensatorplatte 1 (vgl. Abb. 6.14a). Wir erhalten:

$$\oint_A D \cdot dA = \varepsilon \oint_A \overline{E} \cdot dA = -\varepsilon \int_0^A \overline{E}_0 \, dA + \varepsilon \int_0^A \overline{E} \, dA = -Q \qquad (6.65)$$

bzw.

$$D_0 - \varepsilon \overline{E} = \frac{Q}{A}$$

Die gesuchte Funktion lautet:

$$\overline{E}(Q, D_0) = \frac{1}{\varepsilon}\left(D_0 - \frac{Q}{A}\right) \qquad (6.66)$$

Einsetzen in Gl. (6.64) und anschließende Auswertung ergibt:

$$W_{\text{el}} = \frac{l}{\varepsilon} \int_0^{D_0 A} \left(D_0 - \frac{Q}{A}\right) dQ = \frac{l}{\varepsilon} \left(D_0 Q - \frac{Q^2}{2A}\right)\Bigg|_0^{D_0 A} = \frac{1}{2} l A D_0 \overline{E}_0$$

Infolge der isotropen Eigenschaften des Dielektrikums und der vorausgesetzten linearen Abhängigkeit zwischen dielektrischer Verschiebung und elektrischer Feldstärke lässt sich der Kehrwert der Permittivität $1/\varepsilon$ vor das Integral ziehen. Der Term lA entspricht bekanntermaßen dem von den Kondensatorplatten eingeschlossenen Raumvolumen V. Für die Energiedichte $w_{\text{el}} = dW_{\text{el}}/dV$ erhalten wir:

$$w_{\text{el}} = \frac{1}{2} \overline{E}_0 D_0 \tag{6.67}$$

Nichtlineare Abhängigkeit zwischen D und $\overline{E}$ Mittels der Flächenladungsdichte $\sigma = Q/A$ lässt sich Gl. (6.66) in die Form

$$\overline{E}(\sigma, D_0) = \frac{1}{\varepsilon}(D_0 - \sigma) \tag{6.68}$$

überführen und die beim Aufbringen der Ladungen $\pm Q$ auf den Kondensatorplatten frei werdende Energie in Verbindung mit $dQ = A\, d\sigma$ darstellen:

$$W_{\text{el}} = lA \int_0^{D_0} \overline{E}(\sigma, D_0)\, d\sigma$$

Hieraus gewinnen wir unmittelbar die Energiedichte $w_{\text{el}} = dW_{\text{el}}/dV$. Wir können schreiben:

$$w_{\text{el}} = w_{\text{el}}(D_0) = \int_0^{D_0} \overline{E}(\sigma, D_0)\, d\sigma$$

Falls die dielektrische Verschiebung D eine bekannte, jedoch nichtlineare Funktion $D(\overline{E})$ mit $D(0) = 0$ ist, lässt sich die Änderung der Energiedichte dw_{el} bei einer Änderung der dielektrischen Verschiebung dD_0 ermitteln. Durch die Anwendung des totalen Differenzials auf die Energiedichte w_{el} erhalten wir zunächst:

$$dw_{\text{el}} = \frac{\partial w_{\text{el}}}{\partial D_0}\, dD_0 = dD_0\, \frac{\partial}{\partial D_0}\left[\int_0^{D_0} \overline{E}(\sigma, D_0)\, d\sigma\right] \tag{6.69}$$

6.7 Energiedichte des elektrischen Feldes in Dielektrika

Die Aufgabe besteht darin, die Ableitung eines Integrals nach seiner oberen Grenze im Integranden zu bestimmen. Bei dem in eckigen Klammern stehenden Integral handelt es sich um ein **Parameterintegral**, welches in der Form

$$I = \int_a^b f(x, b)\,dx \qquad (6.70)$$

auftritt. Die Differenziation von Parameterintegralen erfolgt nach der Leibniz-Regel (Luderer et al. 2015). Eine ausführliche Herleitung erfolgt im Anhang 3.

Hintergrundinformation | Parameterintegrale

Ist die Funktion $f(x, \omega)$ für $a \leq x \leq b, c \leq \omega \leq d$ für festes ω bezüglich x über $[a, b]$ integrierbar, so ist $F(\omega) = \int_a^b f(x, \omega)\,dx$ eine Funktion von ω, die als Parameterintegral (mit dem Parameter ω) bezeichnet wird.

- Ist f nach ω partiell differenzierbar und die partielle Ableitung $\partial f/\partial \omega$ stetig, so ist die Funktion F nach ω differenzierbar, und es gilt:

$$F'(\omega) = \frac{dF}{d\omega} = \int_a^b \frac{\partial f(x, \omega)}{\partial \omega}\,dx$$

- Sind g und h zwei für $c \leq \omega \leq d$ differenzierbare Funktionen und ist $f(x, \omega)$ in dem durch $g(\omega) < x < h(\omega), c \leq \omega \leq d$ bestimmten Gebiet partiell nach ω differenzierbar mit stetiger partieller Ableitung, so ist das Parameterintegral über f mit den Grenzen $g(\omega)$ und $h(\omega)$ für $c \leq \omega \leq d$ nach ω differenzierbar, und es gilt:

$$F(\omega) = \int_{g(\omega)}^{h(\omega)} f(x, \omega)\,dx \quad \Longrightarrow$$

$$F'(\omega) = \int_{g(\omega)}^{h(\omega)} \frac{\partial f(x, \omega)}{\partial \omega}\,dx + f(h(\omega), \omega)\,h'(\omega) - f(g(\omega), \omega)\,g'(\omega)$$

- Spezialfall: $F(x) = \int_0^x f(\xi)\,d\xi \quad \Rightarrow \quad F'(x) = f(x)$

Die Anwendung der Leibniz-Regel auf das Parameterintegral (6.70) liefert allgemein:

$$\frac{\mathrm{d}I}{\mathrm{d}b} = f(b,b) + \int_a^b \frac{\partial f(x,b)}{\partial b}\, \mathrm{d}x$$

Hiermit lässt sich der gewonnene Ausdruck (6.69) in die Form

$$\mathrm{d}w_{\mathrm{el}} = \mathrm{d}D_0 \left(\overline{E}(D_0, D_0) + \int_0^{D_0} \frac{\partial \overline{E}(\sigma, D_0)}{\partial D_0}\, \mathrm{d}\sigma \right)$$

überführen. Der vor dem Integral stehende Term $\overline{E}(D_0, D_0)$ wird in Verbindung mit Gl. (6.68) zu null. Für die Auswertung des verbleibenden Ausdrucks

$$\mathrm{d}w_{\mathrm{el}} = \mathrm{d}D_0 \int_0^{D_0} \frac{\partial \overline{E}(\sigma, D_0)}{\partial D_0}\, \mathrm{d}\sigma \qquad (6.71)$$

bilden wir die partiellen Ableitungen von Gl. (6.68). Mit der so gewonnenen Beziehung

$$\frac{\partial \overline{E}}{\partial D_0} = \frac{1}{\varepsilon} = -\frac{\partial \overline{E}}{\partial \sigma}$$

gewinnen wir aus Gl. (6.71)

$$\mathrm{d}w_{\mathrm{el}} = -\mathrm{d}D_0 \int_0^{D_0} \frac{\partial \overline{E}(\sigma, D_0)}{\partial \sigma}\, \mathrm{d}\sigma = -\mathrm{d}D_0 \left(\overline{E}(\sigma, D_0) \right)\Big|_0^{D_0} = \mathrm{d}D_0 \underbrace{\overline{E}(D_0)}_{=\overline{E}_0}$$

und schließlich

$$\mathrm{d}w_{\mathrm{el}} = \overline{E}_0\, \mathrm{d}D_0. \qquad (6.72)$$

Für $D_0 = \varepsilon \overline{E}_0$ mit ε = konst. führt der gewonnene Ausdruck ebenfalls auf das Ergebnis (6.67).

Im folgenden Abschnitt erweitern wir unsere bisherigen Betrachtungen dahingehend, dass wir Dielektrika mit anisotropen elektrischen Eigenschaften zulassen. Zu den anisotropen Dielektrika zählt mitunter auch das im Kap. 3 ausführlich diskutierte Mischkristallsystem Bleizirkonat-Bleititanat (PZT). Mit Berücksichtigung der möglichen **Anisotropie** von Dielektrika erschließt sich die formale Berechnungsgrundlage für die

Energiedichte des elektrostatischen Feldes, welche in Kombination mit der Energiedichte der elastischen Verformung (s. Kap. 5) für die Ausführungen im nächsten Kapitel von zentraler Bedeutung sind.

6.7.2 Energiedichte in anisotropen Dielektrika

Experimentelle Erfahrungen und Ergebnisse hinsichtlich Symmetriebetrachtungen an Kristallen lassen erkennen, dass in jedem Kristall drei aufeinander senkrecht stehende Richtungen e_1, e_2, e_3 existieren, in denen der Vektor der dielektrischen Verschiebung D die gleiche Richtung wie der elektrische Feldstärkevektor $\overline{E}$ aufweist (Lenk und Irrgang 1977). Die hierdurch definierten dielektrischen Konstanten (Permittivitäten) ε_{ij} sind in aller Regel voneinander verschieden. Für ein Koordinatensystem, welches mit den genannten Richtungen übereinstimmt, gilt dann

$$D = \varepsilon \, \overline{E} \tag{6.73}$$

bzw.

$$\begin{pmatrix} D_1 \\ D_2 \\ D_3 \end{pmatrix} = \begin{pmatrix} \varepsilon_{11} & 0 & 0 \\ 0 & \varepsilon_{22} & 0 \\ 0 & 0 & \varepsilon_{33} \end{pmatrix} \begin{pmatrix} \overline{E}_1 \\ \overline{E}_2 \\ \overline{E}_3 \end{pmatrix}. \tag{6.74}$$

Wird ein anisotropes Dielektrikum in einer der drei Richtungen, z. B. in Richtung 1, erregt, so ergibt sich nach Gl. (6.72) die Änderung der Energiedichte allgemein zu

$$\mathrm{d}w_{\mathrm{el},1} = \overline{E}_1 \, \mathrm{d}D_1. \tag{6.75}$$

Für den Fall, dass $\overline{E}_1$ zusätzlich eine lineare Funktion $\overline{E}_1(D_1)$ ist, lässt sich Gl. (6.75) integrieren:

$$w_{\mathrm{el},1} = \frac{1}{2} \overline{E}_1 D_1 \tag{6.76}$$

Hier stellt sich die Frage, wie die Energiedichte w_{el} zu berechnen ist, wenn die elektrischen Feldstärken $\overline{E}_1$, $\overline{E}_2$, $\overline{E}_3$ nacheinander oder in beliebiger Reihenfolge aufgeprägt werden. Auch hier zeigt die Erfahrung, dass unabhängig davon, auf welche Weise das endgültige elektrische Feld erzeugt wird, die jeder Richtung zugehörigen Teilenergiedichten $w_{\mathrm{el},i}$ zu einer Gesamtenergiedichte w_{el} addiert werden können. Die Verwendung der Einsteinschen Summenkonvention führt schließlich zur

Energiedichte des elektrostatischen Feldes in Kurzschreibweise

$$\mathrm{d}w_{\mathrm{el}} = \overline{E}_i \, \mathrm{d}D_i \qquad (6.77)$$

bzw. bei Linearität

$$w_{\mathrm{el}} = \frac{1}{2}\overline{E}_i D_i \qquad (6.78)$$

Eine Herleitung der Energiedichte des elektrostatischen Feldes bei Anwesenheit von Materie lässt sich auch auf Basis formaler vektoranalytischer Berechnungen bewerkstelligen. Der interessierte Leser sei hierzu auf die Ausführungen im Anhang 4 verwiesen.

Abschließend sei noch folgende wichtige Anmerkung erlaubt: Gleichung (6.77) besagt, dass die Energiedichte des elektrostatischen Feldes w_{el} (ebenso wie die Energiedichte der elastischen Verformung w_{mech} in Gl. (5.35)) eine **Zustandsfunktion** ist, deren Wert von dem *Weg*, welchen die **Zustandsvariable** D von null bis zum Endwert genommen hat, unabhängig ist, d. h. $\mathrm{d}w_{\mathrm{el}}$ ist ein vollständiges Differenzial (Lenk und Irrgang 1977).

Anhang 1

Eigenschaften des elektrischen Flusses Eine erste Eigenschaft des elektrischen Flusses besagt, dass für eine beliebige Fläche A, die eine Punktladung Q umschließt,

$$\phi_{\mathrm{el}} = \oint_A \boldsymbol{E} \cdot \mathrm{d}\boldsymbol{A} = \frac{Q}{\varepsilon_0} \qquad (6.79)$$

gilt. Zum Beweis dieser Eigenschaft ziehen wir Abb. 6.15 heran. Die Ladung Q soll innerhalb des von der Fläche A umschlossenen Volumens liegen. Mit der elektrischen Feldstärke einer am Raumpunkt $\boldsymbol{r} = \boldsymbol{0}$ befindlichen Punktladung Q gemäß

$$\boldsymbol{E}(\boldsymbol{r}) = \frac{1}{4\pi\varepsilon_0} \frac{Q}{r^2} \boldsymbol{e}_r \qquad \text{mit} \qquad \boldsymbol{e}_r = \frac{\boldsymbol{r}}{|\boldsymbol{r}|}$$

sowie mit der Definition des elektrischen Flusses durch ein Flächenelement $\mathrm{d}A$ gemäß

$$\mathrm{d}\phi_{\mathrm{el}} = \boldsymbol{E} \cdot \mathrm{d}\boldsymbol{A} = \boldsymbol{E} \cdot \boldsymbol{n}\,\mathrm{d}A$$

Abb. 6.15 Zum Beweis einer der Eigenschaften des elektrischen Flusses (eine felderzeugende Punktladung Q wird von einer beliebigen Hüllfläche A umschlossen). (Nach Heintze 2016)

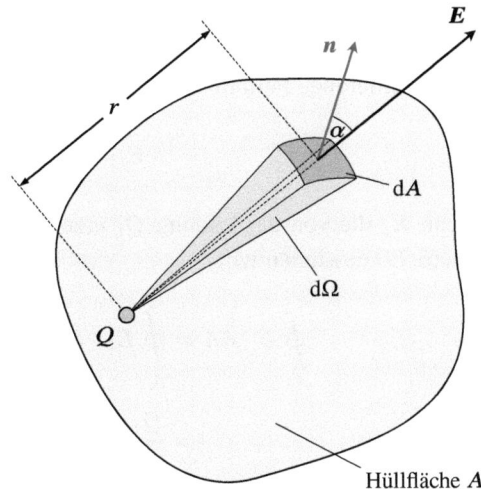

erhalten wir

$$\phi_{el} = \oint_A \boldsymbol{E} \cdot d\boldsymbol{A} = \frac{Q}{4\pi\varepsilon_0} \oint_A \frac{\cos\alpha}{r^2} dA,$$

denn nach Abb. 6.15 liefert das Skalarprodukt der beiden Einheitsvektoren $\boldsymbol{e}_r$ und $\boldsymbol{n}$ gerade $\boldsymbol{e}_r \cdot \boldsymbol{n} = \cos\alpha$. Der Raumwinkel $d\Omega$, unter dem das Flächenelement dA von Q aus erscheint, berechnet sich wie folgt (Heintze und Bock 2014):

$$d\Omega = \frac{\cos\alpha}{r^2} dA$$

Somit erhalten wir für das Flussintegral

$$\phi_{el} = \oint_A \boldsymbol{E} \cdot d\boldsymbol{A} = \frac{Q}{4\pi\varepsilon_0} \int_0^{4\pi} d\Omega = \frac{Q}{\varepsilon_0},$$

da die Integration von $d\Omega$ über den vollen Raumwinkel 4π ergibt. Demzufolge ist die durch Gl. (6.9) beschriebene erste Eigenschaft des elektrischen Flusses bewiesen.

Befinden sich mehrere Ladungen Q_i innerhalb einer geschlossenen Fläche A, gilt für den Fall, dass Q die Summe der eingeschlossenen Ladungen ist:

$$\phi_{el} = \oint_A \boldsymbol{E} \cdot d\boldsymbol{A} = \frac{\sum_i Q_i}{\varepsilon_0} = \frac{Q}{\varepsilon_0} \qquad (6.80)$$

Diese zweite Eigenschaft des elektrischen Flusses folgt direkt aus dem Superpositionsprinzip, welches per definitionem auch für die elektrische Feldstärke gelten muss, d. h. für das resultierende Feld im Flächenelement dA gilt nach Gl. (6.4)

$$\boldsymbol{E} = \boldsymbol{E}_1 + \boldsymbol{E}_2 + \boldsymbol{E}_3 + \cdots,$$

wenn $\boldsymbol{E}_i$ die von der Ladung Q_i erzeugte elektrische Feldstärke ist. In Verbindung mit Gl. (6.79) gewinnen wir:

$$\oint_A \boldsymbol{E} \cdot \mathrm{d}\boldsymbol{A} = \oint_A \boldsymbol{E}_1 \cdot \mathrm{d}\boldsymbol{A} + \oint_A \boldsymbol{E}_2 \cdot \mathrm{d}\boldsymbol{A} + \oint_A \boldsymbol{E}_3 \cdot \mathrm{d}\boldsymbol{A} + \cdots$$

$$= \frac{Q_1}{\varepsilon_0} + \frac{Q_2}{\varepsilon_0} + \frac{Q_3}{\varepsilon_0} + \cdots = \frac{\sum_i Q_i}{\varepsilon_0}$$

Die dritte Eigenschaft des elektrischen Flusses besagt, wenn die geschlossene Fläche A keine Ladung umschließt, unabhängig davon, wie viele Ladungen sich im Außenraum befinden, dann gilt für den elektrischen Fluss:

$$\phi_{\mathrm{el}} = \oint_A \boldsymbol{E} \cdot \mathrm{d}\boldsymbol{A} = 0 \qquad (6.81)$$

Zum Beweis dieser Eigenschaft ziehen wir Abb. 6.16 heran. Von der Ladung Q aus gesehen erscheint das von der Fläche A umschlossene Volumen unter dem Raumwinkel Ω, welchen wir in einzelne Raumwinkelelemente dΩ aufteilen. Der elektrische Fluss des von Q erzeugten elektrischen Feldes durch das Flächenelement dA ist in jedem Raumwinkelement dem Betrage nach gleich dem elektrischen Fluss durch das Flächenelement. Es ist jedoch zu berücksichtigen, dass die Vorzeichen entgegengesetzt sind, da $\cos \alpha > 0$ und $\cos \alpha' < 0$ ist. Damit aber ist der elektrische Fluss durch die geschlossene Fläche und

Abb. 6.16 Zum Beweis der Eigenschaft des elektrischen Flusses des von einer außerhalb einer beliebigen Hüllfläche A befindlichen Ladung Q erzeugten elektrischen Feldes. (Nach Heintze 2016)

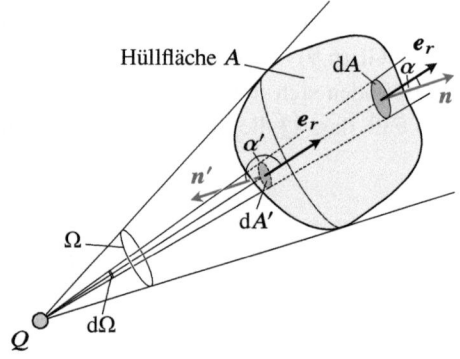

somit integriert über den gesamten Raumwinkel gleich null. Die in Gl. (6.81) beschriebene Eigenschaft gilt nicht nur für eine Einzelladung Q, sondern ist auch gültig für beliebig viele Ladungen, was unmittelbar aus dem Superpositionsprinzip folgt.

Anhang 2

Energie und Energiedichte des elektrostatischen Feldes im Vakuum Bei der Annäherung zweier positiver Punktladungen aus einem ursprünglich großen Abstand muss Energie aufgewendet werden, die sich in der Sprache der klassischen Mechanik in Form von potenzieller Energie wiederfindet. Sie ist jedoch auch dem elektrostatischen Feld zuordenbar, indem man ihm eine ortsabhängige Energiedichte beimisst (Brandt und Dahmen 2005).

Ausgangspunkt unserer Überlegungen bildet die von einer am Ort r_1 befindlichen Punktladung Q_1 ausgehende elektrische Feldstärke $E(r)$. Sie berechnet sich nach Definition (6.4) wie folgt:

$$E(r) = \frac{Q_1}{4\pi\varepsilon_0 |r-r_1|^2} \frac{r-r_1}{|r-r_1|}$$

Mithilfe der elektrischen Feldstärke $E(r)$ lässt sich jedem beliebigen Raumpunkt r ein elektrisches Potenzial $\varphi(r)$ zuweisen (s. Gl. (6.41)). Es gilt:

$$\varphi(r) = \varphi_0 - \int_{r_0}^{r} E(r') \cdot dr' \tag{6.82}$$

φ_0 bezeichnet ein willkürlich wählbares Bezugspotenzial an einem ebenfalls willkürlich wählbaren Bezugspunkt r_0. Zur Berechnung des elektrischen Potenzials $\varphi(r)$ bedarf es also der Auswertung des Linienintegrals (6.82) längs eines Weges vom Bezugspunkt r_0 zu einem beliebigen Raumpunkt r. Die Wahl des Weges kann hierbei in beliebiger Form erfolgen, da der Wert des Integrals vom gewählten Weg unabhängig ist. Der für die folgende Berechnung angenommene Weg ist in Abb. 6.17 skizziert.

Ausgehend vom Bezugspunkt r_0 gehen wir zunächst so lange auf die Ladung Q_1 am Raumpunkt r_1 zu, bis wir auf eine beliebig gewählte, die Ladung Q_1 konzentrisch umgebende Kugelschale gelangen (Äquipotenzialfläche). Auf dieser liegt auch der beliebig gewählte Raumpunkt r, an welchem wir das Potenzial ermitteln wollen. Die Kugelschale erreichen wir bei r^*, wobei sich aus den geometrischen Verhältnissen in Abb. 6.17 folgende Streckengleichheit ergibt:

$$|r - r_1| = |r^* - r_1| \tag{6.83}$$

Abb. 6.17 Zur Berechnung des elektrischen Potenzials $\varphi(r)$ an einem beliebig gewählten Raumpunkt r (der zur Berechnung gewählte Weg erstreckt sich entlang des grau eingezeichneten Pfades). (Nach Lehner 2010)

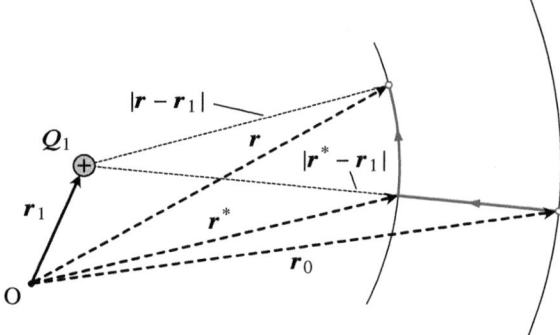

Anschließend bewegen wir uns auf der Kugelschale zum Aufpunkt r und erhalten somit nach Gl. (6.82):

$$\varphi(r) = \varphi_0 - \int_{r_0}^{r^*} E(r') \cdot dr' - \int_{r^*}^{r} E(r') \cdot dr'$$

Der zweite Integralterm auf der rechten Seite wird zu null, da der gewählte Weg von Raumpunkt r^* nach r auf einer Äquipotenzialfläche und somit ausschließlich senkrecht zur elektrischen Feldstärke $E(r)$ verläuft. Wir erhalten:

$$\varphi(r) = \varphi_0 - \int_{r_0}^{r^*} E(r') \cdot dr' = \varphi_0 - \int_{|r_0 - r_1|}^{|r^* - r_1|} \frac{Q_1}{4\pi \varepsilon_0 r'^2} dr'$$

$$= \varphi_0 + \frac{Q_1}{4\pi \varepsilon_0 |r^* - r_1|} - \frac{Q_1}{4\pi \varepsilon_0 |r_0 - r_1|}$$

$$\varphi(r) = \varphi_0 + \frac{Q_1}{4\pi \varepsilon_0 |r - r_1|} - \frac{Q_1}{4\pi \varepsilon_0 |r_0 - r_1|}$$

Aus Gründen der Zweckmäßigkeit wählen wir als Bezugspunkt einen Punkt im Unendlichen und ordnen diesem das Bezugspotenzial $\varphi_0 = 0$ z' Das elektrische Potenzial $\varphi(r)$ nimmt schließlich folgende Form an:

$$\varphi(r) = \frac{Q_1}{4\pi \varepsilon_0 |r - r_1|}$$

Wir betrachten nun ein System von $k-1$ Punktladungen $Q_1, Q_2, \ldots, Q_{k-1}$, die alle im Endlichen liegen und sich an den Orten $r_1, r_2, \ldots, r_{k-1}$ befinden. Sie erzeugen an einem beliebigen Aufpunkt r das Potenzial

$$\varphi_{k-1}(\mathbf{r}) = \frac{1}{4\pi\varepsilon_0} \sum_{i=1}^{k-1} \frac{Q_i}{|\mathbf{r} - \mathbf{r}_i|}, \tag{6.84}$$

welches im Unendlichen zu null wird (Jackson 1998; Fitzpatrick 2008). Denken wir uns eine weitere Punktladung Q_k aus dem Unendlichen an den Raumpunkt $\mathbf{r}_k$ gebracht, so berechnet sich die für diesen Vorgang aufzuwendende Arbeit nach Gl. (6.18) zu

$$W_k = Q_k \varphi_{k-1}(\mathbf{r}_k) = \frac{Q_k}{4\pi\varepsilon_0} \sum_{i=1}^{k-1} \frac{Q_i}{|\mathbf{r}_k - \mathbf{r}_i|}$$

und entspricht somit der potenziellen Energie der k-ten Ladung im Potenzialfeld, welches von den bereits vorhandenen $k-1$ Ladungen aufgebaut wird (Dreizler und Lüdde 2005; Scheck 2017). Die beim Aufbau eines Systems von N Punktladungen $Q_1, Q_2, \ldots, Q_N$ an den Orten $\mathbf{r}_1, \mathbf{r}_2, \ldots, \mathbf{r}_N$ im Vakuum benötigte Energie W_{el} ist dann die Summe aller W_k:

$$W_{\mathrm{el}} = \sum_{k=2}^{N} Q_k \varphi_{k-1}(\mathbf{r}_k) = \frac{1}{4\pi\varepsilon_0} \sum_{k=2}^{N} \sum_{i=1}^{k-1} \frac{Q_k Q_i}{|\mathbf{r}_k - \mathbf{r}_i|} \tag{6.85}$$

Die Summe ist über alle i und k zu erstrecken, wobei jedoch i und k voneinander verschieden sein müssen. Für den Fall, dass $i = k$ wäre, bekämen wir wegen $|\mathbf{r}_{ii}| = |\mathbf{r}_i - \mathbf{r}_i| = 0$ unendliche Beiträge. Wir berücksichtigen also nur die Beiträge, welche von der Wechselwirkung der einzelnen Punktladungen miteinander herrühren. Zusätzlich ist ein Faktor $1/2$ notwendig, da wir sonst alle Energiebeiträge doppelt zählen würden (Fließbach 2012). Wir können also schreiben:

$$W_{\mathrm{el}} = \frac{1}{8\pi\varepsilon_0} \sum_{k=1}^{N} \sum_{\substack{i=1 \\ i \neq k}}^{N} \frac{Q_k Q_i}{|\mathbf{r}_k - \mathbf{r}_i|}$$

Treten anstelle der Punktladungen stetige, im Endlichen liegende räumliche Ladungsverteilungen $\rho(\mathbf{r})$, ergibt sich statt der Doppelsumme das Doppelintegral

$$W_{\mathrm{el}} = \frac{1}{8\pi\varepsilon_0} \int \int \frac{\mathrm{d}Q(\mathbf{r}) \, \mathrm{d}Q(\mathbf{r}')}{|\mathbf{r} - \mathbf{r}'|}$$

bzw. mit $\mathrm{d}Q(\mathbf{r}) = \rho(\mathbf{r}) \, \mathrm{d}V$ und $\mathrm{d}Q(\mathbf{r}') = \rho(\mathbf{r}') \, \mathrm{d}V'$

$$W_{\mathrm{el}} = \frac{1}{8\pi\varepsilon_0} \int_V \int_{V'} \frac{\rho(\mathbf{r}) \, \rho(\mathbf{r}')}{|\mathbf{r} - \mathbf{r}'|} \, \mathrm{d}V \, \mathrm{d}V'. \tag{6.86}$$

Ebenso können wir die Summendarstellung für das elektrische Potenzial $\varphi(r)$ (s. Gl. (6.84)) in ein Integral überführen, und wir erhalten für das Potenzial der Ladungsverteilung $\rho(r)$ am Ort r:

$$\varphi(r) = \frac{1}{4\pi\varepsilon_0} \int_{V'} \frac{\rho(r')}{|r-r'|} \, dV'$$

Anschließendes Einsetzen in Gl. (6.86) führt uns zu folgendem einfachen Ausdruck:

$$W_{el} = \frac{1}{2} \int_V \rho(r)\,\varphi(r)\,dV \qquad (6.87)$$

Die Raumladungsdichte $\rho(r)$ lässt sich mithilfe des Gaußschen Gesetzes in differenzieller Form ausdrücken (s. Gl. (6.37)). Wir erhalten:

$$W_{el} = \frac{1}{2}\varepsilon_0 \int_V \varphi(r)\,\mathrm{div}\,E(r)\,dV \qquad (6.88)$$

Mit der aus der Vektoranalysis bekannten Beziehung

$$\mathrm{div}\,(E\varphi) = E \cdot \mathrm{grad}\,\varphi + \varphi\,\mathrm{div}\,E$$

schreiben wir Gl. (6.88) wie folgt um (Bronstein und Semendjaev 2013):

$$W_{el} = -\frac{1}{2}\varepsilon_0 \int_V E(r) \cdot \mathrm{grad}\,\varphi(r)\,dV + \frac{1}{2}\varepsilon_0 \int_V \mathrm{div}\bigl(E(r)\,\varphi(r)\bigr)\,dV$$

Die Größe $\mathrm{grad}\,\varphi(r)$ im Integranden des ersten Volumenintegrals entspricht nach Gl. (6.42) gerade der negativen elektrischen Feldstärke $-E(r)$, das zweite Volumenintegral lässt sich mithilfe des Gaußschen Integralsatzes (6.39) in ein Oberflächenintegral überführen. Wir erhalten:

$$W_{el} = \frac{1}{2}\varepsilon_0 \int_V |E(r)|^2 \, dV + \frac{1}{2}\varepsilon_0 \oint_A \varphi(r)\,E(r) \cdot d\mathbf{A} \qquad (6.89)$$

Das Oberflächenintegral erfolgt über eine im Unendlichen liegende Oberfläche. Dort ist (Nolting 2013)

$$\varphi \sim \frac{1}{r}, \qquad \varphi E \sim \frac{1}{r^3}, \qquad dA \sim r^2.$$

Somit verschwindet das Oberflächenintegral und von Gl. (6.89) verbleibt lediglich

$$W_{\text{el}} = \frac{1}{2}\varepsilon_0 \int_V |\boldsymbol{E}(\boldsymbol{r})|^2 \, \mathrm{d}V$$

bzw. die Energiedichte des elektrischen Feldes im Vakuum

$$w_{\text{el}} = \frac{\mathrm{d}W_{\text{el}}}{\mathrm{d}V} = \frac{1}{2}\varepsilon_0 |\boldsymbol{E}(\boldsymbol{r})|^2 \,. \tag{6.90}$$

Anhang 3

Differenziation von Parameterintegralen nach der Leibniz-Regel Viele wichtige Funktionen der Analysis haben die Form

$$F(\omega) = \int_a^b f(x,\omega)\,\mathrm{d}x, \qquad a \leq \omega \leq b \tag{6.91}$$

Da der Integrand von dem Parameter ω abhängt, spricht man von einem Parameterintegral. Beispiele für Parameterintegrale sind

- die Bessel-Funktion
$$J_n(x) = \frac{1}{\pi} \int_0^\pi \cos(x \sin t - nt)\,\mathrm{d}t \qquad n \in \mathbb{Z}, x \in \mathbb{R},$$
- die Eulersche Gamma-Funktion
$$\Gamma(x) = \int_0^\infty t^{x-1} \mathrm{e}^{-t}\,\mathrm{d}t \qquad x > 0,$$
- die Fourier-Transformierte
$$\mathcal{F}(\omega) = \frac{1}{\sqrt{2\pi}} \int_{-\infty}^\infty f(t)\mathrm{e}^{-\mathrm{j}\omega t}\,\mathrm{d}t \qquad \omega \in \mathbb{R}.$$

Häufig hängen die Integrationsgrenzen in Gl. (6.91) ebenfalls von ω ab:

$$F(\omega) = \int_{g(\omega)}^{h(\omega)} f(x,\omega)\,\mathrm{d}x, \qquad g(\omega) < x < h(\omega) \tag{6.92}$$

Wir wollen im Folgenden die Differenziation des Parameterintegrals (6.92) bzgl. des Parameters ω untersuchen. Wir setzen zunächst voraus, dass die Funktionen g und h differenzierbar sind. Weiterhin sei f nach dem Parameter ω partiell differenzierbar. Des Weiteren definieren wir

$$G(\omega, u, v) = \int_u^v f(x, \omega)\, dx. \tag{6.93}$$

Dann ist nach dem Parameterintegral (6.92)

$$F(\omega) = G(\omega, u, v) = G(\omega, g(\omega), h(\omega)).$$

Wir bilden nun das vollständige Differenzial von F

$$dF = \frac{\partial G}{\partial \omega}\, d\omega + \frac{\partial G}{\partial u}\, du + \frac{\partial G}{\partial v}\, dv$$

und dividieren im Anschluss auf beiden Seiten durch das Differenzial $d\omega$. Wir erhalten:

$$\frac{dF}{d\omega} = \frac{\partial G}{\partial \omega} + \frac{\partial G}{\partial u} \frac{du}{d\omega} + \frac{\partial G}{\partial v} \frac{dv}{d\omega}$$

bzw.

$$F'(\omega) = \underbrace{\frac{\partial G}{\partial \omega}}_{(i)} + \underbrace{\frac{\partial G}{\partial u}}_{(ii)} g'(\omega) + \underbrace{\frac{\partial G}{\partial v}}_{(iii)} h'(\omega) \tag{6.94}$$

In den folgenden Nebenrechnungen bestimmen wir die Terme (i), (ii) und (iii) separat.

- *Nebenrechnung Term (i)*
  In Verbindung mit dem Parameterintegral (6.92) ergibt sich:

$$\frac{\partial G}{\partial \omega} = \frac{\partial}{\partial \omega} \int_u^v f(x, \omega)\, dx$$

$$= \frac{\partial}{\partial \omega} \left(F(x, \omega) \right) \Big|_u^v = \int_u^v \frac{\partial}{\partial \omega} f(x, \omega)\, dx$$

- *Nebenrechnung Term (ii)*
  Hier ergibt sich in Verbindung mit Gl. (6.92):

$$\frac{\partial G}{\partial u} = \frac{\partial}{\partial u} \int_u^v f(x,\omega)\,\mathrm{d}x$$

$$= \frac{\partial}{\partial u}\left(F(x,\omega)\right)\bigg|_u^v = \frac{\partial}{\partial u}\left(F(v,\omega) - F(u,\omega)\right) = -f(u,\omega)$$

- *Nebenrechnung Term (iii)*
  Mit Bezug auf Gl. (6.92) ergibt sich diesmal:

$$\frac{\partial G}{\partial v} = \frac{\partial}{\partial v} \int_u^v f(x,\omega)\,\mathrm{d}x$$

$$= \frac{\partial}{\partial v}\left(F(x,\omega)\right)\bigg|_u^v = \frac{\partial}{\partial v}\left(F(v,\omega) - F(u,\omega)\right) = f(v,\omega)$$

Anschließendes Einsetzen der Berechnungsergebnisse in Gl. (6.94) führt in Verbindung mit der Identität (6.93) zum gesuchten Ausdruck für die Ableitung des Parameterintegrals (6.92) nach dem Parameter ω (Pforr 1993; Heuser 2004):

$$F'(\omega) = \frac{\mathrm{d}}{\mathrm{d}\omega} \int_{g(\omega)}^{h(\omega)} f(x,\omega)\,\mathrm{d}x$$

$$= \int_{g(\omega)}^{h(\omega)} \frac{\partial f(x,\omega)}{\partial \omega}\,\mathrm{d}x - f(g(\omega),\omega)\,g'(\omega) + f(h(\omega),\omega)\,h'(\omega) \qquad (6.95)$$

Anhang 4

Energiedichte des elektrostatischen Feldes im Dielektrikum Gl. (6.85) im Anhang 2 definiert diejenige Energie W_{el}, welche aufzubringen ist, um in einem vorgegebenen Potenzial $\varphi(r)$ weitere Ladung ins elektrische Feld zu bringen. Sie berücksichtigt jedoch nicht die erforderliche Arbeit, um den sich in einem Dielektrikum bei Anwesenheit weiterer Ladungen einstellenden neuen Polarisationszustand herzustellen (Brandt und Dahmen 2005). Aufgrund des sich ändernden Polarisationszustandes erfährt das Potenzial $\varphi(r)$ der bereits vorhandenen Ladungen durch das Hinzufügen weiterer Ladung eine Veränderung, da Polarisationsladungen nicht als starr anzusehen sind.

Ausgangspunkt der nachfolgenden Überlegungen bildet die nach Gl. (6.87) im elektrostatischen Feld gespeicherte Energie, für die gilt:

$$W_{\text{el}} = \frac{1}{2} \int_V \varphi(\boldsymbol{r})\, \rho(\boldsymbol{r})\, dV$$

Wir möchten zunächst annehmen, dass die Ladungsverteilung im Raum am Raumpunkt $\boldsymbol{r}$ eine Variation erfährt. Hierzu transportieren wir aus dem Unendlichen eine infinitesimal kleine Ladungsmenge an den Raumpunkt $\boldsymbol{r}$, was eine Variation der Raumladungsdichte $\delta\rho(\boldsymbol{r})$ im Raumpunkt $\boldsymbol{r}$ zur Folge hat. Unter der Voraussetzung, dass die Eigenschaften des Dielektrikums keinen Änderungen unterliegen, führt die Änderung der Raumladungsdichte $\delta\rho(\boldsymbol{r})$ zu einer Änderung der Energie δW_{el} (Greiner 1998). Wir können schreiben:

$$\delta W_{\text{el}} = \frac{1}{2} \int_V \varphi(\boldsymbol{r})\, \delta\rho(\boldsymbol{r})\, dV \tag{6.96}$$

Eine Änderung der Raumladungsdichte $\delta\rho(\boldsymbol{r})$ lässt sich nun mithilfe des Gaußschen Gesetzes (6.62) und des Materialgesetzes $\boldsymbol{D}(\boldsymbol{r}) = \varepsilon_0 \varepsilon_{\text{r}}(\boldsymbol{r}) \overline{\boldsymbol{E}}(\boldsymbol{r})$ auf die Divergenz einer zugehörigen Änderung des Verschiebungsfeldes $\delta\boldsymbol{D}(\boldsymbol{r})$ gemäß

$$\delta\rho(\boldsymbol{r}) = \operatorname{div} \delta\boldsymbol{D}(\boldsymbol{r})$$

zurückführen. Gl. (6.96) lautet dann wie folgt:

$$\delta W_{\text{el}} = \int_V \varphi(\boldsymbol{r})\, \operatorname{div} \delta\boldsymbol{D}(\boldsymbol{r})\, dV$$

Die Verwendung der vektoranalytischen Beziehung (Bronstein und Semendjaev 2013)

$$\varphi \operatorname{div} \boldsymbol{a} = \operatorname{div}(\boldsymbol{a}\varphi) - \boldsymbol{a} \cdot \operatorname{grad} \varphi$$

liefert unter Berücksichtigung von Gl. (6.42)

$$\delta W_{\text{el}} = \int_V \operatorname{div}\bigl(\varphi(\boldsymbol{r})\, \delta\boldsymbol{D}(\boldsymbol{r})\bigr)\, dV + \int_V \delta\boldsymbol{D}(\boldsymbol{r}) \cdot \overline{\boldsymbol{E}}(\boldsymbol{r})\, dV.$$

Das erste Volumenintegral lässt sich mithilfe des Gaußschen Integralsatzes (6.39) in ein Oberflächenintegral überführen. Wir erhalten:

$$\delta W_{\text{el}} = \oint_A \varphi(\boldsymbol{r})\, \delta\boldsymbol{D}(\boldsymbol{r}) \cdot d\boldsymbol{A} + \int_V \delta\boldsymbol{D}(\boldsymbol{r}) \cdot \overline{\boldsymbol{E}}(\boldsymbol{r})\, dV. \tag{6.97}$$

Das Oberflächenintegral erfolgt über eine im Unendlichen liegende Oberfläche. Dort ist (Nolting 2013)

$$\varphi \sim \frac{1}{r}, \qquad \varphi\delta D \sim \frac{1}{r^3}, \qquad \mathrm{d}A \sim r^2.$$

Somit verschwindet das Oberflächenintegral und Gl. (6.97) reduziert sich auf folgenden Ausdruck:

$$\delta W_{\mathrm{el}} = \int_V \overline{E}(r) \cdot \delta D(r) \, \mathrm{d}V \qquad (6.98)$$

Die elektrische Feldstärke ist hierbei als Funktion der dielektrischen Verschiebung aufzufassen, d. h. als Umkehrfunktion der üblicherweise verwendeten Beziehung $D = D(\overline{E}) = \varepsilon_0 \overline{E} + P(\overline{E})$ (Brandt und Dahmen 2005). Durch Integration von Gl. (6.98) erhalten wir die beim Aufbau einer Ladungsverteilung $\rho(r) = \mathrm{div}\, D(r)$ in Anwesenheit von Dielektrika umgesetzte Energie

$$W_{\mathrm{el}} = \int_V \int_0^{D(r)} \overline{E}\bigl(r, D'(r)\bigr) \cdot \mathrm{d}D'(r)\, \mathrm{d}V.$$

Der Zusammenhang zwischen $\overline{E}$ und D ist von lokaler Natur, d. h. nur Werte von $\overline{E}$ und D am gleichen Ort stehen miteinander in Beziehung:

$$\overline{E}(r) = \overline{E}\bigl(r, D(r)\bigr)$$

Der Zusammenhang der beiden Größen in einem linearen isotropen Dielektrikum repräsentiert das einfachste Beispiel für diese Beziehung. Hierbei gilt:

$$\overline{E}(r) = \frac{1}{\varepsilon_0 \varepsilon_{\mathrm{r}}(r)} D(r) \qquad (6.99)$$

Somit kann die Integration über $\mathrm{d}D'(r)$ unabhängig vom Parameter r der Volumenintegration erfolgen. Die Größe

$$w_{\mathrm{el}} = \int_0^{D(r)} \overline{E}(r, D') \cdot \mathrm{d}D' \qquad (6.100)$$

bezeichnet die Energiedichte des Feldes in Anwesenheit eines Dielektrikums. Für den einfachsten Fall eines linearen isotropen Dielektrikums nach Gl. (6.99) berechnet sich die Energiedichte wie folgt:

$$w_{\text{el}} = \frac{1}{\varepsilon_0 \varepsilon_{\text{r}}(\boldsymbol{r})} \int_0^{D(\boldsymbol{r})} \boldsymbol{D}' \cdot \mathrm{d}\boldsymbol{D}' = \frac{1}{2} \frac{\boldsymbol{D}(\boldsymbol{r}) \cdot \boldsymbol{D}(\boldsymbol{r})}{\varepsilon_0 \varepsilon_{\text{r}}(\boldsymbol{r})} = \frac{1}{2} \boldsymbol{E}(\boldsymbol{r}) \cdot \boldsymbol{D}(\boldsymbol{r})$$

Literatur

Bartelmann M, Feuerbacher B, Krüger T, Lüst D, Rebhan A, Wipf A, Modler F, Kreh M (2015) Theoretische Physik. Springer Spektrum, Berlin/Heidelberg

Brandt S, Dahmen HD (2005) Elektrodynamik: Eine Einführung in Experiment und Theorie, Springer-Lehrbuch, 4. Aufl. Springer, Berlin/Heidelberg

Bronstein IN, Semendjaev KA (2013) Springer-Taschenbuch der Mathematik, 3. Aufl. Springer Spektrum, Wiesbaden

Donnevert J (2017) Die Maxwell'schen Gleichungen: Vom Strömungsfeld des Gleichstroms zum Strahlungsfeld des Hertz'schen Dipols, 2. Aufl. Springer Vieweg, Wiesbaden

Dreizler RM, Lüdde CS (2005) Theoretische Physik 2: Elektrodynamik und spezielle Relativitätstheorie, Springer-Lehrbuch, Bd 2. Springer, Berlin/Heidelberg

Feynman RP, Leighton RB, Sands ML (2011) The Feynman lectures on physics: electromagnetism and matter, Bd 2, new millenium ed. Aufl. Basic Books, New York

Fitzpatrick R (2008) Maxwell's equations and the principles of electromagnetism. Infinity Science Press, Hingham

Fließbach T (2012) Elektrodynamik: Lehrbuch zur Theoretischen Physik II, 6. Aufl. Springer Spektrum, Heidelberg

Frohne H (1994) Elektrische und magnetische Felder. Leitfaden der Elektrotechnik. Vieweg+Teubner, Wiesbaden

Greiner W (1998) Classical electrodynamics, Theoretical Physics, Bd 3. Springer, New York

Harnwell GP (1938) Principles of electricity and electromagnetism. McGraw-Hill, New York

Heintze J (2016) Lehrbuch zur Experimentalphysik: Elektrizität und Magnetismus, Springer-Lehrbuch, Bd 3. Springer Spektrum, Berlin/Heidelberg

Heintze J, Bock P (2014) Lehrbuch zur Experimentalphysik: Mechanik, Bd 1. Springer Spektrum, Berlin/Heidelberg

Henke H (2007) Elektromagnetische Felder: Theorie und Anwendung, Springer-Lehrbuch, 3. Aufl. Springer, Berlin/Heidelberg

Heuser H (2004) Lehrbuch der Analysis, Mathematische Leitfäden, Bd 2, 13. Aufl. Vieweg+Teubner, Wiesbaden

Ida N (2015) Engineering electromagnetics, 3. Aufl. Springer, Cham

Jackson JD (1998) Classical electrodynamics, 3. Aufl. Wiley, Hoboken

Lehner G (2010) Elektromagnetische Feldtheorie: Für Ingenieure und Physiker, 7. Aufl. Springer, Berlin/Heidelberg

Lenk A, Irrgang B (1977) Elektromechanische Systeme: Systeme mit verteilten Parametern, Bd 2, 2. Aufl. VEB Verlag Technik, Berlin

Luderer B, Nollau V, Vetters K (2015) Mathematische Formeln für Wirtschaftswissenschaftler, Studienbücher Wirtschaftsmathematik, 8. Aufl. Springer Gabler, Wiesbaden

Nolting W (2013) Grundkurs Theoretische Physik: Elektrodynamik, Springer-Lehrbuch, Bd 3, 10. Aufl. Springer Spektrum, Berlin/Heidelberg

Literatur

Papula L (2016) Mathematik für Ingenieure und Naturwissenschaftler: Vektoranalysis, Wahrscheinlichkeitsrechnung, Mathematische Statistik, Fehler- und Ausgleichsrechnung, Bd 3, 7. Aufl. Springer Vieweg, Wiesbaden

Paul S, Paul R (2014) Grundlagen der Elektrotechnik und Elektronik 1: Gleichstromnetzwerke und ihre Anwendungen, Springer-Lehrbuch, Bd 1, 5. Aufl. Springer Vieweg, Berlin/Heidelberg

Pforr EA (1993) Integralrechnung für Funktionen mit mehreren Variablen. Mathematik für Ingenieure und Naturwissenschaftler, Ökonomen und Landwirte, 8. Aufl. Vieweg+Teubner, Stuttgart/Leipzig

Raith W, Bergmann L, Schaefer C (2006) Elektromagnetismus, Lehrbuch der Experimentalphysik, Bd 2, 9. Aufl. De Gruyter, Berlin

Scheck F (2017) Theoretische Physik 3: Klassische Feldtheorie: Von Elektrodynamik, nicht-Abelschen Eichtheorien und Gravitation, Springer-Lehrbuch, Bd 3, 4. Aufl. Springer Spektrum, Berlin/Heidelberg

Schmutzer E (2005) Grundlagen der Theoretischen Physik, 3. Aufl. Wiley-VCH, Weinheim

Tipler PA, Mosca G (2019) Physik: für Studierende der Naturwissenschaften und Technik, 8. Aufl. Springer Spektrum, Berlin/Heidelberg

Piezoelektrische Zustandsgleichungen 7

7.1 Thermodynamische Grundbegriffe

Äußere mechanische Beanspruchungen eines Körpers $\mathcal{B}$ implizieren Kräfte und Verschiebungen, d. h. am Körper wird Arbeit verrichtet. Diese Erkenntnis haben wir bereits bei den Ausführungen in Kap. 5 gewinnen können. Wir erweitern nun unsere Überlegungen und betrachten den Körper $\mathcal{B}$ als ein **thermodynamisches System**, welches in sich geschlossen, jedoch nicht isoliert ist. Alle nicht zu $\mathcal{B}$ oder $\partial\mathcal{B}$ gehörenden Punkte bilden die Umgebung des Systems. Indem wir das System als geschlossenes System auffassen, schließen wir daraus, dass die Grenze zwischen dem System und seiner Umgebung keinen Massentransfer zulässt, d. h. die Masse des Systems ist ein Parameter, dessen Wert sich mit der Zeit nicht ändert und somit als Konstante zu betrachten ist. Für ein isoliertes System würde die Systemgrenze $\partial\mathcal{B}$ jede Form des Energieaustausches unterbinden (Tichý et al. 2010).

Die von der Umgebung auf das System einwirkenden Kräfte in Form von Oberflächen- oder Volumenkräften verrichten bei der Bewegung des Systems Arbeit, was zu einer Änderung des Energieinhalts des Systems führt. Wir können auch sagen, dass die von den Oberflächen- und Volumenkräften verrichtete Arbeit eine Möglichkeit der energetischen Wechselwirkung mit der Umgebung darstellt, denn in den Oberflächen- und Volumenkräften äußert sich die Kraftwirkung der Umgebung auf das System (Becker und Bürger 1975). Neben mechanischen Wechselwirkungen des Systems mit seiner Umgebung tragen im Allgemeinen auch elektrische Wechselwirkungen und Wärmeübertragung zum gegenseitigen Energieaustausch bei. Wir werden in Kürze auf diese Wechselwirkungen näher eingehen.

Ein thermodynamisches System, dessen Eigenschaften unabhängig von der Zeit sind, befindet sich in einem **stationären Zustand**. Ein Metallklotz, der eine Verbindung zwischen zwei Wärmereservoirs herstellt, welche auf konstanten, voneinander verschiedenen Temperaturen gehalten werden, ist ein anschauliches Beispiel für ein System im stationären Zustand (**stationäres System**) (Becker und Bürger 1975).

Thermodynamische Gleichgewichtszustände verkörpern spezielle stationäre Zustände. Existiert ein spezielles Bezugssystem, in dem alle materiellen Punkte eines Körpers $\mathcal{B}$ ruhen und findet weiterhin kein Wärmeaustausch der Körperoberfläche $\partial\mathcal{B}$ mit der Umgebung statt, befindet sich der Körper im **thermodynamischen Gleichgewicht** (d. h. ein thermodynamisches Gleichgewicht impliziert mechanisches Gleichgewicht). Übertragen auf das soeben aufgeführte Beispiel des Metallklotzes können wir erkennen, dass sich dieser im thermodynamischen Gleichgewicht befindet, da er aus einem Reservoir Energie in Form von "Wärme" aufnimmt, die er an das andere Reservoir abgibt. Nur dann, wenn beide durch den Metallklotz verbundene Reservoire gleiche Temperaturen aufweisen, befindet sich dieser im thermodynamischen Gleichgewicht.

Nachfolgend konzentrieren wir uns auf Systeme, bei denen man zur Beschreibung des Zustandes mit einer endlichen Zahl von makroskopischen am System messbaren Parametern $P_1, \ldots, P_n$ auskommt. Wir nehmen an, wir haben für einen Gleichgewichtszustand (Aggregatzustand) die Parameter $P_1, \ldots, P_n$ messtechnisch ermittelt und bringen anschließend das System durch passende Maßnahmen aus dem Gleichgewicht, d. h. wir lassen im System derart einen Prozess ablaufen, dass sich nach einer gewissen Zeit wieder ein Gleichgewichtszustand einstellt. Wir messen für den sich einstellenden Gleichgewichtszustand erneut die Parameter $P_1, \ldots, P_n$. Gesetzt den Fall, dass diese dieselben Werte wie im Ausgangszustand aufweisen, dann weisen auch alle anderen makroskopisch am System messbaren Größen dieselben Werte wie im Ausgangszustand auf (Becker und Bürger 1975). Sind die Eigenschaften derartiger Systeme zusätzlich ortsunabhängig, bezeichnet man diese als homogene Systeme.[1] Auf diese spezielle Unterklasse von Systemen beschränken sich die weiteren Ausführungen.

Alle makroskopisch messbaren Parameter, die eindeutig mit einem thermodynamischen Zustand verbunden und für diesen charakteristisch sind, bezeichnet man als **Zustandsgrößen** bzw. **Zustandsvariablen**, die ihrerseits miteinander auf verschiedene Weise miteinander in Beziehung stehen (Tichý et al. 2010). Zur Beschreibung des Zustandes eines Systems lässt sich eine Vielzahl von Zustandsgrößen definieren, jedoch nur eine begrenzte Anzahl von ihnen ist unabhängig voneinander. Tatsächlich ist die Anzahl der unabhängigen Zustandsgrößen durch die Anzahl der beteiligten unabhängigen *Energieformen* gegeben. Unter einer richtigen Auswahl unabhängiger Zustandsgrößen P_i muss sich entweder die Temperatur Θ befinden, oder die ausgewählten Zustandsgrößen P_i müssen die Temperatur des Systems eindeutig festlegen. Ansonsten ist die Zustandsbeschreibung durch die gewählten Parameter P_i thermodynamisch unvollständig, folglich lässt sich auf dieser unvollständigen Parameterauswahl keine thermodynamische Theorie aufbauen.

---

[1] Ein homogen deformiertes elastisches Material mit ortsunabhängigen mechanischen Spannungen ist ein Beispiel für ein homogenes System.

7.2 Erster Hauptsatz der Thermodynamik

Die Wärmemenge ist eine Energieform, die neben allen anderen Energieformen bei der Energieerhaltung berücksichtigt werden muss. Dies ist eine zentrale Aussage des ersten Hauptsatzes der Thermodynamik. Zum Zweck der Formulierung des Energieerhaltungssatzes in der Thermodynamik gehen wir zunächst davon aus, dass ein abgeschlossenes System eine bestimmte Energie besitzt. Diese Energie wird *innere Energie* $\mathcal{U}$ genannt und ist im atomistischen Sinn als Summe aller kinetischen und potenziellen Energien der im System enthaltenen Teilchen aufzufassen. Im abgeschlossenen System gilt:

$$\mathcal{U} = \text{konst.}$$

Dieser Energieinhalt liegt in jedem Zustand des Systems eindeutig fest, $\mathcal{U}$ ist folglich eine Zustandsgröße. Eine Änderung der inneren Energie eines Systems kann nur durch einen Energietransfer in Form von Arbeit oder als Wärmeenergie zwischen dem System und seiner Umgebung erfolgen. Unter Arbeit wird mechanische Arbeit im Sinne von Kap. 5 verstanden, der Austausch von Wärmeenergie mit der Umgebung kann mittels **Wärmeleitung** oder **Wärmestrahlung** erfolgen (Heintze und Bock 2016). Den zwischen System und Umgebung vonstatten gehenden Energietransfer in Form von Arbeit bezeichnen wir mit W. W ist positiv, wenn dem System Energie zugeführt wird, also Arbeit von der Umgebung am System verrichtet wird. Im Gegensatz dazu ist W negativ, wenn vom System Energie abgegeben wird, also Arbeit vom System an der Umgebung verrichtet wird. Entsprechend kennzeichnen wir die zwischen System und Umgebung ausgetauschte Wärme mit Q. Wird dem System Wärme zugeführt, dann ist Q positiv, bei Wärmeabfuhr aus dem System ist Q negativ (s. Abb. 7.1). Unter Berücksichtigung dieser Vorzeichenkonvention und indem wir $\Delta \mathcal{U}$ für die Änderung der inneren Energie schreiben, gelangen wir zum ersten Hauptsatz der Thermodynamik (Tipler und Mosca 2019).

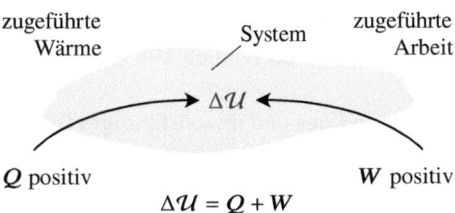

Abb. 7.1 Zur Vorzeichenkonvention für den ersten Hauptsatz der Thermodynamik (die einem System zugeführten Energiemengen werden positiv, die von einem System abgegebenen Energiemengen werden negativ gerechnet). (Nach Bartelmann et al. 2015)

> **Erster Hauptsatz der Thermodynamik**
> Die Änderung $\Delta \mathcal{U}$ der inneren Energie eines Systems von einem Anfangswert $\mathcal{U}_1$ auf den Endwert $\mathcal{U}_2$ ist gleich der Summe aus der dem System zugeführten Wärme Q und der am System verrichteten Arbeit W.
>
> $$\Delta \mathcal{U} = \mathcal{U}_2 - \mathcal{U}_1 = Q + W \qquad (7.1)$$

In diesem Zusammenhang wird nochmals deutlich, dass die innere Energie $\mathcal{U}$ tatsächlich eine Zustandsgröße ist. Setzt man nämlich für den Anfangszustand 1 als Referenzzustand einen willkürlich wählbaren Wert $\mathcal{U}_1$ der inneren Energie fest und definiert als innere Energie im Endzustand 2 die Größe $\mathcal{U}_2 = \mathcal{U}_1 + Q + W$, so hängt $\mathcal{U}_2$ nur vom Zustand 2 ab, denn schließlich hängt die Summe $Q + W$ bei vorgegebenem Referenzzustand 1 ebenfalls nur vom Zustand 2 ab (Becker und Bürger 1975). Im Gegensatz zur inneren Energie sind weder die vom System aufgenommene oder abgegebene Wärme Q noch die am oder vom System verrichtete Arbeit W Zustandsgrößen. Wärme und Arbeit repräsentieren auch keine Energieformen, sondern sind Formen der Energieübertragung. Gl. (7.1) nimmt für infinitesimale Änderungen folgende differenzielle Form an:

$$d\mathcal{U} = \delta Q + \delta W \qquad (7.2)$$

$d\mathcal{U}$ ist das vollständige (oder totale) Differenzial der Zustandsgröße $\mathcal{U}$, wohingegen weder δQ noch δW als vollständige Differenziale aufgefasst werden können (daher auch das Symbol δ). Sie symbolisieren vielmehr nur eine infinitesimale Änderung der ausgetauschten Wärme Q oder der verrichteten Arbeit W. Identische Änderungen der inneren Energie lassen sich mit den verschiedensten Werten von δQ und δW realisieren, nur ihre Summe hat stets denselben Wert (Callen 1985).

Hintergrundinformation | vollständiges und unvollständiges Differenzial

Das *vollständige* oder *totale Differenzial* einer Funktion $f(x, y)$ hat die allgemeine Form

$$df(x, y) = \frac{\partial f(x, y)}{\partial x} dx + \frac{\partial f(x, y)}{\partial y} dy := M(x, y) dx + N(x, y) dy,$$

wobei $M(x, y)$ und $N(x, y)$ die Abkürzungen der beiden partiellen Ableitungen von $f(x, y)$ sind. Nehmen wir nun zwei beliebige Funktionen $P(x, y)$ und $Q(x, y)$ an, dann repräsentiert der Ausdruck

$$\delta g(x, y) := P(x, y) dx + Q(x, y) dy$$

im Allgemeinen kein vollständiges (totales) Differenzial einer Funktion $g(x, y)$ (Asmus 1959; Bartelmann et al. 2015), d. h. die beiden Koeffizientenfunktionen lassen sich nicht als partielle Ableitungen *einer* Funktion $g(x, y)$ nach den Variablen x und y darstellen.

Eine notwendige und hinreichende Bedingung für die Existenz einer Funktion $g(x, y)$, deren Ableitungen den Koeffizientenfunktionen $P(x, y)$ und $Q(x, y)$ entsprechen, kann auf einfache Weise gefunden werden. Wir nehmen zunächst an, dass eine derartige Funktion existiert. In diesem Fall wären die Funktionen $P(x, y)$ und $Q(x, y)$ die Komponentenfunktionen des Gradienten von $g(x, y)$:

$$\nabla g(x, y) = P(x, y)\, e_x + Q(x, y)\, e_y$$

Die notwendige Bedingung dafür, dass $\delta g(x, y) = \mathrm{d}g(x, y)$ ist, folgt aus der Tatsache, dass die Rotation eines Gradienten identisch verschwindet und somit gelten muss:

$$\frac{\partial P(x, y)}{\partial y} = \frac{\partial Q(x, y)}{\partial x}$$

Ist diese Bedingung nicht erfüllt, so handelt es sich bei dem Ausdruck

$$\mathrm{d}g(x, y) = P(x, y)\, \mathrm{d}x + Q(x, y)\, \mathrm{d}y$$

um ein unvollständiges Differenzial.

Die innere Energie, welche proportional zur Masse eines Systems ist, repräsentiert eine *additive Zustandsgröße*, d. h. die innere Energie eines Systems ist gleich der Summe der inneren Energien aller Teilsysteme. Zustandsgrößen mit derartigen additiven Eigenschaften bezeichnet man in der Thermodynamik als *extensive Größen*. Im Gegensatz dazu ist die Temperatur eine Zustandsgröße, die nicht extensiv ist. Unterteilt man nämlich ein im thermodynamischen Gleichgewicht befindliches System in unterschiedliche Teilsysteme, dann weist die Temperatur aller Teilsysteme denselben Wert wie die des Gesamtsystems auf. Bei derartigen Zustandsgrößen wie der Temperatur spricht man gewöhnlich von *intensiven Größen* (Becker und Bürger 1975; Tichý et al. 2010).

Hintergrundinformation | extensive und intensive Größen
Physikalische Größenpaare (Zustandsgrößen), welche zusammen in einer Energieform auftreten, lassen sich in *extensive* und *intensive* Größen einteilen (Ballas 2007; Stephan et al. 2017).

- **Extensive Größen** sind Zustandsgrößen, die proportional zur Menge eines Systems sind und sich daher mit der Größe des betrachteten Systems ändern. Hierzu gehören Masse, Volumen, Stoffmenge und Entropie sowie thermodynamische Potenziale (innere Energie, freie Energie, Enthalpie und freie Enthalpie).
- **Intensive Größen** sind unabhängig von der Größe eines Systems und behalten daher bei Teilung des Systems in Untersysteme ihre Werte unverändert bei. Sie sind in Kontinua stetige Funktionen von Raum und Zeit und werden dort auch Feldgrößen genannt. Beispiele hierfür sind der Druck und die Temperatur eines Systems.

7.3 Thermodynamik der Deformation eines elastischen Dielektrikums

Die innere Energie $\mathcal{U}$ wird (zusammen mit anderen Energieformen) häufig pro Volumeneinheit als Energiedichte angegeben und mit dem Symbol U bezeichnet (Tichý et al. 2010). In Verbindung mit Gl. (7.2) können wir dann sagen, dass die Änderung der auf das Volumen bezogenen inneren Energie U eines Systems gleich der Summe aus den infinitesimalen Änderungen der pro Volumeneinheit ausgetauschten Wärme q und der pro Volumeneinheit verrichteten Arbeit w sein muss. Wir können schreiben:

$$dU = \delta q + \delta w \tag{7.3}$$

Nach dem zweiten Hauptsatz der Thermodynamik kann die in einem **reversiblen Prozess** ausgetauschte volumenbezogene Wärme in der Form

$$\delta q = \Theta \, d\sigma \tag{7.4}$$

ausgedrückt werden. Die eingeführte Größe σ kennzeichnet die Entropiedichte (Entropie Σ pro Volumeneinheit). Die Entropie selbst (Einheit $J\,K^{-1}$) ist eine extensive Zustandsgröße und verhält sich wie das Volumen oder die Stoffmenge bei Vereinigung mehrerer Teilsysteme additiv (Becker und Bürger 1975; Stephan et al. 2017). Die volumenbezogenen Größen U bzw. σ selbst weisen (wie auch jede anderweitige volumenbezogene Größe) zwar keine additiven Eigenschaften mehr auf. Wegen ihrer Ursprungsgrößen U bzw. Σ werden sie jedoch weiterhin den extensiven Größen zugeordnet. Das Symbol Θ in Gl. (7.4) bezeichnet die intensive Zustandsgröße Temperatur (im thermodynamischen Gleichgewicht befinden sich alle Teilsysteme auf der gleichen Temperatur wie das Gesamtsystem).

Die volumenbezogene Arbeit w setzt sich bei einem elastischen Dielektrikum aus den volumenbezogenen Anteilen der mechanischen Arbeit w_{mech} und elektrischen Arbeit w_{el} zusammen. Wir können schreiben:

$$\delta w = \delta w_{\text{mech}} + \delta w_{\text{el}}$$

Hier können wir nun die Brücke zum Kap. 5 sowie Kap. 6 schlagen. Dort haben wir die Größen w_{mech} bzw. w_{el} als Energiedichte der elastischen Verformung bzw. Energiedichte des elektrostatischen Feldes kennengelernt. Unter Verwendung der beiden Beziehungen (5.35) sowie (6.77) können wir die infinitesimale Änderung der volumenbezogenen Arbeit (und damit der pro Volumeneinheit gespeicherten Energie) wie folgt ausdrücken:

$$\delta w = T_{ij} \, dS_{ij} + \overline{E}_i \, dD_i$$

7.3 Thermodynamik der Deformation eines elastischen Dielektrikums

Da wir im Folgenden nur noch die mittlere bzw. makroskopische elektrische Feldstärke benutzen, soll die zusätzliche Kennzeichnung durch Überstreichen entfallen (Lenk und Irrgang 1977). In Verbindung mit den beiden Beziehungen (7.3) und (7.4) ergibt sich schließlich

$$dU = \Theta\, d\sigma + T_{ij}\, dS_{ij} + E_i\, dD_i. \tag{7.5}$$

Die Vektorkomponenten der elektrischen Feldgrößen E_i und D_i sind für ein jeweiliges thermodynamisches Gleichgewicht eindeutig definiert und treten daher an die Stelle von zusätzlichen Zustandsgrößen im thermodynamischen Sinne.

Es stellt sich die Frage, welche Erkenntnisse sich aus einer derartigen Beziehung gewinnen lassen? Hierzu wollen wir die Annahme treffen, dass wir einen **adiabatischen Prozess** vorliegen haben, d. h. dass kein Wärmeaustausch mit der Umgebung erfolgen kann, und somit die Entropiedichte keine Änderung erfährt ($d\sigma = 0$). Weiterhin soll die dielektrische Verschiebung innerhalb des Dielektrikums konstant sein ($dD_i = 0$). Aus Gl. (7.5) erhalten wir dann

$$dU = T_{ij}\, dS_{ij}.$$

Der gewonnene Ausdruck enthält nur vollständige Differenziale, was uns erlaubt, die mechanische Spannung als partielle Ableitung der inneren Energiedichte auszudrücken. Wir können schreiben:

$$T_{ij} = \left.\frac{\partial U}{\partial S_{ij}}\right|_{\sigma, D} \tag{7.6}$$

Die beiden Indizes σ und D heben dabei hervor, dass die partielle Ableitung bei konstanter Entropiedichte sowie bei konstanter dielektrischer Verschiebung zu bilden ist.

Als Nächstes möchten wir annehmen, dass wir keinen adiabatischen, sondern einen **isothermen Prozess** vorliegen haben. Für isotherme Prozesse gilt Θ = konst. bzw. $d\Theta = 0$. Die dielektrische Verschiebung soll abermals keine Änderung erfahren ($dD_i = 0$). Die beiden Bedingungen $d\Theta = 0$ bzw. $dD_i = 0$ finden unter Einführung einer neuen Funktion F mit

$$F = U - \Theta\sigma$$

Berücksichtigung. Bei der Funktion F handelt es sich wie bei der Funktion U um ein volumenbezogenes **thermodynamisches Potenzial**, welches als *freie Energiedichte* oder *Helmholtz-Potenzial* bezeichnet wird. Es berechnet sich als innere Energiedichte U des

Systems abzüglich des Produktes aus der absoluten Temperatur Θ und der Entropiedichte des Systems (Sonin und Strukow 1974; Callen 1985). Das totale Differenzial der freien Energiedichte lautet

$$dF = d(U - \Theta\sigma) = dU - \Theta\, d\sigma - \sigma\, d\Theta,$$

welches wir in Verbindung mit Gl. (7.5) wie folgt umschreiben können:

$$dF = -\sigma\, d\Theta + T_{ij}\, dS_{ij} + E_i\, dD_i$$

Mit den getroffenen Annahmen $d\Theta = 0$ sowie $dD_i = 0$ ergibt sich schließlich

$$dF = T_{ij}\, dS_{ij}.$$

Auch hier treten nur vollständige Differenziale, sodass wir die mechanische Spannung als partielle Ableitung der freien Energiedichte ausdrücken können. Wir erhalten:

$$T_{ij} = \left.\frac{\partial F}{\partial S_{ij}}\right|_{\Theta, D} \qquad (7.7)$$

Dieses Mal sind es die beiden Indizes Θ und D, die besagen, dass die partielle Ableitung bei konstanter Temperatur sowie bei konstanter dielektrischer Verschiebung zu bilden ist.

Wir halten fest, dass wir durch Differenziation (volumenbezogener) thermodynamischer Potenziale wie die innere Energiedichte U oder die freie Energiedichte F verschiedene Zustandsgrößen gewinnen können. In diesem Kontext hat die Funktion F für isotherme Prozesse exakt die gleiche Bedeutung wie die Funktion U für adiabatische Prozesse. Die Wahl anderweitiger unabhängiger Zustandsgrößen erfordert stets die Definition anderweitiger thermodynamischer Potenziale. Aus den beiden äquivalenten Darstellungen (7.6) und (7.7) geht hervor, dass δw_{mech} einem vollständigen Differenzial entspricht. Die infinitesimalen Änderungen δq sowie $\delta w = \delta w_{\text{mech}} + \delta w_{\text{el}}$ ausschließlich durch Zustandsvariablen auszudrücken hat für Gl. (7.5) eine weitaus nützlichere und allgemeingültige Formulierung des ersten Hauptsatzes der Thermodynamik zur Folge (Tichý et al. 2010). Die bisherigen Erkenntnisse werden wir uns im nachfolgenden Abschnitt zunutze machen und die für die weiteren Ausführungen notwendigen Zustandsgleichungen für elastische Dielektrika, denen auch Piezoelektrika wie PZT zuzuordnen sind, schrittweise herleiten.

7.4　Lineare Zustandsgleichungen

Zur Analyse und mathematischen Beschreibung der Kopplung zwischen verschiedenartigen Phänomenen in piezoelektrischen Festkörpern werden Energiebilanzen verwendet. Eine Beschreibung allein durch *lokale* Feldgrößen ist nicht möglich. Vielmehr ist es basierend auf den Ausführungen des vorangehenden Abschnitts erforderlich, den energetischen Zustand eines piezoelektrischen Volumenelements als Funktion der thermischen, mechanischen und elektrischen Feldgrößen zu beschreiben (Król und Wallaschek 2011).

Wir haben gesehen, dass sich der energetische Zustand eines Systems als thermodynamisches Potenzial auffassen lässt, aus welchem wir durch partielle Differenziation verschiedene Zustandsgrößen gewinnen können. Diese lassen sich bekanntermaßen in extensive und intensive Größen einteilen, die ihrerseits paarweise bei der Beschreibung einer Energieform auftreten (Tichý et al. 2010). Die Vielzahl der in einem piezoelektrischen Festkörper auftretenden Beziehungen zwischen den verschiedenen Zustandsgrößen wurden im Jahre 1925 von HECKMANN, einem deutschen Lehrer und Philosoph, in einer einprägsamen Zeichnung zusammengefasst (Heckmann 1925). Diese als **Heckmann-Diagramm** bekannte Darstellung (s. Abb. 7.2) findet sich heutzutage in verschiedensten Varianten in der Literatur wieder (Nye 1985; Ikeda 1990; Ballato 1995; Tichý et al. 2010; Malgrange et al. 2014).

Die intensiven Zustandsgrößen Temperatur Θ, mechanische Spannung T_{ij} und elektrische Feldstärke E_i befinden sich an den äußeren Eckpunkten des Diagramms. Die extensiven Zustandsgrößen Entropiedichte σ, mechanische Dehnung S_{ij} und dielektrische Verschiebung D_i bilden die Eckpunkte eines inneren Dreiecks. Die kurzen Verbindungslinien zwischen den gleichgelegenen Eckpunkten des inneren und äußeren Dreiecks charakterisieren die thermischen, mechanischen und dielektrischen Haupteffekte. Die Kopplungen zwischen den intensiven und extensiven Zustandsgrößen untereinander werden durch die langen Verbindungslinien gekennzeichnet. Mathematisch werden die Kopplungen zwischen den skalaren thermischen Größen, den vektoriellen dielektrischen Größen und den mechanischen Tensorgrößen (2. Stufe) durch die an den Verbindungslinien eingetragenen Materialtensoren beschrieben.

Im Folgenden richten wir den Fokus auf die innere Energiedichte U aus dem vorangehenden Abschnitt. Bei dieser handelt es sich um ein (volumenbezogenes) thermodynamisches Potenzial, welches wir nach Gl. (7.5) als Funktion der unabhängigen Zustandsgrößen Enthalpiedichte σ, mechanischer Dehnung S_{ij} und dielektrische Verschiebung D_i auffassen können. Die Größe dU selbst können wir als vollständiges (totales) Differenzial betrachten, die partiellen Ableitungen der inneren Energiedichte U nach den unabhängigen Zustandsgrößen entsprechen jeweils den intensiven Größen Temperatur Θ, mechanische Spannung T_{ij} und elektrische Feldstärke E_i:

$$\Theta = \left.\frac{\partial U}{\partial \sigma}\right|_{S,D}, \quad T_{ij} = \left.\frac{\partial U}{\partial S_{ij}}\right|_{\sigma,D}, \quad E_i = \left.\frac{\partial U}{\partial D_i}\right|_{\sigma,S} \quad (7.8)$$

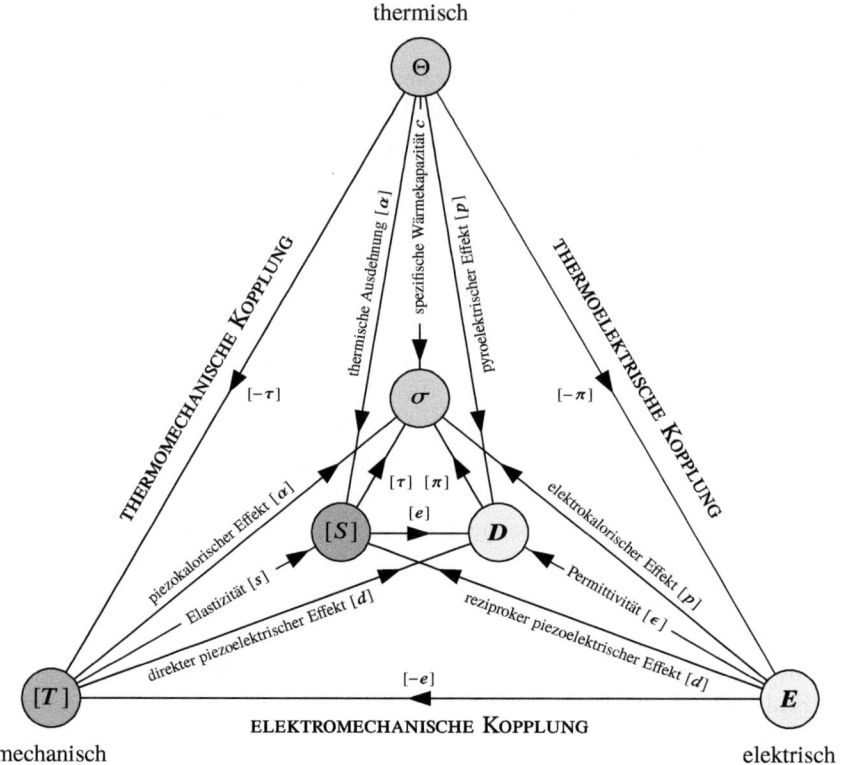

Abb. 7.2 Heckmann-Diagramm zur Darstellung der Wechselwirkung zwischen thermischen, mechanischen und dielektrischen Größen. (Nach Nye 1985; Malgrange et al. 2014)

Die Indizes geben an, für welche konstant gehaltenen Zustandsgrößen die jeweilige partielle Ableitung zu bilden ist. Die konjugiert abhängigen Zustandsgrößen Θ, T_{ij} und E_i sind wegen $U = U(\sigma, S_{ij}, D_i)$ ihrerseits Funktionen der unabhängigen Zustandsgrößen σ, S_{ij} und D_i. Bilden wir für die jeweils konjugiert abhängigen Zustandsgrößen Θ, T_{ij}, E_i das totale Differenzial, dann erhalten wir die folgenden linearen Funktionen

$$\delta\Theta = \left.\frac{\partial \Theta}{\partial \sigma}\right|_{S,D} \delta\sigma + \left.\frac{\partial \Theta}{\partial S_{kl}}\right|_{\sigma,D} dS_{kl} + \left.\frac{\partial \Theta}{\partial D_k}\right|_{\sigma,S} dD_k, \tag{7.9}$$

$$dT_{ij} = \left.\frac{\partial T_{ij}}{\partial \sigma}\right|_{S,D} \delta\sigma + \left.\frac{\partial T_{ij}}{\partial S_{kl}}\right|_{\sigma,D} dS_{kl} + \left.\frac{\partial T_{ij}}{\partial D_k}\right|_{\sigma,S} dD_k, \tag{7.10}$$

$$dE_i = \left.\frac{\partial E_i}{\partial \sigma}\right|_{S,D} \delta\sigma + \left.\frac{\partial E_i}{\partial S_{kl}}\right|_{\sigma,D} dS_{kl} + \left.\frac{\partial E_i}{\partial D_k}\right|_{\sigma,S} dD_k. \tag{7.11}$$

7.4 Lineare Zustandsgleichungen

Für die verwendeten Zustandsgrößen Θ und σ gilt, dass deren Änderungen nur bzgl. eines Referenzzustands bestimmt werden können. In den Gl. (7.9)–(7.11) wird dieser Sachverhalt durch das Präfix δ zum Ausdruck gebracht (nicht zu verwechseln mit der gleichlautenden Kennzeichnung für unvollständige Differenziale) (Hegewald 2008). Die aufgeführten Gleichungen bezeichnet man als **lineare Zustandsgleichungen** für die unabhängigen Zustandsgrößen σ, S_{ij} und D_i. Die Ableitungen der abhängigen Größen nach den unabhängigen Variablen stellen Materialkoeffizienten dar. Unter Verwendung der Berechnungsvorschrift (7.8) für die konjugiert abhängigen Zustandsgrößen lassen sich die Materialkoeffizienten auch als zweite partielle Ableitung des (volumenbezogenen) thermodynamischen Potenzials U nach den jeweils zugehörigen unabhängigen Zustandsgrößen darstellen. Wegen dieser Eigenschaft werden diese Koeffizienten auch als *Materialkoeffizienten 2. Ordnung* bezeichnet.

Oftmals erfordern es anzutreffende experimentelle Gegebenheiten aus den verfügbaren Zustandsgrößen solche auszuwählen, welche experimentell leicht ermittelt, beliebig variiert und folglich als unabhängige Größen behandelt werden können. Für die Zustandsgrößen Θ, σ, T, S, E und D in den Gl. (7.9)–(7.11) existieren insgesamt acht unterschiedliche Möglichkeiten, ein Tripel von unabhängigen Zustandsgrößen zu wählen. Für jedes dieser Tripel kann ein geeignetes (volumenbezogenes) thermodynamisches Potenzial definiert werden. Den Übergang von der inneren Energiedichte U zu einem neuen thermodynamischen Potenzial ermöglicht die **Legendre-Transformation**. Sie findet in der Thermodynamik häufig Anwendung, um Zustandsgrößen wie Energiedichten auf andere Zustandsvariablen zu transformieren (Schmutzer 2005; Bartelmann et al. 2015). Im nächsten Abschnitt werden wir diese wichtige Funktionaltransformation konkret anwenden.

Die weiteren Ausführungen beschränken sich auf *isotherme Prozesse* ($\Theta = $ konst. $\Rightarrow$ d$\Theta = 0$) sowie *adiabatische Zustandsänderungen* ($\sigma = $ konst. $\Rightarrow$ d$\sigma = 0$). Die Einschränkungen liefern in Verbindung mit den Gl. (7.9)–(7.11) die linearen Zustandsgleichungen für die unabhängigen Zustandsgrößen S und D in differenzieller Form:

$$dT_{ij} = \left.\frac{\partial T_{ij}}{\partial S_{kl}}\right|_D dS_{kl} + \left.\frac{\partial T_{ij}}{\partial D_k}\right|_S dD_k$$

$$dE_i = \left.\frac{\partial E_i}{\partial S_{kl}}\right|_D dS_{kl} + \left.\frac{\partial E_i}{\partial D_k}\right|_S dD_k$$

Ziel des vorliegenden Buches ist eine in sich geschlossene mathematisch-physikalische Beschreibung des statischen und dynamischen Verhaltens piezoelektrischer Biegewandler mit beliebigem Schichtaufbau. Hierzu ist es sinnvoll, anstatt der unabhängigen Zustandsgrößen S und D die Feldgrößenpaare (T, E) sowie (S, E) als unabhängige Zustandsgrößen zu wählen. Die Wahl dieser Feldgrößenpaare, die in entsprechend neuen thermodynamischen Potenzialen resultieren, welche das thermodynamische Verhalten eines piezoelektrischen Festkörpers ebenso gleichwertig beschreiben, mag sich dem ein oder anderen Leser zunächst vielleicht nicht sofort erschließen, wird jedoch im Verlauf der weiteren Ausführungen klar werden.

7.4.1 Zustandsgleichungen – unabhängige Zustandsgrößen (T, E)

Wir gehen erneut von der inneren Energiedichte $U(\sigma, S_{ij}, D_i)$ als Funktion der unabhängigen Zustandsgrößen Enthalpiedichte σ, mechanische Dehnung S_{ij} und dielektrische Verschiebung D_i aus. Die Änderung dU der inneren Energiedichte entspricht dem totalen Differenzial der Potenzialfunktion $U(\sigma, S_{ij}, D_i)$ nach Gl. (7.5) und vereinfacht sich aufgrund der zuvor festgelegten Beschränkung auf isotherme und adiabatische Prozesse zu

$$dU = T_{ij}\, dS_{ij} + E_i\, dD_i \quad \text{mit} \quad U = U(S_{ij}, D_i). \tag{7.12}$$

Die abhängigen Zustandsgrößen T_{ij} und E_i sind ebenfalls Funktionen der unabhängigen Variablen S_{ij} und D_i. Um zu einem System von Zustandsgleichungen für das unabhängige Feldgrößenpaar (T, E) zu gelangen, bedienen wir uns der Legendre-Transformation, die in ihrer allgemeingültigen Form für eine reelle Funktion einer Veränderlichen $f = f(x)$ mit $y = y(x) = f'(x)$ wie folgt definiert ist:

$$g(y) = f(x(y)) - y \cdot x(y) \tag{7.13}$$

Die Funktion $g(y)$ bezeichnet man als Legendre-Transformierte von $f(x)$. Da wir die beiden unabhängigen Variablen S_{ij} und D_i durch die beiden unabhängigen Zustandsgrößen T_{ij} und E_i ersetzen wollen, führen wir die Legendre-Transformation gemäß der Transformationsvorschrift (7.13) in zwei aufeinanderfolgenden Schritten aus.

- **Schritt 1** Im ersten Schritt ersetzen wir die unabhängige Variable S_{ij} durch die unabhängige Zustandsgröße T_{ij}. Indem wir die Größe E_i als Konstante betrachten, erhalten wir in Verbindung mit der Transformationsvorschrift (7.13)

$$H_1(T_{ij}, D_i) = U(S_{ij}, D_i) - T_{ij} S_{ij}.$$

  Das thermodynamische Potenzial $H_1 = H_1(T_{ij}, D_i)$ bezeichnet man auch als *elastische Enthalpiedichte* (Callen 1985; Tichý et al. 2010).
- **Schritt 2** Das Ersetzen der unabhängigen Variablen D_i durch die unabhängige Zustandsgröße E_i (diesmal betrachten wir T_{ij} als konstante Größe) liefert in Verbindung mit der Legendre-Transformation (7.13) ein weiteres thermodynamisches Potenzial für die unabhängigen Zustandsgrößen T_{ij} und E_i. Wir erhalten:

7.4 Lineare Zustandsgleichungen

$$H(T_{ij}, E_i) = H_1(T_{ij}, D_i) - E_i D_i$$

bzw.

$$H(T_{ij}, E_i) = U(S_{ij}, D_i) - T_{ij} S_{ij} - E_i D_i$$

Die gewonnene Potenzialfunktion $H = H(T_{ij}, E_i)$ wird auch als *Enthalpiedichte* bezeichnet (Callen 1985; Tichý et al. 2010).

Hintergrundinformation | Legendre-Transformation
Oftmals hat man es in der Physik mit Funktionen zu tun, die eine Abhängigkeit von Variablen aufweisen, deren Wert nicht direkt bestimmt werden kann. In derartigen Fällen kann es sich als zweckmäßig erweisen, diese Funktionen in Abhängigkeit ihrer eigenen Ableitung nach einer der abhängigen Variablen zu formulieren. Wir betrachten hierzu die innere Energiedichte U, die sich nach Gl. (7.5) als Funktion $U(\sigma, S_{ij}, D_i)$ in Abhängigkeit der Entropiedichte σ, des Verzerrungstensors S_{ij} und des Vektors der dielektrischen Verschiebung D_i darstellen lässt. Die Messbarkeit der extensiven Zustandsgröße σ ist sehr eingeschränkt. Sinnvoller wäre es z. B. eine Funktion $\tilde{U}(\Theta, S_{ij}, D_i)$ zu ermitteln, die exakt die gleiche Information wie $U(\sigma, S_{ij}, D_i)$ beinhaltet, jedoch von der Temperatur Θ als direkt messbare Größe abhängt. Für genau diese Variablentransformation verwendet man die Legendre-Transformation.

Sei $f(x)$ eine Funktion in Abhängigkeit der Variablen x mit dem totalen Differenzial

$$df = f'(x)\, dx := u(x)\, dx.$$

Die Funktion $u(x)$ gibt die Steigung des Graphen von $f(x)$ für jeden Wert der Variablen x an (wir setzen voraus, dass $f(x)$ für alle x differenzierbar ist). Die Aufgabe der Legendre-Transformation ist es, eine Funktion $g(u)$ in Abhängigkeit der Variablen $u = f'(x)$ zu finden, die äquivalent zur Funktion $f(x)$ ist, d. h. welche die gleiche Information beinhaltet. Es muss folglich möglich sein, $g(u)$ eindeutig aus der Funktion $f(x)$ zu gewinnen, und umgekehrt. Mithilfe der Darstellung in Abb. 7.3 lässt sich die neue Funktion $g(u)$ auf einfache Weise ermitteln. Hierzu betrachten wir den Schnittpunkt der Tangente an f im Punkt $(x_0, f(x_0))$ mit der y-Achse. Die Tangentengleichung lautet:

$$t(x) = f(x_0) + f'(x_0)\,(x - x_0)$$

Der Schnittpunkt mit der y-Achse $g(u) = t(0)$ ergibt sich zu

$$g(u) = f(x_0) - x_0 f'(x_0) = f(x_0) - x_0 u$$

Für eine beliebige Stelle x bezeichnet man die Funktion $g(u)$ die Legendre-Transformierte von $f(x)$ und es gilt:

$$g(u) = f(x(u)) - x(u) u \qquad (7.14)$$

Gl. (7.14) besagt, dass die Legendre-Transformierte der Steigung u einer jeden Tangente deren y-Achsenabschnitt zuordnet (Bartelmann et al. 2015).

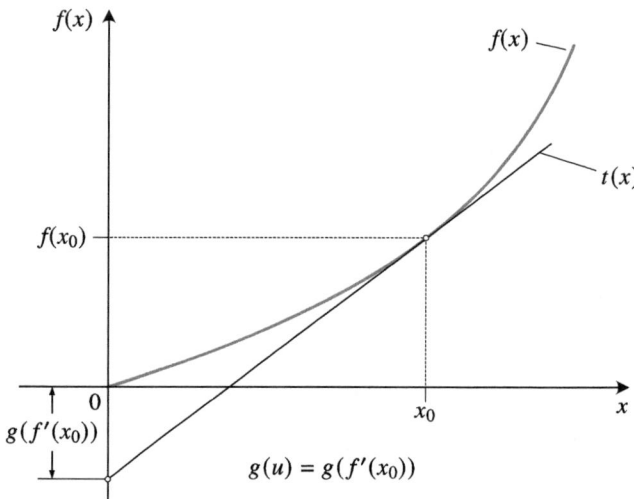

Abb. 7.3 Zur geometrischen Interpretation der Legendre-Transformation: die Legendre-Transformation ordnet der Steigung der Tangente an f im Punkt $(x_0, f(x_0))$ deren y-Achsenabschnitt zu. (Nach Greiner et al. 1995)

Um zu einem System von Zustandsgleichungen für das unabhängige Feldgrößenpaar (T, E) zu gelangen, bestimmen wir zunächst in Verbindung mit Gl. (7.12) das totale Differenzial der Enthalpiedichte H. Wir erhalten:

$$\begin{aligned} dH &= d(U - T_{ij} S_{ij} - E_i D_i) \\ &= dU - d(T_{ij} S_{ij}) - d(E_i D_i) \\ &= T_{ij}\, dS_{ij} + E_i\, dD_i - S_{ij}\, dT_{ij} - T_{ij}\, dS_{ij} - D_i\, dE_i - E_i\, dD_i \\ &= -S_{ij}\, dT_{ij} - D_i\, dE_i \end{aligned}$$

Das totale Differenzial dH impliziert, dass die mechanische Spannung S_{ij} sowie die dielektrische Verschiebung D_i jeweils als partielle Ableitung der Enthalpiedichte H nach den *kanonisch konjugierten Zustandsgrößen* darstellbar sind:

$$S_{ij} = -\left.\frac{\partial H}{\partial T_{ij}}\right|_E, \quad D_i = -\left.\frac{\partial H}{\partial E_i}\right|_T \tag{7.15}$$

Analog zu den Ausführungen im vorherigen Abschnitt können wir die konjugiert abhängigen Zustandsgrößen S_{ij} und D_i wegen $H = H(T_{ij}, E_i)$ ihrerseits als Funktionen der unabhängigen Zustandsgrößen T_{ij} und E_i ansehen. Auch hier bilden wir für die jeweils konjugiert abhängige Zustandsgröße S_{ij} bzw. D_i das totale Differenzial

7.4 Lineare Zustandsgleichungen

$$dS_{ij} = \left.\frac{\partial S_{ij}}{\partial T_{kl}}\right|_E dT_{kl} + \left.\frac{\partial S_{ij}}{\partial E_k}\right|_T dE_k$$

$$dD_i = \left.\frac{\partial D_i}{\partial T_{kl}}\right|_E dT_{kl} + \left.\frac{\partial D_i}{\partial E_k}\right|_T dE_k,$$

was zu den folgenden linearen Gleichungen führt:

$$S_{ij} = \left.\frac{\partial S_{ij}}{\partial T_{kl}}\right|_E T_{kl} + \left.\frac{\partial S_{ij}}{\partial E_k}\right|_T E_k \qquad (7.16)$$

$$D_i = \left.\frac{\partial D_i}{\partial T_{kl}}\right|_E T_{kl} + \left.\frac{\partial D_i}{\partial E_k}\right|_T E_k \qquad (7.17)$$

Die beiden Gl. (7.16) und (7.17) stellen ein System von Zustandsgleichungen für das unabhängige Feldgrößenpaar (T, E) dar. Aus ihnen gewinnen wir mithilfe der Beziehungen (7.15) die Materialkonstanten – im vorliegenden Fall die **Permittivität** ε, den **Elastizitätskoeffizienten** s und die **piezoelektrische Konstante** d – bzgl. der konstant gehaltenen Größen T bzw. E.

$$\varepsilon_{ik}^T = \left.\frac{\partial D_i}{\partial E_k}\right|_T = -\left.\frac{\partial^2 H}{\partial E_i \partial E_k}\right|_T \qquad (7.18)$$

$$s_{ijkl}^E = \left.\frac{\partial S_{ij}}{\partial T_{kl}}\right|_E = -\left.\frac{\partial^2 H}{\partial T_{ij} \partial T_{kl}}\right|_E \qquad (7.19)$$

$$d_{ikl} = \left.\frac{\partial D_i}{\partial T_{kl}}\right|_E = -\left.\frac{\partial^2 H}{\partial E_i \partial T_{kl}}\right| = -\left.\frac{\partial^2 H}{\partial T_{ij} \partial E_k}\right| = \left.\frac{\partial S_{ij}}{\partial E_k}\right|_T = d_{ijk} \qquad (7.20)$$

Permittivität, Elastizitätskoeffizient bzw. piezoelektrische Konstante repräsentieren Materialtensoren zweiter, vierter bzw. dritter Stufe. Bei den Zustandsgrößen D_i und E_i bzw. S_{ij} und T_{ij} handelt es sich um Tensoren erster bzw. zweiter Stufe. Eine übersichtliche Zusammenstellung der Materialkonstanten für das unabhängige Feldgrößenpaar (T, E) kann Tab. 7.1 entnommen werden (Tichý et al. 2010). Die dem unabhängigen Feldgrößenpaar (T, E) zugehörigen Zustandsgleichungen (7.16) und (7.17) lassen sich mithilfe der Materialkonstanten in kompakter Schreibweise zusammenfassen.

Tab. 7.1 Definition Materialkonstanten – unabhängige Zustandsgrößen (T, E)

Materialkonstante	Bezeichnung	SI-Einheit
$\left.\dfrac{\partial D_i}{\partial E_k}\right|_T = \varepsilon_{ik}^T$	Permittivität	F m^{-1}
$\left.\dfrac{\partial S_{ij}}{\partial T_{kl}}\right|_E = s_{ijkl}^E$	Elastizitätskoeffizient	$\text{m}^2 \text{N}^{-1}$
$\left.\dfrac{\partial D_i}{\partial T_{kl}}\right|_E = \left.\dfrac{\partial S_{ij}}{\partial E_k}\right|_T = d_{ikl}$	piezoelektrische Ladungskonstante	m V^{-1}

Zustandsgleichungen – unabhängiges Feldgrößenpaar (T, E)

Aus der Enthalpiedichte H resultiert mit Beschränkung auf isotherme und adiabatische Zustandsänderungen ein System von linearen Zustandsgleichungen für das unabhängige Feldgrößenpaar (T, E).

$$S_{ij} = s_{ijkl}^E T_{kl} + d_{ijk} E_k \qquad (7.21)$$

$$D_i = d_{ikl} T_{kl} + \varepsilon_{ik}^T E_k \qquad (7.22)$$

Die wechselseitige Kopplung zwischen den abhängigen und unabhängigen Feldgrößenpaaren erfolgt mittels der Permittivität ε_{ik}^T, dem Elastizitätskoeffizienten s_{ijkl}^E sowie der piezoelektrischen Ladungskonstanten d_{ikl}.

Beide Zustandsgleichungen sind für die physikalische Modellbildung des *statischen Verhaltens* piezoelektrischer mehrschichtiger Biegewandler in Kap. 8 von zentraler Bedeutung.

Im Gegensatz dazu bedarf es bei für eine mathematisch-physikalische Beschreibung des *dynamischen Verhaltens* (s. Kap. 10) der Verwendung eines anderweitigen thermodynamischen Potenzials. Es handelt sich dabei um die *elektrische Enthalpiedichte* H_2, eine Potenzialfunktion in Abhängigkeit des unabhängigen Feldgrößenpaares (S, E) (Callen 1985; Tichý et al. 2010). Die elektrische Enthalpiedichte resultiert in einem weiteren System linearer Zustandsgleichungen, auf deren Herleitung wir uns im folgenden Abschnitt konzentrieren werden. Die gewonnenen Zustandsgleichungen werden im Anschluss zur Herleitung des funktionalen Zusammenhangs zwischen der elektrischen Enthalpiedichte H_2 und den unabhängigen Feldgrößen S und E herangezogen.

7.4.2 Zustandsgleichungen – unabhängige Zustandsgrößen (S, E)

Mit der Beschränkung auf isotherme und adiabatische Zustandsänderungen können wir für die nachfolgenden Betrachtungen ein weiteres Mal von der in Gl. (7.12) beschriebenen Änderung dU der inneren Energiedichte ausgehen. Ziel ist es dieses Mal, die mechanische Dehnung S_{ij} als unabhängige Zustandsgröße beizubehalten, lediglich die dielektrische Verschiebung D_i soll durch die elektrische Feldstärke E_i als unabhängige Zustandsgröße ersetzt werden. Hierzu genügt das einmalige Ausführen der Legendre-Transformation gemäß der Transformationsvorschrift (7.13). Wir erhalten:

$$H_2(S_{ij}, E_i) = U(S_{ij}, D_i) - E_i D_i. \tag{7.23}$$

Bei der Transformierten $H_2 = H_2(S_{ij}, E_i)$ handelt es sich um die zuvor erwähnte *elektrische Enthalpiedichte* (Callen 1985; Tichý et al. 2010).

Zu einem System von Zustandsgleichungen für das unabhängige Feldgrößenpaar (S, E) gelangen wir mithilfe des totalen Differenzials der elektrischen Enthalpiedichte H_2. Unter Berücksichtigung von Gl. (7.12) können wir schreiben:

$$\begin{aligned} \mathrm{d}H_2 &= \mathrm{d}(U - E_i D_i) \\ &= \mathrm{d}U - \mathrm{d}(E_i D_i) \\ &= T_{ij}\,\mathrm{d}S_{ij} + E_i\,\mathrm{d}D_i - D_i\,\mathrm{d}E_i - E_i\,\mathrm{d}D_i \\ &= T_{ij}\,\mathrm{d}S_{ij} - D_i\,\mathrm{d}E_i \end{aligned}$$

Das totale Differenzial dH_2 impliziert, dass die mechanische Spannung T_{ij} sowie die dielektrische Verschiebung D_i jeweils als partielle Ableitung der elektrischen Enthalpiedichte H_2 nach den kanonisch konjugierten Zustandsgrößen darstellbar sind:

$$T_{ij} = \left.\frac{\partial H_2}{\partial S_{ij}}\right|_E, \qquad D_i = -\left.\frac{\partial H_2}{\partial E_i}\right|_S \tag{7.24}$$

Die konjugiert abhängigen Zustandsgrößen T_{ij} und D_i lassen sich wegen $H_2 = H_2(S_{ij}, E_i)$ ihrerseits als Funktionen der unabhängigen Zustandsgrößen S_{ij} und E_i ansehen. Wir bilden für die jeweils konjugiert abhängige Zustandsgröße T_{ij} bzw. D_i das totale Differenzial

$$\begin{aligned} \mathrm{d}T_{ij} &= \left.\frac{\partial T_{ij}}{\partial S_{kl}}\right|_E \mathrm{d}S_{kl} + \left.\frac{\partial T_{ij}}{\partial E_k}\right|_S \mathrm{d}E_k \\ \mathrm{d}D_i &= \left.\frac{\partial D_i}{\partial S_{kl}}\right|_E \mathrm{d}S_{kl} + \left.\frac{\partial D_i}{\partial E_k}\right|_S \mathrm{d}E_k, \end{aligned}$$

was zu den folgenden linearen Gleichungen

$$T_{ij} = \left.\frac{\partial T_{ij}}{\partial S_{kl}}\right|_E S_{kl} + \left.\frac{\partial T_{ij}}{\partial E_k}\right|_S E_k \qquad (7.25)$$

$$D_i = \left.\frac{\partial D_i}{\partial S_{kl}}\right|_E S_{kl} + \left.\frac{\partial D_i}{\partial E_k}\right|_S E_k \qquad (7.26)$$

führt. Die beiden Gl. (7.25) und (7.26) repräsentieren ein System von Zustandsgleichungen für das unabhängige Feldgrößenpaar (S, E). Aus ihnen gewinnen wir mithilfe der Beziehungen (7.24) die Materialkonstanten – im vorliegenden Fall die **Permittivität** ε, der **Elastizitätsmodul** c und der **piezoelektrische Modul** e – bzgl. der konstant gehaltenen Größen S bzw. E.

$$\varepsilon_{ik}^S = \left.\frac{\partial D_i}{\partial E_k}\right|_S = -\left.\frac{\partial^2 H_2}{\partial E_i \partial E_k}\right|_S \qquad (7.27)$$

$$c_{ijkl}^E = \left.\frac{\partial T_{ij}}{\partial S_{kl}}\right|_E = -\left.\frac{\partial^2 H_2}{\partial S_{ij} \partial S_{kl}}\right|_E \qquad (7.28)$$

$$e_{ikl} = \left.\frac{\partial D_i}{\partial S_{kl}}\right|_E = -\left.\frac{\partial^2 H_2}{\partial E_i \partial S_{kl}}\right| = -\left.\frac{\partial^2 H}{\partial S_{ij} \partial E_k}\right| = -\left.\frac{\partial T_{ij}}{\partial E_k}\right|_S = e_{ijk} \qquad (7.29)$$

Die Materialkonstanten für das unabhängige Feldgrößenpaar (S, E) sind ergänzend in Tab. 7.2 übersichtlich zusammengefasst (Tichý et al. 2010). Die dem unabhängigen Feldgrößenpaar (S, E) zugehörigen Zustandsgleichungen (7.16) und (7.17) nehmen in Verbindung mit der Definition der Materialparameter eine ebenfalls kompakte Form an.

Tab. 7.2 Definition Materialkonstanten – unabhängige Zustandsgrößen (S, E)

Materialkonstante	Bezeichnung	SI-Einheit
$\left.\frac{\partial D_i}{\partial E_k}\right|_S = \varepsilon_{ik}^S$	Permittivität	Fm^{-1}
$\left.\frac{\partial T_{ij}}{\partial S_{kl}}\right|_E = c_{ijkl}^E$	Elastizitätsmodul	Nm^{-2}
$\left.\frac{\partial D_i}{\partial S_{kl}}\right|_E = -\left.\frac{\partial T_{ij}}{\partial E_k}\right|_S = e_{ikl}$	piezoelektrischer Modul	Cm^{-2}

7.4 Lineare Zustandsgleichungen

Zustandsgleichungen – unabhängiges Feldgrößenpaar (S, E)

Aus der elektrischen Enthalpiedichte H_2 resultiert mit Beschränkung auf isotherme und adiabatische Zustandsänderungen ein System linearer Zustandsgleichungen für das unabhängige Feldgrößenpaar (S, E).

$$T_{ij} = c_{ijkl}^E S_{kl} + e_{ijk} E_k \qquad (7.30)$$

$$D_i = e_{ikl} S_{kl} + \varepsilon_{ik}^S E_k \qquad (7.31)$$

Die wechselseitige Kopplung zwischen den abhängigen und unabhängigen Feldgrößenpaaren erfolgt mittels der Permittivität ε_{ik}^S, dem Elastizitätsmodul c_{ijkl}^E sowie dem piezoelektrischen Modul e_{ikl}.

Wie zuvor angedeutet, kommt der *elektrischen Enthalpiedichte* an späterer Stelle bei der mathematisch-physikalischen Beschreibung des dynamischen Verhaltens piezoelektrischer Biegewandler eine zentrale Bedeutung zu. Es erweist sich daher als zweckmäßig, bereits hier den funktionalen Zusammenhang zwischen der Potenzialfunktion H_2 und den unabhängigen Feldgrößen S und E herzuleiten. Hierzu integrieren wir zunächst Gl. (7.12) und erhalten für die innere Energiedichte:

$$U = \frac{1}{2} T_{ij} S_{ij} + \frac{1}{2} E_i D_i$$

Anschließendes Einsetzen in die Berechnungsvorschrift (7.23) für die Transformierte H_2 liefert:

$$H_2 = \frac{1}{2} T_{ij} S_{ij} - \frac{1}{2} E_i D_i$$

Mit den beiden Zustandsgleichungen (7.30) und (7.31) lässt sich die elektrische Enthalpiedichte H_2 als Funktion der beiden unabhängigen Feldgrößen S und E angeben. Wir erhalten zunächst:

$$H_2 = \frac{1}{2} \left(c_{ijkl}^E S_{kl} - e_{ijk} E_k \right) S_{ij} - \frac{1}{2} E_i \left(e_{ikl} S_{kl} + \varepsilon_{ik}^S E_k \right)$$

$$= \frac{1}{2} c_{ijkl}^E S_{kl} S_{ij} - \frac{1}{2} e_{ijk} E_k S_{ij} - \frac{1}{2} e_{ikl} E_i S_{kl} - \frac{1}{2} \varepsilon_{ik}^S E_i E_k$$

Unter Berücksichtigung der Identität $e_{ijk} = e_{ikl}$ (s. Gl. (7.29)) gelangen wir unmittelbar zum gesuchten funktionalen Zusammenhang zwischen der elektrischen Enthalpiedichte H_2 und den beiden unabhängigen Feldgrößen S und E.

> **elektrische Enthalpiedichte**
> Die elektrische Enthalpiedichte H_2 repräsentiert ein thermodynamisches Potenzial in Abhängigkeit des unabhängigen Feldgrößenpaares (S, E). Es gilt:
>
> $$H_2 = \frac{1}{2} c^E_{ijkl} S_{kl} S_{ij} - e_{ijk} E_k S_{ij} - \frac{1}{2} \varepsilon^S_{ik} E_i E_k \tag{7.32}$$

Allen Formen von Energiedichten, denen wir im Rahmen unserer bisherigen Ausführungen begegnet sind, ist gemeinsam, dass sie in *Tensornotation* ausgedrückt sind. In Verbindung mit den Symmetrieeigenschaften piezoelektrischer Materialien ist es zweckmäßig, zur *Matrixnotation* überzugehen. Bei der Matrixnotation handelt es sich um eine *komprimierte Darstellung* elastischer, dielektrischer und piezoelektrischer Größen in Tensorschreibweise, welche im folgenden Abschnitt eingeführt wird.

7.4.3 Komprimierte Notation elastischer, dielektrischer und piezoelektrischer Tensoren

In der Literatur hat sich anstelle der konsequenten Bezeichnung der Tensorkoordinaten durch *Tensorindizes* die Anwendung von kürzeren *Matrixindizes* durchgesetzt. Der Grund hierfür liegt in der Symmetrie des Spannungs- und Deformationstensors (s. Gl. (5.15) und (5.28)). Bei dieser Art der komprimierten Notation, auch bekannt als **Voigtsche Notation**, werden die Tensordoppelindizes ij und kl durch die Matrixindizes p und q ersetzt. Die entsprechenden Zuordnungen der Tensordoppelindizes zu den Matrixindizes sind in Tab. 7.3 aufgelistet (Gross und Marx 2012). Bei Verwendung der Voigtschen Notation entstehen aus den Tensoren zweiter Stufe S_{ij} und T_{kl} die Spaltenvektoren S_p und T_q mit jeweils sechs Einträgen. Die Stufen der jeweiligen Materialtensoren vermindern sich damit von vier bzw. drei auf zwei.

Tab. 7.3 Zuordnung der Tensordoppelindizes zu den Matrixindizes

ij oder kl	11	22	33	23 oder 32	31 oder 13	12 oder 21
p oder q	1	2	3	4	5	6

7.4 Lineare Zustandsgleichungen

Zustandsgleichungen in komprimierter Notation – unabhängiges Feldgrößenpaar (T, E)

Das System von Zustandsgleichungen für das unabhängige Feldgrößenpaar (T, E) nimmt bei Verwendung der Voigtschen Notation folgende Form an:

$$S_p = s_{pq}^E T_q + d_{pk} E_k \tag{7.33}$$

$$D_i = d_{iq} T_q + \varepsilon_{ik}^T E_k \tag{7.34}$$

Die Stufen der Materialtensoren vermindern sich von vier (s_{ijkl}) bzw. drei (d_{ijk}) auf zwei $(s_{pq}$ bzw. $d_{pk})$.

Zustandsgleichungen in komprimierter Notation – unabhängiges Feldgrößenpaar (S, E)

Das System von Zustandsgleichungen für das unabhängige Feldgrößenpaar (S, E) nimmt bei Verwendung der Voigtschen Notation folgende Form an:

$$T_p = c_{pq}^E S_q - e_{pk} E_k \tag{7.35}$$

$$D_i = e_{iq} S_q + \varepsilon_{ik}^S E_k \tag{7.36}$$

Die Stufen der Materialtensoren vermindern sich von vier (c_{ijkl}) bzw. drei (e_{ijk}) auf zwei $(c_{pq}$ bzw. $e_{pk})$.

elektrische Enthalpiedichte in komprimierter Notation

Die elektrische Enthalpiedichte H_2 nimmt als Potenzialfunktion in Abhängigkeit des unabhängigen Feldgrößenpaares (S, E) bei Verwendung der Voigtschen Notation folgende Form an:

$$H_2 = \frac{1}{2} c_{pq}^E S_q S_p - e_{pk} E_k S_p - \frac{1}{2} \varepsilon_{ik}^S E_i E_k \tag{7.37}$$

Mit der Darstellung der Zustandsgleichungen (7.33)–(7.36) sowie der elektrischen Enthalpiedichte (7.37) in komprimierter Notation sind die notwendigen Voraussetzungen geschaffen, uns in den nachfolgenden Kapiteln der Physik des statischen und dynamischen Verhaltens piezoelektrischer Biegewandler mit beliebigem Schichtaufbau zuzuwenden. Zuvor noch ein wichtiger Hinweis: Die elastischen, dielektrischen und piezoelektrischen

Materialkonstanten sind mithilfe der beiden Indizes p und q eindeutig definiert und werden in entsprechenden Matrizen zusammengefasst. Das Besetzungsbild der Matrizen hängt dabei von der Kristallsymmetrie des betrachteten piezoelektrischen Festkörpers ab. Die Matrizen für ein beliebig *anisotropes* Material (triklin), bei denen *kein* Symmetriezentrum vorliegt, lauten wie folgt (Tiersten 1969; Malgrange et al. 2014):

Matrix der *Elastizitätskoeffizienten*

$$s^E_{pq} = \begin{pmatrix} s_{11} & s_{12} & s_{13} & s_{14} & s_{15} & s_{16} \\ s_{21} & s_{22} & s_{23} & s_{24} & s_{25} & s_{26} \\ s_{31} & s_{32} & s_{33} & s_{34} & s_{35} & s_{36} \\ s_{41} & s_{42} & s_{43} & s_{44} & s_{45} & s_{46} \\ s_{51} & s_{52} & s_{53} & s_{54} & s_{55} & s_{56} \\ s_{61} & s_{62} & s_{63} & s_{64} & s_{65} & s_{66} \end{pmatrix} \qquad (7.38)$$

Matrix der *Elastizitätsmoduln*

$$c^E_{pq} = \begin{pmatrix} c_{11} & c_{12} & c_{13} & c_{14} & c_{15} & c_{16} \\ c_{21} & c_{22} & c_{23} & c_{24} & c_{25} & c_{26} \\ c_{31} & c_{32} & c_{33} & c_{34} & c_{35} & c_{36} \\ c_{41} & c_{42} & c_{43} & c_{44} & c_{45} & c_{46} \\ c_{51} & c_{52} & c_{53} & c_{54} & c_{55} & c_{56} \\ c_{61} & c_{62} & c_{63} & c_{64} & c_{65} & c_{66} \end{pmatrix} \qquad (7.39)$$

Matrix der *piezoelektrischen Konstanten*

$$d_{iq} = \begin{pmatrix} d_{11} & d_{12} & d_{13} & d_{14} & d_{15} & d_{16} \\ d_{21} & d_{22} & d_{23} & d_{24} & d_{25} & d_{26} \\ d_{31} & d_{32} & d_{33} & d_{34} & d_{35} & d_{36} \end{pmatrix} \qquad (7.40)$$

Matrix der *piezoelektrischen Moduln*

$$e_{iq} = \begin{pmatrix} e_{11} & e_{12} & e_{13} & e_{14} & e_{15} & e_{16} \\ e_{21} & e_{22} & e_{23} & e_{24} & e_{25} & e_{26} \\ e_{31} & e_{32} & e_{33} & e_{34} & e_{35} & e_{36} \end{pmatrix} \qquad (7.41)$$

Matrix der *Permittivitäten*

$$\varepsilon^S_{ik} = \begin{pmatrix} \varepsilon_{11} & \varepsilon_{12} & \varepsilon_{13} \\ \varepsilon_{21} & \varepsilon_{22} & \varepsilon_{23} \\ \varepsilon_{31} & \varepsilon_{32} & \varepsilon_{33} \end{pmatrix} \qquad (7.42)$$

7.4 Lineare Zustandsgleichungen

Für ferroelektrische Keramiken wie PZT mit einer Polarisation in 3-Richtung ergibt sich folgendes Besetzungsbild der Matrizen (Sutter 2006; Tichý et al. 2010; Hegewald 2008):
Matrix der *Elastizitätskoeffizienten* von PZT

$$s_{pq}^E = \begin{pmatrix} s_{11} & s_{12} & s_{13} & 0 & 0 & 0 \\ s_{12} & s_{11} & s_{13} & 0 & 0 & 0 \\ s_{13} & s_{13} & s_{33} & 0 & 0 & 0 \\ 0 & 0 & 0 & s_{44} & 0 & 0 \\ 0 & 0 & 0 & 0 & s_{44} & 0 \\ 0 & 0 & 0 & 0 & 0 & 2(s_{11}-s_{12}) \end{pmatrix} \quad (7.43)$$

Matrix der *Elastizitätsmoduln* von PZT

$$c_{pq}^E = \begin{pmatrix} c_{11} & c_{12} & c_{13} & 0 & 0 & 0 \\ c_{12} & c_{11} & c_{13} & 0 & 0 & 0 \\ c_{13} & c_{13} & c_{33} & 0 & 0 & 0 \\ 0 & 0 & 0 & c_{44} & 0 & 0 \\ 0 & 0 & 0 & 0 & c_{44} & 0 \\ 0 & 0 & 0 & 0 & 0 & 2(c_{11}-c_{12}) \end{pmatrix} \quad (7.44)$$

Matrix der *piezoelektrischen Konstanten* von PZT

$$d_{iq} = \begin{pmatrix} 0 & 0 & 0 & 0 & d_{15} & 0 \\ 0 & 0 & 0 & d_{15} & 0 & 0 \\ d_{31} & d_{31} & d_{33} & 0 & 0 & 0 \end{pmatrix} \quad (7.45)$$

Matrix der *piezoelektrischen Moduln* von PZT

$$e_{iq} = \begin{pmatrix} 0 & 0 & 0 & 0 & e_{15} & 0 \\ 0 & 0 & 0 & e_{15} & 0 & 0 \\ e_{31} & e_{31} & e_{33} & 0 & 0 & 0 \end{pmatrix} \quad (7.46)$$

Matrix der *Permittivitäten* von PZT

$$\varepsilon_{ik}^S = \begin{pmatrix} \varepsilon_{11} & 0 & 0 \\ 0 & \varepsilon_{22} & 0 \\ 0 & 0 & \varepsilon_{33} \end{pmatrix} \quad (7.47)$$

Die Besetzung von s_{pq}^E und d_{iq} ist jeweils analog zu c_{pq}^E und e_{iq}. Die Bestimmung der einzelnen Einträge erfolgt mittels resonanter Messmethoden an verschieden geformten

Probekörpern aus gleichem Material (Hegewald 2008; Rupitsch 2018). Beschrieben werden die Messmethoden in einem IEEE-Standard (ANSI 1988) und in den CENELEC-Standards (CENELEC 2002).

Literatur

ANSI (1988) IEEE standard on piezoelectricity (American National Standards Institute). ANSI/IEEE Std 176-1987 . https://doi.org/10.1109/IEEESTD.1988.79638

Asmus E (1959) Einführung in die höhere Mathematik und ihre Anwendungen: Ein Hilfsbuch für Chemiker, Physiker und andere Naturwissenschaftler. Arbeitsmethoden der modernen Naturwissenschaften. de Gruyter, Berlin

Ballas RG (2007) Piezoelectric multilayer beam bending actuators: Static and dynamic behavior and aspects of sensor integration. Microtechnology and MEMS. Springer, Berlin/Heidelberg

Ballato A (1995) Piezoelectricity: old effect, new thrusts. IEEE Trans Ultrason Ferroelectr Freq Control 42(5):916–926. https://doi.org/10.1109/58.464826

Bartelmann M, Feuerbacher B, Krüger T, Lüst D, Rebhan A, Wipf A, Modler F, Kreh M (2015) Theoretische Physik. Springer Spektrum, Berlin/Heidelberg

Becker E, Bürger W (1975) Kontinuumsmechanik: Eine Einführung in die Grundlagen und einfache Anwendungen, Leitfäden der angewandten Mathematik und Mechanik, Bd 20. Vieweg+Teubner, Wiesbaden

Callen H (1985) Thermodynamics and an introduction to thermostatistics, 2. Aufl. Wiley, New York

CENELEC (2002) Piezoelectric properties of ceramic materials and components – Part 2: Methods of measurement – low power (European Committe for Electrotechnical Standardization). EN 50324-2

Greiner W, Neise L, Stöcker H (1995) Thermodynamics and statistical mechanics. Classical theoretical physics. Springer, New York

Gross R, Marx A (2012) Festkörperphysik. De Gruyter Oldenbourg, München

Heckmann G (1925) Die Gittertheorie der festen Körper. In: Ergebnisse der Exakten Naturwissenschaften. Springer, Berlin/Heidelberg, S 100–153

Hegewald T (2008) Modellierung des nichtlinearen Verhaltens piezokeramischer Aktoren. Dissertation, Friedrich-Alexander-Universität Erlangen-Nürnberg

Heintze J, Bock P (2016) Lehrbuch zur Experimentalphysik: Kontinuumsmechanik und Thermodynamik, Lehrbuch, Bd 2. Springer Spektrum, Berlin/Heidelberg

Ikeda T (1990) Fundamentals of piezoelectricity. Oxford science publications. Oxford University Press, Oxford

Król R, Wallaschek J (2011) Eine Reduktionsmethode zur Ableitung elektromechanischer Ersatzmodelle für piezoelektrische Wandler unter Verwendung der Finite-Elemente-Methode (FEM). Dissertation, Universität Paderborn

Lenk A, Irrgang B (1977) Elektromechanische Systeme: Systeme mit verteilten Parametern, Bd 2, 2. Aufl. VEB Verlag Technik, Berlin

Malgrange C, Ricolleau C, Schlenker M (2014) Symmetry and physical properties of crystals. Springer, Dordrecht

Nye JF (1985) Physical properties of crystals: their representation by tensors and matrices. Oxford University Press, New York

Rupitsch SJ (2018) Piezoelectric sensors and actuators. Topics in mining, metallurgy and materials engineering. Springer, Berlin/Heidelberg

Schmutzer E (2005) Grundlagen der Theoretischen Physik, 3. Aufl. Wiley-VCH, Weinheim

Sonin AS, Strukow BA (1974) Einführung in die Ferroelektrizität, Mathematik und Physik, Bd 140. Springer, Berlin/Heidelberg

Stephan P, Schaber K, Stephan K, Mayinger F (2017) Thermodynamik: Grundlagen und technische Anwendungen: Mehrstoffsysteme und chemische Reaktionen, Lehrbuch, Bd 2, 16. Aufl. Springer, Berlin/Heidelberg

Sutter UJ (2006) Domäneneffekte in ferroelektrischen PZT-Keramiken. Dissertation, Universität Karlsruhe (TH)

Tichý J, Erhart J, Kittinger E, Přívratská J (2010) Fundamentals of piezoelectric sensorics: Mechanical, dielectric, and thermodynamical properties of piezoelectric materials. Springer, Heidelberg

Tiersten HF (1969) Linear piezoelectric plate vibrations: elements of the linear theory of piezoelectricity and the vibrations of piezoelectric plates. Springer, Boston

Tipler PA, Mosca G (2019) Physik: für Studierende der Naturwissenschaften und Technik, 8. Aufl. Springer Spektrum, Berlin/Heidelberg

Teil IV

Theorie des statischen und dynamischen Verhaltens piezoelektrischer Biegewandler

Statisches Verhalten piezoelektrischer Biegewandler

8.1 Schnittlasten im Biegebalken

Im Kontext mechanischer Betrachtungen lässt sich ein mehrschichtiger piezoelektrischer Biegewandler als Biegebalken auffassen. Das physikalische Verständnis des statischen (aber auch dynamischen) Verhaltens eines Biegebalkens ist in einem engen Zusammenhang mit den Schnittlasten zu sehen, die aus dem Verformungszustand eines Biegebalkens hervorgehen. Im Folgenden möchten wir daher zunächst näher auf die **Schnittlasten** eingehen. Ein Balken lässt sich durch seine *Balkenlängsachse* (Hauptträgheitsachse) und die in jedem Punkt der Hauptträgheitsachse zugeordneten Querschnitte beschreiben (Gross et al. 2016). Dabei verbindet die Balkenlängsachse die Flächenschwerpunkte der Balkenquerschnitte, welche senkrecht zur Balkenlängsachse stehen. Des Weiteren gehen wir von einem biegesteifen Balken aus, d. h. er setzt einer Verbiegung einen Widerstand entgegen. Wirken äußere Lasten auf einen Balken, so kommt es zu inneren mechanischen Beanspruchungen. Um diese bestimmen zu können, wird ein Balken an derjenigen Stelle in zwei Teilkörper geschnitten, an welcher die inneren Kräfte bzw. Momente gesucht sind. Für das Gleichgewicht des Gesamtsystems muss jeder so entstandene Teilkörper unter der Wirkung der an ihm verbliebenen äußeren Lasten und der in der Schnittfläche angreifenden Schnittlasten im Gleichgewicht sein. Zur Definition der *positiven* Schnittlasten wird, wie in Abb. 8.1 dargestellt, ein rechtshändiges kartesisches Koordinatensystem längs des Balkens mit der Schnittstelle mitgeführt, bei dem die z-Achse in Richtung der Schwerebeschleunigung nach unten, die y-Achse in Balkenquerrichtung und die x-Achse in Balkenlängsrichtung zeigt.

An der Schnittstelle unterscheidet man zwischen *positivem* und *negativem Schnittufer* sowie zwischen *positiven* und *negativen Schnittlasten* (s. Abb. 8.2). Ein Schnittufer heißt *positiv*, wenn die x-Achse aus der Schnittfläche heraus weist, es heißt *negativ*, wenn die x-Achse in die Schnittfläche hinein zeigt. *Positive* Schnittlasten zeigen am *positiven*

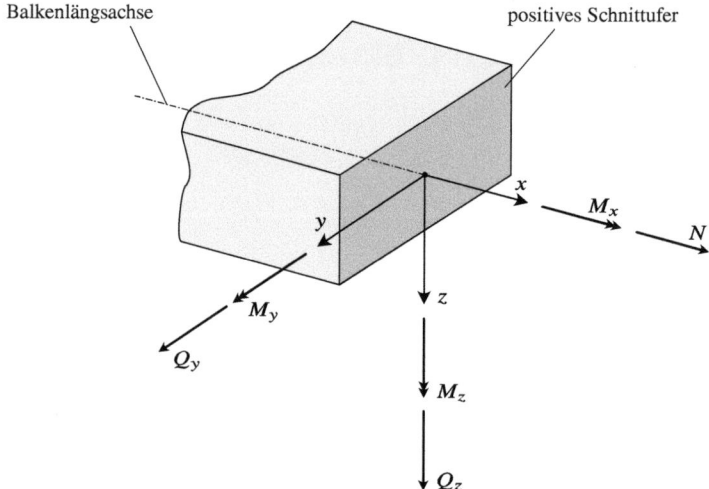

Abb. 8.1 Schnittlasten im Balken (am positiven Schnittufer wird entlang der Balkenlängsachse ein rechtshändiges kartesisches Koordinatensystem mit der Schnittstelle mitgeführt)

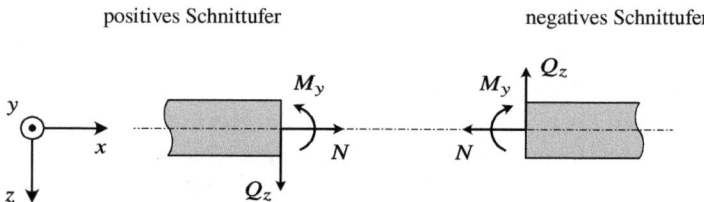

Abb. 8.2 Ebener Balken mit *positivem* und *negativem* Schnittufer und den zugehörigen Schnittlasten

Schnittufer in *positive* Koordinatenrichtung und am *negativen* Schnittufer in *negative* Koordinatenrichtung (Wriggers et al. 2006). Bei den weiteren Betrachtungen gehen wir von einer *ebenen Belastung eines ebenen Balkens* aus, d. h. eingeprägte Lasten und daraus resultierende Schnittlasten sowie die Balkenlängsachse liegen in der x-z-Ebene. Somit verbleiben von den in Abb. 8.1 dargestellten Schnittlasten nur noch die Normalkraft N in x-Richtung, die Querkraft Q_z in z-Richtung und das Biegemoment M_y um die y-Achse (s. Abb. 8.2). Schnittlasten als Resultierende von verteilten Kräften im Querschnitt (mechanische Spannungen) sind dabei auf den Schwerpunkt der Querschnittsfläche bezogen, sie greifen somit an der Balkenlängsachse an. Aus den resultierenden Schnittlasten kann jedoch nicht auf die Spannungsverteilung innerhalb eines Balkens geschlossen werden.

8.2 Kinematik der Verformung des ebenen Balkens

Da aus dem Gleichgewichtszustand allein die Spannungsverteilung innerhalb eines verformten Balkens nicht eindeutig bestimmt werden kann, müssen wir zusätzliche Annahmen zur Verformung treffen. Zur näheren Erläuterung dient der in Abb. 8.3a skizzierte Balken in unverformter Konfiguration mit konstantem rechteckigem Querschnitt bestehend aus einem *linear elastischen*, *isotropen* und *homogenen* Material. Zur Veranschaulichung des Verformungsverhaltens denken wir uns den Balken mit horizontalen und vertikalen Gitterlinien überzogen. Die **reine Biegung** des Balkens – als äußere Belastung tritt nur an den Balkenenden ein Biegemoment M auf, es tritt *keine Querkraft* und damit *keine Querkraftbiegung* auf – führt zu dem in Abb. 8.3b dargestellten Verformungszustand der horizontalen und vertikalen Gitterlinien. Die Längenänderungen und die damit verbundenen Dehnungen S der ursprünglich horizontalen Gitterlinien sind am oberen Rand negativ ($S < 0$), am unteren Rand sind sie positiv ($S > 0$). Vom oberen Rand ab ändern sich die negativen Dehnungen (Stauchungen) zum unteren Rand hin kontinuierlich zu positiven Dehnungen. Damit finden wir eine horizontale Gitterlinie ohne Längenänderung, die als **neutrale Faser** bezeichnet wird. Dass die neutrale Faser des in Abb. 8.3a bzw. b dargestellten Balkens entlang der Balkenmitte verläuft, ist der

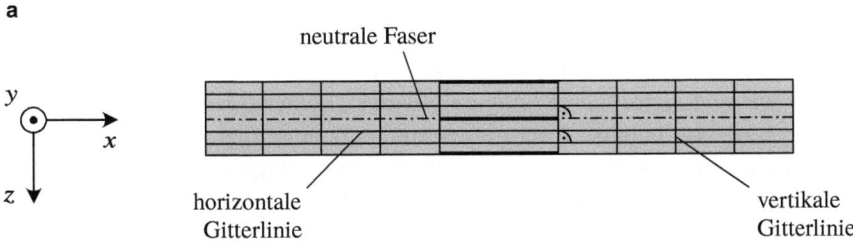

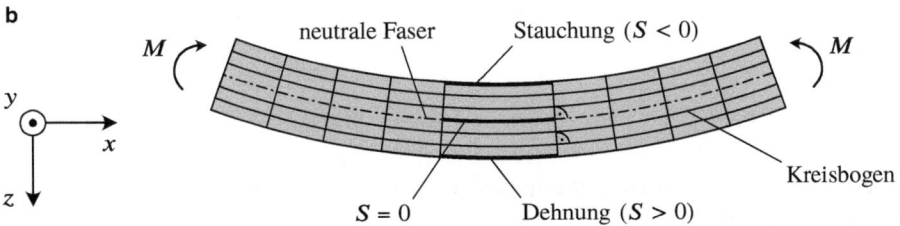

Abb. 8.3 Biegung eines ebenen Balkens. (**a**) Im unverformten Zustand wird der Balken mit horizontalen und vertikalen Gitterlinien überzogen gedacht. (**b**) Durch die reine Biegung des Balkens (als äußere Belastung tritt an den Balkenenden nur ein Biegemoment M auf) erfahren alle horizontalen Gitterlinien eine konstante Krümmung, die ursprünglich vertikalen Gitterlinien verlaufen auch nach der Verformung senkrecht zu den ursprünglich horizontalen Gitterlinien. (Nach Mahnken 2015)

Tatsache geschuldet, dass von einem Balken mit konstantem rechteckigem Querschnitt bestehend aus einem *linear elastischen, isotropen* und *homogenen* Material ausgegangen wird. Diese geometrischen und materialspezifischen Symmetrieeigenschaften müssen im Allgemeinen jedoch nicht vorherrschen, weshalb sich die Lage der neutralen Faser auch verschieben kann. Wegen des konstanten Biegemoments M erfahren alle ursprünglich horizontalen Gitterlinien eine konstante Krümmung und weisen somit die Form von Kreisbögen auf. Dies hat zur Folge, dass die ursprünglich vertikalen Gitterlinien gerade und damit die zugehörigen Querschnitte auch nach der Verformung eben und senkrecht zur neutralen Faser sind (Mahnken 2015). Natürlich treten in der Querschnittsebene (y-z-Ebene) ebenfalls Dehnungen und Stauchungen auf (*Querkontraktionen*). Die daraus resultierenden zusätzlichen Verformungen senkrecht zur Balkenlängsachse werden wir im weiteren Verlauf der Betrachtungen jedoch vernachlässigen. Zusammenfassend resultieren die zuvor angestellten Überlegungen und die daraus gewonnenen Erkenntnisse in der *Bernoullischen Hypothese der Biegetheorie* (Dankert und Dankert 2013).

> **Bernoullische Hypothese der Biegetheorie**
> *Alle Punkte einer zur Trägerlängsachse senkrechten ebenen Fläche befinden sich auch nach einer reinen Biegeverformung in einer ebenen Fläche, die senkrecht zur verformten Trägerachse liegt.*

Zur Beschreibung der *Kinematik der Verformung* des ebenen Balkens bedienen wir uns der *unverformten* und *verformten* Konfiguration eines Balkenausschnittes nach Abb. 8.4. Hier sind die Lage des Punktes P im unverformten Zustand und die Lage des gleichen Punktes P′ im verformten Zustand dargestellt. Das Koordinatensystem ist so gewählt, dass der Einheitsvektor e_x mit der neutralen Faser zusammenfällt. Das kartesische Koordinatensystem ist gemäß der Definition der Schnittgrößen am positiven Schnittufer eines Balkens definiert. Die Größen u_0 und w_0 bezeichnen die jeweiligen Verrückungen (Verschiebungen) in x- und z-Richtung. Die Vektoren $\boldsymbol{r}_P$ und $\boldsymbol{r}_{P'}$ repräsentieren die zu den Punkten P und P′ zugehörigen Ortsvektoren und lassen sich nach Abb. 8.4 wie folgt definieren:

$$\boldsymbol{r}_P = x\,\boldsymbol{e}_x + z\,\boldsymbol{e}_z \quad \text{und} \quad \boldsymbol{r}_{P'} = (x + u_0 - z\sin\varphi)\,\boldsymbol{e}_x + (w_0 + z\cos\varphi)\,\boldsymbol{e}_z$$

Den Vektor der Verrückung $\boldsymbol{u}$ erhalten wir aus der Differenz der beiden Ortsvektoren der Punkte P und P′:

$$\boldsymbol{u} = \boldsymbol{r}_{P'} - \boldsymbol{r}_P = (u_0 - z\sin\varphi)\,\boldsymbol{e}_x + (w_0 + z\,[\cos\varphi - 1])\,\boldsymbol{e}_z \qquad (8.1)$$

Zur Beschreibung der Kinematik der Verformung eines Balkens im Kontext der **technischen Biegetheorie** muss insbesondere die Voraussetzung erfüllt sein, dass die Verformungen und die damit verbundenen Verdrehungen φ *klein* sind. Unter dieser Bedingung

8.2 Kinematik der Verformung des ebenen Balkens

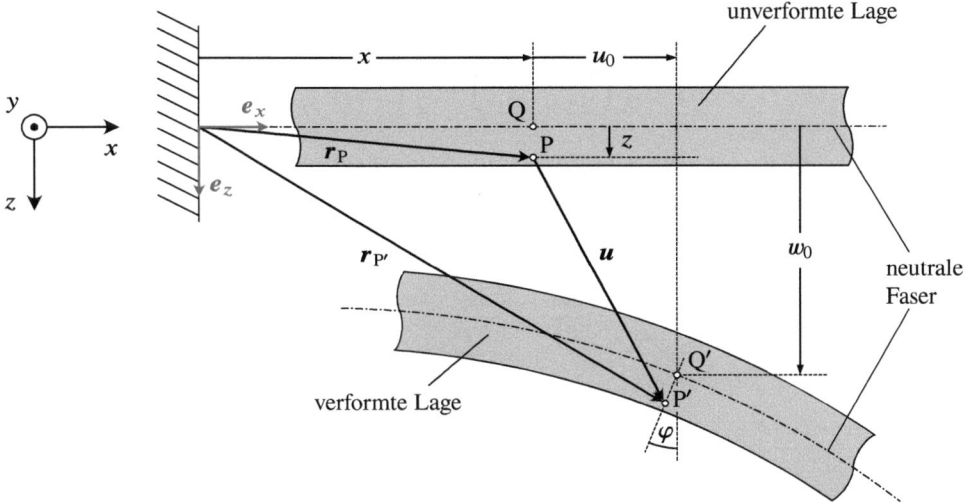

Abb. 8.4 Kinematik der Verformung eines ebenen Balkens. In der verformten Konfiguration erfahren die Raumpunkte P und Q eine Verschiebung aus ihrer Ausgangslage in eine neue Lage P′ und Q′

gewinnen wir mithilfe der Taylorschen Reihenentwicklung für die sin- und cos-Funktion in Gl. (8.1) die beiden Näherungen (Hering et al. 2017)

$$\sin\varphi \approx \varphi \quad \text{und} \quad \cos\varphi \approx 1$$

und somit für den Vektor der Verrückung

$$\boldsymbol{u} = \underbrace{(u_0 - z\varphi)}_{=u}\,\boldsymbol{e}_x + \underbrace{w_0}_{=w}\,\boldsymbol{e}_z.$$

Die Größen u und w, welche wir bereits in Kap. 5 eingeführt haben (s. Gl. (5.16)), bezeichnen die jeweiligen Verschiebungen in x- und z-Richtung. Da wir Verschiebungen in y-Richtung vernachlässigen ($v = 0$), lassen sich die Komponenten des Verschiebungsvektors $\boldsymbol{u}$ wie folgt zusammenfassen:

$$u = u_0 - z\varphi, \quad v = 0, \quad w = w_0$$

Die Komponenten des Verschiebungsvektors ermöglichen die Bestimmung der mechanischen Dehnungen, welche im ebenen Balken in verformter Lage auftreten. Hierzu greifen wir auf die in Kap. 5 gewonnenen Beziehungen (5.22)–(5.25) für die Verzerrungen im Raum zurück. Wir erhalten:

$$\varepsilon_{xx} = \frac{\partial u}{\partial x} = \frac{\partial u_0}{\partial x} - z\frac{\partial \varphi}{\partial x}, \quad \varepsilon_{yy} = \frac{\partial v}{\partial y} = 0$$

und

$$S_{xz} = \frac{1}{2}\left(\frac{\partial u}{\partial z} + \frac{\partial w}{\partial x}\right) = \frac{1}{2}\left(-\varphi + \frac{\partial w}{\partial x}\right)$$

Ersetzen wir die Koordinatenrichtungen x, y und z durch die Indizes 1, 2 und 3, d. h. $S_{xx} = S_{11}$, $S_{yy} = S_{22}$ und $S_{xz} = S_{13}$ und ordnen die erhaltenen Tensordoppelindizes den in Kap. 7 in Tab. 7.3 aufgelisteten Matrixindizes zu (Voigtsche Notation), dann ergibt sich:

$$S_1 = \frac{\partial u}{\partial x} = \frac{\partial u_0}{\partial x} - z\frac{\partial \varphi}{\partial x}, \qquad S_2 = \frac{\partial v}{\partial y} = 0$$

und

$$S_5 = \frac{1}{2}\left(\frac{\partial u}{\partial z} + \frac{\partial w}{\partial x}\right) = \frac{1}{2}\left(-\varphi + \frac{\partial w}{\partial x}\right)$$

Unter der Annahme, dass die verformte Lage des Balkenausschnitts in Abb. 8.4 aus einer *reinen Biegung* hervorgeht, treten in der x-z-Ebene keine Querkräfte und somit keine Querdehnungen auf, d. h. $S_5 = 0$. Mit dieser Bedingung gewinnen wir folgenden formalen Zusammenhang zwischen der Verdrehung φ und der Verschiebung w in z-Richtung:

$$\varphi = \frac{\partial w}{\partial x} \tag{8.2}$$

Mit der gewonnenen Beziehung lässt sich die Berechnungsvorschrift für die mechanische Dehnung S_1 wie folgt umschreiben:

$$S_1 = \frac{\partial u_0}{\partial x} - z\frac{\partial}{\partial x}\left(\frac{\partial w}{\partial x}\right) = \underbrace{\frac{\partial u_0}{\partial x}}_{(*)} - z\underbrace{\frac{\partial^2 w}{\partial x^2}}_{(**)}$$

Die partiellen Differenzialquotienten $(*)$ und $(**)$ bezeichnen im Rahmen der technischen Biegetheorie die *Dehnung* ε^0 und die *Krümmung* κ^0 der neutralen Faser (Solecki und Conant 2003).

8.2 Kinematik der Verformung des ebenen Balkens

Dehnung und Krümmung der neutralen Faser
Die Dehnung und Krümmung der neutralen Faser repräsentieren zwei zentrale Größen zur Beschreibung der Kinematik der Verformung des ebenen Balkens. Beide Größen gewinnt man aus den partiellen Ableitungen der Verschiebungskomponenten in der x-z-Ebene nach der Längenkoordinate x des Balkens. Für kleine Verformungen und somit kleine Verdrehungen φ gilt:

$$\varepsilon^0 = \frac{\partial u_0}{\partial x} \quad \text{(Dehnung der neutralen Faser)} \tag{8.3}$$

$$\kappa^0 = \frac{\partial^2 w}{\partial x^2} \quad \text{(Krümmung der neutralen Faser)} \tag{8.4}$$

Die beiden Variablen ε^0 und κ^0 ermöglichen eine kompakte Darstellung der in x-Richtung auftretenden mechanischen Dehnung S_1 des ebenen Balkens als Funktion der Balkenkoordinaten x und z.

mechanische Dehnung des ebenen Balkens
Für kleine Verformungen lässt sich die mechanische Dehnung S_1 des ebenen Balkens als Funktion der Balkenkoordinaten x und z darstellen ($S_1 = S_1(x,z)$). Sie setzt sich dabei aus der Dehnung der neutralen Faser ε^0 und der Biegedehnung $-z\kappa^0$ zusammen.

$$S_1(x, z) = \varepsilon^0 - z\kappa^0 \tag{8.5}$$

Für die weiteren Untersuchungen setzen wir voraus, dass am freien Balkenende keine Normalkräfte in x-Richtung wirken. Somit erfährt die neutrale Faser keine Dehnung und es gilt $\varepsilon^0 = 0$. Gl. (8.5) zeigt, dass die mechanische Dehnung $S_1(x,z)$ ein lineares Verhalten über den gesamten Querschnitt des Balkens aufweist, wobei die Variable z den Abstand von der neutralen Faser definiert (Wang et al. 2000). Die Dehnung lässt sich nur dann bestimmen, wenn die Lage der neutralen Faser bekannt ist. Für einen homogenen ebenen Balken mit rechteckigen Querschnitt können wir die Lage der neutralen Faser aufgrund von Symmetrieeigenschaften direkt angeben. Anders verhält es sich bei piezoelektrischen Biegewandlern, die sich aus zwei oder mehr Schichten mit unterschiedlichen geometrischen und elastomechanischen Eigenschaften zusammensetzen können. Für sie müssen wir die Lage der neutralen Faser explizit berechnen.

8.3 Lage der neutralen Faser

In diesem Abschnitt wenden wir uns der Berechnung der Lage der neutralen Faser in einem mehrschichtigen System zu. Um einen möglichst generellen Ansatz zu verfolgen, fassen wir das Schichtsystem als ein System bestehend aus einer Anzahl von n Schichten auf. Jeder einzelnen Schicht lassen sich dabei unterschiedliche geometrische und elastische Eigenschaften zuweisen. Für die Lage der neutralen Faser führen wir die Variable $\bar{z}$ ein, welche den Abstand zum unteren Rand des Schichtsystems angibt (Pfeifer 1982). Dieser Sachverhalt ist in Abb. 8.5 anschaulich dargestellt. Hierbei nummerieren wir die Schichten von unten nach oben durch und weisen jeder einzelnen Schicht i eine Schichtdicke h_i zu. Zur Berechnung der Lage der neutralen Faser beziehen wir die nachfolgend aufgeführten Randbedingungen in unsere Betrachtungen mit ein.

Randbedingungen zur Berechnung der Lage der neutralen Faser

1. Bei reiner Biegung eines ebenen mehrschichtigen Balkens gilt Kräftefreiheit in x-Richtung (Dankert und Dankert 2013):

$$\sum_{i=1}^{n} N_i = 0 \tag{8.6}$$

2. Ausgehend von der neutralen Faser gilt nach Gl. (8.5) für die Dehnung $S_1(x, z)$ bei Kräftefreiheit in x-Richtung ($\varepsilon^0 = 0$):

(Fortsetzung)

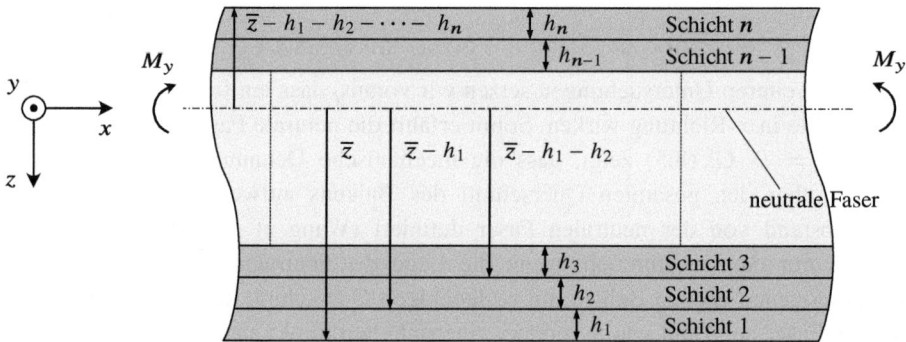

Abb. 8.5 Zur Berechnung der Lage der neutralen Faser $\bar{z}$. Dargestellt ist der Freischnitt eines ebenen Balkensegments bestehend aus einer Anzahl von n Schichten mit unterschiedlichen Schichtdicken h_i. Bei einer reinen Balkenbiegung tritt an dem jeweiligen Schnittufer des Balkensegments nur ein Biegemoment $M_y = M_b$ als Schnittlast auf

8.3 Lage der neutralen Faser

$$S_1(x, z) = -z\kappa^0 \tag{8.7}$$

3. Für elastische Materialien gilt das Hooksche Gesetz $S_p = s_{pq}T_q$, mit dessen Hilfe sich die in x-Richtung auftretenden mechanischen Biegespannungen $T_{1,i}$ (*Normalspannungen*) für jede einzelne Schicht i unter Verwendung von Gl. (8.7) ausdrücken lassen:

$$T_{1,i}(x, z) = -\frac{z\kappa^0}{s_{11,i}} \tag{8.8}$$

Den durch das Hooksche Gesetz beschriebenen Sachverhalt zwischen mechanischer Dehnung und mechanischer Spannung haben wir bereits in Kap. 7 im Zusammenhang mit den Zustandsgleichungen für das unabhängige Feldgrößenpaar (T, E) kennengelernt (s. Gl. (7.21)). Aus Gl. (8.8) wird ersichtlich, dass die mechanische Spannung im Gegensatz zur mechanischen Dehnung nur schichtweise linear verläuft. Die in x-Richtung wirkende Biegespannung (Normalspannung) $T_{1,i}$ lässt sich für jede einzelne Schicht i wie folgt definieren:

$$T_{1,i} = \frac{\mathrm{d}N_i}{\mathrm{d}A_i}$$

Die Größe $\mathrm{d}A_i$ bezeichnet ein differenzielles Flächenelement der Querschnittsfläche der Schicht i in der y-z-Ebene. Die Größe $\mathrm{d}N_i$ bezeichnet die senkrecht zum Flächendifferenzial $\mathrm{d}A_i$ in x-Richtung punktuell wirkende Normalkraft. Auflösen nach $\mathrm{d}N_i$ und anschließende Flächenintegration (die Querschnittsfläche des Schichtverbundes mit konstanter Schichtbreite b sei symmetrisch um die y-Achse angeordnet) liefert in Verbindung mit der Definition (8.8) für die Biegespannung die resultierende Normalkraft N_i in der i-ten Schicht.

$$N_i = -\int_{h_{i,u}}^{h_{i,o}} \int_{-b/2}^{b/2} \frac{\kappa^0}{s_{11,i}} z \, \mathrm{d}y \, \mathrm{d}z = -\int_{h_{i,u}}^{h_{i,o}} \frac{b\kappa^0}{s_{11,i}} z \, \mathrm{d}z$$

Unter Berücksichtigung der vorausgesetzten Kräftefreiheit in x-Richtung (s. Gl. (8.6)) und aufgrund der Tatsache, dass nach Gl. (8.4) die Krümmung κ_0 keine Abhängigkeit von der Balkenkoordinate z aufweist sowie $b = \mathrm{konst.}$ ist, können wir auch schreiben:

$$\sum_{i=1}^{n} \frac{1}{s_{11,i}} \int_{h_{i,u}}^{h_{i,o}} z \, \mathrm{d}z = 0 \tag{8.9}$$

Mit dem gewonnenen Ausdruck können wir die Lage der neutralen Faser $\overline{z}$ rechnerisch ermitteln. Die für eine beliebige Schicht i gewählten Integrationsgrenzen $h_{i,u}$ und $h_{i,o}$ lassen sich anhand des mehrschichtigen Balkensegments in Abb. 8.5 auf einfache Weise definieren.

Definition der Integrationsgrenzen im Vielschichtsystem

1. Untere Integrationsgrenze $h_{i,u}$:

$$h_{i,u} = \overline{z} - \sum_{j=1}^{i} h_j \tag{8.10}$$

2. Obere Integrationsgrenze $h_{i,o}$:

$$h_{i,o} = \overline{z} - \sum_{j=1}^{i-1} h_j \tag{8.11}$$

Die Auswertung der Integralsumme in Gl. (8.9) mit den Definitionen der Integrationsgrenzen liefert:

$$\sum_{i=1}^{n} \frac{1}{s_{11,i}} \left[h_{i,o}^2 - h_{i,u}^2 \right] = 0$$

$$\Leftrightarrow \sum_{i=1}^{n} \frac{1}{s_{11,i}} \left[\left(\overline{z} - \sum_{j=1}^{i-1} h_j \right)^2 - \left(\overline{z} - \sum_{j=1}^{i} h_j \right)^2 \right] = 0$$

$$\Leftrightarrow \sum_{i=1}^{n} \frac{1}{s_{11,i}} \left[2\overline{z} \left(\sum_{j=1}^{i} h_j - \sum_{j=1}^{i-1} h_j \right) + \left(\sum_{j=1}^{i} h_j - h_i \right)^2 - \left(\sum_{j=1}^{i} h_j \right)^2 \right] = 0$$

$$\Leftrightarrow \sum_{i=1}^{n} \frac{1}{s_{11,i}} \left[2\overline{z} h_i - 2 h_i \sum_{j=1}^{i} h_j + h_i^2 \right] = 0 \tag{8.12}$$

Durch anschließendes Umstellen nach der Variablen $\overline{z}$ erhalten wir die Berechnungsvorschrift für die Lage der neutralen Faser.

> **Lage der neutralen Faser**
> In die Berechnungsvorschrift für die Lage der neutralen Faser $\bar{z}$ des mehrschichtigen ebenen Balkens fließen bei konstanter Breite des Schichtverbundes die Dicke sowie der Elastizitätskoeffizient jeder einzelnen Schicht mit ein.
>
> $$\bar{z} = -\frac{\sum_{i=1}^{n} \frac{h_i^2}{s_{11,i}} - 2\sum_{i=1}^{n} \frac{h_i}{s_{11,i}} \sum_{j=1}^{i} h_j}{2\sum_{i=1}^{n} \frac{h_i}{s_{11,i}}} \quad (8.13)$$

Bisher konzentrierten sich unsere Überlegungen auf ebene Balkenstrukturen, bestehend aus Schichten mit rein elastischen Eigenschaften. Indem wir den einzelnen Schichten zusätzlich auch dielektrische Eigenschaften zuweisen, gewährleisten wir einen fließenden Übergang von einer rein mechanischen Beschreibungsform eines elastischen mehrschichtigen Balkens hin zu einer mathematisch geschlossenen Darstellung des elektromechanischen Verhaltens piezoelektrischer Biegewandler beliebiger Morphologie. In den nachfolgenden Betrachtungen richten wir unser Hauptaugenmerk auf die energetische Beschreibung des Schichtverbundes. Hierzu ist es zunächst notwendig, die Krümmung κ_0 der neutralen Faser in Abhängigkeit intern wirkender Momente darzustellen. Dies ermöglicht uns, auf die Biegespannungen in jeder einzelnen Schicht zurückzuschließen. Diese wiederum bilden schließlich die Berechnungsgrundlage zur energetischen Beschreibung eines piezoelektrischen Schichtverbundes.

8.4 Biegesteifigkeit des ebenen Schichtsystems und inneres piezoelektrisches Moment

Im weiteren Verlauf der Betrachtungen setzen wir für jede einzelne Schicht des Schichtsystems sowohl linear elastisches als auch piezoelektrisches Materialverhalten voraus. Die damit verbundene elektromechanische Kopplung beschreiben wir auf Basis der Zustandsgleichungen für das unabhängige Feldgrößenpaar (T, E) (s. Kap. 7). Den Herleitungen der Formeln zur Berechnung der Biegesteifigkeit eines Mehrschichtsystems sowie des im Innern des Schichtsystems auftretenden piezoelektrischen Biegemoments liegen die nachfolgend aufgelisteten Randbedingungen zugrunde.

Randbedingungen

1. Der elektrische Feldstärkevektor $\boldsymbol{E}$ weist nur eine Komponente in z-Richtung auf.

$$E_1 = E_2 = 0 \tag{8.14}$$

2. Mechanische Spannungen treten nur in x-Richtung auf ($T_1 \neq 0$).

$$T_2 = \cdots = T_6 = 0 \tag{8.15}$$

3. Die Berücksichtigung der elektromechanischen Kopplung erfolgt anhand der Zustandsgleichungen (7.33) und (7.34) für das unabhängige Feldgrößenpaar (T, E).

$$S_1 = s_{11}^E T_1 + d_{31} E_3 \tag{8.16}$$

$$D_3 = d_{31} T_1 + \epsilon_{33}^T E_3 \tag{8.17}$$

Zur Berechnung der mechanischen Biegespannung $T_{1,i}$ innerhalb einer beliebigen Schicht i greifen wir auf die Berechnungsvorschrift (8.7) für die Biegedehnung S_1 im ebenen Balken zurück. In Verbindung mit der Zustandsgleichung (8.16) erhalten wir

$$-z\kappa^0 = s_{11,i}^E T_{1,i} + d_{31,i} E_{3,i}$$

und daraus den gesuchten Ausdruck für die Biegespannung:

$$T_{1,i}(x, z) = \frac{1}{s_{11,i}^E} \left[-z\kappa^0 - d_{31,i} E_{3,i} \right] \tag{8.18}$$

In der technischen Biegetheorie entspricht die resultierende Momentenwirkung der Biegespannung um die y-Achse dem *inneren* Biegemoment $M_b(x)$ (Dankert und Dankert 2013). Es gilt:

$$M_b(x) = \sum_{i=1}^{n} b \int_{h_{i,u}}^{h_{i,o}} T_{1,i}(x, z) z \, dz \tag{8.19}$$

8.4 Biegesteifigkeit des ebenen Schichtsystems und inneres ...

In Verbindung mit Gl. (8.4) erhalten wir:

$$M_b(x) = -\sum_{i=1}^{n} \frac{b}{s_{11,i}^E} \int_{h_{i,u}}^{h_{i,o}} \left(z^2 \kappa^0 + d_{31,i} E_{3,i} z\right) dz$$

$$= -\sum_{i=1}^{n} \frac{b}{s_{11,i}^E} \left(\frac{1}{3} z^3 \kappa^0 + \frac{1}{2} d_{31,i} E_{3,i} z^2\right)\Bigg|_{h_{i,u}}^{h_{i,o}}$$

Einsetzen der Integrationsgrenzen und anschließende Separation der Terme führt zu folgendem Ausdruck:

$$M_b(x) = -\kappa^0 \underbrace{\frac{b}{3} \sum_{i=1}^{n} \frac{1}{s_{11,i}^E} \left[h_{i,o}^3 - h_{i,u}^3\right]}_{\equiv C} - \underbrace{\frac{b}{2} \sum_{i=1}^{n} \frac{d_{31,i}}{s_{11,i}^E} E_{3,i} \left[h_{i,o}^2 - h_{i,u}^2\right]}_{\equiv M_{\text{piezo}}} \tag{8.20}$$

Die eingeführten kinematischen Größen C und M_{piezo} bezeichnen die **Biegesteifigkeit** des Schichtsystems und das durch die elektromechanische Kopplung erzeugte **piezoelektrische Moment**. Unter Berücksichtigung der Definitionen (8.10) und (8.11) für die untere und obere Integrationsgrenze gelangen wir nach einigen algebraischen Umformungen zu kompakten Berechnungsvorschriften für die Biegesteifigkeit C sowie das piezoelektrische Moment M_{piezo}. Die Abhängigkeit beider Größen von der Lage der neutralen Faser $\bar{z}$ wird hierbei sofort ersichtlich.

> **Biegesteifigkeit des ebenen Schichtsystems**
>
> Die Biegesteifigkeit ist im Allgemeinen ein Maß für den Widerstand eines Balkens oder einer Platte gegen die elastische Verformung bei einer Biegebeanspruchung. Sie hängt bei einem Schichtsystem neben der Dicke und dem Elastizitätskoeffizienten jeder einzelnen Schicht auch von der Lage der neutralen Faser $\bar{z}$ und der Breite b des Schichtverbundes ab.
>
> $$C = \frac{b}{3} \sum_{i=1}^{n} \frac{1}{s_{11,i}^E} \left[3h_i \left(\bar{z} - \sum_{j=1}^{i} h_j\right)\left(\bar{z} - \sum_{j=1}^{i-1} h_j\right) + h_i^3\right] \tag{8.21}$$

piezoelektrisches Moment im ebenen Schichtsystem

Das durch die elektromechanische Kopplung im Schichtsystem erzeugte piezoelektrische Moment steht im direkten Zusammenhang mit den in den piezoelektrischen Schichten auftretenden elektrischen Feldstärken und den zugehörigen piezoelektrischen Ladungskonstanten. Wie bereits die Biegesteifigkeit, so weist auch das piezoelektrische Moment eine Abhängigkeit von der Dicke und dem Elastizitätskoeffizienten jeder einzelnen Schicht als auch von der Lage der neutralen Faser $\bar{z}$ des und der Breite b des Schichtverbundes auf.

$$M_{\text{piezo}} = \frac{b}{2} \sum_{i=1}^{n} \frac{d_{31,i}}{s_{11,i}^{E}} E_{3,i} \left[2\bar{z}h_i - 2h_i \sum_{j=1}^{i} h_j + h_i^2 \right] \quad (8.22)$$

Eine ausführliche Herleitung der Biegesteifigkeit C des ebenen Schichtsystems erfolgt im Anhang 1. Bei der Herleitung der Berechnungsvorschrift für das piezoelektrische Moment M_{piezo} wurde auf Gl. (8.12) zurückgegriffen.

Mithilfe der beiden kinematischen Größen C und M_{piezo} können wir unmittelbar auf die Krümmung der neutralen Faser κ_0 rückschließen (s. Gl. (8.20)). Es gilt:

$$\kappa^0 = -\frac{M_{\text{b}}(x) + M_{\text{piezo}}}{C} \quad (8.23)$$

Die Krümmung κ_0 nach Gl. (8.4) stellt eine der zentralen Größen zur Beschreibung der Kinematik der Verformung des ebenen Balkens dar. Gl. (8.23) repräsentiert eine gleichwertige Definition der Krümmung, auf die wir im Rahmen der energetischen Beschreibung des einseitig eingespannten piezoelektrischen Schichtsystems (Biegewandler) im folgenden Kapitel zurückkommen werden.

8.5 Energetische Beschreibung des auf Biegung beanspruchten Schichtsystems

Ausgangspunkt der nachfolgenden Betrachtungen bilden die *Energiedichte der elastischen Verformung* sowie die *Energiedichte des elektrostatischen Feldes*. Beide Formen der Energiedichte haben wir bereits in den Kap. 5 und 6 näher kennengelernt (s. Gl. (5.36) und (6.78)). Wir nehmen nun an, dass ein uns vorliegender Festkörper mit linear elastischen und piezoelektrischen Materialeigenschaften (Piezoelektrikum) sowohl von mechanischen als auch von elektrischen Feldgrößen beaufschlagt wird. Die Gesamtenergiedichte des

Piezoelektrikums ist gleich der Summe aus beiden Energiedichteformen und entspricht der inneren Energiedichte U gemäß Gl. (7.4.2):

$$U = \frac{1}{2}T_{ij}S_{ij} + \frac{1}{2}E_i D_i$$

Die Verwendung der Voigtschen Notation (s. Tab. 7.3) führt unter Berücksichtigung der festgelegten Randbedingungen (8.14) sowie (8.15) zu

$$U = \frac{1}{2}T_1 S_1 + \frac{1}{2}E_3 D_3.$$

Unter Hinzunahme der Zustandsgleichungen (8.16) und (8.17) für das unabhängige Feldgrößenpaar (T, E) gelangen wir zu einer für weiterführende Betrachtungen geeigneten Beschreibungsform der inneren Energiedichte U.

> **Innere Energiedichte eines Piezoelektrikums**
> Die innere Energiedichte eines Piezoelektrikums setzt sich aus unterschiedlichen Energiedichteanteilen zusammen. Unter Berücksichtigung der Randbedingungen (8.14) und (8.15) ergibt sich:
>
> $$U = \underbrace{\frac{1}{2}s_{11}^E T_1^2}_{(*)} + \underbrace{d_{31} E_3 T_1}_{(**)} + \underbrace{\frac{1}{2}\epsilon_{33}^T E_3^2}_{(***)} \qquad (8.24)$$
>
> Die Terme $(*)$ und $(***)$ beschreiben die Energiedichte der elastischen Verformung und des elektrostatischen Feldes. Der mittlere Term $(**)$ resultiert aus der Kopplung der unabhängigen Feldgrößen (T, E) mittels der piezoelektrischen Konstanten d_{31}.

Mit der Kenntnis der inneren Energiedichte eines Piezoelektrikums lässt sich auf die innere Energie jeder Einzelschicht im Schichtverbund unter Biegebeanspruchung schließen. Detailliertere Betrachtungen hierzu sind Gegenstand des nachfolgenden Abschnitts.

8.5.1 Innere Energie der Einzelschicht unter Biegebeanspruchung

Um die innere Energie $\mathcal{U}_i$ einer Einzelschicht i zu bestimmen, kennzeichnen wir den Ausdruck (8.24) mit dem Index i und integrieren anschließend über das Volumen V_i der Einzelschicht. Wir erhalten:

$$\mathcal{U}_i = \int\limits_{V_i} U_i \, dV = \int\limits_{h_{i,u}}^{h_{i,o}} \int\limits_{-b/2}^{b/2} \int\limits_0^l \left(\frac{1}{2} s_{11,i}^E T_{1,i}^2 + d_{31,i} E_{3,i} T_{1,i} + \frac{1}{2} \epsilon_{33,i}^T E_{3,i}^2 \right) dx\,dy\,dz \quad (8.25)$$

Die im inneren Integral eingeführte Integrationsgrenze l bezeichnet die Länge der Einzelschicht in x-Richtung. Wir setzen voraus, dass jede einzelne Schicht des Schichtsystems die gleiche Länge besitzt. Die Integrationsgrenzen des mittleren Integrals ergeben sich aus der angenommenen symmetrischen Anordnung der Querschnittsfläche des Schichtverbundes mit konstanter Schichtbreite b um die y-Achse. Die Berücksichtigung der Berechnungsgrundlage (8.18) für die Biegespannung $T_{1,i}$ innerhalb der Einzelschicht führt zu der inneren Energie $\mathcal{U}_i$ unter Biegebeanspruchung. Wir können schreiben:

$$\mathcal{U}_i = \int\limits_{h_{i,u}}^{h_{i,o}} \int\limits_{-b/2}^{b/2} \int\limits_0^l \left(\frac{1}{2} s_{11,i}^E \left[\frac{1}{s_{11,i}^E} \left[-z\kappa^0 - d_{31,i} E_{3,i} \right] \right]^2 \right) dx\,dy\,dz$$

$$+ \int\limits_{h_{i,u}}^{h_{i,o}} \int\limits_{-b/2}^{b/2} \int\limits_0^l \left(d_{31,i} E_{3,i} \left[\frac{1}{s_{11,i}^E} \left[-z\kappa^0 - d_{31,i} E_{3,i} \right] \right] \right) dx\,dy\,dz$$

$$+ \int\limits_{h_{i,u}}^{h_{i,o}} \int\limits_{-b/2}^{b/2} \int\limits_0^l \left(\frac{1}{2} \epsilon_{33,i}^T E_{3,i}^2 \right) dx\,dy\,dz$$

Die anschließende Auswertung des mittleren und äußeren Integrals führt nach einigen algebraischen Umformungen zu folgendem Zusammenhang:

$$\mathcal{U}_i = -\frac{b}{2} \int\limits_0^l \left(\frac{d_{31,i}^2 E_{3,i}^2}{s_{11,i}^E} \left[h_{i,o} - h_{i,u} \right] \right) dx$$

$$+ \frac{b}{6} \int\limits_0^l \left(\frac{1}{s_{11,i}^E} \left[h_{i,o}^3 - h_{i,u}^3 \right] \left[\kappa^0 \right]^2 \right) dx$$

$$+ \frac{b}{2} \int\limits_0^l \left(\epsilon_{33,i}^T E_{3,i}^2 \left[h_{i,o} - h_{i,u} \right] \right) dx \quad (8.26)$$

Eine detaillierte Herleitung von Gl. (8.26) kann Anhang 2 entnommen werden. Es stellt sich vielleicht die Frage, weshalb hier die Integration über die Schichtlänge l nicht ausgeführt wird. Der Grund liegt in der späteren Anwendung des *Prinzips vom Minimum des Gesamtpotenzials* begründet, dessen Verwendung eine derartige integrale Darstellung voraussetzt. Zuvor jedoch wenden wir uns der Berechnung der inneren Energie des piezoelektrischen Schichtsystems zu.

8.5.2 Innere Energie des Schichtsystems unter Biegebeanspruchung

Die innere Energie $\mathcal{U}$ eines piezoelektrischen Schichtsystems unter Biegebeanspruchung erhalten wir durch Aufsummieren der inneren Energien $\mathcal{U}_i$ der Einzelschichten.

$$\mathcal{U} = \sum_{i=1}^{n} \mathcal{U}_i = -\frac{b}{2} \sum_{i=1}^{n} \int_0^l \left(\frac{d_{31,i}^2 E_{3,i}^2}{s_{11,i}^E} [h_{i,o} - h_{i,u}] \right) dx$$

$$+ \frac{b}{6} \sum_{i=1}^{n} \int_0^l \left(\frac{1}{s_{11,i}^E} \left[h_{i,o}^3 - h_{i,u}^3 \right] \left[\kappa^0 \right]^2 \right) dx$$

$$+ \frac{b}{2} \sum_{i=1}^{n} \int_0^l \left(\epsilon_{33,i}^T E_{3,i}^2 [h_{i,o} - h_{i,u}] \right) dx$$

Bei genauerem Hinsehen fällt auf, dass der mittlere Summenterm bis auf den Faktor 1/2 mit der Definition (8.20) der Biegesteifigkeit C des Schichtsystems übereinstimmt. Folglich können wir festhalten, dass

$$\frac{b}{6} \sum_{i=1}^{n} \int_0^l \left(\frac{1}{s_{11,i}^E} \left[h_{i,o}^3 - h_{i,u}^3 \right] \left[\kappa^0 \right]^2 \right) dx = \frac{1}{2} \int_0^l \left(C \left[\kappa^0 \right]^2 \right) dx$$

gilt, und wir erhalten mit $h_{i,o} - h_{i,u} = h_i$ für die innere Energie eines mehrschichtigen Biegewandlers:

$$\mathcal{U} = -\frac{b}{2} \sum_{i=1}^{n} \int_0^l \left(\frac{h_i}{s_{11,i}^E} d_{31,i}^2 E_{3,i}^2 \right) dx + \frac{1}{2} \underbrace{\int_0^l \left(C \left[\kappa^0 \right]^2 \right) dx}_{(*)}$$

$$+ \frac{b}{2} \sum_{i=1}^{n} \int_0^l \left(\epsilon_{33,i}^T E_{3,i}^2 h_i \right) dx$$

Wir fassen den ersten und dritten Term zusammen und klammern im erhaltenen Integranden die gemeinsamen Faktoren und die Permittivität aus. Weiterhin ersetzen wir die Krümmung κ^0 der neutralen Faser im Integranden (∗) durch die zuvor gewonnene Beziehung (8.23). Das Ergebnis ist eine nützliche Berechnungsvorschrift für die innere Energie eines piezoelektrischen Schichtsystems unter Biegebeanspruchung. Gleichzeitig gewinnen wir eine bei Piezoelektrika häufig verwendete Kenngröße, den sog. **elektromechanischen Kopplungsfaktor**.

Innere Energie eines piezoelektrischen Schichtsystems unter Biegebeanspruchung

Die innere Energie eines piezoelektrischen Schichtsystems unter Biegebeanspruchung berechnet sich wie folgt:

$$\mathcal{U} = \underbrace{\frac{b}{2} \sum_{i=1}^{n} \int_0^l h_i \epsilon_{33,i}^T E_{3,i}^2 \left(1 - k_{31,i}^2\right) \mathrm{d}x}_{(*)}$$

$$+ \underbrace{\frac{1}{2} \int_0^l \left(\frac{M_b^2(x)}{C} + \frac{2M_b(x) M_{\text{piezo}}}{C} + \frac{M_{\text{piezo}}^2}{C}\right) \mathrm{d}x}_{(**)} \quad (8.27)$$

Sie setzt sich aus unterschiedlichen Energieanteilen zusammen. Der Term (∗) bezeichnet den Anteil an eingekoppelter elektrischer Energie, welche als elektrische Feldenergie im piezoelektrischen Schichtsystem gespeichert wird. Der verbleibende Energieanteil wird in mechanische Energie umgewandelt. Term (∗∗) hingegen bezeichnet die jeweiligen Anteile der Formänderungsenergie, welche z. T. ebenfalls aus der elektromechanischen Kopplung hervorgehen.

Elektromechanischer Kopplungsfaktor

Die Größe $k_{31,i}$ bezeichnet den *elektromechanischen Kopplungsfaktor* für die jeweilige Schicht i. Das Quadrat des elektromechanischen Kopplungsfaktors $k_{31,i}$ ist ein Maß für die Umwandlung von elektrischer in mechanische Energie und somit ein Maß für die Stärke des piezoelektrischen Effekts (Lenk et al. 2010; Tränkler 2014). Es gilt:

(Fortsetzung)

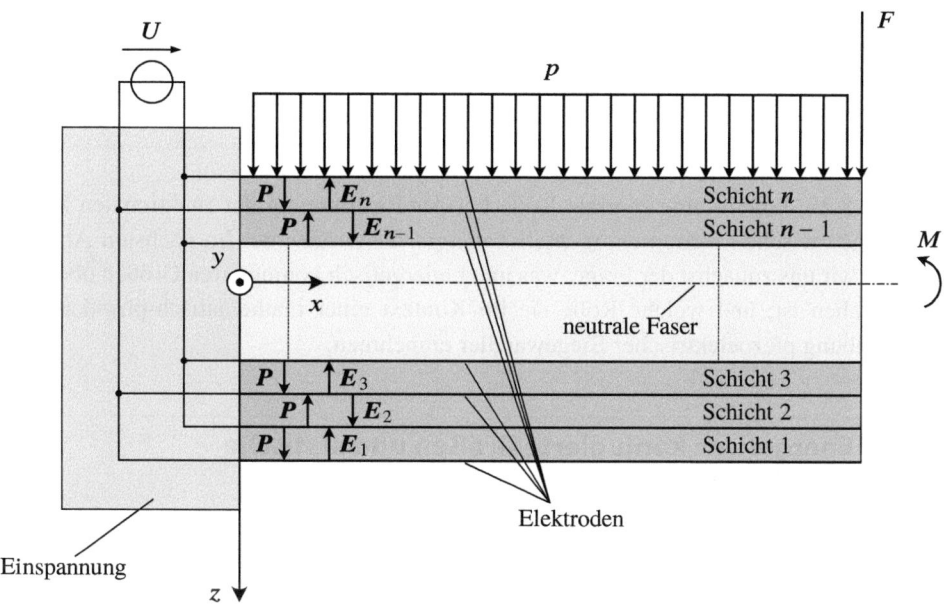

Abb. 8.6 Eingeprägte Lastgrößen am einseitig eingespannten piezoelektrischen Biegewandler (*n*-Schichtsystem). Bei den eingeprägten Lasten Biegemoment M, Kraft F, Druck p sowie elektrischer Spannung U handelt es sich um statische (zeitunabhängige) Lastgrößen

---

Vereinbarungen für eingeprägte Lastgrößen

1. Das eingeprägte statische Moment M greift am freien Ende des Biegewandlers an und wirkt um die y-Achse.
2. Die eingeprägte statische Kraft F wird senkrecht zur Biegerlängsachse x am freien Ende des Biegewandlers in positive z-Richtung eingeleitet.
3. Die Unterseite des Biegewandlers (x-y-Ebene) wird über die gesamte Länge l und Breite b mit einem gleichförmigen Druck p in positiver z-Richtung beaufschlagt.
4. Die piezoelektrischen Schichten werden über die gesamte Länge l und Breite b mit der gleichen elektrischen Spannung U beaufschlagt (*elektrische Parallelschaltung*).

$$k_{31,i}^2 = \frac{d_{31,i}^2}{\epsilon_{33,i}^T s_{11,i}^E} \qquad (8.28)$$

Der Gl. (8.27) kommt eine zentrale Rolle bei der Bestimmung der funktionalen Zusammenhänge zwischen Paaren *energetisch konjugierter Größen* zu. Im nächsten Abschnitt widmen wir uns zunächst der Frage, was unter energetisch konjugierten Größen überhaupt zu verstehen ist, und welche Rolle sie im Kontext einer mathematisch-physikalischen Beschreibung piezoelektrischer Biegewandler einnehmen.

8.6 Energetisch konjugierte Größen und statische Kopplungsmatrix

Der Begriff der *konjugierten Größen* ist untrennbar mit der Hamiltonschen Mechanik, einem Teilgebiet der klassischen Mechanik, verbunden (Greiner 2010; Nolting 2014). Bei der Beschreibung des statischen Verhaltens verschiedenartiger piezoelektrischer Biegewandler auf Basis energetischer Betrachtungen sind *energetisch konjugierte Größenpaare* direkt mit dem Begriff der inneren Energie $\mathcal{U}$ verknüpft (Smits und Choi 1991). Ein Partner eines solchen Größenpaares stellt dabei eine *eingeprägte Last* (externe Größe), der andere Partner ein zur Belastung *korrespondierender Verformungs- bzw. Ladungszustand* (interne Größe) dar. Wir werden sehen, dass die Elemente der sog. *statischen Kopplungsmatrix*, welche alle externen und internen Größen miteinander in eine wechselseitige Beziehung setzt, aus der inneren Energie $\mathcal{U}$ hervorgehen.

8.6.1 Eingeprägte Lastgrößen am mehrschichtigen Biegewandler

Abb. 8.6 zeigt einen einseitig eingespannten, mehrschichtigen Biegewandler, welcher unterschiedlichen externen statischen Lasten ausgesetzt ist. Bei den externen Lasten gehen wir von einem konstanten Biegemoment M, einer konstanten Kraft F, einem konstanten Druck p sowie einer elektrischen Gleichspannung U aus. Wir nehmen weiterhin an, dass der Biegewandler aus n linear elastischen, piezoelektrischen Lagen mit schichtweise alternierender Polarisation $\boldsymbol{P}$ aufgebaut ist und die einzelnen Schichten *elektrisch parallel* verschaltet sind. Für die eingeprägten Größen (s. Abb. 8.6) gelten die nachfolgend aufgeführten Vereinbarungen.

8.6.2 Innere Energie und energetisch konjugierte Größen

Durch die äußeren Belastungen des Schichtsystems ändert sich dessen innere Energie. Diese Erkenntnis folgt unmittelbar aus dem im Kap. 7 formulierten *Ersten Hauptsatz der Thermodynamik* (s. Gl. (7.1)) (Tipler und Mosca 2019).

> **Innere Energie und geleistete Arbeit**
> Die an einem elastischen dielektrischen System von äußeren Belastungen geleistete Arbeit W_a (*Formänderungsarbeit* und *elektrische Arbeit*) führt zu einer Änderung $\Delta \mathcal{U}$ der inneren Energie des Systems von einem Anfangswert $\mathcal{U}_1$ auf einen Endwert $\mathcal{U}_2$ und wird als *Formänderungsenergie* und *elektrische Energie* im System gespeichert. Für einen frei wählbaren Anfangswert $\mathcal{U}_1 = 0$ und einen Endwert $\mathcal{U}_2 = \mathcal{U}$ gilt für isotherme und adiabatische Prozesse:
>
> $$\mathcal{U} = W_a \tag{8.29}$$

Bei einem linearen Verhalten zwischen externer Lastgröße und zugehöriger energetisch Konjugierten lässt sich die von der Lastgröße geleistete Arbeit W_a zu

$$W_a = \frac{1}{2} \cdot \text{,,Endwert der Belastung''} \cdot \text{,,Endwert der Verformung''}$$

berechnen (Dankert und Dankert 2013). Abb. 8.7 stellt diesen Sachverhalt am Beispiel der Belastung eines linear elastischen Systems durch das Moment M und die am Einleitungspunkt resultierende Verdrehung φ anschaulich dar. Die im Momenten-

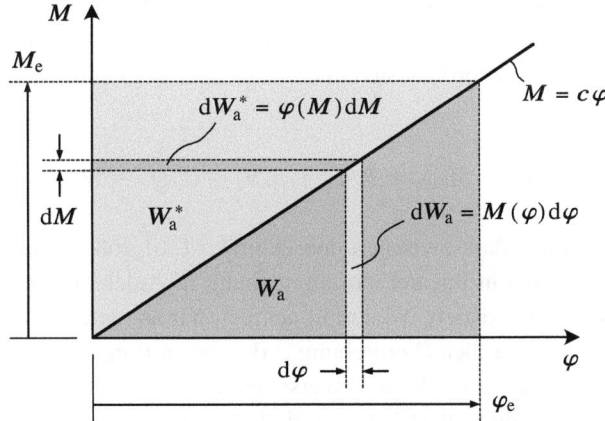

Abb. 8.7 Äußere Arbeit W_a und komplementäre Arbeit W_a^* an einem linear elastischen System. (Nach Mahnken 2015)

Drehwinkel-Diagramm dargestellten Größen M_e und φ_e bezeichnen den *Endwert* des Moments (Lastgröße) und der Verdrehung (energetisch Konjugierte). Das linear elastische Verhalten wird durch die Kennlinie $M = c\varphi$ repräsentiert, die Größe c bezeichnet eine Proportionalitätskonstante. Die Fläche unterhalb der Momenten-Drehwinkel-Kennlinie entspricht der am System geleisteten Arbeit W_a. Die Größe W_a^* ergänzt die äußere Arbeit W_a zu einer Rechteckfläche (Mahnken 2015). Wir können schreiben:

$$W_a + W_a^* = M_e \varphi_e \tag{8.30}$$

Man bezeichnet W_a^* als *komplementäre Arbeit* bzw. *Ergänzungsarbeit*. Das Produkt aus Endwert des Moments M_e und dem Endwert der Verdrehung φ_e bezeichnet man als *Endwertarbeit*. Liegt als kinematische Größe anstatt einer Verdrehung φ eine Verschiebung w, eine Volumenverschiebung V oder als elektrische Größe eine Ladungsverschiebung Q vor, dann ist die korrespondierende Lastgröße eine Kraft F, ein Druck p oder eine elektrische Spannung U. Hieraus gewinnen wir für die genannten Belastungsarten die jeweils verrichtete Arbeit:

(i) $W_{a,M} = \dfrac{1}{2} M_e \varphi_e,$ (ii) $W_{a,F} = \dfrac{1}{2} F_e w_e,$

(iii) $W_{a,p} = \dfrac{1}{2} p_e V_e,$ (iv) $W_{a,U} = \dfrac{1}{2} U_e Q_e.$

Zwar werden durch die Terme (i)–(iv) die äußeren Belastungen berücksichtigt, da diese jedoch nicht nur die ihnen zugeordnete korrespondierende Größe erzeugen, sondern auch zu den anderweitigen (*energetisch nicht-korrespondierenden*) Größen einen Beitrag leisten, können die Verschiebungen/Verdrehungen oder Ladungsverschiebungen in ihrer Gesamtheit am oder im System auf Basis der Terme (i)–(iv) nicht ermittelt werden. Um einen Zugang zur Beeinflussung interner Größen durch äußere, energetisch nicht-korrespondierende Lastgrößen zu erlangen, erweitern wir die rechte Seite von Gl. (8.30) um die Endwertarbeiten, die den angreifenden Lastgrößen Kraft F, Druck p und elektrische Gleichspannung U zuzuordnen sind und stellen nach der komplementären Arbeit W_a^* um. Wir erhalten:

$$W_a^* = M_e \varphi_e + F_e w_e + p_e V_e + U_e Q_e - W_a$$

Wir setzen dabei voraus, dass zwischen den externen Lastgrößen und den zugehörigen energetisch Konjugierten ein linearer Zusammenhang in Anlehnung zu dem in Abb. 8.7 dargestellten Sachverhalt existiert. Weiterhin nehmen wir an, dass die zu den Lastgrößen energetisch konjugierten Größen (Verdrehung φ des freien Biegewandlerendes, Verschiebung w des Biegewandlerendes, Volumenverschiebung V des Biegewandlers, Ladungsverschiebung Q im Biegewandler) bekannt sind. Unter Berücksichtigung von Abb. 8.7 lässt sich für das Differenzial der komplementären Arbeit dW_a^* zunächst schreiben:

8.6 Energetisch konjugierte Größen und statische Kopplungsmatrix

$$\mathrm{d}W_\mathrm{a}^* = (M\,\mathrm{d}\varphi + \varphi\,\mathrm{d}M) + (F\,\mathrm{d}w + w\,\mathrm{d}F) + (p\,\mathrm{d}V + V\,\mathrm{d}p) + (U\,\mathrm{d}Q + Q\,\mathrm{d}U) - \mathrm{d}W_\mathrm{a}.$$

Mit dem Arbeitsdifferenzial

$$\mathrm{d}W_\mathrm{a} = M\,\mathrm{d}\varphi + F\,\mathrm{d}w + p\,\mathrm{d}V + U\,\mathrm{d}Q \tag{8.31}$$

nimmt das Differenzial der komplementären Arbeit $\mathrm{d}W_\mathrm{a}^*$ schließlich die Form

$$\mathrm{d}W_\mathrm{a}^* = \varphi\,\mathrm{d}M + w\,\mathrm{d}F + V\,\mathrm{d}p + Q\,\mathrm{d}U \tag{8.32}$$

an. Da es einerseits keine Rolle spielt, in welcher Reihenfolge die zu den Lastgrößen energetisch konjugierten Größen erzeugt werden, andererseits ein linearer Zusammenhang zwischen eingeprägten Lastgrößen und den energetisch Konjugierten vorausgesetzt wird (und damit $W_\mathrm{a} = W_\mathrm{a}^*$ gilt), können wir das Differenzial der komplementären Arbeit $\mathrm{d}W_\mathrm{a}^*$ als Differenzial der inneren Energie $\mathrm{d}\mathcal{U}$ auffassen und somit die innere Energie selbst als Funktion der eingeprägten Lasten darstellen.

$$W_\mathrm{a}^* = W_\mathrm{a} = \mathcal{U} = \mathcal{U}(M, F, p, U)$$

In Verbindung mit Gl. (8.32) erhalten wir:

$$\mathrm{d}\mathcal{U} = \frac{\partial \mathcal{U}}{\partial M}\,\mathrm{d}M + \frac{\partial \mathcal{U}}{\partial F}\,\mathrm{d}F + \frac{\partial \mathcal{U}}{\partial p}\,\mathrm{d}p + \frac{\partial \mathcal{U}}{\partial U}\,\mathrm{d}U \tag{8.33}$$

Ergänzend sei angemerkt, dass sich in den beiden ersten Termen der *Erste Satz von Castigliano* widerspiegelt, welchem in der *Elastomechanik* eine wichtige Bedeutung zukommt (Willner 2003; Mahnken 2015).

Hintergrundinformation | Erster Satz von Castigliano
Mithilfe des ersten Satzes von Castigliano lassen sich die Verschiebungen und Verdrehungen ermitteln, welche von vorgegebenen Kräften und Momenten verursacht werden. Hierzu muss die *komplementäre Formänderungsenergie* W_i^* in Abhängigkeit der vorgegebenen Lastgrößen aufgestellt werden. Die partielle Ableitung der komplementären Formänderungsenergie nach einem äußeren Moment M ergibt den Verdrehwinkel φ_M am Angriffspunkt des Moments, die partielle Ableitung nach einer äußeren Kraft F ergibt die Verschiebung u_F des Kraftangriffspunktes (Willner 2003; Dankert und Dankert 2013).

$$\varphi_M = \frac{\partial W_\mathrm{i}^*}{\partial M}, \qquad u_F = \frac{\partial W_\mathrm{i}^*}{\partial F} \tag{8.34}$$

Für linear elastisches Materialverhalten stimmen die Formänderungsarbeit W_a und die Ergänzungsarbeit W_a^* überein, d. h. die komplementäre Formänderungsenergie W_i^* in Gl. (8.34) kann durch die Formänderungsenergie W_i ersetzt werden.

In Tab. 8.1 sind die am Biegewandler eingeprägten Wirklasten und die zugehörigen energetisch konjugierten Größen gegenübergestellt. Zusätzlich dient Abb. 8.8 der anschaulichen Darstellung der energetisch Konjugierten (Verdrehung φ, Verschiebung w, Volumenverschiebung V, Ladungsverschiebung Q) des einseitig eingespannten piezoelektrischen Schichtsystems. Mittels partieller Differenziation der im System gespeicherten inneren Energie $\mathcal{U}$ nach einer eingeprägten Lastgröße gewinnen wir vorerst nur die zugehörige energetisch Konjugierte am Einleitungspunkt der Last (Verdrehung und Verschiebung) oder als integrale Größe von der Einspannung bis zum freien Wandlerende (Volumen- und Ladungsverschiebung). In Wahrheit jedoch erzeugen die eingeprägten Wirklasten nicht nur die ihnen zugehörigen energetisch konjugierten Größen, sie leisten auch zu den nicht-korrespondierenden kinematischen und elektrischen Größen einen Beitrag. Im folgenden Abschnitt beschäftigen wir uns mit der wechselseitigen Verknüpfung zwischen den kanonisch Konjugierten und den nicht-korrespondierenden Lastgrößen etwas näher.

Tab. 8.1 Eingeprägte Lastgrößen und zugehörige energetisch konjugierte Größen am einseitig eingespannten piezoelektrischen Biegewandler

Lastgröße			energetisch Konjugierte
Moment	M	$\longleftrightarrow \varphi$	Verdrehung
Kraft	F	$\longleftrightarrow w$	Verschiebung
Druck	p	$\longleftrightarrow V$	Volumenverschiebung
elektrische Spannung	U	$\longleftrightarrow Q$	Ladungsverschiebung

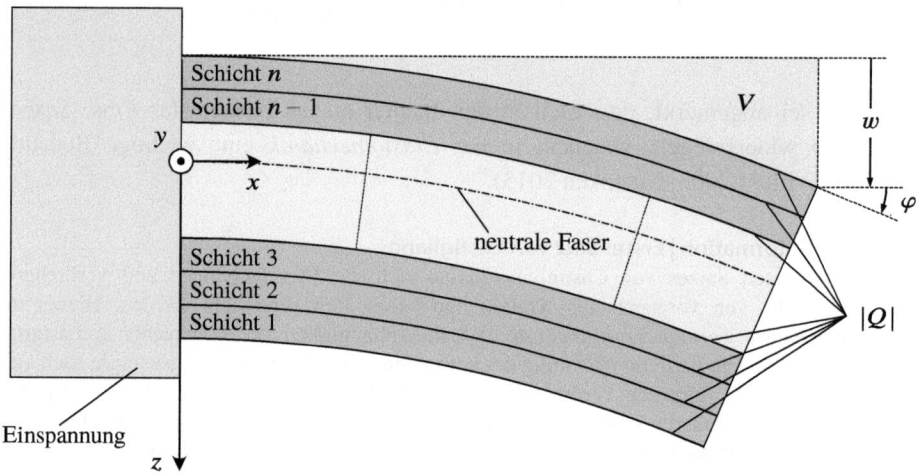

Abb. 8.8 Einseitig eingespannter piezoelektrischer Biegewandler und zugehörige energetisch konjugierten Größen (Verdrehung φ des freien Wandlerendes um die y-Achse, Verschiebung w des freien Wandlerendes in z-Richtung, Volumenverschiebung V in z-Richtung, Ladungsverschiebung Q über alle Lagen hinweg). (Nach Smits und Choi 1991)

8.6.3 Grundlegende Betrachtungen zur statischen Kopplungsmatrix

Zur Bestimmung der wechselseitigen Beeinflussung der kanonisch Konjugierten durch die eingeprägten Lastgrößen werfen wir einen genaueren Blick auf das Differenzial der inneren Energie in Gl. (8.33). Die kanonisch konjugierten Größen ergeben sich aus der partiellen Ableitung der inneren Energie nach der korrespondierenden Lastgröße. Es gilt:

$$\varphi = \frac{\partial \mathcal{U}}{\partial M}, \qquad w = \frac{\partial \mathcal{U}}{\partial F}, \qquad V = \frac{\partial \mathcal{U}}{\partial p}, \qquad Q = \frac{\partial \mathcal{U}}{\partial U}$$

Wegen $\mathcal{U} = \mathcal{U}(M, F, p, U)$ (s. Gl. (8.33)) sind die energetisch Konjugierten φ, w, V und Q ihrerseits Funktionen der unabhängigen Lastgrößen M, F, p und U. Indem wir für die einzelnen energetisch konjugierten Größen das totale Differenzial bilden, gelangen wir zu folgendem Gleichungssystem:

$$\mathrm{d}\varphi = \left(\frac{\partial \varphi}{\partial M}\right)\mathrm{d}M + \left(\frac{\partial \varphi}{\partial F}\right)\mathrm{d}F + \left(\frac{\partial \varphi}{\partial p}\right)\mathrm{d}p + \left(\frac{\partial \varphi}{\partial U}\right)\mathrm{d}U \qquad (8.35)$$

$$\mathrm{d}w = \left(\frac{\partial w}{\partial M}\right)\mathrm{d}M + \left(\frac{\partial w}{\partial F}\right)\mathrm{d}F + \left(\frac{\partial w}{\partial p}\right)\mathrm{d}p + \left(\frac{\partial w}{\partial U}\right)\mathrm{d}U \qquad (8.36)$$

$$\mathrm{d}V = \left(\frac{\partial V}{\partial M}\right)\mathrm{d}M + \left(\frac{\partial V}{\partial F}\right)\mathrm{d}F + \left(\frac{\partial V}{\partial p}\right)\mathrm{d}p + \left(\frac{\partial V}{\partial U}\right)\mathrm{d}U \qquad (8.37)$$

$$\mathrm{d}Q = \left(\frac{\partial Q}{\partial M}\right)\mathrm{d}M + \left(\frac{\partial Q}{\partial F}\right)\mathrm{d}F + \left(\frac{\partial Q}{\partial p}\right)\mathrm{d}p + \left(\frac{\partial Q}{\partial U}\right)\mathrm{d}U \qquad (8.38)$$

Die Darstellung der einzelnen energetisch Konjugierten als partielle Ableitung der inneren Energie nach der korrespondierenden Lastgröße (s. Gl. (8.33)) ermöglicht die Überführung des Gleichungssystems (8.35)–(8.38) in eine nicht-differenzielle Form. Wir erhalten:

$$\varphi = \underbrace{\left(\frac{\partial^2 \mathcal{U}}{\partial M^2}\right)}_{:=m_{11}} M + \underbrace{\left(\frac{\partial^2 \mathcal{U}}{\partial F \partial M}\right)}_{:=m_{12}} F + \underbrace{\left(\frac{\partial^2 \mathcal{U}}{\partial p \partial M}\right)}_{:=m_{13}} p + \underbrace{\left(\frac{\partial^2 \mathcal{U}}{\partial U \partial M}\right)}_{:=m_{14}} U \qquad (8.39)$$

$$w = \underbrace{\left(\frac{\partial^2 \mathcal{U}}{\partial M \partial F}\right)}_{:=m_{21}} M + \underbrace{\left(\frac{\partial^2 \mathcal{U}}{\partial F^2}\right)}_{:=m_{22}} F + \underbrace{\left(\frac{\partial^2 \mathcal{U}}{\partial p \partial F}\right)}_{:=m_{23}} p + \underbrace{\left(\frac{\partial^2 \mathcal{U}}{\partial U \partial F}\right)}_{:=m_{24}} U \qquad (8.40)$$

$$V = \underbrace{\left(\frac{\partial^2 \mathcal{U}}{\partial M \partial p}\right)}_{:=m_{31}} M + \underbrace{\left(\frac{\partial^2 \mathcal{U}}{\partial F \partial p}\right)}_{:=m_{32}} F + \underbrace{\left(\frac{\partial^2 \mathcal{U}}{\partial p^2}\right)}_{:=m_{33}} p + \underbrace{\left(\frac{\partial^2 \mathcal{U}}{\partial U \partial p}\right)}_{:=m_{34}} U \qquad (8.41)$$

$$Q = \underbrace{\left(\frac{\partial^2 \mathcal{U}}{\partial M \partial U}\right)}_{:=m_{41}} M + \underbrace{\left(\frac{\partial^2 \mathcal{U}}{\partial F \partial U}\right)}_{:=m_{42}} F + \underbrace{\left(\frac{\partial^2 \mathcal{U}}{\partial p \partial U}\right)}_{:=m_{43}} p + \underbrace{\left(\frac{\partial^2 \mathcal{U}}{\partial U^2}\right)}_{:=m_{44}} U \quad (8.42)$$

Anhand der Gl. (8.39)–(8.42) wird ersichtlich, dass sich die energetisch Konjugierten Verdrehung φ, Verschiebung w, Volumenverschiebung V und Ladungsverschiebung Q jeweils als *Linearkombination* aus den externen Wirklasten Moment M, Kraft F, Druck p und elektrische Spannung U darstellen lassen.

Einige der eingeführten Koeffizienten m_{ij} weisen unter der Voraussetzung der stetigen Differenzierbarkeit der inneren Energie $\mathcal{U}$ und somit der Vertauschbarkeit der partiellen Ableitungen symmetrische Eigenschaften auf (Fischer und Kaul 2018).

$$m_{21} = \frac{\partial^2 \mathcal{U}}{\partial F \partial M} = \frac{\partial^2 \mathcal{U}}{\partial M \partial F} = m_{12}, \quad m_{31} = \frac{\partial^2 \mathcal{U}}{\partial M \partial p} = \frac{\partial^2 \mathcal{U}}{\partial p \partial M} = m_{13} \quad (8.43)$$

$$m_{41} = \frac{\partial^2 \mathcal{U}}{\partial M \partial U} = \frac{\partial^2 \mathcal{U}}{\partial U \partial M} = m_{14}, \quad m_{32} = \frac{\partial^2 \mathcal{U}}{\partial F \partial p} = \frac{\partial^2 \mathcal{U}}{\partial p \partial F} = m_{23} \quad (8.44)$$

$$m_{42} = \frac{\partial^2 \mathcal{U}}{\partial F \partial U} = \frac{\partial^2 \mathcal{U}}{\partial U \partial F} = m_{24}, \quad m_{43} = \frac{\partial^2 \mathcal{U}}{\partial p \partial U} = \frac{\partial^2 \mathcal{U}}{\partial U \partial p} = m_{34} \quad (8.45)$$

Die energetisch Konjugierten (interne Größen) sowie die eingeprägten Wirklasten (externe Größen) in den Gl. (8.39)–(8.42) lassen sich jeweils in einem Spaltenvektor zusammenfassen und mittels einer 4×4-Matrix $\boldsymbol{M}$, der sog. *statischen Kopplungsmatrix*, miteinander verknüpfen.

$$\underbrace{\begin{pmatrix} \varphi \\ w \\ V \\ Q \end{pmatrix}}_{\text{interne Größen}} = \underbrace{\begin{pmatrix} m_{11} & m_{12} & m_{13} & m_{14} \\ m_{21} & m_{22} & m_{23} & m_{24} \\ m_{31} & m_{32} & m_{33} & m_{34} \\ m_{41} & m_{42} & m_{43} & m_{44} \end{pmatrix}}_{\text{Kopplungsmatrix } \boldsymbol{M}} \cdot \underbrace{\begin{pmatrix} M \\ F \\ p \\ U \end{pmatrix}}_{\text{externe Größen}} \quad (8.46)$$

Der Spaltenvektor auf der linken Seite beinhaltet die Verdrehung φ und Verschiebung w des *freien Biegewandlerendes* sowie die Volumenverschiebung V und Ladungsverschiebung Q als *integrale Größe* von der Einspannstelle des Biegewandlers bis zu dessen freiem Ende, d. h. wir können die Größen φ, w, V und Q als Funktionswerte der Längenkoordinate des in Abb. 8.8 dargestellten piezoelektrischen Schichtsystems an der Position $x = l$ auffassen:

$$\varphi = \varphi(l), \quad w = w(l), \quad V = V(l), \quad Q = Q(l)$$

Es wäre vorteilhaft, wenn wir darüber hinaus Kenntnis bzgl. der Verdrehung φ, der Verschiebung w, der Volumenverschiebung V sowie der Ladungsverschiebung Q für einen beliebigen Punkt $x \neq l$ hätten, d. h. wenn wir die energetisch konjugierten Größen als Funktionen der Längenkoordinate x darstellen könnten. In der Folge müssten die Koeffizienten der Kopplungsmatrix in Gl. (8.46) als Funktionen der Längenkoordinate x bekannt sein, was mit den weiterhin geltenden Vereinbarungen für die eingeprägten Lastgrößen zu nachfolgendem linearen Gleichungssystem führt:

$$\begin{pmatrix} \varphi(x) \\ w(x) \\ V(x) \\ Q(x) \end{pmatrix} = \underbrace{\begin{pmatrix} m_{11}(x) & m_{12}(x) & m_{13}(x) & m_{14}(x) \\ m_{21}(x) & m_{22}(x) & m_{23}(x) & m_{24}(x) \\ m_{31}(x) & m_{32}(x) & m_{33}(x) & m_{34}(x) \\ m_{41}(x) & m_{42}(x) & m_{43}(x) & m_{44}(x) \end{pmatrix}}_{\text{Kopplungsmatrix } \mathbf{M}(x)} \cdot \begin{pmatrix} M \\ F \\ p \\ U \end{pmatrix} \qquad (8.47)$$

Eine konkrete Bestimmung der einzelnen Elemente $m_{ij}(x)$ der Kopplungsmatrix $\mathbf{M}(x)$ setzt voraus, dass wir uns mit einigen grundlegenden Prinzipien der Mechanik vertraut machen müssen. Bei dem ersten wichtigen Prinzip handelt es sich um das *Prinzip der virtuellen Arbeit für einen starren Körper*. Wenngleich jegliche Art piezoelektrischer Biegewandler nicht als Starrkörper, sondern als System mit elastischen Materialeigenschaften aufzufassen ist, so ist das Prinzip der virtuellen Arbeit für einen Starrkörper dennoch unverzichtbar für das Verständnis eines weiteren bedeutenden Prinzips der Mechanik, dem sog. *Prinzip der virtuellen Arbeit für linear elastische Systeme*, eine konsequente Erweiterung des Prinzips der virtuellen Arbeit auf Fragestellungen der *Elastostatik*. Beide Prinzipien leiten sich aus der Untersuchung von Systemen ab, die äußeren, im Gleichgewicht befindlichen statischen Kräften und Momenten ausgesetzt sind. Mit Einführung des Konzeptes **generalisierter Kräfte** und **Verschiebungen** finden zusätzlich die auf den mehrschichtigen piezoelektrischen Biegewandler einwirkenden Lastgrößen Druck und elektrische Spannung Berücksichtigung. Die daran anschließende Ableitung des *Prinzips vom Minimum des Gesamtpotenzials* in Verbindung mit dem *Verfahren von Ritz* ermöglicht uns schließlich, die einzelnen Matrixelemente $m_{ij}(x)$ in Gl. (8.47) rechnerisch zu ermitteln.

8.7 Prinzip der virtuellen Arbeit für ein System starrer Körper

Bisher haben wir bei der Berechnung der Arbeit einer Kraft stets vorausgesetzt, dass sich deren Angriffspunkt längs eines Weges *real* verschiebt. Gleiches gilt auch für die Arbeit eines Moments, welches eine *reale* Verdrehung verursacht. In Anlehnung an Gl. (8.31) ergibt sich das Arbeitsdifferenzial eines Kraftvektors $\boldsymbol{F}$ auf dem Verschiebungsdifferenzial d$\boldsymbol{u}$ und das Arbeitsdifferenzial eines Moments M auf dem Verdrehungsdifferenzial dφ wie folgt (Mahnken 2016):

$$\mathrm{d}W = \boldsymbol{F} \cdot \mathrm{d}\boldsymbol{u} \quad \text{und} \quad \mathrm{d}W = M\,\mathrm{d}\varphi$$

Um den Arbeitsbegriff auf Fragestellungen der Statik anwenden zu können, bei denen bekanntlich *keine realen* Verschiebungen bzw. Verdrehungen auftreten, werden die *realen* Differenziale d$\boldsymbol{u}$ und dφ durch gedachte, *virtuelle Verschiebungen* $\delta\boldsymbol{u}$ und *virtuelle Verdrehungen* $\delta\varphi$ ersetzt. Das aus der Variationsrechnung entliehene Zeichen „δ" bringt hier den gedachten (virtuellen) Charakter der Verschiebung (Verdrehung) zum Ausdruck, im Gegensatz zu einer wirklichen, die mit dem Differenzialsymbol „d" bezeichnet und auch aktuelle Verschiebung (Verdrehung) genannt wird (Szabo 2001; Wittenburg und Pestel 2011).

Bei dem in Abb. 8.9 skizzierten ebenen Balken ist die einem (möglichen) Zustand gegenüber virtuell verschobene Lage gestrichelt angedeutet. Virtuelle Verschiebungen (Verdrehungen) sind somit geometrisch und physikalisch mögliche Verschiebungen (Verdrehungen), die wir uns *zeitlos* vorzustellen haben und die in Wirklichkeit nicht auftreten müssen. Sie lassen bei einem System *starrer* Körper die Gestalt der einzelnen Körper unverändert. Ein virtueller Verrückungszustand eines *deformierbaren* Körpers hingegen kann Verformungen des Körpers zur Folge haben. Weiterhin setzen wir voraus, dass virtuelle Verschiebungen (Verdrehungen) *infinitesimal klein* sind, was uns erlaubt, bei der Formulierung der virtuellen Arbeit die Kräfte als *unabhängig* von den variierten Verschiebungen (Verdrehungen) anzusehen (Szabo 2001). Nachfolgend sind die Eigenschaften virtueller Verschiebungen (Verdrehungen) nochmals übersichtlich zusammengefasst.

Eigenschaften virtueller Verschiebungen bzw. Verdrehungen

1. Virtuelle Verschiebungen (denkbare, nicht notwendigerweise tatsächlich auftretende) oder Verdrehungen sind infinitesimal klein und können wie Differenziale behandelt werden!
2. Virtuelle Verschiebungen oder Verdrehungen müssen mit den geometrischen Bindungen des Systems verträglich sein!

Abb. 8.9 Virtuelle Verschiebung eines ebenen Balkens. Die virtuelle Verschiebung des freien Balkenendes ist mit δw bezeichnet. (Nach Szabo 2001)

8.7 Prinzip der virtuellen Arbeit für ein System starrer Körper

Die Arbeit einer Kraft auf einer virtuellen Verschiebung oder eines Moments auf einer virtuellen Verdrehung bezeichnet man als *virtuelle Arbeit*, und es kann geschrieben werden:

$$\delta W = \boldsymbol{F} \cdot \delta \boldsymbol{u} \qquad \text{oder} \qquad \delta W = M \, \delta\varphi$$

Zur Herleitung des *Prinzips der virtuellen Arbeit* dient der in Abb. 8.10 dargestellte starre Körper in der Ebene, welcher unterschiedlichen Kräften $\boldsymbol{F}_i$ ($i = 1, \ldots, m$) und Momenten M_j ($j = 1, \ldots, n$) ausgesetzt ist. Wir setzen des Weiteren voraus, dass sich der starre Körper im *statischen Gleichgewicht* befindet. Unter Verwendung des Punktes Q als Momentenbezugspunkt lassen sich basierend auf dem *Gleichgewichtsaxiom der Statik* folgende drei Gleichgewichtsbedingungen formulieren:

$$\text{(i)} \ \sum_{i=1}^{m} F_{ix} = 0 \qquad \text{(ii)} \ \sum_{i=1}^{m} F_{iy} = 0 \qquad \text{(iii)} \ \sum_{i=1}^{m} M_i^{(Q)} + \sum_{j=1}^{n} M_j = 0 \qquad (8.48)$$

Die Größe $M_i^{(Q)}$ in der Momentengleichgewichtsbedingung (iii) bezeichnet die Summe der Momentenwirkungen der einzelnen Kraftkomponenten F_{ix} und F_{iy} bzgl. des Momentenbezugspunktes Q und lässt sich wie folgt definieren:

$$M_i^{(Q)} = x_i F_{iy} - y_i F_{ix} \qquad (8.49)$$

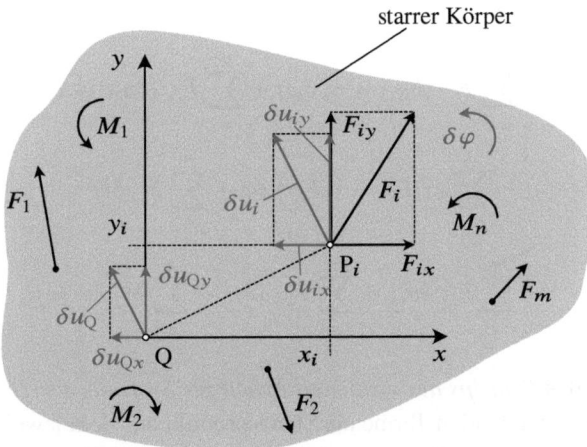

Abb. 8.10 Zur Herleitung des *Prinzips der virtuellen Arbeit* an einem starren Körper. Ein im statischen Gleichgewicht befindlicher starrer Körper (Belastung durch reale Kräfte und Momente in der x-y-Ebene) erfährt eine virtuelle Verdrehung $\delta\varphi$ im Gegenuhrzeigersinn. (Nach Mahnken 2016)

Unter der Annahme einer virtuellen Verdrehung $\delta\varphi$ des starren Körpers in der Ebene erfahren die beiden Punkte Q und P_i jeweils die virtuellen Verschiebungen δu_Q und δu_i. Zusätzlich gelten zwischen den beiden virtuellen Punktverschiebungen folgende Zusammenhänge:

$$\delta u_{ix} = \delta u_{Qx} - y_i\,\delta\varphi \tag{8.50}$$

$$\delta u_{iy} = \delta u_{Qy} + x_i\,\delta\varphi \tag{8.51}$$

Die beiden Zusammenhänge erschließen sich nicht direkt. An dieser Stelle wird daher auf die ausführliche Herleitung im Anhang 3 verwiesen. Die Multiplikation der Kräftegleichgewichtsbedingungen (i) und (ii) in Gl. (8.48) mit den virtuellen Verschiebungen δu_{Qx} und δu_{Qx} des Bezugspunktes Q sowie der Momentengleichgewichtsbedingung (iii) mit der virtuellen Verdrehung $\delta\varphi$ und anschließendes Summieren der gewonnenen Ausdrücke führt zur gesamten am Starrkörper verrichteten virtuellen Arbeit δW_a. Wir können schreiben:

$$\delta W_a = \left(\sum_{i=1}^{m} F_{ix}\right)\delta u_{Qx} + \left(\sum_{i=1}^{m} F_{iy}\right)\delta u_{Qy} + \left(\sum_{i=1}^{m} M_i^{(Q)} + \sum_{j=1}^{n} M_j\right)\delta\varphi = 0$$

Die virtuelle Arbeit δW_a wird zu null, da die Summen (i)–(iii) in Gl. (8.48) jeweils gleich null sind (Gleichgewichtsbedingungen). Unter Berücksichtigung der Berechnungsvorschrift (8.49) für die Größe $M_i^{(Q)}$ und der Zusammenhänge (8.50) und (8.51) zwischen den beiden virtuellen Punktverschiebungen lässt sich der Ausdruck für die virtuelle Arbeit vereinfachen. Wir erhalten:

$$\delta W_a = \sum_{i=1}^{m} F_{ix}\left(\delta u_{ix} + y_i\,\delta\varphi\right) + \sum_{i=1}^{m} F_{iy}\left(\delta u_{iy} - x_i\,\delta\varphi\right)$$

$$+ \sum_{i=1}^{m}\left(x_i F_{iy} - y_i F_{ix}\right)\delta\varphi + \sum_{j=1}^{n} M_j\,\delta\varphi$$

$$= \sum_{i=1}^{m} F_{ix}\,\delta u_{ix} + \sum_{i=1}^{m} F_{iy}\,\delta u_{iy} + \sum_{j=1}^{n} M_j\,\delta\varphi = 0$$

Zur Formulierung des *Prinzips der virtuellen Arbeit für Systeme starrer Körper* gelangen wir, indem wir die ersten beiden Terme als Skalarprodukt aus dem jeweiligen Kraftvektor $\boldsymbol{F}_i$ und dem zugehörigen virtuellen Verschiebungsvektor $\delta\boldsymbol{u}_i$ auffassen und mit dem Index j die unterschiedlichen Verdrehungen $\delta\varphi_j$ der starren Systemanteile berücksichtigen.

Prinzip der virtuellen Arbeit für Systeme starrer Körper

Das Prinzip der virtuellen Arbeiten für Systeme starrer Körper besagt, dass die Summe der Arbeiten im Gleichgewicht befindlicher statischer Kräfte und Momente bei kinematisch möglichen Verschiebungen und Verdrehungen der starren Systemanteile verschwindet (Neuber 1971; Mahnken 2016).

$$\delta W_a = \sum_{i=1}^{m} \boldsymbol{F}_i \cdot \delta \boldsymbol{u}_i + \sum_{j=1}^{n} M_j \, \delta \varphi_j = 0 \qquad (8.52)$$

Das Prinzip der virtuellen Arbeit für Systeme starrer Körper ist äquivalent zu dem Gleichgewichtsaxiom der Statik. Es wäre ebenso als Grundlage aufzufassen, auf der die Statik gründet. Es sei angemerkt, dass die Herleitung des *Prinzips der virtuellen Arbeit für einen starren Körper* derart erfolgte, dass bei einer virtuellen Verschiebung oder Verdrehung die am System angreifenden Kräfte und Momente *ohne Änderung* ihrer Größe und Richtung mit verschoben wurden. Wir werden an etwas späterer Stelle diesen Sachverhalt nochmals aufgreifen. Im nächsten Abschnitt erweitern wir unsere Überlegungen dahingehend, dass wir dem im Gleichgewicht befindlichen Körper aus Abb. 8.10 linear elastische Eigenschaften zuweisen.

8.8 Prinzip der virtuellen Arbeit für linear elastische Systeme

Die Erweiterung der bisherigen Betrachtungen auf ein im Gleichgewicht befindliches Systems mit linear elastischen Eigenschaften hat zur Folge, dass die von den äußeren Kräften und Momenten verrichtete Arbeit W_a als *Formänderungsenergie W_i im verformten System* gespeichert wird. Dieser Sachverhalt ist im *Arbeitssatz der Elastostatik* zusammengefasst (Richard und Sander 2008; Dankert und Dankert 2013).

Arbeitssatz der Elastostatik

Die an einem elastischen System von den äußeren Belastungen geleistete Arbeit W_a wird als Formänderungsenergie W_i im verformten System gespeichert, und es gilt:

$$W_i = W_a \qquad (8.53)$$

Bei genauem Hinsehen erkennen wir, dass der *Arbeitssatz der Elastostatik* als Sonderfall aus dem *Ersten Hauptsatz der Thermodynamik* hervorgeht, wenn vorausgesetzt wird, dass über die Systemgrenzen hinaus kein Wärmeaustausch ($Q = 0$) und am System nur rein mechanische Arbeit verrichtet wird (s. Gl. (8.29)). Aus dem Arbeitssatz folgt unmittelbar das *Prinzip der virtuellen Arbeit für linear elastische Systeme* (Wittenburg und Pestel 2011).

> **Prinzip der virtuellen Arbeit für linear elastische Systeme**
> Ein linear elastisches System befindet sich unter der Wirkung äußerer Kräfte und Momente im Gleichgewicht, wenn bei einer virtuellen Verschiebung oder Verdrehung aus der Gleichgewichtslage heraus die virtuelle Arbeit δW_a der äußeren Kräfte und Momente gleich der virtuellen Änderung δW_i der im System gespeicherten Formänderungsenergie W_i ist.
>
> $$\delta W_a = \sum_{i=1}^{m} \boldsymbol{F}_i \cdot \delta \boldsymbol{u}_i + \sum_{j=1}^{n} M_j \, \delta\varphi = \delta W_i \qquad (8.54)$$

Bei Anwendung von Gl. (8.54) auf Systeme starrer Körper, in denen keine Verzerrungen auftreten und folglich keine Formänderungsenergie gespeichert werden kann, wird die virtuelle Formänderungsenergie zu null, und wir erhalten das durch Gl. (8.52) beschriebene *Prinzip der virtuellen Arbeit für Systeme starrer Körper*. Es stellt somit einen Sonderfall des hier formulierten Prinzips dar.

Piezoelektrische Biegewandler lassen sich den elastischen Systemen mit dielektrischen Eigenschaften zuordnen. Neben äußeren Kräften und Momenten verrichten ebenso äußere Druckbelastungen und elektrische Spannungen Arbeit an piezoelektrischen Biegewandlersystemen. In Gl. (8.31) konnten wir die anteiligen Arbeitsdifferenziale unabhängig von der eingeprägten Lastgröße durch einen Ausdruck der Form

$$\mathrm{d}W_k = Q_k \mathrm{d}w_k$$

darstellen, worin Q_k als *generalisierte Kraft* und w_k als *generalisierte Verschiebung* bezeichnet werden (Stephan et al. 2013). Die insgesamt am Biegewandlersystem verrichtete differenzielle Arbeit ist gleich der Summe aller anteiligen Arbeitsdifferenziale.

$$\mathrm{d}W_a = \sum_{k} Q_k \mathrm{d}w_k \qquad (8.55)$$

In Tab. 8.2 sind die am Biegewandlersystem angreifenden generalisierten Kräfte, die korrespondierenden generalisierten Verschiebungen sowie die zugehörigen verrichteten Arbeiten übersichtlich zusammengefasst. In Verbindung mit Gl. (8.55) lässt sich das

8.8 Prinzip der virtuellen Arbeit für linear elastische Systeme

Tab. 8.2 Generalisierte Kräfte und Verschiebungen am piezoelektrischen Biegewandler und zugehörige verrichtete Arbeiten. (Nach Stephan et al. 2013)

Generalisierte Kraft	Generalisierte Verschiebung	Verrichtete Arbeit
Kraft F	translatorische Verschiebung dz	$dW_F = F\,dz$
Drehmoment M	rotatorische Verschiebung $d\varphi$	$dW_M = M\,d\varphi$
Druck p	Volumenverschiebung dV	$dW_p = p\,dV$
elektrische Spannung U	Ladungsverschiebung dQ	$dW_U = U\,dQ$

Prinzip der virtuellen Arbeit auch für linear elastische Systeme mit dielektrischen Eigenschaften formulieren und somit auf beliebige Arten piezoelektrischer Biegewandler anwenden.

Prinzip der virtuellen Arbeit für linear elastisch dielektrische Systeme
Ein linear elastisch dielektrisches System befindet sich unter der Wirkung äußerer generalisierter Kräfte (Kraft, Moment, Druck und elektrische Spannung) im Gleichgewicht, wenn bei einer virtuellen generalisierten Verschiebung aus der Gleichgewichtslage heraus die virtuelle Arbeit der äußeren generalisierten Kräfte gleich der virtuellen Änderung $\delta\mathcal{U}$ der im System gespeicherten inneren Energie $\mathcal{U}$ (Summe aus gespeicherter Formänderungsenergie und elektrischer Energie) ist.

$$\delta W_a = \sum_k Q_k\,dw_k = \delta\mathcal{U} \qquad (8.56)$$

Es ist an dieser Stelle besonders hervorzuheben, dass δW_a derjenigen Endwertarbeit der äußeren generalisierten Kräfte entspricht, die diese verrichten würden, wenn sie entlang der generalisierten virtuellen Verschiebungen mit ihren konstanten, dem Gleichgewichtszustand entsprechenden Werten wirken würden (Szabo 2001; Mahnken 2016). Somit ist δW_a unbedingt von dem tatsächlich zu leistenden (aktuellen) Arbeitsdifferenzial dW_a zu unterscheiden. Wir werden im folgenden Abschnitt auf diesen wichtigen Sachverhalt zurückkommen.

Die innere Energie $\mathcal{U}$ des in Abb. 8.6 dargestellten piezoelektrischen Schichtsystems wird durch Gl. (8.27) zum Ausdruck gebracht. In Verbindung mit Gl. (8.56) wird deutlich, dass die verrichtete Arbeit ausschließlich davon abhängt, welches innere Biegemoment (mechanische und/oder piezoelektrisch) und welche elektrische Feldstärke am *Ende der Belastung* des Schichtsystems durch die eingeprägten generalisierten Kräfte vorliegt. Folglich hängt sie nicht davon ab, in welcher Reihenfolge die eingeprägten generalisierten Kräfte ihre Endwerte erreichen. Dies lässt den Schluss zu, dass die verrichtete Arbeit als potenzielle Energie im Schichtsystem gespeichert wird (Wittenburg und Pestel 2011). Diese Tatsache spielt für die nachfolgenden Ausführungen eine zentrale Rolle.

Im folgenden Abschnitt wenden wir uns dem *Satz vom stationären Wert des Gesamtpotenzials* zu, welcher direkt aus dem *Prinzip der virtuellen Arbeit für linear elastisch dielektrische Systeme* entwickelt werden kann. Dieser bildet die Grundlage für das *Verfahren von Ritz*, ein direktes Lösungsverfahren für Fragestellungen, die mit einem *Extremalprinzip* formuliert werden können, und von dem wir an späterer Stelle Gebrauch machen werden.

8.9 Satz vom stationären Wert des Gesamtpotenzials

Der *Satz vom stationären Wert des Gesamtpotenzials* gilt für all diejenigen Systeme, bei denen alle eingeprägten generalisierten Kräfte sog. *Potenzialkräfte* sind. Potenzialkräfte[1] (z. B. Gewichtskraft, Federkraft) zeichnen sich dadurch aus, dass es eine skalare Potenzialfunktion $V(x, y, z)$ der Koordinaten (x, y, z) des Kraftangriffspunktes gibt, aus welcher sich nach der Berechnungsvorschrift

$$\boldsymbol{F}(x, y, z) = -\operatorname{grad} V(x, y, z) \tag{8.57}$$

die Kraftkoordinaten wie folgt ermitteln lassen:

$$F_x(x, y, z) = -\frac{\partial V}{\partial x}, \qquad F_y(x, y, z) = -\frac{\partial V}{\partial y}, \qquad F_z(x, y, z) = -\frac{\partial V}{\partial z} \tag{8.58}$$

Betrachten wir nun die von einer Potenzialkraft verrichtete Arbeit längs eines infinitesimalen Weges $d\boldsymbol{r}$ mit den Koordinaten dx, dy und dz, erhalten wir in Verbindung mit Gl. (8.58):

$$dW = \boldsymbol{F} \cdot d\boldsymbol{r} = F_x dx + F_y dy + F_z dz = -\left(\frac{\partial V}{\partial x} dx + \frac{\partial V}{\partial y} dy + \frac{\partial V}{\partial z} dz\right)$$

Der Klammerausdruck bezeichnet das totale Differenzial dV der Potenzialfunktion $V(x, y, z)$. Wir können somit schreiben (Szabo 2001; Demtröder 2006):

$$dW = -dV$$

Die von einer Potenzialkraft verrichtete Arbeit W längs eines Weges von einem Punkt P_1 mit den Koordinaten (x_1, y_1, z_1) zu einem Punkt P_2 mit den Koordinaten (x_2, y_2, z_2) berechnet sich zu:

---

[1] Potenzialkräfte sind beispielsweise konstante (von einer Verschiebung s unabhängige) Kräfte ($V = \text{const.} \cdot s$) oder zu einer Verschiebung s proportionale Kräfte ($V = \text{const.} \cdot s^2$) (Szabo 2001).

8.9 Satz vom stationären Wert des Gesamtpotenzials

$$W = \int_{P_1}^{P_2} dW = -\int_{P_1}^{P_2} dV = V(x_1, y_1, z_1) - V(x_2, y_2, z_2)$$

Aus dem gewonnenen Ausdruck können wir direkt ablesen, dass die verrichtete Arbeit nur von der Differenz der Potenziale zwischen den beiden Punkten P_1 und P_2 und *unabhängig* vom Verlauf des Weges zwischen den beiden Punkten ist. Nur Potenzialkräfte haben eine derartige Eigenschaft. Das bekannteste Beispiel für eine Potenzialkraft ist die Gewichtskraft eines Körpers der Masse m. Bei dem Beispiel wird deutlich, dass die Funktion $V(x, y, z)$ nicht nur als *Potenzial der Kraft*, sondern auch als *potenzielle Energie* und damit *Arbeitsvermögen* eines Systems aufgefasst werden kann (Wittenburg und Pestel 2011).

Hintergrundinformation | Die Gewichtskraft als Beispiel für eine Potenzialkraft
Im Folgenden nehmen wir an, dass die Masse m eines Körpers in dessen Schwerpunkt konzentriert ist (Punktmasse). Wir nehmen weiterhin an, dass sich der Körperschwerpunkt in einem beliebigen Punkt (x, y, z) eines kartesischen Koordinatensystems befindet. Abb. 8.11 veranschaulicht diesen Sachverhalt. Wenn die Gewichtskraft $\mathbf{G}(x, y, z)$ eine Potenzialkraft ist, so muss es eine skalare Funktion $V(x, y, z)$ der Koordinaten (x, y, z) des Angriffspunktes geben, sodass gilt:

$$\mathbf{G}(x, y, z) = -\operatorname{grad} V(x, y, z) \tag{8.59}$$

Aus Abb. 8.11 wird ersichtlich, dass die Gewichtskraft nur eine Komponente in negative z-Richtung aufweist. Zusammenfassend lässt sich schreiben:

$$G_x(x, y, z) = 0, \qquad G_y(x, y, z) = 0, \qquad G_z(x, y, z) = -mg$$

Falls eine skalare Funktion $V(x, y, z)$ existiert, so lassen sich die jeweiligen Kraftkoordinaten aus deren partiellen Ableitung nach der jeweiligen Koordinatenrichtung bestimmen. Die Anwendung von Gl. (8.59) liefert:

$$G_x = -\frac{\partial V}{\partial x} = 0, \qquad G_y = -\frac{\partial V}{\partial y} = 0, \qquad G_z = -\frac{\partial V}{\partial z} = -mg$$

Aus der Berechnungsvorschrift für die z-Komponente der Gewichtskraft ergibt sich durch Umstellen nach $V = V(x, y, z)$ und anschließender unbestimmter Integration

$$V(x, y, z) = mgz + C. \tag{8.60}$$

Die Integrationskonstante C wird derart bestimmt, dass für einen beliebig gewählten Koordinatenpunkt $z = z_0$ das Potenzial zu null angenommen wird. Wir erhalten:

$$mgz_0 + C = 0 \quad \Leftrightarrow \quad C = -mgz_0$$

Anschließendes Einsetzen der ermittelten Integrationskonstanten C in Gl. (8.60) liefert die Potenzialfunktion für die Gewichtskraft:

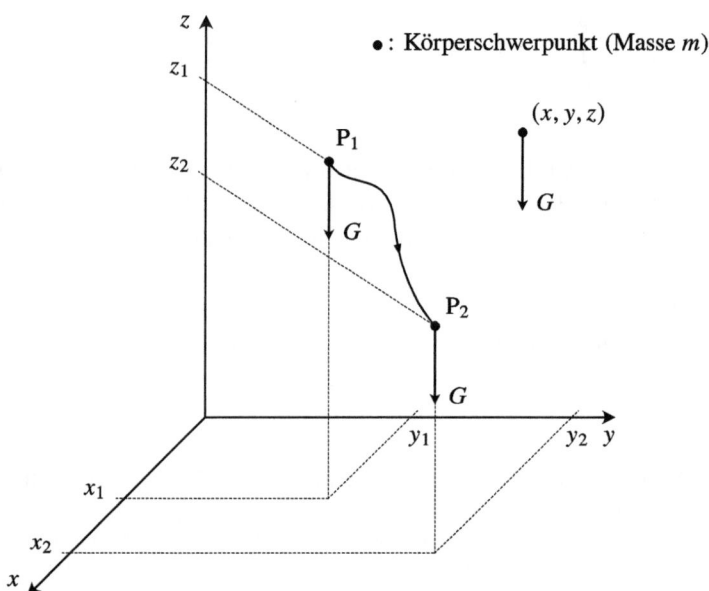

Abb. 8.11 Die Gewichtskraft G als Beispiel für eine Potenzialkraft

$$V(x, y, z) = mg\,(z - z_0)$$

Es wird sofort ersichtlich, dass die Kraftkoordinaten G_x, G_y und G_z unmittelbar aus der ermittelten Potenzialfunktion hervorgehen. Die von der Gewichtskraft verrichtete Arbeit W längs des in Abb. 8.11 skizzierten Weges von einem Punkt P_1 mit den Koordinaten (x_1, y_1, z_1) zu einem Punkt P_2 mit den Koordinaten (x_2, y_2, z_2) berechnet sich zu:

$$W = \int_{P_1}^{P_2} dW = -\int_{P_1}^{P_2} dV = V(x_1, y_1, z_1) - V(x_2, y_2, z_2) = mg\,(z_1 - z_2)$$

Die verrichtete Arbeit ist nur von der Differenz der Potenziale in z-Richtung abhängig. Es spielt dabei keine Rolle, welcher Weg gewählt wird, um von Punkt P_1 nach Punkt P_2 zu gelangen. Die von der Gewichtskraft verrichtete Arbeit geht hierbei nicht verloren. Vielmehr existiert sie in einer anderen Energieform weiter. Damit die Masse auf die Ausgangshöhe z_1 gelangen konnte, waren anderweitige Kräfte notwendig, um sie gegen ihre Gewichtskraft auf das genannte Niveau zu bringen. Diese anderweitigen Kräfte haben dabei positive Arbeit verrichtet, welche die Masse nun beim Absinken auf die Höhe z_2 wiederum abgeben kann. Aus diesen Überlegungen können wir schlussfolgern, die skalare Funktion $V(x, y, z)$ nicht nur als *Potenzial der Gewichtskraft*, sondern auch als *potenzielle Energie der Masse* zu bezeichnen.

Am Ende des vorangehenden Abschnitts wurde hervorgehoben, dass δW_a als Endwertarbeit der äußeren generalisierten Kräfte aufzufassen ist. Die Endwertarbeit einer einzelnen generalisierten Kraft ist so zu bilden, als hätte diese entlang der gesamten gene-

8.9 Satz vom stationären Wert des Gesamtpotenzials

ralisierten virtuellen Verschiebung bereits die dem Gleichgewichtszustand entsprechende volle Größe, d. h. die generalisierte Kraft ist *unabhängig* von der Verschiebung. Gerade durch diese Eigenschaft zeichnen sich Potenzialkräfte aus (s. Fußnote S. 246). Unter der Voraussetzung, dass alle eingeprägten generalisierten Kräfte Q_k Potenzialkräfte sind und folglich jeweils ein Potenzial V_k besitzen, ergibt sich das Potenzial Π_a aller an einem ideal elastisch dielektrischen System eingeprägten generalisierten Kräfte aus der Summe der Einzelpotenziale V_k.

$$\Pi_a = \sum_k V_k \tag{8.61}$$

Die Formänderungsenergie $\mathcal{U}$ ist nach den Ausführungen im vorangehenden Abschnitt selbst eine potenzielle Energie. Somit ist das *Gesamtpotenzial* Π eines ideal elastisch dielektrischen Systems die Summe aus der im System gespeicherten potenziellen Energie $\mathcal{U}$ und dem Potenzial Π_a aller am System eingeprägten generalisierten Kräfte. Wir fassen zusammen:

$$\Pi = \mathcal{U} + \Pi_a \tag{8.62}$$

Aus dem *Prinzip der virtuellen Arbeit für linear elastische dielektrische Systeme* (8.56) lässt sich in Verbindung mit Gl. (8.57) der Zusammenhang zwischen δW_a (und folglich zwischen der Endwertarbeit $\delta \tilde{W}_a$ der eingeprägten generalisierten Kräfte) und dem Potenzial $\delta \Pi_a$ aller am System eingeprägten generalisierten Kräfte bestimmen.

$$\delta W_a = \delta \tilde{W}_a = \sum_k Q_k \delta w_k = -\sum_k \frac{\partial V_k}{\partial w_k} \delta w_k = -\sum_k \delta V_k = -\delta \Pi_a$$

Die Gleichung sagt aus, dass die virtuelle Arbeit δW_a der eingeprägten generalisierten Kräfte bei einer virtuellen Verschiebung eines Systems aus seiner Gleichgewichtslage gleich der negativen Variation des Potenzials Π_a aller am System eingeprägten generalisierten Kräfte ist. Bringen wir das *Prinzip der virtuellen Arbeit für linear elastisch dielektrische Systeme* (8.56) in die Form

$$\delta \mathcal{U} - \delta W_a = \delta (\mathcal{U} - \tilde{W}_a) = 0$$

und berücksichtigen weiterhin die Definition (8.62) für das Gesamtpotenzial Π, dann folgt daraus der

> **Satz vom stationären Wert des Gesamtpotenzials**
> Ein linear elastisch dielektrisches System befindet sich unter der Wirkung von Potenzialkräften im Gleichgewicht, wenn bei einer virtuellen generalisierten Verschiebung aus der Gleichgewichtslage heraus die Variation des Gesamtpotenzials verschwindet.
>
> $$\delta \Pi = \delta(\mathcal{U} - \tilde{W}_\mathrm{a}) = 0 \qquad (8.63)$$

Die Aussage (8.63) gilt für beliebige virtuelle generalisierte Verschiebungen aus einer Gleichgewichtslage eines Systems. Dies bedeutet im Umkehrschluss, dass das Gesamtpotenzial Π in der Gleichgewichtslage selbst einen *stationären* Wert Π_st aufweist ($\Pi = \Pi_\mathrm{st}$). Das ist der *Satz vom stationären Wert des Gesamtpotenzials* (Wittenburg und Pestel 2011). Dieser versetzt uns im nächsten Abschnitt in die Lage, die möglichen Arten von Gleichgewichtslagen ideal elastisch dielektrischer Systeme, denen auch piezoelektrische Biegewandler zuzuordnen sind, zu beschreiben.

8.9.1 Arten von Gleichgewichtslagen

Einfachheitshalber nehmen wir an, dass das Gesamtpotenzial Π als Funktion *eines* unabhängigen Lageparameters q (wie z. B. eine Verschiebung oder Verdrehung) darstellbar ist, d. h. $\Pi = \Pi(q)$. Da das Symbol δ wie ein Differenzial behandelt werden kann, erhalten wir in Verbindung mit dem *Satz vom stationären Wert des Gesamtpotenzials* (8.63):

$$\delta \Pi = \frac{\partial \Pi}{\partial q} \delta q = 0 \quad \Longrightarrow \quad \text{Gleichgewichtsbedingung: } \frac{\partial \Pi}{\partial q} = 0 \qquad (8.64)$$

Die Gleichgewichtsbedingung besagt, dass in der Gleichgewichtslage die erste Ableitung des Gesamtpotenzials nach dem Lageparameter q verschwindet. Setzen wir voraus, dass *vor* der virtuellen Verschiebung des Systems in eine Nachbarlage eine Gleichgewichtslage q_0 mit $\Pi(q_0) = \Pi_\mathrm{st}$ existiert, dann gilt nach Gl. (8.64):

$$\delta \Pi = \left.\frac{\partial \Pi}{\partial q}\right|_{q_0} \delta q = \Pi'(q_0)\,\delta q = 0 \quad \Longrightarrow \quad \left.\frac{\partial \Pi}{\partial q}\right|_{q_0} = \Pi'(q_0) = 0 \qquad (8.65)$$

Was den stationären Wert des Gesamtpotenzials $\Pi(q_0) = \Pi_\mathrm{st}$ in der Gleichgewichtslage q_0 anbelangt, lässt sich zunächst keine Aussage darüber treffen, ob es sich hierbei um ein *Minimum*, ein *Maximum* oder einen *Sattelpunkt* handelt, und welche physikalische Bedeutung den jeweiligen Extremwerten zukommt. Zur Klärung dieses Sachverhalts entwickeln wir die Gesamtpotenzialfunktion $\Pi(q)$ in der Umgebung von der Gleichgewichtslage q_0

8.9 Satz vom stationären Wert des Gesamtpotenzials

in eine Taylor-Reihe, wobei δq der Störung aus der Gleichgewichtslage entspricht. Mit der Taylor-Entwicklung

$$f(x_0 + h) = \sum_{n=0}^{\infty} \frac{h^n}{n!} f^{(n)}(x_0) = f(x_0) + \frac{h}{1!} f'(x_0) + \frac{h^2}{2!} f''(x_0) + \cdots$$

nach (Bronstein und Semendjaev 2013) ergibt sich

$$\Pi(q_0 + \delta q) = \sum_{n=0}^{\infty} \frac{\delta q^n}{n!} \Pi^{(n)}(q_0) = \Pi(q_0) + \frac{\delta q}{1!} \Pi'(q_0) + \frac{\delta q^2}{2!} \Pi''(q_0) + \cdots$$

bzw. nach Subtraktion von $\Pi(q_0)$ auf der linken und rechten Seite

$$\Pi(q_0 + \delta q) - \Pi(q_0) = \underbrace{\Pi'(q_0)\,\delta q}_{(*)} + \frac{1}{2} \Pi''(q_0)\,\delta q^2 + \frac{1}{6} \Pi'''(q_0)\,\delta q^3 + \cdots.$$

Der mit $(*)$ gekennzeichnete Term entspricht nach Gl. (8.65) der ersten Variation des Potenzials $\delta \Pi = 0$, und wir erhalten:

$$\Delta \Pi = \Pi(q_0 + \delta q) - \Pi(q_0) = \frac{1}{2} \Pi''(q_0)\,\delta q^2 + \frac{1}{6} \Pi'''(q_0)\,\delta q^3 + \cdots \qquad (8.66)$$

Die für kleine Störungen δq beschriebene Potenzialänderung $\Delta \Pi$ ermöglicht es, Rückschlüsse auf die sich einstellenden Gleichgewichtslagen eines linear elastisch dielektrischen Systems zu ziehen (Solecki und Conant 2003; Wittenburg und Pestel 2011).

- sich einstellende Gleichgewichtslage für $\Delta \Pi > 0$:
  Für den Fall, dass die Differenz $\Pi(q_0 + \delta q) - \Pi(q_0)$ *positiv* ist, hat das System nach einer virtuellen Verschiebung eine potenzielle Energie, die um den Differenzbetrag größer ist als vor der Verschiebung. Jedoch nur dann, wenn dem System die Differenzenergie von außen zugeführt wird, ist eine virtuelle Verschiebung überhaupt erst möglich. Wenn also keine virtuelle Verschiebung aus der Gleichgewichtslage eines Systems heraus existiert, die ohne äußere Energiezufuhr auftritt, so bezeichnet man die Gleichgewichtslage als *stabil*. In einer *stabilen* Gleichgewichtslage stellt der stationäre Wert des Gesamtpotenzials $\Pi_{st} = \Pi(q_0)$ ein *lokales Minimum* dar.
- sich einstellende Gleichgewichtslage für $\Delta \Pi < 0$:
  Für den Fall, dass die Differenz $\Pi(q_0 + \delta q) - \Pi(q_0)$ *negativ* ist, hat das System nach einer virtuellen Verschiebung eine potenzielle Energie, die um die Differenz kleiner ist als vor der Verschiebung, d. h. nur dann, wenn dem System die Differenzenergie entzogen wird, ist eine virtuelle Verschiebung mit anschließendem Ruhezustand überhaupt erst möglich. Wenn also mindestens eine virtuelle Verschiebung aus der Gleichgewichtslage eines Systems heraus existiert, bei welcher dem System Energie entzogen werden

muss, um nach der Verschiebung in einen Ruhezustand überzugehen, so bezeichnet man die Gleichgewichtslage als *instabil*. In einer *instabilen* Gleichgewichtslage stellt der stationäre Wert des Gesamtpotenzials $\Pi_{st} = \Pi(q_0)$ ein *lokales Maximum* dar.
- sich einstellende Gleichgewichtslage für $\Delta \Pi = 0$:
Nimmt die Differenz $\Pi(q_0 + \delta q) - \Pi(q_0)$ den Wert Null an, hat das System nach einer virtuellen Verschiebung die gleiche potenzielle Energie wie vor der Verschiebung. Wenn die Gleichgewichtslage nicht instabil ist und mindestens eine virtuelle Verschiebung des Systems aus dieser Lage existiert, bei der keine Energie zugeführt und keine Energie entzogen werden muss, so bezeichnet man die Gleichgewichtslage als *indifferent*. In einer *indifferenten* Gleichgewichtslage stellt der stationäre Wert des Gesamtpotenzials $\Pi_{st} = \Pi(q_0)$ einen dar.

Fassen wir die drei möglichen Arten von Gleichgewichtslagen nochmals zusammen.

Gleichgewichtslagen eines linear elastisch dielektrischen Systems

1. **stabile** Gleichgewichtslage ($\Delta \Pi > 0$):
Bewegt sich ein System nach Wegnahme der Störung zurück in seine ursprüngliche Gleichgewichtslage, so liegt ein *stabiles* Gleichgewicht vor ($\Pi_{st} \implies$ *lokales Minimum*).
2. **instabile** Gleichgewichtslage ($\Delta \Pi < 0$):
Entfernt sich ein System nach Wegnahme der Störung immer weiter von der ursprünglichen Gleichgewichtslage, so liegt ein *instabiles* Gleichgewicht vor ($\Pi_{st} \implies$ *lokales Maximum*).
3. **indifferente** Gleichgewichtslage ($\Delta \Pi = 0$):
Verharrt ein System nach der Störung weiterhin in Ruhe, so ist die gestörte Lage ebenfalls eine Gleichgewichtslage, und es liegt ein *indifferentes* Gleichgewicht vor ($\Pi_{st} \implies$ *Sattelpunkt*).

Die Erkenntnisse zu den Gleichgewichtslagen sind in Abb. 8.12 am Beispiel eines Systems mit einem Freiheitsgrad (d. h. das Gesamtpotenzial Π ist eine Funktion *eines* unabhängigen Lageparameters) anschaulich dargestellt. Für den Lageparameter $q = q_1$ weist das Gesamtpotenzial $\Pi(q_1) = \Pi_{st}$ ein *lokales Minimum* auf. Somit liegt hier ein *stabiles* Gleichgewicht vor. Im Gegensatz dazu liegt für den Lageparameter $q = q_2$ eine *instabile* Gleichgewichtslage vor, da das Gesamtpotenzial $\Pi(q_2) = \Pi_{st}$ ein *lokales Maximum* darstellt. Für den Lageparameter $q = q_3$ weist das Gesamtpotenzial $\Pi(q_3) = \Pi_{st}$ weder ein lokales Minimum noch ein lokales Maximum, sondern einen *Sattelpunkt* auf. Es liegt somit eine *indifferente* Gleichgewichtslage vor.

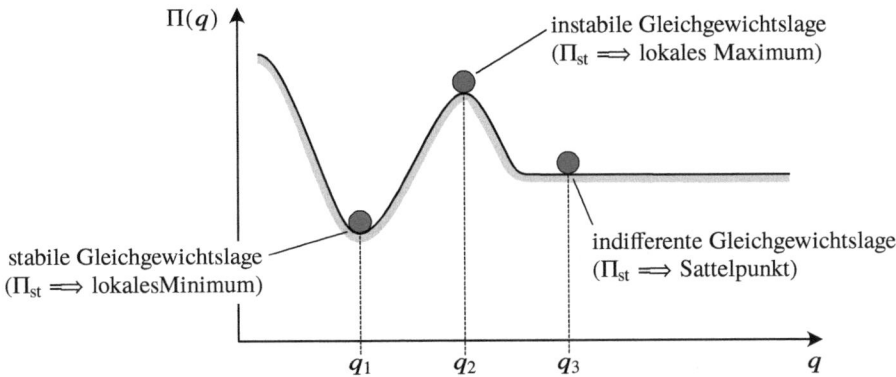

Abb. 8.12 Stabile, instabile und indifferente Gleichgewichtslage am Beispiel eines Systems mit einem Freiheitsgrad. (Nach Szabo 2001)

8.9.2 Prinzip vom Minimum des Gesamtpotenzials

Bei genauerer Betrachtung der möglichen Arten von Gleichgewichtslagen wird ersichtlich, dass ein piezoelektrischer Biegewandler, wie in Abb. 8.6 dargestellt, den Systemen mit einer *stabilen* Gleichgewichtslage zuzuordnen ist. Wird dieser nämlich unterschiedlichen externen Lastgrößen wie einem Moment M, einer Kraft F, einem Druck p sowie einer elektrischen Spannung U ausgesetzt, und diese anschließend wieder weggenommen, dann wird das Schichtsystem in seine ursprüngliche Gleichgewichtslage zurückkehren. Wegen der Existenz einer stabilen Gleichgewichtslage weist das Gesamtpotenzial Π des piezoelektrischen Schichtverbundes in der Gleichgewichtslage einen stationären Wert $\Pi = \Pi_{st}$ auf, welcher ein *lokales Minimum* darstellt. Diese Erkenntnis führt in Verbindung mit Gl. (8.63) zum *Prinzip vom Minimum des Gesamtpotenzials* (Dankert und Dankert 2013).

> **Prinzip vom Minimum des Gesamtpotenzials**
> Ein System befindet sich dann in einer **stabilen** Gleichgewichtslage, wenn bei einer virtuellen Verschiebung oder Verdrehung aus der Gleichgewichtslage heraus die Variation des Gesamtpotenzials verschwindet und der stationäre Wert des Gesamtpotenzials $\Pi = \Pi_{st}$ ein *lokales Minimum* darstellt.
>
> $$\Pi = \mathcal{U} - \tilde{W}_a \quad \Longrightarrow \quad \text{Minimum} \qquad (8.67)$$
>
> Die Größe $\mathcal{U}$ bezeichnet die im linear elastisch dielektrischen System gespeicherte innere Energie, die Größe $\tilde{W}_a$ bezeichnet die Endwertarbeit der am System angreifenden äußeren Wirklasten.

Es sei an dieser Stelle nochmals daran erinnert, dass die Endwertarbeit $\tilde{W}_a$ so zu bilden ist, als hätte die Wirklast entlang des gesamten Verformungsweges (Verschiebung, Verdrehung, Volumenverschiebung) bzw. entlang der gesamten Ladungsverschiebung bereits ihre volle Größe.

8.9.3 Anwendung des Prinzips vom Minimum des Gesamtpotenzials am Beispiel des ebenen Balkens

Nachfolgend soll das *Prinzip vom Minimum des Gesamtpotenzials* am einfachen Beispiel eines einseitig eingespannten ebenen Balkens angewendet werden. Die daraus gewonnenen Erkenntnisse führen uns zu einem wichtigen Verfahren in der Mechanik, dessen Anwendung auf den piezoelektrischen Biegewandler in Abb. 8.6 die Berechnung der Elemente $m_{ij}(x)$ der statischen Kopplungsmatrix $M(x)$ in Gl. (8.47) ermöglichen wird.

Wir nehmen an, dass am freien Ende des ebenen Balkens der Länge l ein äußeres Moment M eingeprägt wird (s. Abb. 8.13). Weiterhin setzen wir voraus, dass der ebene Balken aus *einer einzelnen* Schicht mit konstanter Dicke h_1 und Breite b besteht. Der Schicht weisen wir zudem ein linear elastisches, isotropes und homogenes Materialverhalten mit *nicht-piezoelektrischen* Eigenschaften zu. Die Anwendung des *Prinzips vom Minimum des elastischen Gesamtpotenzials* setzt nach Gl. (8.67) die Kenntnis der im Balken gespeicherten Formänderungsenergie $\mathcal{U}$ sowie der Endwertarbeit $\tilde{W}_{a,M}$ des am System eingeprägten Moments M voraus. Die Endwertarbeit $\tilde{W}_{a,M}$ gewinnen wir aus der vollen Größe des Moments M und der zugehörigen Verdrehung $\varphi = \varphi(l)$ des Balkens an der Stelle $x = l$. Da die Verdrehung $\varphi(x)$ nach Gl. (8.2) der ersten Ableitung der Auslenkung $w(x)$ entspricht, ergibt sich die Endwertarbeit $\tilde{W}_{a,M}$ des eingeprägten Moments M zu:

$$\tilde{W}_{a,M} = M\varphi(l) = M\left.\frac{\partial w}{\partial x}\right|_{x=l} = Mw'(l) \tag{8.68}$$

Die Bestimmung der im ebenen Balken gespeicherten Formänderungsenergie $\mathcal{U}$ gestaltet sich etwas aufwendiger. Die Vorgehensweise hierzu wird daher im Folgenden schrittweise

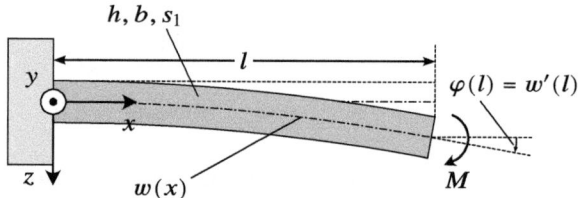

Abb. 8.13 Belastung eines einseitig eingespannten ebenen Balkens durch ein äußeres Moment M (Balkenlänge l, Balkendicke $h_1 = h$, Balkenbreite b, Elastizitätskoeffizient $s_{11,1} = s_1$)

8.9 Satz vom stationären Wert des Gesamtpotenzials

dargelegt. Dabei machen wir von den Berechnungsgrundlagen für die Lage der neutralen Faser $\bar{z}$ sowie die Gesamtbiegesteifigkeit C Gebrauch und wenden diese auf den ebenen Balken in Abb. 8.13 an.

- *Lage der neutralen Faser*
  Für das betrachtete Einschichtsystem ($n = 1$) mit konstanter Balkenbreite b, konstanter Schichtdicke h_1 sowie homogenen und isotropen Materialeigenschaften ($s_{11,1} = s_1 = $ konst.) erhalten wir nach Gl. (8.13) für die Lage der neutralen Faser $\bar{z}$ (Abstand zur Unterkante der Balkenstruktur):

$$\bar{z} = -\frac{\sum_{i=1}^{1} \frac{h_i^2}{s_{11,i}} - 2\sum_{i=1}^{1} \frac{h_i}{s_{11,i}} \sum_{j=1}^{1} h_j}{2\sum_{i=1}^{1} \frac{h_i}{s_{11,i}}} = -\frac{\frac{h_1^2}{s_1} - 2\frac{h_1}{s_1}h_1}{2\frac{h_1}{s_1}} = \frac{h_1}{2}$$

Demnach verläuft die neutrale Faser mittig im Balken entlang der x-Achse (vgl. Abb. 8.13).

- *Gesamtbiegesteifigkeit*
  Die Gesamtbiegesteifigkeit C des ebenen Balkens ermitteln wir mithilfe der Berechnungsvorschrift (8.21), welche wir in ihrer allgemeingültigen Form etwas umschreiben:

$$C = \frac{b}{3}\sum_{i=1}^{n} \frac{1}{s_{11,i}^E}\left[3h_i\left(\bar{z} - \sum_{j=1}^{i} h_j\right)\left(\bar{z} - \sum_{j=1}^{i-1} h_j\right) + h_i^3\right]$$

$$= \frac{b}{3}\sum_{i=1}^{n} \frac{1}{s_{11,i}^E}\left[3h_i\left(\bar{z} - \sum_{j=1}^{i} h_j\right)\left(\bar{z} - \sum_{j=1}^{i} h_j + h_i\right) + h_i^3\right]$$

Mit den angenommenen geometrischen und materialspezifischen Eigenschaften (Schichtanzahl $n = 1$, Schichtdicke h_1, Schichtbreite b, Elastizitätskoeffizient $s_{11,1}^E = s_{11,1} = s_1$) sowie der ermittelten Lage der neutralen Faser $\bar{z} = h_1/2$ ergibt sich die Gesamtbiegesteifigkeit des ebenen Balkens zu:

$$C = \frac{b}{3}\sum_{i=1}^{1} \frac{1}{s_i}\left[3h_i\left(\bar{z} - \sum_{j=1}^{1} h_j\right)\left(\bar{z} - \sum_{j=1}^{1} h_j + h_i\right) + h_i^3\right]$$

$$= \frac{1}{3}\frac{b}{s_1}\left[3h_1\left(\frac{h_1}{2} - h_1\right)\frac{h_1}{2} + h_1^3\right] = \frac{1}{12}\frac{bh_1^3}{s_1}$$

Nachfolgend sortieren wir den gewonnenen Ausdruck nach dem materialspezifischen Wert und den rein geometrischen Größen:

$$C = \underbrace{\frac{1}{s_1}}_{(*)} \cdot \underbrace{\frac{bh_1^3}{12}}_{(**)} \tag{8.69}$$

Der mit (∗) gekennzeichnete Quotient entspricht dem *Elastizitätsmodul E* des Balkenmaterials, der Term (∗∗) repräsentiert das *axiale Flächenträgheitsmoment I* eines rechteckigen Balkenquerschnitts der Höhe h_1 und der Breite b um die y-Achse. Wir können somit die Gesamtbiegesteifigkeit C des ebenen Balkens als Produkt aus dessen Elastizitätsmodul E und Flächenträgheitsmoment I darstellen:

$$C = EI$$

Diese Darstellungsform der Biegesteifigkeit trifft man in jedem Grundlagenbuch zur technischen Mechanik im Kontext biegespezifischer Fragestellungen an.

Gl. (8.27) dient als Berechnungsgrundlage zur Bestimmung der im ebenen Balken gespeicherten inneren Energie. Für das Einschichtsystem ($n = 1$) ergibt sich zunächst folgender formaler Zusammenhang:

$$\mathcal{U} = \underbrace{\frac{b}{2} \int_0^l h_1 \epsilon_{33,1}^T E_{3,1}^2 \left(1 - k_{31,1}^2\right) \mathrm{d}x}_{(*)}$$

$$+ \underbrace{\frac{1}{2} \int_0^l \left(\frac{M_\mathrm{b}^2(x)}{C} + \frac{2M_\mathrm{b}(x)\,M_\mathrm{piezo}}{C} + \frac{M_\mathrm{piezo}^2}{C}\right) \mathrm{d}x}_{(**)}$$

Der mit (∗) gekennzeichnete Integrand wird zu null, da am Balken keine äußere elektrische Spannung eingeprägt wird ($U = 0$), d. h. das Balkeninnere ist feldfrei ($E_{31,1} = 0$). Damit verbunden ist, dass der Ausdruck für das piezoelektrische Moment M_piezo zu null wird (s. Gl. (8.22)). Somit verschwinden die letzten beiden Summanden des Integranden (∗∗), und wir erhalten für die im Balken gespeicherte innere Energie folgenden einfachen Integralausdruck:

$$\mathcal{U} = \frac{1}{2} \int_0^l \frac{M_\mathrm{b}^2(x)}{EI} \mathrm{d}x \tag{8.70}$$

In Verbindung mit Gl. (8.23) lässt sich der Integrand mithilfe der Krümmung κ^0 der neutralen Faser ausdrücken:

8.9 Satz vom stationären Wert des Gesamtpotenzials

$$\frac{M_b^2(x)}{EI} = EI\left[\kappa^0\right]^2$$

Die Krümmung der neutralen Faser wiederum entspricht nach Gl. (8.4) dem zweiten Differenzialquotienten der Verschiebungsfunktion (Auslenkung) w nach der Längenkoordinate x eines ebenen verformten Balkens. Wir erhalten

$$\frac{M_b^2(x)}{EI} = EI\left(\frac{\partial^2 w}{\partial x^2}\right)^2 = EIw''^2$$

und gewinnen durch anschließendes Einsetzen in Gl. (8.70) eine geeignete Formulierung für die in einem verformten Balken gespeicherte innere Energie:

$$\mathcal{U} = \frac{1}{2}\int_0^l EIw''^2\,dx$$

In Verbindung mit der Endwertarbeit $\tilde{W}_{a,M}$ des eingeprägten Moments M (s. Gl. (8.68)) lässt sich das Gesamtpotenzial Π für die verformte Konfiguration des in Abb. 8.13 skizzierten ebenen Balkens unter Verwendung von Gl. (8.67) angeben. Das *Prinzip vom Minimum des Gesamtpotenzials* besagt, dass der stationäre Wert des Gesamtpotenzials $\Pi = \Pi_{st}$ für ein System in einer stabilen Gleichgewichtslage ein lokales Minimum darstellt. Übertragen auf das Beispiel des ebenen Balkens bedeutet dies:

$$\Pi = \frac{1}{2}\int_0^l EIw''^2\,dx - Mw'(l) \implies \text{Minimum} \qquad (8.71)$$

Das *Prinzip vom Minimum des Gesamtpotenzials* erfordert das Auffinden einer Funktion (im vorliegenden Fall die Biegelinie bzw. Verschiebungsfunktion $w(x)$), welche den Integralausdruck in Gl. (8.71) minimiert. Im folgenden Abschnitt lernen wir ein wichtiges Verfahren zur Bestimmung der gesuchten Funktion $w(x)$ kennen. Die Grundidee hierzu wurde von WALTER RITZ (1878–1909), einem Schweizer Mathematiker und Physiker entwickelt und findet sich in Fachbüchern der technischen Mechanik unter dem Begriff *Verfahren von Ritz* wieder.

8.9.4 Das Verfahren von Ritz

Die Funktionen, welche die Verschiebung des Balkens in Abb. 8.13 beschreiben, müssen die geometrischen Randbedingungen an der Einspannstelle $x = 0$ erfüllen. Für die vorliegende Einspannsituation sind das die Aussagen über $w(0)$ (Verschiebung an der

Einspannstelle) und $w'(0)$ (Verdrehung an der Einspannstelle). Dies rührt daher, dass sich die Bedingungen der Verträglichkeit virtueller Verschiebungen mit den geometrischen Bindungen an der Einspannstelle des Balkens auch auf die Funktionen übertragen, welche bei der Suche nach dem *Minimum des Gesamtpotenzials* Π zugelassen sind. Die zulässigen Funktionen bezeichnet man auch als *Vergleichsfunktionen* (Szabo 2001; Willner 2003; Dankert und Dankert 2013; Knothe und Wessels 2017). Die geometrischen Randbedingungen für den einseitig eingespannten Balken sind in Abb. 8.14 anschaulich dargestellt. Zur Bestimmung der unbekannten *Verschiebungsfunktion* $w(x)$ nehmen wir an, dass sich diese aus den *Vergleichsfunktionen*

$$w_1(x) = x, \qquad w_2(x) = x^2, \qquad w_3(x) = x^3$$

zusammensetzt. Jede einzelne Vergleichsfunktion muss hierbei die geometrischen Randbedingungen

$$w(x=0) = 0 \quad \wedge \quad w'(x=0) = 0$$

erfüllen. Dies trifft wegen $w_1(x = 0) \neq 0$ offensichtlich nur für die Funktionen $w_2(x)$ und $w_3(x)$ zu. Da $w_2(x)$ und $w_3(x)$ die geometrischen Randbedingungen erfüllen, gilt dies auch für deren Linearkombination (*Ansatzfunktion*):

$$w(x) = a_2 x^2 + a_3 x^3 \tag{8.72}$$

Aus dem *Prinzip vom Minimum des Gesamtpotenzials* (8.71) für den ebenen Balken folgt:

$$\Pi = \frac{1}{2} \int_0^l EI \left(a_2 x^2 + a_3 x^3 \right)''^2 \, dx - M w'(l) \quad \Longrightarrow \quad \text{Minimum} \tag{8.73}$$

Die gewonnene Berechnungsvorschrift liefert die Bestimmungsgleichungen für die jeweiligen Koeffizienten a_i. Für das Gesamtpotenzial Π kann nämlich nur dann ein Minimum vorliegen, wenn die partielle Ableitung nach den jeweiligen Koeffizienten zu null wird (*notwendige* Bedingung). Wegen des gewählten Ansatzes (8.72) ist $w = w(a_i, x)$. In Verbindung mit Gl. (8.73) können wir somit schreiben:

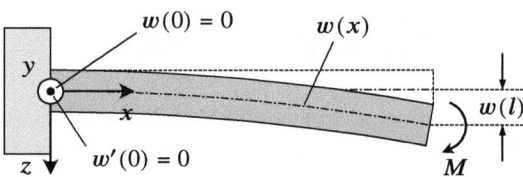

Abb. 8.14 Auslenkung $w(x)$ und Verdrehung $w'(x)$ eines einseitig eingespannten ebenen Balkens an der Einspannstelle $x = 0$

8.9 Satz vom stationären Wert des Gesamtpotenzials

$$\frac{\partial \Pi}{\partial a_i} = 0 \implies \int_0^l EI w'' \frac{\partial w''}{\partial a_i}\, dx - M \frac{\partial w'(l)}{\partial a_i} = 0 \tag{8.74}$$

Zur Ermittlung der Verschiebungsfunktion $w(x)$, welche Gl. (8.74) erfüllt, bilden wir die ersten beiden Ableitungen der Ansatzfunktion (8.72) nach der Längenkoordinate x sowie die partiellen Ableitungen von $w'(x)$, $w''(x)$ und $w'(l)$ nach den Koeffizienten a_i. Die Ableitungen der Ansatzfunktion ergeben sich zu:

$$w'(x) = 2a_2 x + 3a_3 x^2$$

$$w''(x) = 2a_2 + 6a_3 x$$

Für die partiellen Ableitungen von $w'(x)$, $w''(x)$ und $w'(l)$ nach den Koeffizienten a_i erhalten wir:

$$\frac{\partial w'(l)}{\partial a_2} = 2l, \quad \frac{\partial w'(l)}{\partial a_3} = 3l^2, \quad \frac{\partial w''}{\partial a_2} = 2, \quad \frac{\partial w''}{\partial a_3} = 6x$$

Aufschreiben der notwendigen Bedingung (8.74) für die beiden Koeffizienten a_2 und a_3

$$\frac{\partial \Pi}{\partial a_2} = 0: \quad EI \int_0^l (2a_2 + 6a_3 x) \cdot 2\, dx - 2Ml = 0$$

$$\frac{\partial \Pi}{\partial a_3} = 0: \quad EI \int_0^l (2a_2 + 6a_3 x) \cdot 6x\, dx - 3Ml^2 = 0$$

und anschließende Integration führt zu einem linearen Gleichungssystem, anhand dessen die unbekannten Koeffizienten a_2 und a_3 ermittelt werden können. Wir erhalten:

$$\begin{pmatrix} 2 & 3l \\ 2 & 4l \end{pmatrix} \cdot \begin{pmatrix} a_2 \\ a_3 \end{pmatrix} = \begin{pmatrix} 1 \\ 1 \end{pmatrix} \frac{M}{EI} \implies a_2 = \frac{M}{2EI}, \quad a_3 = 0$$

Einsetzen der Koeffizienten a_2 und a_3 in die Ansatzfunktion (8.72) führt schließlich zur gesuchten Verschiebungsfunktion

$$w(x) = \frac{M}{2EI} x^2.$$

Das am Beispiel eines einseitig eingespannten ebenen Balkens demonstrierte Vorgehen, eine aus Vergleichsfunktionen mit unbestimmten Koeffizienten a_i zusammengesetzte

Ansatzfunktion zu wählen, und diese derart zu bestimmen, dass der für diese Ansatzfunktion kleinste mögliche Wert für das elastische Gesamtpotenzial Π erreicht wird, ist die Grundidee des *Verfahrens von Ritz*. Da diesem im nächsten Abschnitt eine zentrale Rolle bei der Bestimmung der Elemente der statischen Kopplungsmatrix (8.47) zukommt, fassen wir die wichtigsten Aspekte des Verfahrens nochmals in allgemeiner Form zusammen.

Das Verfahren von Ritz

Für die unbekannte Verschiebungsfunktion $w(x)$ wird ein Ansatz mit m *Vergleichsfunktionen* $w_i(x)$ mit unbestimmten Koeffizienten a_i in der Form

$$w(x) = \sum_{i=1}^{m} a_i w_i(x) \tag{8.75}$$

gewählt. Hierbei muss jede Funktion w_i bei biegespezifischen Fragestellungen die *geometrischen* Randbedingungen erfüllen. Die unbekannten Koeffizienten a_i werden derart bestimmt, dass das Gesamtpotenzial Π den für den gewählten Ansatz (8.75) möglichen minimalen Wert annimmt. Die dafür notwendigen Bedingungen

$$\frac{\partial \Pi}{\partial a_i} = 0, \quad i = 1, 2, \ldots, m \tag{8.76}$$

bilden ein lineares Gleichungssystem mit m Gleichungen für die m Koeffizienten a_i. Sollten unter dem gewählten Ansatz untaugliche Vergleichsfunktionen sein, so werden diese durch das Verfahren automatisch herausgefiltert (Dankert und Dankert 2013).

8.10 Herleitung der statischen Kopplungsmatrix

Die im vorangehenden Abschnitt dargestellte Vorgehensweise zur Ermittlung einer mit den geometrischen Randbedingungen verträglichen Verschiebungsfunktion $w(x)$ am Beispiel eines ebenen Balkens werden wir im Folgenden konsequent auf das piezoelektrische Schichtsystem aus Abb. 8.6 übertragen. Die gespeicherte innere Energie $\mathcal{U}$ des Schichtsystems wird durch Gl. (8.27) beschrieben. In Verbindung mit der Endwertarbeit $\tilde{W}_a$ einer eingeprägten Wirklast besagt das *Prinzip vom Minimum des Gesamtpotenzials*:

8.10 Herleitung der statischen Kopplungsmatrix

$$\Pi = \frac{b}{2} \sum_{i=1}^{n} \int_0^l h_i \epsilon_{33,i}^T E_{3,i}^2 \left(1 - k_{31,i}^2\right) dx$$

$$+ \frac{1}{2} \int_0^l \left(\frac{M_b^2(x)}{C} + \frac{2 M_b(x) M_{\text{piezo}}}{C} + \frac{M_{\text{piezo}}^2}{C} \right) dx - \tilde{W}_a \implies \text{Minimum}$$

(8.77)

Zur Ermittlung der Elemente $m_{ij}(x)$ der statischen Kopplungsmatrix $\boldsymbol{M}(x)$ richten wir den Fokus zunächst auf die am Schichtsystem eingeprägten mechanischen Wirklasten Moment M, Kraft F und Druck p und die Bestimmung der zugehörigen kanonisch Konjugierten Verdrehung $\varphi(x)$, Verschiebung $w(x)$ und Volumenverschiebung $V(x)$. Zusätzlich trägt auch das Einprägen einer elektrischen Spannung U einen Anteil zu den gesuchten kanonisch Konjugierten $\varphi(x)$, $w(x)$ und $V(x)$ bei. Berücksichtigung findet die elektrische Spannung U, indem wir das auf die elektrische Spannung bezogene piezoelektrische Moment m_{piezo} in die Berechnungen einbeziehen. Dieser Größe kommt im weiteren Verlauf unserer Betrachtungen eine zentrale Rolle zu, weshalb sie hier nochmals gesondert hervorgehoben werden soll.

Spannungsbezogenes piezoelektrisches Moment
Mit der in Abschn. 8.6.1 getroffenen Vereinbarung, dass alle aktiven piezoelektrischen Schichten des Schichtsystems elektrisch parallel geschaltet sind, lässt sich nach der Berechnungsvorschrift (8.22) für das piezoelektrische Moment M_{piezo} die felderzeugende elektrische Spannung U ($E_{3,i} = U/h_i$) vor das Summenzeichen ziehen. Es gilt:

$$M_{\text{piezo}} = U m_{\text{piezo}} \tag{8.78}$$

mit

$$m_{\text{piezo}} = \frac{b}{2} \sum_{i=1}^{n} \frac{d_{31,i}}{s_{11,i}^E h_i} \left[2\bar{z} h_i - 2 h_i \sum_{j=1}^{i} h_j + h_i^2 \right] \tag{8.79}$$

Das spannungsbezogene piezoelektrische Moment m_{piezo} steht in direktem Zusammenhang mit den piezoelektrischen Ladungskonstanten der aktiven Schichten. Ferner hängt die Größe m_{piezo} sowohl von der Dicke sowie dem Elastizitätskoeffizienten jeder einzelnen Schicht als auch von der Lage der neutralen Faser $\bar{z}$ und der Breite b des Schichtverbundes ab. Rein elastische, nicht-piezoelektrische Schichten liefern wegen $d_{31,i} = 0$ keinen Beitrag zum (spannungsbezogenen) piezoelektrischen Moment.

Ein durch die elektrische Spannung eingeprägtes piezoelektrisches Moment M_{piezo} ist von seiner physikalischen Wirkungsweise her identisch mit der eines mechanisch eingeprägten Moments M. Beide Wirklasten werden daher im nächsten Abschnitt gemeinsam behandelt. Die generierte Ladung $Q(x)$ in Abhängigkeit der eingeprägten äußeren Lasten M, F, p und U macht es erforderlich, das *Prinzip vom Minimum des Gesamtpotenzials* in eine geeignete Form zu überführen. Eine detaillierte Betrachtung hierzu erfolgt in einem gesonderten Abschnitt. Zur Berechnung der jeweiligen Endwertarbeiten $\tilde{W}_a$ nehmen wir Bezug auf die getroffenen Vereinbarungen in Abschn. 8.6.1.

8.10.1 Statische Momente als eingeprägte Wirklasten

Im Folgenden gehen wir davon aus, dass am piezoelektrischen Schichtsystem in Abb. 8.6 sowohl ein mechanisches Moment M als auch ein piezoelektrisches Moment M_{piezo} eingeprägt werden. Die Endwertarbeit $\tilde{W}_{a,M}$ entspricht dem Produkt des kanonisch konjugierten Größenpaares $(M + M_{\text{piezo}})$ und der Verdrehung $\varphi(l)$ des freien Biegerendes (vgl. Tab. 8.1). Unter Berücksichtigung des formalen Zusammenhangs (8.2) zwischen den kinematischen Größen Verdrehung $\varphi(x)$ und Verschiebung $w(x)$ ergibt sich die Endwertarbeit zu:

$$\tilde{W}_{a,M} = \left(M + M_{\text{piezo}}\right) \varphi(l) = \left(M + M_{\text{piezo}}\right) \left.\frac{\partial w}{\partial x}\right|_{x=l} = \left(M + M_{\text{piezo}}\right) w'(l)$$

Der Integrand des zweiten Integrals in Gl. (8.77) lässt sich nach Gl. (8.23) zu $C\left[\kappa^0\right]^2$ kompakt zusammenfassen. Die Krümmung κ^0 der neutralen Faser selbst ist nach Gl. (8.4) gleich der zweiten partiellen Ableitung der Verschiebungsfunktion $w(x)$ nach der Längenkoordinate x des verformten ebenen Schichtsystems ($\kappa^0 = w''$). Das *Prinzip vom Minimum des Gesamtpotenzials* (8.77) lässt sich somit für den Fall eines eingeprägten mechanischen sowie piezoelektrischen Moments in folgende einfache Form

$$\Pi = \frac{1}{2} \int_0^l C w''^2 \, dx - \left(M + M_{\text{piezo}}\right) w'(l) \quad \Longrightarrow \quad \text{Minimum} \tag{8.80}$$

überführen. Der erste Integralausdruck in Gl. (8.77) wurde hierbei vernachlässigt, da dieser in keiner Abhängigkeit zu der gesuchten Verschiebungsfunktion $w(x)$ steht. Das Verfahren von Ritz fordert, Vergleichsfunktionen $w_i(x)$ zu wählen, welche die folgenden geometrischen Randbedingungen erfüllen:

$$w(x=0) = 0 \quad \wedge \quad w'(x=0) = 0$$

8.10 Herleitung der statischen Kopplungsmatrix

Hierzu wählen wir die Vergleichsfunktionen

$$w_2(x) = x^2, \quad w_3(x) = x^3,$$

deren Linearkombination zu der Ansatzfunktion

$$w(x) = a_2 x^2 + a_3 x^3 \tag{8.81}$$

führt. Mit dieser erhalten wir durch Einsetzen in Gl. (8.80):

$$\Pi = \frac{1}{2} \int_0^l C \left(a_2 x^2 + a_3 x^3 \right)''^2 \, dx - \left(M + M_{\text{piezo}} \right) w'(l) \implies \text{Minimum}$$

Ziel ist es, die Bestimmungsgleichungen für die jeweiligen Koeffizienten a_i zu ermitteln. Wegen des gewählten Ansatzes $w = w(a_i, x)$ kann für das Gesamtpotenzial Π nur dann ein Minimum vorliegen, wenn die partielle Ableitung von Π nach den jeweiligen Koeffizienten a_i zu null wird:

$$\frac{\partial \Pi}{\partial a_i} = 0 \implies \int_0^l C w'' \frac{\partial w''}{\partial a_i} \, dx - \left(M + M_{\text{piezo}} \right) \frac{\partial w'(l)}{\partial a_i} = 0 \tag{8.82}$$

Zur Ermittlung der Verschiebungsfunktion $w(x)$, die Gl. (8.82) erfüllt, ermitteln wir zunächst die ersten beiden Ableitungen der Ansatzfunktion (8.81) nach der Längenkoordinate x:

$$w'(x) = 2 a_2 x + 3 a_3 x^2$$

$$w''(x) = 2 a_2 + 6 a_3 x$$

Die partiellen Ableitungen von $w'(x)$, $w''(x)$ und $w'(l)$ nach den Koeffizienten a_i liefern zusätzlich:

$$\frac{\partial w'(l)}{\partial a_2} = 2l, \quad \frac{\partial w'(l)}{\partial a_3} = 3l^2, \quad \frac{\partial w''}{\partial a_2} = 2, \quad \frac{\partial w''}{\partial a_3} = 6x$$

Aus der notwendigen Bedingung (8.82) für die beiden Koeffizienten a_2 und a_3 gewinnen wir:

$$\frac{\partial \Pi}{\partial a_2} = 0: \qquad C \int_0^l (2a_2 + 6a_3 x) \cdot 2 \, dx - 2l \left(M + M_{\text{piezo}}\right) = 0$$

$$\frac{\partial \Pi}{\partial a_3} = 0: \qquad C \int_0^l (2a_2 + 6a_3 x) \cdot 6x \, dx - 3l^2 \left(M + M_{\text{piezo}}\right) = 0$$

Anschließende Integration liefert folgendes lineare Gleichungssystem

$$\begin{pmatrix} 2 & 3l \\ 2 & 4l \end{pmatrix} \cdot \begin{pmatrix} a_2 \\ a_3 \end{pmatrix} = \begin{pmatrix} 1 \\ 1 \end{pmatrix} \left(\frac{M}{C} + \frac{M_{\text{piezo}}}{C}\right)$$

mit den Lösungen

$$a_2 = \frac{1}{2} \left(\frac{M}{C} + \frac{M_{\text{piezo}}}{C}\right), \qquad a_3 = 0.$$

Einsetzen der Koeffizienten a_2 und a_3 in den gewählten Ansatz (8.81) ergibt die gesuchte Verschiebungsfunktion $w(x)$:

$$w(x) = \frac{1}{2} \left(\frac{M}{C} + \frac{M_{\text{piezo}}}{C}\right) x^2$$

Indem wir das piezoelektrische Moment M_{piezo} durch Gl. (8.78) ausdrücken und die Verschiebungsfunktion $w(x)$ auf die Länge l des piezoelektrischen Schichtsystems normieren, lassen sich die Elemente $m_{21}(x)$ sowie $m_{24}(x)$ der statischen Kopplungsmatrix (8.47) als Funktionen der Längenkoordinate x definieren:

$$w(x) = M \underbrace{\frac{l^2}{2C} \left(\frac{x}{l}\right)^2}_{= m_{21}(x)} + U \underbrace{\frac{m_{\text{piezo}} l^2}{2C} \left(\frac{x}{l}\right)^2}_{= m_{24}(x)} \qquad (8.83)$$

Aus der Ableitung der gewonnenen Verschiebungsfunktion $w(x)$ gewinnen wir unmittelbar die Verdrehung $\varphi(x)$ als Funktion der Längenkoordinate x des Schichtsystems und infolgedessen die Kopplungsmatrixelemente $m_{11}(x)$ und $m_{14}(x)$:

$$\varphi(x) = M \underbrace{\frac{l}{C} \left(\frac{x}{l}\right)}_{= m_{11}(x)} + U \underbrace{\frac{m_{\text{piezo}} l}{C} \left(\frac{x}{l}\right)}_{= m_{14}(x)} \qquad (8.84)$$

8.10 Herleitung der statischen Kopplungsmatrix

Die Volumenverschiebung $V(x)$ ergibt sich aus der zweifachen Integration der Verschiebungsfunktion (8.83):

$$V(x) = \int_0^x \int_{-\frac{b}{2}}^{\frac{b}{2}} w(\tilde{x})\, \mathrm{d}\tilde{x}\, \mathrm{d}y \tag{8.85}$$

Die Auswertung des Integrals liefert die beiden Matrixelemente $m_{31}(x)$ und $m_{34}(x)$ der statischen Kopplungsmatrix $\boldsymbol{M}(x)$:

$$V(x) = M \underbrace{\frac{bl^3}{6C}\left(\frac{x}{l}\right)^3}_{=m_{31}(x)} + U \underbrace{\frac{m_{\text{piezo}} bl^2}{6C}\left(\frac{x}{l}\right)^3}_{=m_{34}(x)} \tag{8.86}$$

Im nächsten Abschnitt wenden wir uns der Untersuchung der Belastung des piezoelektrischen Schichtsystems durch eine eingeprägte statische Kraft zu. Die Kraft F ist nach Gl. (8.47) die zweite Lastgröße im Spaltenvektor der eingeprägten Wirklasten.

8.10.2 Statische Kraft als eingeprägte Wirklast

Die Herangehensweise gestaltet sich analog zu der im vorangehenden Abschnitt. Zunächst bestimmen wir die Endwertarbeit $\tilde{W}_{\text{a},F}$. Diese entspricht dem Produkt des kanonisch konjugierten Größenpaares Kraft F und der Verschiebung $w(l)$ des freien Biegerendes (vgl. Tab. 8.1):

$$\tilde{W}_{\text{a},F} = Fw|_{x=l} = Fw(l)$$

Das Prinzip vom Minimum des Gesamtpotenzials (8.77) nimmt für den Fall der Belastung durch eine eingeprägte Kraft die einfache Form

$$\Pi = \frac{1}{2}\int_0^l \frac{M_{\text{b}}^2(x)}{C}\, \mathrm{d}x - Fw(l) \quad \Longrightarrow \quad \text{Minimum} \tag{8.87}$$

an, da das Schichtsystem wegen der rein mechanischen Belastung im Innern feldfrei ist ($E_{3,i} = 0$) und somit der erste Integralausdruck in Gl. (8.77) zu null wird. Dies wiederum bedeutet, dass auch das piezoelektrische Moment im zweiten Integralausdruck von Gl. (8.77) verschwindet. Der Integrand $M_{\text{b}}^2(x)/C$ lässt sich zu $C\left[\kappa^0\right]^2$ kompakt zusammenfassen (s. Gl. (8.23)). In Verbindung mit der Identität (8.4) erhalten wir aus Gl. (8.87) schließlich:

$$\Pi = \frac{1}{2} \int_0^l C w''^2 \, dx - F w(l) \quad \Longrightarrow \quad \text{Minimum} \qquad (8.88)$$

Die Linearkombination aus den beiden Vergleichsfunktionen

$$w_2(x) = x^2, \quad w_3(x) = x^3$$

liefert die zum vorherigen Abschnitt identische Ansatzfunktion

$$w(x) = a_2 x^2 + a_3 x^3. \qquad (8.89)$$

Mit dieser gewinnen wir aus Gl. (8.88):

$$\Pi = \frac{1}{2} \int_0^l C \left(a_2 x^2 + a_3 x^3 \right)''^2 dx - F w(l) \quad \Longrightarrow \quad \text{Minimum}$$

Mit $w = w(a_i, x)$ lautet die notwendige Bedingung für die Existenz eines Minimums des Gesamtpotenzials Π:

$$\frac{\partial \Pi}{\partial a_i} = 0 \quad \Longrightarrow \quad \int_0^l C w'' \frac{\partial w''}{\partial a_i} dx - F \frac{\partial w(l)}{\partial a_i} = 0 \qquad (8.90)$$

Zunächst bestimmen wir die zweite Ableitung der Ansatzfunktion (8.89) nach der Längenkoordinate x:

$$w''(x) = 2a_2 + 6a_3 x$$

Des Weiteren liefern die partiellen Ableitungen von $w(l)$ und $w''(x)$ nach den Koeffizienten a_i:

$$\frac{\partial w(l)}{\partial a_2} = l^2, \quad \frac{\partial w(l)}{\partial a_3} = l^3, \quad \frac{\partial w''}{\partial a_2} = 2, \quad \frac{\partial w''}{\partial a_3} = 6x$$

Aus der notwendigen Bedingung (8.90) für die beiden Koeffizienten a_2 und a_3 gewinnen wir:

$$\frac{\partial \Pi}{\partial a_2} = 0 : \quad C \int_0^l (2a_2 + 6a_3 x) \cdot 2 \, dx - F l^2 = 0$$

8.10 Herleitung der statischen Kopplungsmatrix

$$\frac{\partial \Pi}{\partial a_3} = 0: \qquad C \int_0^l (2a_2 + 6a_3 x) \cdot 6x \, dx - F l^3 = 0$$

Anschließende Integration führt zu einem linearen Gleichungssystem der Form

$$\begin{pmatrix} 4 & 6l \\ 6 & 12l \end{pmatrix} \cdot \begin{pmatrix} a_2 \\ a_3 \end{pmatrix} = \begin{pmatrix} 1 \\ 1 \end{pmatrix} \frac{Fl}{C}$$

mit den Lösungen

$$a_2 = \frac{1}{2} \frac{Fl}{C}, \qquad a_3 = -\frac{1}{6} \frac{F}{C}.$$

Mit den ermittelten Koeffizienten a_2 und a_3 gelangen wir zur gesuchten Verschiebungsfunktion

$$w(x) = \frac{1}{2} \frac{Fl}{C} x^2 - \frac{1}{6} \frac{F}{C} x^3$$

und nach anschließender Normierung auf die Länge l des piezoelektrischen Schichtsystems zu dem Kopplungsmatrixelement $m_{22}(x)$ als Funktion der Längenkoordinate x (s. Gl. (8.47)):

$$w(x) = F \underbrace{\frac{l^3}{6C} \left[3 \left(\frac{x}{l} \right)^2 - \left(\frac{x}{l} \right)^3 \right]}_{= m_{22}(x)} \qquad (8.91)$$

Aus der Ableitung der Verschiebungsfunktion $w(x)$ gewinnen wir die Verdrehung $\varphi(x)$ als Funktion der Längenkoordinate x und somit das Matrixelement $m_{12}(x)$:

$$\varphi(x) = F \underbrace{\frac{l^2}{2C} \left[2 \left(\frac{x}{l} \right) - \left(\frac{x}{l} \right)^2 \right]}_{= m_{12}(x)} \qquad (8.92)$$

Die Bestimmung der Volumenverschiebung $V(x)$ und damit des Kopplungsmatrixelements $m_{32}(x)$ erfolgt mittels Integration der Verschiebungsfunktion $w(x)$ gemäß Gl. (8.85).

$$V(x) = F \underbrace{\frac{bl^4}{24C} \left[4 \left(\frac{x}{l}\right)^3 - \left(\frac{x}{l}\right)^4 \right]}_{=m_{32}(x)} \qquad (8.93)$$

Die Untersuchung der Belastung des piezoelektrischen Schichtsystems durch einen gleichförmigen statischen Druck p ist Inhalt des nächsten Abschnitts. Der Druck p bildet die dritte Lastgröße des Spaltenvektors der eingeprägten Wirklasten in Gl. (8.47).

8.10.3 Statischer Druck als eingeprägte Wirklast

Wir bestimmen zunächst die Endwertarbeit $\tilde{W}_{a,p}$. Diese entspricht dem Produkt des kanonisch konjugierten Größenpaares Druck p und der Volumenverschiebung $V(l)$ über die komplette Länge l des piezoelektrischen Schichtsystems (vgl. Tab. 8.1).

$$\tilde{W}_{a,p} = pb \int_0^l w(x)\, \mathrm{d}x$$

Für den Fall der Belastung durch einen eingeprägten gleichförmigen Druck p nimmt das *Prinzip vom Minimum des Gesamtpotenzials* (8.77) folgende Form

$$\frac{1}{2} \int_0^l \frac{M_b^2(x)}{C}\, \mathrm{d}x - pb \int_0^l w(x)\, \mathrm{d}x \implies \text{Minimum}$$

an, da das Schichtsystem wegen der rein mechanischen Druckbelastung weiterhin im Innern feldfrei ist ($E_{3,i} = 0$) und der erste Integralausdruck in Gl. (8.77) somit zu null wird. Dies wiederum bedeutet, dass das piezoelektrische Moment im zweiten Integralausdruck von Gl. (8.77) ebenfalls verschwindet. Der Integrand $M_b^2(x)/C$ lässt sich auch hier zu $C\left[\kappa^0\right]^2$ zusammenfassen (s. Gl. (8.23)). Mit der Identität (8.4) erhalten wir somit:

$$\Pi = \frac{1}{2} \int_0^l C w''^2\, \mathrm{d}x - pb \int_0^l w(x)\, \mathrm{d}x \implies \text{Minimum} \qquad (8.94)$$

Die Linearkombination aus den drei Vergleichsfunktionen

$$w_2(x) = x^2, \qquad w_3(x) = x^3, \qquad w_4(x) = x^4$$

8.10 Herleitung der statischen Kopplungsmatrix

liefert die Ansatzfunktion

$$w(x) = a_2 x^2 + a_3 x^3 + a_4 x^4, \tag{8.95}$$

mit der sich Gl. (8.94) in die Form

$$\Pi = \frac{1}{2} \int_0^l C \left(a_2 x^2 + a_3 x^3 + a_4 x^4 \right)''^2 dx - pb \int_0^l w(x)\, dx \implies \text{Minimum}$$

überführen lässt. Mit $w = w(a_i, x)$ lautet die notwendige Bedingung für die Existenz eines Minimums des Gesamtpotenzials Π:

$$\frac{\partial \Pi}{\partial a_i} = 0 \implies \int_0^l C w'' \frac{\partial w''}{\partial a_i}\, dx - pb \int_0^l \frac{\partial w}{\partial a_i}\, dx = 0 \tag{8.96}$$

Wir bestimmen zunächst die zweite Ableitung der Ansatzfunktion (8.95) nach der Längenkoordinate x:

$$w''(x) = 2a_2 + 6a_3 x + 12 a_4 x^2$$

Zusätzlich liefern die partiellen Ableitungen von $w(x)$ und $w''(x)$ nach den Koeffizienten a_i:

$$\frac{\partial w}{\partial a_2} = x^2, \quad \frac{\partial w}{\partial a_3} = x^3, \quad \frac{\partial w}{\partial a_4} = x^4, \quad \frac{\partial w''}{\partial a_2} = 2, \quad \frac{\partial w''}{\partial a_3} = 6x, \quad \frac{\partial w''}{\partial a_4} = 12 x^2$$

Aus der notwendigen Bedingung (8.96) für die drei Koeffizienten a_2, a_3 und a_4 gewinnen wir:

$$\frac{\partial \Pi}{\partial a_2} = 0: \quad C \int_0^l \left(2a_2 + 6a_3 x + 12 a_4 x^2 \right) \cdot 2\, dx - pb \int_0^l x^2\, dx = 0$$

$$\frac{\partial \Pi}{\partial a_3} = 0: \quad C \int_0^l \left(2a_2 + 6a_3 x + 12 a_4 x^2 \right) \cdot 6x\, dx - pb \int_0^l x^3\, dx = 0$$

$$\frac{\partial \Pi}{\partial a_4} = 0: \quad C \int_0^l \left(2a_2 + 6a_3 x + 12 a_4 x^2 \right) \cdot 12 x^2\, dx - pb \int_0^l x^4\, dx = 0$$

Die Auswertung der Integralgleichungen führt zu einem linearen Gleichungssystem der Form

$$\begin{pmatrix} 12 & 18l & 24l^2 \\ 24 & 48l & 72l^2 \\ 40 & 90l & 144l^2 \end{pmatrix} \cdot \begin{pmatrix} a_2 \\ a_3 \\ a_4 \end{pmatrix} = \begin{pmatrix} 1 \\ 1 \\ 1 \end{pmatrix} \frac{pbl^2}{C}$$

mit den Lösungen

$$a_2 = \frac{1}{4}\frac{pbl^2}{C}, \qquad a_3 = -\frac{1}{6}\frac{pbl}{C}, \qquad a_4 = \frac{1}{24}\frac{pb}{C}.$$

Mit den ermittelten Koeffizienten a_2, a_3 und a_4 erhalten wir schließlich die Verschiebungsfunktion

$$w(x) = \frac{1}{4}\frac{pbl^2}{C}x^2 - \frac{1}{6}\frac{pbl}{C}x^3 + \frac{1}{24}\frac{pb}{C}x^4$$

und nach anschließender Normierung auf die Länge l des piezoelektrischen Schichtsystems das Kopplungsmatrixelement $m_{23}(x)$ als Funktion der Längenkoordinate x (s. Gl. (8.47)):

$$w(x) = p\underbrace{\frac{bl^4}{24C}\left[6\left(\frac{x}{l}\right)^2 - 4\left(\frac{x}{l}\right)^3 + \left(\frac{x}{l}\right)^4\right]}_{=m_{23}(x)} \tag{8.97}$$

Die Ableitung der gewonnenen Verschiebungsfunktion $w(x)$ ergibt die Verdrehung $\varphi(x)$ als Funktion der Längenkoordinate x des Schichtsystems und somit das Kopplungsmatrixelement $m_{13}(x)$:

$$\varphi(x) = p\underbrace{\frac{bl^3}{6C}\left[3\left(\frac{x}{l}\right) - 3\left(\frac{x}{l}\right)^2 + \left(\frac{x}{l}\right)^3\right]}_{=m_{13}(x)} \tag{8.98}$$

Durch Integration der Verschiebungsfunktion $w(x)$ nach der Berechnungsvorschrift (8.85) erhalten wir die Volumenverschiebung $V(x)$ und somit das Element $m_{33}(x)$ der statischen Kopplungsmatrix $M(x)$.

$$V(x) = p \underbrace{\frac{b^2 l^5}{120C} \left[10 \left(\frac{x}{l}\right)^3 - 5 \left(\frac{x}{l}\right)^4 + \left(\frac{x}{l}\right)^5 \right]}_{=m_{33}(x)} \tag{8.99}$$

Bis auf die Elemente $= m_{41}(x)$, $= m_{42}(x)$, $= m_{43}(x)$ und $= m_{44}(x)$, die nach Gl. (8.47) den formalen Zusammenhang zwischen der Ladungsverschiebung $Q(x)$ und den eingeprägten Lastgrößen Moment M, Kraft F, Druck p sowie elektrische Spannung U definieren, haben wir bis zu diesem Punkt alle anderen Matrixelemente ermittelt. Für die Bestimmung der Matrixelemente $= m_{41}(x)$, $= m_{42}(x)$, $= m_{43}(x)$ und $= m_{44}(x)$ bedarf es, wie bereits zuvor erwähnt, einer gesonderten Betrachtung. Dies liegt darin begründet, dass das *Prinzip vom Minimum des Gesamtpotenzials* Π nicht wie bisher mit der Suche nach einem Integralminimum mittels einer unbekannten Verschiebungsfunktion $w(x)$ Anwendung finden kann. Vielmehr muss es Ziel sein, das *Prinzip vom Minimum des Gesamtpotenzials* derart zu modifizieren, dass das Integralminimum auf Basis einer unbekannten Ladungsverschiebungsfunktion $Q(x)$ als Ansatzfunktion erfolgt. Der nachfolgende Abschnitt geht hierauf detailliert ein.

8.10.4 Eingeprägte Wirklasten und erzeugte Ladungsverschiebungen

Wie in den vorangehenden Abschnitten wenden wir uns zunächst der Ermittlung der Endwertarbeit bei Belastung des piezoelektrischen Schichtsystems aus Abb. 8.6 durch eine eingeprägte elektrische Spannung U zu. Die Endwertarbeit $\tilde{W}_{a,U}$ entspricht dem Produkt des kanonisch konjugierten Größenpaares Spannung U und der gesamten Ladungsverschiebung Q innerhalb des piezoelektrischen Schichtsystems (vgl. Tab. 8.1). Ausgehend vom Differenzial der Endwertarbeit können wir schreiben:

$$d\tilde{W}_{a,U} = U \, dQ \quad \Longrightarrow \quad \tilde{W}_{a,U} = \int_0^Q U \, dQ \tag{8.100}$$

Um die Ladungsverschiebung als Funktion der Längenkoordinate x des Schichtsystems darzustellen, bilden wir das totale Differenzial von $Q = Q(x)$ und erhalten:

$$dQ = \left(\frac{\partial Q}{\partial x}\right) dx = Q'(x) \, dx$$

Die Integralgleichung (8.100) lässt sich somit in die Form

$$\tilde{W}_{\mathrm{a},U} = U \int_0^l Q'(x)\,\mathrm{d}x \tag{8.101}$$

überführen. Wegen der angenommenen Parallelschaltung der aktiven piezoelektrischen Schichten im Schichtverbund darf die eingeprägte elektrische Spannung U vor das Integral geschrieben werden.

Ausgehend von der Endwertarbeit gemäß Gl. (8.101) wäre es wünschenswert, die ursprüngliche Berechnungsvorschrift (8.27) für die im Schichtsystem gespeicherte innere Energie $\mathcal{U}$ in Verbindung mit einer noch zu bestimmenden Ladungsverschiebungsfunktion $Q(x)$ auszudrücken. Hierzu ersetzen wir einerseits die elektrische Feldstärke $E_{3,i}$ in Gl. (8.27) durch den Quotienten aus elektrischer Spannung U und Schichtdicke h_i. Andererseits lässt sich die Größe M_{piezo} nach der Definition (8.78) mithilfe des spannungsbezogenen piezoelektrischen Moments m_{piezo} beschreiben. Für die im Schichtsystem gespeicherte innere Energie $\mathcal{U}$ erhalten wir zunächst:

$$\mathcal{U} = \frac{b}{2} \sum_{i=1}^{n} \int_0^l \frac{\epsilon_{33,i}^T}{h_i} \left(1 - k_{31,i}^2\right) U^2\,\mathrm{d}x$$

$$+ \frac{1}{2} \int_0^l \left(\frac{M_{\mathrm{b}}^2(x)}{C} + \frac{2 M_{\mathrm{b}}(x)\, m_{\mathrm{piezo}}}{C} U + \frac{m_{\mathrm{piezo}}^2}{C} U^2 \right)\,\mathrm{d}x \tag{8.102}$$

Der erste Integrand in der zweiten Zeile $M_{\mathrm{b}}^2(x)/C$ weist keine Abhängigkeit zur eingeprägten Lastgröße U auf und findet daher bei den weiteren Betrachtungen zunächst keine Berücksichtigung.

Eine einzelne piezoelektrische Schicht i vermag bei einer eingeprägten elektrischen Spannung U eine Ladungsmenge Q_i aufzunehmen. Der Zusammenhang zwischen Spannung und Ladungsmenge wird durch die Größe C_i beschrieben, welche die *elektrische Kapazität* einer einzelnen Schicht i bezeichnet. Es gilt:

$$C_i = \frac{Q_i}{U} \quad \Longrightarrow \quad Q_i = U C_i$$

Wegen der elektrischen Parallelschaltung der piezoelektrischen Schichten lässt sich die Gesamtladungsverschiebung Q als Summe aus den Ladungsverschiebungen Q_i in den Einzelschichten angeben. Es gilt:

$$Q = \sum_{i=1}^{n} Q_i = U \sum_{i=1}^{n} C_i = U C_0 \tag{8.103}$$

8.10 Herleitung der statischen Kopplungsmatrix

Die Größe C_0 bezeichnet die Gesamtkapazität des rein elektrisch belasteten Schichtsystems. Mit den beiden allgemeingültigen Beziehungen

$$C_0 = \frac{\partial Q}{\partial U} \quad \wedge \quad Q = \frac{\partial \mathcal{U}}{\partial U}$$

lässt sich der Zusammenhang zwischen der Gesamtkapazität und der im Schichtsystem gespeicherten inneren Energie gemäß

$$C_0 = \frac{\partial^2 \mathcal{U}}{\partial U^2} \tag{8.104}$$

formulieren. Wir wollen nun die im Schichtsystem gespeicherte innere Energie als Funktion der Längenkoordinate x auffassen. Hierzu tauschen wir lediglich die obere Integrationsgrenze l in Gl. (8.102) durch die Längenkoordinate x aus und erhalten:

$$\mathcal{U}(x) = \frac{b}{2} \sum_{i=1}^{n} \int_0^x \frac{\epsilon_{33,i}^T}{h_i} \left(1 - k_{31,i}^2\right) U^2 \, d\tilde{x}$$

$$+ \frac{1}{2} \int_0^x \left(\frac{2 M_b(\tilde{x}) \, m_{\text{piezo}}}{C} U + \frac{m_{\text{piezo}}^2}{C} U^2 \right) d\tilde{x} \tag{8.105}$$

Nach Gl. (8.104) liefert zweimaliges Differenzieren der inneren Energie $\mathcal{U}(x)$ nach der eingeprägten elektrischen Spannung U die Gesamtkapazität des Schichtsystems als (lineare) Funktion der Längenkoordinate x. Wir erhalten:

$$\frac{\partial^2 \mathcal{U}(x)}{\partial U^2} = C_0(x) = x \left[b \sum_{i=1}^{n} \frac{\epsilon_{33,i}^T}{h_i} \left(1 - k_{31,i}^2\right) + \frac{m_{\text{piezo}}^2}{C} \right] \tag{8.106}$$

Eine Einheitenbetrachtung des Klammerausdrucks lässt erkennen, dass dieser physikalisch einem Kapazitätsbelag

$$C_0' = \frac{\partial C_0}{\partial x} = b \sum_{i=1}^{n} \frac{\epsilon_{33,i}^T}{h_i} \left(1 - k_{31,i}^2\right) + \frac{m_{\text{piezo}}^2}{C} \tag{8.107}$$

mit der Einheit [F/m] entspricht. Im Gegensatz zur Gesamtkapazität C_0 weist der Kapazitätsbelag C_0' keine Abhängigkeit von der Längskoordinate x auf und ist somit eine konstante Größe. Da die Gesamtkapazität des Schichtsystems nach Gl. (8.106) eine Funktion der Längenkoordinate x ist, können wir anhand von Gl. (8.103) schlussfolgern, dass die Ladungsverschiebung ebenfalls eine Funktion von x ist ($Q = Q(x)$). Das

Differenzieren der Ladungsverschiebung nach der Längenkoordinate x liefert einen weiteren wichtigen Zusammenhang:

$$\frac{\partial C_0}{\partial x} = C_0' = \frac{1}{U}\frac{\partial Q}{\partial x} = \frac{1}{U}Q'$$

bzw.

$$U = \frac{1}{C_0'}Q'$$

Die Größe Q' entspricht physikalisch einem Ladungsbelag [Einheit C/m] (Klingbeil 2018). Wir sind nun in der Lage, die Berechnungsvorschrift der im Schichtsystem gespeicherten inneren Energie nach Gl. (8.105) unter Berücksichtigung des Kapazitätsbelags nach Gl. (8.107) in eine überaus kompakte Form zu überführen. Es ergibt sich:

$$\mathcal{U} = \frac{1}{2C_0'}\int_0^l \left(Q'^2 + \frac{M_b(x)\,m_{piezo}}{C}Q'\right)dx$$

Unter Hinzunahme der Endwertarbeit $\widetilde{W}_{a,U}$ der eingeprägten elektrischen Spannung (s. Gl. (8.101)) lässt sich das *Prinzip vom Minimum des Gesamtpotenzials* schließlich wie folgt ausdrücken:

$$\Pi = \frac{1}{2C_0'}\int_0^l \left(Q'^2 + \frac{M_b(x)\,m_{piezo}}{C}Q'\right)dx - U\int_0^l Q'\,dx \quad \Longrightarrow \quad \text{Minimum}$$

(8.108)

Die gewonnene Berechnungsvorschrift dient der Ermittlung der noch unbestimmten Kopplungsmatrixelemente $m_{41}(x)$, $m_{42}(x)$, $m_{43}(x)$ und $m_{44}(x)$ in Gl. (8.47). Auch hier erweist sich eine systematische Vorgehensweise als empfehlenswert, weshalb nachfolgend die am Schichtsystem eingeprägten Lastgrößen (Moment M, Kraft F, Druck p, elektrische Spannung U) hinsichtlich der durch sie verursachten Ladungsverschiebung Q separat voneinander betrachtet werden.

8.10.4.1 Ladungsverschiebung bei eingeprägtem Moment

Das Einprägen eines Moments M (erste Lastgröße des Spaltenvektors der eingeprägten Wirklasten in Gl. (8.47)) am freien Ende des Schichtsystems um die y-Achse führt innerhalb des Systems zu einem inneren Biegemoment $M_b(x)$, welches durch Freischneiden als Schnittlast sichtbar wird (s. Abb. 8.15). Mit der Vereinbarung, dass ein Moment *positiv* ist, wenn es *gegen den Uhrzeigersinn* dreht (↺), können wir aus der Momentengleichgewichtsbedingung direkt den Zusammenhang zwischen eingeprägtem und innerem Biegemoment herleiten. Wir erhalten:

8.10 Herleitung der statischen Kopplungsmatrix

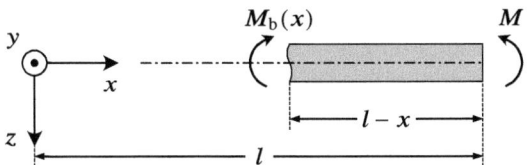

Abb. 8.15 Zur Bestimmung des Zusammenhangs zwischen eingeprägtem Moment M und innerem Biegemoment $M_b(x)$ (das Schichtsystem ist vereinfacht als ebener Balken dargestellt)

$$\sum_i M_i^{(\circlearrowleft)} = M - M_b(x) = 0 \implies M_b(x) = M$$

Wegen der Tatsache, dass das Schichtsystem außer dem eingeprägten Moment M keinen anderweitigen Lastgrößen ausgesetzt ist, wird die Endwertarbeit in Gl. (8.108) wegen $U = 0$ zu null. Das *Prinzip vom Minimum des Gesamtpotenzials* (8.108) lässt sich somit in folgende einfache Form

$$\Pi = \frac{1}{2C_0'} \int_0^l \left(Q'^2 + \frac{M m_{\text{piezo}}}{C} Q' \right) dx \implies \text{Minimum} \tag{8.109}$$

überführen. Das Verfahren von Ritz erfordert die Wahl von Vergleichsfunktionen $Q_i(x)$, die bestimmte Randbedingungen erfüllen. Die Randbedingungen gewinnen wir aus Gl. (8.103), indem wir die generierte Ladungsverschiebung als Funktion der Längenkoordinate x auffassen ($Q = Q(x)$) und diese in Verbindung mit der Berechnungsvorschrift (8.106) für die Gesamtkapazität $C_0(x)$ in die Form

$$Q(x) = U C_0(x) = x U C_0'$$

überführen. Daraus leiten sich die beiden nachfolgenden Randbedingungen

$$Q(x = 0) = 0 \quad \wedge \quad Q'(x = 0) = UC' = \text{const.} \tag{8.110}$$

ab, anhand derer die beiden Vergleichsfunktionen

$$Q_1(x) = a_1 x, \quad Q_2(x) = a_2 x^2$$

ausgewählt werden. Deren Linearkombination führt zu folgendem Ansatz:

$$Q(x) = a_1 x + a_2 x^2 \tag{8.111}$$

Ziel ist es, die Bestimmungsgleichungen für die jeweiligen Koeffizienten a_i zu ermitteln. Wegen $Q = Q(a_i, x)$ existiert für das Gesamtpotenzial in Gl. (8.109) dann ein Minimum, wenn die partielle Ableitung von Π nach den jeweiligen Koeffizienten zu null wird:

$$\frac{\partial \Pi}{\partial a_i} = 0 \implies \frac{1}{2C_0'} \int_0^l \frac{\partial Q'}{\partial a_i} \left(2Q' + \frac{Mm_{\text{piezo}}}{C}\right) dx = 0 \qquad (8.112)$$

Wir ermitteln zunächst die erste Ableitung der Ansatzfunktion (8.111) nach der Längenkoordinate x:

$$Q'(x) = a_1 + 2a_2 x \qquad (8.113)$$

Die partiellen Ableitungen von $Q'(x)$ nach den Koeffizienten a_i ergeben sich zu:

$$\frac{\partial Q'}{\partial a_1} = 1, \qquad \frac{\partial Q'}{\partial a_2} = 2x \qquad (8.114)$$

Aus der notwendigen Bedingung (8.112) gewinnen wir:

$$\frac{\partial \Pi}{\partial a_1} = 0: \qquad \frac{1}{2C_0'} \int_0^l 1 \cdot \left(2(a_1 + 2a_2 x) + \frac{Mm_{\text{piezo}}}{C}\right) dx = 0$$

$$\frac{\partial \Pi}{\partial a_2} = 0: \qquad \frac{1}{2C_0'} \int_0^l 2x \cdot \left(2(a_1 + 2a_2 x) + \frac{Mm_{\text{piezo}}}{C}\right) dx = 0$$

Die anschließende Integration führt zu folgendem linearen Gleichungssystem

$$\begin{pmatrix} 6 & 6l \\ 6 & 8l \end{pmatrix} \cdot \begin{pmatrix} a_1 \\ a_2 \end{pmatrix} = -\begin{pmatrix} 3 \\ 3 \end{pmatrix} \frac{Mm_{\text{piezo}}}{C}$$

mit den Lösungen

$$a_1 = -\frac{Mm_{\text{piezo}}}{2C}, \qquad a_2 = 0.$$

Einsetzen der Koeffizienten a_1 und a_2 in den gewählten Ansatz (8.111) ergibt die gesuchte Ladungsverschiebungsfunktion

$$Q(x) = -\frac{Mm_{\text{piezo}}}{2C} x.$$

8.10 Herleitung der statischen Kopplungsmatrix

und nach anschließender Normierung auf die Länge l des piezoelektrischen Schichtsystems das Kopplungsmatrixelement $m_{41}(x)$ als Funktion der Längenkoordinate x (s. Gl. (8.47)):

$$Q(x) = \underbrace{-\frac{m_{\text{piezo}} l}{2C} \left(\frac{x}{l}\right)}_{=m_{41}(x)} M \qquad (8.115)$$

Die Untersuchung der generierten Ladungsverschiebung durch eine statische Kraft F ist Gegenstand des nächsten Abschnitts. Die Kraft F bildet die zweite Lastgröße des Spaltenvektors der eingeprägten Wirklasten in Gl. (8.47).

8.10.4.2 Ladungsverschiebung bei eingeprägter Kraft

Im Fall einer am freien Ende des Schichtsystems in z-Richtung eingeprägten Kraft F tritt innerhalb des Systems ebenfalls ein inneres Biegemoment $M_b(x)$ als Schnittlast auf (vgl. Abb. 8.16). Aus der Momentengleichgewichtsbedingung bzgl. des Bezugspunktes A (*positives* Moment dreht *gegen den Uhrzeigersinn* (↺)) folgt unmittelbar der Zusammenhang zwischen eingeprägter Kraft und innerem Biegemoment.

$$\sum_i M_i^{(A)} = -F(l-x) - M_b(x) = 0 \qquad \Longrightarrow \qquad M_b(x) = -F(l-x)$$

Die Endwertarbeit in Gl. (8.108) ist wegen $U = 0$ ebenfalls null. Das *Prinzip vom Minimum des Gesamtpotenzials* (8.108) nimmt folgende einfache Form an:

$$\Pi = \frac{1}{2C_0'} \int_0^l \left(Q'^2 - \frac{F(l-x) m_{\text{piezo}}}{C} Q' \right) dx \quad \Longrightarrow \quad \text{Minimum} \qquad (8.116)$$

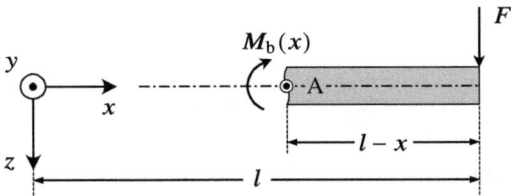

Abb. 8.16 Zur Bestimmung des Zusammenhangs zwischen eingeprägter Kraft F und innerem Biegemoment $M_b(x)$ (das Schichtsystem ist vereinfacht als ebener Balken dargestellt)

Die Linearkombination aus den beiden Vergleichsfunktionen

$$Q_1(x) = a_1 x, \qquad Q_2(x) = a_2 x^2$$

liefert die Ansatzfunktion

$$Q(x) = a_1 x + a_2 x^2. \tag{8.117}$$

Die notwendige Bedingung für die Existenz eines Minimums des Gesamtpotenzials in Gl. (8.116) lautet in Verbindung mit $Q = Q(a_i, x)$:

$$\frac{\partial \Pi}{\partial a_i} = 0 \implies \frac{1}{2C_0'} \int_0^l \frac{\partial Q'}{\partial a_i} \left(2Q' - \frac{F(l-x) m_{\text{piezo}}}{C} \right) dx = 0$$

Mit der ersten Ableitung der Ansatzfunktion (s. Gl. (8.113)) sowie den partiellen Ableitungen von $Q'(x)$ nach den Koeffizienten a_i (s. Gl. (8.114)) erschließt sich die Berechnungsgrundlage für die beiden Koeffizienten a_1 und a_2. Es gilt:

$$\frac{\partial \Pi}{\partial a_1} = 0 : \frac{1}{2C_0'} \int_0^l 1 \cdot \left(2(a_1 + 2a_2 x) - \frac{F(l-x) m_{\text{piezo}}}{C} \right) dx = 0$$

$$\frac{\partial \Pi}{\partial a_2} = 0 : \frac{1}{2C_0'} \int_0^l 2x \cdot \left(2(a_1 + 2a_2 x) - \frac{F(l-x) m_{\text{piezo}}}{C} \right) dx = 0$$

Nach anschließender Integration und einigen wenigen algebraischen Umformungen erhält man folgendes lineares Gleichungssystem

$$\begin{pmatrix} 4 & 4l \\ 6 & 8l \end{pmatrix} \cdot \begin{pmatrix} a_1 \\ a_2 \end{pmatrix} = \begin{pmatrix} 1 \\ 1 \end{pmatrix} \frac{F m_{\text{piezo}} l}{C}$$

mit den Lösungen

$$a_1 = \frac{F m_{\text{piezo}} l}{2C}, \qquad a_2 = -\frac{F m_{\text{piezo}}}{4C}.$$

Einsetzen der Koeffizienten a_1 und a_2 in den gewählten Ansatz (8.117) und anschließende Normierung auf die Länge l des piezoelektrischen Schichtsystems ergibt die gesuchte Ladungsverschiebungsfunktion $Q(x)$ und somit das Kopplungsmatrixelement $m_{42}(x)$ als Funktion der Längenvariable x (s. Gl. (8.47)):

8.10 Herleitung der statischen Kopplungsmatrix

$$Q(x) = F \underbrace{\frac{m_{\text{piezo}} l^2}{4C} \left[2\left(\frac{x}{l}\right) - \left(\frac{x}{l}\right)^2 \right]}_{=m_{42}(x)} \qquad (8.118)$$

Die generierte Ladungsverschiebung durch einen gleichförmigen statischen Druck wird im folgenden Abschnitt untersucht. Der Druck p repräsentiert die dritte Komponente des Spaltenvektors der eingeprägten Wirklasten (s. Gl. (8.47)).

8.10.4.3 Ladungsverschiebung bei eingeprägtem Druck

Ein senkrecht zur x-y-Ebene eingeprägter gleichförmiger Druck p hat ebenfalls ein inneres Biegemoment $M_b(x)$ als Schnittlast zur Folge (s. Abb. 8.17). Die Belastung des Balkensegments (Länge $l - x$, Breite b) durch einen gleichförmigen Druck p lässt sich hinsichtlich der Momentenwirkung auf eine mittig am Balkensegment angreifende Ersatzkraft

$$F_{\text{ers}} = pb\,(l - x)$$

reduzieren. Aus der Momentengleichgewichtsbedingung bzgl. des Bezugspunktes A (*positives* Moment dreht *gegen den Uhrzeigersinn* (↺)) folgt der Zusammenhang zwischen Ersatzkraft und innerem Biegemoment.

$$\sum_i M_i^{(A)} = -F_{\text{ers}} \frac{(l-x)}{2} - M_b(x) = 0 \quad \Longrightarrow \quad M_b(x) = -pb \frac{(l-x)^2}{2}$$

Wegen $U = 0$ verschwindet die Endwertarbeit in Gl. (8.108) und das *Prinzip vom Minimum des Gesamtpotenzials* nimmt im Fall eines eingeprägten gleichförmigen Drucks die Form

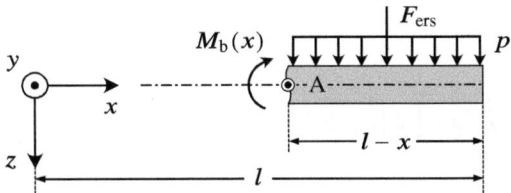

Abb. 8.17 Zur Bestimmung des Zusammenhangs zwischen eingeprägtem Druck p und innerem Biegemoment $M_b(x)$ (das Schichtsystem ist vereinfacht als ebener Balken dargestellt)

$$\Pi = \frac{1}{2C_0'} \int_0^l \left(Q'^2 - \frac{pb\,(l-x)^2\,m_{\text{piezo}}}{2C} Q' \right) dx \implies \text{Minimum}$$

an. Aus der Linearkombination der drei Vergleichsfunktionen

$$Q_1(x) = a_1 x, \qquad Q_2(x) = a_2 x^2, \qquad Q_3(x) = a_3 x^3$$

erhalten wir die Ansatzfunktion

$$Q(x) = a_1 x + a_2 x^2 + a_3 x^3. \tag{8.119}$$

Wir formulieren wieder die notwendige Bedingung für die Existenz eines Minimums des Gesamtpotenzials in Verbindung mit $Q = Q(a_i, x)$:

$$\frac{\partial \Pi}{\partial a_i} = 0 \implies \frac{1}{2C_0'} \int_0^l \frac{\partial Q'}{\partial a_i} \left(2Q' - \frac{pb\,(l-x)^2\,m_{\text{piezo}}}{2C} \right) dx = 0$$

Mit der ersten Ableitung der Ansatzfunktion

$$Q'(x) = a_1 + 2a_2 x + 3a_3 x^2$$

sowie den partiellen Ableitungen von $Q'(x)$ nach den jeweiligen Koeffizienten

$$\frac{\partial Q'}{\partial a_1} = 1, \qquad \frac{\partial Q'}{\partial a_2} = 2x, \qquad \frac{\partial Q'}{\partial a_3} = 3x^2$$

erschließt sich die Berechnungsgrundlage für die drei Koeffizienten a_1, a_2 und a_3. Es gilt:

$$\frac{\partial \Pi}{\partial a_1} = 0: \quad \frac{1}{2C_0'} \int_0^l 1 \cdot \left(2\left(a_1 + 2a_2 x + 3a_3 x^2\right) - \frac{pb\,(l-x)^2\,m_{\text{piezo}}}{2C} \right) dx = 0$$

$$\frac{\partial \Pi}{\partial a_2} = 0: \quad \frac{1}{2C_0'} \int_0^l 2x \cdot \left(2\left(a_1 + 2a_2 x + 3a_3 x^2\right) - \frac{pb\,(l-x)^2\,m_{\text{piezo}}}{2C} \right) dx = 0$$

$$\frac{\partial \Pi}{\partial a_3} = 0: \quad \frac{1}{2C_0'} \int_0^l 3x^2 \cdot \left(2\left(a_1 + 2a_2 x + 3a_3 x^2\right) - \frac{pb\,(l-x)^2\,m_{\text{piezo}}}{2C} \right) dx = 0$$

8.10 Herleitung der statischen Kopplungsmatrix

Nach anschließender Integration und einigen algebraischen Umformungen gelangen wir zu folgendem linearen Gleichungssystem

$$\begin{pmatrix} 12 & 12l & 12l^2 \\ 24 & 32l & 36l^2 \\ 40 & 60l & 72l^2 \end{pmatrix} \cdot \begin{pmatrix} a_1 \\ a_2 \\ a_3 \end{pmatrix} = \begin{pmatrix} 1 \\ 1 \\ 1 \end{pmatrix} \frac{pbm_{\text{piezo}}l^2}{C}$$

mit den Lösungen

$$a_1 = \frac{1}{4}\frac{pbm_{\text{piezo}}l^2}{C}, \quad a_2 = -\frac{1}{4}\frac{pbm_{\text{piezo}}l}{C}, \quad a_3 = \frac{1}{12}\frac{pbm_{\text{piezo}}}{C}.$$

Einsetzen der Koeffizienten a_1, a_2 und a_3 in den gewählten Ansatz (8.119) und anschließende Normierung auf die Länge l des piezoelektrischen Schichtsystems ergibt die gesuchte Ladungsverschiebungsfunktion $Q(x)$ und somit das Kopplungsmatrixelement $m_{43}(x)$ als Funktion der Längenvariable x (s. Gl. (8.47)):

$$Q(x) = p \underbrace{\frac{bm_{\text{piezo}}l^3}{12C}\left[3\left(\frac{x}{l}\right) - 3\left(\frac{x}{l}\right)^2 + \left(\frac{x}{l}\right)^3\right]}_{=m_{43}(x)} \qquad (8.120)$$

Die letzte verbleibende Größe, die es hinsichtlich der generierten Ladungsverschiebung zu untersuchen gilt, ist die eingeprägte elektrische Spannung U. Sie repräsentiert die vierte Komponente des Spaltenvektors der eingeprägten Wirklasten (s. Gl. (8.47)) und steht im Fokus des folgenden Abschnitts.

8.10.4.4 Ladungsverschiebung bei eingeprägter elektrischer Spannung

In den vorangehenden Abschnitten haben wir bisher die generierte Ladungsverschiebung $Q(x)$ separat für die eingeprägten Lastgrößen Moment M, Kraft F und Druck p erschließen können. Allen Untersuchungen ist gemeinsam, dass den Berechnungen stets die Bestimmung des inneren Biegemoments $M_b(x)$ als Schnittgröße in Abhängigkeit der eingeprägten Lastgrößen vorausgeht. Für den Fall einer rein elektrischen Beanspruchung des piezoelektrischen Schichtsystems durch eine eingeprägte elektrische Spannung U wird das *mechanisch verursachte* innere Biegemoment $M_b(x)$ in dem durch Gl. (8.108) zum Ausdruck gebrachten Prinzip vom Minimum des Gesamtpotenzials zu null. Im Gegensatz zu den vorangehenden Untersuchungen muss diesmal die Endwertarbeit $\tilde{W}_{a,U}$ mit ins Kalkül gezogen werden. Das *Prinzip vom Minimum des Gesamtpotenzials* nimmt somit für eine am Schichtsystem eingeprägte elektrische Spannung U folgende Form an:

$$\Pi = \frac{1}{2C_0'} \int_0^l Q'^2 \, dx - U \int_0^l Q' \, dx \quad \Longrightarrow \quad \text{Minimum}$$

Das Verfahren von Ritz fordert, Vergleichsfunktionen $Q_i(x)$ zu wählen, welche die Randbedingungen (8.110) erfüllen. Hierzu werden, wie bereits zuvor, die folgenden beiden Vergleichsfunktionen

$$Q_1(x) = a_1 x, \quad Q_2(x) = a_2 x^2$$

herangezogen, was uns zu folgender Ansatzfunktion führt:

$$Q(x) = a_1 x + a_2 x^2 \tag{8.121}$$

Die Formulierung der notwendigen Bedingung für die Existenz eines Minimums des Gesamtpotenzials in Verbindung mit $Q = Q(a_i, x)$ ergibt:

$$\frac{\partial \Pi}{\partial a_i} = 0 \quad \Longrightarrow \quad \frac{1}{C_0'} \int_0^l \frac{\partial Q'}{\partial a_i} \left(Q' - U C_0' \right) dx = 0$$

Mit der ersten Ableitung der Ansatzfunktion (s. Gl. (8.113)) sowie den partiellen Ableitungen von $Q'(x)$ nach den Koeffizienten a_i (s. Gl. (8.114)) erschließt sich die Berechnungsgrundlage für die beiden Koeffizienten a_1 und a_2. Es gilt:

$$\frac{\partial \Pi}{\partial a_1} = 0: \quad \frac{1}{C_0'} \int_0^l 1 \cdot \left(a_1 + 2 a_2 x - U C_0' \right) dx = 0$$

$$\frac{\partial \Pi}{\partial a_2} = 0: \quad \frac{1}{C_0'} \int_0^l 2x \cdot \left(a_1 + 2 a_2 x - U C_0' \right) dx = 0$$

Die Integration führt nach einigen algebraischen Umformungen zu folgendem linearen Gleichungssystem

$$\begin{pmatrix} 3 & 3l \\ 3 & 4l \end{pmatrix} \cdot \begin{pmatrix} a_1 \\ a_2 \end{pmatrix} = \begin{pmatrix} 3 \\ 3 \end{pmatrix} U C_0'$$

mit den Lösungen

$$a_1 = U C_0', \quad a_2 = 0.$$

Einsetzen der Koeffizienten a_1 und a_2 in den gewählten Ansatz (8.121) und anschließende Normierung auf die Länge l des piezoelektrischen Schichtsystems ergibt die gesuchte Ladungsverschiebungsfunktion $Q(x)$:

$$Q(x) = U C'_0 l \left(\frac{x}{l}\right)$$

Das auftretende Produkt $C'_0 l$ entspricht nach Gl. (8.106) gerade der Gesamtkapazität $C_0(l)$.

$$Q(x) = U l \underbrace{\left[b \sum_{i=1}^{n} \frac{\epsilon^T_{33,i}}{h_i} \left(1 - k^2_{31,i}\right) + \frac{m^2_{\text{piezo}}}{C} \right]}_{=m_{44}(x)} \left(\frac{x}{l}\right) \qquad (8.122)$$

8.11 Statische Kopplungsmatrix

Der Zielsetzung dieses Kapitels, alle Elemente der statischen Kopplungsmatrix $\boldsymbol{M}(x)$ gemäß Gl. (8.47) als Funktionen der Längenkoordinate x darzustellen, sind wir gerecht geworden. Damit verfügen wir über ein nützliches mathematisches Werkzeug, das statische Verhalten für einseitig eingespannte piezoelektrische Biegewandler beliebigen Schichtaufbaus hinsichtlich verschiedenartiger generalisierter Kräfte bereits in der Entwurfs- und Entwicklungsphase zu untersuchen und deren Verhalten anwendungsspezifisch vorherzusagen. Zur besseren Übersicht sind nachfolgend die Elemente $m_{ij}(x)$ der statischen Kopplungsmatrix $\boldsymbol{M}(x)$ spaltenweise zusammengefasst. Zum Zweck der eindeutigen Zuordnung finden zusätzlich folgende Kennzeichnungen Verwendung:

- Der Klammmerausdruck bei den Kopplungsmatrixelementen $m_{ij}(x)$ rechts oben bezeichnet die korrespondierende kanonisch Konjugierte (Verdrehung φ, Verschiebung w, Volumenverschiebung V, Ladungsverschiebung Q).
- Der Klammerausdruck am Spaltenvektor rechts unten bezeichnet die eingeprägte Lastgröße (Moment M, Kraft F, Druck p, elektrische Spannung U).

Erste Spalte der statischen Kopplungsmatrix
Korrespondiere kanonisch Konjugierten (Verdrehung φ, Verschiebung w, Volumenverschiebung V, Ladungsverschiebung Q) als Funktionen der Längenkoordinate x im Fall eines eingeprägten statischen Moments M.

(Fortsetzung)

$$\begin{pmatrix} m_{11}^{(\varphi)}(x) \\ m_{21}^{(w)}(x) \\ m_{31}^{(V)}(x) \\ m_{41}^{(Q)}(x) \end{pmatrix} = \begin{pmatrix} \dfrac{l}{C}\left(\dfrac{x}{l}\right) \\ \dfrac{l^2}{2C}\left(\dfrac{x}{l}\right)^2 \\ \dfrac{bl^3}{6C}\left(\dfrac{x}{l}\right)^3 \\ \dfrac{m_{\text{piezo}}l}{2C}\left(\dfrac{x}{l}\right) \end{pmatrix}_{(M)} \tag{8.123}$$

Das eingeprägte statische Moment M greift am freien Ende des Vielschichtsystems an (vgl. Abb. 8.6).

Zweite Spalte der statischen Kopplungsmatrix

Korrespondiere kanonisch Konjugierten (Verdrehung φ, Verschiebung w, Volumenverschiebung V, Ladungsverschiebung Q) als Funktionen der Längenkoordinate x im Fall einer statisch eingeprägten Kraft F.

$$\begin{pmatrix} m_{12}^{(\varphi)}(x) \\ m_{22}^{(w)}(x) \\ m_{32}^{(V)}(x) \\ m_{42}^{(Q)}(x) \end{pmatrix} = \begin{pmatrix} \dfrac{l^2}{2C}\left[2\left(\dfrac{x}{l}\right) - \left(\dfrac{x}{l}\right)^3\right] \\ \dfrac{l^3}{6C}\left[3\left(\dfrac{x}{l}\right)^2 - \left(\dfrac{x}{l}\right)^2\right] \\ \dfrac{bl^4}{24C}\left[4\left(\dfrac{x}{l}\right)^3 - \left(\dfrac{x}{l}\right)^2\right] \\ \dfrac{m_{\text{piezo}}l^2}{2C}\left[2\left(\dfrac{x}{l}\right) - \left(\dfrac{x}{l}\right)^2\right] \end{pmatrix}_{(F)} \tag{8.124}$$

Die eingeprägte statische Kraft F greift am freien Ende des Vielschichtsystems an (vgl. Abb. 8.6).

8.11 Statische Kopplungsmatrix

Dritte Spalte der statischen Kopplungsmatrix

Korrespondiere kanonisch Konjugierten (Verdrehung φ, Verschiebung w, Volumenverschiebung V, Ladungsverschiebung Q) als Funktionen der Längenkoordinate x im Fall eines statisch eingeprägten Drucks p.

$$\begin{pmatrix} m_{13}^{(\varphi)}(x) \\ m_{23}^{(w)}(x) \\ m_{33}^{(V)}(x) \\ m_{43}^{(Q)}(x) \end{pmatrix} = \begin{pmatrix} \dfrac{bl^3}{6C}\left[3\left(\dfrac{x}{l}\right) - 3\left(\dfrac{x}{l}\right)^2 + \left(\dfrac{x}{l}\right)^3\right] \\ \dfrac{bl^4}{24C}\left[6\left(\dfrac{x}{l}\right)^2 - 4\left(\dfrac{x}{l}\right)^3 + \left(\dfrac{x}{l}\right)^4\right] \\ \dfrac{b^2 l^5}{120C}\left[10\left(\dfrac{x}{l}\right)^3 - 5\left(\dfrac{x}{l}\right)^4 + \left(\dfrac{x}{l}\right)^5\right] \\ \dfrac{b m_{\text{piezo}} l^3}{6C}\left[3\left(\dfrac{x}{l}\right) - 3\left(\dfrac{x}{l}\right)^2 + \left(\dfrac{x}{l}\right)^3\right] \end{pmatrix}_{(p)} \quad (8.125)$$

Der eingeprägte gleichförmige Druck p wirkt über die gesamte Länge l und Breite b des Vielschichtsystems (vgl. Abb. 8.6).

Vierte Spalte der statischen Kopplungsmatrix

Korrespondiere kanonisch Konjugierten (Verdrehung φ, Verschiebung w, Volumenverschiebung V, Ladungsverschiebung Q) als Funktionen der Längenkoordinate x im Fall einer konstanten eingeprägten elektrischen Spannung U.

$$\begin{pmatrix} m_{14}^{(\varphi)}(x) \\ m_{24}^{(w)}(x) \\ m_{34}^{(V)}(x) \\ m_{44}^{(Q)}(x) \end{pmatrix} = \begin{pmatrix} \dfrac{m_{\text{piezo}} l}{C}\left(\dfrac{x}{l}\right) \\ \dfrac{m_{\text{piezo}} l^2}{2C}\left(\dfrac{x}{l}\right)^2 \\ \dfrac{m_{\text{piezo}} b l^3}{6C}\left(\dfrac{x}{l}\right)^3 \\ \left[b\sum_{i=1}^{n}\dfrac{\epsilon_{33,i}^T l}{h_i}\left(1 - k_{31,i}^2\right) + \dfrac{m_{\text{piezo}}^2 l}{C}\right]\left(\dfrac{x}{l}\right) \end{pmatrix}_{(U)} \quad (8.126)$$

Die piezoelektrischen Schichten werden mit der gleichen elektrischen Spannung U beaufschlagt (*elektrische Parallelschaltung*).

Wir wollen uns nochmals ins Gedächtnis rufen, dass die statische Kopplungsmatrix zwei Größen beinhaltet, die wir wie das Matrixelement $m_{44}(x)$ ebenfalls in Summenschreibweise dargestellt haben. Es handelt sich hierbei um die *Gesamtbiegesteifigkeit C* (s. Gl. (8.21)) sowie das *spannungsbezogene piezoelektrische Moment* m_{piezo} (s. Gl. (8.79)). Die Summenschreibweise ermöglicht eine leichte Berechnung der statischen Kopplungsmatrixelemente für ein beliebiges einseitig eingespanntes piezoelektrisches Vielschichtsystem mithilfe gängiger Mathematik-Softwarepakete, wie sie üblicherweise in den Natur- und Ingenieurwissenschaften Anwendung finden.

Anhang 1

Biegesteifigkeit eines ebenen Schichtsystems Die in Gl. (8.20) eingeführte kinematische Größe C bezeichnet die *Gesamtbiegesteifigkeit* eines mehrschichtigen ebenen Balkens. Gemäß der Berechnungsvorschrift

$$C = \frac{b}{3} \sum_{i=1}^{n} \frac{1}{s^E_{11,i}} \left[h^3_{i,\text{o}} - h^3_{i,\text{u}} \right] \tag{8.127}$$

hängt diese von der unteren Integrationsgrenze

$$h_{i,\text{u}} = \bar{z} - \sum_{j=1}^{i} h_j \tag{8.128}$$

und der oberen Integrationsgrenze

$$h_{i,\text{o}} = \bar{z} - \sum_{j=1}^{i-1} h_j \tag{8.129}$$

im Schichtsystem ab (s. a. Gl. (8.10) und (8.11)). Zur Auswertung des in Gl. (8.127) auftretenden Terms $[h^3_{i,\text{o}} - h^3_{i,\text{u}}]$ schreiben wir zunächst die Berechnungsvorschrift (8.128) für die untere Integrationsgrenze $h_{i,\text{u}}$ wie folgt um:

$$h_{i,\text{u}} = \bar{z} - \sum_{j=1}^{i} h_j = \underbrace{\bar{z} - \sum_{j=1}^{i-1} h_j}_{(*)} - h_i$$

Der mit $(*)$ gekennzeichnete Term entspricht wiederum der Berechungsvorschrift für die obere Integrationsgrenze $h_{i,\text{o}}$. Wir können somit schreiben:

$$h_{i,\text{u}} = h_{i,\text{o}} - h_i \tag{8.130}$$

Mithilfe dieser Beziehung lässt sich der Term $[h_{i,o}^3 - h_{i,u}^3]$ auswerten. Wir erhalten:

$$h_{i,o}^3 - h_{i,u}^3 = h_{i,o}^3 - (h_{i,o} - h_i)^3 = h_{i,o}^3 - \left(h_{i,o}^3 - 3h_{i,o}^2 h_i + 3h_{i,o}h_i^2 - h_i^3\right)$$

$$= 3h_{i,o}h_i(h_{i,o} - h_i) + h_i^3$$

Der Klammerausdruck entspricht nach Gl. (8.130) gerade der unteren Integrationsgrenze $h_{i,u}$, sodass wir unter Berücksichtigung der beiden Berechnungsvorschriften (8.128) und (8.129) folgenden Zusammenhang formulieren können:

$$h_{i,o}^3 - h_{i,u}^3 = 3h_i \left(\bar{z} - \sum_{j=1}^{i} h_j\right)\left(\bar{z} - \sum_{j=1}^{i-1} h_j\right) + h_i^3$$

Anschließendes Einsetzen in die ursprüngliche Gl. (8.127) führt uns zu dem gesuchten Ausdruck für die Gesamtbiegesteifigkeit des Schichtsystems:

$$C = \frac{b}{3}\sum_{i=1}^{n} \frac{1}{s_{11,i}^E}\left[3h_i\left(\bar{z} - \sum_{j=1}^{i} h_j\right)\left(\bar{z} - \sum_{j=1}^{i-1} h_j\right) + h_i^3\right] \qquad (8.131)$$

Anhang 2

Energieinhalt einer piezoelektrischen Einzelschicht unter Biegebeanspruchung Zur Bestimmung des Gesamtenergieinhalts einer einzelnen piezoelektrischen Schicht des Schichtsystems dient Gl. (8.25). Nach dieser gilt:

$$\mathcal{U}_i = \int_{h_{i,u}}^{h_{i,o}} \int_{-b/2}^{b/2} \int_0^l \left(\frac{1}{2}s_{11,i}^E T_{1,i}^2 + d_{31,i}E_{3,i}T_{1,i} + \frac{1}{2}\epsilon_{33,i}^T E_{3,i}^2\right) dx\,dy\,dz \qquad (8.132)$$

Weiterhin ist bekannt, dass die mechanische Biegespannung $T_{1,i}$ in x-Richtung von der z-Koordinate abhängt. Nach Gl. (8.18) gilt für die mechanische Spannung $T_{1,i}$:

$$T_{1,i} = \frac{1}{s_{11,i}^E}\left[-z\kappa^0 - d_{31,i}E_{3,i}\right] \qquad (8.133)$$

Setzen wir diesen Ausdruck in Gl. (8.132) ein, dann ergibt sich für den Gesamtenergieinhalt einer einzelnen piezoelektrischen Schicht innerhalb des Schichtsystems:

$$\mathcal{U}_i = \int\limits_{h_{i,u}}^{h_{i,o}} \int\limits_{-b/2}^{b/2} \int\limits_0^l \left(\frac{1}{2} s_{11,i}^E \left[\frac{1}{s_{11,i}^E} \left[-z\kappa^0 - d_{31,i} E_{3,i} \right] \right]^2 \right) \mathrm{d}x\,\mathrm{d}y\,\mathrm{d}z$$

$$+ \int\limits_{h_{i,u}}^{h_{i,o}} \int\limits_{-b/2}^{b/2} \int\limits_0^l \left(d_{31,i} E_{3,i} \left[\frac{1}{s_{11,i}^E} \left[-z\kappa^0 - d_{31,i} E_{3,i} \right] \right] \right) \mathrm{d}x\,\mathrm{d}y\,\mathrm{d}z$$

$$+ \int\limits_{h_{i,u}}^{h_{i,o}} \int\limits_{-b/2}^{b/2} \int\limits_0^l \left(\frac{1}{2} \epsilon_{33,i}^T E_{3,i}^2 \right) \mathrm{d}x\,\mathrm{d}y\,\mathrm{d}z$$

Die Auswertung des Binoms in der ersten Zeile und anschließendes Ausmultiplizieren der ersten und zweiten Zeile führt zu folgendem Ausdruck:

$$\mathcal{U}_i = \int\limits_{h_{i,u}}^{h_{i,o}} \int\limits_{-b/2}^{b/2} \int\limits_0^l \left(\frac{1}{2} \frac{z^2 \left[\kappa^0\right]^2}{s_{11,i}^E} + \underbrace{\frac{d_{31,i} E_{3,i} z\kappa^0}{s_{11,i}^E}}_{(*)} + \underbrace{\frac{1}{2} \frac{d_{31,i}^2 E_{3,i}^2}{s_{11,i}^E}}_{(**)} \right) \mathrm{d}x\,\mathrm{d}y\,\mathrm{d}z$$

$$- \int\limits_{h_{i,u}}^{h_{i,o}} \int\limits_{-b/2}^{b/2} \int\limits_0^l \left(\underbrace{\frac{d_{31,i} E_{3,i} z\kappa^0}{s_{11,i}^E}}_{(*)} + \underbrace{\frac{d_{31,i}^2 E_{3,i}^2}{s_{11,i}^E}}_{(**)} \right) \mathrm{d}x\,\mathrm{d}y\,\mathrm{d}z$$

$$+ \int\limits_{h_{i,u}}^{h_{i,o}} \int\limits_{-b/2}^{b/2} \int\limits_0^l \left(\frac{1}{2} \epsilon_{33,i}^T E_{3,i}^2 \right) \mathrm{d}x\,\mathrm{d}y\,\mathrm{d}z$$

Die beiden mit $(*)$ gekennzeichneten Terme heben einander auf, die beiden mit $(**)$ gekennzeichneten Terme können zusammengefasst werden. Wir erhalten:

$$\mathcal{U}_i = -\frac{1}{2} \int\limits_{h_{i,u}}^{h_{i,o}} \int\limits_{-b/2}^{b/2} \int\limits_0^l \left(\frac{d_{31,i}^2 E_{3,i}^2}{s_{11,i}^E} \right) \mathrm{d}x\,\mathrm{d}y\,\mathrm{d}z$$

$$+ \frac{1}{2} \int\limits_{h_{i,u}}^{h_{i,o}} \int\limits_{-b/2}^{b/2} \int\limits_0^l \left(\frac{z^2 \left[\kappa^0\right]^2}{s_{11,i}^E} \right) \mathrm{d}x\,\mathrm{d}y\,\mathrm{d}z$$

$$+ \frac{1}{2} \int_{h_{i,u}}^{h_{i,o}} \int_{-b/2}^{b/2} \int_{0}^{l} \left(\epsilon_{33,i}^{T} E_{3,i}^{2} \right) \mathrm{d}x\,\mathrm{d}y\,\mathrm{d}z$$

Als Nächstes werten wir das äußere Integral bzgl. der unteren und oberen Integrationsgrenzen $h_{i,u}$ und $h_{i,o}$ aus.

$$\mathcal{U}_i = -\frac{1}{2} \int_{-b/2}^{b/2} \int_{0}^{l} \left(\frac{d_{31,i}^{2} E_{3,i}^{2}}{s_{11,i}^{E}} \left[h_{i,o} - h_{i,u} \right] \right) \mathrm{d}x\,\mathrm{d}y$$

$$+ \frac{1}{6} \int_{-b/2}^{b/2} \int_{0}^{l} \left(\frac{\left[h_{i,o}^{3} - h_{i,u}^{3} \right] \left[\kappa^{0} \right]^{2}}{s_{11,i}^{E}} \right) \mathrm{d}x\,\mathrm{d}y$$

$$+ \frac{1}{2} \int_{-b/2}^{b/2} \int_{0}^{l} \left(\epsilon_{33,i}^{T} E_{3,i}^{2} \left[h_{i,o} - h_{i,u} \right] \right) \mathrm{d}x\,\mathrm{d}y$$

Die Auswertung des des verbleibenden äußeren Integrals bzgl. der Breitenkoordinate y der einzelnen Schicht führt schließlich zum gesuchten Ausdruck für den Gesamtenergieinhalt einer einzelnen piezoelektrischen Schicht unter Biegebeanspruchung:

$$\mathcal{U}_i = -\frac{b}{2} \int_{0}^{l} \left(\frac{d_{31,i}^{2} E_{3,i}^{2}}{s_{11,i}^{E}} \left[h_{i,o} - h_{i,u} \right] \right) \mathrm{d}x$$

$$+ \frac{b}{6} \int_{0}^{l} \left(\frac{1}{s_{11,i}^{E}} \left[h_{i,o}^{3} - h_{i,u}^{3} \right] \left[\kappa^{0} \right]^{2} \right) \mathrm{d}x$$

$$+ \frac{b}{2} \int_{0}^{l} \left(\epsilon_{33,i}^{T} E_{3,i}^{2} \left[h_{i,o} - h_{i,u} \right] \right) \mathrm{d}x$$

Anhang 3

Punktverschiebungen in kartesischen Koordinaten Um die Zusammenhänge zwischen zwei Punktverschiebungen in kartesischen Koordinaten zu ermitteln, wollen wir im Folgenden die differenzielle Verschiebung eines starren Körpers in der Ebene näher

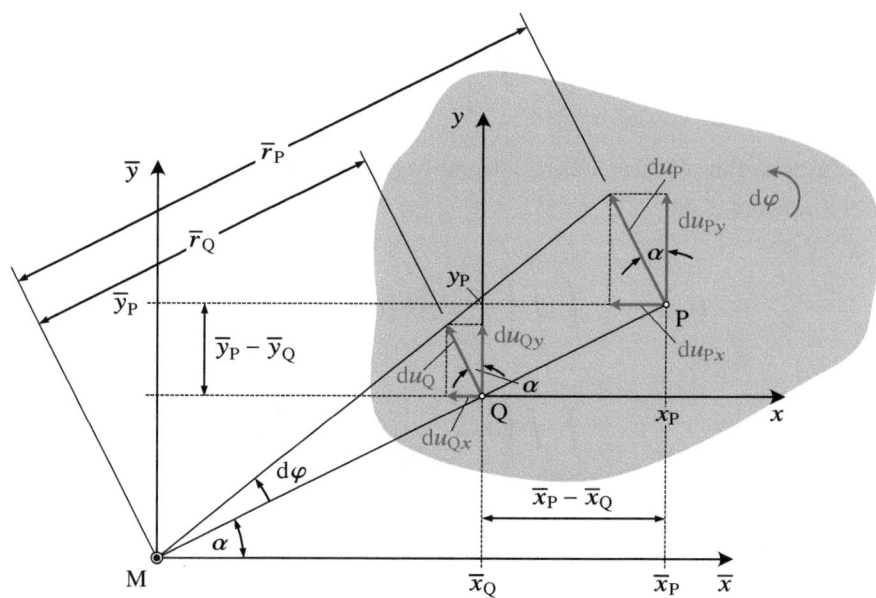

Abb. 8.18 Punktverschiebungen in kartesischen Koordinaten

betrachten (s. Abb. 8.18). Jede infinitesimale Bewegung eines starren Körpers in der Ebene ist als Drehung dφ um einen festen Punkt – den *Momentanpol* M – darstellbar. Hierbei befindet sich der Momentanpol in dem betrachteten Augenblick in Ruhe, während alle übrigen Punkte des starren Körpers Rotationen um ihn ausführen. Der Momentanpol selbst liegt hierbei in der Bewegungsebene, muss jedoch kein Punkt des bewegten Körpers selbst sein. Durch die Drehung dφ um den Momentanpol M, welcher gleichzeitig auch als Ursprung des $\bar{x}$-$\bar{y}$-Koordinatensystems aufzufassen ist, erfahren die beiden Punkte Q und P jeweils die differenziellen Verschiebungen du_Q und du_P. Von Interesse ist nun der Zusammenhang zwischen den Verschiebungskomponenten du_{Qx} und du_{Px} bzw. du_{Qy} und du_{Py} der beiden Punkte Q und P im x-y-Koordinatensystem.

In Verbindung mit den Abständen $\bar{r}_Q$ und $\bar{r}_P$ der beiden Punkte Q und P zum Momentanpol M lassen sich die differenziellen Verschiebungen du_Q und du_P wie folgt definieren:

$$du_Q = \bar{r}_Q \, d\varphi \tag{8.134}$$

$$du_P = \bar{r}_P \, d\varphi \tag{8.135}$$

Die beiden Punkte Q und P sind im $\bar{x}$-$\bar{y}$-Koordinatensystem durch die Koordinatenpaare $(\bar{x}_Q, \bar{y}_Q)$ und $(\bar{x}_P, \bar{y}_P)$ definiert. Hinsichtlich des x-y-Koordinatensystems, dessen Ursprung im Punkt Q des starren Körpers liegt, ist der Punkt P durch das Koordinatenpaar

Anhang 3

(x_P, y_P) festgelegt. Für den Winkel α können aus Abb. 8.18 folgende trigonometrischen Beziehungen abgeleitet werden:

$$\sin\alpha = \frac{\overline{y}_Q}{\overline{r}_Q} = \frac{\overline{y}_P}{\overline{r}_P} \tag{8.136}$$

$$\cos\alpha = \frac{\overline{x}_Q}{\overline{r}_Q} = \frac{\overline{x}_P}{\overline{r}_P} \tag{8.137}$$

Weiterhin lassen sich folgende geometrischen Zusammenhänge formulieren:

$$\overline{x}_P = \overline{x}_Q + x_P \tag{8.138}$$

$$\overline{y}_P = \overline{y}_Q + y_P \tag{8.139}$$

Mittels des Winkels α lassen sich anschließend die Verschiebungskomponenten du_{Qx} und du_{Qy} des Punktes Q vorzeichenrichtig gemäß

$$-du_{Qx} = du_Q \sin\alpha \tag{8.140}$$

$$du_{Qy} = du_Q \cos\alpha \tag{8.141}$$

und die Verschiebungskomponenten du_{Px} und du_{Py} des Punktes P vorzeichenrichtig gemäß

$$-du_{Px} = du_P \sin\alpha \tag{8.142}$$

$$du_{Py} = du_P \cos\alpha \tag{8.143}$$

beschreiben. Durch anschließendes Einsetzen von Gl. (8.134) in die beiden Ausdrücke (8.140) und (8.141) ergibt sich:

$$-du_{Qx} = \overline{r}_Q \, d\varphi \sin\alpha \tag{8.144}$$

$$du_{Qy} = \overline{r}_Q \, d\varphi \cos\alpha \tag{8.145}$$

Analog ergibt sich aus den Gl. (8.142) und (8.143) unter Verwendung der Beziehung (8.135):

$$-du_{Px} = \overline{r}_P \, d\varphi \sin\alpha \tag{8.146}$$

$$du_{Py} = \overline{r}_P \, d\varphi \cos\alpha \tag{8.147}$$

Die anschließende Verwendung der Beziehungen (8.136) und (8.137) liefert für die Verschiebungskomponenten du_{Qx} und du_{Qy} in den Gl. (8.144) und (8.145):

$$-\mathrm{d}u_{Qx} = \overline{y}_Q \, \mathrm{d}\varphi \tag{8.148}$$

$$\mathrm{d}u_{Qy} = \overline{x}_Q \, \mathrm{d}\varphi \tag{8.149}$$

Ebenso erhalten wir für die Verschiebungskomponenten $\mathrm{d}u_{Px}$ und $\mathrm{d}u_{Py}$ in Gl. (8.146) und (8.147) unter Anwendung der Beziehungen (8.136) und (8.137):

$$-\mathrm{d}u_{Px} = \overline{y}_P \, \mathrm{d}\varphi \tag{8.150}$$

$$\mathrm{d}u_{Py} = \overline{x}_P \, \mathrm{d}\varphi \tag{8.151}$$

Berücksichtigen wir weiterhin die geometrischen Zusammenhänge (8.138) und (8.139), so ergeben sich aus (8.150) und (8.151) unter Hinzunahme der Definitionen (8.148) und (8.149) für die Verschiebungskomponenten $\mathrm{d}u_{Qx}$ und $\mathrm{d}u_{Qy}$ folgende Ausdrücke:

$$-\mathrm{d}u_{Px} = \left(\overline{y}_Q + y_P\right) \mathrm{d}\varphi = \overline{y}_Q \, \mathrm{d}\varphi + y_P \, \mathrm{d}\varphi = -\mathrm{d}u_{Qx} + y_P \, \mathrm{d}\varphi \tag{8.152}$$

$$\mathrm{d}u_{Py} = \left(\overline{x}_Q + x_P\right) \mathrm{d}\varphi = \overline{x}_Q \, \mathrm{d}\varphi + x_P \, \mathrm{d}\varphi = \mathrm{d}u_{Qy} + x_P \, \mathrm{d}\varphi \tag{8.153}$$

Die beiden Ausdrücke (8.152) und (8.153) liefern nach entsprechendem Umstellen den gesuchten Zusammenhang zwischen den Verschiebungskomponenten $\mathrm{d}u_{Qx}$ und $\mathrm{d}u_{Px}$ sowie $\mathrm{d}u_{Qy}$ und $\mathrm{d}u_{Py}$ der beiden Punkte Q und P.

Zusammenhang von Punktverschiebungen in kartesischen Koordinaten

$$\mathrm{d}u_{Px} = \mathrm{d}u_{Qx} - y_P \, \mathrm{d}\varphi \tag{8.154}$$

$$\mathrm{d}u_{Py} = \mathrm{d}u_{Qy} + x_P \, \mathrm{d}\varphi \tag{8.155}$$

Literatur

Bronstein IN, Semendjaev KA (2013) Springer-Taschenbuch der Mathematik, 3. Aufl. Springer Spektrum, Wiesbaden

Dankert J, Dankert H (2013) Technische Mechanik: Statik, Festigkeitslehre, Kinematik/Kinetik, 7. Aufl. Springer Vieweg, Wiesbaden

Demtröder W (2006) Experimentalphysik: Mechanik und Wärme, Springer-Lehrbuch, Bd 1, 4. Aufl. Springer, Berlin

Fischer H, Kaul H (2018) Mathematik für Physiker: Analysis, Lineare Algebra, Vektoranalysis, Funktionentheorie, Bd 1, 8. Aufl. Springer Spektrum, Berlin

Greiner W (2010) Classical mechanics: Systems of particles and Hamiltonian dynamics, 2. Aufl. Springer, Berlin

Gross D, Hauger W, Schröder J, Wall WA (2016) Technische Mechanik 1: Statik, Bd 1, 13. Aufl. Springer Vieweg, Berlin

Hering E, Martin R, Stohrer M (2017) Taschenbuch der Mathematik und Physik, 6. Aufl. Springer Vieweg, Berlin

Klingbeil H (2018) Grundlagen der elektromagnetischen Feldtheorie: Maxwellgleichungen, Lösungsmethoden und Anwendungen. Springer, Berlin

Knothe K, Wessels H (2017) Finite Elemente: Eine Einführung für Ingenieure, Lehrbuch, 5. Aufl. Springer Vieweg, Berlin

Lenk A, Ballas RG, Werthschützky R, Pfeifer G (2010) Electromechanical systems in microtechnology and mechatronics. Microtechnology and MEMS. Springer, Berlin

Mahnken R (2015) Lehrbuch der Technischen Mechanik – Elastostatik: Mit einer Einführung in Hybridstrukturen, Bd 3. Springer Vieweg, Berlin

Mahnken R (2016) Lehrbuch der Technischen Mechanik – Starrkörperstatik: Grundlagen und Anwendungen, Bd 1, 2. Aufl. Springer Vieweg, Berlin

Neuber H (1971) Technische Mechanik – Methodische Einführung: Statik, Bd 1, 2. Aufl. Springer, Berlin

Nolting W (2014) Grundkurs Theoretische Physik: Analytische Mechanik, Springer-Lehrbuch, Bd 2, 9. Aufl. Springer Spektrum, Berlin

Pfeifer G (1982) Piezoelektrische lineare Stellantriebe, Wissenschaftliche Schriftenreihe der Technischen Hochschule Karl-Marx-Stadt, Bd 6. Der Rektor der Technischen Hochschule, Karl-Marx-Stadt

Richard HA, Sander M (2008) Technische Mechanik – Festigkeitslehre, 2. Aufl. Studium. Vieweg+Teubner, Wiesbaden

Smits JG, Choi W (1991) The constituent equations of piezoelectric heterogeneous bimorphs. IEEE Trans Ultrason Ferroelectr Freq Control 38(3):256–270. https://doi.org/10.1109/58.79611

Solecki R, Conant RJ (2003) Advanced mechanics of materials. Oxford University Press, New York

Stephan P, Schaber K, Stephan K, Mayinger F (2013) Thermodynamik: Grundlagen und technische Anwendungen: Einstoffsysteme, Springer-Lehrbuch, Bd 1, 19. Aufl. Springer, Berlin

Szabo I (2001) Höhere Technische Mechanik: Nach Vorlesungen, Klassiker der Technik, 6. Aufl. Springer, Berlin

Tipler PA, Mosca G (2019) Physik: für Studierende der Naturwissenschaften und Technik, 8. Aufl. Springer Spektrum, Berlin

Tränkler HR (2014) Sensortechnik: Handbuch für Praxis und Wissenschaft, VDI-Buch, 2. Aufl. Springer Vieweg, Berlin

Wang CM, Reddy JN, Lee KH (2000) Shear deformable beams and plates: Relationships with classical solutions. Elsevier, Oxford

Willner K (2003) Kontinuums- und Kontaktmechanik: Synthetische und analytische Darstellung. Springer, Berlin

Wittenburg J, Pestel E (2011) Festigkeitslehre: Ein Lehr- und Arbeitsbuch, Klassiker der Technik, 3. Aufl. Springer, Berlin

Wriggers P, Nackenhorst U, Beuermann S, Spiess H, Löhnert S (2006) Technische Mechanik kompakt: Starrkörperstatik – Elastostatik – Kinetik, 2. Aufl. Vieweg+Teubner, Wiesbaden

Lagrange-Gleichungen und Aspekte der Variationsrechnung

9.1 Zu den Begriffen Impuls und Kraft

Zu Beginn des Kapitels wenden wir uns der Frage zu, wodurch die Bewegung eines Massenpunktes (Teilchens) oder eines Systems von Massenpunkten, tatsächlich *verursacht* wird (Dynamik). Hierzu bedarf es zunächst der Klärung der zentralen Begriffe "Impuls" und "Kraft".

Wir betrachten eine Menge von Massenpunkten $\{\mathcal{P}_i, i = 1, \ldots, n\}$, die das System bilden, um dessen Bewegung es geht. Unter dem Impuls eines einzelnen Massenpunktes $\mathcal{P}_i$ versteht man das Produkt seiner Masse m_i mit seiner Geschwindigkeit $\boldsymbol{v}_i$ (Greiner 2003a). Wir schreiben:

$$\boldsymbol{p}_i = m_i \boldsymbol{v}_i \tag{9.1}$$

Mit der Vokabel "Bewegungszustand eines Massenpunktes" identifizieren wir fortan seinen Impuls. Des Weiteren verstehen wir unter der Kraft $\boldsymbol{F}_i$ auf den Massenpunkt $\mathcal{P}_i$ eine von außen auf diesen einwirkende Größe, die für die Änderung von dessen Bewegungszustand verantwortlich ist. Im Allgemeinen lassen sich Kräften folgende Eigenschaften zuweisen:

- Kräfte sind als dreidimensionale Vektoren darstellbar.
- Wirken auf einen Massenpunkt mehrere Kräfte gleichzeitig, lassen sich diese vektoriell zu einer Gesamtkraft addieren. Die resultierende Gesamtkraft beschreibt hierbei vollständig die Einwirkung auf den Massenpunkt.

Im Jahr 1687 erschien Isaac Newtons Werk *Philosophiae Naturalis Principa Mathematica* (lat.: *Mathematische Prinzipien der Naturphilosophie*), in dem Newton die

Grundsätze der Bewegungslehre formulierte, die als *Newtonsche Axiome* bekannt sind. Sie repräsentieren der Mechanik zugrundeliegende fundamentale Erfahrungstatsachen (Tipler und Mosca 2019).

Erstes Newtonsches Axiom
Jeder Körper verharrt in einem Zustand der Ruhe oder der gleichförmigen, geradlinigen Bewegung, sofern er nicht gezwungen wird, seinen Bewegungszustand zu ändern.

Zweites Newtonsches Axiom
Die Änderung der Bewegung ist der Einwirkung der bewegenden Kraft proportional und geschieht nach der Richtung derjenigen geraden Linie, nach welcher diejenige Kraft wirkt.

Drittes Newtonsches Axiom
Die Wirkungen zweier Körper aufeinander sind stets gleich und von entgegengesetzter Richtung.

Ergänzend sei angemerkt, dass die Gültigkeit des ersten und zweiten Newtonschen Axioms auf eine bestimmte Klasse von Bezugssystemen beschränkt ist, welche als **Inertialsysteme** bezeichnet werden (Nolting 2016). Die Formulierungen der Newtonschen Axiome sind noch vergleichsweise vage, weshalb sie weiter präzisiert werden müssen. Mit den physikalischen Begriffen des Impulses und der Kraft lässt sich das zweite Newtonsche Axiom mathematisch formulieren.

Mathematische Formulierung des zweiten Newtonschen Axioms
Die Kraft ist gleich der zeitlichen Änderung des Impulses. Für einen Massenpunkt $\mathcal{P}_i$ bedeutet dies in Formeln ausgedrückt

$$F_i = \frac{d p_i}{dt}. \tag{9.2}$$

Das erste Newtonsche Axiom ist hierbei als Spezialfall enthalten, da bei verschwindender Kraft F_i der Impuls p_i zeitlich konstant ist.

9.1 Zu den Begriffen Impuls und Kraft

Der Impuls eines Massenpunktes ist eine **Erhaltungsgröße**. Er kann sich nur dann ändern, wenn er dem Massenpunkt von außerhalb in Form einer Kraft zugeführt wird. Man spricht daher auch vom *Impulssatz*. Unter der Voraussetzung, dass wir die Masse eines Massenpunktes als konstant ansehen (nicht-relativistischer Grenzfall), lässt sie sich aus der Zeitableitung in Gl. (9.2) herausziehen und wir erhalten (Nolting 2014):

$$F_i = \frac{\mathrm{d}(m_i v_i)}{\mathrm{d}t} = m_i a_i = m_i \ddot{x}_i \qquad (9.3)$$

In anderen Worten: *Kraft ist gleich Masse mal Beschleunigung*. Ist die Kraft F_i als Funktion der Zeit, des Ortes, der Geschwindigkeit oder Kombination dieser Größen bekannt, führt Gl. (9.3) auf eine Differenzialgleichung zweiter Ordnung für $x_i(t)$, welche auch als **Bewegungsgleichung** bezeichnet wird (Schmutzer 2005).

Kommen wir nun zur mathematischen Formulierung des dritten Newtonschen Axioms, welches die Wechselwirkungskraft zwischen zwei Massenpunkten $\mathcal{P}_1$ und $\mathcal{P}_2$ betrifft.

Mathematische Formulierung des dritten Newtonschen Axioms
Wenn F_{ij} die Kraft ist, die der Massenpunkt $\mathcal{P}_j$ auf den Massenpunkt $\mathcal{P}_i$ ausübt und weiterhin F_{ji} die Kraft ist, die der Massenpunkt $\mathcal{P}_i$ auf den Massenpunkt $\mathcal{P}_j$ ausübt, dann gilt:

$$F_{ij} = -F_{ji} \qquad (9.4)$$

Diesen Zusammenhang bezeichnet man auch als *Reaktionsprinzip (actio = reactio)*.

Bisher haben wir Systeme von Massenpunkten, oder kurz Punktsysteme kennengelernt. Zur Erinnerung: bei einem Punktsystem handelt es sich um eine Menge von n Massenpunkten $\{\mathcal{P}_i, i = 1, \ldots, n\}$ mit den zugehörigen Massen m_i, Geschwindigkeiten v_i und Impulsen $p_i = m_i v_i$. Auch den Impulssatz (zweites Newtonsches Axiom) für ein System von Massenpunkten haben wir angesprochen (s. Gl. (9.2)). In diesem Kontext erweist es sich oftmals als sinnvoll, die Kraft F_i aufzuteilen in eine äußere Kraft $F_i^{(\mathrm{ext})}$, welche von außerhalb des Punktsystems auf den Massenpunkt $\mathcal{P}_i$ einwirkt, und die Wechselwirkungskräfte F_{ij} mit den anderen Massenpunkten $j = 1 \ldots n$, $j \neq i$ (ein Massenpunkt kann nicht mit sich selbst wechselwirken) des Systems. Das zweite Newtonsche Axiom für einen Massenpunkt $\mathcal{P}_i$ lässt sich dann wie folgt schreiben (Nolting 2014):

$$m_i \ddot{x}_i = \sum_{\substack{j=1 \\ j \neq i}}^{n} F_i^{(\mathrm{ext})} + F_{ij} = \frac{\mathrm{d}p_i}{\mathrm{d}t} \qquad (9.5)$$

Bei n Massenpunkten ergibt sich ein gekoppeltes System von $3n$ Differenzialgleichungen zweiter Ordnung. Es ist offensichtlich, dass dessen Lösung die Kenntnis hinreichend vieler Anfangsbedingungen erfordert. Im Allgemeinen sind die Bewegungen der Massenpunkte eines makroskopischen mechanischen Systems nicht vollkommen frei, sondern werden in ihrer Bewegung durch gewisse *Zwangskräfte* eingeschränkt. Diese über die Kräfte in Gl. (9.5) zu berücksichtigen stellt ein nahezu unlösbares Problem dar. Eng verbunden mit den Zwangskräften sind die *Zwangsbedingungen*. Wegen ihrer Wichtigkeit für die weiteren Betrachtungen fassen wir Begriffsdefinitionen im Folgenden zusammen (Nolting 2014).

Zwangsbedingungen und Zwangskräfte

1. **Zwangsbedingungen** sind Bedingungen, welche die freie Bewegung der Massenpunkte einschränken (geometrische Bedingungen).
2. **Zwangskräfte** sind Kräfte, welche die Zwangsbedingungen bewirken, also die freie Bewegung der Massenpunkte verhindern (z. B. Auflagenkräfte, Fadenspannungen etc.).

Zwangskräfte sind im Allgemeinen unbekannt, nur ihre Auswirkungen sind bekannt. Das nach Gl. (9.5) beschriebene System gekoppelter Bewegungsgleichungen lässt sich somit weder formulieren, geschweige denn lösen. Ziel ist es, die Mechanik so umzuformulieren, dass die Zwangskräfte eliminiert werden. Diese Vorgehensweise führt zur **Lagrange-Formulierung** der klassischen Mechanik (benannt nach JOSEPH-LOUIS DE LAGRANGE, einem französischen Mathematiker und Astronomen) (Greiner 2003b). Wegen der Zwangsbedingungen (geometrische Bindungen) sind die Koordinaten der Massenpunkte

$$\boldsymbol{x}_i = (x_i, y_i, z_i), \qquad i = 1, \ldots, n$$

nicht unabhängig voneinander. Es ist daher ein weiteres Ziel, sie durch linear unabhängige, **verallgemeinerte Koordinaten** zu ersetzen versuchen. In der Regel werden diese dann weniger anschaulich, aber mathematische einfacher handhaben zu sein. Es scheint offensichtlich, dass Zwangsbedingungen für die konkrete Lösung einer mechanischen Fragestellung eine zentrale Rolle einnehmen. Daher ist es angebracht, eine Klassifikation mechanischer Systeme nach Art und Typ ihrer Zwangsbedingungen vorzunehmen (Honerkamp und Römer 2012).

9.1.1 Klassifikation von Zwangsbedingungen

Durch Zwangsbedingungen wird die freie Bewegung von Massenpunkten eingeschränkt. Anhand von drei Beispielen wird dies im Folgenden dargestellt (Greiner 2003b; Straumann 2015).

1. Starre Punktsysteme, bei denen die Zwangsbedingungen die Form

$$\forall i, j: \quad |\boldsymbol{x}_i - \boldsymbol{x}_i| = r_{ij} = \text{const.} \quad \Leftrightarrow \quad |\boldsymbol{x}_i - \boldsymbol{x}_i| - r_{ij} = 0$$

   haben und die Anzahl der Freiheitsgrade im Allgemeinen $f = 6$ beträgt.
2. Einschränkung der Bewegung von Massenpunkten auf einer Kugeloberfläche mit Radius R:

$$\forall i: \quad |\boldsymbol{x}_i| = R = \text{const.} \quad \Leftrightarrow \quad |\boldsymbol{x}_i| - R = 0$$

   Die Anzahl der Freiheitsgrade beträgt in diesem Fall $f = 2n$.
3. Bewegung eines Punktsystems innerhalb einer Hohlkugel mit Radius R:

$$\forall i: \quad |\boldsymbol{x}_i| < R$$

   Die Anzahl der Freiheitsgrade wird hier nicht verringert, nur der mögliche Wertebereich der $3n$ Lagekoordinaten des Punktsystems wird eingeschränkt.

Die aufgeführten Beispiele lassen zwei verschiedene Typen von möglichen Zwangsbedingungen erkennen. Diejenigen der Beispiele 1 und 2 lassen sich offensichtlich in der Form der Funktion

$$f_\nu(\boldsymbol{x}_1, \boldsymbol{x}_2, \ldots, \boldsymbol{x}_n) = 0 \quad \nu = 1, \ldots, p \qquad (9.6)$$

darstellen. Derartige Zwangsbedingungen heißen *holonom* (ganzgesetzlich). Zwangsbedingungen, die nicht in der Form von Gl. (9.6) darstellbar sind (s. Beisp. 3), werden entsprechend als *nichtholonom* bezeichnet. Weiterhin unterscheidet man in beiden Fällen zwischen Zwangsbedingungen, welche die Zeit nicht explizit enthalten (*skleronom* bzw. *starrgesetzlich*) und solchen, welche die Zeit explizit enthalten (*rheonom* bzw. *fließgesetzlich*). Die Beispiele oben sind offensichtlich alle skleronom. Dagegen ist eine Perle, die auf einem bewegten Draht gleitet, ein Beispiel für eine rheonome Zwangsbedingung.

9.1.2 Generalisierte Koordinaten

Beim Vorliegen von holonomen Zwangsbedingungen sind $3n$ Koordinaten x_i, y_i, z_i der n Massenpunkte nicht mehr unabhängig, was in einer Verringerung der Anzahl der Freiheitsgrade zum Ausdruck kommt. Für den Fall, dass p Gl. (9.6) unabhängig voneinander sind, beträgt die Anzahl der Freiheitsgrade $f = 3n - p$ (Weizel 1963; Landau und Lifvsic 1969). Durch Vorgabe von $f = 3n - p$ geeignet gewählten unabhängigen Lagekoordinaten $q_1, q_2, \ldots, q_f$ kann das Punktsystem vollständig beschrieben werden, d. h. die Lagekoordinaten legen die Ortsvektoren $x_1, x_2, \ldots, x_n$ der n Massenpunkte eindeutig fest:

$$\begin{aligned} x_1 &= x_1(q_1, q_2, \ldots, q_f, t) \\ x_2 &= x_2(q_1, q_2, \ldots, q_f, t) \\ &\vdots \\ x_n &= x_3(q_1, q_2, \ldots, q_f, t) \end{aligned} \quad (9.7)$$

Dies sind die $3n$ Transformationsgleichungen zwischen den abhängigen Koordinaten x_i, y_i, z_i und den unabhängigen Koordinaten $q_1, q_2, \ldots, q_f$. Letztere bezeichnet man als *generalisierte Koordinaten*. Ihre Zeitableitungen bezeichnet man entsprechend als *generalisierte Geschwindigkeiten* (Nolting 2014).

9.2 D'Alembertsches Prinzip

Durch die Einführung der generalisierten Koordinaten kann die Schwierigkeit überwunden werden, dass die $3n$ Koordinaten x_i, y_i, z_i eines Punktsystems mit holonomen Zwangsbedingungen nicht unabhängig sind. Weiterhin besteht jedoch das Problem, dass die Zwangsbedingungen mit auf die Massenpunkte wirkenden Zwangskräften einhergehen, aber a priori unbekannt sind. Beispielsweise hängt die Zwangskraft, die eine Perle auf einem gekrümmten Draht hält, von der Geschwindigkeit der Perle ab. Wünschenswert wäre eine Formulierung der Bewegung von Punktsystemen zu finden, in der Zwangskräfte nicht mehr vorkommen. Um dies zu erreichen, definieren wir den bereits in Kap. 8 eingeführten Begriff der *virtuellen Verrückung*.

> **Virtuelle Verrückung**
> Unter einer virtuellen Verrückung eines Punktsystems versteht man einen Satz $\{\delta x_i\}$ instantaner infinitesimaler Änderungen der Positionen x_i der n Massenpunkte, die mit den vorherrschenden Kräften und Zwangsbedingungen verträglich sind.

9.2 D'Alembertsches Prinzip

Instantan bedeutet, dass sich die Verrückung zu einem festen Zeitpunkt t ereignen soll und nicht während eines Zeitintervalls zwischen $t + \mathrm{d}t$. Wir multiplizieren nun den Impulssatz (9.2) für den Massenpunkt $\mathcal{P}_i$ mit den virtuellen Verrückungen und summieren auf. In die explizite Aufteilung von $\boldsymbol{F}_i$ in die externe Kraft $\boldsymbol{F}_i^{(\text{ext})}$ und die Wechselwirkungskräfte $\boldsymbol{F}_{ij}$ (vgl. Gl. (9.5)) verzichten wir. Wir erhalten:

$$\sum_{i=1}^{n} \left(\boldsymbol{F}_i - \dot{\boldsymbol{p}}_i\right) \cdot \delta \boldsymbol{x}_i = 0$$

Im allgemeinen Fall ist $\boldsymbol{F}_i$ die Summe aus der angewendeten Kraft $\boldsymbol{F}_i^{(\text{a})}$ und der Zwangskraft $\boldsymbol{F}_i^{(\text{z})}$, also

$$\boldsymbol{F}_i = \boldsymbol{F}_i^{(\text{z})} + \boldsymbol{F}_i^{(\text{a})}.$$

Die entscheidende Zusatzinformation zur Elimination der Zwangskräfte aus dem Problem ist nun, dass die virtuelle Arbeit der Zwangskräfte verschwindet (Greiner 2003b):

$$\sum_{i=1}^{n} \boldsymbol{F}_i^{(\text{z})} \cdot \delta \boldsymbol{x}_i = 0$$

Somit folgt eine Gleichung

$$\sum_{i=1}^{n} \left(\boldsymbol{F}_i^{(\text{a})} - \dot{\boldsymbol{p}}_i\right) \cdot \delta \boldsymbol{x}_i = 0, \tag{9.8}$$

bei der die einzelnen Summanden von null verschieden sein können, jedoch die Summe verschwindet. Diese Gleichung bringt das d'Alembertsche Prinzip zum Ausdruck. Es sei angemerkt, dass mit dem Prinzip der virtuellen Verrückung und damit dem Prinzip der virtuellen Arbeit zunächst nur Probleme der Statik behandelt werden können. Indem d'Alembert das zweiten Newtonsche Axiom (Impulssatz)

$$\boldsymbol{F}_i = \dot{\boldsymbol{p}}_i$$

einführte, gelang es ihm, das Prinzip der virtuellen Arbeit auch auf Aufgabenstellungen der Dynamik anzuwenden.

9.3 Herleitung der Lagrange-Gleichung I. und II. Art

Mithilfe des d'Alembertschen Prinzips (9.8) lassen sich die Lagrange-Gleichungen herleiten. Zur Vereinfachung lassen wir den Index (a) für die angewendeten Kräfte weg, da die Zwangskräfte in den weiteren Betrachtungen nicht mehr auftreten. Die virtuellen Verrückungen schreiben wir mithilfe der *Transformationsgleichungen* (9.7) auf die entsprechenden virtuellen Verrückungen δq_j der generalisierten Koordinaten um. Hierzu nutzen wir die Eigenschaft, dass das Symbol "δ" wie ein Differenzial behandelt werden kann (s. Abschn. 8.9.1). Nach Gl. (9.7) gilt gemäß

$$x_i = x_i(q_j, t) \quad \text{mit} \quad 1 \leq i \leq n \;\wedge\; 1 \leq j \leq f$$

woraus folgt:

$$\delta x_i = \sum_{j=1}^{f} \frac{\partial x_i}{\partial q_j} \delta q_j + \frac{\partial x_i}{\partial t} \delta t$$

Da die virtuellen Verrückungen instantan ablaufen, verschwindet die partielle Ableitung nach der Zeit und wir erhalten:

$$\delta x_i = \sum_{j=1}^{f} \frac{\partial x_i}{\partial q_j} \delta q_j$$

Einsetzen in Gl. (9.8) liefert für das d'Alembertsche Prinzip mit $\dot{p}_i = m_i \ddot{x}_i$:

$$\sum_{i=1}^{n} \sum_{j=1}^{f} F_i \cdot \frac{\partial x_i}{\partial q_j} \delta q_j - \sum_{i=1}^{n} \sum_{j=1}^{f} m_i \ddot{x}_i \cdot \frac{\partial x_i}{\partial q_j} \delta q_j = 0 \qquad (9.9)$$

Mit der Definition der *generalisierten Kräfte*

$$Q_j = \sum_{j=1}^{f} F_i \cdot \frac{\partial x_i}{\partial q_j} \qquad (9.10)$$

lässt sich der erste Term von Gl. (9.9), die virtuelle Arbeit der angewendeten Kräfte, umschreiben zu

9.3 Herleitung der Lagrange-Gleichung I. und II. Art

$$\sum_{i=1}^{n}\sum_{j=1}^{f} \boldsymbol{F}_i \cdot \frac{\partial \boldsymbol{x}_i}{\partial q_j} \delta q_j = \sum_{j=1}^{f} Q_j \, \delta q_j. \tag{9.11}$$

Für die Geschwindigkeit $\dot{\boldsymbol{x}}_i$ gilt

$$\dot{\boldsymbol{x}}_i = \frac{\mathrm{d}}{\mathrm{d}t}\left(\boldsymbol{x}_i(q_j, t)\right) = \boldsymbol{v}_i,$$

welche wir unter Anwendung der Kettenregel in die Form

$$\dot{\boldsymbol{x}}_i = \boldsymbol{v}_i = \sum_{j=1}^{f} \frac{\partial \boldsymbol{x}_i}{\partial q_j} \dot{q}_j + \frac{\partial \boldsymbol{x}_i}{\partial t}$$

überführen können. Leiten wir den gewonnenen Ausdruck nach $\dot{q}_j$ ab, erhalten wir:

$$\frac{\partial \boldsymbol{v}_i}{\dot{q}_j} = \frac{\partial \boldsymbol{x}_i}{\partial q_j} \tag{9.12}$$

Das erhaltene Ergebnis lässt sich auch wie folgt darstellen:

$$\frac{\partial \boldsymbol{v}_i}{q_j} = \frac{\mathrm{d}}{\mathrm{d}t}\frac{\partial \boldsymbol{x}_i}{\partial q_j} \tag{9.13}$$

Die Auswertung des Skalarproduktes im zweiten Term von Gl. (9.9) liefert unter Berücksichtigung der beiden Gl. (9.12) und (9.13) nach Umstellung

$$\begin{aligned}
\ddot{\boldsymbol{x}}_i \cdot \frac{\partial \boldsymbol{x}_i}{\partial q_j} &= \frac{\mathrm{d}}{\mathrm{d}t}\left(\dot{\boldsymbol{x}}_i \cdot \frac{\partial \boldsymbol{x}_i}{\partial q_j}\right) - \dot{\boldsymbol{x}}_i \cdot \frac{\mathrm{d}}{\mathrm{d}t}\frac{\partial \boldsymbol{x}_i}{\partial q_j} \\
&= \frac{\mathrm{d}}{\mathrm{d}t}\left(\dot{\boldsymbol{v}}_i \cdot \frac{\partial \boldsymbol{v}_i}{\partial \dot{q}_j}\right) - \dot{\boldsymbol{v}}_i \cdot \frac{\partial \boldsymbol{v}_i}{\partial q_j} \\
&= \frac{\mathrm{d}}{\mathrm{d}t}\left(\frac{\partial}{\partial \dot{q}_j}\frac{\boldsymbol{v}_i^2}{2}\right) - \frac{\partial}{\partial q_j}\frac{\boldsymbol{v}_i^2}{2},
\end{aligned} \tag{9.14}$$

woraus für den zweiten Term aus Gl. (9.9) folgt:

$$\sum_{i=1}^{n}\sum_{j=1}^{f} m_i \ddot{\boldsymbol{x}}_i \cdot \frac{\partial \boldsymbol{x}_i}{\partial q_j} \delta q_j = \sum_{i=1}^{n}\sum_{j=1}^{f} \left[\frac{\mathrm{d}}{\mathrm{d}t}\left(\frac{\partial}{\partial \dot{q}_j}\frac{m_i \boldsymbol{v}_i^2}{2}\right) - \frac{\partial}{\partial q_j}\frac{m_i \boldsymbol{v}_i^2}{2} \right] \delta q_j$$

$$= \sum_{j=1}^{f} \left[\frac{\mathrm{d}}{\mathrm{d}t}\left(\frac{\partial}{\partial \dot{q}_j}\frac{1}{2}\sum_{i=1}^{n} m_i \boldsymbol{v}_i^2\right) - \frac{\partial}{\partial q_j}\frac{1}{2}\sum_{i=1}^{n} m_i \boldsymbol{v}_i^2 \right] \delta q_j$$

(9.15)

Für die gesamte kinetische Energie eines Punktsystems gilt

$$T = \frac{1}{2}\sum_{i=1}^{n} m_i \boldsymbol{v}_i^2,$$

sodass wir für die Auswertung des Salarproduktes des zweiten Terms in Gl. (9.15) schreiben können:

$$\sum_{i=1}^{n}\sum_{j=1}^{f} m_i \ddot{\boldsymbol{x}}_i \cdot \frac{\partial \boldsymbol{x}_i}{\partial q_j} \delta q_j = \sum_{j=1}^{f} \left[\frac{\mathrm{d}}{\mathrm{d}t}\left(\frac{\partial T}{\dot{q}_j}\right) - \frac{\partial T}{q_j} \right] \delta q_j \qquad (9.16)$$

Mit den Gl. (9.11) und (9.16) sind die beiden Terme des d'Alembertschen Prinzips bestimmt und lautet in der Schreibweise generalisierter Koordinaten, Geschwindigkeiten und Kräfte:

$$\sum_{j=1}^{f} Q_j \delta q_j - \sum_{j=1}^{f} \left[\frac{\mathrm{d}}{\mathrm{d}t}\left(\frac{\partial T}{\dot{q}_j}\right) - \frac{\partial T}{q_j} \right] \delta q_j = 0$$

$$\Leftrightarrow \sum_{j=1}^{f} \left[\frac{\mathrm{d}}{\mathrm{d}t}\left(\frac{\partial T}{\dot{q}_j}\right) - \frac{\partial T}{q_j} - Q_j \right] \delta q_j = 0 \qquad (9.17)$$

Da die generalisierten Koordinaten q_j unabhängig voneinander sind, ist eine virtuelle Verrückung δq_k für $k \neq l$ unabhängig von δq_l. Somit kann Gl. (9.17) nur erfüllt sein, wenn der Term in eckiger Klammer zu null wird. Wir erhalten für $j = 1 \ldots f$ die (Goldstein et al. 2002; Preumont 2006)

9.3 Herleitung der Lagrange-Gleichung I. und II. Art

Lagrange-Gleichung I. Art

$$\frac{\mathrm{d}}{\mathrm{d}t}\left(\frac{\partial T}{\dot{q}_j}\right) - \frac{\partial T}{q_j} = Q_j \quad (9.18)$$

Für die Beschreibung des dynamischen Verhaltens piezoelektrischer Biegewandler spielt insbesondere die *Lagrange-Gleichung II. Art* eine wichtige Rolle. Sie lässt sich direkt aus Gl. (9.18) ableiten unter der Annahme, dass ein **konservatives System** vorliegt. Aus Abschn. 8.9 wissen wir, dass eine Kraft genau dann konservativ ist, wenn ein skalares Potenzial V existiert, wobei gilt:

$$\boldsymbol{F}_i = -\operatorname{grad}_i V$$

Die generalisierten Kräfte aus Gl. (9.10) lassen sich dann wie folgt schreiben:

$$Q_i = -\sum_{j=1}^{f} \operatorname{grad}_i V \cdot \frac{\partial \boldsymbol{x}_i}{\partial q_j} = -\frac{\partial V}{\partial q_j}$$

Gl. (9.18) lässt sich damit in folgende Form überführen:

$$\frac{\mathrm{d}}{\mathrm{d}t}\left(\frac{\partial T}{\dot{q}_j}\right) - \frac{\partial (T-V)}{q_j} = 0$$

Da das Potenzial V als reine Ortsfunktion nicht von den generalisierten Geschwindigkeiten abhängt, ist dies äquivalent zu

$$\frac{\mathrm{d}}{\mathrm{d}t}\left(\frac{\partial (T-V)}{\dot{q}_j}\right) - \frac{\partial (T-V)}{q_j} = 0.$$

Der Ausdruck $T - V$ wird als Lagrange-Funktion L bezeichnet. Damit erhalten wir für $j = 1 \ldots f$ die (Goldstein et al. 2002; Preumont 2006)

Lagrange-Gleichung II. Art

$$\frac{\mathrm{d}}{\mathrm{d}t}\left(\frac{\partial L}{\dot{q}_j}\right) - \frac{\partial L}{q_j} = 0. \quad (9.19)$$

9.4 Anwendung der Lagrange-Gleichungen II. Art

Zur Bestimmung der Bewegungsgleichungen komplexer Systeme (und auch starrer Körper) in konservativen Kraftfeldern stellt die Lagrange-Gleichung II. Art (9.19) ein sehr effizientes Mittel dar. Die Kunst besteht darin, geeignete generalisierte Koordinaten einzuführen, und dann T und V als Funktion dieser generalisierten Koordinaten auszudrücken, um die Lagrange-Funktion L in der Form

$$L = L(q_1, \ldots, q_n, \dot{q}_1, \ldots, \dot{q}_n) = T - V$$

zu erhalten. Die folgenden zwei Beispiele illustrieren das Vorgehen.

Teilchen im schwerefreien Raum

Ein einzelner Massenpunkt der Masse m bewege sich im schwerefreien Raum. Da keine Zwangsbedingungen vorliegen ($f = 3$), können die kartesischen Koordinaten x, y, z als generalisierte Koordinaten verwendet werden. Für die kinetische Energie T und das Potenzial V gilt:

$$T = \frac{1}{2}mv^2 = \frac{1}{2}(\dot{x}^2 + \dot{y}^2 + \dot{z}^2), \qquad V = 0$$

Die Lagrange-Funktion L lautet damit:

$$L = T - V = \frac{1}{2}(\dot{x}^2 + \dot{y}^2 + \dot{z}^2)$$

Entsprechend den drei Freiheitsgraden gibt es drei Lagrange-Gleichungen II. Art. Mit

$$\frac{\partial L}{\partial \dot{x}} = m\dot{x}, \quad \frac{d}{dt}\left(\frac{\partial L}{\partial \dot{x}}\right) = m\ddot{x}, \quad \frac{\partial L}{\partial x} = 0$$

folgt die Gleichung für die x-Koordinate

$$m\ddot{x} = 0.$$

Analog ergibt sich für die y- und z-Koordinate

$$m\ddot{y} = 0, \quad m\ddot{z} = 0.$$

Fassen wir das Ergebnis in Vektorschreibweise zusammen, erhalten wir

$$\ddot{\mathbf{x}} = \mathbf{0},$$

9.4 Anwendung der Lagrange-Gleichungen II. Art

d. h. die Beschleunigung des Massenpunktes verschwindet, und es liegt eine geradlinig-gleichförmige Bewegung vor.

Perle auf rotierendem Drahtkreis

Gegeben ist ein senkrecht aufgestellter Drahtkreis (Radius R) im homogenen Gravitationsfeld (Schwerebeschleunigung G), der mit der bekannten Winkelgeschwindigkeit ω um die vertikale Achse rotiert. Auf diesem Draht bewegt sich ein Massenpunkt der Masse m (s. Abb. 9.1). Offenbar hat das System nur einen Freiheitsgrad. Der eingezeichnete Winkel φ ist hierbei eine geeignete generalisierte Koordinate. Für die Geschwindigkeit des Massenpunktes gilt:

$$\boldsymbol{v} = R\dot{\varphi}\,\boldsymbol{e}_\varphi + r\omega\,\boldsymbol{e}_\perp = R\dot{\varphi}\,\boldsymbol{e}_\varphi + R\omega\cos\varphi\,\boldsymbol{e}_\perp$$

Die kinetische Energie T ergibt sich somit zu

$$T = \frac{1}{2}mv^2 = \frac{1}{2}mR^2\dot{\varphi}^2 + \frac{1}{2}mR^2\omega^2\cos^2\varphi.$$

Das Potenzial V im homogenen Schwerefeld beträgt

$$V = mgz = mgR\sin\varphi.$$

Die in Abhängigkeit der generalisierten Koordinate φ ausgedrückte Lagrange-Funktion lautet:

$$L = T - V = \frac{1}{2}mR^2\left(\dot{\varphi}^2 + \omega^2\cos^2\varphi\right) - mgR\sin\varphi$$

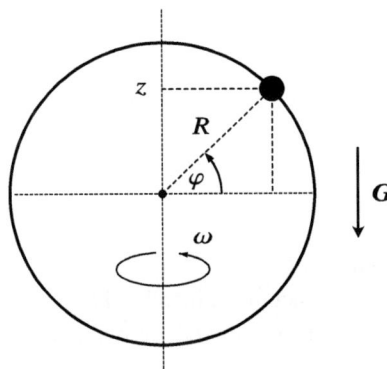

Abb. 9.1 Perle (Masse m) auf einem senkrecht aufgestellten Drahtkreis mit Radius R im homogenen Gravitationsfeld (Schwerebeschleunigung G). Der Drahtkreis rotiert mit konstanter Winkelgeschwindigkeit ω um die vertikale Achse

Da das System nur über einen Freiheitsgrad verfügt, gibt es auch nur eine Lagrange-Gleichung. Aus der Lagrange-Funktion ergibt sich:

$$\frac{\partial L}{\partial \dot\varphi} = mR^2\dot\varphi, \quad \frac{\mathrm{d}}{\mathrm{d}t}\left(\frac{\partial L}{\partial \dot\varphi}\right) = mR^2\ddot\varphi,$$

$$\frac{\partial L}{\partial \varphi} = -mR^2\omega^2 \sin\varphi \cos\varphi - mgR\cos\varphi$$

$$= -\frac{1}{2}mR^2\omega^2 \sin(2\varphi) - mgR\cos\varphi$$

Daraus folgt die Lagrange-Funktion II. Art, die da lautet:

$$mR^2\ddot\varphi + \frac{1}{2}mR^2\omega^2 \sin(2\varphi) + mgR\cos\varphi = 0$$

$$\Leftrightarrow \quad \ddot\varphi + \frac{1}{2}\omega^2 \sin(2\varphi) + \frac{g}{R}\cos\varphi = 0$$

Dies ist die gesuchte Bewegungsgleichung für eine Perle auf einem rotierenden Drahtkreis.

9.5 Euler-Lagrange-Differenzialgleichung

Beide Arten der Lagrange-Gleichungen spielen für die Lösung des dynamischen Verhaltens piezoelektrischer Biegewandler eine zentrale Rolle. Der Ansatz zur Ermittlung der Differenzialgleichungen erfolgt unter Anwendung des *Hamilton-Prinzips*. Beide Lagrange-Gleichungen fließen in das Prinzip mit ein. Um das Hamilton-Prinzip jedoch anwenden zu können, müssen wir zunächst auf einige Aspekte der **Variationsrechnung** eingehen. Als Lösung erhalten wir die *Euler-Lagrange Differenzialgleichung der Variationsrechnung*, die in Kombination mit den Lagrange-Gleichungen zu besagtem Hamilton-Prinzip führt. Beginnen wir mit der dem Begriff der *Stationarität* einer Funktion.

Stationarität einer Funktion $f(x)$
Für eine Funktion $f(x)$ bezeichnet man einen Punkt x genau dann als stationär, falls er entweder ein Maximum, ein Minimum oder ein Sattelpunkt der Funktion $f(x)$ ist. Es gilt also:

$$f(x) \text{ stationär in } x \quad \Leftrightarrow \quad f'(x) = 0 \qquad (9.20)$$

9.5 Euler-Lagrange-Differenzialgleichung

Stationäre Punkte zeichnen sich dadurch aus, dass die Funktion in der unmittelbaren Umgebung (ε-Umgebung) praktisch konstant ist.

Im Gegensatz zu einer Funktion hängt ein **Funktional** nicht einfach von einer oder mehreren Zahlen, sondern von einer kompletten Funktion ab (Fließbach 2015). Für eine gegebene Funktion $f(x, y, z)$ sei das Funktional

$$I\{y(x)\} = \int_{x_1}^{x_2} f(x, y(x), y'(x))\,\mathrm{d}x, \tag{9.21}$$

welches von der Funktion $y(x)$ abhängt, betrachtet. Es sei angemerkt, dass die Grenzen x_1 und x_2 fest sind (Arfken et al. 2013).

Wird das zuvor Gesagte verallgemeinert, so bezeichnet man $I\{y(x)\}$ für eine spezielle Funktion $y(x)$ dann als stationär, wenn sich $I\{y(x)\}$ bei infinitesimalen *Variationen* von $y(x)$ nicht ändert. Die Endpunkte x_1 und x_2 sind festgehalten und die Funktion $y(x)$ wird an den Endpunkten nicht variiert, d. h.

$$y_1 = y(x_1) \quad \wedge \quad y_2 = y(x_2)$$

sind fest. Derartige Variationen lassen sich dann darstellen als

$$y(x, \varepsilon) = y(x) + \varepsilon \eta(x), \tag{9.22}$$

wobei die Testfunktion $\eta(x)$ eine beliebige Funktion mit $\eta(x_1) = \eta(x_1) = 0$ und ε eine kleine Zahl ist (s. Abb. 9.2). Aus Gl. (9.21) ergibt sich demnach

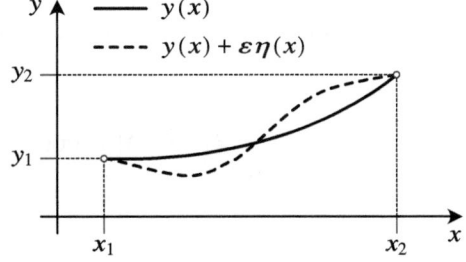

Abb. 9.2 Für eine Funktion $y(x)$ mit festen Randpunkten x_1 und x_1 wird eine abweichende Funktion $y(x, \varepsilon) = y(x) + \varepsilon \eta(x)$ betrachtet. (Nach Scheck 2007)

$$I\{y(x,\varepsilon)\} = \int_{x_1}^{x_2} f(x, y(x,\varepsilon), y'(x,\varepsilon)) \, dx. \tag{9.23}$$

In Analogie zu Gl. (9.20) lautet die Stationaritätsbedingung

$$\left.\frac{\partial I\{y(x,\varepsilon)\}}{\partial \varepsilon}\right|_{\varepsilon=0} = 0. \tag{9.24}$$

Definieren wir

$$\delta = \left.\frac{\partial}{\partial \varepsilon}\right|_{\varepsilon=0} d\varepsilon$$

als Variationsoperator, dann ergibt sich mit Gl. (9.24) die Variation von I zu

$$\delta I\{y(x,\varepsilon)\} = \left.\frac{\partial I\{y(x,\varepsilon)\}}{\partial \varepsilon}\right|_{\varepsilon=0} d\varepsilon = 0. \tag{9.25}$$

Gl. (9.25) beschreibt die hinreichende und notwendige Bedingung für Stationarität. Analog ist

$$\delta y(x) = \left.\frac{\partial y}{\partial \varepsilon}\right|_{\varepsilon=0} d\varepsilon = \eta(x) \, d\varepsilon$$

die Variation von $y(x)$, welche in der Tat an den Randpunkten x_1 und x_2 verschwindet:

$$\delta y(x_1) = \delta y(x_2) = 0$$

Damit lautet die Bedingung für Stationarität:

$$I\{y(x,\varepsilon)\} \text{ stationär} \quad \Leftrightarrow \quad \delta I\{y(x,\varepsilon)\} = 0 \tag{9.26}$$

Gemäß Gl. (9.25) bestimmen wir im Folgenden die Variation δI. Differenziation nach ε und Integration können wir vertauschen, sodass gilt:

9.5 Euler-Lagrange-Differenzialgleichung

$$\frac{\partial I\{y(x,\varepsilon)\}}{\partial \varepsilon} = \int_{x_1}^{x_2} \frac{\partial}{\partial \varepsilon} f(x, y(x,\varepsilon), y'(x,\varepsilon)) \, dx$$

$$= \int_{x_1}^{x_2} \frac{\partial f}{\partial y} \frac{\partial y}{\partial \varepsilon} \, dx + \underbrace{\int_{x_1}^{x_2} \frac{\partial f}{\partial y'} \frac{\partial^2 f}{\partial \varepsilon \partial x} \, dx}_{(*)} \quad (9.27)$$

Der Integralausdruck $(*)$ lässt sich mittels partieller Integration bestimmen (Lang und Pucker 2016). Es folgt:

$$\int_{x_1}^{x_2} \frac{\partial f}{\partial y'} \frac{d}{dx}\left(\frac{\partial y}{\partial \varepsilon}\right) dx = \frac{\partial f}{\partial y'} \frac{\partial y}{\partial \varepsilon}\bigg|_{x_1}^{x_2} - \int_{x_1}^{x_2} \frac{d}{dx}\left(\frac{\partial f}{\partial y'}\right) \frac{\partial y}{\partial \varepsilon} \, dx$$

Einsetzen in Gl. (9.27) liefert:

$$\frac{\partial I\{y(x,\varepsilon)\}}{\partial \varepsilon} = \int_{x_1}^{x_2} \frac{\partial f}{\partial y} \frac{\partial y}{\partial \varepsilon} \, dx + \underbrace{\frac{\partial f}{\partial y'} \frac{\partial y}{\partial \varepsilon}\bigg|_{x_1}^{x_2}}_{(**)} - \int_{x_1}^{x_2} \frac{d}{dx}\left(\frac{\partial f}{\partial y'}\right) \frac{\partial y}{\partial \varepsilon} \, dx \quad (9.28)$$

Der Term $(**)$ ergibt sich unter Berücksichtigung von Gl. (9.22) zu:

$$\frac{\partial f}{\partial y'} \frac{\partial y}{\partial \varepsilon}\bigg|_{x_1}^{x_2} = \frac{\partial f}{\partial y'} \eta(x)\bigg|_{x_1}^{x_2} = 0 \quad \text{mit} \quad \eta(x_1) = \eta(x_2) = 0$$

Wir erhalten somit aus Gl. (9.28):

$$\frac{\partial I\{y(x,\varepsilon)\}}{\partial \varepsilon} = \int_{x_1}^{x_2} \frac{\partial f}{\partial y} \frac{\partial y}{\partial \varepsilon} \, dx - \int_{x_1}^{x_2} \frac{d}{dx}\left(\frac{\partial f}{\partial y'}\right) \frac{\partial y}{\partial \varepsilon} \, dx$$

$$= \int_{x_1}^{x_2} \left[\frac{\partial f}{\partial y} - \frac{d}{dx}\left(\frac{\partial f}{\partial y'}\right)\right] \frac{\partial y}{\partial \varepsilon} \, dx$$

Die Multiplikation mit $d\varepsilon$ liefert letztlich die Variation $\delta I\{y(x)\}$:

$$\left.\frac{\partial I\{y(x,\varepsilon)\}}{\partial \varepsilon}\right|_{\varepsilon=0} d\varepsilon = \int_{x_1}^{x_2} \left[\frac{\partial f}{\partial y} - \frac{d}{dx}\left(\frac{\partial f}{\partial y'}\right)\right] \left.\frac{\partial y}{\partial \varepsilon}\right|_{\varepsilon=0} d\varepsilon\, dx$$

$$\Leftrightarrow \quad \delta I\{y(x)\} = \int_{x_1}^{x_2} \left[\frac{\partial f}{\partial y} - \frac{d}{dx}\left(\frac{\partial f}{\partial y'}\right)\right] \delta y(x)\, dx \tag{9.29}$$

Da $\delta y(x)$ beliebig gewählt werden kann, ist die Stationaritätsbedingung genau dann erfüllt, wenn gilt:

$$\frac{\partial f}{\partial y} - \frac{d}{dx}\left(\frac{\partial f}{\partial y'}\right) \tag{9.30}$$

Gl. (9.30) repräsentiert die *Eulersche Differenzialgleichung der Variationsrechnung*. Sie findet vielfache Anwendung in der Physik (z. B. das **Brachistochronenproblem**) (Greiner 2003b; Arfken et al. 2013).

Nun untersuchen wir noch die Frage der Stationarität für das Funktional

$$I\{y_1(x), \ldots, y_n(x)\} = \int_{x_1}^{x_2} f(x, y_1(x), \ldots, y_n(x), y_1'(x), \ldots, y_n'(x))\, dx,$$

welches von n Funktionen abhängt. Auch hier werden wir die Endpunkte x_1 und x_2 sowie die entsprechenden Funktionswerte $y_1(x_1), \ldots, y_n(x_1)$ und $y_1(x_2), \ldots, y_n(x_2)$ festhalten. Wir definieren wiederum Testfunktionen $\eta_1(x), \ldots, \eta_n(x)$, wobei gilt:

$$\left.\begin{aligned} y_1(x, \varepsilon) &= y_1(x) + \varepsilon \eta_1(x) \\ &\vdots \\ y_n(x, \varepsilon) &= y_n(x) + \varepsilon \eta_n(x) \end{aligned}\right\} n \text{ Mal}$$

mit

$$\eta_i(x_1) = \eta_i(x_2) = 0 \quad \forall i \in \mathbb{N}.$$

Hieraus folgt die Bedingung der Stationarität:

$$I\{y_1(x), \ldots, y_n(x)\} \text{ stationär} \quad \Leftrightarrow \quad \delta I\{y_1(x), \ldots, y_n(x)\} = 0$$

In Analogie zu Gl. (9.30) erhalten wir

$$\delta I\{y_1(x), \ldots, y_n(x)\} = \int_{x_1}^{x_2} \sum_{i=1}^{n} \left[\frac{\partial f}{\partial y_i} - \frac{\mathrm{d}}{\mathrm{d}x} \left(\frac{\partial f}{\partial y_i'} \right) \right] \delta y_i(x) \, \mathrm{d}x = 0 \qquad (9.31)$$

Da die Variationen δy_i unabhängig voneinander sind, ist die Stationaritätsbedingung dann und nur dann erfüllt, wenn der Klammerausdruck in Gl. (9.31) verschwindet (Wachter et al. 2005). Somit erhält man für $i = 1 \ldots n$ die

---

Euler-Lagrange-Differenzialgleichung der Variationsrechnung

$$\frac{\partial f}{\partial y_i} - \frac{\mathrm{d}}{\mathrm{d}x} \left(\frac{\partial f}{\partial y_i'} \right) = 0 \qquad (9.32)$$

Die Euler-Lagrange-Differenzialgleichung stellt eine Verallgemeinerung der Eulerschen Differenzialgleichung (9.30) dar. Ihre Lösungen sind diejenigen Kurven $y_i(x)$, für die das Funktional $I\{y_1(x), \ldots, y_n(x)\}$ stationär ist bzw. die zugehörige Variation δI verschwindet.

Mit der Newtonschen Formulierung und dem auf dem d'Alembertschen Prinzip aufbauenden Lagrange-Formalismus haben wir bereits zwei Ansätze zur Behandlung der Punktmechanik gefunden. Diesen Ansätzen schließt sich ein weiteres Prinzip an. Die Rede ist vom *Hamilton-Prinzip*, welches ebenfalls als Ausgangspunkt der klassischen Mechanik betrachtet werden kann. Im nächsten Kapitel werden wir sehen, dass uns das Hamilton-Prinzip in die Lage versetzt, einen Satz von Gleichungen abzuleiten, welcher die Bewegungsgleichung eines piezoelektrischen Biegewandlers als auch den Zusammenhang zwischen dem Biegemoment und Querkraft sowie zwischen der dielektrischen Verschiebung und der Flächenladungsdichte (an jeder einzelnen Grenzschicht) beinhaltet.

Literatur

Arfken GB, Weber HJ, Harris FE (2013) Mathematical methods for physicists: a comprehensive guide, 7. Aufl. Academic, Waltham

Fließbach T (2015) Mechanik: Lehrbuch zur Theoretischen Physik, Bd 1, 7. Aufl. Springer Spektrum, Berlin

Goldstein H, Poole C, Safko J (2002) Classical mechanics, 3. Aufl. Pearson, Uttar Pradesh

Greiner W (2003a) Klassische Mechanik: Kinematik und Dynamik der Punktteilchen, Relativität, Bd 1, 7. Aufl. Wissenschaftlicher Verlag Harri Deutsch, Frankfurt a. M.

Greiner W (2003b) Klassische Mechanik: Teilchensysteme, Lagrange-Hamiltonsche Dynamik, nichtlineare Phänomene, Bd 2. Wissenschaftlicher Verlag Harri Deutsch, Frankfurt am Main

Honerkamp J, Römer H (2012) Klassische Theoretische Physik: Eine Einführung, Springer-Lehrbuch, 4. Aufl. Springer, Berlin

Landau LD, Lifvsic EM (1969) Mechanics, Course of theoretical physics, Bd 1, 2. Aufl. Pergamon Press, Oxford

Lang CB, Pucker N (2016) Mathematische Methoden in der Physik, 3. Aufl. Springer, Berlin/Heidelberg

Nolting W (2014) Grundkurs Theoretische Physik: Analytische Mechanik, Springer-Lehrbuch, Bd 2, 9. Aufl. Springer Spektrum, Berlin

Nolting W (2016) Grundkurs Theoretische Physik: Spezielle Relativitätstheorie, Springer-Lehrbuch, Bd 4/1, 9. Aufl. Springer Spektrum, Berlin/Heidelberg

Preumont A (2006) Mechatronics: dynamics of electromechanical and piezoelectric systems, Solid mechanics and its applications, Bd v. 136, 1. Aufl. Springer, Dordrecht

Scheck F (2007) Theoretische Physik: Mechanik – Von den Newton'schen Gesetzen zum deterministischen Chaos, Springer-Lehrbuch, Bd 1, 8. Aufl. Springer, Berlin

Schmutzer E (2005) Grundlagen der Theoretischen Physik, 3. Aufl. Wiley-VCH, Weinheim

Straumann N (2015) Theoretische Mechanik: Ein Grundkurs über klassische Mechanik endlich vieler Freiheitsgrade, Springer-Lehrbuch, 2. Aufl. Springer Spektrum, Berlin

Tipler PA, Mosca G (2019) Physik für Studierende der Naturwissenschaften und Technik, 8. Aufl. Springer Spektrum, Berlin/Heidelberg

Wachter A, Hoeber H, Schilling K (2005) Repetitorium Theoretische Physik, Springer-Lehrbuch, 2. Aufl. Springer, Berlin

Weizel W (1963) Lehrbuch der Theoretischen Physik: Physik der Vorgänge, Bd 1. Springer, Berlin/Heidelberg

10 Hamilton-Prinzip und piezoelektrische Biegewandler

10.1 Hamilton-Prinzip

Zu Beginn dieses Kapitels betrachten wir den Begriff des **Wirkungsfunktionals**. Das Wirkungsfunktional ist definiert über alle möglichen Bahnen, die ein gegebenes System von Massenpunkten durchlaufen kann. Das Hamilton-Prinzip macht nun für konservative holonome Systeme die folgende Aussage über die tatsächliche Bahn, längs derer die Bewegung des Systems verlaufen wird (Wachter et al. 2005):

Hamilton-Prinzip für konservative holonome Systeme
Gegeben sei die Lagrange-Gleichung II. Art $L(q_j, \dot{q}_j, t) = T - V$ eines konservativen Systems mit holonomen Zwangsbedingungen. Charakterisiert wird seine Lösung dadurch, dass das zugehörige Funktional (Wirkungsfunktional), also das Zeitintegral der Lagrange-Funktion, längs der tatsächlichen Bahn stationär ist:

$$S = \int_{t_1}^{t_2} L(q_j, \dot{q}_j, t) \quad \rightarrow \quad \text{stationär}$$

Äquivalent dazu ist die Bedingung, dass die Variation δS der Wirkung längs der tatsächlichen Bahn verschwindet, d. h.

$$\delta S = \delta \int_{t_1}^{t_2} L(q_j, \dot{q}_j, t) = 0 \qquad (10.1)$$

Offensichtlich beschreibt das Hamilton-Prinzip ein Optimierungsproblem, bei dem es um das Auffinden von Funktionen geht, für die ein gegebenes Funktional Extremeigenschaften annimmt. Dies erinnert uns an die vorhergehenden Betrachtungen im Rahmen der Variationsrechnung, aus denen wir schließlich die Euler-Lagrange-Differenzialgleichungen abgeleitet haben. Bezugnehmend auf das Hamilton-Prinzip halten wir ohne weitere Beweisführung fest, dass die Euler-Lagrange-Differenzialgleichung (9.32) mit der Lagrange-Gleichung II. Art (9.19) für den holonomen Fall – bis auf den Faktor -1 – identisch ist, wenn wir f durch die Lagrange-Funktion L ersetzen, und die Funktion $y_i(x)$ als die generalisierte Koordinate q_j interpretieren. Es gilt somit, dass S genau dann stationär ist bzw. die Variation von S für $j = 1 \ldots f$ gleich null ist (f entspricht der Anzahl der Freiheitsgrade), wenn gilt

$$\frac{\partial L}{q_j} - \frac{\mathrm{d}}{\mathrm{d}t}\left(\frac{\partial L}{\dot{q}_j}\right) 0,$$

was in der Tat bis auf den Faktor -1 der Lagrange-Gleichung II. Art entspricht.

Wir rufen uns nochmals in Erinnerung, dass Gl. (10.1) für konservative holonome Systeme gültig ist. In der Regel wirken auf Systeme Kräfte, welche sich nicht immer aus einem Potenzial ableiten lassen und folglich keine Potenzialkräfte sind. So verhält es sich auch bei dem System Biegewandler. Dies hat zur Folge, dass Gl. (10.1) in der vorliegenden Form zum Auffinden der Bewegungsgleichung piezoelektrischer Biegewandler nicht herangezogen werden kann. Vielmehr müssen wir Gl. (10.1) derart modifizieren, dass nicht-konservative Größen Berücksichtigung finden. Der folgende Abschnitt geht näher auf diese Modifikation ein.

10.2 Berücksichtigung nicht-konservativer Lastgrößen

Das *erweiterte* Hamilton-Prinzip ermöglicht die Ableitung der Biegewandler-Bewegungsgleichung aus einem Integral, welches die kinetische Energie, das Potenzial und die von nicht-konservativen Größen verrichtete virtuelle Arbeit umfasst. Sowohl die virtuelle Arbeit als auch die kinetische Energie und das Potenzial sind skalare Funktionen. Mit Bezug auf das d'Alembertsche Prinzip (9.8) können wir für ein System von n Massenpunkten schreiben:

$$\sum_{i=1}^{n}\left(m_i\frac{\mathrm{d}^2 \boldsymbol{x}_i}{\mathrm{d}t^2} + \frac{\partial V}{\partial \boldsymbol{x}_i} - \boldsymbol{F}_i\right) \cdot \delta\boldsymbol{x}_i = 0 \qquad (10.2)$$

Hierbei bezeichnen die Größen $V = V(\boldsymbol{x}_1, \ldots, \boldsymbol{x}_n)$ die potenzielle Energie der Massenpunkte, $\boldsymbol{F}_i$ die auf den i-ten Massenpunkt wirkende nicht-konservative Kraft, $\boldsymbol{x}_i$ den Ortsvektor des Massenpunktes mit der Masse m_i und $\delta\boldsymbol{x}_i$ eine virtuelle Verschiebung. Die

10.2 Berücksichtigung nicht-konservativer Lastgrößen

Variation betrifft nur x_i und seine Ableitungen. Die restlichen Parameter und die Zeit sind nicht von der Variation betroffen. Ist die Konfiguration des Systems vorgeschrieben, muss die Variation notwendigerweise null sein, da sonst jede Änderung zu einer Konfiguration führen würde, die nicht möglich ist. Wir müssen nun berücksichtigen, dass die Variation des Potenzials des Systems gegeben ist durch

$$\delta V = \sum_{i=1}^{n} \left(\frac{\partial V}{\partial x_i}\right) \cdot \delta x_i \tag{10.3}$$

und die Variation der von nicht-konservativen Kräften geleisteten Arbeit (virtuelle Arbeit) durch

$$\delta W = \sum_{i=1}^{n} \boldsymbol{F}_i \cdot \delta \boldsymbol{x}_i \tag{10.4}$$

beschrieben wird. Es gilt nun nach der Produktregel

$$\frac{\mathrm{d}}{\mathrm{d}t}\left[\sum_{i=1}^{n}\left(m_i \frac{\mathrm{d}\boldsymbol{x}_i}{\mathrm{d}t}\right) \cdot \delta \boldsymbol{x}_i\right] = \sum_{i=1}^{n}\left(m_i \frac{\mathrm{d}^2\boldsymbol{x}_i}{\mathrm{d}t^2}\right) \cdot \delta \boldsymbol{x}_i + \sum_{i=1}^{n}\left(m_i \frac{\mathrm{d}\boldsymbol{x}_i}{\mathrm{d}t}\right) \cdot \delta \frac{\mathrm{d}\boldsymbol{x}_i}{\mathrm{d}t}$$

$$= \sum_{i=1}^{n}\left(m_i \frac{\mathrm{d}^2\boldsymbol{x}_i}{\mathrm{d}t^2}\right) \cdot \delta \boldsymbol{x}_i + \delta \sum_{i=1}^{n} \frac{m_i}{2} \frac{\mathrm{d}\boldsymbol{x}_i}{\mathrm{d}t} \cdot \frac{\mathrm{d}\boldsymbol{x}_i}{\mathrm{d}t}$$

$$= \sum_{i=1}^{n}\left(m_i \frac{\mathrm{d}^2\boldsymbol{x}_i}{\mathrm{d}t^2}\right) \cdot \delta \boldsymbol{x}_i + \delta T, \tag{10.5}$$

wobei die Größe T bekanntermaßen die kinetische Energie des Systems beschreibt. Das Einsetzen der Gl. (10.3)–(10.5) in den Ausdruck (10.2) für das d'Alembertsche Prinzip liefert gemeinsam mit der Definition der Lagrange-Funktion $L = T - V$:

$$\delta L + \delta W = \frac{\mathrm{d}}{\mathrm{d}t}\left[\sum_{i=1}^{n}\left(m_i \frac{\mathrm{d}\boldsymbol{x}_i}{\mathrm{d}t}\right) \cdot \delta \boldsymbol{x}_i\right] \tag{10.6}$$

Gl. (10.6) ist gültig für ein diskretes System bestehend aus n Massenpunkten. Es lässt sich (ohne weitere Beweisführung) auf ein kontinuierliches System wie der betrachtete Vielschicht-Biegewandler in die Form

$$\delta L + \delta W = \frac{\mathrm{d}}{\mathrm{d}t}\left[\int_V (\rho \boldsymbol{v}) \cdot \delta \boldsymbol{x}\, dV\right] \tag{10.7}$$

überführen, wobei die Größe ρ die Massendichte des Systems, die Größe $\boldsymbol{v} = \mathrm{d}\boldsymbol{x}/\mathrm{d}t$ das Geschwindigkeitsfeld, die Größe δL die Lagrange-Funktion des kontinuierlichen Systems und δW die virtuelle Arbeit nicht-konservativer Kräfte am System bezeichnen. Die Größe V kennzeichnet das Volumen des Systems, über welches die Integration erfolgt. Die Integration von Gl. (10.7) über die Zeit liefert:

$$\int_{t_1}^{t_2} \delta L \, \mathrm{d}t + \int_{t_1}^{t_2} \delta W \, \mathrm{d}t = \int_V (\rho \boldsymbol{v}) \cdot \delta \boldsymbol{x} \, dV \bigg|_{t_1}^{t_2} \tag{10.8}$$

Bei einem System aus n Massenpunkten hat jeder Massenpunkt zu jedem Zeitpunkt seinen eigenen Ortsvektor, sodass der Zustand des gesamten Systems ein Punkt im $3n$-dimensionalen Raum ist, der als **Konfigurationsraum** bezeichnet wird. Im Zeitverlauf folgt die Bewegung des gesamten Systems von Massenpunkten einer Kurve im Konfigurationsraum, die als **wahrer Pfad** bezeichnet wird. Von allen möglichen Pfaden durch den Konfigurationsraum betrachten wir nur diejenigen, welche zu den Zeitpunkten t_1 und t_2 mit dem wahren Pfad übereinstimmen. Dies bedeutet, dass die Konfiguration des Systems zu den Zeitpunkten t_1 und t_2 gegeben ist, und es folgt, dass $\delta \boldsymbol{x} = \boldsymbol{0}$ zu diesen Zeitpunkten gegeben ist. Unter diesen Bedingungen wird der letzte Term in Gl. (10.8) zu null, sodass sich das erweiterte Hamilton-Prinzip wie folgt formulieren lässt:

Erweitertes Hamilton-Prinzip für nicht-konservative Systeme
Unter den zulässigen Bewegungen ist die tatsächliche Bewegung derart, dass gilt:

$$\int_{t_1}^{t_2} \delta L \, \mathrm{d}t + \int_{t_1}^{t_2} \delta W \, \mathrm{d}t = 0 \tag{10.9}$$

Das erweiterte Hamilton-Prinzip ist allgemeiner Natur und lässt sich verwenden, um die Bewegungsgleichungen einer Vielzahl mechanischer Systeme zu bestimmen, indem die erforderlichen Variationen gemäß Gl. (10.9) durchgeführt werden. Das Prinzip ist auf starre Körper, Massenpunkte sowie verformbare Körper anwendbar.

Für den Sonderfall, dass nur konservative Kräfte auf ein System wirken, sodass $\delta W = 0$ ist, reduziert sich Gl. (10.9) auf das Hamilton-Prinzip für konservative Systeme (s. Gl. (10.1)). Bevor wir auf Basis des *erweiterten Hamilton-Prinzips* die zugrundeliegenden Differenzialgleichungen eines piezoelektrischen Biegewandlers bestimmen können, wollen wir uns zunächst mit der Herleitung der zugehörigen Lagrange-Funktion L befassen.

10.3 Lagrange-Funktion eines piezoelektrischen Biegewandlers

Die Bestimmung der Lagrange-Funktion $L = T - V$ erfordert die Kenntnis der kinetischen Energie T und des Potenzials V des Biegewandlers. Für die kinetische Energie T_i eines differenziellen Massenelements $\mathrm{d}m_i$ der i-ten Schicht eines piezoelektrischen Vielschicht-Biegewandlers erhalten wir

$$\mathrm{d}T_i = \mathrm{d}m_i \frac{\dot{x}_i^2}{2} = \rho_i \frac{\dot{x}_i^2}{2} \mathrm{d}V_i,$$

wobei die Größen ρ_i die konstante Massendichte und $\mathrm{d}V_i$ ein differenzielles Volumenelement der i-ten Schicht bezeichnen. Die Bewegung einer einzelnen Schicht i soll – wie auch im statischen Fall – nur entlang der z-Achse erfolgen (vgl. Abb. 8.8). Mit der Auslenkung $w = w(x, t)$ in z-Richtung können wir die gesamte kinetische Energie T eines n-Schichtsystems in

$$T = \sum_{i=1}^{n} \int_{V_i} \frac{\rho_i}{2} \left(\frac{\partial w}{\partial t} \right)^2 \mathrm{d}V_i \qquad (10.10)$$

zusammfassen. Die Bestimmung des Potenzials erfolgt mittels der elektrischen Enthalpiedichte H_2 aus Gl. (7.37), die wir hier nochmals wiederholt aufschreiben:

$$H_2 = \frac{1}{2} c_{pq}^E S_q S_p - e_{pk} E_k S_p - \frac{1}{2} \epsilon_{ik}^S E_i E_k \qquad (10.11)$$

Zunächst legen wir zur expliziten Ermittlung der elektrischen Enthalpiedichte H_2 folgende Randbedingungen fest:

Randbedingungen

1. Der elektrische Feldstärkevektor $\boldsymbol{E}$ weist nur eine Komponente in z-Richtung auf.

$$E_1 = E_2 = 0 \qquad (10.12)$$

2. Mechanische Spannungen treten nur in x-Richtung auf ($T_1 \neq 0$).

$$T_2 = \cdots = T_6 = 0 \qquad (10.13)$$

3. Es treten keine Dehnungen in y- und z-Richtung und auch keine Torsion des Biegewandlers auf.

(Fortsetzung)

$$S_2 = \cdots = S_6 = 0 \tag{10.14}$$

4. Es gelten die den Feldgrößenpaaren (T, E) und (S, E) zugehörigen Zustandsgleichungen.

$$D_3 = \epsilon_{33}^T E_3 + d_{31} T_1 \tag{10.15}$$

$$S_1 = d_{31} E_3 + s_{11}^E T_1 \tag{10.16}$$

und

$$T_1 = c_{11}^E S_1 - e_{31} E_3 \tag{10.17}$$

$$D_3 = e_{31} S_1 + \epsilon_{33}^S E_3 \tag{10.18}$$

Mit den genannten Randbedingungen ergibt sich die elektrische Enthalpiedichte (10.11) unter Verwendung der Einsteinschen Summenkonvention zu (Tanaka 1994):

$$H_2 = \frac{1}{2} c_{11}^E S_1^2 - e_{31} E_3 S_1 - \frac{1}{2} \epsilon_{33}^S E_3^2 \tag{10.19}$$

Die Berechnung der elektrischen Enthalpiedichte kann dem Anhang 1 entnommen werden. Zwischen den Materialparametern bestehen weiterhin folgende Zusammenhänge (s. Anhang 2):

$$c_{11}^E = \frac{1}{s_{11}^E}, \quad e_{31} = \frac{d_{31}}{s_{11}^E}, \quad \epsilon_{33}^S = \epsilon_{33}^T \left(1 - k_{31}^2\right) \tag{10.20}$$

Die ersten beiden Beziehungen aus Gl. (10.20) führen letztlich mit Gl. (10.19) zur gesuchten Form der elektrischen Enthalpiedichte für die i-te Schicht:

$$H_{2,i} = \frac{S_{1,i}^2}{2 s_{11,i}^E} - \frac{d_{31,i}}{s_{11,i}^E} E_{3,i} S_{1,i} - \frac{\epsilon_{33,i}^S}{2} E_{3,i}^2 \tag{10.21}$$

Das Gesamtpotenzial des Biegewandlers gewinnen wir aus der Integration über das Volumen der i-ten Schicht und anschließender Summation über alle Schichten.

$$\tilde{H}_2 = \sum_{i=1}^n \int_{V_i} H_{2,i} \, dV_i \tag{10.22}$$

10.3 Lagrange-Funktion eines piezoelektrischen Biegewandlers

Aus den beiden Gl. (10.10) und (10.22) gewinnen wir unter Berücksichtigung des Ausdrucks (10.21) die Lagrange-Funktion eines piezoelektrischen Biegewandlers:

$$L = \sum_{i=1}^{n} \int_{V_i} \left[\frac{\rho_i}{2} \left(\frac{\partial w}{\partial t} \right)^2 - \frac{S_{1,i}^2}{2 s_{11,i}^E} + \frac{d_{31,i}}{s_{11,i}^E} E_{3,i} S_{1,i} + \frac{\epsilon_{33,i}^S}{2} E_{3,i}^2 \right] dV_i \quad (10.23)$$

Bereits bei der Betrachtung des statischen Verhaltens piezoelektrischer Biegewandler haben wir basierend auf der Bernoullischen Hypothese der Biegetheorie zeigen können, dass die Dehnung $S_1 = S_1(x, z)$ ein lineares Verhalten über den gesamten Querschnitt eines Vielschicht-Balkens aufweist. Wegen der daraus folgenden Stetigkeitsbedingungen an den Biegewandler-Grenzschichten können wir auf die Indizierung der mechanischen Dehnung in Gl. (10.23) verzichten. Unter Anwendung der Differenzialgleichung für die Dehnung über den Querschnitt eines ebenen Balkens (s. Gl. (8.2)) bei gleichzeitiger Vernachlässigung der Dehnung der neutralen Faser ($\varepsilon^0 = 0$) können wir die Lagrange-Funktion (10.23) in die folgende Form überführen:

$$L = \sum_{i=1}^{n} \int_{h_{i,u}}^{h_{i,o}} \int_{-b/2}^{b/2} \int_{0}^{l} \left[\frac{\rho_i}{2} \left(\frac{\partial w}{\partial t} \right)^2 - \frac{z^2}{2 s_{11,i}^E} \left(\frac{\partial^2 w}{\partial x^2} \right)^2 \right.$$
$$\left. - \frac{d_{31,i}}{s_{11,i}^E} E_{3,i} z \left(\frac{\partial^2 w}{\partial x^2} \right) + \frac{\epsilon_{33,i}^S}{2} E_{3,i}^2 \right] dx\,dy\,dz$$

Die Auswertung der beiden äußeren Integrale liefert:

$$L = \frac{1}{2} \underbrace{\sum_{i=1}^{n} \rho_i h_i b}_{(*)} \int_0^l \left(\frac{\partial w}{\partial t} \right)^2 dx - \frac{1}{2} \underbrace{\sum_{i=1}^{n} \frac{1}{3} \frac{b}{s_{11,i}^E} \left[h_{i,o}^3 - h_{i,u}^3 \right]}_{(**)} \int_0^l \left(\frac{\partial^2 w}{\partial x^2} \right)^2 dx$$

$$- \frac{b}{2} \sum_{i=1}^{n} \frac{d_{31,i}}{s_{11,i}^E} \left[h_{i,o}^2 - h_{i,u}^2 \right] \int_0^l E_{3,i} \left(\frac{\partial^2 w}{\partial x^2} \right) dx + \frac{b}{2} \sum_{i=1}^{n} \epsilon_{33,i}^S h_i \int_0^l E_{3,i}^2\, dx$$

Der Term $(*)$ entspricht der auf die Biegewandlerlänge l bezogenen Gesamtmasse m und wird wie folgt definiert:

$$\sum_{i=1}^{n} \rho_i h_i b = \frac{m}{l} = \mu \qquad (10.24)$$

Der Term (∗∗) entspricht nach Gl. (8.20) der Biegesteifigkeit C. Die Lagrange-Funktion lässt sich somit in einer für die weiteren Ausführungen geeigneten Form darstellen.

Lagrange-Funktion eines piezoelektrischen Biegewandlers
Mit der längenbezogenen Masse μ und der Biegesteifigkeit C ergibt sich die Lagrange-Funktion piezoelektrischer Biegewandler bestehend aus n Schichten allgemein zu

$$L = \frac{\mu}{2} \int_0^l \left(\frac{\partial w}{\partial t}\right)^2 dx - \frac{C}{2} \int_0^l \left(\frac{\partial^2 w}{\partial x^2}\right)^2 dx$$
$$- \frac{b}{2} \sum_{i=1}^{n} \frac{d_{31,i} b_i}{s_{11,i}^E} \left[h_{i,o}^2 - h_{i,u}^2\right] \int_0^l E_{3,i} \left(\frac{\partial^2 w}{\partial x^2}\right) dx + \frac{b}{2} \sum_{i=1}^{n} \epsilon_{33,i}^S h_i \int_0^l E_{3,i}^2 dx. \qquad (10.25)$$

Gl. (10.25) lässt erkennen, dass die Lagrange-Funktion L folgende funktionale Abhängigkeiten aufweist:

$$L = L\left(\frac{\partial w}{\partial t}, \frac{\partial^2 w}{\partial x^2}, E_{3,i}\right) \qquad (10.26)$$

Im nächsten Abschnitt beschäftigen wir uns ausführlich mit der Variation der Lagrange-Funktion.

10.4 Variation der Lagrange-Funktion

Nach Gl. (10.26) ist ersichtlich, dass die Lagrange-Funktion piezoelektrischer Biegewandler folgende Abhängigkeiten aufweist:

$$L = L\left(\frac{\partial w}{\partial t}, \frac{\partial^2 w}{\partial x^2}, E_{3,i}\right) = L\left(\dot{w}, w'', E_{3,i}\right)$$

10.4 Variation der Lagrange-Funktion

Das Symbol δ für die Variation kann bekanntlich wie ein Differenzial behandelt werden (s. Gl. (8.64) und (9.5)). Wir können also schreiben:

$$\delta L = \frac{\partial L}{\partial \dot{w}} \delta \dot{w} + \frac{\partial L}{\partial w''} \delta w'' + \frac{\partial L}{\partial E_{3,i}} \delta E_{3,i} \qquad (10.27)$$

Wir wenden nun die Berechnungsvorschrift (10.27) auf die Lagrange-Funktion (10.25) an und erhalten:

$$\delta L = \mu \int_0^l \dot{w}\, \delta \dot{w}\, dx - C \int_0^l w''\, \delta w''\, dx$$

$$- \frac{b}{2} \sum_{i=1}^n \frac{d_{31,i}}{s_{11,i}^E} \left[h_{i,o}^2 - h_{i,u}^2 \right] \int_0^l E_{3,i}\, \delta w''\, dx$$

$$- \frac{b}{2} \sum_{i=1}^n \frac{d_{31,i}}{s_{11,i}^E} \left[h_{i,o}^2 - h_{i,u}^2 \right] \int_0^l w''\, \delta E_{3,i}\, dx$$

$$+ b \sum_{i=1}^n \varepsilon_{33,i}^S h_i \int_0^l E_{3,i}\, \delta E_{3,i}\, dx \qquad (10.28)$$

Die Terme in Gl. (10.28) müssen nun entsprechend den δ-Größen zusammengefasst werden.

$$\delta L = \mu \int_0^l \dot{w}\, \delta \dot{w}\, dx - \int_0^l \underbrace{\left[Cw'' + \frac{b}{2} \sum_{i=1}^n \frac{d_{31,i}}{s_{11,i}^E} \left[h_{i,o}^2 - h_{i,u}^2 \right] E_{3,i} \right]}_{(*)} \delta w''\, dx$$

$$+ \int_0^l \underbrace{\left[b \sum_{i=1}^n \varepsilon_{33,i}^S h_i E_{3,i} - \frac{b}{2} \sum_{i=1}^n \frac{d_{31,i}}{s_{11,i}^E} \left[h_{i,o}^2 - h_{i,u}^2 \right] w'' \right]}_{(**)} \delta E_{3,i}\, dx$$

Der erste Term $(*)$ entspricht dem bereits bekannten piezoelektrischen Moment M_piezo aus Gl. (8.20). Der zweite Term $(**)$ lässt sich mit der Definition des Materialparameters e_{31} (s. Gl. (10.20)) sowie mit der Definition der Dehnung $S = -z\kappa^0 = -zw''$ (s. Gl. (8.4) und (8.7)) wie folgt zusammenfassen:

$$(**) = b \sum_{i=1}^{n} \varepsilon_{33,i}^{S} h_i E_{3,i} - \frac{b}{2} \sum_{i=1}^{n} \frac{d_{31,i}}{s_{11,i}^{E}} \left[h_{i,o}^2 - h_{i,u}^2 \right] w''$$

$$= b \sum_{i=1}^{n} \int_{h_{i,u}}^{h_{i,o}} \left(\varepsilon_{33,i}^{S} E_{3,i} - e_{31,i} z w'' \right) dz$$

$$= b \sum_{i=1}^{n} \int_{h_{i,u}}^{h_{i,o}} \left(\varepsilon_{33,i}^{S} E_{3,i} + e_{31,i} S_{1,i} \right) dz$$

Der Klammerausdruck entspricht nach Gl. (10.18) der dielektrischen Verschiebung $D_{3,i}$, sodass wir den Term $(**)$ in die überschaubare Form

$$(**) = b \int_{h_{i,u}}^{h_{i,o}} \sum_{i=1}^{n} D_{3,i} \, dz$$

bringen können. Gl. (10.28) vereinfacht sich somit zu

$$\delta L = \mu \int_0^l \dot{w} \, \delta \dot{w} \, dx - C \int_0^l w'' \, \delta w'' \, dx - \int_0^l M_{\text{piezo}} \, \delta w'' \, dx$$

$$+ b \int_{h_{i,u}}^{h_{i,o}} \int_0^l \sum_{i=1}^{n} D_{3,i} \, \delta E_{3,i} \, dx \, dz.$$

Um den ersten Term des erweiterten Hamilton-Prinzips (10.9) zu bestimmen, muss das Funktional δL bzgl. der Zeitvariablen t zwischen den Integrationsgrenzen t_1 und t_2 aufintegriert werden. Als Ergebnis erhalten wir so das Wirkungsintegral der Lagrange-Funktion. Wir schreiben:

$$\int_{t_1}^{t_2} \delta L = \int_{t_1}^{t_2} \left[\mu \int_0^l \underbrace{\dot{w} \, \delta \dot{w}}_{(i)} \, dx - C \int_0^l \underbrace{w'' \, \delta w''}_{(ii)} \, dx - M_{\text{piezo}} \int_0^l \underbrace{\delta w''}_{(iii)} \, dx \right.$$

$$\left. + b \int_{h_{i,u}}^{h_{i,o}} \int_0^l \sum_{i=1}^{n} \underbrace{D_{3,i} \, \delta E_{3,i}}_{(iv)} \, dx \, dz \right] dt \qquad (10.29)$$

Um Gl. (10.29) später mit dem Wirkungsintegral der am Gesamtsystem Biegewandler verrichteten Arbeit $\int_{t_1}^{t_2} \delta W$ (s. Gl. (10.9)) verknüpfen zu können, müssen wir den Term

(i) mittels unbestimmter partieller Integration über die Zeit t, die Terme (ii) und (iii) mittels unbestimmter partieller Integration über die Längenkoordinate x und den Term (iv) mittels unbestimmter partieller Integration über die Schichtdickenkoordinate z auswerten. Wir werden hier nur die Ergebnisse formulieren.

(i) $$\int \dot{w}\,\delta\dot{w}\,dt = -\int \ddot{w}\,\delta w\,dt \tag{10.30}$$

(ii) $$\int w''\,\delta w''\,dx = w''\,\delta w' - w'''\,\delta w + \int w''''\,\delta w\,dx \tag{10.31}$$

(iii) $$\int \delta w''\,dx = \delta w' \tag{10.32}$$

(iv) $$\int D_{3,i}\,\delta E_{3,i}\,dz = -\int D_{3,i}\,\delta\varphi'\,dz = -D_{3,i}\,\delta\varphi + \int D'_{3,i}\,\delta\varphi\,dz \tag{10.33}$$

Die Beziehungen (10.30)–(10.33) liefern in Verbindung mit dem Ausdruck (10.29) das gesuchte

Wirkungsintegral der Lagrange-Funktion

$$\int_{t_1}^{t_2} \delta L = \int_{t_1}^{t_2} \left[-\mu \int_0^l \ddot{w}\,\delta w\,dx - C\int_0^l w''''\,\delta w\,dx \right.$$

$$-C w''\,\delta w' \Big|_0^l + C w'''\,\delta w \Big|_0^l - M_{\text{piezo}}\,\delta w' \Big|_0^l$$

$$\left. -b\int_0^l \sum_{i=1}^n D_{3,i}\,\delta\varphi \Big|_{h_{i,u}}^{h_{i,o}} dx + b\int_{h_{i,u}}^{h_{i,o}} \int_0^l \sum_{i=1}^n D'_{3,i}\,\delta\varphi\,dx\,dz \right] dt \tag{10.34}$$

10.5 Arbeit nicht-konservativer Größen

Zunächst gehen wir, um möglichst allgemein zu bleiben, von einem piezoelektrischen Körper aus, der Oberflächenkräften t sowie einer Oberflächenladung σ pro Flächeneinheit (Flächenladungsdichte) ausgesetzt ist. Die virtuelle Arbeit pro Flächeneinheit, die von den vorgegebenen Oberflächenkräften bei einer kleinen virtuellen Verschiebung der Oberfläche verrichtet wird, beträgt $t \cdot \delta u$. Das elektrische Analogon der virtuellen Arbeit pro Flächeneinheit, die von einer vorgegebenen Oberflächenladung σ bei einer virtuellen Änderung des elektrischen Potenzials verrichtet wird, beträgt $-\sigma\,\mathrm{d}\varphi$. Das Minuszeichen tritt auf, weil sich beim Variationsprinzip für unseren elektromechanischen Körper herausstellt, dass die elektrische Enthalpiedichte $H_2 = U - E_i D_i$ (s. Gl. (7.23)) an die Stelle der inneren Energiedichte U tritt, d. h. der effektive elektrische Energieinhalt von H_2 hat das entgegengesetzte Vorzeichen zu dem von U. Für die virtuelle Arbeit gilt allgemein (Tiersten 1969)

$$\int_{t_1}^{t_2} \delta W\,\mathrm{d}t = \int_{t_1}^{t_2}\int_A (\boldsymbol{t} \cdot \delta \boldsymbol{u} - \sigma\,\delta\varphi)\,\mathrm{d}A\,\mathrm{d}t, \qquad (10.35)$$

wobei die Oberflächenkräfte $\boldsymbol{t}$ und die Flächenladungsdichte σ vorgegeben sind, und alle Variationen bei t_1 und t_2 verschwinden. Das Inkrement der Arbeit der äußeren Oberflächenkräfte und der äußeren Flächenladungsdichte beträgt nach Gl. (10.35):

$$\mathrm{d}W = \int_A (\boldsymbol{t} \cdot \mathrm{d}\boldsymbol{u} - \sigma\,\mathrm{d}\varphi)\,\mathrm{d}A \qquad (10.36)$$

Nochmalige Integration der Inkremente der äußeren Arbeit über den Verschiebungsweg liefert zwischen den Zuständen 1 und 2:

$$W = \int_1^2 \int_A \left(\boldsymbol{t} \cdot \frac{\partial \boldsymbol{u}}{\partial s} - \sigma\,\frac{\partial \varphi}{\partial s}\right)\,\mathrm{d}s\,\mathrm{d}A \qquad (10.37)$$

Wir wenden und im Folgenden einem piezoelektrischen Körper in Form eines mehrschichtigen Biegewandlers zu. Wir geben in jeder Schicht i eine Flächenkraft f_i in z-Richtung, ein Flächenmoment m_i um die y-Achse und eine Flächenladungsdichte σ_i in der x-y-Ebene vor. Weiterhin lassen eine wir einen Druck p in z-Richtung zu. Ebenso soll auch die durch **Dissipation** entzogene Energie Berücksichtigung finden.

(i) Arbeitsanteil einer Flächenkraft

Die Flächenkraft f_i verrichtet an der Schicht i mit Bezug auf Gl. (10.37) die Arbeit

$$W_i = \int_{h_{i,u}}^{h_{i,o}} \int_{-b/2}^{b/2} \int_0^l f_i \left(\frac{\partial w}{\partial x}\right)\,\mathrm{d}x\,\mathrm{d}y\,\mathrm{d}z \qquad \text{mit} \qquad f_i = \frac{F_i}{A_i}$$

Die Größe A_i entspricht der Querschnittsfläche der Schicht i in der y-z-Ebene. Für die verrichtete Arbeit über n Schichten erhalten wir nach Auswertung der beiden inneren Integrale:

$$W = \int_0^l \sum_{i=1}^n F_i \left(\frac{\partial w}{\partial x}\right) dx \qquad (10.38)$$

(ii) Arbeitsanteil des Flächenmoments

Die Vorgehensweise zur Ermittlung der äußeren Arbeit eines Flächenmoments gestaltet sich analog. Das Flächenmoment m_i verrichtet an der Schicht i die Arbeit

$$W_i = -\int_{h_{i,u}}^{h_{i,o}} \int_{-b/2}^{b/2} \int_0^l m_i \left(\frac{\partial \varphi}{\partial x}\right) dx\,dy\,dz \qquad \text{mit} \qquad m_i = \frac{M_i}{A_i}.$$

Das Minuszeichen rührt daher, dass ein positives Moment eine negative Verdrehung bezogen auf unser Koordinatensystem und umgekehrt hervorruft. Die Größe A_i entspricht wiederum der Querschnittsfläche der Schicht i in der y-z-Ebene. Unter Verwendung des Zusammenhangs zwischen der Verdrehung φ und der Verschiebung w in Gl. (8.2) können wir schreiben:

$$W_i = -\int_{h_{i,u}}^{h_{i,o}} \int_{-b/2}^{b/2} \int_0^l m_i \left(\frac{\partial^2 w}{\partial x^2}\right) dx\,dy\,dz$$

Die verrichtete Arbeit über n Schichten ergibt sich nach Auswertung der beiden äußeren Integrale zu

$$W = -\int_0^l \sum_{i=1}^n M_i \left(\frac{\partial^2 w}{\partial x^2}\right) dx. \qquad (10.39)$$

(iii) Arbeitsanteil der Flächenladungsdichte

Nach Gl. (10.5) gilt allgemein:

$$W = -\int_1^2 \int_A \left(\sigma \frac{\partial \varphi}{\partial s}\right) ds\,dA,$$

wobei die Integration über den Verschiebungsweg zwischen den Zuständen 1 und 2 zu erfolgen hat. Angewendet auf eine beliebige piezoelektrische Schicht i des betrachteten Schichtverbundes bedeutet dies:

$$W_i = -\int_{h_{i,u}}^{h_{i,o}} \int_{-b/2}^{b/2} \int_0^l \sigma_i \left(\frac{\partial \varphi}{\partial z}\right) \mathrm{d}x\,\mathrm{d}y\,\mathrm{d}z \quad \text{mit} \quad \sigma_i = \frac{Q_i}{A_i}$$

Diesmal entspricht die Größe A_i der Querschnittsfläche der Schicht i in der x-y-Ebene. Die Auswertung des mittleren Integrals liefert:

$$W_i = -b \int_{h_{i,u}}^{h_{i,o}} \int_0^l \sigma_i \left(\frac{\partial \varphi}{\partial z}\right) \mathrm{d}x\,\mathrm{d}z$$

Für das n-Schichtsystem lässt sich nun der Arbeitsanteil der Flächenladungsdichte wie folgt angeben:

$$W_\sigma = -b \int_{h_{i,u}}^{h_{i,o}} \int_0^l \sum_{i=1}^n \sigma_i \left(\frac{\partial \varphi}{\partial z}\right) \mathrm{d}x\,\mathrm{d}z \tag{10.40}$$

(iv) Arbeitsanteil eines Druckes

Zur Bestimmung des Arbeitsanteils eines äußeren Druckes p ziehen wir Gl. (10.5) heran. Es gilt zunächst:

$$\mathrm{d}W = \int_A (p\,\mathrm{d}u)\,\mathrm{d}A$$

Die Integrationsfläche bildet in diesem Fall die x-y-Ebene. Wir erhalten unter der Voraussetzung, dass in y-Richtung kein Druckgradient auftritt:

$$\mathrm{d}W = \int_{-b/2}^{b/2} \int_0^l (p\,\mathrm{d}u)\,\mathrm{d}x\,\mathrm{d}y = \int_0^l (pb\,\mathrm{d}u)\,\mathrm{d}x$$

Das Produkt pb entspricht physikalisch einer Linienlast $\tilde{q}$, die eine Verschiebung $\mathrm{d}u = \mathrm{d}w$ des Schichtverbundes hervorruft. Die Integration über den Verschiebungsweg zwischen den Zuständen 0 und w liefert

$$W = \int_0^l \int_0^w (\tilde{q}\,\mathrm{d}w)\,\mathrm{d}x$$

10.5 Arbeit nicht-konservativer Größen

und somit

$$W_p = \int_0^l \tilde{q} w \, dx. \tag{10.41}$$

(v) Energieverlust durch Reibungskraft

Den Energieverlust infolge von äußerer und innerer Reibung bestimmen wir auf Basis der **Rayleighschen Dissipationsfunktion**

$$D = \frac{1}{2} r v^2, \tag{10.42}$$

die sich aus einem geschwindigkeitsunabhängigen Reibungskoeffizienten r ergibt.

Die Ableitung der Rayleighschen Dissipationsfunktion nach der generalisierten Koordinate $\dot{q} = v$ liefert die auf einen Massenpunkt wirkende generalisierte Reibungskraft $Q^{(\mathrm{r})}$, welche mit der tatsächlich wirkenden Reibungskraft $F^{(\mathrm{r})} = -rv$ übereinstimmt (Greiner 2003). Zur Berechnung der durch Reibung am Biegewandler verrichteten *negativen* Arbeit und dem verbundenen Energieverlust gehen wir von einem differenziellen Balkensegment in der x-z-Ebene aus (s. Abb. 10.1). Wegen der Geschwindigkeit $v(x) = dw/dt$ des Balkensegments entlang der z-Achse kommt es durch *äußere und innere* Reibung dr zu einer der Bewegungsrichtung entgegengesetzten, geschwindigkeitsproportionalen Reibungskraft d$F^{(\mathrm{r})}$. Man spricht in diesem Zusammenhang auch von *äquivalent viskoser Dämpfung*. Die insgesamt wirkende Reibungskraft ergibt sich zu

$$F^{(\mathrm{r})} = -\int_r \left(\frac{\partial w}{\partial t} \right) dr.$$

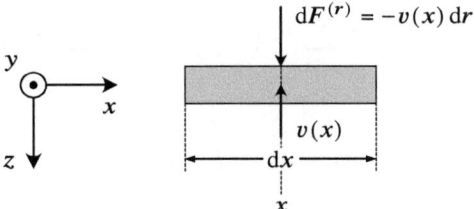

Abb. 10.1 Differenzielles Balkensegment in der x-z-Ebene mit angreifender differenzieller Reibungskraft d$F^{(\mathrm{r})}$. (Nach Ballas 2007)

Mit der Einführung eines längenbezogenen Reibungsbeiwerts

$$r_a = \frac{dr}{dx} \qquad (10.43)$$

können wir für die Reibungskraft auch schreiben:

$$F^{(r)} = -\int_0^l r_a \left(\frac{\partial w}{\partial t}\right) dx$$

Wir formulieren nun Gl. (10.5) um:

$$dW = \int_A (\mathbf{t} \cdot d\mathbf{u})\, dA = \mathbf{F} \cdot d\mathbf{u} \quad \Rightarrow \quad dW = -\int_0^l r_a \left(\frac{\partial w}{\partial t}\right) du\, dx$$

Den Energieverlust gewinnen wir schließlich aus der Integration über den Verschiebungsweg zwischen den Zuständen 0 und w.

$$W = -\int_0^l r_a \left(\frac{\partial w}{\partial t}\right) w\, dx \qquad (10.44)$$

Die am Gesamtsystem Biegewandler verrichtete äußere Arbeit ergibt sich durch Aufsummieren der jeweiligen Arbeitsanteile (10.38), (10.39), (10.40), (10.41) und (10.44).

Arbeit nicht-konservativer Größen am piezoelektrischen Biegewandler

$$W = \int_0^l \sum_{i=1}^n F_i \left(\frac{\partial w}{\partial x}\right) dx - \int_0^l \sum_{i=1}^n M_i \left(\frac{\partial^2 w}{\partial x^2}\right) dx - b \int_{h_{i,u}}^{h_{i,o}} \int_0^l \sum_{i=1}^n \sigma_i \left(\frac{\partial \varphi}{\partial z}\right) dx\, dz$$

$$+ \tilde{q} \int_0^l w\, dx - \int_0^l r_a \left(\frac{\partial w}{\partial t}\right) w\, dx \qquad (10.45)$$

(Fortsetzung)

10.6 Variation der Arbeit

Gl. (10.45) lässt erkennen, dass die äußere Arbeit W folgende funktionale Abhängigkeiten aufweist:

$$W = W\left(w, \frac{\partial w}{\partial x}, \frac{\partial^2 w}{\partial x^2}, \frac{\partial w}{\partial t}, \frac{\partial \varphi}{\partial z}\right) \tag{10.46}$$

Im folgenden Abschnitt wenden wir uns der Variation der Arbeit δW zu.

10.6 Variation der Arbeit

Nach Gl. (10.46) ist uns bekannt, dass die äußere Arbeit eine funktionale Abhängigkeit in der Form

$$\delta W = W\left(w, \frac{\partial w}{\partial x}, \frac{\partial^2 w}{\partial x^2}, \frac{\partial w}{\partial t}, \frac{\partial \varphi}{\partial z}\right) = W(w, w', w'', \dot{w}, \varphi')$$

aufweist. In diesem Fall können wir für die Variation der Arbeit δW schreiben:

$$W = \frac{\partial W}{\partial w}\delta w + \frac{\partial W}{\partial w'}\delta w' + \frac{\partial W}{\partial w''}\delta w'' + \frac{\partial W}{\partial \dot{w}}\delta \dot{w} + \frac{\partial W}{\partial \varphi'}\delta \varphi' \tag{10.47}$$

Die Anwendung der Berechnungsvorschrift (10.47) auf die am Gesamtsystem Biegewandler verrichteten Arbeit (10.45) und anschließende Integration über die Zeit t liefert:

$$\int_{t_1}^{t_1} \delta W \, dt = \int_{t_1}^{t_1}\Bigg[\int_0^l \sum_{i=1}^n F_i \underbrace{\delta w'}_{(i)}\, dx - \int_0^l \sum_{i=1}^n M_i \underbrace{\delta w''}_{(ii)}\, dx + \int_0^l \tilde{q}\, \delta w \, dx$$

$$- \int_0^l r_a \ddot{w}\, \delta w \, dx - \int_0^l r_a w \underbrace{\delta \dot{w}}_{(iii)}\, dx - b\int_{h_{i,u}}^{h_{i,o}}\int_0^l \sum_{i=1}^n \sigma_i \underbrace{\delta \varphi'}_{(iv)}\, dx\, dz \Bigg]dt$$
$$\tag{10.48}$$

Die Terme (i) und (ii) werden hier mittels unbestimmter partieller Integration nach der Längenkoordinate x, die Terme (iii) bzw. (iv) werden mittels unbestimmter partieller Integration nach der Zeitkoordinate t bzw. nach der Schichtdickenkoordinate z ermittelt. Folgende Beziehungen lassen sich festhalten:

$$\text{(i)} \quad \int \delta w' \, dx = \delta w \tag{10.49}$$

$$\text{(ii)} \quad \int \delta w'' \, dx = \delta w' \tag{10.50}$$

$$\text{(iii)} \quad \int \delta \dot{w} \, dt = 0 \tag{10.51}$$

$$\text{(iv)} \quad \int \sigma_i \, \delta\varphi' \, dz = \sigma_i \, \delta\varphi \tag{10.52}$$

Die Beziehungen (10.49)–(10.53) liefern in Verbindung mit Gl. (10.48) das

Wirkungsintegral der äußeren Arbeit

$$\int_{t_1}^{t_2} \delta W = \int_{t_1}^{t_2} \left[F\delta w \Big|_0^l - M\delta w' \Big|_0^l + \tilde{q} \int_0^l \delta w \, dx - \int_0^l r_a \dot{w} \, \delta w \, dx \right.$$

$$\left. - b \int_0^l \sum_{i=1}^n \sigma_i \, \delta\varphi \Big|_{h_{i,u}}^{h_{i,o}} dx \right] dt \tag{10.53}$$

10.7 Differenzialgleichungen eines piezoelektrischen Biegewandlers

In Anlehnung an das erweiterte Hamilton-Prinzip fassen wir die beiden Wirkungsintegrale (10.34) und (10.53) zusammen und ordnen die Terme nach den jeweiligen δ-Größen. Wir erhalten:

$$\int_{t_1}^{t_2} \delta L + \int_{t_1}^{t_2} \delta W = \int_{t_1}^{t_2} \left(-\int_0^l \mu\ddot{w} + Cw'''' + r_a\dot{w} - \tilde{q} \right) \delta w \, dx$$

$$+ \left(\left[Cw''' + F \right] \delta w \Big|_0^l \right) - \left(\left[Cw'' + M_{\text{piezo}} + M \right] \delta w' \Big|_0^l \right)$$

$$+ b \sum_{i=1}^n \int_{h_{i,u}}^{h_{i,o}} \int_0^l D'_{3,i} \, \delta\varphi \, dx \, dz$$

$$- b \sum_{i=1}^n \int_0^l (D_{3,i} + \sigma_i) \, \delta\varphi \Big|_{h_{i,u}}^{h_{i,o}} dx \tag{10.54}$$

Da die Variationen unabhängig voneinander sind, ist die Stationaritätsbedingung nur dann erfüllt, wenn die jeweiligen Klammerausdrücke vor den Variationen in Gl. (10.54) zu null werden. Daraus ergeben sich unmittelbar die Differenzialgleichung für Biegewellen eines piezoelektrischen Vielschicht-Biegewandlers, die Differenzialgleichung des Querkraftverlaufs, die Differenzialgleichung der Biegelinie, die Ladungsgleichung der Elektrostatik sowie die Gleichung für den Übergang der dielektrischen Verschiebung an Grenzflächen. Da sie den Ausgangspunkt weiterer Betrachtungen darstellen, fassen wir sie nochmals zusammen. Zu beachten sind die jeweiligen Orts- und Zeitabhängigkeiten.

Differenzialgleichungen eines piezoelektrischen Biegewandlers

1. Differenzialgleichung für Biegewellen (Sader 1998; Smith 2000)

$$C\frac{\partial^4 w}{\partial x^4} + \mu\frac{\partial^2 w}{\partial t^2} + r_a\frac{\partial w}{\partial t} = \tilde{q}(x,t) \qquad (10.55)$$

2. Differenzialgleichung des Querkraftverlaufs (Dankert und Dankert 2013)

$$C\frac{\partial^3 w}{\partial x^3} = -F(x) \qquad (10.56)$$

3. Differenzialgleichung der Biegelinie (Solecki und Conant 2003)

$$C\frac{\partial^2 w}{\partial x^2} = -(M_{\text{piezo}}(x) + M(x)) \qquad (10.57)$$

4. Ladungsgleichung der Elektrostatik (Rogacheva 1994)

$$\frac{dD_{3,i}}{dz} = 0 \qquad (10.58)$$

5. Dielektrische Verschiebung an Grenzflächen (Brandt und Dahmen 2005)

$$D_{3,i} + \sigma_i = 0 \qquad (10.59)$$

Anhang 1

Berechnung der elektrischen Enthalpiedichte Die elektrische Enthalpiedichte H_2 nimmt als Potenzialfunktion in Abhängigkeit des unabhängigen Feldgrößenpaares (S, E) bei Verwendung der Voigtschen Notation die in Gl. (7.37) beschriebene Form an:

$$H_2 = \frac{1}{2} c^E_{pq} S_q S_p - e_{pk} E_k S_p - \frac{1}{2} \epsilon^S_{ik} E_i E_k$$

In Summenschreibweise können wir auch schreiben:

$$H_2 = \frac{1}{2} \sum_{p=1}^{6} \sum_{q=1}^{6} c^E_{pq} S_q S_p - \sum_{k=1}^{3} \sum_{p=1}^{6} e_{pk} E_k S_p - \frac{1}{2} \sum_{k=1}^{3} \sum_{i=1}^{3} \epsilon^S_{ik} E_i E_k$$

Bei den im vorliegenden Buch betrachteten Biegewandlern setzen wir einen Aufbau aus PZT-Keramikschichten und somit die Matrizen der Materialkonstanten in den Gl. (7.43)–(7.47) voraus. Die Auswertung der Summen liefert zunächst einen etwas länglichen Term:

$$\begin{aligned}H_2 = &\frac{1}{2} c^E_{11} S_1^2 + \frac{1}{2} c^E_{22} S_2^2 + \frac{1}{2} c^E_{33} S_3^2 + \frac{1}{2} c^E_{44} S_4^2 + \frac{1}{2} c^E_{55} S_5^2 + \frac{1}{2} c^E_{66} S_6^2 \\ &+ c^E_{12} S_1 S_2 + c^E_{13} S_1 S_3 \\ &- e_{31} E_3 S_1 - e_{32} E_3 S_2 - e_{33} E_3 S_3 - e_{24} E_2 S_4 - e_{15} E_1 S_5 \\ &- \frac{1}{2} \epsilon^S_{11} E_1^2 - \epsilon^S_{22} E_2^2 - \epsilon^S_{33} E_3^2 \end{aligned} \quad (10.60)$$

Mit den bereits zuvor festgelegten Randbedingungen $E_2 = E_3 = 0$ (s. Gl. (10.12)) sowie $S_2 = \cdots = S_6 = 0$ (s. Gl. (10.14)) vereinfacht sich der Ausdruck (10.60) zu

$$H_2 = \frac{1}{2} c^E_{11} S_1^2 - e_{31} E_3 S_1 - \frac{1}{2} \epsilon^S_{33} E_3^2.$$

Anhang 2

Zusammenhang zwischen Materialparametern Die den Feldgrößenpaaren (T, E) und (S, E) zugehörigen Zustandsgleichungen (10.15)–(10.18) bilden den Ausgangspunkt zur Ermittlung des Zusammenhangs zwischen den Materialparametern.

Die Zustandsgleichungen lauten:

$$D_3 = \epsilon^T_{33} E_3 + d_{31} T_1 \quad (10.61)$$

$$S_1 = d_{31} E_3 + s^E_{11} T_1 \quad (10.62)$$

Anhang 2

und

$$T_1 = c_{11}^E S_1 - e_{31} E_3 \qquad (10.63)$$

$$D_3 = e_{31} S_1 + \epsilon_{33}^S E_3 \qquad (10.64)$$

Einsetzen von Gl. (10.63) in Gl. (10.62) liefert:

$$S_1 = d_{31} E_3 + s_{11}^E \left(c_{11}^E S_1 - e_{31} E_3 \right)$$

$$\Leftrightarrow \quad S_1 + s_{11}^E e_{31} E_3 = s_{11}^E c_{11}^E S_1 + d_{31} E_3$$

Ein Koeffizientenvergleich auf der linken und rechten Seite von dem gewonnenen Ausdruck liefert unmittelbar die Zusammenhänge

$$c_{11}^E = \frac{1}{s_{11}^E} \quad \text{und} \quad e_{31} = \frac{d_{31}}{s_{11}^E}. \qquad (10.65)$$

Ebenso gewinnen wir durch Einsetzen von Gl. (10.63) in die beiden Ausdrücke (10.61) und (10.64)

$$\epsilon_{33}^T E_3 + d_{31} \left(c_{11}^E S_1 - e_{31} E_3 \right) = e_{31} S_1 + \epsilon_{33}^S E_3$$

$$\Leftrightarrow \quad d_{31} c_{11}^E S_1 + \left(\epsilon_{33}^T - d_{31} e_{31} \right) E_3 = e_{31} S_1 + \epsilon_{33}^S E_3.$$

Hier liefert der Koeffizientenvergleich unter Berücksichtigung des zweiten Zusammenhangs in Gl. (10.65):

$$\epsilon_{33}^S = \epsilon_{33}^T - \frac{d_{31}^2}{s_{11}^E} \qquad (10.66)$$

Bei genauerem Hinsehen erkennen wir, dass wir von diesem Term bereits in Verbindung mit dem elektromechanischen Kopplungsfaktor k_{31} bei der Beschreibung des statischen Verhaltens piezoelektrischer Biegewandler Gebrauch gemacht hatten (s. Gl. (8.28)).

Literatur

Ballas RG (2007) Piezoelectric multilayer beam bending actuators: static and dynamic behavior and aspects of sensor integration. Microtechnology and MEMS. Springer, Berlin/Heidelberg

Brandt S, Dahmen HD (2005) Elektrodynamik: Eine Einführung in Experiment und Theorie, Springer-Lehrbuch, 4. Aufl. Springer, Berlin/Heidelberg

Dankert J, Dankert H (2013) Technische Mechanik: Statik, Festigkeitslehre, Kinematik/Kinetik, 7. Aufl. Springer Vieweg, Wiesbaden

Greiner W (2003) Klassische Mechanik: Teilchensysteme, Lagrange-Hamiltonsche Dynamik, nichtlineare Phänomene, Bd 2. Wissenschaftlicher Verlag Harri Deutsch, Frankfurt am Main

Rogacheva NN (1994) The theory of piezoelectric shells and plates. CRC Press, Boca Raton

Sader JE (1998) Frequency response of cantilever beams immersed in viscous fluids with applications to the atomic force microscope. J Appl Phys 84(1):64–76. https://doi.org/10.1063/1.368002

Smith ST (2000) Flexures. CRC Press, Boca Raton

Solecki R, Conant RJ (2003) Advanced mechanics of materials. Oxford University Press, New York

Tanaka H (1994) Generalized basic equations for bending motions of piezoelectric bars formulated from Hamilton's principle. J Acoust Soc Am 95(4):1768–1772. https://doi.org/10.1121/1.408696

Tiersten HF (1969) Linear piezoelectric plate vibrations: elements of the linear theory of piezoelectricity and the vibrations of piezoelectric plates. Springer, Boston

Wachter A, Hoeber H, Schilling K (2005) Repetitorium Theoretische Physik, Springer-Lehrbuch, 2. Aufl. Springer, Berlin

Dynamisches Verhalten piezoelektrischer Biegewandler

11.1 Eigenmoden des einseitig eingespannten Biegewandlers

Ausgangspunkt unserer nachfolgenden Betrachtungen ist die Differenzialgleichung für Biegewellen (10.55). Sie lautet in ihrer allgemeinen Form:

$$C\frac{\partial^4 w(x,t)}{\partial x^4} + \mu\frac{\partial^2 w(x,t)}{\partial t^2} + r_\text{a}\frac{\partial w(x,t)}{\partial t} = \tilde{q}(x,t) \qquad (11.1)$$

Zur Erinnerung: die Größe C kennzeichnet die Biegesteifigkeit des Biegewandlers, die Größen μ und r_a entsprechen der längenbezogenen Masse sowie dem längenbezogenen Reibungsbeiwert, die Größe $\tilde{q}(x,t)$ kennzeichnet die Belastung des Biegewandlers durch eine Linienlast und die Größe $w(x,t)$ gibt die Auslenkung des Biegewandlers in Abhängigkeit der Zeit t und des Ortes x an. Zur Ermittlung der allgemeinen Lösung gehen wir zunächst von der *homogenen* Differenzialgleichung

$$C\frac{\partial^4 w(x,t)}{\partial x^4} + \mu\frac{\partial^2 w(x,t)}{\partial t^2} + r_\text{a}\frac{\partial w(x,t)}{\partial t} = 0 \qquad (11.2)$$

aus, d. h. es wirkt keine Linienlast ($\tilde{q}(x,t) = 0$). Dabei setzen wir voraus, dass die Biegesteifigkeit C über die Länge des Biegewandlers hinweg konstant ist. Zur Bestimmung einer Lösung des Rand- und Anfangswertproblems wählen wir einen **Separationsansatz**, bei dem sich die Lösungen der Differenzialgleichung (11.2) als Produkt aus einer reinen Zeitfunktion (Schwingungsverhalten) und einer reinen Ortsfunktion (Eigenmode) darstellen lassen (Smith 2000; Bartelmann et al. 2015; Lang und Pucker 2016):

$$w(x,t) = W(x)\phi(t) \quad \text{mit} \quad \phi(t) = \phi_0 e^{j\omega t} \tag{11.3}$$

Die homogene Differenzialgleichung (11.2) lässt sich mit dem gewählten Separationsansatz (11.3) wie folgt umschreiben:

$$\left(C \frac{\partial^4 W(x)}{\partial x^4} - \mu \omega^2 W(x) + j\omega r_a W(x) \right) \phi_0 e^{j\omega t} = 0$$

$$\Leftrightarrow \quad \frac{\partial^4 W(x)}{\partial x^4} - \left(\frac{\mu \omega^2}{C} - j \frac{\omega r_a}{C} \right) W(x) = 0 \tag{11.4}$$

Da zunächst die Eigenmode $W(x)$ der *ungedämpften* Biegeschwingung von Interesse ist, vernachlässigen wir zunächst die Dämpfung ($r_a = 0$) (Timoshenko 1937; Soedel 2004). Somit können wir den Ausdruck (11.4) in die Form

$$C \frac{\partial^4 W(x)}{\partial x^4} - k^4 W(x) = 0 \tag{11.5}$$

überführen, wobei wir die Größe k als **Wellenzahl** einführen, die wie folgt definiert ist (Tang 2003):

$$k^4 = \frac{\mu \omega^2}{C} \tag{11.6}$$

Die Ermittlung der Lösung der homogenen Differenzialgleichung (11.5) erfolgt mithilfe der **Laplace-Transformation** (Transformation von x auf die Ortsfrequenz s) unter Zuhilfenahme des Differenziationssatzes (Ulrich und Weber 2017).

Hintergrundinformation | Differenziationssatz
Ist $f(t)$ eine Zeitfunktion mit dem rechtsseitigen Grenzwert $\lim_{t \to +0} f(t) = f(+0)$, deren k-te Ableitungen $f^{(k)}(t)$ mit $k = 1, 2 \ldots, n$ für alle Zeitpunkte $t > 0$ existieren und deren Laplace-Integrale $\int_0^\infty f^{(k)}(t) e^{-st} \, dt$ konvergieren, dann gilt:

$$f^{(n)}(t) \circ\!\!-\!\!\bullet \; s^n F(s) - \sum_{k=0}^{n-1} f^{(k)}(+0) s^{n-k-1} \tag{11.7}$$

11.1 Eigenmoden des einseitig eingespannten Biegewandlers

Die Laplace-Transformierten der häufig gebrauchten Ableitungen erster bis vierter Ordnung sind im Folgenden explizit aufgeführt.

$$f^{(1)}(t) \circ\!\!-\!\!\bullet sF(s) - f(+0)$$

$$f^{(2)}(t) \circ\!\!-\!\!\bullet s^2 F(s) - sf(+0) - f^{(1)}(+0)$$

$$f^{(3)}(t) \circ\!\!-\!\!\bullet s^3 F(s) - s^2 f(+0) - sf^{(1)}(+0) - f^{(2)}(+0)$$

$$f^{(4)}(t) \circ\!\!-\!\!\bullet s^4 F(s) - s^3 f(+0) - s^2 f^{(1)}(+0) - sf^{(2)}(+0) - f^{(3)}(+0)$$

Wir schreiben

$$\mathscr{L}\left\{\frac{\partial^4 W(x)}{\partial x^4}\right\} - \mathscr{L}\left\{k^4 W(x)\right\} = 0,$$

woraus folgt:[1]

$$\left(s^4 - k^4\right) W(s) = s^3 W(0) + s^2 W^{(1)}(0) + s W^{(2)}(0) + W^{(3)}(0)$$

$$\Leftrightarrow \quad W(s) = \frac{1}{s^4 - k^4}\left(s^3 W(0) + s^2 W^{(1)}(0) + s W^{(2)}(0) + W^{(3)}(0)\right)$$

Mithilfe einer Korrespondenztabelle zur Laplace-Transformation lassen sich die nach Ausmultiplizieren gewonnenen Terme von der Ortsfrequenz s auf die Ortsvariable x rücktransformieren (Bronstein und Semendjaev 2013). Im Einzelnen erhalten wir:

$$\frac{s^3}{s^4 - k^4} \circ\!\!-\!\!\bullet \frac{1}{2}(\cosh(kx) + \cos(kx)) = \tilde{C}(kx)$$

$$\frac{s^2}{s^4 - k^4} \circ\!\!-\!\!\bullet \frac{1}{2k}(\sinh(kx) + \sin(kx)) = \frac{1}{k}\tilde{S}(kx)$$

$$\frac{s}{s^4 - k^4} \circ\!\!-\!\!\bullet \frac{1}{2k^2}(\cosh(kx) - \cos(kx)) = \frac{1}{k^2}\tilde{c}(kx)$$

$$\frac{1}{s^4 - k^4} \circ\!\!-\!\!\bullet \frac{1}{2k^3}(\sinh(kx) - \sin(kx)) = \frac{1}{k^3}\tilde{s}(kx)$$

Die Funktionen $\tilde{S}(kx)$, $\tilde{C}(kx)$, $\tilde{s}(kx)$ und $\tilde{c}(kx)$ repräsentieren die sogenannten

---

[1] von der expliziten Angabe des rechtsseitigen Grenzwertes wird im Folgenden abgesehen und wir schreiben 0 statt + 0.

Rayleigh-Funtionen

$$\tilde{S}(kx) = \frac{1}{2}\bigl(\sinh(kx) + \sin(kx)\bigr), \tag{11.8}$$

$$\tilde{C}(kx) = \frac{1}{2}\bigl(\cosh(kx) + \cos(kx)\bigr), \tag{11.9}$$

$$\tilde{s}(kx) = \frac{1}{2}\bigl(\sinh(kx) - \sin(kx)\bigr), \tag{11.10}$$

$$\tilde{c}(kx) = \frac{1}{2}\bigl(\cosh(kx) - \cos(kx)\bigr). \tag{11.11}$$

Sie bilden als unabhängige Linearkombinationen ein vollständiges Gleichungssystem für die Differenzialgleichung (11.5) und gehen – unter Berücksichtigung der Wellenzahl k – in der obigen Reihenfolge durch Differenziation ineinander über (Lenk und Irrgang 1977).

Wir formulieren zunächst unter Verwendung der Rayleigh-Funktionen die allgemeine Lösung der Differenzialgleichung (11.5):

$$W(x) = \tilde{C}(kx)W(0) + \frac{\tilde{S}(kx)}{k}W^{(1)}(0) + \frac{\tilde{c}(kx)}{k^2}W^{(2)}(0) + \frac{\tilde{s}(kx)}{k^3}W^{(3)}(0) \tag{11.12}$$

Wir bestimmen weiterhin die zugehörigen Ableitungsfunktionen $W^{(1)}(x)$, $W^{(2)}(x)$ und $W^{(3)}(x)$:

$$W^{(1)}(x) = k\tilde{s}(kx)W(0) + \tilde{C}(kx)W^{(1)}(0) + \frac{\tilde{S}(kx)}{k}W^{(2)}(0) + \frac{\tilde{c}(kx)}{k^2}W^{(3)}(0) \tag{11.13}$$

$$W^{(2)}(x) = k^2\tilde{c}(kx)W(0) + k\tilde{s}(kx)W^{(1)}(0) + \tilde{C}(kx)W^{(2)}(0) + \frac{\tilde{S}(kx)}{k}W^{(3)}(0) \tag{11.14}$$

$$W^{(3)}(x) = k^3\tilde{S}(kx)W(0) + k^2\tilde{c}(kx)W^{(1)}(0) + k\tilde{s}(kx)W^{(2)}(0) + \tilde{C}(kx)W^{(3)}(0) \tag{11.15}$$

Um für Gl. (11.5) eine explizite Lösung formulieren zu können, betrachten wir im Folgenden die vorherrschenden Randbedingungen beim einseitig eingespannten, frei schwingenden Biegewandler.

11.1 Eigenmoden des einseitig eingespannten Biegewandlers

Randbedingungen beim einseitig eingespannten Biegewandler

1. Keine Verschiebung und Verdrehung an der Einspannstelle ($x = 0$):

$$w(0, t) = 0 \quad \Rightarrow \quad W(0) = 0 \tag{11.16}$$

$$w^{(1)}(0, t) = 0 \quad \Rightarrow \quad W^{(1)}(0) = 0 \tag{11.17}$$

2. Momenten- und Kräftefreiheit am freien Ende des Biegewandlers ($x = l$) (s. Gl. (10.56) und (10.57)):

$$M(l, t) = 0 \quad \Rightarrow \quad W^{(2)}(l) = 0 \tag{11.18}$$

$$F(l, t) = 0 \quad \Rightarrow \quad W^{(3)}(l) = 0 \tag{11.19}$$

Mithilfe der Randbedingungen $W(0) = W^{(1)}(0) = 0$ überführen wir die Gl. (11.12)–(11.15) in eine übersichtlichere Form. Es folgt allgemein:

$$W(x) = \frac{\tilde{c}(kx)}{k^2} W^{(2)}(0) + \frac{\tilde{s}(kx)}{k^3} W^{(3)}(0) \tag{11.20}$$

$$W^{(1)}(x) = \frac{\tilde{S}(kx)}{k} W^{(2)}(0) + \frac{\tilde{c}(kx)}{k^2} W^{(3)}(0) \tag{11.21}$$

$$W^{(2)}(x) = \tilde{C}(kx) W^{(2)}(0) + \frac{\tilde{S}(kx)}{k} W^{(3)}(0) \tag{11.22}$$

$$W^{(3)}(x) = k\tilde{s}(kx) W^{(2)}(0) + \tilde{C}(kx) W^{(3)}(0) \tag{11.23}$$

Im nächsten Schritt nehmen wir die Momenten- und Kräftefreiheit am freien Ende des Biegewandlers mit ins Kalkül ($W^{(2)}(l) = W^{(3)}(l) = 0$). Aus den beiden Gl. (11.22) und (11.23) ergibt sich dann:

$$0 = \tilde{C}(kl) W^{(2)}(0) + \frac{\tilde{S}(kl)}{k} W^{(3)}(0) \tag{11.24}$$

$$0 = k\tilde{s}(kl) W^{(2)}(0) + \tilde{C}(kl) W^{(3)}(0) \tag{11.25}$$

Das gewonnene Gleichungssystem lässt sich auch in Matrizenschreibweise zusammenfassen. Wir erhalten:

$$\begin{pmatrix} \tilde{C}(kl) & \dfrac{\tilde{S}(kl)}{k} \\ k\tilde{s}(kl) & \tilde{C}(kl) \end{pmatrix} \cdot \begin{pmatrix} W^{(2)}(0) \\ W^{(3)}(0) \end{pmatrix} = \begin{pmatrix} 0 \\ 0 \end{pmatrix}$$

Da bei einer freien Biegeschwingung das Moment und die Querkraft an der Einspannstelle in der Regel von null verschieden sind ($W^{(2)}(0) \neq 0 \wedge W^{(3)}(0) \neq 0$), kann das homogene Gleichungssystem nur dann nichttriviale Lösungen haben, wenn die Koeffizientendeterminante verschwindet (Papula 2015), d. h.

$$\det \begin{pmatrix} \tilde{C}(kl) & \dfrac{\tilde{S}(kl)}{k} \\ k\tilde{s}(kl) & \tilde{C}(kl) \end{pmatrix} = \begin{vmatrix} \tilde{C}(kl) & \dfrac{\tilde{S}(kl)}{k} \\ k\tilde{s}(kl) & \tilde{C}(kl) \end{vmatrix} = 0.$$

Hieraus erschließt sich der Zusammenhang

$$\tilde{C}^2(kl) - \tilde{s}(kl)\tilde{S}(kl) = 0.$$

Dieser Ausdruck führt in Verbindung mit den Rayleigh-Funktionen (11.9)–(11.11) zu der charakteristischen Gleichung eines einseitig eingespannten Biegewandlers (s. Anhang 1).

charakteristische Gleichung eines einseitig eingespannten Biegewandlers

$$1 + \cos(kl)\cosh(kl) = 0 \tag{11.26}$$

Gl. (11.26) ist in analytisch geschlossener Form nicht lösbar. Eine numerische Berechnung der charakteristischen Gleichung liefert m charakteristische Nullstellen $k_m l$, wobei $m = 1, 2, \ldots, n$ gilt und physikalisch der jeweils entsprechenden natürlichen ausbreitungsfähigen **Eigenmode** entspricht. Die Lösungen der charakteristischen Gleichung eines einseitig eingespannten Biegewandlers können Tab. 11.1 entnommen werden. Schauen wir uns nochmals Gl. (11.6) an. Diese können wir unter Berücksichtigung der Biegewandlerlänge l mithilfe der charakteristischen Nullstellen $k_m l$ in die Form

$$\frac{(k_m l)^4}{l^4} = \frac{\mu \omega_m^2}{C}$$

überführen. Hieraus erhalten wir unmittelbar die

Tab. 11.1 Lösungen der charakteristischen Gleichung eines einseitig eingespannten Biegewandlers (Tang 2003; Soedel 2004)

m	1	2	3	4	5	...
$k_m l$	1,8751	4,6941	7,8540	10,996	14,137	...

11.1 Eigenmoden des einseitig eingespannten Biegewandlers

natürlichen Frequenzen eines einseitig eingespannten Biegewandlers

$$\omega_m = \frac{(k_m l)^2}{l^2}\sqrt{\frac{C}{\mu}}. \tag{11.27}$$

Die charakteristischen Nullstellen $k_m l$ bedingen unterschiedliche Eigenmoden $W_m(x)$, deren Form wir aus Gl. (11.20) gewinnen können, d. h. aus

$$W_m(x) = \frac{\tilde{c}(k_m x)}{k_m^2} W_m^{(2)}(0) + \frac{\tilde{s}(k_m x)}{k_m^3} W_m^{(3)}(0)$$

erhalten wir nach algebraischer Umformung

$$W_m(x) = \frac{1}{k^2} W_m^{(2)}(0) \left(c(\tilde{k_m} x) + \frac{\tilde{s}(k_m x)}{k_m} \underbrace{\frac{W_m^{(3)}(0)}{W_m^{(2)}(0)}}_{(*)} \right). \tag{11.28}$$

Den Term $(*)$ wiederum gewinnen wir direkt aus Gl. (11.24). Wir schreiben

$$\frac{W_m^{(3)}(0)}{W_m^{(2)}(0)} = -k_m \frac{\tilde{C}(k_m l)}{\tilde{S}(k_m l)}$$

und erhalten schließlich nach Einsetzen in Gl. (11.28)

$$W_m(x) = \frac{1}{k^2} W_m^{(2)}(0) \left(c(\tilde{k_m} x) - \tilde{s}(k_m x) \frac{\tilde{C}(k_m l)}{\tilde{S}(k_m l)} \right). \tag{11.29}$$

Die Form der ausbreitungsfähigen Moden wird durch den Klammerausdruck in Gl. (11.29) definiert. Der Term vor der Klammer kann indessen beliebige Werte annehmen und hat auf die Form der Eigenmoden keinen Einfluss (Timoshenko 1937).

Form der Moden eines einseitig eingespannten Biegewandlers

$$W_m(x) = \tilde{c}(k_m x) - \tilde{s}(k_m x) \frac{\tilde{C}(k_m l)}{\tilde{S}(k_m l)} \tag{11.30}$$

Der Separationsansatz aus Gl. (11.3) führt uns zu einer Funktion $w(x,t)$, die sich als Überlagerung der ausbreitungsfähigen Moden (reine Ortsfunktion) und des Schwingungsverhaltens (reine Zeitfunktion) darstellen lässt.

$$w(x,t) = \sum_{m=1}^{\infty} W_m(x)\phi_m(t) \qquad (11.31)$$

Die Reihendarstellung der Funktion $w(x,t)$ konvergiert absolut für $m \to \infty$ (Abu-Hilal 2003).

Bisher haben wir noch keine Information darüber, welche reinen Zeitfunktionen $\phi_m(t)$ sowohl bei der homogenen ($\tilde{q}(x,t) = 0$) als auch bei der *partikulären* Lösung ($\tilde{q}(x,t) \neq 0$) der Differenzialgleichung zu erwarten sind. Die Lösung dieser Fragestellung setzt voraus, sich zunächst mit den Orthogonalitätsbeziehungen der Eigenfunktionen W_m eines einseitig eingespannten Biegewandlers zu beschäftigen. Das folgende Kapitel geht auf diesen Sachverhalt näher ein.

11.2 Orthogonalitätsbeziehungen der Eigenfunktionen

Wir ziehen zu Beginn dieses Abschnitts nochmals die Differenzialgleichung (11.5) heran. Es gilt:

$$W_m^{(4)} - k_m^4 W_m = 0$$

Mit der Einführung des **Eigenwerts**

$$\lambda_m = k_m^4 = \frac{\mu \omega_m^2}{C} \qquad (11.32)$$

können wir obige Gleichung in die folgende Form umschreiben:

$$W_m^{(4)} = \lambda_m W_m \qquad (11.33)$$

Gl. (11.33) repräsentiert ein **Eigenwertproblem**, welches dadurch charakterisiert ist, dass die vierte Ableitung der **Eigenfunktion** W_m dem Produkt aus der Eigenfunktion selbst und dem Eigenwert λ_m entspricht. Die Orthogonalitätsbeziehungen – ein Synonym für lineare Unabhängigkeit – der Eigenfunktionen lassen sich anhand unterschiedlicher Moden m und p untersuchen (Timoshenko 1937). Wir halten fest:

11.2 Orthogonalitätsbeziehungen der Eigenfunktionen

$$W_m^{(4)} = \lambda_m W_m \tag{11.34}$$

und

$$W_p^{(4)} = \lambda_p W_p \tag{11.35}$$

Wir multiplizieren nun Gl. (11.34) mit W_p sowie Gl. (11.35) mit W_m und führen anschließend die Integration über die Längenkoordinate des Biegewandlers durch. Wir erhalten:

$$\int_0^l W_m^{(4)} W_p \, dx = \lambda_m \int_0^l W_m W_p \, dx \tag{11.36}$$

$$\int_0^l W_p^{(4)} W_m \, dx = \lambda_p \int_0^l W_m W_p \, dx$$

Als nächstes erfolgt die partielle Integration auf der linken Seite:

$$W_m^{(3)} W_p \Big|_0^l - \int_0^l W_m^{(3)} W_p^{(1)} \, dx = \lambda_m \int_0^l W_m W_p \, dx$$

$$W_p^{(3)} W_m \Big|_0^l - \int_0^l W_p^{(3)} W_m^{(1)} \, dx = \lambda_p \int_0^l W_m W_p \, dx$$

Nochmalige partielle Integration liefert:

$$W_m^{(3)} W_p \Big|_0^l - W_m^{(2)} W_p^{(1)} \Big|_0^l - \int_0^l W_m^{(2)} W_p^{(2)} \, dx = \lambda_m \int_0^l W_m W_p \, dx \tag{11.37}$$

$$W_p^{(3)} W_m \Big|_0^l - W_p^{(2)} W_m^{(1)} \Big|_0^l - \int_0^l W_m^{(2)} W_p^{(2)} \, dx = \lambda_p \int_0^l W_m W_p \, dx \tag{11.38}$$

Mithilfe der zuvor vereinbarten Randbedingungen für die Verschiebung und Verdrehung an der Einspannstelle ($W_m(0) = W_m^{(1)}(0) = 0$) (s. Gl. (11.16) und (11.17)) sowie der Momenten- und Kräftefreiheit am freien Ende des Biegewandlers ($W_m^{(2)}(l) = W_m^{(3)}(l) = 0$) (s. Gl. (11.18) und (11.19)) lassen sich die beiden Gleichungen vereinfachen. Wir erhalten:

$$-\int_0^l W_m^{(2)} W_p^{(2)} \, dx = \lambda_m \int_0^l W_m W_p \, dx \qquad (11.39)$$

$$-\int_0^l W_m^{(2)} W_p^{(2)} \, dx = \lambda_p \int_0^l W_m W_p \, dx$$

Wir bilden nun die Differenz der beiden Gleichungen und können schreiben:

$$(\lambda_m - \lambda_p) \int_0^l W_m W_p \, dx = 0 \qquad (11.40)$$

Wegen $\lambda_m \neq \lambda_p$ für $m \neq p$ kann Gl. (11.40) nur dann erfüllt sein, wenn gilt:

$$\int_0^l W_m W_p \, dx = 0 \qquad (11.41)$$

Dies wiederum hat zur Folge, dass sich die beiden Gl. (11.36) und (11.39) zu

$$\int_0^l W_m^{(4)} W_p \, dx = 0 \qquad (11.42)$$

$$\int_0^l W_m^{(2)} W_p^{(2)} \, dx = 0 \qquad (11.43)$$

ergeben. Die Ausdrücke (11.41)–(11.43) weisen die Orthogonalitätsbeziehungen für die Eigenmoden eines einseitig eingespannten Biegewandlers auf. Für den Spezialfall, dass $m = p$ gilt, folgt unmittelbar aus Gl. (11.40):

$$\int_0^l W_m^2 \, dx \neq 0$$

11.3 Beschreibung des zeitabhängigen Verhaltens von Eigenmoden

Dies wiederum ermöglicht es uns, aus den Gl. (11.36) und (11.39) einen weiteren wichtigen Zusammenhang abzuleiten:

$$\int_0^l W_m^{(4)} W_m \, dx = -\int_0^l \left(W_m^{(2)}\right)^2 dx = \lambda_m \int_0^l W_m^2 \, dx = \frac{\mu \omega_m^2}{C} \int_0^l W_m^2 \, dx \tag{11.44}$$

Im folgenden Abschnitt werden wir die Erkenntnisse zu den Orthogonalitätsbeziehungen der Eigenfunktionen nutzen können, um das zeitabhängige Verhalten der Eigenmoden an jedem beliebigen Punkt x der Biegerlängsachse in Abhängigkeit der Linienlast $\tilde{q}(x, t)$ zu ermitteln.

11.3 Beschreibung des zeitabhängigen Verhaltens von Eigenmoden

Die *inhomogene* Differenzialgleichung (11.1) bildet das zentrale Element unserer Überlegungen in diesem Abschnitt, weshalb wir sie uns nochmals ins Gedächtnis rufen wollen.

$$C\frac{\partial^4 w(x,t)}{\partial x^4} + \mu \frac{\partial^2 w(x,t)}{\partial t^2} + r_a \frac{\partial w(x,t)}{\partial t} = \tilde{q}(x,t) \tag{11.45}$$

Der Separationsansatz (11.3) ermöglicht es, Gl. (11.45) für die m-te Mode wie folgt umzuschreiben:

$$CW_m^{(4)} \phi_m + \mu W_m \ddot{\phi}_m + r_a W_m \dot{\phi}_m = \tilde{q}(x,t) \tag{11.46}$$

Im Folgenden multiplizieren wir beide Seiten von Gl. (11.46) mit $\sum_{m=1}^{\infty} W_m$ und integrieren im Anschluss über die Längenkoordinate des Biegewandlers. Wir erhalten:

$$\sum_{m=1}^{\infty} \int_0^l \tilde{q}(x,t) W_m \, dx = C \sum_{m=1}^{\infty} \int_0^l W_m^{(4)} W_m \phi_m \, dx$$

$$+ \mu \sum_{m=1}^{\infty} \int_0^l W_m^2 \ddot{\phi}_m \, dx$$

$$+ r_a \sum_{m=1}^{\infty} \int_0^l W_m^2 \dot{\phi}_m \, dx$$

Für die m-te Mode ergibt sich unter Zuhilfenahme der Beziehung (11.44):

$$\int_0^l \tilde{q}(x,t)W_m\,\mathrm{d}x = C\lambda_m\phi_m\int_0^l W_m^2\,\mathrm{d}x + \mu\ddot{\phi}_m\int_0^l W_m^2\,\mathrm{d}x + r_\mathrm{a}\dot{\phi}_m\int_0^l W_m^2\,\mathrm{d}x$$

Wir dividieren nun Gl. (11.46) auf beiden Seiten durch $\int_0^l W_m^2\,\mathrm{d}x$ und μ und gelangen schließlich unter Einführung der Definition

$$\frac{r_\mathrm{a}}{\mu} = \frac{r}{m} = 2\zeta\omega_m \tag{11.47}$$

zur

Differenzialgleichung des zeitabhängigen Verhaltens von Biegeschwingungen beim einseitig eingespannten Biegewandler

$$\ddot{\phi}_m + 2\zeta\omega_m\dot{\phi}_m + \omega_m^2\phi_m = \frac{\int_0^l \tilde{q}(x,t)W_m\,\mathrm{d}x}{\mu\int_0^l W_m^2\,\mathrm{d}x}. \tag{11.48}$$

Die Größe ζ bezeichnet eine dimensionslose Dämpfungskonstante. Bei der Größe ω_m handelt es sich um die natürliche Frequenz der m-ten Mode eines ungedämpften, einseitig eingespannten Biegewandlers. Mit Gl. (11.48) steht uns eine mathematische Rechenvorschrift zur Verfügung, mit deren Hilfe wir bei beliebiger Lastgröße $\tilde{q}(x,t)$ (Linienlast) das zeitabhängige Verhalten einer beliebigen Eigenmode W_m unter Berücksichtigung der Dämpfung bestimmen können.

Im nächsten Abschnitt widmen wir uns zunächst der Untersuchung des zeitlichen Verhaltens einer freien gedämpften Biegeschwingung eines einseitig eingespannten Biegewandlers. Im weiteren Verlauf dieses Kapitels dehnen wir dann unsere Untersuchungen auf die Anregung eines Biegewandlers mit harmonischen Lastgrößen (Kraft $F(t)$, Moment $M(t)$, Druck $p(t)$, elektrische Ansteuerspannung $U(t)$) aus.

11.4 Allgemeiner Lösungsansatz für das zeitabhängige Verhalten von Biegeschwingungen

Gl. (11.48) erinnert an eine lineare Differenzialgleichung eines einfachen Feder-Masse-Dämpfer-Systems der allgemeinen Form

$$\ddot{y} + a\dot{y} + by = f(t). \tag{11.49}$$

Die Größen a und b sind konstante Koeffizienten. Die Größe $f(t)$ bezeichnet eine rein zeitabhängige *Störfunktion*. Betrachten wir die rechte Seite von Gl. (11.48), erkennen wir jedoch, dass die Störfunktion in Form von $\tilde{q}(x,t)$ eine Orts- und Zeitabhängigkeit aufweist. Für diese Störfunktion wählen wir nun den Separationsansatz

$$\tilde{q}(x,t) = q(x)f(t)$$

und schreiben in Gl. (11.48) den zeitabhängigen Anteil $f(t)$ vor den Integralausdruck:

$$\ddot{\phi}_m + 2\zeta\omega_m\dot{\phi}_m + \omega_m^2\phi_m = f(t)\frac{\int_0^l q(x)W_m\,\mathrm{d}x}{\mu\int_0^l W_m^2\,\mathrm{d}x} \tag{11.50}$$

Wir definieren nun die Größe

$$\frac{\int_0^l q(x)W_m\,\mathrm{d}x}{\mu\int_0^l W_m^2\,\mathrm{d}x} := \Lambda_m, \tag{11.51}$$

die physikalisch einem Amplitudenwert entspricht. Aus Gl. (11.50) erhalten wir somit:

$$\ddot{\phi}_m + 2\zeta\omega_m\dot{\phi}_m + \omega_m^2\phi_m = f(t)\Lambda_m$$

Die gewonnene Differenzialgleichung ist bis auf die Größe Λ_m mit Gl. (11.49) identisch, wenn wir ϕ_m durch y, $2\zeta\omega_m$ durch a und ω_m^2 durch b ersetzen. Ziel ist es, die lineare Differenzialgleichung 2. Ordnung

$$\ddot{y} + a\dot{y} + by = f(t)\Lambda_m \tag{11.52}$$

zu lösen. Hierzu unterwerfen wir die Differenzialgleichung gliedweise der Laplace-Transformation. Zunächst halten wir fest:

$$\mathscr{L}\{y(t)\} = Y(s) \quad \wedge \quad \mathscr{L}\{f(t)\} = F(s)$$

Für die Laplace-Transformierte der Ableitungen $\dot{y}$ und $\ddot{y}$ gilt nach dem Ableitungssatz für Originalfunktionen (Papula 2015):

$$\mathscr{L}\{\dot{y}(t)\} = sY(s) - y(0)$$

$$\mathscr{L}\{\ddot{y}(t)\} = s^2 Y(s) - sy(0) - \dot{y}(0)$$

Die Differenzialgleichung (11.52) geht somit über in die algebraische Gleichung

$$\left(s^2 Y(s) - sy(0) - \dot{y}(0)\right) + a\left(sY(s) - y(0)\right) + bY(s) = F(s)\Lambda_m,$$

woraus folgt:

$$Y(s) = \frac{F(s)\Lambda_m + (s+a)y(0) + \dot{y}(0)}{s^2 + as + b}$$

Mit Einführung der Anfangsbedingungen

$$\dot{y}(0) = B \quad \text{(Geschwindigkeit zum Zeitpunkt } t = 0\text{)}$$

und

$$y(0) = y_0 \quad \text{(Amplitude zum Zeitpunkt } t = 0\text{)}$$

erhalten wir schließlich:

$$Y(s) = \frac{F(s)\Lambda_m + (s+a)y_0 + B}{s^2 + as + b} \qquad (11.53)$$

Die Funktion $Y(s)$ ist die Lösung der Anfangswertaufgabe im Bildbereich, den Nennerterm bezeichnet man allgemein als *charakteristisches Polynom* $P(s)$.

11.5 Freie gedämpfte Biegeschwingung

Für den Fall der freien gedämpften Biegeschwingung gilt es, die homogene Lösung für $Y(s)$ zu bestimmen, d. h. $F(s) = 0$. Aus Gl. (11.53) erhalten wir:

$$Y(s) = \frac{y_0(s+a)}{s^2+as+b} + \frac{B}{s^2+as+b} \tag{11.54}$$

Wir wollen annehmen, dass das charakteristische Polynom zwei komplexe Nullstellen

$$s_1 = \alpha + j\beta \quad \wedge \quad s_2 = \alpha - j\beta$$

aufweist. Damit lässt sich das charakteristische Polynom wie folgt schreiben:

$$s^2 + as + b = (s - s_1)(s - s_2) = s^2 - s(s_1 + s_2) + s_1 s_2$$

Einsetzen der beiden komplexen Nullstellen in das charakteristische Polynom und anschließender Koeffizientenvergleich liefert:

$$a = -2\alpha \quad \wedge \quad b = \alpha^2 + \beta^2 \tag{11.55}$$

Somit folgt für das charakteristische Polynom $P(s)$:

$$s^2 - 2\alpha s + \alpha^2 + \beta^2 = (s - \alpha)^2 + \beta^2 \tag{11.56}$$

Gl. (11.54) lässt sich unter Verwendung von Gl. (11.56) umformulieren:

$$Y(s) = \frac{y_0(s - \alpha)}{(s - \alpha)^2 + \beta^2} + \frac{B - \alpha y_0}{(s - \alpha)^2 + \beta^2}$$

Wir nehmen weiterhin an, dass bei $y_0 = y(0)$ die Geschwindigkeit $\dot{y}(0) = B = 0$ ist. Wir erhalten:

$$Y(s) = \frac{y_0(s - \alpha)}{(s - \alpha)^2 + \beta^2} - \frac{\alpha y_0}{(s - \alpha)^2 + \beta^2} \tag{11.57}$$

Mit den zuvor vereinbarten Größen $a = 2\zeta \omega_m$ und $b = \omega_m^2$ gewinnen wir weiterhin folgende Zusammenhänge:

$$-2\alpha = 2\zeta \omega_m \quad \Rightarrow \quad \alpha = -\zeta \omega_m \tag{11.58}$$

$$\alpha^2 + \beta^2 = \omega_m^2 \quad \Rightarrow \quad \beta = \pm \omega_m \sqrt{1 - \zeta^2} \tag{11.59}$$

Die beiden Beziehungen werden wir nach erfolgter Rücktransformation in den Zeitbereich verwenden. Für die Rücktransformation von Gl. (11.57) gilt:

$$y_h(t) = y_0 \mathscr{L}^{-1}\left\{\frac{(s-\alpha)}{(s-\alpha)^2+\beta^2}\right\} - y_0\alpha \mathscr{L}^{-1}\left\{\frac{1}{(s-\alpha)^2+\beta^2}\right\} \quad (11.60)$$

Anhand der allgemein gültigen Korrespondenzen (Papula 2015)

$$\frac{s-b}{(s-b)^2+a^2} \; \bullet\!\!-\!\!\circ \; e^{bt}\cos(at)$$

$$\frac{1}{(s-b)^2+a^2} \; \bullet\!\!-\!\!\circ \; \frac{e^{bt}}{a}\sin(at)$$

gewinnen wir folgenden Ausdruck:

$$y_h(t) = y_0 e^{\alpha t}\left(\cos(\beta t) - \frac{\alpha}{\beta}\sin(\beta t)\right)$$

Unter Berücksichtigung der Beziehungen (11.58) und (11.59) und durch Ersetzen von y durch ϕ_m gewinnen wir zunächst die homogene Lösung im Zeitbereich:

$$\phi_m^h(t) = \phi_0 e^{-\zeta\omega_m t}\left(\cos\left(\omega_m\sqrt{1-\zeta^2}\,t\right) + \frac{\zeta\omega_m}{\omega_m\sqrt{1-\zeta^2}}\sin\left(\omega_m\sqrt{1-\zeta^2}\,t\right)\right) \quad (11.61)$$

Mit Einführung der dämpfungsabhängigen Kreisfrequenz

$$\omega_m^d = \omega_m\sqrt{1-\zeta^2} \quad (11.62)$$

erhalten wir schließlich mit Gl. (11.31) die

homogene Lösung der freien unterkritisch gedämpften Biegeschwingung

$$w_h(x,t) = \phi_0 \sum_{m=1}^{\infty} W_m(x) e^{-\zeta\omega_m t}\left(\cos\left(\omega_m^d t\right) + \frac{\zeta\omega_m}{\omega_m^d}\sin\left(\omega_m^d t\right)\right) \quad (11.63)$$

Aus Gl. (11.63) gewinnen wir in späteren Messungen am realen Biegewandler die dimensionslose Dämpfungskonstante ζ und daraus schließlich den Reibungsbeiwert r (s. Gl. (11.47)). Diese Größe spielt auch im nächsten Kapitel, in welchem wir uns mit der schaltungstechnischen Darstellung eines piezoelektrischen Biegewandlers auseinandersetzen, eine wichtige Rolle.

11.6 Biegeschwingungen bei harmonischer Anregung

In diesem Abschnitt wollen wir untersuchen, welche Zeit- und Ortsabhängigkeiten die Biegeschwingungen eines einseitig eingespannten Biegewandlers bei harmonischer Anregung aufweisen. Ausgangspunkt unserer Betrachtungen ist Gl. (11.53). Diesmal lassen wir zu, dass $F(s)\Lambda_m \neq 0$ ist. Mit den bereits definierten Anfangsbedingungen halten wir allgemein fest:

$$Y(s) = \underbrace{\frac{F(s)\Lambda_m}{s^2 + as + b}}_{:= Y_p(s)} + \underbrace{\frac{(s+a)y_0 + B}{s^2 + as + b}}_{:= Y_h(s)} \tag{11.64}$$

Treffen wir abermals die Annahme, dass das charakteristische Polynom zwei komplexe Nullstellen besitzt, so wissen wir aus dem vorhergehenden Abschnitt, dass der Term $Y_h(s)$ die homogene Lösung der Differenzialgleichung (11.52) im Bildbereich repräsentiert. Die *allgemeine* Lösung der Differenzialgleichung ergibt sich als Summe aus der homogenen Lösung $Y_h(s)$ und partikulären Lösung $Y_p(s)$ im Bildbereich (und damit aus der homogenen Lösung $\phi_m^h(t)$ und partikulären Lösung $\phi_m^p(t)$ im Zeitbereich). Da die Dämpfung ζ von null verschieden ist, klingt die homogene Lösung $\phi_m^h(t)$ exponentiell mit der Zeit t ab (s. Gl. (11.61)), sodass nach Ablauf einer Einschwingzeit die Biegeschwingung der partikulären Lösung der Differenzialgleichung im Zeitbereich folgt (Karpfinger 2017). Dies bedeutet, dass wir in Gl. (11.64) ausschließlich den Term $Y_p(s)$ zu berücksichtigen brauchen. Wir halten fest:

$$Y(s) \approx Y_p(s) = \frac{F(s)\Lambda_m}{s^2 + as + b} \tag{11.65}$$

Als harmonische Anregung im Zeitbereich nehmen wir eine Kosinusschwingung an:

$$f(t) = \cos(\Omega t) \tag{11.66}$$

Nach wie vor halten wir an der allgemeinen Definition von Λ_m fest und konzentrieren uns zunächst auf die Zeitfunktion. Die Größe Ω in Gl. (11.66) bezeichnet die Erregerfrequenz. Mithilfe der Korrespondenz (Papula 2015)

$$\cos(\Omega t) \;\bullet\!\!-\!\!\circ\; \frac{s}{s^2 + \Omega^2}$$

erhalten wir aus Gl. (11.65):

$$Y(s) = \underbrace{\frac{s}{(s^2 + \Omega^2)(s^2 + as + b)}\Lambda_m}_{:= \overline{Y}(s)} \tag{11.67}$$

Die Funktion $Y(s)$ ist die partikuläre Lösung der Differenzialgleichung (11.52) im Bildbereich. Zur Lösung von $\overline{Y}(s)$ gehen wir von einem allgemeinen Ansatz der Form

$$\overline{Y}(s) = \frac{A + Bs}{s^2 + c} + \frac{C + Ds}{s^2 + as + b} \tag{11.68}$$

aus. Die Größe Λ_m ist für die Ermittlung der Lösung im Zeitbereich vorerst nicht relevant. Ziel ist es, die unbekannten Koeffizienten A, B, C und D zu ermitteln. Aus Gl. (11.68) ergibt sich allgemein:

$$\overline{Y}(s) = \frac{(A + Bs)\left(s^2 + as + b\right) + (C + Ds)\left(s^2 + c\right)}{\left(s^2 + c\right)\left(s^2 + as + b\right)}$$

Nach einigen algebraischen Umformungen gewinnen wir durch Koeffizientenvergleich mit der ursprünglichen Nennerfunktion s in Gl. (11.67) folgendes Gleichungssystem:

$$0 = B + D$$

$$0 = A + C + Ba$$

$$0 = Ab + Cc$$

$$1 = Aa + Bb + Dc$$

Die Berechnung der Koeffizienten gestaltet sich etwas aufwendig, weshalb hier nur die Lösungen aufgeführt werden. Als Lösungen ergeben sich:

$$A = \frac{ac}{(b-c)^2 + ca^2}$$

$$B = \frac{b-c}{(b-c)^2 + ca^2}$$

$$C = -\frac{ba}{(b-c)^2 + ca^2}$$

$$D = -\frac{b-c}{(b-c)^2 + ca^2}$$

Der Term in Gl. (11.68) lässt sich in folgende Form überführen:

$$\overline{Y}(s) = \frac{A}{s^2 + c} + \frac{Bs}{s^2 + c} + \frac{C}{s^2 + as + b} + \frac{Ds}{s^2 + as + b} \tag{11.69}$$

Die beiden letzten Terme auf der rechten Seite von Gl. (11.69) führen bei der Rücktransformation in den Zeitbereich abermals zu einer exponentiell abklingenden Funktion

11.6 Biegeschwingungen bei harmonischer Anregung

(s. Gl. (11.57)), d. h. nach einem kurzen Einschwingvorgang tragen diese beiden Terme nicht mehr zur partikulären Lösung bei. Maßgeblich für die partikuläre Lösung sind die beiden ersten Terme auf der rechten Seite von Gl. (11.69). Wir ersetzen den Koeffizienten c durch Ω^2 und berücksichtigen die in Gl. (11.55) definierten Größen a und b. Die Koeffizienten A und B nehmen dann folgende Werte an:

$$A = \frac{2\zeta\omega\Omega^2}{\left(\omega^2 - \Omega^2\right)^2 + (2\zeta\omega\Omega)^2}$$

$$B = \frac{\omega^2 - \Omega^2}{\left(\omega^2 - \Omega^2\right)^2 + (2\zeta\omega\Omega)^2}$$

Für die partikuläre Lösung im Zeitbereich können wir schließlich unter Verwendung der Korrespondenzen (Papula 2015)

$$\frac{1}{s^2 + a^2} \quad \bullet\!\!-\!\!\circ \quad \frac{\sin(at)}{a}$$

$$\frac{s}{s^2 + a^2} \quad \bullet\!\!-\!\!\circ \quad \cos(at)$$

allgemein schreiben:

$$\phi_m^p(t) = \left(\tilde{A}_m \sin(\Omega t) + B_m \cos(\Omega t)\right) \Lambda_m \quad \text{mit} \quad \tilde{A}_m = \frac{A_m}{\Omega} \tag{11.70}$$

Mit der Einführung des dimensionslosen Verhältnisses von Erregerfrequenz und den Eigenfrequenzen des Biegewandlers

$$\eta_m = \frac{\Omega}{\omega_m} \tag{11.71}$$

lassen sich die Konstanten $\tilde{A}_m$ und B_m wie folgt ausdrücken:

$$\tilde{A}_m = \frac{2\zeta\eta_m}{\omega_m^2 \left(\left(1 - \eta_m^2\right)^2 + (2\zeta\eta_m)^2\right)}$$

$$B_m = \frac{1 - \eta_m^2}{\omega_m^2 \left(\left(1 - \eta_m^2\right)^2 + (2\zeta\eta_m)^2\right)}$$

Um die partikuläre Lösung $\phi_m^p(t)$ physikalisch besser interpretieren zu können, bringen wir diese in die allgemeine Form

$$\phi_m^p(t) = a_m \cos(\Omega t - \psi) \Lambda_m. \tag{11.72}$$

Mithilfe des Additionstheorems

$$\cos(\alpha \pm \beta) = \cos(\alpha)\cos(\beta) \mp \sin(\alpha)\sin(\beta)$$

gewinnen wir aus Gl. (11.72) den Ausdruck

$$\phi_m^p(t) = (a_m \cos(\Omega t) \cos(\psi) + a_m \sin(\Omega t) \sin(\psi)) \Lambda_m.$$

Ein Vergleich mit Gl. (11.70) zeigt, dass

$$\tilde{A}_m = a_m \cos(\psi) \quad \text{und} \quad B_m = a_m \sin(\psi)$$

ist. Daraus lassen sich die

Amplitude der partikulären Lösung

$$a_m = \frac{1}{\omega_m^2 \sqrt{\left(1 - \eta_m^2\right)^2 + (2\zeta \eta_m)^2}} \tag{11.73}$$

und der

Phasenwinkel der partikulären Lösung

$$\tan(\psi) = \frac{2\zeta \eta_m}{1 - \eta_m^2} \tag{11.74}$$

ermitteln. Hieraus erhalten wir zunächst die partikuläre Lösung bei harmonischer Anregung im Zeitbereich:

$$\phi_m^p(t) = \frac{\Lambda_m}{\omega_m^2 \sqrt{\left(1 - \eta_m^2\right)^2 + (2\zeta \eta_m)^2}} \cos(\Omega t - \psi_m). \tag{11.75}$$

11.7 Herleitung der Admittanz-Matrix

Erst unter Berücksichtigung von Gl. (11.31) ergibt sich schließlich die

partikuläre Lösung von Biegeschwingungen bei harmonischer Anregung

$$w_p(x,t) = \sum_{m=1}^{\infty} W_m(x) \frac{\Lambda_m}{\omega_m^2 \sqrt{\left(1-\eta_m^2\right)^2 + (2\zeta\eta_m)^2}} \cos(\Omega t - \psi_m). \quad (11.76)$$

11.7 Herleitung der Admittanz-Matrix

Interessant an dem gewonnenen Ergebnis in Gl. (11.76) ist die Tatsache, dass wir bisher von einer harmonischen Anregung des einseitig eingespannten Biegewandlers ausgegangen sind, ohne eine Aussage über die anregende Größe, die Bestandteil der Größe Λ_m ist, getroffen zu haben. Wir werden sehen, dass es die Größe Λ_m ist, die es ermöglicht, die kanonisch konjugierten Größen (Verdrehung φ, Verschiebung w, Volumenverschiebung V, Ladungsverschiebung Q) bei harmonischer Anregung mit unterschiedlichen Lastgrößen (Moment M, Kraft F, Druck p, elektrische Steuerspannung U) als Funktionen der Zeit t und der Längenkoordinate x eines Biegewandlers darzustellen. Analog zum statischen Verhalten in Kap. 8 erschließt sich die Möglichkeit, die Abhängigkeit der kanonisch Konjugierten von den harmonischen Lastgrößen in Form einer dynamischen Kopplungsmatrix $\boldsymbol{H}(x)$ anzugeben. Diese Matrix wird auch als Admittanz-Matrix oder Mitgangsmatrix bezeichnet. Die allgemeine Verküpfungsstruktur ist in Gl. (11.77) ersichtlich (Smits und Ballato 1994):

$$\begin{pmatrix} \varphi(x,t) \\ w(x,t) \\ V(x,t) \\ Q(x,t) \end{pmatrix} = \underbrace{\begin{pmatrix} h_{11}(x) & h_{12}(x) & h_{13}(x) & h_{14}(x) \\ h_{21}(x) & h_{22}(x) & h_{23}(x) & h_{24}(x) \\ h_{31}(x) & h_{32}(x) & h_{33}(x) & h_{34}(x) \\ h_{41}(x) & h_{42}(x) & h_{43}(x) & h_{44}(x) \end{pmatrix}}_{\text{Admittanz-Matrix } \boldsymbol{H}(x)} \cdot \begin{pmatrix} M_0 \\ F_0 \\ p_0 \\ U_0 \end{pmatrix} \cos(\Omega t - \psi_m)$$

(11.77)

In den folgenden Abschnitten befassen wir uns detailliert mit der Herleitung der einzelnen Matrixelemente $h_{ij}(x)$. Für die eingeprägten (harmonischen) Lastgrößen (s. Abb. 8.6) gelten dabei die folgenden Vereinbarungen:

> **Vereinbarungen für eingeprägte (harmonische) Lastgrößen**
>
> 1. Die harmonische Anregung durch ein Moment der Amplitude M_0 erfolgt am freien Ende des Biegewandlers um die y-Achse.
> 2. Die harmonische Anregung durch eine Kraft der Amplitude F_0 erfolgt am freien Ende des Biegewandlers in z-Richtung.
> 3. Die Unterseite des Biegewandlers (x-y-Ebene) wird über die gesamte Länge l und Breite b mit einem Druck der Amplitude p_0 in z-Richtung harmonisch angeregt.
> 4. Die piezoelektrischen Schichten werden über die gesamte Länge l und Breite b mit einer elektrischen Wechselspannung der Amplitude U_0 angeregt (*elektrische Parallelschaltung*).

Zuvor werfen wir noch einen Blick auf die Größe

$$\Lambda_m = \frac{\int\limits_0^l q(x) W_m \, dx}{\mu \int\limits_0^l W_m^2 \, dx}$$

aus Gl. (11.51). Sie bildet, wie bereits oben erwähnt, die Grundlage zur Bestimmung der einzelnen Matrixelemente $h_{ij}(x)$. Bei dem Ausdruck im Zähler muss gewährleistet sein, dass die jeweilige Amplitude der harmonischen Lastgröße im physikalischen Sinne einer Linienlast $q(x)$ entspricht. Hierauf kommen wir in Kürze zu sprechen. Der Ausdruck im Nenner hingegen ist völlig unabhängig von der Lastgröße, d. h. er fließt in die anschließenden Herleitungen gleichermaßen mit ein. Daher wollen wir den Nennerausdruck im Vorfeld schon auswerten.

Die Berechnung setzt die Kenntnis der Form der Eigenmoden $W_m(x)$ eines einseitig eingespannten Biegewandlers voraus. Diese haben wir bereits auf Basis der Rayleigh-Funktionen in Gl. (11.30) definiert. Die Berechnung des Nenners gestaltet sich aufwendiger, weshalb an dieser Stelle auf das Softwarepaket Mathematica® zurückgegriffen wird. Die Auswertung des Integrals im Nenner liefert:

$$\int\limits_0^l W_m^2(x) \, dx = \frac{l}{4} \left(1 - \frac{3\big(2\cosh(k_m l)\sin(k_m l) + \cosh^2(k_m l)\sin(2k_m l)\big)}{2k_m l \big(\sin(k_m l) + \sinh(k_m l)\big)^2} \right.$$
$$\left. - \frac{3\cos(k_m l)\big(2\sinh(k_m l) + \cos(k_m l)\sinh(2k_m l)\big)}{2k_m l \big(\sin(k_m l) + \sinh(k_m l)\big)^2} \right)$$

11.7 Herleitung der Admittanz-Matrix

Tab. 11.2 Zur Berechnung des Integrals $\int_0^l W_m^2(x)\,dx$

m	1	2	3	4	5	...
$k_m l$	1,8751	4,6941	7,8540	10,996	14,137	...
$\int_0^l W_m^2(x)\,dx$	0,2311 l	0,2499 l	0,2500 l	0,2500 l	0,2500 l	...

Das Ergebnis wirkt zunächst sehr unhandlich. Eine Auswertung ergibt für die ersten fünf Nullstellen $k_m l$ der charakteristischen Gleichung (11.26) die in Tab. 11.2 dargestellten Rechenergebnisse. Es wird ersichtlich, dass wir das Integral im Nenner (ohne Beweisführung) in guter Näherung zu

$$\int_0^l W_m^2(x)\,dx \approx \frac{l}{4} \tag{11.78}$$

annehmen können und somit die Größe Λ_m eine sehr praktikable Form annimmt:

$$\Lambda_m = \frac{4}{\mu l} \int_0^l q(x) W_m(x)\,dx \tag{11.79}$$

Für die partikuläre Lösung (11.75) bedeutet dies:

$$\phi_m^p(t) = \frac{4}{\mu l} \frac{\int_0^l q(x) W_m(x)\,dx}{\omega_m^2 \sqrt{(1-\eta_m^2)^2 + (2\zeta\eta_m)^2}} \cos(\Omega t - \psi_m) \tag{11.80}$$

Gl. (11.80) entspricht bis auf das Integral im Zähler und den Faktor 1/4 formal der Weg-Zeit-Funktion eines Feder-Masse-Dämpfersystems bei harmonischer Anregung (Tipler und Mosca 2019). Dies lässt den Schluss zu, dass wir uns 25 % der Gesamtmasse μl eines Biegewandlers im dynamischen Fall am freien Ende konzentriert denken können. Bei der Ermittlung einer schaltungstechnischen Darstellung eines piezoelektrischen Biegewandlers als elektromechanisches System im nächsten Kapitel wird diese Tatsache eine zentrale Rolle spielen.

11.7.1 Harmonische Anregung durch ein Moment

Wir nehmen an, dass entsprechend den getroffenen Vereinbarungen ein Moment der Amplitude M_0 um die y-Achse das freie Ende $x = l$ des Biegewandlers harmonisch anregt. Es muss nun gewährleistet sein, dass die am freien Ende angreifende Amplitude M_0 im physikalischen Sinne einer Linienlast $q(x)$ entspricht (s. Gl (11.79)). Hierzu nutzen wir die Dirac-Funktion $\delta(x)$. Mit ihrer Hilfe gelingt es uns, den Zusammenhang zwischen der Amplitude M_0 (Angriffspunkt $x = l$) und der Linienlast $q(x)$ herzustellen. Wir können schreiben:

$$q(x) = M_0 \, \delta'(x - l)$$

Hintergrundinformation | Dirac-Funktion
Die Dirac-Funktion (auch δ-Funktion oder Dirac-Stoß genannt) ist eine nach dem britischen Physiker DIRAC benannte Funktion. Man kann sich die δ-Funktion als einen sehr scharfen, schmalen Impuls (in Raum, Zeit, Dichte usw.) vorstellen. Die formalen Eigenschaften der δ-Funktion lassen sich wie folgt zusammenfassen (Riley et al. 2006; Arfken et al. 2013):

$$\delta(x) = 0 \quad \text{für} \quad x \neq 0, \tag{11.81}$$

wobei gilt:

$$\int f(x)\, \delta(x - a)\, dx = f(a), \tag{11.82}$$

vorausgesetzt, der Integrationsbereich umfasst den Punkt $x = a$. Als Spezialfall von Gl. (11.82) ergibt sich eine weitere Eigenschaft:

$$\int_{-\infty}^{\infty} \delta(x)\, dx = 1 \tag{11.83}$$

Die Ableitung der δ-Funktion $\delta'(x)$ ist definiert als

$$\int_{-\infty}^{\infty} f(x)\, \delta'(x)\, dx = f(x)\, \delta(x) \Big|_{-\infty}^{\infty} - \int_{-\infty}^{\infty} f'(x)\, \delta(x)\, dx = -f'(0) \tag{11.84}$$

bzw. für Ableitungen höherer Ordnung (Abu-Hilal 2003):

$$\int_{a}^{b} \delta^{(n)}(x - b)\, f(x)\, dx = (-1)^n f^{(n)}(b) \quad \text{für} \quad a \leqq b \leqq c. \tag{11.85}$$

In Verbindung mit Gl. (11.79) und der Eigenschaft (11.84) der δ-Funktion erhalten wir:

11.7 Herleitung der Admittanz-Matrix

$$\Lambda_m = -\frac{4}{\mu l} M_0 W'_m(l) \tag{11.86}$$

Aus Gl. (11.30) gewinnen wir die Ableitung

$$W'_m(x) = k_m \left(S(\tilde{k}_m x) - \tilde{c}(k_m x) \frac{\tilde{C}(k_m l)}{\tilde{S}(k_m l)} \right). \tag{11.87}$$

Deren Auswertung an der Stelle $x = l$ ergibt in Gl. (11.87) eingesetzt:

$$\Lambda_m = -\frac{4}{\mu l^2} \frac{(k_m l) \sin(k_m l) \sinh(k_m l)}{\sin(k_m l) + \sinh(k_m l)} M_0 \tag{11.88}$$

mit

$$\lambda_M(k_m l) := \frac{(k_m l) \sin(k_m l) \sinh(k_m l)}{\sin(k_m l) + \sinh(k_m l)} \tag{11.89}$$

Nach Ablauf einer Einschwingzeit folgt die Schwingung der partikulären Lösung (11.75). Für die orts- und zeitabhängige Verschiebung $w(x, t)$ eines Biegewandlers bei harmonischer Anregung mit einem Moment der Amplitude M_0 an dessem freien Ende ergibt sich durch Einsetzen von Gl. (11.88) in Gl. (11.76):

$$w(x, t) = -\frac{4}{\mu l^2} \sum_{m=1}^{\infty} \underbrace{W_m \frac{\lambda_M(k_m l)}{\omega_m^2 \sqrt{\left(1 - \eta_m^2\right)^2 + (2\zeta \eta_m)^2}}}_{= h_{21}(x)} M_0 \cos(\Omega t - \psi_m) \tag{11.90}$$

Mit der Ableitung der Verschiebung $w(x, t)$ nach der Längenkoordinate x erhalten wir die Verdrehung $\varphi(x, t)$. Es gilt:

$$\varphi(x, t) = -\frac{4}{\mu l^2} \sum_{m=1}^{\infty} \underbrace{W'_m \frac{\lambda_M(k_m l)}{\omega_m^2 \sqrt{\left(1 - \eta_m^2\right)^2 + (2\zeta \eta_m)^2}}}_{= h_{11}(x)} M_0 \cos(\Omega t - \psi_m) \tag{11.91}$$

Die Volumenverschiebung $V(x,t)$ gewinnen wir durch doppelte Integration der Verschiebung $w(x,t)$ nach der Längenkoordinate x und der Breitenkoordinate y:

$$V(x,t) = -\underbrace{\frac{4b}{\mu l^2} \sum_{m=1}^{\infty} \int_0^x W_m \, d\tilde{x} \frac{\lambda_M(k_m l)}{\omega_m^2 \sqrt{\left(1-\eta_m^2\right)^2 + (2\zeta\eta_m)^2}}}_{= h_{31}(x)} M_0 \cos(\Omega t - \psi_m)$$

(11.92)

mit

$$\int_0^x W_m \, d\tilde{x} = \frac{1}{k_m}\left(\tilde{s}(k_m x) + \frac{\tilde{C}(k_m l)}{\tilde{S}(k_m l)}\left(1 - \tilde{C}(k_m x)\right)\right).$$

Somit sind die drei Elemente $h_{11}(x)$, $h_{21}(x)$ und $h_{31}(x)$ der Admittanz-Matrix $\boldsymbol{H}(x)$ bekannt.

11.7.2 Harmonische Anregung durch eine Kraft

Bei harmonischer Anregung des freien Endes des Biegewandlers durch eine Kraft mit der Amplitude F_0 in z-Richtung vollführt dieser Biegeschwingungen. Die am freien Ende $x = l$ anregende Kraftamplitude lässt sich mit der Dirac-Funktion als Linienlast

$$q(x) = F_0 \, \delta(x - l)$$

darstellen. Unter Verwendung von Gl. (11.79) erhalten wir mit der Eigenschaft (11.82) der δ-Funktion:

$$\Lambda_m = \frac{4}{\mu l} F_0 W_m(l)$$

Die Auswertung an der Stelle $x = l$ liefert in Verbindung mit Gl. (11.30) den Wert

$$\Lambda_m = \frac{4}{\mu l} \frac{\cosh(k_m l)\sin(k_m l) - \cos(k_m l)\sinh(k_m l)}{\sin(k_m l) + \sinh(k_m l)} F_0$$

(11.93)

mit

11.7 Herleitung der Admittanz-Matrix

$$\lambda_F(k_m l) = \frac{\cosh(k_m l)\sin(k_m l) - \cos(k_m l)\sinh(k_m l)}{\sin(k_m l) + \sinh(k_m l)}. \tag{11.94}$$

Dabei ist $|\lambda_F(k_m l)| = 1$ für alle Nullstellen $k_m l$ der charakteristischen Gleichung. Ein Beweis ist dem Anhang 2 zu entnehmen.

Nach Ablauf einer Einschwingzeit folgt die Schwingung der partikulären Lösung (11.75). Für die orts- und zeitabhängige Verschiebung $w(x,t)$ eines Biegewandlers bei harmonischer Anregung durch eine Kraft mit der Amplitude F_0 an dessen freien Ende ergibt sich durch Einsetzen von Gl. (11.93) in Gl. (11.76):

$$w(x,t) = \frac{4}{\mu l}\sum_{m=1}^{\infty}\underbrace{W_m \frac{\lambda_F(k_m l)}{\omega_m^2\sqrt{\left(1-\eta_m^2\right)^2 + (2\zeta\eta_m)^2}}}_{=h_{22}(x)} F_0\cos(\Omega t - \psi_m) \tag{11.95}$$

Die Ableitung der Verschiebung $w(x,t)$ nach der Längenkoordinate x liefert die Verdrehung

$$\varphi(x,t) = \frac{4}{\mu l}\sum_{m=1}^{\infty}\underbrace{W_m' \frac{\lambda_F(k_m l)}{\omega_m^2\sqrt{\left(1-\eta_m^2\right)^2 + (2\zeta\eta_m)^2}}}_{=h_{12}(x)} F_0\cos(\Omega t - \psi_m). \tag{11.96}$$

Die Volumenverschiebung $V(x,t)$ ergibt sich wiederum aus der doppelten Integration über die Längenkoordinate x und die Breitenkoordinate y:

$$V(x,t) = \frac{4b}{\mu l}\sum_{m=1}^{\infty}\underbrace{\int_0^x W_m\,d\tilde{x}\,\frac{\lambda_F(k_m l)}{\omega_m^2\sqrt{\left(1-\eta_m^2\right)^2 + (2\zeta\eta_m)^2}}}_{=h_{32}(x)} F_0\cos(\Omega t - \psi_m) \tag{11.97}$$

In diesem Abschnitt konnten wir somit die Elemente $h_{12}(x)$, $h_{22}(x)$ und $h_{32}(x)$ der Admittanz-Matrix $\boldsymbol{H}(x)$ bestimmen.

11.7.3 Harmonische Anregung durch einen Druck

Diesmal wird die Unterseite (bezogen auf das Koordinatensystem) über die gesamte Länge l und Breite b mit einem Druck der Amplitude p_0 in z-Richtung harmonisch angeregt. Bezüglich der Längen- und Breitenkoordinate setzen wir voraus, dass kein Druckgradient auftritt. Wir können sofort von der Druckamplitude auf die Linienlast

$$q(x) = p_0 b$$

schließen und erhalten umgehend:

$$\Lambda_m = \frac{4 p_0 b}{\mu l} \int_0^l W_m \, \mathrm{d}x$$

Die Auswertung des Integrals führt zu

$$\Lambda_m = \frac{4b}{\mu} \frac{4 \sin^2\left(\frac{k_m l}{2}\right) \sinh^2\left(\frac{k_m l}{2}\right)}{(k_m l)\bigl(\sin(k_m l) + \sinh(k_m l)\bigr)} p_0$$

mit

$$\lambda_p(k_m l) = \frac{4 \sin^2\left(\frac{k_m l}{2}\right) \sinh^2\left(\frac{k_m l}{2}\right)}{(k_m l)\bigl(\sin(k_m l) + \sinh(k_m l)\bigr)}. \quad (11.98)$$

Nach Ablauf einer Einschwingzeit folgt die Schwingung der partikulären Lösung (11.75). Für die Verschiebung ergibt sich durch Einsetzen von Gl. (11.98) in Gl. (11.76):

$$w(x,t) = \underbrace{\frac{4b}{\mu} \sum_{m=1}^{\infty} W_m \frac{\lambda_p(k_m l)}{\omega_m^2 \sqrt{\left(1 - \eta_m^2\right)^2 + (2\zeta \eta_m)^2}}}_{= h_{23}(x)} p_0 \cos(\Omega t - \psi_m) \quad (11.99)$$

In Analogie zur harmonischen Kraft- und Momentenanregung lassen sich mittels Differenziation bzw. Integration der Verschiebung $w(x,t)$ die Verdrehung $\varphi(x,t)$ bzw. die Volumenverschiebung $V(x,t)$ bestimmen. Wir erhalten:

11.7 Herleitung der Admittanz-Matrix

$$\varphi(x,t) = \underbrace{\frac{4b}{\mu} \sum_{m=1}^{\infty} W'_m \frac{\lambda_p(k_m l)}{\omega_m^2 \sqrt{(1-\eta_m^2)^2 + (2\zeta\eta_m)^2}}}_{= h_{13}(x)} p_0 \cos(\Omega t - \psi_m). \quad (11.100)$$

$$V(x,t) = \underbrace{\frac{4b^2}{\mu} \sum_{m=1}^{\infty} \int_0^x W_m \, d\tilde{x} \frac{\lambda_p(k_m l)}{\omega_m^2 \sqrt{(1-\eta_m^2)^2 + (2\zeta\eta_m)^2}}}_{= h_{33}(x)} p_0 \cos(\Omega t - \psi_m) \quad (11.101)$$

Mit der harmonischen Druckanregung haben wir somit Kenntnis über die Elemente $h_{13}(x)$, $h_{23}(x)$ und $h_{33}(x)$ der Admittanz-Matrix $\boldsymbol{H}(x)$ gewonnen.

11.7.4 Harmonische Anregung durch eine Wechselspannung

Als letzte harmonische Lastgröße, die den Biegewandler in Biegeschwingungen zu versetzen vermag, betrachten wir eine Wechselspannung mit der Amplitude U_0. Um möglichst allgemein zu bleiben, gehen wir von der in Abb. 8.6 dargestellten Schichtanordnung aus. Wir weisen jeder einzelnen Schicht piezoelektrische Eigenschaften zu und betreiben das Schichtsystem in elektrischer Parallelschaltung.

Die angelegte Wechselspannung bedingt – je nach Ausrichtung der elektrischen Feldstärke und der elektrischen Polarisation zueinander – eine sich periodisch ändernde Dehnung oder Stauchung in den einzelnen Schichten. Dadurch entstehen in den einzelnen Schichten mechanische Spannungen, die innerhalb des Schichtverbundes zur Entstehung eines inneren piezoelektrischen Biegemoments führen. Dessen Ursache ist bekanntermaßen in den piezoelektrischen Eigenschaften des Schichtmaterials zu sehen. Das piezoelektrische Moment M_{piezo} haben wir bereits in Gl. (8.22) definiert. Für den Fall einer harmonischen Anregung des Schichtverbundes über dessen gesamte Länge l und Breite b durch eine Wechselspannung mit der Amplitude U_0 können wir das piezoelektrische Moment (8.22) mithilfe der δ-Funktion als Linienlast formulieren. Es gilt:

$$q(x) = M_{\text{piezo},0} \, \delta'(x-l) = U_0 m_{\text{piezo}} \, \delta'(x-l)$$

Die Beschreibung als Linienlast lässt erkennen, dass wir uns das piezoelektrische Moment am freien Ende des Biegewandlers um die y-Achse angreifend vorstellen können. In Verbindung mit Gl. (11.79) und der Eigenschaft (11.84) der δ-Funktion erhalten wir:

$$\Lambda_m = -\frac{4}{\mu l} U_0 m_{\text{piezo}} W'_m(l)$$

Die erhaltene Gleichung ist bis auf den Faktor des spannungsbezogenen piezoelektrischen Moments m_{piezo} identisch mit Gl. (11.86) bei harmonischer Anregung durch ein mechanisches Moment mit der Amplitude M_0. Damit lassen sich die Verschiebung $w(x, t)$, die Verdrehung $\varphi(x, t)$ und die Volumenverschiebung und somit die Elemente $h_{14}(x)$, $h_{24}(x)$ und $h_{34}(x)$ der Admittanz-Matrix $\mathbf{H}(x)$ sofort angeben. Wir können schreiben:

$$h_{14}(x) = m_{\text{piezo}} h_{11}(x) \tag{11.102}$$

$$h_{24}(x) = m_{\text{piezo}} h_{21}(x) \tag{11.103}$$

$$h_{34}(x) = m_{\text{piezo}} h_{31}(x) \tag{11.104}$$

Zu klären ist noch die Frage, welche Ladungsverschiebung $Q(x, t)$ durch die jeweilige harmonische Lastgröße erzeugt wird. Der nächste Abschnitt widmet sich der Beantwortung dieser Fragestellung.

11.7.5 Harmonische Lastgrößen und erzeugte Ladungsverschiebung

Bis auf die Elemente $h_{41}(x)$, $h_{42}(x)$, $h_{43}(x)$ und $h_{44}(x)$ sind uns bisher alle anderen Elemente der Admittanz-Matrix bekannt. Die Berechnungsgrundlage der noch fehlenden Elemente bilden die dem unabhängigen Feldgrößenpaar $(\mathbf{T}, \mathbf{E})$ Zustandsgleichungen (8.16) und (8.17), welche in jedem Punkt des Biegewandlers erfüllt sein müssen. Die Gleichungen werden wir im Folgenden derart umformen, dass die Dehnung S_1 und die dielektrische Verschiebung $D_{3,i}$ in der Schicht i als unabhängige Koordinaten auftreten. Aus Gl. (8.17) wissen wir, dass

$$D_{3,i} = \epsilon_{33,i}^T E_{3,i} + d_{31,i} T_{1,i}$$

ist. Auflösen nach der elektrischen Feldstärke $E_{3,i}$ ergibt:

$$E_{3,i} = \frac{1}{\epsilon_{33,i}^T} D_{3,i} - \frac{d_{31,i}}{\epsilon_{33,i}^T} T_{1,i} \tag{11.105}$$

11.7 Herleitung der Admittanz-Matrix

Indem wir die Zustandsgleichung (8.16) nach der mechanischen Spannung $T_{1,i}$ auflösen und in Gl. (11.105) einsetzen, erhalten wir für die elektrische Feldstärke in Schicht i:

$$E_{3,i} = -\frac{k_{31,i}^2}{d_{31,i}\left(1-k_{31,i}^2\right)} S_1 + \frac{1}{\epsilon_{33,i}^T\left(1-k_{31,i}^2\right)} D_{3,i} \qquad (11.106)$$

Dabei weist die mechanische Dehnung S_1 eine lineare Abhängigkeit von der Schichtdickenkoordinate z auf (s. Gl. (8.7)), wohingegen die dielektrische Verschiebung unabhängig von z ist (s. Gl. (10.58)). Die Größe $k_{31,i}$ haben wir bereits in Gl. (8.28) als elektromechanischen Kopplungsfaktor definiert. Umschreiben von Gl. (11.106) führt zunächst zu

$$E_{3,i} = \frac{k_{31,i}^2 z}{d_{31,i}\left(1-k_{31,i}^2\right)} \frac{\partial^2 w}{\partial x^2} + \frac{1}{\epsilon_{33,i}^T\left(1-k_{31,i}^2\right)} D_{3,i}.$$

Die anschließende Integration über die Koordinate z liefert:

$$U_0 = \int_{h_{i,u}}^{h_{i,o}} E_{3,i}\,\mathrm{d}z = \frac{k_{31,i}^2 \left(h_{i,o}^2 - h_{i,u}^2\right)}{2 d_{31,i}\left(1-k_{31,i}^2\right)} \frac{\partial^2 w}{\partial x^2} + \frac{h_i}{\epsilon_{33,i}^T\left(1-k_{31,i}^2\right)} D_{3,i}$$

Die Berechnung der generierten Ladung in der Schicht i erfolgt durch Auflösen nach der dielektrischen Verschiebung gemäß

$$D_{3,i} = \frac{U_0}{h_i}\epsilon_{33,i}^T\left(1-k_{31,i}^2\right) - \frac{d_{31,i}\left(h_{i,o}^2-h_{i,u}^2\right)}{2 s_{11,i}^E h_i}\frac{\partial^2 w}{\partial x^2}$$

und anschließender Anwendung des Gaußschen Gesetzes an der Grenzfläche der Schicht (s. Gl. (6.60) mit $Q_i \neq 0$):

$$Q_i = \int_{-b/2}^{b/2}\int_0^x D_{3,i}\,\mathrm{d}\tilde{x}\,\mathrm{d}y = \frac{U_0 b}{h_i}\epsilon_{33,i}^T\left(1-k_{31,i}^2\right)x - \frac{b}{2}\frac{d_{31,i}\left(h_{i,o}^2-h_{i,u}^2\right)}{s_{11,i}^E h_i}\frac{\partial w}{\partial x}$$

Aufsummieren über n Schichten liefert in Verbindung mit der Definition (8.79) für das spannungsbezogene Moment m_{piezo} die generierte Gesamtladung:

$$Q = \sum_{i=1}^n Q_i = -m_{\text{piezo}}\frac{\partial w}{\partial x} + U_0 b x \sum_{i=1}^n \frac{\epsilon_{33,i}^T}{h_i}\left(1-k_{31,i}^2\right) \qquad (11.107)$$

Der erste Term lässt erkennen, dass eine Abhängigkeit der generierten Ladungsmenge von der Verdrehung $\varphi = \partial w/\partial x$ besteht. Wir vollführen nun den Übergang zu einer orts- und zeitabhängigen Beschreibung der generierten Ladungsmenge, d. h. wir schreiben $Q = Q(x,t)$. Von dem Separationsansatz (11.31) wissen wir, dass sich die Verschiebung $w(x,t)$ als Überlagerung der ausbreitungsfähigen Moden (Ortsfunktion) und des Schwingungsverhaltens (Zeitfunktion) darstellen lässt. Daraus gewinnen wir für die Verdrehung

$$\varphi(x,t) = \frac{\partial w(x,t)}{\partial x} = \sum_{m=1}^{\infty} W'_m(x)\phi_m(t)$$

und somit

$$Q(x,t) = -m_{\text{piezo}} \underbrace{\sum_{m=1}^{\infty} W'_m(x)\phi_m(t)}_{(*)} + U_0 b x \sum_{i=1}^{n} \frac{\epsilon_{33,i}^T}{h_i}\left(1 - k_{31,i}^2\right)\cos(\Omega t - \psi_m).$$

Den Term $(*)$ können wir anhand der vorausgehenden Berechnungen in die allgemeine Form

$$(*) = h_{1j}(x)\, A_0 \cos(\Omega t - \psi_m) \quad \text{für} \quad j = 1, \ldots, 4$$

bringen, wobei die Größe A_0 der Amplitude der jeweiligen harmonischen Lastgröße entspricht. Als Ergebnis erhalten wir die

erzeugte Ladungsmenge bei Anregung durch harmonische Lastgrößen

$$Q(x,t) = \left(-m_{\text{piezo}}\, h_{1j}(x)\, A_0 + U_0 b x \sum_{i=1}^{n} \frac{\epsilon_{33,i}^T}{h_i}\left(1 - k_{31,i}^2\right)\cos(\Omega t - \psi_m)\right).$$

(11.108)

Gl. (11.108) dient als Berechnungsgrundlage für die gesuchten Elemente $h_{41}(x)$, $h_{42}(x)$, $h_{43}(x)$ und $h_{44}(x)$. Die Elemente $h_{41}(x)$, $h_{42}(x)$ und $h_{43}(x)$ sind der Verknüpfungsstruktur der Admittanz-Matrix (11.77) zufolge durch die rein mechanischen Lastgrößen definiert. Der zweite Term in der Klammer von Gl. (11.108) verschwindet daher. Für die generierte Ladung durch die harmonischen Lastgrößen Moment, Kraft und Druck ergibt sich somit:

$$Q(x,t) = \underbrace{-m_\text{piezo}\, h_{11}(x)}_{= h_{41}(x)}\, p_0 \cos(\Omega t - \psi_m), \tag{11.109}$$

$$Q(x,t) = \underbrace{-m_\text{piezo}\, h_{12}(x)}_{= h_{42}(x)}\, F_0 \cos(\Omega t - \psi_m), \tag{11.110}$$

$$Q(x,t) = \underbrace{-m_\text{piezo}\, h_{13}(x)}_{= h_{43}(x)}\, p_0 \cos(\Omega t - \psi_m), \tag{11.111}$$

Bei der Ermittlung der generierten Ladung in Abhängigkeit einer Wechselspannung muss der zweite Term in Gl. (11.108) berücksichtigt werden. Beim ersten Term führt die harmonische Anregung mit einer Wechselspannung zu einem piezoelektrischen Moment, welches über das Element $h_{11}(x)$ mit der Ladung verknüpft ist (s. Gl. (11.109)). Somit ergibt sich mit $h_{41}(x) = -m_\text{piezo}\, h_{11}(x)$:

$$Q(x,t) = \underbrace{\left(h_{41}(x) + bx \sum_{i=1}^{n} \frac{\epsilon_{33,i}^T}{h_i} \left(1 - k_{31,i}^2\right) \cos(\Omega t - \psi_m) \right)}_{= h_{44}(x)} U_0 \cos(\Omega t - \psi_m) \tag{11.112}$$

Der zweite Term des Elementes $h_{44}(x)$ entspricht physikalisch der Gesamtkapazität des Schichtverbundes (elektrische Parallelschaltung).

11.8 Admittanz-Matrix

Mit den bekannten Elementen $h_{ij}(x)$ sind wir in der Lage, die Admittanz-Matrix $\boldsymbol{H}(x)$ aus Gl. (11.77) explizit zu formulieren. Damit verfügen wir – neben der Kopplungsmatrix $\boldsymbol{M}(x)$ für den statischen Fall – über die Möglichkeit, das dynamische Verhalten eines einseitig eingespannten Biegewandlers hinsichtlich verschiedenartiger harmonischer Lastgrößen zu beschreiben. Zur besseren Übersicht sind auch hier nachfolgend die einzelnen

Elemente $h_{ij}(x)$ spaltenweise zusammengefasst. Zum Zweck der eindeutigen Zuordnung finden die folgenden Kennzeichnungen Verwendung:

- Der Klammmerausdruck bei den Elementen $h_{ij}(x)$ rechts oben bezeichnet die korrespondierende kanonisch Konjugierte (Verdrehung φ, Verschiebung w, Volumenverschiebung V, Ladungsverschiebung Q).
- Der Klammerausdruck am Spaltenvektor rechts unten bezeichnet die Amplitude der harmonischen Lastgröße (Moment M_0, Kraft F_0, Druck p_0, elektrische Spannung U_0).

Erste Spalte der Admittanz-Matrix
Korrespondiere kanonisch Konjugierten als Funktionen der Längenkoordinate x im Fall einer harmonischen Momentanregung.

$$\begin{pmatrix} h_{11}^{(\varphi)}(x) \\ \\ h_{21}^{(w)}(x) \\ \\ h_{31}^{(V)}(x) \\ \\ h_{41}^{(Q)}(x) \end{pmatrix} = \begin{pmatrix} -\dfrac{4}{\mu l^2} \sum_{m=1}^{\infty} W_m' \dfrac{\lambda_M(k_m l)}{\omega_m^2 \sqrt{\left(1-\eta_m^2\right)^2 + (2\zeta\eta_m)^2}} \\ \\ -\dfrac{4}{\mu l^2} \sum_{m=1}^{\infty} W_m \dfrac{\lambda_M(k_m l)}{\omega_m^2 \sqrt{\left(1-\eta_m^2\right)^2 + (2\zeta\eta_m)^2}} \\ \\ -\dfrac{4b}{\mu l^2} \sum_{m=1}^{\infty} \int_0^x W_m \, d\tilde{x} \dfrac{\lambda_M(k_m l)}{\omega_m^2 \sqrt{\left(1-\eta_m^2\right)^2 + (2\zeta\eta_m)^2}} \\ \\ -m_{\text{piezo}} \, h_{11}(x) \end{pmatrix}_{(M_0)}$$

(11.113)

Die harmonische Momentanregung erfolgt am freien Ende des Vielschichtsystems (vgl. Abb. 8.6).

Zweite Spalte der Admittanz-Matrix
Korrespondiere kanonisch Konjugierten als Funktionen der Längenkoordinate x im Fall einer harmonischen Kraftanregung.

(Fortsetzung)

11.8 Admittanz-Matrix

$$\begin{pmatrix} h_{12}^{(\varphi)}(x) \\ \\ h_{22}^{(w)}(x) \\ \\ h_{32}^{(V)}(x) \\ \\ h_{42}^{(Q)}(x) \end{pmatrix} = \begin{pmatrix} \dfrac{4}{\mu l} \sum\limits_{m=1}^{\infty} W_m' \dfrac{\lambda_F(k_m l)}{\omega_m^2 \sqrt{\left(1-\eta_m^2\right)^2 + (2\zeta\eta_m)^2}} \\ \\ \dfrac{4}{\mu l} \sum\limits_{m=1}^{\infty} W_m \dfrac{\lambda_F(k_m l)}{\omega_m^2 \sqrt{\left(1-\eta_m^2\right)^2 + (2\zeta\eta_m)^2}} \\ \\ \dfrac{4b}{\mu l} \sum\limits_{m=1}^{\infty} \int\limits_0^x W_m \, d\tilde{x} \dfrac{\lambda_F(k_m l)}{\omega_m^2 \sqrt{\left(1-\eta_m^2\right)^2 + (2\zeta\eta_m)^2}} \\ \\ -m_{\text{piezo}} \, h_{12}(x) \end{pmatrix} (F_0) \quad (11.114)$$

Die harmonische Kraftanregung erfolgt am freien Ende des Vielschichtsystems (vgl. Abb. 8.6).

Dritte Spalte der Admittanz-Matrix

Korrespondiere kanonisch Konjugierten als Funktionen der Längenkoordinate x im Fall einer harmonischen Druckanregung.

$$\begin{pmatrix} h_{13}^{(\varphi)}(x) \\ \\ h_{23}^{(w)}(x) \\ \\ h_{33}^{(V)}(x) \\ \\ h_{43}^{(Q)}(x) \end{pmatrix} = \begin{pmatrix} \dfrac{4b}{\mu} \sum\limits_{m=1}^{\infty} W_m' \dfrac{\lambda_p(k_m l)}{\omega_m^2 \sqrt{\left(1-\eta_m^2\right)^2 + (2\zeta\eta_m)^2}} \\ \\ \dfrac{4b}{\mu} \sum\limits_{m=1}^{\infty} W_m \dfrac{\lambda_p(k_m l)}{\omega_m^2 \sqrt{\left(1-\eta_m^2\right)^2 + (2\zeta\eta_m)^2}} \\ \\ \dfrac{4b^2}{\mu} \sum\limits_{m=1}^{\infty} \int\limits_0^x W_m \, d\tilde{x} \dfrac{\lambda_p(k_m l)}{\omega_m^2 \sqrt{\left(1-\eta_m^2\right)^2 + (2\zeta\eta_m)^2}} \\ \\ -m_{\text{piezo}} \, h_{13}(x) \end{pmatrix} (p_0) \quad (11.115)$$

Die harmonische Druckanregung erfolgt über die gesamte Länge l und Breite b des Vielschichtsystems (vgl. Abb. 8.6).

> **Vierte Spalte der Admittanz-Matrix**
> Korrespondiere kanonisch Konjugierten als Funktionen der Längenkoordinate x im Fall einer Wechselspannung.
>
> $$\begin{pmatrix} h_{14}^{(\varphi)}(x) \\ \\ h_{24}^{(w)}(x) \\ \\ h_{34}^{(V)}(x) \\ \\ h_{44}^{(Q)}(x) \end{pmatrix} = \begin{pmatrix} m_{\text{piezo}}\, h_{11}(x) \\ \\ m_{\text{piezo}}\, h_{21}(x) \\ \\ m_{\text{piezo}}\, h_{31}(x) \\ \\ h_{41}(x) + bx \sum_{i=1}^{n} \frac{\epsilon_{33,i}^{T}}{h_i}\left(1 - k_{31,i}^2\right) \end{pmatrix}_{(U_0)} \qquad (11.116)$$
>
> Die piezoelektrischen Schichten werden mit der gleichen Wechselspannung beaufschlagt (*elektrische Parallelschaltung*).

Wir wollen uns auch hier nochmals vergegenwärtigen, dass die Admittanz-Matrix zwei Größen beinhaltet, die wir für das betrachtete Schichtsystem in Summenschreibweise darstellen. Es handelt sich hierbei um die *Gesamtbiegesteifigkeit C* (s. Gl. (8.21)), die in die Berechnung für die natürlichen Frequenzen ω_m des einseitig eingespannten Biegewandlers einfließt (s. Gl. (11.27)), sowie das *spannungsbezogene piezoelektrische Moment* m_{piezo} (s. Gl. (8.79)). Auch hier ermöglicht die Summenschreibweise eine leichte Berechnung der Elemente der Admittanz-Matrix für einen einseitig eingespannten piezoelektrischen Schichtverbund mithilfe gängiger Mathematik-Softwarepakete.

Anhang 1

Von den Rayleigh-Funktionen zur charakteristischen Gleichung Aus der Koeffizientendeterminante ergibt sich der durch Gl. (11.1) zum Ausdruck gebrachte Zusammenhang

$$\tilde{C}^2(kl) - \tilde{s}(kl)\tilde{S}(kl) = 0.$$

Unter Verwendung der Rayleigh-Funktionen lässt sich diese Gleichung umformulieren. Wir können schreiben:

$$\frac{1}{4}\big(\cosh(kl) + \cos(kl)\big)^2 - \frac{1}{4}\big(\sinh(kl) - \sin(kl)\big)\big(\sinh(kl) + \sin(kl)\big) = 0$$

$$\Leftrightarrow \quad \big(\cosh(kl) + \cos(kl)\big)^2 - \big(\sinh^2(kl) - \sin^2(kl)\big) = 0$$

Nach Auflösen der Klammern und Ordnen der Terme erhalten wir mit den beiden Beziehungen

$$\cosh^2(kl) - \sinh^2(kl) = 1 \quad \text{und} \quad \sin^2(kl) + \cos^2(kl) = 1$$

die charakteristische Gleichung eines einseitig eingespannten Biegeschwingers:

$$\underbrace{\cosh^2(kl) - \sinh^2(kl)}_{=1} + \underbrace{\sin^2(kl) + \cos^2(kl)}_{=1} + 2\cosh(kl)\cos(kl) = 0$$

bzw.

$$1 + \cosh(kl)\cos(kl) = 0$$

Anhang 2

Zur harmonischen Anregung durch eine Kraft Bei der Anregung eines einseitig fest eingespannten Biegeschwingers durch eine harmonische Kraft am freien Ende gelangt man zu der Größe

$$\lambda_F(k_m l) = \frac{\cosh(k_m l)\sin(k_m l) - \cos(k_m l)\sinh(k_m l)}{\sin(k_m l) + \sinh(k_m l)},$$

welche ihrerseits von den charakteristischen Nullstellen ($k_m l$) abhängt (s. Gl. (11.94)). Diese Größe lässt sich vereinfachen, wie folgende Rechnung zeigt. Mittels der charakteristischen Gleichung (s. Gl. (11.26))

$$1 + \cos(k_m l)\cosh(k_m l) = 0 \quad \Leftrightarrow \quad \cosh(k_m l) = -\frac{1}{\cos(k_m l)} \qquad (11.117)$$

und mit der für Hyperbelfunktionen gültigen Beziehung (Zeidler et al. 2004)

$$\cosh^2(k_m l) - \sinh^2(k_m l) = 1$$

erhalten wir

$$\lambda_F(k_m l) = \frac{-\dfrac{1}{\cos(k_m l)}\sin(k_m l) - \cos(k_m l)\sqrt{\cosh^2(k_m l) - 1}}{\sin(k_m l) + \sqrt{\cosh^2(k_m l) - 1}}.$$

Einsetzen der Beziehung (11.117) ergibt:

$$\lambda_F(k_m l) = \frac{-\dfrac{1}{\cos(k_m l)} \sin(k_m l) - \cos(k_m l)\sqrt{\dfrac{1}{\cos^2(k_m l)} - 1}}{\sin(k_m l) + \sqrt{\dfrac{1}{\cos^2(k_m l)} - 1}}$$

$$\Rightarrow \quad \lambda_F(k_m l) = \frac{-\dfrac{1}{\cos(k_m l)} \sin(k_m l) - \sqrt{1 - \cos^2(k_m l)}}{\sin(k_m l) + \dfrac{1}{\cos(k_m l)}\sqrt{1 - \cos^2(k_m l)}}$$

Hieraus folgt schließlich mit der Beziehung $\sin^2(k_m l) + \cos^2(k_m l) = 1$

$$\lambda_F(k_m l) = \frac{-\dfrac{1}{\cos(k_m l)} \sin(k_m l) \mp \sin(k_m l)}{\sin(k_m l) \pm \dfrac{1}{\cos(k_m l)} \sin(k_m l)} = \pm 1$$

Literatur

Abu-Hilal M (2003) Forced vibration of Euler-Bernoulli beams by means of dynamic Green functions. J Sound Vib 267(2):191–207. https://doi.org/10.1016/S0022-460X(03)00178-0

Arfken GB, Weber HJ, Harris FE (2013) Mathematical methods for physicists: a comprehensive guide, 7. Aufl. Academic, Waltham

Bartelmann M, Feuerbacher B, Krüger T, Lüst D, Rebhan A, Wipf A, Modler F, Kreh M (2015) Theoretische Physik. Springer Spektrum, Berlin/Heidelberg

Bronstein IN, Semendjaev KA (2013) Springer-Taschenbuch der Mathematik, 3. Aufl. Springer Spektrum, Wiesbaden

Karpfinger C (2017) Höhere Mathematik in Rezepten: Begriffe, Sätze und zahlreiche Beispiele in kurzen Lerneinheiten, Lehrbuch, 3. Aufl. Springer Spektrum, Berlin/Heidelberg

Lang CB, Pucker N (2016) Mathematische Methoden in der Physik, 3. Aufl. Springer, Berlin/Heidelberg

Lenk A, Irrgang B (1977) Elektromechanische Systeme: Systeme mit verteilten Parametern, Bd 2, 2. Aufl. VEB Verlag Technik, Berlin

Papula L (2015) Mathematik für Ingenieure und Naturwissenschaftler: Ein Lehr- und Arbeitsbuch für das Grundstudium, Bd 2. Springer Vieweg, Wiesbaden

Riley KF, Hobson MP, Bence SJ (2006) Mathematical methods for physics and engineering. Cambridge University Press, Cambridge

Smith ST (2000) Flexures. CRC Press, Boca Raton

Smits J, Ballato A (1994) Dynamic admittance matrix of piezoelectric cantilever bimorphs. J Microelectromech Syst 3:105–112. https://doi.org/10.1109/84.311560

Soedel W (2004) Vibrations of shells and plates, 3. Aufl. Marcel Dekker, New York
Tang Y (2003) Numerical evaluation of uniform beam modes. J Eng Mech 129(12):1475–1477. https://doi.org/10.1061/(ASCE)0733-9399(2003)129:12(1475)
Timoshenko SP (1937) Vibration problems in engineering, 2. Aufl. Van Nostrand, New York
Tipler PA, Mosca G (2019) Physik für Studierende der Naturwissenschaften und Technik, 8. Aufl. Springer Spektrum, Berlin/Heidelberg
Ulrich H, Weber H (2017) Laplace-, Fourier- und z-Transformation: Grundlagen und Anwendungen, Lehrbuch, 10. Aufl. Springer Vieweg, Wiesbaden
Zeidler E, Hackbusch W, Schwarz HR (2004) Oxford user's guide to mathematics. Oxford University Press, Oxford

Piezoelektrischer Biegewandler als elektromechanisches System

12.1 Grundstruktur elektromechanischer Systeme

Im Rahmen der Produktentwicklung von Geräten und Komponenten der Mikrotechnik, Mechatronik oder Medizintechnik möchte man oftmals schon in der Entwurfsphase eine Voraussage in Bezug auf das zu erwartende dynamische Verhalten eines Systems oder eines Subsystems treffen können. Die damit verbundenen technischen Aufgabenstellungen z. B. aus den Gebieten der Fahrzeugtechnik, dem Maschinenbau, der Prozesstechnik und der Elektroakustik – nur um einige zu nennen – weisen typischerweise eine Verknüpfung mit elektrischen, mechanischen, akustischen und fluidischen Funktionselementen auf. Zur Behandlung dynamischer Vorgänge erweisen sich die insbesondere dem Elektrotechniker bekannten Verfahren der Problembehandlung mit *Netzwerkmethoden* als überaus vorteilhaft. Die zwischen den elektrischen, mechanischen, akustischen und fluidischen Teilen eines Systems wirkenden Wandlerelemente und die durchgängige Abbildung des Systems bilden den Schwerpunkt der Darstellung elektromechanischer Systeme (Marschner und Werthschützky 2015).

Durch elektrische, magnetische oder mechanische Wandlungsmechanismen erfolgt hierbei die Darstellung der zwischen den unterschiedlichen Domänen – Elektrik, Magnetik, Mechanik und Akustik – vorhandenen Wechselwirkungen. Die Umkehrbarkeit der Signalverarbeitungsrichtungen ist bei diesen Wandlungsmechanismen bemerkenswert. Abb. 12.1 veranschaulicht die Signalverarbeitungsrichtungen und die Grundstruktur elektromechanischer Systeme. Tab. 12.1 fasst zusätzlich Anwendungsbereiche und typische Beispiele elektromechanischer Systeme zusammen.

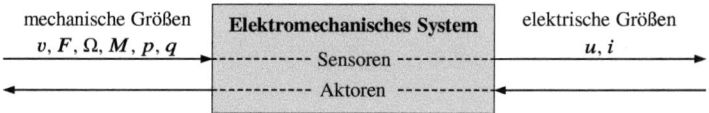

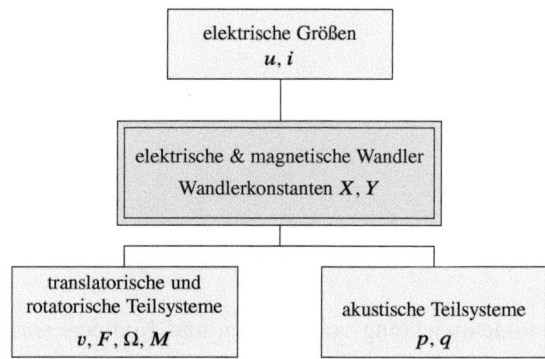

Abb. 12.1 Signalverarbeitungsrichtungen und Grundstruktur elektromechanischer Systeme. (Nach Lenk et al. 2010)

Tab. 12.1 Anwendungsbereiche und exemplarische Beispiele elektromechanischer Systeme. (Nach Marschner und Werthschützky 2015)

Anwendungsbereiche	Beispiele
Kommunikationstechnik	Smartphones, Kameraobjektive und -autofokussysteme, Laser-Drucker, Tintenstrahl-Drucker, Beamer
Medizintechnik	Ultraschallwandler, miniaturisierte Pumpen, miniaturisierte Kraft- und Drucksensoren, Inhalatoren
Elektroakustik	Lautsprecher, Kopfhörer, Mikrofone
Fahrzeugtechnik	piezoelektrische Einspritzventile, Kleinmotoren, Abstandssensoren, Drehraten- und Beschleunigungssensoren
Maschinenbau	elektrodynamische Positioniersysteme und Schwingungserreger, piezoelektrische Proportionalventile, Schwingungstilger
Verfahrenstechnik	Durchfluss- und Drucksensoren, elektromagnetische Stelleinrichtungen

12.1.1 Besonderheiten der Netzwerkbeschreibung

Die Bestimmung des zeitlichen Verlaufs physikalischer Größen bei unterschiedlicher Anregung bildet den Schwerpunkt bei der Analyse und Synthese elektromechanischer

Systeme. Als Beschreibungsverfahren findet hierfür die aus der Elektrotechnik bekannte *Netzwerktheorie* Verwendung. Die Vorteile liegen in dem leichten Zugang für Elektrotechniker sowie in der Möglichkeit gut strukturierter und anschaulicher Beschreibungen verschiedener Teilsysteme begründet. Zwischen den physikalischen Größen werden hierbei lineare oder näherungsweise linearisierbare Abhängigkeiten vorausgesetzt. Folgende Besonderheiten der Netzwerkbeschreibung lassen sich abschließend darlegen (Marschner und Werthschützky 2015):

- strukturiertes Entwurfsverfahren in Anlehnung an die physikalische Realität.
- Verwendung der Grundgleichungen linearer Netzwerke mit dem Ziel, elektrische, mechanische, akustische sowie fluidische Teilnetzwerke zu analysieren.
- Nutzung von **Differenz- und Flusskoordinaten** sowie von **konzentrierten Bauelementen** unter Berücksichtigung der **Kirchhoffschen Regeln** (Maschen- und Knotensatz).
- Beschreibung unterschiedlicher physikalischer Strukturen mithilfe von **Wandlern** in Form linearer, frequenzunabhängiger Zweitore.
- Vorteile der Beschreibung im Frequenzbereich durch Multiplikation mit $j\omega$ bzw. $1/j\omega$ anstatt Differenziation bzw. Integration im Zeitbereich.
- Beschreibung des Systemverhaltens im Frequenzbereich mittels der komplexen **Übertragunsfunktion** $\underline{B}$.
- Darstellung des Übertragungsverhaltens eines Systems mithilfe des frequenzabhängigen **Amplituden-** und **Phasengangs**.
- Einführung örtlich und zeitlich verteilter Parameter zur Beschreibung elektromechanischer Systeme basierend auf partiellen Differenzialgleichungen (hierzu gehören mitunter piezoelektrische Biegewandler).

12.1.2 Isomorphie zwischen elektrischen und translatorischen mechanischen Netzwerken

Die Herangehensweise zur Darstellung eines piezoelektrischen Biegewandlers als elektromechanisches System macht es erforderlich, dass wir uns zunächst mit den wichtigsten Beziehungen zur Berechnung translatorischer mechanischer Teilsysteme vertraut machen. Zur Vertiefung des Stoffes sei auf die Lehrbücher von LENK (Lenk und Irrgang 1975, 1977) und das bemerkenswerte Übungsbuch von MARSCHNER und WERTHSCHÜTZKY hingewiesen (Marschner und Werthschützky 2015).

Tab. 12.2 stellt sehr anschaulich die **Isomorphie** zwischen elektrischen und mechanischen Bauelementen sowie den Knoten- und Maschensatz (Netzwerk-Bilanzgleichungen) dar. Die linearen homogenen Differenzialgleichungen mit konzentrierten Bauelementen im Zeitbereich führen zu den Beziehungen zwischen den komplexen Größen *Kraft* $\underline{F}$ und *Geschwindigkeit* $\underline{v}$ (s. Hintergrundinformation I komplexe Größen).

Tab. 12.2 Isomorphie zwischen elektrischen und translatorischen mechanischen Netzwerken. (Nach Marschner und Werthschützky 2015)

elektrisches Netzwerk	Symbol	Symbol	mechanisches Netzwerk
Spannung	$\underline{u}$	$\underline{v}$	Geschwindigkeit
Strom	$\underline{i}$	$\underline{F}$	Kraft
Induktivität	L	n	Nachgiebigkeit
Kapazität	C	m	Masse
Widerstand	R	$h = \dfrac{1}{r}$	Reibungsadmittanz
Leitwert	G	$r = \dfrac{1}{h}$	Reibungsimpedanz
Transformator	$\ddot{u} = \dfrac{N_1}{N_2}$	$\ddot{u} = \dfrac{l_1}{l_2}$	Hebel
L	$\underline{u} = j\omega L \underline{i}$	$\underline{v} = j\omega n \underline{F}$	n
C	$\underline{u} = \dfrac{1}{j\omega C}\underline{i}$	$\underline{v} = \dfrac{1}{j\omega m}\underline{F}$	m
R	$\underline{u} = R\underline{i}$	$\underline{v} = h\underline{F}$	h
Knoten der Schaltungsstruktur	$\sum_{*} \underline{i}_k = 0$	$\sum_{*} \underline{F}_k = 0$	Knoten des mechanischen Schemas
Masche der Schaltungsstruktur	$\sum_{\circlearrowleft} \underline{u}_k = 0$	$\sum_{\circlearrowleft} \underline{v}_k = 0$	Masche des mechanischen Schemas

Hintergrundinformation | komplexe Größen

Für die Darstellung des zeitlichen Verlaufs einer stationären, harmonischen Schwingung mit der Amplitude ξ_0 lässt sich allgemein schreiben:

$$\xi(t) = \xi_0 \cos(\omega t + \varphi) \tag{12.1}$$

Wird die Schwingung in einem Zeigerdiagramm dargestellt, so entspricht die Projektion des Drehzeigers auf die entsprechende Koordinatenachse dem zeitlichen Verlauf der Momentanwerte. Statt eine harmonische Schwingung durch einen umlaufenden Zeiger im Reellen (Zeitbereich) darzustellen, wird der rotierende Zeiger in die komplexe Zahlenebene gelegt und somit die Schwingung im Komplexen (Bildbereich) abgebildet. Anstelle der reellen (realen) Schwingung (s. Gl. (12.1)) definiert man dadurch im Bildbereich eine komplexe Schwingung als komplexe Zeitfunktion $\underline{\xi}(t)$ in der Form:

$$\underline{\xi}(t) = \underbrace{\xi_0 \cos(\omega t + \varphi)}_{\Re\{\underline{\xi}(t)\}} + j\underbrace{\xi_0 \sin(\omega t + \varphi)}_{\Im\{\underline{\xi}(t)\}} \tag{12.2}$$

Daraus resultiert ein Zeiger mit der Länge ξ_0 in der komplexen Ebene, der mit der Winkelgeschwindigkeit ω rotiert (Drehzeiger) und zum Zeitpunkt t mit der reellen Achse den Winkel $\omega t + \varphi$

12.1 Grundstruktur elektromechanischer Systeme

Abb. 12.2 Darstellung einer komplexen Zeitfunktion als Drehzeiger. (Nach Stiny 2018)

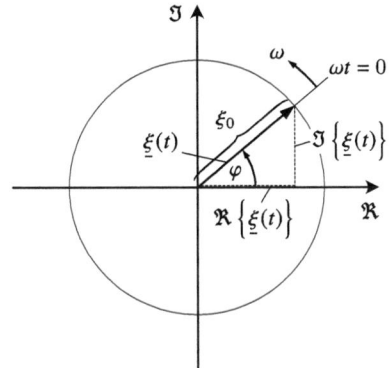

einschließt (s. Abb. 12.2). Dieser in der komplexen Ebene umlaufende Zeiger bzw. die komplexe Zeitfunktion $\underline{\xi}(t)$ gibt den komplexen Momentanwert an. In Verbindung mit der Eulerschen Formel

$$e^{jx} = \cos x + j \sin x$$

wird Gl. (12.2) in die Exponentialform umgeschrieben:

$$\underline{\xi}(t) = \xi_0 \, e^{j(\omega t + \varphi)} = \xi_0 \, e^{j\varphi} \cdot e^{j\omega t} = \underline{\xi_0} \, e^{j\omega t} \qquad (12.3)$$

Den Ausdruck

$$\underline{\xi_0} = \xi_0 \, e^{j\varphi} \qquad (12.4)$$

bezeichnet man als komplexe Amplitude. Da die Zeit t in der komplexen Amplitude nicht enthalten ist, ist diese ein ruhender Zeiger (Festzeiger). Die Verwendung komplexer Amplituden ist lediglich eine Schreibverein- fachung. Bei Analysen ist stets die Zeitfunktion $e^{j\omega t}$ zu berücksichtigen.

Die Netzwerkkoordinaten Kraft $\underline{F}$ bzw. Geschwindigkeit $\underline{v}$ repräsentieren eine *Fluss-* bzw. *Differenzgröße*. Analog dazu bezeichnen im elektrischen Netzwerk der komplexe Strom $\underline{i}$ die Flussgröße und die komplexe Spannung $\underline{u}$ die Differenzgröße. Die Nachgiebigkeit n, Masse m und Reibung r entsprechen in Analogie zu den elektrischen Größen Induktivität L, Kapazität C und ohmscher Widerstand R den konzentrierten Bauelementen des translatorischen mechanischen Netzwerks.

Hintergrundinformation | kinematische Größen im Zeit-/Frequenzbereich
Im Zeitbereich bestehen zwischen der Beschleunigung $a(t)$, der Geschwindigkeit $v(t)$ und dem zurückgelegten Weg $\xi(t)$ folgende Zusammenhänge:

$$a(t) = \frac{dv(t)}{dt} \quad \wedge \quad v(t) = \frac{d\xi(t)}{dt} \quad \wedge \quad a(t) = \frac{d^2 v(t)}{dt^2} \qquad (12.5)$$

In Verbindung mit den komplexen Zeitfunktionen (vgl. Gl. (12.3))

$$\underline{v}(t) = \underline{v}\,e^{j\omega t} \quad \wedge \quad \underline{a}(t) = \underline{a}\,e^{j\omega t}$$

ergeben sich aus den jeweiligen Zeitableitungen (12.5) die Zusammenhänge zwischen den komplexen Größen Beschleunigung $\underline{a}$, Geschwindigkeit $\underline{v}$ und zurückgelegtem Weg $\underline{\xi}$:

$$\underline{a} = j\omega\,\underline{v} \quad \wedge \quad \underline{v} = j\omega\,\underline{\xi} \quad \wedge \quad \underline{a} = -\omega^2\,\underline{\xi} \tag{12.6}$$

Der Differenziation bzw. Integration im Zeitbereich entspricht eine Multiplikation mit bzw. durch $j\omega$ im Frequenzbereich.

Hintergrundinformation | Bauelemente im translatorischen mechanischen Netzwerk

1. Nach dem zweiten Newtonschen Axiom gilt für die komplexe Größe Kraft $\underline{F}$ und der Masse m unter Berücksichtigung von Gl. (12.6) folgender Zusammenhang:

$$\underline{F} = m\,\underline{a} = j\omega m\,\underline{a}$$

Die mechanische Admittanz $\underline{h}$ (Mitgang) entspricht in Analogie zur elektrischen Impedanz $\underline{Z}$ dem Quotienten aus der Differenzgröße $\underline{v}$ und der Flussgröße $\underline{F}$:

$$\underline{h} = \frac{\underline{v}}{\underline{F}} = \frac{1}{j\omega m} \tag{12.7}$$

Hieraus resultiert, dass die Masse m im mechanischen Netzwerk als Kapazität dargestellt wird (vgl. Tab. 12.2).

2. Der Zusammenhang zwischen einer geschwindigkeitsabhängigen Reibungskraft $\underline{F}$ und dem Reibungsbeiwert r ergibt sich zu:

$$\underline{F} = r\,\underline{v}$$

Für die mechanische Admittanz $\underline{h}$ gilt demnach:

$$\underline{h} = \frac{\underline{v}}{\underline{F}} = \frac{1}{r} \tag{12.8}$$

Der Kehrwert des Reibungsbeiwerts wird in mechanischen Netzwerken als ohmscher Widerstand abgebildet (vgl. Tab. 12.2).

3. Zwischen der Kraft $\underline{F}$ und einer translatorischen Nachgiebigkeit n gilt in Verbindung mit Gl. (12.6):

$$\underline{F} = \frac{1}{n}\,\underline{\xi} = \frac{1}{j\omega n}\,\underline{v}$$

Die mechanische Admittanz $\underline{h}$ ergibt sich zu

$$\underline{h} = \frac{\underline{v}}{\underline{F}} = j\omega n, \tag{12.9}$$

was bedeutet, dass die Abbildung einer translatorischen Nachgiebigkeit n im mechanischen Netzwerk als Induktivität erfolgt (vgl. Tab. 12.2).

12.2 Der ideale Stab als Translations-Rotations-Wandler

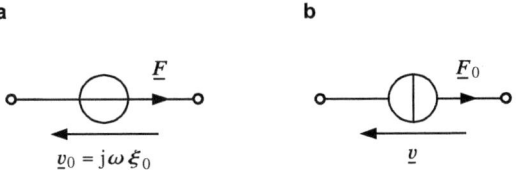

Abb. 12.3 Schaltungstechnische Darstellung idealer Quellen. (**a**) Ideale Bewegungsquelle. (**b**) Ideale Kraftquelle. (Nach Marschner und Werthschützky 2015)

Zur Anregung eines mechanischen Systems werden Quellen mit sinusförmig veränderlicher Quellenamplitude verwendet. Bewegungsquellen, die unabhängig von Belastung und Frequenz einen wohldefinierten Schwingweg erzwingen (z. B. Kurbeltrieb) werden schaltungstechnisch durch das einer Spannungsquelle entsprechende Quellenbauelement, der sog. Geschwindigkeitsquelle, mit der zugehörigen Quellenkoordinate $\underline{v}_0$ dargestellt. Die Kraftquelle hingegen liefert unabhängig von Belastung und Frequenz stets die gleiche Kraft $\underline{F}_0$ (s. Abb. 12.3).

Auf folgenden Sachverhalt sei noch hingewiesen: Die Impedanz $\underline{z}$ eines mechanischen Systems weicht von der Definition der Impedanz $\underline{z}$ in elektrischen und akustischen Systemen ab. In mechanischen Systemen entspricht die Impedanz $\underline{z}$ dem Quotienten von Fluss- und Differenzkoordinate. Grund hierfür ist die international dominierende Nutzung in dieser Form auf Basis der „1. Analogie". Abweichend von der physikalischen Realität finden hierbei die Kraft als Differenzkoordinate und die Geschwindigkeit als Flusskoordinate Verwendung (Marschner und Werthschützky 2015).

Ausgestattet mit diesen elementaren Grundkenntnissen und der dazugehörigen Terminologie beginnen wir mit der Untersuchung eines piezoelektrischen Biegewandlers als elektromechanisches System. Ausgangspunkt stellt dabei ein idealer Stab als Translations-Rotations-Wandler dar.

12.2 Der ideale Stab als Translations-Rotations-Wandler

In mechanischen Systemen werden häufig translatorische Bewegungen in rotatorische umgewandelt und umgekehrt. Ein äußerst einfacher Mechanismus, der diese Aufgabe erfüllt, ist der ideale Stab mit festem Drehpunkt (s. Abb. 12.4). Wirkt am freien Hebelende eine Geschwindigkeit $\underline{v}$, resultiert daraus eine Winkelgeschwindigkeit $\underline{\Omega}$ an der Welle. Beim Anschließen einer rotatorischen Impedanz entsteht ein Drehmoment $\underline{M}$ und demzufolge auch eine Kraft $\underline{F}$ am freien Stabende (Lenk und Irrgang 1975). Wir setzen dabei voraus, dass die sinusförmigen Bewegungen des Stabendes sehr klein sind gegenüber der Länge des Stabes, d. h. $|\underline{\xi}| = |\underline{v}/j\omega| \ll l$ und damit auch kleine Winkel als vereinbart gelten.

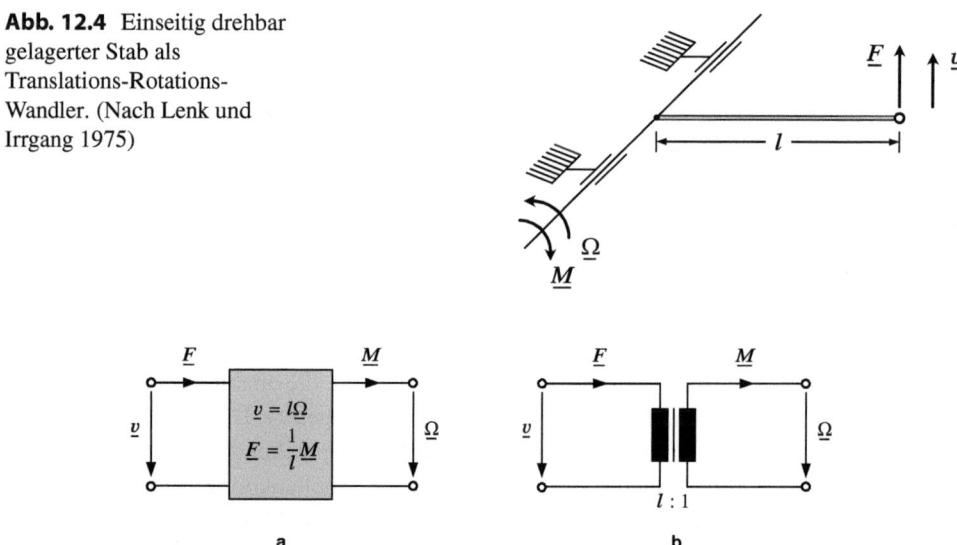

Abb. 12.4 Einseitig drehbar gelagerter Stab als Translations-Rotations-Wandler. (Nach Lenk und Irrgang 1975)

Abb. 12.5 Der ideale Stab als Translations-Rotations-Wandler. (**a**) Vierpoldarstellung. (**b**) Schaltungstechnische Darstellung als idealer Transformator. (Nach Lenk und Irrgang 1975)

Diese Voraussetzung führt zu folgenden linearen Beziehungen zwischen den rotatorischen und translatorischen Koordinaten:

$$\underline{\Omega} = \frac{1}{l}\underline{v}$$

$$\underline{M} = l\underline{F}$$

Die sich aus den beiden linearen Beziehungen ergebende Verknüpfung zwischen den rotatorischen und translatorischen Koordinaten erfolgen anhand eines **Vierpols**, der die Eigenschaften eines **idealen Transformators** aufweist (s. Abb. 12.5). Eingangsseitig sind die translatorischen Koordinaten, ausgangsseitig sind die rotatorischen Koordinaten abgetragen. Die Stablänge l entspricht dem Übersetzungsverhältnis, welches ein- und ausgangsseitig die Flusskoordinaten $(\underline{F}, \underline{M})$ und die die Differenzkoordinaten $(\underline{v}, \underline{\Omega})$ miteinander in Beziehung setzt (s. Abb. 12.5b).

Wir werden nun das Modell des idealen Stabes derart erweitern, dass wir an beiden Seiten des Stabes translatorische und rotatorische Koordinaten zulassen (s. Abb. 12.6a). Aus der Vierpoldarstellung gewinnen wir dann einen *Achtpol*, wie er in Abb. 12.6b dargestellt ist. Dieses als Kopplungsachtpol bezeichnete Element wurde von SCHROTH in Verbindung mit der Analyse von Biegeschwingungen von Stäben als neues Grundbauelement eingeführt (Lenk und Irrgang 1975). Natürlich gilt auch hier die Bedingung $|\underline{v}_1 - \underline{v}_2|/\omega \ll l$, damit die Linearität der Verknüpfungsgleichungen gesichert ist. Die innere Schaltung des Kopplungsachtpols aus Abb. 12.6b gewinnen wir aus zwei dynamischen und zwei kinematischen Bedingungen.

12.2 Der ideale Stab als Translations-Rotations-Wandler

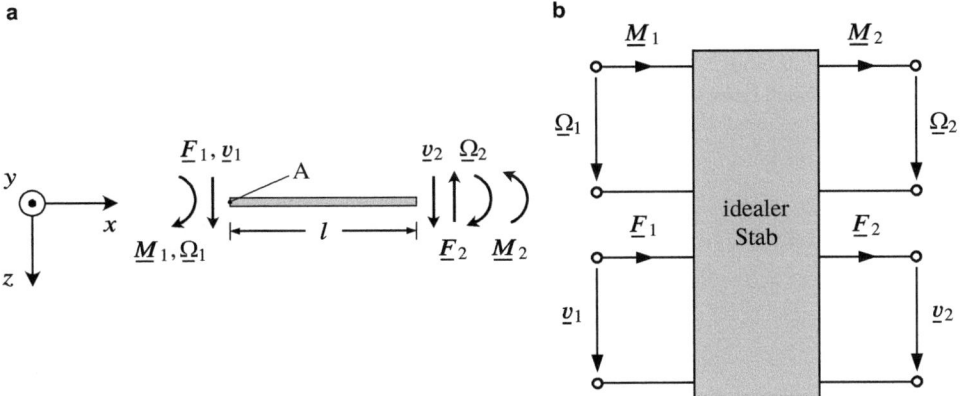

Abb. 12.6 Erweitertes Modell des idealen Stabs als Translations-Rotations-Wandler. (**a**) Mechanisches Modell des idealen Stabs. (**b**) Darstellung als Kopplungsachtpol. (Nach Lenk und Irrgang 1975)

dynamische Bedingungen

1. Momentengleichgewicht um den Punkt A:

$$\sum_i \underline{M}_i^{(\circlearrowleft)} = 0 \quad \Longrightarrow \quad \underline{M}_1 - \underline{M}_2 - \underline{F}_2 l = 0 \qquad (12.10)$$

2. Kräftegleichgewicht in z-Richtung:

$$\sum_i \underline{F}_i = 0 \quad \Longrightarrow \quad \underline{F}_1 - \underline{F}_2 = 0 \qquad (12.11)$$

kinematische Bedingungen

1. Starrheit des Stabes:

$$\underline{\Omega}_1 = \underline{\Omega}_2 = \underline{\Omega} \qquad (12.12)$$

2. Winkelgeschwindigkeit:

$$\underline{v}_2 - \underline{v}_1 = \underline{\Omega} l \qquad (12.13)$$

Die zu den Gl. (12.10)–(12.13) gehörige Schaltungskonfiguration des Achtpols ist in Abb. 12.7 dargestellt. Sie lässt sich leicht durch Anwendung von Knoten- und Maschensätzen im translatorischen und rotatorischen Bereich nachprüfen. Als inneren Kopplungsvierpol enthält die Schaltung den in Abb. 12.5 dargestellten idealen Transformator. Dieses als „idealer Stab" bezeichnete neue Bauelement ermöglicht in Verbindung mit den trans-

Abb. 12.7 Schaltungskonfiguration des Kopplungsachtpols eines idealen Stabs. (Nach Lenk und Irrgang 1975)

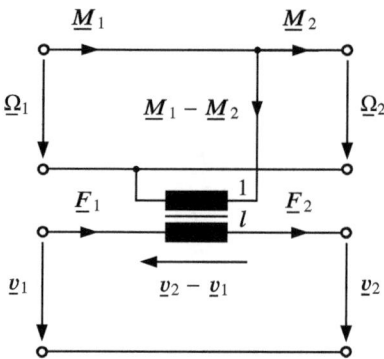

latorischen und rotatorischen Grundbauelementen eine schaltungstechnische Abbildung von linearen Systemen, in denen Drehungen um eine Achse als auch Bewegungen in einer Richtung mit beliebiger Verkopplung vor sich gehen. Im folgenden Abschnitt erweitern wir unsere Betrachtungen auf die Biegung eines differenziellen Balkenelements.

12.3 Biegung eines differenziellen Balkenelements

Bei der Beschreibung der Biegung eines homogenen Balkens setzen wir die Euler-Bernoulli-Hypothese aus Abschn. 8.2 voraus. Zur Erinnerung: als Balkenbiegung wollen wir solche Deformationen von Balken bezeichnen, die durch senkrecht zur Biegerlängsachse x wirkende Momente hervorgerufen werden. Wir treffen dabei die Annahme, dass die Längsabmessung des Balkens in x-Richtung groß gegenüber seinen Querabmessungen ist. Weiterhin treffen wir die Annahme, dass in dem homogenen Balken nur eine mechanische Spannungskomponente T_1 existiert, die eine lineare Abhängigkeit von der z-Koordinate aufweist (vgl. Abb. 12.8). Die Spannungskomponente T_1 wird im Punkt der neutralen Faser zu
$T_1 = 0$. Für die mechanische Spannung können wir zunächst schreiben:

$$T_1(z) = \frac{T_1(h/2)}{h/2} z \qquad (12.14)$$

Abb. 12.8 Mechanische Spannungsverteilung in einem homogenen Balken. (Nach Lenk und Irrgang 1975)

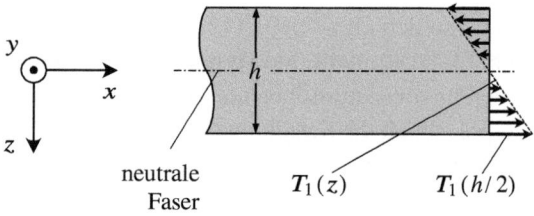

12.3 Biegung eines differenziellen Balkenelements

Das insgesamt an beiden den Stabenden wirksame Drehmoment M ergibt sich nach Gl. (8.19) zu

$$M = \int_A T_1(z) z \, dA = \frac{T_1(h/2)}{h/2} \underbrace{\int_A z^2 \, dA}_{(*)}.$$

Der als (*) gekennzeichnete Integralausdruck entspricht dem axialen Flächenträgheitsmoment I um die neutrale Faser (vgl. Term (**) in Gl. (8.69)), sodass wir schreiben können:

$$M = \frac{T_1(h/2)}{h/2} I \qquad (12.15)$$

In Verbindung mit dem Hookschen Gesetz (s. Gl. (8.8)) können wir aus dem mechanischen Spannungsverlauf (12.14) auf den Verlauf der mechanischen Dehnung S_1 in Abhängigkeit der z-Koordinate zurückschließen. Es gilt:

$$S_1(z) = \frac{s_{11} T_1(h/2)}{h/2} z = \frac{S_1(h/2)}{h/2} z \qquad (12.16)$$

Aus der in Abb. 12.8 angenommenen Spannungsverteilung resultiert der in Abb. 12.9 dargestellte Verformungszustand eines differenziellen Balkenelements. Der Verformungszustand äußert sich als Winkeldifferenz $\Delta\varphi$ zwischen den Flächennormalen der beiden Stirnflächen. Die Längenänderung Δl an der Stelle $z = h/2$ ergibt sich nach Abb. 12.9 im Verformungszustand zu

$$\Delta l = S_1(h/2) \, \Delta x. \qquad (12.17)$$

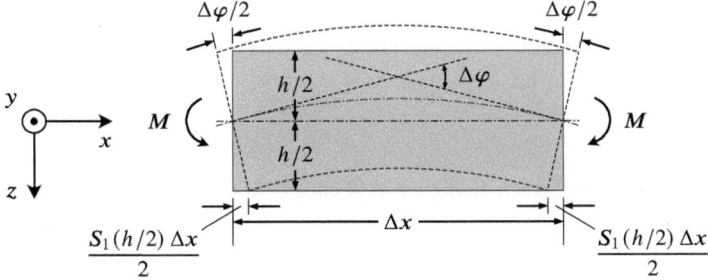

Abb. 12.9 Verformungszustand eines differenziellen Balkenelements. (Nach Lenk und Irrgang 1975)

Abb. 12.10 Mechanisches Modell eines differenziellen Balkenelements. (Nach Lenk und Irrgang 1975)

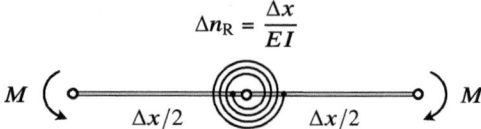

Zwischen der Verdrehung $\Delta\varphi$ und der mechanischen Dehnung an der Stelle $z = h/2$ besteht weiterhin folgender Zusammenhang:

$$\Delta\varphi = \frac{S_1(h/2)\,\Delta x}{h/2}$$

Aus den beiden Gl. (12.15) und (12.17) ergibt sich unmittelbar der Zusammenhang zwischen der Verdrehung $\Delta\varphi$ und dem Drehmoment M an einem Balkenelement der Länge Δx:

$$\frac{\Delta\varphi}{M} = \frac{S_1(h/2)\,\Delta x}{T_1(h/2)\,I} = \frac{s_{11}\,\Delta x}{I} = \frac{\Delta x}{EI} = \Delta n_\mathrm{R} \qquad (12.18)$$

Die Größe Δn_R bezeichnet man als rotatorische Nachgiebigkeit oder Drehnachgiebigkeit. Somit lässt sich das differenzielle Balkenelement aus Abb. 12.9 aus einer rotatorischen Nachgiebigkeit Δn_R in Form einer Drehfeder und zwei idealen Stäben der Länge $\Delta x/2$ nachbilden (s. Abb. 12.10). Die Größe EI haben wir bereits in Abschn. 8.9.3 kennengelernt. Sie kennzeichnet die Biegesteifigkeit eines homogenen Balkens und entspricht der in Gl. (8.21) definierten Größe C, für den Fall, dass die Schichtanzahl $i = 1$ beträgt. Da die Biegesteifigkeit C allgemein für einen Schichtverbund aus n Schichten definiert ist, lässt sich auch somit die Drehnachgiebigkeit Δn_R für einen Schichtverbund angeben.

Hintergrundinformation | Drehnachgiebigkeit als Bauelement im rotatorischen mechanischen Netzwerk
Zwischen der komplexen Größe Moment $\underline{M}$ und der Drehnachgiebigkeit Δn_R eines differenziellen Balkenelements besteht folgender Zusammenhang (s. a. Gl. (12.18)):

$$\underline{M} = \frac{\Delta\underline{\varphi}}{\Delta n_\mathrm{R}} \qquad (12.19)$$

Die komplexe Größe Winkelgeschwindigkeit $\Delta\underline{\Omega}$ entspricht der Zeitableitung der der Verdrehung $\Delta\underline{\varphi}$, d. h.

$$\Delta\underline{\Omega} = j\omega\Delta\underline{\varphi}, \qquad (12.20)$$

womit sich Gl. (12.19) wie folgt umschreiben lässt:

$$\underline{M} = \frac{\Delta\underline{\Omega}}{j\omega\Delta n_\mathrm{R}} \qquad (12.21)$$

12.3 Biegung eines differenziellen Balkenelements

Die mechanische Admittanz $\underline{h}$ ergibt sich als Quotient aus der Differenzgröße $\Delta\underline{\Omega}$ und der Flussgröße $\underline{M}$:

$$\underline{h} = \frac{\Delta\underline{\Omega}}{\underline{M}} = j\omega\Delta n_R \tag{12.22}$$

Hieraus folgt, dass eine Drehnachgiebigkeit Δn_R im mechanischen Netzwerk als Induktivität abgebildet wird.

Wir betrachten zum Ende dieses Abschnitts noch den Fall, dass an dem im Gleichgewicht befindlichen Balkensegment an den beiden Enden außer den eingezeichneten Momenten auch Kräfte in z-Richtung wirken. Durch die entstehende Scherbelastung werden zwar zusätzliche Verrückungen verursacht, die jedoch in ihrer Ausprägung wegen der Querabmessungen $h \ll \Delta x$ gegenüber den durch Biegung bedingten Verrückungen zu vernachlässigen sind. Mit dieser Annahme ist die Gültigkeit des Modells aus Abb. 12.10 beim Einwirken von Kräften und Momenten an beiden Enden gesichert (Lenk und Irrgang 1977).

12.3.1 Verknüpfungsgleichungen am differenziellen Balkenelement

Die schaltungstechnische Darstellung eines idealen Stabs als Translations-Rotations-Wandler (s. Abb. 12.7) sowie das mechanische Modell eines homogenen differenziellen Balkenelements (s. Abb. 12.10) bilden die Basis für die weitere Modellbildung. Um Aussagen über das dynamische Verhalten des differenziellen Balkenelements machen zu können, treffen wir die Annahme, dass dieses eine Masse Δm besitzt, die wir uns an der Stelle x konzentriert denken können (s. Abb. 12.11). Weiterhin lassen wir zu, dass das Balkenelement mit einer Linienlast $q(x)$ in positiver z-Richtung beaufschlagt wird, sowie die in physikalisch realen Systemen auftretende Reibung in Form einer geschwindigkeitsabhängigen Reibungskraft $-\Delta r\underline{v}$ Berücksichtigung findet. Die Größe $\Delta \underline{F}(x)$ entspricht der Kraftresultierenden aus der an der Stelle x angreifenden Kraft $q(x)\Delta x$ und der an gleicher Stelle konzentriert gedachten Reibungskraft. Zusätzlich sollen an den beiden Enden des Balkenelements, wie in Abb. 12.12 veranschaulicht, sowohl Kräfte in z-Richtung als auch Momente um die y-Achse wirken. Bei der Darstellung

Abb. 12.11 Differenzielles Balkenelement unter Berücksichtigung der Masse Δm, der Reibung Δr und der Linienlast $q(x)$. (Nach Ballas 2007)

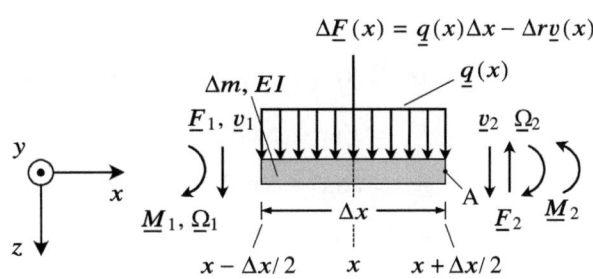

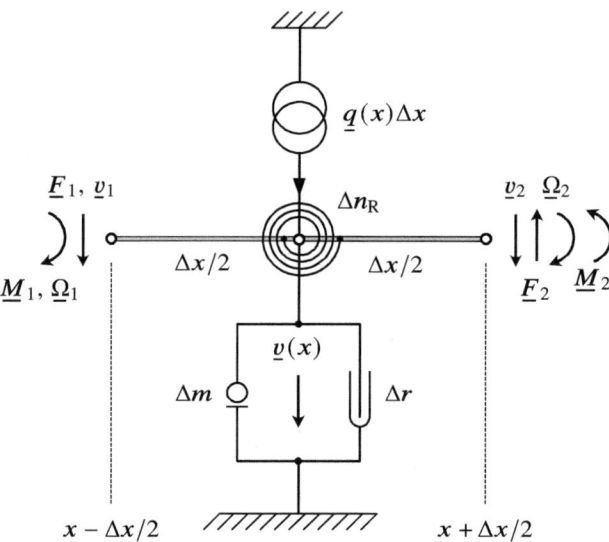

Abb. 12.12 Mechanisches Schema eines differenziellen Balkenelements für den dynamischen Fall

werden die bereits in Abb. 12.6 eingeführten Vorzeichenvereinbarungen und Koordinaten verwendet.

Die Struktur des differenziellen Balkenelements (Länge Δx) setzt sich zum einen aus zwei idealen Stäben der Länge $\Delta x/2$ zusammen, welche durch eine Drehfeder mit der rotatorischen Nachgiebigkeit Δn_R und über ein momentenfreies Gelenk miteinander verbunden sind (s. Abb. 12.10). Weiterhin werden nun die Masse Δm und die Reibung Δr als am Gelenk befestigte, konzentrierte Bauelemente und die durch die Linienlast an der Stelle x resultierende Kraft als zusätzliche Kraftquelle berücksichtigt. Diese Überlegungen führen zu dem mechanischen Schema eines differenziellen Balkenelements für den dynamischen Fall (s. Abb. 12.12).

Anhand des mechanischen Modells können wir die allgemeinen Verknüpfungsgleichungen bestimmen und daraus dessen schaltungstechnische Darstellung ableiten. Hierzu treffen wir für die translatorischen und rotatorischen Fluss- und Differenzgrößen folgende Vereinbarungen:

$$\underline{M}_1 = \underline{M}(x - \Delta x/2) \quad \wedge \quad \underline{M}_2 = \underline{M}(x + \Delta x/2) \tag{12.23}$$

$$\underline{F}_1 = \underline{F}(x - \Delta x/2) \quad \wedge \quad \underline{F}_2 = \underline{F}(x + \Delta x/2) \tag{12.24}$$

$$\underline{\Omega}_1 = \underline{\Omega}(x - \Delta x/2) \quad \wedge \quad \underline{\Omega}_2 = \underline{\Omega}(x + \Delta x/2) \tag{12.25}$$

$$\underline{v}_1 = \underline{v}(x - \Delta x/2) \quad \wedge \quad \underline{v}_2 = \underline{v}(x + \Delta x/2) \tag{12.26}$$

12.3 Biegung eines differenziellen Balkenelements

In Verbindung mit den in den Gl. (12.7), (12.8) sowie (12.22) definierten Admittanzen gewinnen wir aus zwei dynamischen Bedingungen die einem differenziellen Balkenelement zugrundeliegende innere Schaltungskonfiguration eines Kopplungsachtpols.

dynamische Bedingungen

1. Kräftegleichgewicht in z-Richtung:

$$\sum_i \underline{F}_i = j\omega\Delta m\underline{v}(x) \implies \underline{F}_1 - \underline{F}_2 + \Delta\underline{F}(x) = j\omega\Delta m\underline{v}(x)$$

In Verbindung mit den getroffenen Vereinbarungen (12.24) für die Kraftkoordinaten ergibt sich:

$$\underline{F}(x - \Delta x/2) - \underline{F}(x + \Delta x/2) + \Delta\underline{F}(x) = j\omega\Delta m\underline{v}(x) \tag{12.27}$$

2. Momentengleichgewicht um den Punkt A:

$$\sum_i \underline{M}_i^{(\circlearrowleft)} = 0 \implies \underline{M}_2 - \underline{M}_1 + \underline{F}_1(x)\Delta x + \frac{\Delta x}{2}\left(\Delta\underline{F}(x) - j\omega\Delta m\underline{v}(x)\right) = 0$$

Mit den getroffenen Vereinbarungen (12.23) und (12.24) zu den Momenten- und Kraftkoordinaten ergibt sich zunächst:

$$\underline{M}(x + \Delta x/2) - \underline{M}(x - \Delta x/2) + \underline{F}(x - \Delta x/2) + \frac{\Delta x}{2}\left(\Delta\underline{F}(x) - j\omega\Delta m\underline{v}(x)\right) = 0$$

Unter Verwendung der Beziehung aus dem dynamischen Kräftegleichgewicht (12.27) erhalten wir schließlich folgenden Zusammenhang:

$$\underline{M}(x - \Delta x/2) - \underline{M}(x + \Delta x/2) - \frac{\Delta x}{2}\left(\underline{F}(x - \Delta x/2) + \underline{F}(x + \Delta x/2)\right) = 0 \tag{12.28}$$

Mithilfe der Schaltungskonfiguration des Kopplungsachtpols eines idealen Stabs (s. Abb. 12.7) gewinnen wir unter Berücksichtigung der mechanischen Admittanz $\underline{h} = j\omega\Delta n_R$ aus Gl. (12.22) sowie den dynamischen Bedingungen (12.27) und (12.28) die Schaltungskonfiguration des Kopplungsachtpols eines differenziellen Balkenelements (s. Abb. 12.13). Aus der inneren Achtpolstruktur erschließen sich des Weiteren die

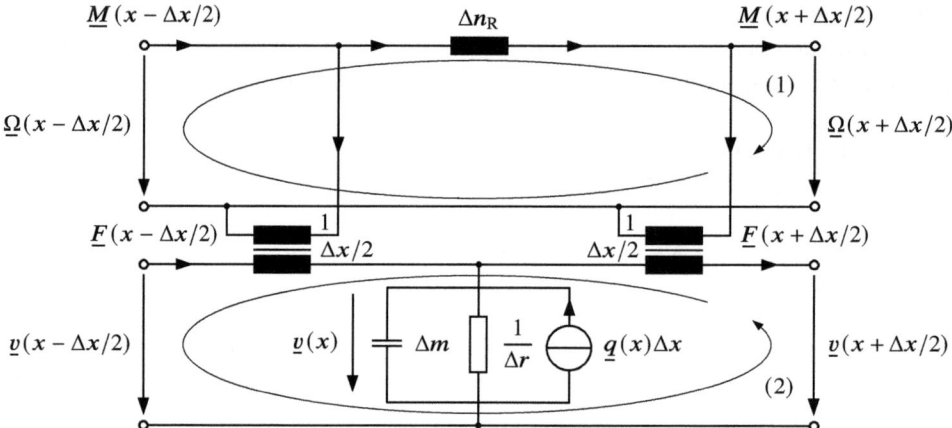

Abb. 12.13 Schaltungskonfiguration des Kopplungsachtpols eines differenziellen Balkenelements für den dynamischen Fall. (Nach Ballas 2007)

Differenzengleichungen für die translatorischen und rotatorischen Geschwindigkeiten $\underline{v}$ und $\underline{\Omega}$.

Differenzengleichung für rotatorische Geschwindigkeiten
Maschenumlauf (1) liefert mit $\sum_i \underline{\Omega}_i = 0$:

$$j\omega \Delta n_R \left(\underline{M}(x - \Delta x/2) - \underline{F}(x - \Delta x/2) \frac{\Delta x}{2} \right) + \underline{\Omega}(x + \Delta x/2) - \underline{\Omega}(x - \Delta x/2) = 0$$

und daraus

$$j\omega \Delta n_R \left(\underline{M}(x - \Delta x/2) - \underline{F}(x - \Delta x/2) \frac{\Delta x}{2} \right) + \underline{\Omega}(x + \Delta x/2) = \underline{\Omega}(x - \Delta x/2) \tag{12.29}$$

Differenzengleichung für translatorische Geschwindigkeiten
Maschenumlauf (2) liefert mit $\sum_i \underline{v}_i = 0$:

$$\underline{v}(x + \Delta x/2) - \underline{v}(x - \Delta x/2) - \underline{\Omega}(x - \Delta x/2) \frac{\Delta x}{2} - \underline{\Omega}(x + \Delta x/2) \frac{\Delta x}{2} = 0$$

und daraus

12.3 Biegung eines differenziellen Balkenelements

$$\underline{v}(x-\Delta x/2) - \underline{v}(x+\Delta x/2) = -\frac{\Delta x}{2}\left(\underline{\Omega}(x-\Delta x/2) + \underline{\Omega}(x+\Delta x/2)\right) \quad (12.30)$$

Aus den Differenzengleichungen (12.27), (12.28), (12.29) und (12.30) werden wir im nächsten Abschnitt mittels Grenzwertbetrachtung zunächst die komplexwertige Differenzialgleichung für Biegewellen eines homogenen Balkens ableiten. Im Anschluss daran erfolgt schließlich die Erweiterung der Betrachtungen auf einen piezoelektrischen Biegewandler beliebiger Morphologie.

12.3.2 Übergang zur komplexwertigen Differenzialgleichung für Biegewellen

Die Basis zur Ermittlung der komplexwertigen Differenzialgleichung für Biegewellen bei einem homogenen Balken bilden die Differenzengleichungen (12.27)–(12.30), die aus Überlegungen zu den Verknüpfungsgleichungen am homogenen Balkensegment hervorgehen (vgl. Abb. 12.11). Anhand von Grenzwertbetrachtungen werden wir im Folgenden die jeweils zugehörigen Differenzialgleichungen herleiten.

Differenzialgleichung für die Flussgröße Kraft
Nach der Differenzengleichung für das Kräftegleichgewicht (12.27) lässt sich schreiben:

$$\underline{F}(x+\Delta x/2) - \underline{F}(x-\Delta x/2) = \Delta \underline{F}(x) - j\omega \Delta m \underline{v}(x)$$

Anschließende Multiplikation mit $1/\Delta x$ auf beiden Seiten liefert:

$$\frac{\underline{F}(x+\Delta x/2) - \underline{F}(x-\Delta x/2)}{\Delta x} = \frac{\underline{q}(x)\Delta x}{\Delta x} - \frac{\Delta r}{\Delta x}\underline{v}(x) - j\omega\frac{\Delta m}{\Delta x}\underline{v}(x).$$

Die Quotienten $\Delta m/\Delta x$ und $\Delta r/\Delta x$ entsprechen der längenbezogenen Masse μ und dem längenbezogenen Reibungsbeiwert r_a. Beide Größen haben wir bereits in Kap. 10 kennengelernt (s. Gl. (10.24) und (10.43)). Die komplexe Größe $\underline{q}(x)$ entspricht der Linienlast. Die anschließende Bildung des Grenzübergangs

$$\lim_{\Delta x \to 0} \frac{\underline{F}(x+\Delta x/2) - \underline{F}(x-\Delta x/2)}{\Delta x} = \underline{q}(x) - r_\mathrm{a}\underline{v}(x) - j\omega\mu\underline{v}(x)$$

führt zu:

$$\frac{\mathrm{d}\underline{F}(x)}{\mathrm{d}x} = \underline{q}(x) - r_\mathrm{a}\underline{v}(x) - \mathrm{j}\omega\mu\underline{v}(x) \tag{12.31}$$

Differenzialgleichung für die Flussgröße Moment
Aus der Differenzengleichung für das Momentengleichgewicht (12.28) gewinnen wir folgenden Differenzenquotienten:

$$\frac{\underline{M}(x + \Delta x/2) - \underline{M}(x - \Delta x/2)}{\Delta x} = -\frac{1}{2}\left(\underline{F}(x - \Delta x/2) + \underline{F}(x + \Delta x/2)\right)$$

Der Differenzenquotient lässt sich zu

$$\frac{\underline{M}(x + \Delta x/2) - \underline{M}(x - \Delta x/2)}{\Delta x} = -\underline{F}(x + \epsilon \Delta x)$$

umschreiben, wobei $\epsilon \in \mathbb{R}$ ist (Lenk und Irrgang 1977). Die anschließende Grenzwertbildung

$$\lim_{\Delta x \to 0} \frac{\underline{M}(x + \Delta x/2) - \underline{M}(x - \Delta x/2)}{\Delta x} = \lim_{\Delta x \to 0} -\underline{F}(x + \epsilon \Delta x)$$

ermöglicht die Beschreibung des differenziellen Zusammenhangs zwischen den komplexen Flussgrößen $\underline{M}$ und $\underline{F}$.

$$\frac{\mathrm{d}\underline{M}(x)}{\mathrm{d}x} = -\underline{F}(x) \tag{12.32}$$

Differenzialgleichung für die Differenzgröße Winkelgeschwindigkeit
Aus Gl. (12.29) gewinnen wir unter Berücksichtigung der Beziehung $\Delta n_\mathrm{R} = \Delta x / EI$ (s. a. Gl. (12.18)) den Differenzenquotienten

$$\frac{\underline{\Omega}(x + \Delta x/2) - \underline{\Omega}(x - \Delta x/2)}{\Delta x} = -\mathrm{j}\omega \frac{\underline{M}(x - \Delta x/2)}{EI} + \mathrm{j}\omega \frac{\Delta x\, \underline{F}(x - \Delta x/2)}{2EI}.$$

Die Grenzwertbildung

$$\lim_{\Delta x \to 0} \frac{\underline{\Omega}(x + \Delta x/2) - \underline{\Omega}(x - \Delta x/2)}{\Delta x} = \lim_{\Delta x \to 0} -\mathrm{j}\omega \frac{\underline{M}(x - \Delta x/2)}{EI}$$
$$+ \lim_{\Delta x \to 0} \mathrm{j}\omega \frac{\Delta x}{2EI} \underline{F}(x - \Delta x/2)$$

12.3 Biegung eines differenziellen Balkenelements

führt zur Differenzialgleichung:

$$\frac{d\underline{\Omega}(x)}{dx} = -j\omega \frac{\underline{M}(x)}{EI} = -j\omega \frac{\underline{M}(x)}{C} \tag{12.33}$$

Hierbei kann die Biegesteifigkeit EI eines homogenen Balkens durch die Biegesteifigkeit C eines Schichtverbundes ersetzt werden.

Differenzialgleichung für die Differenzgröße Geschwindigkeit
Zuletzt formen wir Gl. (12.30) zu dem Differenzenquotienten

$$\frac{\underline{v}(x + \Delta x/2) - \underline{v}(x - \Delta x/2)}{\Delta x} = -\underline{\Omega}(x + \epsilon \Delta x)$$

um. Die anschließende Grenzwertbildung liefert den differenziellen Zusammenhang zwischen den beiden Differenzgrößen $\underline{v}$ und $\underline{\Omega}$:

$$\frac{d\underline{v}(x)}{dx} = \underline{\Omega}(x) \tag{12.34}$$

Differenzialgleichung für Biegewellen
Aus den vier Differenzialgleichungen (12.31)–(12.34), folgt durch schrittweise Differenziation nach der Längenkoordinate x:

$$\frac{d\underline{v}(x)}{dx} = \underline{\Omega}(x)$$

$$\Rightarrow \frac{d^2\underline{v}(x)}{dx^2} = \frac{d\underline{\Omega}(x)}{dx} = -j\frac{\omega}{C}\underline{M}(x)$$

$$\Rightarrow \frac{d^3\underline{v}(x)}{dx^3} = \frac{d^2\underline{\Omega}(x)}{dx^2} = -j\frac{\omega}{C}\frac{d\underline{M}(x)}{dx} = j\frac{\omega}{C}\underline{F}(x)$$

$$\Rightarrow \frac{d^4\underline{v}(x)}{dx^4} = j\frac{\omega}{C}\frac{d\underline{F}(x)}{dx} = j\frac{\omega}{C}\left(\underline{q}(x) - r_a\underline{v}(x) - j\omega\mu\underline{v}(x)\right) \tag{12.35}$$

Ausmultiplizieren des Klammerausdrucks von Gl. (12.35) liefert schließlich die

komplexwertige Differenzialgleichung für Biegewellen

$$\frac{d^4 \underline{v}(x)}{dx^4} - \frac{\mu\omega^2}{C}\underline{v}(x) + j\frac{\omega}{C}r_a \underline{v}(x) = j\frac{\omega}{C}\underline{q}(x). \tag{12.36}$$

Diese ist identisch mit der reellwertigen Differenzialgleichung für Biegewellen aus Kap. 11 (s. Gl. (11.1)). Die Identität kann leicht mit dem Separationsansatz $\underline{w}(x,t) := \underline{\xi}(x,t) = \underline{\xi}(x)\,e^{j\omega t}$ und der Beziehung $\underline{v}(x) = j\omega\underline{\xi}(x)$ (s. Gl. (12.6)) nachgewiesen werden. In Gl. (12.36) ist die Biegesteifigkeit C eines Schichtverbundes durch die Biegesteifigkeit EI eines homogenen Balkens bereits ersetzt.

12.3.3 Lösungsansatz zur komplexwertigen Biegewellengleichung

Bei der Lösung der komplexwertigen Differenzialgleichung (12.36) können wir uns an dem Vorgehen zur Lösung der reellwertigen Differenzialgleichung (11.1) in Kap. 11 orientieren. Zunächst ist Gl. (12.36) für den Fall einer freien ungedämpften Biegeschwingung zu lösen, d. h. $r_a = 0$ und $\underline{q}(x) = 0$. Hieraus ergeben sich die Eigenmoden $W(x)$ (Timoshenko 1937; Soedel 2004). Wir treffen zusätzlich die Annahme, dass die Biegesteifigkeit C über die Länge des mehrschichtigen Balkens hinweg konstant ist. Die Lösung des Rand- und Anfangswertproblems erfolgt durch einen Separationsansatz der Form

$$\underline{v}(x) = W(x)\,\underline{v}, \tag{12.37}$$

wodurch sich Gl. (12.36) in die bereits aus Gl. (11.5) bekannte Form

$$C\frac{d^4 W(x)}{dx^4} - \frac{\mu\omega^2}{C}W(x) = 0 \quad \text{bzw.} \quad C\frac{d^4 W(x)}{dx^4} - k^4 W(x) = 0 \tag{12.38}$$

überführen lässt. Die Größe k haben wir bereits in Gl. (11.6) definiert und bezeichnet die Wellenzahl. Die Ermittlung der allgemeinen Lösung der homogenen Differenzialgleichung erfolgt, wie im Kap. 11 dargelegt, mithilfe der Laplace-Transformation unter Berücksichtigung des Differenziationssatzes (11.7). Die anschließende Rücktransformation führt schließlich in Kombination mit den Rayleigh-Funktionen (11.8)–(11.11)

12.3 Biegung eines differenziellen Balkenelements

zur allgemeinen Lösung $W(x)$ und den zugehörigen Ableitungen $W^{(1)}(x)$, $W^{(2)}(x)$ sowie $W^{(3)}(x)$ (s. Gl. (11.12)–(11.15)). Die explizite Lösung erschließt sich aus den vorherrschenden Randbedingungen, was die Einspannung des Biegeschwingers betrifft. Unterschiedliche Einspannbedingungen haben unterschiedliche charakteristische Gleichungen zur Folge, die im Allgemeinen in analytisch geschlossener Form nicht lösbar sind. Eine numerische Lösung der jeweiligen charakteristischen Gleichung mit gängigen Mathematik-Softwarepaketen liefert m charakteristische Nullstellen $k_m l$, wobei $m = 1, 2, \ldots, \infty$ gilt und physikalisch den entsprechenden natürlichen ausbreitungsfähigen Eigenmoden entspricht.

Auf der Basis des Superpositionsprinzips ergibt sich die gesuchte Funktion $\underline{v}(x)$ als Überlagerung der ausbreitungsfähigen Moden $W_m(x)$ (reine Ortsfunktion) und der jeweils zugehörigen komplexen Geschwindigkeitsamplitude $\underline{v}_m$ in Anlehnung an Gl. (11.31) zu

$$\underline{v}(x) = \sum_{m}^{\infty} W_m(x)\,\underline{v}_m. \tag{12.39}$$

Um einen möglichst allgemeinen Ansatz bei unseren weiteren Überlegungen zu gewährleisten, finden die in Tab. 12.3 dargestellten üblichen Einspannungen eines Biegeschwingers, die sich daraus ergebenden Randbedingungen sowie die daraus resultierende charakteristische Gleichung Berücksichtigung (Timoshenko 1937; Han et al. 1999).

Tab. 12.3 Einspannungen, Randbedingungen und charakteristische Gleichungen für transversale Biegeschwingungen eines Euler-Bernoulli-Balkens. (Ballas 2007)

Einspannung	Randbedingungen	charakteristische Gleichung
eingespannt – eingespannt	$W_m(0) = W_m(l) = 0$ $W_m^{(1)}(0) = W_m^{(1)}(l) = 0$	$\cosh(k_m l)\cos(k_m l) = 1$
frei – frei	$W_m^{(2)}(0) = W_m^{(2)}(l) = 0$ $W_m^{(3)}(0) = W_m^{(3)}(l) = 0$	$\cosh(k_m l)\cos(k_m l) = 1$
eingespannt – frei	$W_m(0) = W_m^{(1)}(l) = 0$ $W_m^{(2)}(0) = W_m^{(3)}(l) = 0$	$\cosh(k_m l)\cos(k_m l) = -1$
fest gelagert – fest gelagert	$W_m(0) = W_m(l) = 0$ $W_m^{(2)}(0) = W_m^{(2)}(l) = 0$	$\sin(k_m l) = 0$
eingespannt – fest gelagert	$W_m(0) = W_m^{(1)}(l) = 0$ $W_m(0) = W_m^{(2)}(l) = 0$	$\tanh(k_m l) - \tan(k_m l) = 0$
fest gelagert – frei	$W_m(0) = W_m^{(2)}(0) = 0$ $W_m^{(2)}(l) = W_m^{(3)}(l) = 0$	$\tanh(k_m l) - \tan(k_m l) = 0$

Die Orthogonalitätsbeziehungen (lineare Unabhängigkeit) unterschiedlicher Eigenmoden (s. Gl. (11.41)–(11.43)) und die daraus hervorgehende Beziehung (11.44) sind der Schlüssel zur Bestimmung der Lösung $\underline{v}(x)$ der Differenzialgleichung (12.36) für einen beliebigen Punkt x der Balkenlängsachse bei Beaufschlagung mit einer Linienlast $\underline{q}(x)$. Dass die Orthogonalitätsbeziehungen für jede Form der Einspannung aus Tab. 12.3 gültig sind, ergibt sich aus den beiden Gl. (11.37) und (11.38) in Kap. 11.

12.4 Allgemeine Lösung der Biegewellengleichung

Wir wenden uns im Folgenden der inhomogenen komplexwertigen Differenzialgleichung (12.36) zu. Zunächst erfolgt die Division auf beiden Seiten durch $j\omega/C$:

$$\frac{C}{j\omega}\frac{d^4\underline{v}(x)}{dx^4} + j\omega\mu\underline{v}(x) + r_a\underline{v}(x) = \underline{q}(x) \qquad (12.40)$$

Der Separationsansatz (12.37) ermöglicht das Umschreiben von Gl. (12.40) für die m-te Mode. Wir erhalten zunächst:

$$\frac{C}{j\omega}W_m^{(4)}\underline{v}_m + j\omega\mu W_m\underline{v}_m + r_a W_m\underline{v}_m = \underline{q}(x)$$

Die anschließende Multiplikation von beiden Seiten mit W_m und Integration über die Längskoordinate des Biegeschwingers führt zu:

$$\int_0^l \underline{q}(x)W_m\,dx = \frac{C}{j\omega}\int_0^l W_m^{(4)}W_m\,\underline{v}_m\,dx + j\omega\mu\int_0^l W_m^2\underline{v}_m\,dx + r_a\int_0^l W_m^2\underline{v}_m\,dx$$

In Verbindung mit der Eigenschaft (11.44) ergibt sich für die m-te Mode:

$$\int_0^l \underline{q}(x)W_m\,dx = \frac{C\lambda_m}{j\omega}\int_0^l W_m^2\underline{v}_m\,dx + j\omega\mu\int_0^l W_m^2\underline{v}_m\,dx + r_a\int_0^l W_m^2\underline{v}_m\,dx$$

bzw.

$$\underline{v}_m\left(\frac{C\lambda_m}{j\omega} + j\omega\mu + r_a\right) = \frac{\int_0^l \underline{q}(x)W_m\,dx}{\int_0^l W_m^2\,dx} \qquad (12.41)$$

12.4 Allgemeine Lösung der Biegewellengleichung

In Verbindung mit der Definition (11.32) für den Eigenwert λ_m lässt sich Gl. (12.41) wie folgt umschreiben:

$$\underline{v}_m \left(\frac{C(k_m l)^4}{j\omega l^4} + j\omega\mu + r_a \right) = \frac{\int_0^l \underline{q}(x) W_m \, dx}{\int_0^l W_m^2 \, dx} \tag{12.42}$$

Im nächsten Schritt werden wir neben der Gesamtmasse $m = \mu l$ (s. Gl. (10.24)) und dem Reibungsbeiwert $r = r_a l$ (s. Gl. (10.43)) eine weitere Bezugsgröße einführen. Hierzu wollen wir uns nochmals die Definition für die Drehnachgiebigkeit Δn_R eines Schichtverbundes vergegenwärtigen (s. Gl. (12.18)). Es gilt allgemein:

$$\Delta n_R = \frac{\Delta x}{C} \quad \Leftrightarrow \quad \frac{\Delta n_R}{\Delta x} = \frac{1}{C}$$

Die anschließende Grenzwertbildung liefert:

$$\lim_{\Delta x \to 0} \frac{\Delta n_R}{\Delta x} = \frac{dn_R}{dx} = n_R' = \frac{1}{C}$$

Mit dieser als längenbezogenen Drehnachgiebigkeit bezeichneten Größe definieren wir die translatorische Bezugsnachgiebigkeit n_0 als neue Bezugsgröße. Wir schreiben:

$$n_0 = n_R' l^3 = \frac{l^3}{C} \tag{12.43}$$

Gl. (12.42) nimmt unter Verwendung der Bezugsgrößen m, r und n_0 eine für die weiteren Ausführungen praktikable Form an. Wir erhalten die

allgemeine Lösung der komplexwertigen Differenzialgleichung für Biegewellen unter Verwendung von Bezugsgrößen

$$\underline{v}_m \left(\frac{(k_m l)^4}{j\omega n_0} + j\omega m + r \right) = \frac{l \int_0^l \underline{q}(x) W_m \, dx}{\int_0^l W_m^2 \, dx}. \tag{12.44}$$

Bei genauerem Hinsehen fällt auf, dass der Klammerausdruck auf der linken Seite von Gl. (12.44) eine Analogie zur mechanischen Impedanz $\underline{z}$ eines Feder-Masse-Dämpfer-Systems mit einem Freiheitsgrad aufweist (s. Hintergrundinformation | Feder-Masse-Dämpfer-System mit einem Freiheitsgrad). Diese Eigenschaft wird an späterer Stelle eine zentrale Rolle spielen.

Hintergrundinformation | Feder-Masse-Dämpfer-System mit einem Freiheitsgrad

Wir betrachten den Fall, dass eine Masse m auf einer *reibungsbehafteten* Feder mit der Nachgiebigkeit n und dem Reibungsbeiwert r befestigt ist. Die Masse m soll durch eine harmonische Kraft $F(t)$ angeregt werden (s. Abb. 12.14a). Ein typischer Anwendungsfall ist beispielsweise ein federnd aufgestelltes Maschinenfundament, auf dem eine als *Kraftquelle* wirkende Maschine montiert ist (Lenk und Irrgang 1975).

Wir gehen nun von der realen Konstruktion zunächst zum *mechanischen Schema* im Frequenzbereich (s. Abb. 12.14b) und von dort zur *schaltungstechnischen Darstellung* über (s. Abb. 12.14c). Für die schaltungstechnische Darstellung nutzen wir die Isomorphie zwischen elektrischen und translatorischen Netzwerken aus Tab. 12.2. Bei Parallelschaltung der Elemente addieren sich die mechanischen Impedanzen des Feder-Masse-Dämpfer-Systems zur mechanischen Gesamtimpedanz

$$\underline{z} = \frac{1}{j\omega n} + j\omega m + r.$$

Ein Vergleich mit dem linken Klammerausdruck von Gl. (12.44) lässt die oben erwähnte Analogie erkennen.

Im folgenden Abschnitt werden wir uns auf Basis von Gl. (12.44) damit auseinandersetzen, einen allgemeinen Zusammenhang zwischen den Differenzgrößen ($\underline{v}$, $\underline{\Omega}$) und den Flussgrößen ($\underline{F}$, $\underline{M}$) herzustellen.

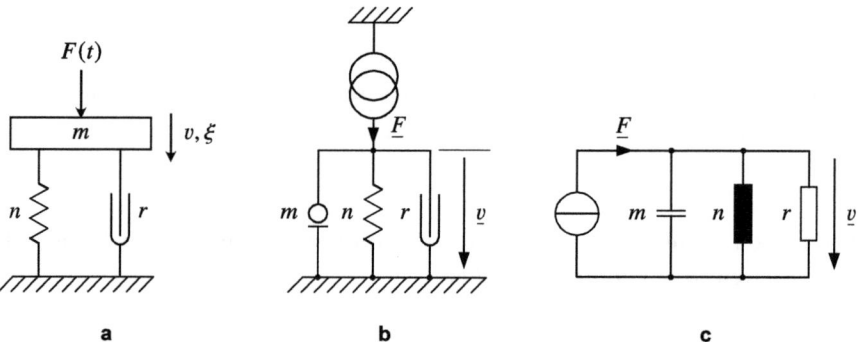

Abb. 12.14 Feder-Masse-Dämpfer-System mit einem Freiheitsgrad. (**a**) Anregung durch eine an der Masse angreifende harmonische Anregungskraft $F(t)$. (**b**) Mechanisches Schema (Struktur). (**c**) Schaltungstechnische Darstellung als mechanischer Parallelresonanzkreis. (Nach Lenk und Irrgang 1975)

12.5 Mitgangsmatrix eines Biegeschwingers

Zu Beginn dieses Abschnitts legen wir die nachfolgenden Randbedingungen fest:

$$\left(\underline{v}(x), \underline{F}(x), \underline{\Omega}(x), \underline{M}(x)\right)_{x=0} := \left(\underline{v}_1, \underline{F}_1, \underline{\Omega}_1, \underline{M}_1\right) \tag{12.45}$$

$$\left(\underline{v}(x), \underline{F}(x), \underline{\Omega}(x), \underline{M}(x)\right)_{x=l} := \left(\underline{v}_2, \underline{F}_2, \underline{\Omega}_2, \underline{M}_2\right) \tag{12.46}$$

Die Verknüpfung zwischen den Differenzgrößen ($\underline{v}$, $\underline{\Omega}$) und den Flussgrößen ($\underline{F}$, $\underline{M}$) erfolgt mittels einer Matrix, die auch als Mitgangsmatrix $\underline{H}$ bezeichnet wird. Die allgemeine Verknüpfungsstruktur kann der nachfolgenden Gl. (12.47) entnommen werden.

$$\begin{pmatrix} \underline{v}_1 \\ \underline{\Omega}_1 \\ \underline{v}_2 \\ \underline{\Omega}_2 \end{pmatrix} = \underbrace{\begin{pmatrix} \underline{h}_{11} & \underline{h}_{12} & \underline{h}_{13} & \underline{h}_{14} \\ \underline{h}_{21} & \underline{h}_{22} & \underline{h}_{23} & \underline{h}_{24} \\ \underline{h}_{31} & \underline{h}_{32} & \underline{h}_{33} & \underline{h}_{34} \\ \underline{h}_{41} & \underline{h}_{42} & \underline{h}_{43} & \underline{h}_{44} \end{pmatrix}}_{\text{Mitgangsmatrix } \underline{H}} \cdot \begin{pmatrix} \underline{F}_1 \\ \underline{M}_1 \\ \underline{F}_2 \\ \underline{M}_2 \end{pmatrix} \tag{12.47}$$

Die Mitgangsmatrix ermöglicht es also, die Koordinaten an der Stelle $x = 0$ durch diejenigen an der Stelle $x = l$ auszudrücken. Bevor wir die einzelnen Mitgänge $\underline{h}_{ij}$ bestimmen, ersetzen wir zunächst den Klammerausdruck auf der linken Seite von Gl. (12.44) durch die mechanische Impedanz $\underline{z}_m$.
Wir schreiben:

$$\underline{v}_m \underline{z}_m = \frac{l \int_0^l \underline{q}(x) W_m \, dx}{\int_0^l W_m^2 \, dx} \tag{12.48}$$

bzw. mit der mechanischen Admittanz $\underline{h}_m = 1/\underline{z}_m$

$$\underline{v}_m \frac{1}{\underline{h}_m} = \underbrace{\frac{l}{\int_0^l W_m^2 \, dx}}_{(*)} \int_0^l \underline{q}(x) W_m \, dx$$

Der Quotient (∗) repräsentiert einen reinen Zahlenwert

$$\beta_m := \frac{l}{\int_0^l W_m^2 \, dx}, \qquad (12.49)$$

welcher ausschließlich durch die jeweilige Eigenmode $W_m(x)$ und damit durch die vorherrschenden Einspannbedingungen des Biegeschwingers festgelegt ist. Wir erhalten schließlich aus Gl. (12.48):

$$\underline{v}_m = \beta_m \, \underline{h}_m \int_0^l \underline{q}(x) W_m \, dx \qquad (12.50)$$

Wenden wir uns im Folgenden der Herleitung der Matrixelemente zu. Um möglichst allgemein zu bleiben, werden dabei noch keine Einspannbedingungen festgelegt, d. h. wir gehen von einem freien Biegeschwinger aus.

12.5.1 Anregung durch eine periodische Erregerkraft $\underline{F}_1$

Die an der Stelle $x = 0$ angreifende Kraft $\underline{F}_1$ formulieren wir mithilfe der Dirac-Funktion (11.82) als Linienlast $\underline{q}(x)$. Demnach gilt:

$$\underline{q}(x) = \underline{F}_1 \, \delta(x)$$

Einsetzen in den Ausdruck (12.50) liefert:

$$\underline{v}_m = \underline{F}_1 \beta_m \, \underline{h}_m \, W_m(0)$$

Auf Basis des Superpositionsprinzips gewinnen wir nach Gl. (12.39) die allgemeine Lösung

$$\underline{v}(x) = \underline{F}_1 \sum_{m=1}^{\infty} \beta_m \, \underline{h}_m \, W_m(x) W_m(0). \qquad (12.51)$$

12.5 Mitgangsmatrix eines Biegeschwingers

Mithilfe des differenziellen Zusammenhangs (12.34) zwischen den beiden Differenzgrößen $\underline{v}$ und $\underline{\Omega}$ resultiert aus Gl. (12.51) die allgemeine Lösung für die Winkelgeschwindigkeit $\underline{\Omega}(x)$. Wir erhalten:

$$\underline{\Omega}(x) = \underline{F}_1 \sum_{m=1}^{\infty} \beta_m \underline{h}_m W_m^{(1)}(x) W_m(0) \tag{12.52}$$

Mit den festgelegten Randbedingungen (vgl. Gl. (12.45) und (12.46))

$$\bigl(\underline{v}(x), \underline{\Omega}(x)\bigr)_{x=0} = \bigl(\underline{v}_1, \underline{\Omega}_1\bigr) \tag{12.53}$$

$$\bigl(\underline{v}(x), \underline{\Omega}(x)\bigr)_{x=l} = \bigl(\underline{v}_2, \underline{\Omega}_2\bigr) \tag{12.54}$$

lassen sich die Matrixelemente $\underline{h}_{11}$, $\underline{h}_{21}$, $\underline{h}_{31}$ und $\underline{h}_{41}$ der Mitgangsmatrix $\boldsymbol{H}$ ableiten. Zum Zweck der eindeutigen Zuordnung verwenden wir folgenden Kennzeichnungen:

- Der Klammmerausdruck bei den Elementen $\underline{h}_{ij}$ rechts oben bezeichnet die jeweilige Differenzgröße.
- Der Klammerausdruck am Spaltenvektor rechts unten bezeichnet die jeweilige Flussgröße.

Erste Spalte der Mitgangsmatrix
Differenzgrößen als Funktionen einer harmonischen Erregerkraft $\underline{F}_1$.

$$\begin{pmatrix} \underline{h}_{11}^{(\underline{v}_1)} \\ \underline{h}_{21}^{(\underline{\Omega}_1)} \\ \underline{h}_{31}^{(\underline{v}_2)} \\ \underline{h}_{41}^{(\underline{\Omega}_2)} \end{pmatrix} = \begin{pmatrix} \sum\limits_{m=1}^{\infty} \beta_m \underline{h}_m W_m^2(0) \\ \sum\limits_{m=1}^{\infty} \beta_m \underline{h}_m W_m^{(1)}(0) W_m(0) \\ \sum\limits_{m=1}^{\infty} \beta_m \underline{h}_m W_m(l) W_m(0) \\ \sum\limits_{m=1}^{\infty} \beta_m \underline{h}_m W_m^{(1)}(l) W_m(0) \end{pmatrix}_{(\underline{F}_1)} \tag{12.55}$$

12.5.2 Anregung durch eine periodische Erregerkraft $\underline{F}_2$

Mit der Dirac-Funktion (11.82) gewinnen wir ebenfalls für die an der Stelle $x = l$ angreifende Kraft $\underline{F}_2$ notwendige Formulierung als Linienlast $q(x)$. Es gilt:

$$\underline{q}(x) = \underline{F}_2\, \delta(x - l)$$

Einsetzen in Gl. (12.50) ergibt

$$\underline{v}_m = \underline{F}_2 \beta_m \underline{h}_m W_m(l),$$

was zu folgender allgemeinen Lösung führt:

$$\underline{v}(x) = \underline{F}_2 \sum_{m=1}^{\infty} \beta_m \underline{h}_m W_m(x) W_m(l) \qquad (12.56)$$

Die Differenziation der translatorischen Geschwindigkeit $\underline{v}(x)$ nach der Längenkoordinate x führt uns zur rotatorischen Geschwindigkeit $\underline{\Omega}(x)$ in Abhängigkeit der Erregerkraft $\underline{F}_2$. Für diese lässt sich schreiben:

$$\underline{\Omega}(x) = \underline{F}_2 \sum_{m=1}^{\infty} \beta_m \underline{h}_m W_m^{(1)}(x) W_m(l) \qquad (12.57)$$

Unter Verwendung der beiden Randbedingungen (12.53) und (12.54) gewinnen wir die Matrixelemente $\underline{h}_{13}$, $\underline{h}_{23}$, $\underline{h}_{33}$ und $\underline{h}_{43}$ der dritten Spalte der Mitgangsmatrix $\underline{H}$.

12.5 Mitgangsmatrix eines Biegeschwingers

Dritte Spalte der Mitgangsmatrix
Differenzgrößen als Funktionen einer harmonischen Erregerkraft $\underline{F}_2$.

$$\begin{pmatrix} \underline{h}_{13}^{(\underline{v}_1)} \\ \underline{h}_{23}^{(\underline{\Omega}_1)} \\ \underline{h}_{33}^{(\underline{v}_2)} \\ \underline{h}_{43}^{(\underline{\Omega}_2)} \end{pmatrix} = \begin{pmatrix} \sum_{m=1}^{\infty} \beta_m \underline{h}_m W_m(0) W_m(l) \\ \sum_{m=1}^{\infty} \beta_m \underline{h}_m W_m^{(1)}(0) W_m(l) \\ \sum_{m=1}^{\infty} \beta_m \underline{h}_m W_m^2(l) \\ \sum_{m=1}^{\infty} \beta_m \underline{h}_m W_m^{(1)}(l) W_m(l) \end{pmatrix} (\underline{F}_2) \qquad (12.58)$$

12.5.3 Anregung durch ein periodisches Erregermoment $\underline{M}_1$

Das an der Stelle $x = 0$ wirkende periodische Erregermoment $\underline{M}_1$ lässt sich mittels der Definition für die Ableitung der Dirac-Funktion (s. Gl. (11.84)) als Linienlast $\underline{q}(x)$ ausdrücken. Es gilt demnach:

$$\underline{q}(x) = \underline{M}_1 \delta'(x)$$

Damit gewinnen wir aus Gl. (12.50)

$$\underline{v}_m = -\underline{M}_1 \beta_m \underline{h}_m W_m^{(1)}(0),$$

was uns zur allgemeinen Lösung für die translatorische Geschwindigkeit

$$\underline{v}(x) = -\underline{M}_1 \sum_{m=1}^{\infty} \beta_m \underline{h}_m W_m(x) W_m^{(1)}(0) \qquad (12.59)$$

und zur allgemeinen Lösung für die rotatorische Geschwindigkeit

$$\underline{\Omega}(x) = -\underline{M}_1 \sum_{m=1}^{\infty} \beta_m \underline{h}_m W_m^{(1)}(x) W_m^{(1)}(0) \qquad (12.60)$$

führt. Mit den beiden Randbedingungen (12.53) und (12.54) können wir die Matrixelemente $\underline{h}_{12}$, $\underline{h}_{22}$, $\underline{h}_{32}$ und $\underline{h}_{42}$ der zweiten Spalte der Mitgangsmatrix $\underline{H}$ ermitteln.

Zweite Spalte der Mitgangsmatrix
Differenzgrößen als Funktionen eines harmonischen Erregermoments $\underline{M}_1$.

$$\begin{pmatrix} \underline{h}_{12}^{(\underline{v}_1)} \\ \underline{h}_{22}^{(\underline{\Omega}_1)} \\ \underline{h}_{32}^{(\underline{v}_2)} \\ \underline{h}_{42}^{(\underline{\Omega}_2)} \end{pmatrix} = \begin{pmatrix} -\sum_{m=1}^{\infty} \beta_m \underline{h}_m W_m(0) W_m^{(1)}(0) \\ -\sum_{m=1}^{\infty} \beta_m \underline{h}_m \left(W_m^{(1)}(0) \right)^2 \\ -\sum_{m=1}^{\infty} \beta_m \underline{h}_m W_m(l) W_m^{(1)}(0) \\ -\sum_{m=1}^{\infty} \beta_m \underline{h}_m W_m^{(1)}(l) W_m^{(1)}(0) \end{pmatrix}_{(\underline{M}_1)} \qquad (12.61)$$

12.5.4 Anregung durch ein periodisches Erregermoment $\underline{M}_2$

Zu guter Letzt betrachten wir das periodische Erregermoment $\underline{M}_2$, welches an der Stelle $x = l$ angreift. Mithilfe der Formulierung für die Linienlast

$$\underline{q}(x) = \underline{M}_2 \delta'(x - l)$$

gewinnen wir aus Gl. (12.50) unter Berücksichtigung der Ableitungseigenschaft der Dirac-Funktion (11.84)

$$\underline{v}_m = -\underline{M}_2 \beta_m \underline{h}_m W_m^{(1)}(l).$$

Hieraus resultiert für die translatorische Geschwindigkeit $\underline{v}(x)$ die allgemeine Lösung

12.5 Mitgangsmatrix eines Biegeschwingers

$$\underline{v}(x) = -\underline{M}_2 \sum_{m=1}^{\infty} \beta_m \underline{h}_m W_m(x) W_m^{(1)}(l). \tag{12.62}$$

Die anschließende Differenziation liefert die allgemeine Lösung für die rotatorische Geschwindigkeit $\underline{\Omega}(x)$:

$$\underline{\Omega}(x) = -\underline{M}_2 \sum_{m=1}^{\infty} \beta_m \underline{h}_m W_m^{(1)}(x) W_m^{(1)}(l). \tag{12.63}$$

Unter Verwendung der beiden Randbedingungen (12.53) und (12.54) gewinnen wir schließlich die noch verbleibenden Matrixelemente $\underline{h}_{14}$, $\underline{h}_{24}$, $\underline{h}_{34}$ und $\underline{h}_{44}$ der vierten Spalte der Mitgangsmatrix $\underline{H}$.

Vierte Spalte der Mitgangsmatrix
Differenzgrößen als Funktionen eines harmonischen Erregermoments $\underline{M}_2$.

$$\begin{pmatrix} \underline{h}_{14}^{(\underline{v}_1)} \\ \underline{h}_{24}^{(\underline{\Omega}_1)} \\ \underline{h}_{34}^{(\underline{v}_2)} \\ \underline{h}_{44}^{(\underline{\Omega}_2)} \end{pmatrix} = \begin{pmatrix} -\sum_{m=1}^{\infty} \beta_m \underline{h}_m W_m(0) W_m^{(1)}(l) \\ -\sum_{m=1}^{\infty} \beta_m \underline{h}_m W_m^{(1)}(0) W_m^{(1)}(l) \\ -\sum_{m=1}^{\infty} \beta_m \underline{h}_m W_m(l) W_m^{(1)}(l) \\ -\sum_{m=1}^{\infty} \beta_m \underline{h}_m \left(W_m^{(1)}(l) \right)^2 \end{pmatrix} (\underline{M}_2) \tag{12.64}$$

An dieser Stelle verfügen wir über die allgemeinen Berechnungsvorschriften der einzelnen Matrixelemente $\underline{h}_{ij}$ eines beidseitig freien, mehrschichtigen Biegeschwingers. Die Verknüpfung der Differenz- und Flussgrößen der Mitgangsmatrix $\underline{H}$ aus Gl. (12.47) kann auch durch einen allgemeinen Achtpol, wie in Abb. 12.15 dargestellt, erfolgen.

Abb. 12.15 Allgemeine Achtpoldarstellung eines Biegeschwingers. Die innere Struktur ergibt sich aus den einzelnen Matrixelementen $\underline{h}_{ij}$ der Mitgangsmatrix $\underline{H}$. (Nach Lenk und Irrgang 1975)

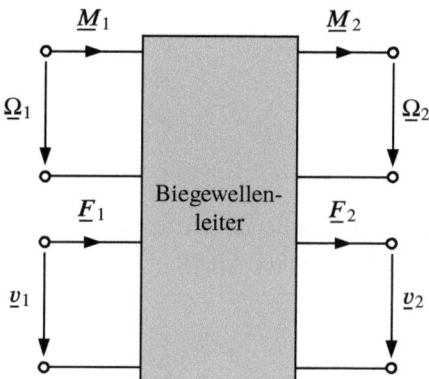

Wir werden auf diese Darstellung und die Berechnungsvorschriften der einzelnen Matrixelemente $\underline{h}_{ij}$ wieder zurückkommen. Zunächst wollen wir jedoch das Modell des mehrschichtigen Biegeschwingers dahingehend erweitern, dass wir den einzelnen Schichten piezoelektrische Eigenschaften zuordnen, die somit auch elektrisch angesteuert werden können, d. h. es erfolgt eine Erweiterung des mechanischen Systems um ein elektrisches Teilsystem. Der Übergang vom mehrschichtigen Biegeschwinger zum mehrschichtigen Biegewandler ist das zentrale Thema des nächsten Abschnitts.

12.6 Übergang vom mehrschichtigen Biegeschwinger zum Vielschicht-Biegewandler

Ausgangspunkt unserer weiteren Betrachtungen bildet der in Abb. 8.6 dargestellte mehrschichtige Biegewandler. Um möglichst allgemein zu bleiben, gehen wir von einem Segment des Biegewandlers im verformten Zustand aus, wie er in Abb. 12.16 dargestellt ist. Grundlage der Modellbildung bilden die dem Feldgrößenpaar (S, E) zugehörigen Zustandsgleichungen (10.17) und (10.18), die in jedem Punkt der piezoelektrischen Schichten erfüllt sein müssen. Die Zustandsgleichungen werden zweckmäßig so umgeformt, dass als *unabhängige* Größen die komplexe Dehnung $\underline{S}_1$ und die komplexe dielektrische Verschiebung $\underline{D}_3$ auftreten. Aus Gl. (10.15) erhalten wir:

$$\underline{D}_3 = \epsilon_{33}^T \underline{E}_3 + d_{31} \underline{T}_1 \tag{12.65}$$

$$\Leftrightarrow \quad \underline{E}_3 = \frac{1}{\epsilon_{33}^T} \underline{D}_3 - \frac{d_{31}}{\epsilon_{33}^T} \underline{T}_1$$

Anschließendes Einsetzen in die Zustandsgleichung (10.17) liefert für die mechanische Spannung:

$$\underline{T}_1 = \frac{\epsilon_{33}^T c_{11}^E}{\epsilon_{33}^T - d_{31} e_{31}} \underline{S}_1 - \frac{e_{31}}{\epsilon_{33}^T - d_{31} e_{31}} \underline{D}_3 \tag{12.66}$$

12.6 Übergang vom mehrschichtigen Biegeschwinger zum Vielschicht...

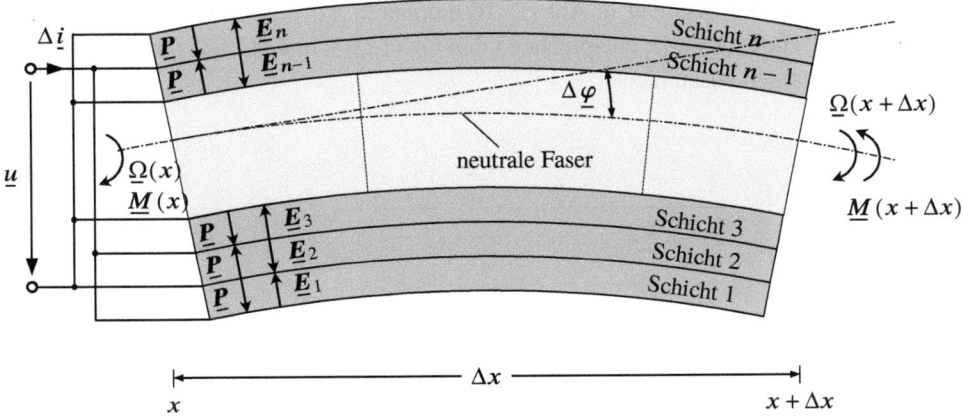

Abb. 12.16 Segment eines mehrschichtigen piezoelektrischen Biegewandlers im verformten Zustand. (Nach Ballas 2007)

Mithilfe der beiden ersten Materialbeziehungen aus Gl. (10.20) bei gleichzeitiger Verwendung der Definition (8.28) für den elektromechanischen Kopplungsfaktor lässt sich Gl. (12.66) wie folgt umschreiben:

$$\underline{T}_1 = \frac{1}{s_{11}^E \left(1 - k_{31}^2\right)} \underline{S}_1 - \frac{k_{31}^2}{d_{31}\left(1 - k_{31}^2\right)} \underline{D}_3 \qquad (12.67)$$

Ebenfalls formen wir die Zustandsgleichung (10.18) derart um, dass als unabhängige Größen die Dehnung $\underline{S}_1$ und die dielektrische Verschiebung $\underline{D}_3$ auftreten. Es gilt:

$$\underline{E}_3 = -\frac{e_{31}}{\epsilon_{33}^S} \underline{S}_1 + \frac{1}{\epsilon_{33}^S} \underline{D}_3$$

Auch hier berücksichtigen wir die bereits oben verwendeten Materialparameterbeziehungen sowie die Definition des elektromechanischen Kopplungsfaktors und erhalten schließlich:

$$\underline{E}_3 = -\frac{k_{31}^2}{d_{31}\left(1 - k_{31}^2\right)} \underline{S}_1 + \frac{1}{\epsilon_{33}^T \left(1 - k_{31}^2\right)} \underline{D}_3 \qquad (12.68)$$

Für das Biegewandler-Segment in Abb. 12.16 definieren wir die mechanische Spannung und die elektrische Feldstärke entsprechend den Gl. (12.67) und (12.68) für jede einzelne Schicht i. Wir fassen zusammen:

$$\underline{T}_{1,i} = \frac{1}{s^E_{11,i}\left(1-k^2_{31,i}\right)}\underline{S}_1 - \frac{k^2_{31,i}}{d_{31,i}\left(1-k^2_{31,i}\right)}\underline{D}_{3,i} \quad (12.69)$$

$$\underline{E}_{3,i} = -\frac{k^2_{31,i}}{d_{31,i}\left(1-k^2_{31,i}\right)}\underline{S}_1 + \frac{1}{\epsilon^T_{33,i}\left(1-k^2_{31,i}\right)}\underline{D}_{3,i} \quad (12.70)$$

In den Gl. (12.69) und (12.70) sind die Größen $\underline{T}_{1,i}$ und $\underline{S}_1$ Funktionen der Koordinate z (vgl. Gl. (8.7) und (8.8)). Die dielektrische Verschiebung $\underline{D}_{3,i}$ hingegen hängt wegen div $\boldsymbol{D} = 0$ nicht von z ab (s. Gl. (10.58)).

Wir schreiben nun die unabhängigen Größen $\underline{S}_1$ und $\underline{D}_{3,i}$ um. Für die Dehnung $\underline{S}_1$ können wir gemäß Gl. (8.7) in Verbindung mit den beiden Gl. (8.2) und (8.4) zunächst schreiben:

$$\underline{S}_1(z) = -z\frac{\Delta\underline{\varphi}}{\Delta x} \quad (12.71)$$

Wir formulieren nun mithilfe des Zusammenhangs (12.20) zwischen der rotatorischen Geschwindigkeitsdifferenz $\Delta\underline{\Omega}$ und der Differenz der Verdrehung $\Delta\underline{\varphi}$ Gl. (12.71) um. Wir erhalten:

$$\underline{S}_1(z) = -z\frac{\Delta\underline{\Omega}}{j\omega\Delta x} \quad (12.72)$$

Weiterhin können wir für die dielektrische Verschiebung in Anlehnung an Gl. (10.59) schreiben:

$$\underline{D}_{3,i} = \frac{\Delta\underline{Q}_i}{\Delta A_i} \quad \text{mit} \quad \Delta A_i = b\Delta x$$

Für jede einzelne Schicht i gilt wegen der vorausgesetzten elektrischen Parallelschaltung (vgl. Abb. 8.6):

$$\underline{u} = \int_{h_{i,u}}^{h_{i,o}} \underline{E}_{3,i}\,\mathrm{d}z \quad (12.73)$$

Einsetzen von Gl. (12.70) in Gl. (12.73) bei gleichzeitiger Berücksichtigung der mechanischen Dehnung (12.72) und anschließende Auswertung des Integrals liefert für die elektrische Spannung:

12.6 Übergang vom mehrschichtigen Biegeschwinger zum Vielschicht ...

$$\underline{u} = \frac{k_{31,i}^2 \left(h_{i,o}^2 - h_{i,u}^2\right)}{2d_{31,i} \left(1 - k_{31,i}^2\right)} \frac{\Delta \underline{\Omega}}{j\omega \Delta x} + \frac{h_i}{\epsilon_{33,i}^T \left(1 - k_{31,i}^2\right)} \underline{D}_{31,i}$$

Wir stellen nach der dielektrischen Verschiebung um und erhalten:

$$\underline{D}_{3,i} = -\frac{d_{31,i} \left(h_{i,o}^2 - h_{i,u}^2\right)}{2s_{11,i}^E h_i} \frac{\Delta \underline{\Omega}}{j\omega \Delta x} + \frac{\epsilon_{33,i}^T \left(1 - k_{31,i}^2\right)}{h_i} \underline{u} \qquad (12.74)$$

Unter Anwendung des Gaußschen Gesetzes (s. Gl. (6.65)) gewinnen wir betragsmäßig für die unmittelbare Umgebung der oberen bzw. der unteren Schicht i die Ladung derselbigen Schicht:

$$\Delta \underline{Q}_i = \underline{D}_{3,i} \Delta A_i$$

Die Gesamtladung $\Delta \underline{Q}$ gewinnen wir aus der Summe der Ladungen in den einzelnen Schichten:

$$\Delta \underline{Q} = -\sum_{i=1}^{n} \frac{bd_{31,i} \left(h_{i,o}^2 - h_{i,u}^2\right)}{2s_{11,i}^E h_i} \frac{\Delta \underline{\Omega}}{j\omega} + \sum_{i=1}^{n} \frac{b\Delta x}{h_i} \epsilon_{33,i}^T \left(1 - k_{31,i}^2\right) \underline{u} \qquad (12.75)$$

Wir bringen jetzt die elektrische Stromstärke $\underline{i}$ aus Abb. 12.16 ins Spiel. Die elektrische Stromstärke ist physikalisch definiert als die Ableitung der Ladung nach der Zeit (Frohne 1994). Eine Ableitung im Zeitbereich entspricht einer Multiplikation mit $j\omega$ im Frequenzbereich, d. h.

$$\Delta \underline{i} = j\omega \Delta \underline{Q}. \qquad (12.76)$$

Mit diesem Zusammenhang gewinnen wir aus Gl. (12.75):

$$\Delta \underline{i} = -\sum_{i=1}^{n} \frac{bd_{31,i} \left(h_{i,o}^2 - h_{i,u}^2\right)}{2s_{11,i}^E h_i} \Delta \underline{\Omega} + \sum_{i=1}^{n} \frac{b\Delta x}{h_i} \epsilon_{33,i}^T \left(1 - k_{31,i}^2\right) j\omega \underline{u} \qquad (12.77)$$

An diesem Punkt sei der Hinweis erlaubt, dass je nach Orientierung des Vektors der elektrischen Polarisation P und des elektrischen Feldstärkevektors E zueinander unterschiedliche Vorzeichen der piezoelektrischen Konstanten $d_{31,i}$ zu berücksichtigen sind. Bei antiparalleler Ausrichtung von P und E ist $d_{31,i} < 0$, bei paralleler Ausrichtung ist $d_{31,i} > 0$ anzusetzen. Aus Gl. (12.77) ergeben sich zwei neue schaltungstechnische Größen. Als erste Größe definieren wir die

Wandlerkonstante

$$\frac{1}{Y} = -\sum_{i=1}^{n} \frac{b d_{31,i} \left(h_{i,o}^2 - h_{i,u}^2\right)}{2 s_{11,i}^E h_i}. \tag{12.78}$$

Die zweite Größe bezeichnen wir als

translatorisch festgebremste Kapazität

$$\Delta C_b = \sum_{i=1}^{n} \frac{b \Delta x}{h_i} \epsilon_{33,i}^T \left(1 - k_{31,i}^2\right), \tag{12.79}$$

welche physikalisch als elektrische Kapazität des nicht verformten Biegewandler-Segments zu interpretieren ist.

Als nächstes wollen wir uns dem Biegemoment $\underline{M}$ aus Abb. 12.16 zuwenden. Dieses ergibt sich aus Gl. (12.69) unter Anwendung der Berechnungsvorschrift (8.19). Wir erhalten:

$$\underline{M} = \sum_{i=1}^{n} b \int_{h_{i,u}}^{h_{i,o}} \left(\frac{1}{s_{11,i}^E \left(1 - k_{31,i}^2\right)} \underline{S}_1 - \frac{k_{31,i}^2}{d_{31,i} \left(1 - k_{31,i}^2\right)} \underline{D}_{3,i} \right) z \, dz$$

In Verbindung mit der Berechnungsvorschrift (12.71) für die Dehnung ergibt die Auswertung des Integrals:

$$\underline{M} = -\frac{1}{3} \sum_{i=1}^{n} \frac{b \left(h_{i,o}^3 - h_{i,u}^3\right)}{s_{11,i}^E \left(1 - k_{31,i}^2\right)} \frac{\Delta \underline{\Omega}}{j \omega \Delta x} - \frac{1}{2} \sum_{i=1}^{n} \frac{k_{31,i}^2 b \left(h_{i,o}^2 - h_{i,u}^2\right)}{d_{31,i} \left(1 - k_{31,i}^2\right)} \underline{D}_{3,i}$$

Wir ersetzen nun die dielektrische Verschiebung $\underline{D}_{3,i}$ durch Gl. (12.74) und gewinnen nach einigen algebraischen Umformungen:

12.6 Übergang vom mehrschichtigen Biegeschwinger zum Vielschicht ...

$$\underline{M} = \left(\frac{b}{4} \sum_{i=1}^{n} \frac{k_{31,i}^2 \left(h_{i,o}^2 - h_{i,u}^2 \right)^2}{s_{11,i}^E h_i \left(1 - k_{31,i}^2 \right)} - \frac{b}{3} \sum_{i=1}^{n} \frac{\left(h_{i,o}^3 - h_{i,u}^3 \right)}{s_{11,i}^E \left(1 - k_{31,i}^2 \right)} \right) \frac{\Delta \underline{\Omega}}{j\omega \Delta x}$$

$$- \frac{b}{2} \sum_{i=1}^{n} \frac{d_{31,i} \left(h_{i,o}^2 - h_{i,u}^2 \right)}{2 s_{11,i}^E h_i} \underline{u}$$

Mit der Wandlerkonstanten (12.78) können wir auch schreiben:

$$\underline{M} = \left(\frac{b}{4} \sum_{i=1}^{n} \frac{k_{31,i}^2 \left(h_{i,o}^2 - h_{i,u}^2 \right)^2}{s_{11,i}^E h_i \left(1 - k_{31,i}^2 \right)} - \frac{b}{3} \sum_{i=1}^{n} \frac{\left(h_{i,o}^3 - h_{i,u}^3 \right)}{s_{11,i}^E \left(1 - k_{31,i}^2 \right)} \right) \frac{\Delta \underline{\Omega}}{j\omega \Delta x} + \frac{1}{Y} \underline{u}$$

(12.80)

Der verbleibende Klammerausdruck ergibt in Verbindung mit dem in Gl. (12.21) beschriebenen Zusammenhang zwischen der Flussgröße Moment $\underline{M}$ und der rotatorischen Geschwindigkeit $\underline{\Omega}$ eine weitere Bauelementgröße, die wir als rotatorische Kurzschlussnachgiebigkeit Δn_{Rk} (rotatorische Nachgiebigkeit für den elektrischen Kurzschluss) bezeichnen.

rotatorische Kurzschlussnachgiebigkeit

$$\Delta n_{Rk} = \frac{\Delta x}{\frac{b}{4} \sum_{i=1}^{n} \frac{k_{31,i}^2 \left(h_{i,o}^2 - h_{i,u}^2 \right)^2}{s_{11,i}^E h_i \left(1 - k_{31,i}^2 \right)} - \frac{b}{3} \sum_{i=1}^{n} \frac{\left(h_{i,o}^3 - h_{i,u}^3 \right)}{s_{11,i}^E \left(1 - k_{31,i}^2 \right)}}$$

(12.81)

Aus den beiden Gl. (12.77) und (12.80) kann unter Verwendung der Wandlerkonstanten (12.78), der translatorisch festgebremsten Kapazität (12.79) und der rotatorischen Kurzschlussnachgiebigkeit (12.81) zunächst eine *Leitwertmatrix* in Form von

$$\begin{pmatrix} \Delta \underline{i} \\ \underline{M} \end{pmatrix} = \begin{pmatrix} j\omega \Delta C_b & \dfrac{1}{Y} \\ \dfrac{1}{Y} & -\dfrac{1}{j\omega \Delta n_{Rk}} \end{pmatrix} \cdot \begin{pmatrix} \underline{u} \\ \Delta \underline{\Omega} \end{pmatrix}, \tag{12.82}$$

und daraus schlussendlich die schaltungstechnische Darstellung, wie in Abb. 12.17 dargestellt, abgeleitet werden (Lenk und Irrgang 1977). Da durch die Wandlerkonstante die mechanischen Flussgrößen und elektrischen Differenzgrößen miteinander verknüpft werden, spricht man auch von einer gyratorischen Verknüpfung (Ballas et al. 2009). Durch die Ergänzung der rein mechanischen Schaltungsdarstellung des differenziellen Balkenelements in Abb. 12.13 mit der schaltungstechnischen Darstellung des piezoelektrischen Biegewandler-Segments gemäß Abb. 12.17 erhalten wir die *Zehnpol-Darstellung* des kompletten Teilschwingers in Abb. 12.18 (Lenk und Irrgang 1977). Die in Abb. 12.13 vorhandenen beiden Transformatoren werden hier entsprechend dem praktischen Aufbau einer elektrischen Ersatzschaltung für ein Teileelement durch einen idealen Transformator mit dem Übersetzungsverhältnis $1/\Delta x$ ersetzt. Man beachte, dass die translatorischen Geschwindigkeiten und Kräfte nur über diesen Transformator mit den elektrischen Klemmen verknüpft sind. Durch Parallelschaltung der elektrischen Klemmen und Kettenschaltung der mechanischen Achtpole entsteht die Ersatzschaltung des gesamten piezoelektrischen Biegewandlers (s. Abb. 12.19).

Für die Biegewellenleitung mit den Klemmenpaaren $(\underline{\Omega}_1, \underline{M}'_1)$, $(\underline{\Omega}_2, \underline{M}'_2)$ sowie $(\underline{v}_1, \underline{F}_1)$, $(\underline{v}_2, \underline{F}_2)$ gilt die für Gl. (12.47) ermittelte Mitgangsmatrix $\underline{H}$, wenn dort die

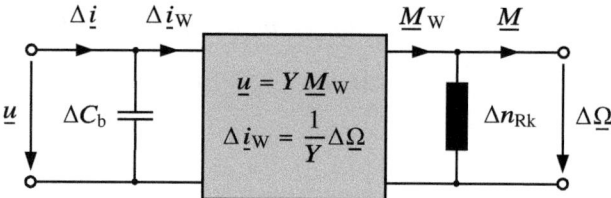

Abb. 12.17 Vierpoldarstellung eines piezoelektrischen Biegewandler-Segments. Die Verknüpfung mechanischer Flussgrößen mit elektrischen Differenzgrößen (und umgekehrt) erfolgt mittels eines **Gyrators**. (Nach Lenk und Irrgang 1977)

12.6 Übergang vom mehrschichtigen Biegeschwinger zum Vielschicht ...

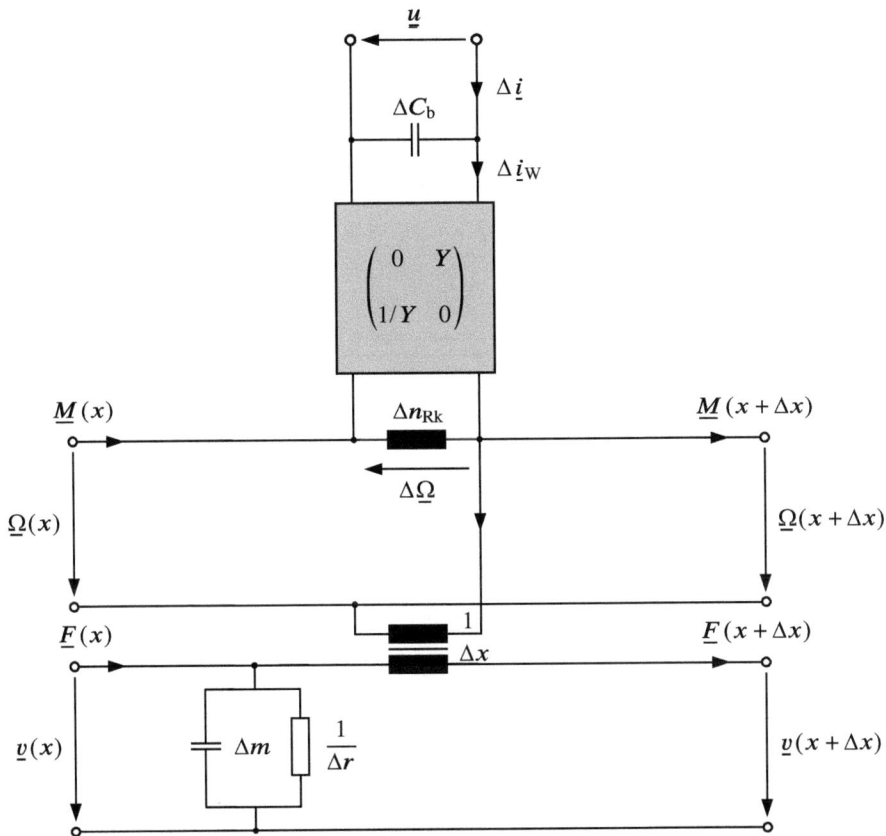

Abb. 12.18 Schaltungskonfiguration eines differenziellen piezoelektrischen Biegeschwingers mit rotatorischer und translatorischer Bewegung in Form eines Zehnpols. (Nach Lenk und Irrgang 1977)

Momente $\underline{M}_1$ und $\underline{M}_2$ durch die Momente $\underline{M}'_1$ und $\underline{M}'_2$ ersetzt werden. Nach Abb. 12.19 gelten beim piezoelektrischen Biegewandler folgende Koordinatenbeziehungen:

$$\underline{\Omega}_W = \underline{\Omega}_2 - \underline{\Omega}_1 \tag{12.83}$$

$$\underline{M}'_1 = \underline{M}_1 - \underline{M}_W \tag{12.84}$$

$$\underline{M}'_2 = \underline{M}_2 - \underline{M}_W \tag{12.85}$$

Mithilfe dieser Koordinatenbeziehungen lässt sich aus Gl. (12.47) im Allgemeinen eine Zehnpolmatrix für den in Abb. 12.19 gestrichelt eingerahmten Schaltungsteil des Biegewandlers ableiten. Im folgenden Abschnitt beschränken wir uns auf den technisch wichtigen Fall eines einseitig fest eingespannten Biegewandlers.

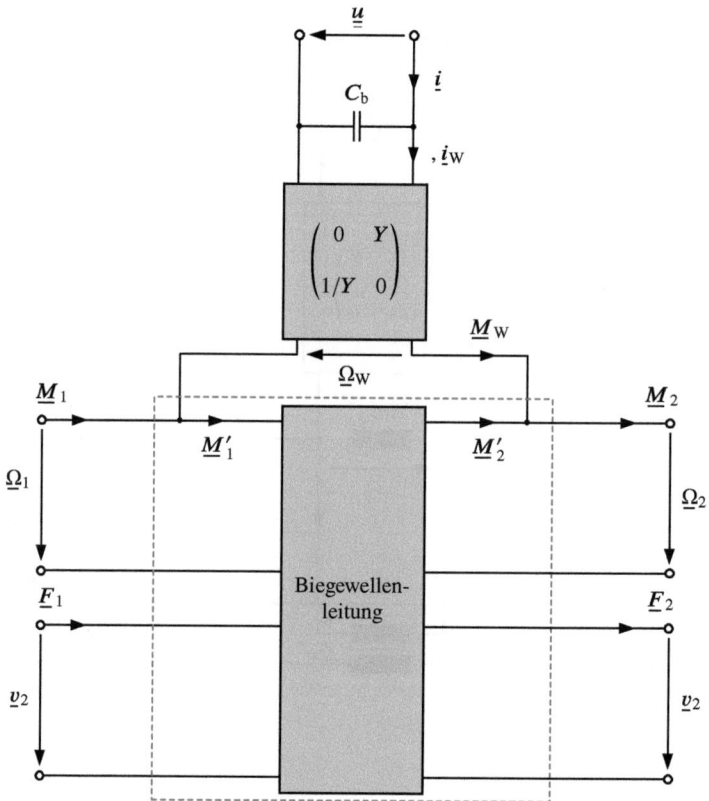

Abb. 12.19 Zehnpol-Ersatzschaltung des gesamten piezoelektrischen Biegewandlers. (Nach Lenk und Irrgang 1977)

12.7 Der einseitig fest eingespannte Vielschicht-Biegewandler

Unter Berücksichtigung der Koordinatenbeziehungen (12.83)–(12.85) schreiben wir zunächst die Verknüpfungsstruktur aus Gl. (12.47) um. Demnach gilt:

$$\begin{pmatrix} \underline{v}_1 \\ \underline{\Omega}_1 \\ \underline{v}_2 \\ \underline{\Omega}_W + \underline{\Omega}_1 \end{pmatrix} = \begin{pmatrix} \underline{h}_{11} & \underline{h}_{12} & \underline{h}_{13} & \underline{h}_{14} \\ \underline{h}_{21} & \underline{h}_{22} & \underline{h}_{23} & \underline{h}_{24} \\ \underline{h}_{31} & \underline{h}_{32} & \underline{h}_{33} & \underline{h}_{34} \\ \underline{h}_{41} & \underline{h}_{42} & \underline{h}_{43} & \underline{h}_{44} \end{pmatrix} \cdot \begin{pmatrix} \underline{F}_1 \\ \underline{M}_1 - \underline{M}_W \\ \underline{F}_2 \\ \underline{M}_2 - \underline{M}_W \end{pmatrix} \quad (12.86)$$

Weiterhin nehmen wir an, dass der Biegewandler am linken Ende fest eingespannt ist (s. Abb. 12.20). Damit verbunden ist, dass an der Einspannstelle keine translatorischen und rotatorischen Geschwindigkeiten auftreten können ($\underline{v}_1 = \underline{\Omega}_1 = 0$). Die am freien Ende vorhandenen Geschwindigkeiten und Kräfte werden mit dem Index S versehen, da der

12.7 Der einseitig fest eingespannte Vielschicht-Biegewandler

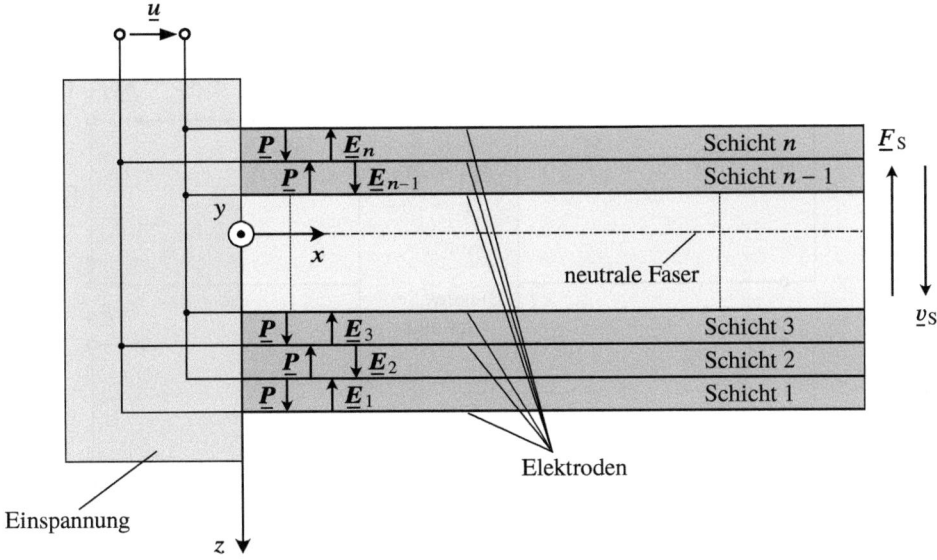

Abb. 12.20 Piezoelektrischer Biegewandler als Erzeuger für mechanische Bewegungsgrößen (Motor). (Nach Ballas 2007)

Biegewandler in der vorliegenden Darstellung als Sender mechanischer Bewegungsgrößen wirkt (vgl. Abb. 12.20). Weiterhin sollen am freien Ende des Biegewandlers keine Momente auftreten ($\underline{M}_2 = 0$). Mit der linksseitigen festen Einspannung lassen sich nach Tab. 12.3 folgende Randbedingungen festhalten:

1. Keine Verschiebung und Verdrehung an der Einspannstelle ($x = 0$):

$$W(0) = W^{(1)}(0) = 0 \tag{12.87}$$

2. Momenten- und Kräftefreiheit am freien Ende des Biegewandlers ($x = l$):

$$W^{(2)}(l) = W^{(3)}(l) = 0 \tag{12.88}$$

Aus den Randbedingungen lässt sich die zugehörige charakteristische Gleichung $\cosh(kl)\cos(kl) = -1$ ableiten (s. Gl. (11.26)). Sie liefert die in Gl. (11.30) angegebene Form der ausbreitungsfähigen Grundmode $W_1(x)$ und basierend auf den charakteristischen Nullstellen $k_m l$ auch die Moden höherer Ordnung $W_m(x)$.

Mit Kenntnis der ausbreitungsfähigen Eigenmoden und den Randbedingungen (12.87) und (12.88), die für die Moden höherer Ordnung Gültigkeit haben, ergeben sich alle Matrixelemente $\underline{h}_{ij}$ der Mitgangsmatrix $\underline{H}$ bis auf die Matrixelemente $\underline{h}_{33}$, $\underline{h}_{34}$, $\underline{h}_{43}$ und $\underline{h}_{44}$ zu null. Man kann sich leicht davon überzeugen, wenn man die Gl. (12.55), (12.58), (12.61) und (12.65) heranzieht und die Randbedingungen einsetzt. Dies führt uns schließlich zu einer vereinfachten Form der Matrixgleichung (12.86):

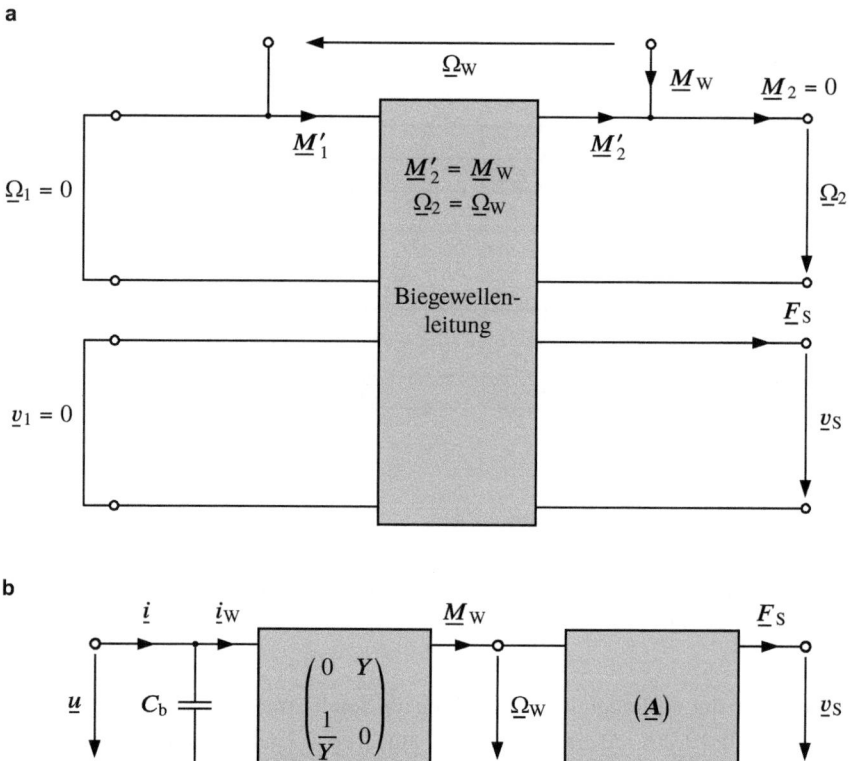

Abb. 12.21 Einseitig fest eingespannter piezoelektrischer Biegewandler. (**a**) Zugehörige Zehnpoldarstellung mit mechanisch kurzgeschlossenen Eingangsklemmen (**b**) Reduzierte Darstellung mit piezoelektrischem Wandler und Wandlervierpol ($\underline{A}$). (Nach Lenk und Irrgang 1977)

$$\begin{pmatrix} 0 \\ 0 \\ \underline{v}_S \\ \underline{\Omega}_W \end{pmatrix} = \begin{pmatrix} 0 & 0 & 0 & 0 \\ 0 & 0 & 0 & 0 \\ 0 & 0 & \underline{h}_{33} & \underline{h}_{34} \\ 0 & 0 & \underline{h}_{43} & \underline{h}_{44} \end{pmatrix} \cdot \begin{pmatrix} \underline{F}_1 \\ \underline{M}_1 - \underline{M}_W \\ \underline{F}_S \\ -\underline{M}_W \end{pmatrix} \quad (12.89)$$

In Abb. 12.21 ist dargestellt, wie die mechanische Zehnpolleitung mit den genannten Randbedingungen auf einen Vierpol ($\underline{A}$) reduziert wird.

Aus der Mitgangsmatrix (12.89) lassen sich die translatorische Geschwindigkeit $\underline{v}_S$ und die rotatorische Geschwindigkeit $\underline{\Omega}_W$ in Abhängigkeit der Flussgrößen $\underline{F}_S$ und $\underline{M}_W$ darstellen. Demnach gilt:

$$\underline{v}_S = \underline{h}_{33} \underline{F}_S - \underline{h}_{34} \underline{M}_W$$

$$\underline{\Omega}_W = \underline{h}_{43} \underline{F}_S - \underline{h}_{44} \underline{M}_W$$

12.7 Der einseitig fest eingespannte Vielschicht-Biegewandler

Nach einer Zwischenrechnung gewinnen wir aus den beiden Gleichungen die Koeffizienten des zugehörigen Wandlervierpols ($\underline{A}$). Aus

$$\begin{pmatrix} \underline{\Omega}_W \\ \underline{M}_W \end{pmatrix} = \begin{pmatrix} \underline{A}_{11} & \underline{A}_{12} \\ \underline{A}_{21} & \underline{A}_{22} \end{pmatrix} \cdot \begin{pmatrix} \underline{v}_S \\ \underline{F}_S \end{pmatrix} \tag{12.90}$$

erhalten wir:

$$(\underline{A}) = \begin{pmatrix} \dfrac{\underline{h}_{44}}{\underline{h}_{34}} & \underline{h}_{43} - \dfrac{\underline{h}_{44}\underline{h}_{33}}{\underline{h}_{34}} \\ -\dfrac{1}{\underline{h}_{34}} & \dfrac{\underline{h}_{33}}{\underline{h}_{34}} \end{pmatrix} \tag{12.91}$$

Eine schaltungstechnische Darstellung des mechanischen Teilvierpols ($\underline{A}$) kann nach Abb. 12.22 durch einen Transformator mit frequenzabhängigem Übertragungsverhältnis $1/\underline{q}^*$ gefolgt von den Mitgängen $\underline{h}_1^*$ und $\underline{h}_2^*$ erfolgen (Lenk und Irrgang 1977). Ein Koeffizientenvergleich mit den ausmultiplizierten Teilmatrizen liefert die Berechnungsgrundlage für das Übersetzungsverhältnis $1/\underline{q}^*$ sowie für die Mitgänge $\underline{h}_1^*$ und $\underline{h}_2^*$.

Als Ergebnis erhalten wir:

$$\underline{q}^* = \frac{\underline{h}_{34}}{\underline{h}_{44}} \tag{12.92}$$

$$\underline{h}_1^* = -\frac{\underline{h}_{34}^2}{\underline{h}_{44}} \tag{12.93}$$

$$\underline{h}_2^* = \frac{\underline{h}_{34}\underline{h}_{43}}{\underline{h}_{44}} - \underline{h}_{33} \tag{12.94}$$

Für den Fall, dass der Biegewandler nur geringen äußeren Belastungen ausgesetzt ist, kann der Reihenmitgang $\underline{h}_2^*$ vernachlässigt werden. Die reduzierte Vierpoldarstellung aus Abb. 12.21b weist somit die in Abb. 12.23 dargestellte Struktur auf.

Der Zusammenhang zwischen dem elektrischen Koordinatenpaar ($\underline{u}$, $\underline{i}_W$) und dem mechanischen Koordinatenpaar ($\underline{v}_S$, $\underline{F}_S$) lässt sich aus der Reihenschaltung des Gyrators und des mechanischen Teilvierpols gewinnen. Hierzu wird der Gyrator mit der Wandlerkonstanten Y sowie der Transformator mit dem frequenzabhängigen Übersetzungsverhältnis

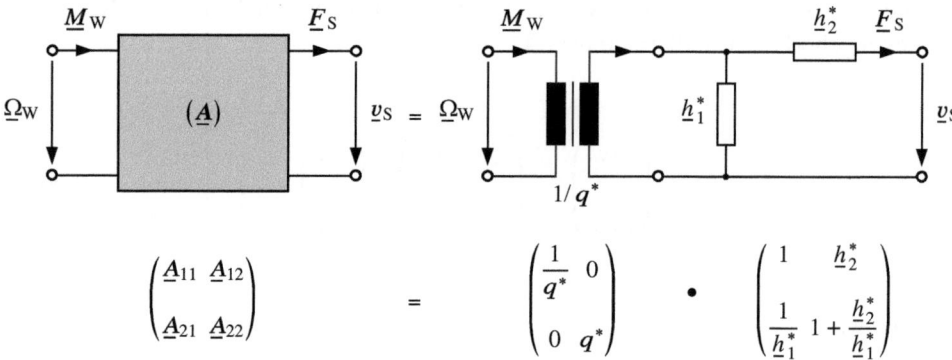

Abb. 12.22 Schaltungstechnische Darstellung des mechanischen Teilvierpols eines piezoelektrischen Biegewandlers und die zugehörige Matrixschreibweise. (Nach Lenk und Irrgang 1977)

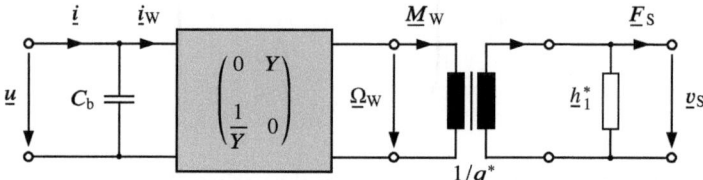

Abb. 12.23 Schaltungstechnische Darstellung eines piezoelektrischen Biegewandlers unter Berücksichtigung des Transformationsverhaltens von rotatorischen und translatorischen Größen. (Nach Lenk und Irrgang 1977)

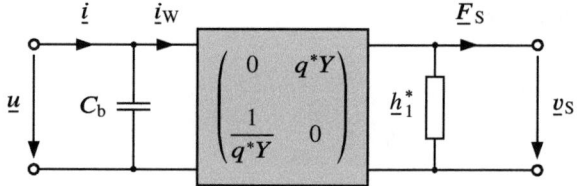

Abb. 12.24 Allgemeine schaltungstechnische Darstellung eines piezoelektrischen Biegewandlers bei geringen äußeren Belastungen $(\underline{h}_2^* = 0)$. (Nach Lenk und Irrgang 1977)

$1/q^*$ zu einem neuen Gyrator $(\underline{Y}^*)$ mit folgender Struktur zusammengefasst

$$(\underline{Y}^*) = \begin{pmatrix} 0 & q^* Y \\ \dfrac{1}{q^* Y} & 0 \end{pmatrix},$$

was schließlich zu der allgemeinen schaltungstechnischen Darstellung eines einseitig fest eingespannten Biegewandlers in Abb. 12.24 führt.

12.7.1 Schaltungstechnische Darstellung eines einseitig fest eingespannten Biegewandlers für die Grundmode

Eine schaltungstechnische Darstellung setzt die Kenntnis des in Abb. 12.24 dargestellten Mitgangs $\underline{h}_1^*$ voraus. Hierzu bedienen wir uns der Berechnungsvorschrift (12.93). Demnach setzt sich dieser aus den Matrixelementen $\underline{h}_{34}$ und $\underline{h}_{44}$ der Mitgangsmatrix $\underline{H}$, die ihrerseits in Gl. (12.65) definiert sind. Für die Grundmode ($m = 1$) ergibt sich somit für den Mitgang $\underline{h}_1^*$:

$$\underline{h}_1^* = -\frac{\underline{h}_{34}^2}{\underline{h}_{44}} = \frac{\beta_1^2 \underline{h}_1^2 W_1^2(l) \left(W_1^{(1)}(l)\right)^2}{\beta_1 \underline{h}_1 \left(W_1^{(1)}(l)\right)^2} = \beta_1 \underline{h}_1 W_1^2(l)$$

Unter Verwendung der Definition (12.49) für die dimensionslose Größe β_m sowie der Definition für die mechanische Impedanz $\underline{z}_m = 1/\underline{h}_m$ erhalten wir bei gleichzeitiger Beachtung der Näherung (11.78) und der Tatsache, dass $W_1^2(l) = 1$ gilt:

$$\underline{h}_1^* = \frac{1}{\left(\dfrac{1}{4}\dfrac{(k_1 l)^4}{\mathrm{j}\omega n_0} + \mathrm{j}\omega \dfrac{m}{4} + \dfrac{r}{4}\right)} \quad (12.95)$$

Aus Gl. (12.95) können wir nun unter Zuhilfenahme von Abb. 12.24 auf die schaltungstechnische Darstellung eines einseitig fest eingespannten Biegewandlers für die Grundmode schließen (s. Abb. 12.25), anhand derer eine bereits in Kap. 11 gemachte Feststellung auf sehr anschauliche Weise ersichtlich wird: für den dynamischen Fall können wir uns $1/4$ der gesamten Biegewandlermasse am freien Ende konzentriert denken. Das Gleiche trifft für die entlang der freien Länge des Biegewandlers wirkende Reibung zu. Die resultierende Nachgiebigkeit beträgt unter Berücksichtigung der charakteristischen Nullstelle $k_1 l = 1{,}875$ etwa $1/3$ der translatorischen Bezugsnachgiebigkeit n_0.

In einem nächsten Schritt transformieren wir die elektrische auf die mechanische Seite. Da es sich bei dem Kopplungsvierpol in Abb. 12.25 um einen Gyrator handelt, wird die translatorisch festgebremste Kapazität C_b auf der elektrischen Seite als eine Nachgiebigkeit n_C auf der mechanischen Seite abgebildet (Ballas et al. 2009). Treffen wir zusätzlich die Annahme, dass der Biegewandler mittels einer idealen Spannungsquelle betrieben

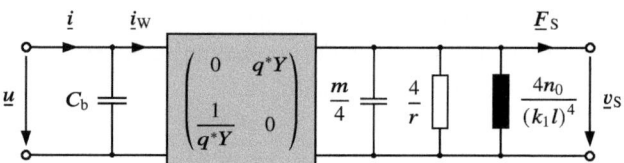

Abb. 12.25 Schaltungstechnische Darstellung eines piezoelektrischen Biegewandlers für die Grundmode ($m = 1$). (Nach Ballas 2007)

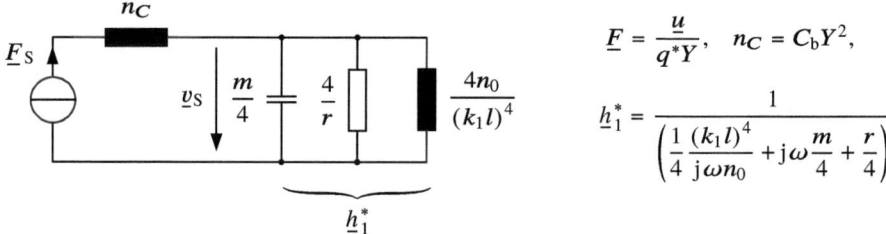

$$\underline{F} = \frac{\underline{u}}{q^*Y}, \quad n_C = C_b Y^2,$$

$$\underline{h}_1^* = \frac{1}{\left(\dfrac{1}{4} \dfrac{(k_1 l)^4}{j\omega n_0} + j\omega \dfrac{m}{4} + \dfrac{r}{4} \right)}$$

Abb. 12.26 Schaltungstechnische Darstellung eines piezoelektrischen Biegewandlers für die Grundmode nach Transformation von der elektrischen auf die mechanische Seite. (Nach Ballas 2007)

wird, dann wird diese nach der Transformation als Kraftquelle auf der mechanischen Seite abgebildet. Kann der Biegewandler am freien Ende ungehindert schwingen ($F_S = 0$), ergibt sich die in Abb. 12.26 gezeigte schaltungstechnische Darstellung.

Das dynamische Verhalten bei Anregung mit einer Spannung $\underline{u}$ können wir aus dem Frequenzgang der Auslenkung $\underline{\xi}$ des freien Biegewandlerendes gewinnen. Hierzu gehen wir von dem allgemeinen Zusammenhang

$$\underline{v}_S = \underline{h}_1^* \underline{F} \tag{12.96}$$

aus, der sich mit $\underline{v} = j\omega\underline{\xi}$ (s. Gl. (12.6)) und $\underline{F} = \underline{u}/(q^*Y)$ (vgl. Abb. 12.26) wie folgt darstellen lässt:

$$j\omega \frac{\underline{\xi}_S}{\underline{u}} = \frac{1}{q^*Y \underline{z}_1^*} \tag{12.97}$$

Wir bestimmen zunächst die mechanische Impedanz $\underline{z}_1^* = 1/\underline{h}_1^*$ der parallelgeschalteten Bauelemente Masse, Reibung und Nachgiebigkeit unter Verwendung der Abkürzungen

$$m^* = \frac{m}{4}, \quad r^* = \frac{r}{4}, \quad n^* = \frac{4n_0}{(k_1 l)^4}.$$

12.7 Der einseitig fest eingespannte Vielschicht-Biegewandler

Die mechanische Impedanz $\underline{z}_1^*$ berechnet sich demnach zu:

$$\underline{z}_1^* = j\omega m^* + r^* + \frac{1}{j\omega n^*}$$

$$\Leftrightarrow \quad \underline{z}_1^* = \frac{1}{j\omega n^*}\left(1 - \omega^2 m^* n^* + j\omega n^* r^*\right) \quad (12.98)$$

Zum Zweck einer normierten Darstellung der mechanischen Impedanz $\underline{z}_1^*$ führen wir bzgl. der Grundmode W_1 zwei weitere Kenngrößen ein. Bei der ersten Kenngröße handelt es sich um die

Kennkreisfrequenz (Resonanzfrequenz)

$$\omega_1 = \frac{1}{\sqrt{m^* n^*}}. \quad (12.99)$$

Die zweite Kenngröße bezeichnet die

Resonanzgüte

$$Q_1 = \frac{1}{\omega_1 n^* r^*}. \quad (12.100)$$

Mit den beiden Kenngrößen können wir die mechanische Impedanz in Gl. (12.98) in die folgende Form überführen:

$$\underline{z}_1^* = \frac{1}{j\omega n^*}\left(1 - \left(\frac{\omega}{\omega_1}\right)^2 + j\frac{\omega}{\omega_1}\frac{1}{Q_1}\right)$$

Einsetzen dieser Gleichung in Gl. (12.97) liefert schließlich den gesuchten Ausdruck für den Amplitudengang (Amplitudenkennlinie) der Auslenkung $\underline{\xi}_S$ bezogen auf die Ansteuerspannung $\underline{u}$. Wir erhalten:

$$\frac{\underline{\xi}_S}{\underline{u}} = \frac{n^*}{q^* Y \left(1 - \left(\frac{\omega}{\omega_1}\right)^2 + j\frac{\omega}{\omega_1}\frac{1}{Q_1}\right)} \quad (12.101)$$

bzw. in normierter Darstellung

$$\underline{B} = \frac{\underline{\xi}_S}{\underline{u}} \frac{q^* Y}{n^*} = \frac{1}{\left(1 - \left(\frac{\omega}{\omega_1}\right)^2 + j\frac{\omega}{\omega_1}\frac{1}{Q_1}\right)} \quad (12.102)$$

Da sich der für praktische Aufgaben interessante Frequenzbereich über mehrere Zehnerpotenzen erstrecken und sich der Betrag des Frequenzganges um mehrere Größenordnungen verändern kann, wird für beide Größen mit logarithmischen Maßstäben gearbeitet. Die Amplitudenkennlinie stellt den dekadischen Logarithmus des Amplitudenganges in Abhängigkeit vom Logarithmus der Kreisfrequenz dar. Auf der Abszissenachse wird das Frequenzverhältnis ω/ω_1 mit einer logarithmischen Skala aufgetragen (s. Abb. 12.27). Die Ordinatenachse wird im Allgemeinen linear geteilt und der Amplitudengang in Dezibel (dB) aufgetragen, wobei sich der in Dezibel angegebene Betrag $|\underline{B}|_{dB}$ aus dem dimensionslosen Betrag $|\underline{B}|$ des Amplitudenganges entsprechend

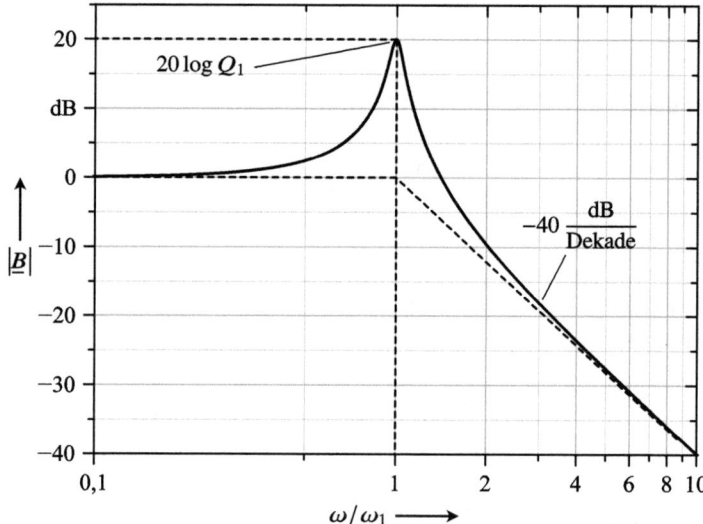

Abb. 12.27 Amplitudengang der Auslenkung $\underline{\xi}_S$ piezoelektrischer Biegewandler bezogen auf die Ansteuerspannung $\underline{u}$. Die Charakteristik des Amplitudenganges für die Grundmode entspricht einem Tiefpass mit Resonanzerhöhung (PT$_2$-Glied). (Nach Ballas 2007)

12.7 Der einseitig fest eingespannte Vielschicht-Biegewandler

$$|\underline{B}|_{\text{dB}} = 20\log|\underline{B}| \qquad (12.103)$$

berechnet (Lunze 2016). Die Charakteristik der Amplitudenkennlinie in Abb. 12.27 lässt einen *Tiefpass mit Resonanzerhöhung* erkennen. Wegen des Abfalls der Kennlinie von $-40\,\text{dB/Dekade}$ ab einem Frequenzverhältnis von $\omega/\omega_1 = 1$ (Resonanzfrequenz) spricht man im Rahmen der Regelungstechnik auch von einem PT_2-Glied (Lutz und Wendt 2021).

12.7.2 Kanonische Schaltungsdarstellung eines einseitig fest eingespannten Biegewandlers

In diesem letzten Abschnitt widmen wir uns der kanonischen schaltungstechnischen Darstellung eines piezoelektrischen Biegewandlers, d. h. wir wollen auch die in der Realität auftretenden Nebenmoden ($m \geq 2$) berücksichtigen. Ausgangspunkt hierfür ist die Definition (12.93) für den mechanischen Mitgang $\underline{h}_1^*$. Unter Verwendung des Übersetzungsverhältnisses $1/q^*$ nach Gl. (12.92) und unter Zuhilfenahme der Definition für das Matrixelement $\underline{h}_{34}$ der Mitgangsmatrix $\underline{H}$ in Gl. (12.65) lässt sich für den Mitgang $\underline{h}_1^*$ mit $\beta_m \approx 4$ für alle m und unter Berücksichtigung von

$$\underline{h}_m = \frac{1}{\underline{z}_m} = \frac{1}{\left(\dfrac{(k_m l)^4}{\mathrm{j}\omega n_0} + \mathrm{j}\omega m + r\right)} \qquad (12.104)$$

schreiben:

$$\underline{h}_1^* = -q^*\underline{h}_{34} = q^* \sum_{m=1}^{\infty} \frac{W_m(l)W_m^{(1)}(l)}{\dfrac{1}{4}\dfrac{(k_m l)^4}{\mathrm{j}\omega n_0} + \mathrm{j}\omega\dfrac{m}{4} + \dfrac{r}{4}} \qquad (12.105)$$

Die Summenschreibweise in Gl. (12.105) impliziert eine Reihenschaltung von parallelgeschalteten Feder-Masse-Dämpfer-Elementen mit den jeweiligen Mitgängen $\underline{h}_m$. Hieraus lässt sich umgehend die in Abb. 12.28 gezeigte kanonische Schaltungsdarstellung für einen einseitig fest eingespannten Biegewandler gewinnen.

In einem weiteren Schritt transformieren wir die elektrische auf die mechanische Seite analog zu Abb. 12.26. Für die translatorische Geschwindigkeit (s. Gl. (12.96)) erhalten wir unter Verwendung der Berechnungsvorschrift (12.105) den nachfolgenden Ausdruck:

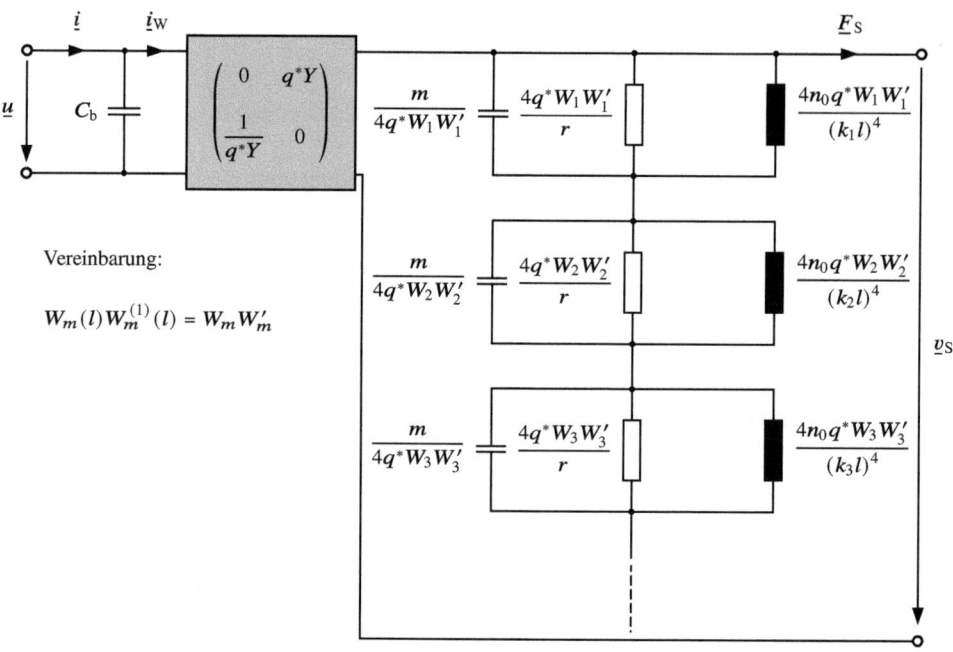

Abb. 12.28 Kanonische schaltungstechnische Darstellung eines piezoelektrischen Biegewandlers. (Nach Ballas 2007)

$$\underline{v}_S = \frac{\underline{u}}{Y} \sum_{m=1}^{\infty} \frac{W_m(l) W_m^{(1)}(l)}{\frac{1}{4} \frac{(k_m l)^4}{j\omega n_0} + j\omega \frac{m}{4} + \frac{r}{4}} \quad (12.106)$$

Dabei tritt das Übersetzungsverhältnis $1/q^*$ nicht mehr auf. Kann sich der Biegewandler am freien Ende ungehindert auslenken, so resultiert hieraus die kanonische Schaltungsdarstellung in Abb. 12.29. Der Ausdruck für den Mitgang $\underline{h}_1^*$ lässt sich weiter vereinfachen. Dabei sind die jeweiligen Eigenmoden W_m und deren Ableitungen $W_m^{(1)}$ gemäß Gl. (11.30) an der Stelle $x = l$ für den einseitig fest eingespannten Biegewandler auszuwerten. In Tab. 12.4 sind numerische Berechnungsergebnisse (Nullstelle, Funktionswert, Funktionswert der Ableitung, Produkt aus Funktionswert und Funktionswert der Ableitung) zu den ersten vier Eigenmoden aufgelistet. Diese lassen die Schlussfolgerung zu, dass für Eigenmoden zweiter und höherer Ordnung folgende Näherung gemacht werden kann:

$$W_m(l) W_m^{(1)}(l) \approx k_m \quad \forall m \geq 2 \quad (12.107)$$

12.7 Der einseitig fest eingespannte Vielschicht-Biegewandler

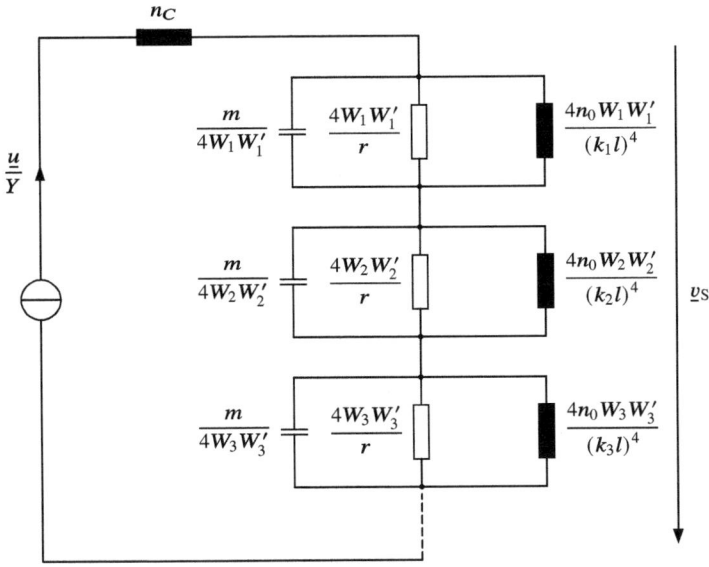

Vereinbarung: $W_m(l)W_m^{(1)}(l) = W_m W_m'$

Abb. 12.29 Kanonische schaltungstechnische Darstellung eines piezoelektrischen Biegewandlers nach der Transformation auf die elektrische Seite. (Nach Ballas 2007)

Tab. 12.4 Berechnungen zu den ersten vier Eigenmoden

m	$k_m l$	$W_m(l)$	$W_m^{(1)}(l)$	$W_m(l)W_m^{(1)}(l)$
1	1,8751	0,9999	0,7341k_1	0,7341k_1
2	4,6941	−1,0000	−1,0185k_2	1,0185k_2
3	7,8548	1,0000	0,9993k_3	0,9993k_3
4	10,9955	−1,0000	−1,0000k_4	0,9999k_4

Der Mitgang $\underline{h}_1^*$ lässt sich somit näherungsweise in der Form

$$\underline{h}_1^* \approx q \left(\frac{W_1(l)W_1^{(1)}(l)}{\frac{1}{4}\frac{(k_1 l)^4}{j\omega n_0} + j\omega \frac{m}{4} + \frac{r}{4}} + \sum_{m=2}^{\infty} \frac{k_m l}{l\left(\frac{1}{4}\frac{(k_m l)^4}{j\omega n_0} + j\omega \frac{m}{4} + \frac{r}{4}\right)} \right) \quad (12.108)$$

darstellen. Gleichung kann somit herangezogen werden, den Rechenaufwand zur Bestimmung des Mitgangs $\underline{h}_1^*$ zu minimieren.

Literatur

Ballas RG (2007) Piezoelectric multilayer beam bending actuators: static and dynamic behavior and aspects of sensor integration. Microtechnology and MEMS. Springer, Berlin/Heidelberg

Ballas RG, Pfeifer G, Werthschützky R (2009) Elektromechanische Systeme der Mikrotechnik und Mechatronik: Dynamischer Entwurf – Grundlagen und Anwendungen, 2. Aufl. Springer, Berlin/Heidelberg

Frohne H (1994) Elektrische und magnetische Felder. Leitfaden der Elektrotechnik. Vieweg+Teubner, Wiesbaden

Han SM, Benaroya H, Wei T (1999) Dynamics of transversely vibrating beams using using four engineering theories. J Sound Vib 225(5):935–988. https://doi.org/10.1006/jsvi.1999.2257

Lenk A, Irrgang B (1975) Elektromechanische Systeme: Systeme mit konzentrierten Parametern, Bd 1, 3. Aufl. VEB Verlag Technik, Berlin

Lenk A, Irrgang B (1977) Elektromechanische Systeme: Systeme mit verteilten Parametern, Bd 2, 2. Aufl. VEB Verlag Technik, Berlin

Lenk A, Ballas RG, Werthschützky R, Pfeifer G (2010) Electromechanical systems in microtechnology and mechatronics. Microtechnology and MEMS. Springer, Berlin/Heidelberg

Lunze J (2016) Regelungstechnik: Systemtheoretische Grundlagen, Analyse und Entwurf einschleifiger Regelungen, Lehrbuch, Bd 1, 11. Aufl. Springer Vieweg, Berlin/Heidelberg

Lutz H, Wendt W (2021) Taschenbuch der Regelungstechnik: mit MATLAB und Simulink, 12. Aufl. Europa-Lehrmittel, Haan-Gruiten

Marschner U, Werthschützky R (2015) Aufgaben und Lösungen zur Schaltungsdarstellung und Simulation elektromechanischer Systeme: In Mikrotechnik und Mechatronik, Lehrbuch. Springer Vieweg, Berlin/Heidelberg

Soedel W (2004) Vibrations of shells and plates, 3. Aufl. Marcel Dekker, New York

Stiny L (2018) Grundwissen Elektrotechnik und Elektronik: Eine leicht verständliche Einführung, 7. Aufl. Springer Vieweg, Berlin/Heidelberg

Timoshenko SP (1937) Vibration problems in engineering, 2. Aufl. Van Nostrand, New York

Teil V

Praktischer Teil

Messplatz für piezoelektrische Biegewandler 13

13.1 Aufbau eines Messplatzes

Abb. 13.1 zeigt den prinzipiellen Aufbau eines Messplatzes zur messtechnischen Charakterisierung piezoelektrischer Biegewandler (Ballas 2007). Um einen Biegewandler an einer Seite möglichst fest einzuspannen, bedarf es einer entsprechenden Einspannvorrichtung (Klemmvorrichtung). Es erweist sich als sinnvoll, eine der Einspannbacken mit federnden Kontaktstiften zum Zweck der elektrischen Ansteuerung eines Biegewandlers auszustatten. Die Kopfenden der Kontaktstifte sollten über kronenförmig angeordnete Spitzen verfügen, um die parasitären Oxidschichten der Kontaktpads eines Biegewandlers zu durchstoßen und somit stets eine elektrische Kontaktierung sicherzustellen. Die Bestimmung der Auslenkung w entlang der z-Richtung erfolgt mithilfe eines Lasertriangulators. Im konkreten Beispiel beträgt der Messbereich 2 mm bei einer Auflösung von $0,1\,\mu\text{m}$. Der Messbereichsanfang beträgt 24 mm, das Messbereichsende beträgt 26 mm. Das Messsignal des Lasertriangulators wird als externe Referenz für die Auslenkung des Biegewandlers verwendet.

Hintergrundinformation | Lasertriangulation
Die Lasertriangulation gehört zu den optischen Wegmessverfahren und zeichnet sich durch ihre rückwirkungsfreien und berührungslosen Eigenschaften aus. Abb. 13.2 veranschaulicht den prinzipiellen Aufbau eines Lasertriangulators. Mithilfe einer Fokussierlinse wird das Objekt, dessen Abstand zum Sensor gemessen werden soll, von einer Lichtquelle (**Halbleiterlaser**, **He-Ne-Laser**) punktförmig beleuchtet. Unter einem Winkel α wird der Lichtfleck mithilfe einer Abbildungslinse in die Detektorebene abgebildet. Das **Triangulationsverfahren** ist jedoch nur dann einsetzbar, wenn das Licht von der Objektoberfläche gestreut wird und ein Teil des Streulichts auf den Detektor gelangt. Der positionsempfindliche Detektor liefert ein von der Lage des abgebildeten Leuchtflecks abhängiges Signal, das ein Maß für den Abstand der Objektoberfläche zum Sensor ist (Tränkler 2014). Als Detektoren können **PSDs** (Position Sensitive Devices) oder **CCDs** (Charged Coupled Devices) zum Einsatz kommen.

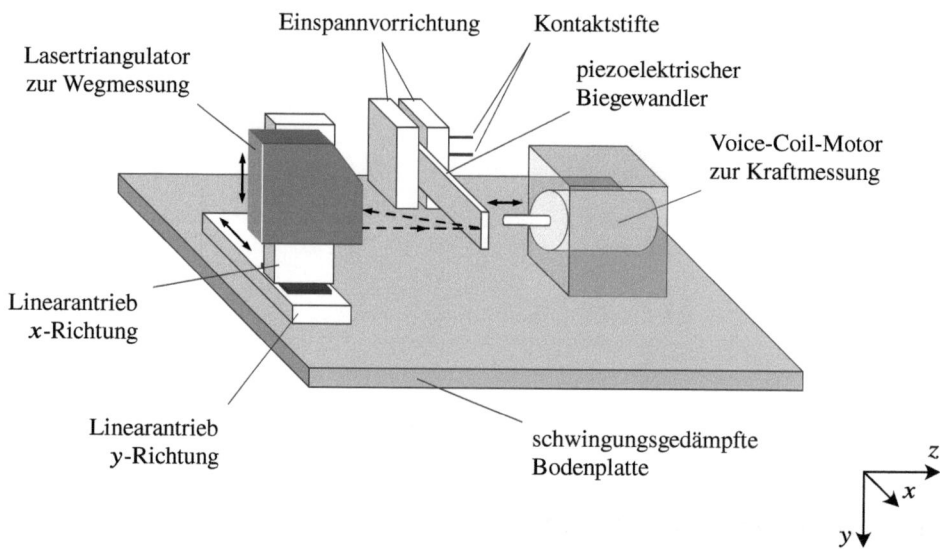

Abb. 13.1 Prinzipieller Aufbau eines Messplatzes zur messtechnischen Charakterisierung piezoelektrischer Biegewandler

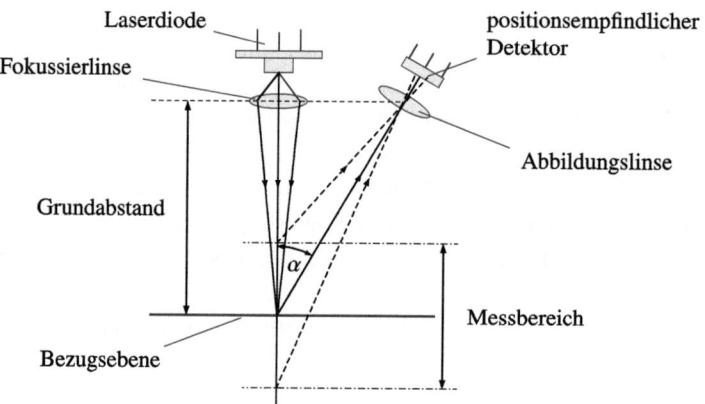

Abb. 13.2 Prinzipieller Aufbau und Funktionsweise eines Lasertriangulators

Um an unterschiedlichen Positionen auf der Oberfläche des Biegewandlers messen zu können, lässt sich der Lasertriangulator in x- und y-Richtung, wie in Abb. 13.1 dargestellt, verfahren. Zum Verfahren des Triangulators kommen zwei Linearantriebe zum Einsatz, die sich durch eine hohe Auflösung und Wiederholgenauigkeit auszeichnen. Hierbei ist der Lasertriangulator am Linearantrieb für die y-Richtung befestigt, welcher seinerseits auf dem Führungsschlitten des Linearantriebs für die x-Richtung montiert ist. Der Verfahrweg des Linearantriebs in x-Richtung beträgt 15 mm, der Verfahrweg des Linearantriebs in y-Richtung beträgt 8 mm. Die maximale Verfahrgeschwindigkeit beider Linearantriebe beträgt $0,3\,\mathrm{mm\,s^{-1}}$ bei einer maximalen Positionsauflösung von $0,055\,\mu\mathrm{m}$, wobei der

13.1 Aufbau eines Messplatzes

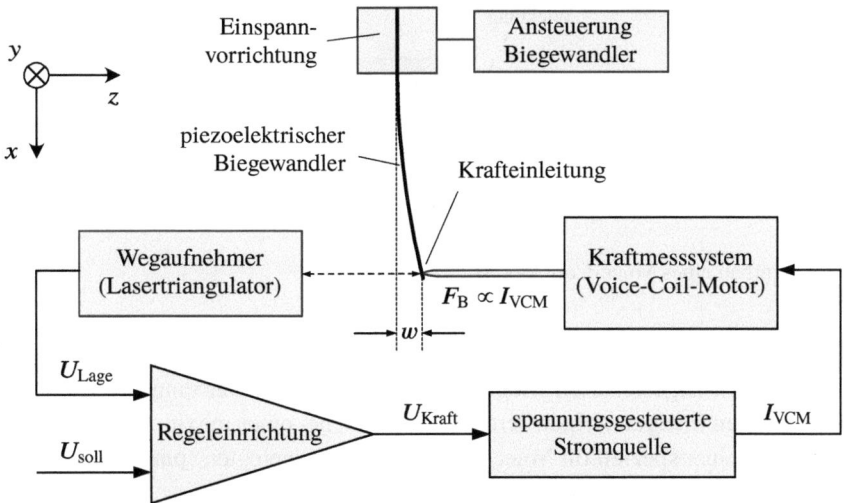

Abb. 13.3 Prinzip der Kraftmessung an einem piezoelektrischen Biegewandler

kleinstmögliche Verfahrweg mit $0{,}2\,\mu\text{m}$ angegeben ist. Angesteuert werden die beiden Linearantriebe über eine separate Controller-Einheit, mit der Geschwindigkeiten und Positionen ausgelesen und auch vorgegeben werden können. Die Eingabe der Positionen kann als Absolut- oder als Relativwert erfolgen.

Mit einem hochauflösenden Kraftmesssystem (Voice-Coil-Motor) lassen sich die vom Biegewandler erzeugten Kräfte im **Kompensationsverfahren** messen. Abb. 13.3 veranschaulicht das Prinzip der Kraftmessung am piezoelektrischen Biegewandler. Die zu messende Kraft F_B des Biegewandlers wirkt auf einen Krafteinleitungsstift, der direkt mit dem Kraftmesssystem verbunden ist. Der Krafterzeuger liefert eine zur Messgröße F_B proportionale Kraft. Hierzu wird er über eine Regeleinrichtung mit einer nachfolgenden spannungsgesteuerten Stromquelle derart angesteuert, dass die zu messende Kraft kompensiert wird. Die Regeleinrichtung erhält hierzu ein wegproportionales Spannungssignal U_{Lage} vom Lasertriangulator, welcher die Auslenkung w des Biegewandlers in z-Richtung registriert. Das wegproportionale Spannungssignal wird mit einer Führungsgröße U_{soll} verglichen, mit welcher der Weg der Kraftkompensation beliebig vorgegeben werden kann. Als Ausgangsgröße der Regeleinrichtung ergibt sich ein Kraftsignal U_{Kraft}, mit dem die spannungsgesteuerte Stromquelle angesteuert wird.

Hintergrundinformation | Voice-Coil-Motor
Ein Voice-Coil-Motor (Tauchspulenantrieb) ist ein linearer elektrodynamischer Aktor bestehend aus zwei mechanischen Hauptkomponenten, welche zueinander beweglich sind. Die Feldkomponente setzt sich aus einem **Permanentmagneten** und einem Eisengehäuse zusammen, über dessen **Joch** ein starkes, gleichförmiges Magnetfeld in einem schmalen Luftspalt erzeugt wird. Der Wicklungskörper, welcher sich im Luftspalt frei bewegen kann, bildet die zweite Komponente eines Voice-Coil-Motors. Der prinzipielle Aufbau ist in Abb. 13.4 dargestellt.

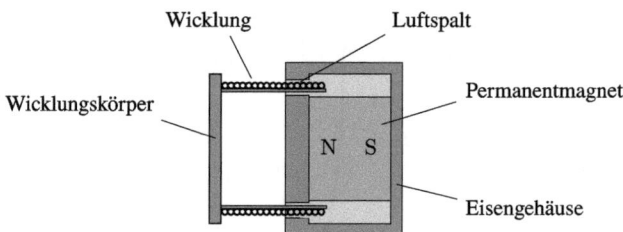

Abb. 13.4 Aufbau eines Voice-Coil-Motors

Bei Bestromung des Voice-Coil-Motors wird eine dem Strom proportionale Gegenkraft auf den elektrisch angesteuerten Biegewandler aufgebracht. Der eingesetzte Voice-Coil-Motor weist einen linearen Arbeitsbereich von 4 mm bei einer maximalen Aktorkraft von 4 N auf. Mittels einer speziell für Voice-Coil-Motoren ausgelegten **spannungsgesteuerten Stromquelle** lässt sich die Kraft mit einer Auflösung von 1 mN messen.

Die gesamte Messanordnung ist auf einem passiv schwingungsgedämpften Labortisch aufgebaut, um parasitäre Vibrationen wie z. B. Gebäudeschwingungen direkt abfangen zu können. Um des Weiteren Temperatureffekte bei Messungen auszuschließen, ist die gesamte Messanordnung in einem klimatisierten Raum untergebracht, welcher mit einer konstanten Temperatur von 21 °C und einer relativen Luftfeuchtigkeit von 50 % betrieben wird.

13.2 Automatisierung des Messplatzes

Um die Bedienung des Messplatzes und die jeweiligen Messaufgaben möglichst effektiv und einfach zu gestalten, bedarf es der Ausarbeitung und Realisierung eines Konzeptes zur Messplatzautomatisierung (Ballas 2007). Bei der Automatisierung wird der Einsatz der einzelnen Komponenten des Messplatzes, bestehend aus Sensorik (Lasertriangulator) und Aktorik (piezoelektrischer Biegewandler, Linearantriebe, Voice-Coil-Motor) über **Schnittstellen** zu einem Mess-PC durch die Mess- und Automatisierungssoftware **LabVIEW**® koordiniert. Die zur Ansteuerung der Sensorik und Aktorik notwendigen Komponenten wie **Frequenzgenerator**, spannungsgesteuerte Stromquelle und Controller-Einheit werden rechnergestützt über die entsprechenden Schnittstellen im Mess-PC angesteuert. Abb. 13.5 gibt einen Überblick über den konzeptionellen Aufbau des automatisierten Messplatzes. Als Schnittstellen kommen eine **I/O-Karte** (analog und digital), eine **GPIB-Karte (IEEE488)** und eine **RS-232-Schnittstelle** zum Einsatz. Die Anpassung und Verwaltung der Messdaten sowie deren Speicherung im benötigten Datenformat wird von LabVIEW übernommen. Die Auswertung der Messdaten erfolgt mit der Analyse- und Auswertungssoftware **ORIGIN**®, deren Vorteil einerseits in der Vielfalt von Analysewerkzeugen liegt, andererseits der Umgang mit großen Datenmengen nur durch die Festplattengröße und den zur Verfügung stehenden Arbeitsspeicher des Mess-PC begrenzt ist.

13.2 Automatisierung des Messplatzes

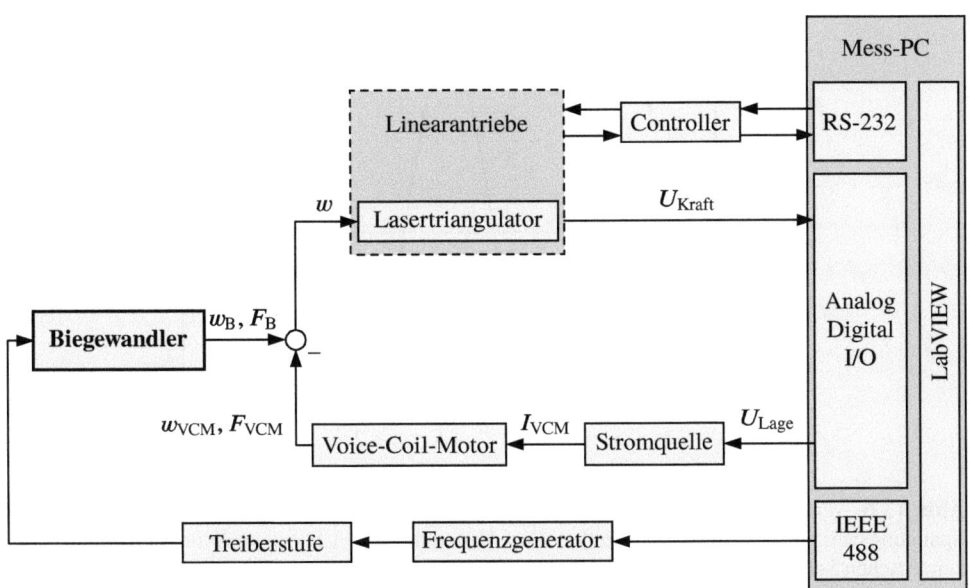

Abb. 13.5 Konzeptioneller Aufbau des automatisierten Messplatzes für piezoelektrische Biegewandler

13.2.1 Stabilisierung des Biegewandlers

Wird der Biegewandler in die Einspannvorrichtung eingespannt, entstehen durch das Zusammenziehen der Klemmbacken mechanische Spannungen im Biegewandler. Durch einen vor jeder Messung stattfindenden Einschwingvorgang lassen sich diese Spannungen abbauen. Hierzu wird der Biegewandler über einen Frequenzgenerator und eine nachgeschaltete Treiberstufe sinusförmig mit einer Frequenz von ca. 1 Hz angesteuert, was zu einer periodischen Biegebewegung des Wandlers führt (s. Abb. 13.6). Bei der Ansteuerung ist darauf zu achten, dass die einzelnen piezoelektrischen Keramikschichten des Biegewandlers mit einer positiven elektrischen Spannung U beaufschlagt werden, da ansonsten in den einzelnen Schichten Zugspannungen auftreten $\sigma > 0$, welche eine irreversible Schädigung der Keramik zur Folge hätten und die Leistungsfähigkeit des Biegewandlers verloren ginge. Hierzu wird das sinusförmige Signal von einer Offset-Spannung U_0 überlagert, deren Betrag der Amplitude des Wechselsignals entspricht. Ein weiterer Grund für den Einschwingvorgang liegt im Hystereseverhalten des Biegewandlers begründet (s. Abb. 13.7). Nach der ersten Auslenkung des Biegewandlers (Neukurve A-B) bleibt nach Abnahme der Ansteuerspannung auf den Wert null eine remanente Auslenkung $w_r \neq 0$ erhalten (Kurve B-C). Die Ursache hierfür liegt darin begründet, dass nur ein gewisser Anteil an Domänen in der Keramik zurückklappt (vgl. Abb. 3.17, Abschn. 3.5.1). Die remanente Auslenkung werden wir in weiteren Betrachtungen als Referenz-Nullpunkt der Auslenkung w bezeichnen. Nach dem Einschwingvorgang wird die Hysteresekurve zwischen den Punkten B-C durchlaufen.

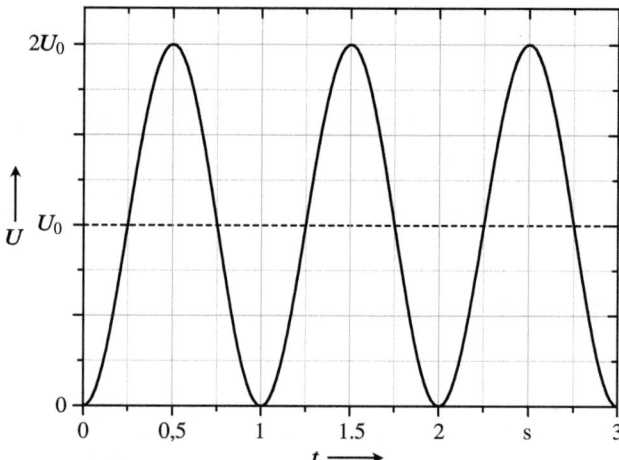

Abb. 13.6 Verlauf der Ansteuerspannung beim Einschwingvorgang (hier ist ein sinusförmiger Spannungsverlauf bei 1 Hz dargestellt). Zur Vermeidung einer irreversiblen Schädigung der keramischen Schichten eines Biegewandlers durch Zugspannungen werden diese durch eine Offset-Spannung U_0 (elektrisch) vorgespannt (Druckbeanspruchung)

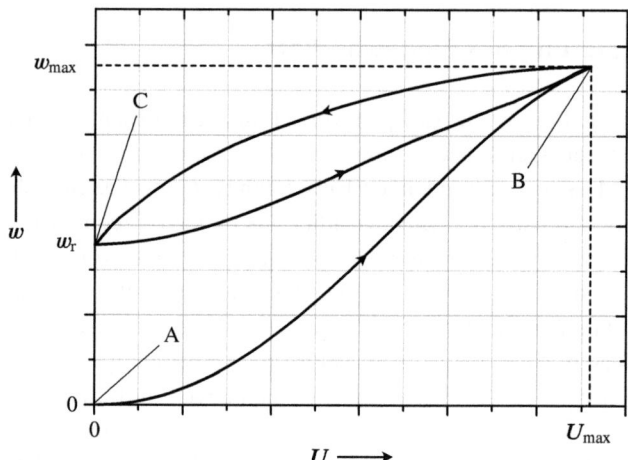

Abb. 13.7 Typischer Verlauf der Auslenkung w eines piezoelektrischen Biegewandlers nach dem Start des Einschwingvorgangs (Neukurve A-B) und während des Einschwingvorgangs (Hysteresekurve zwischen den Punkten A-B)

13.2.2 Elektrische Ansteuerung des Biegewandlers

Eine Ansteuerung des Biegewandlers kann sowohl über den externen Funktionsgenerator als auch über die I/O-Karte erfolgen. Der Funktionsgenerator wird über eine GPIB-Karte (IEEE488) angesteuert. Die Übergabe von Parametern erfolgt in LabVIEW durch ein **VISA-Protokoll** (Virtual Instrument System Architecture). Somit ist es möglich, die zur Einstellung des Funktionsgenerators notwendigen Parameter wie Spannungsamplitude, Offset, Frequenz und Kurvenform (z. B. Sinus-, Rechtecksignal) zu übergeben. Die I/O-Karte verfügt über zwei analoge Ausgänge, deren Spannungsbereich in einem Intervall von $-10\,\text{V}$ bis $10\,\text{V}$ mit einer Auflösung von 16 bit eingestellt werden können. Die Ausgangsspannungen des Funktionsgenerators und der I/O-Karte werden durch die nachgeschaltete Treiberstufe mit einem Verstärkungsfaktor von ca. 10,2 in den zur Ansteuerung des Biegewandlers notwendigen Spannungsbereich transformiert.

13.2.3 Erfassung der Auslenkung des Biegewandlers

Der verwendete Lasertriangulator besteht aus einem laser-optischen Sensor und einem Controller. Bei dem positionsempfindlichen Detektor handelt es sich um ein ortsauflösendes CCD-Element, welches in Echtzeit die Intensität der diffusen Reflexion des modulierten Lichtpunktes auf der Oberfläche des Biegewandlers ermittelt. Dadurch ist der Sensor in der Lage, noch während der Messdatenverarbeitung Intensitätsschwankungen auszuregeln. Die nachfolgende Sekundärelektronik gibt eine der gemessenen Auslenkung w proportionale Spannung U_{Lage} aus. Durch den Messbereich von $0\,\text{mm}$ bis $2\,\text{mm}$ und einem entsprechenden Ausgangssignal von $0\,\text{V}$ bis $10\,\text{V}$ ergibt sich ein Übertragungsfaktor von $B = 200\,\mu\text{m}\,\text{V}^{-1}$. Das analoge Ausgangssignal der Sekundärelektronik wird über einen der analogen Eingänge der I/O-Karte gemessen. In LabVIEW wird das Ausgangssignal mit dem Übertragungsfaktor B multipliziert, sodass die gewonnenen Messdaten direkt der Auslenkung des Biegewandlers entsprechen.

13.2.4 Ansteuerung der Linearantriebe

Die Ansteuerung der Linearantriebe erfolgt über eine Controller-Einheit, welche mit der RS-232-Schnittstelle des Mess-PC's verbunden ist. Die zur Kommunikation über die RS-232-Schnittstelle notwendigen Programmbausteine sind in LabVIEW vorhanden. Die benötigten Befehle zur Ansteuerung des Controllers sind durch eine spezielle **ASCII-Syntax** vom Gerätehersteller vorgegeben. Diese müssen im Programm aus der Nummer der anzusteuernden Achse (Linearantrieb), dem auszuführenden Befehl und

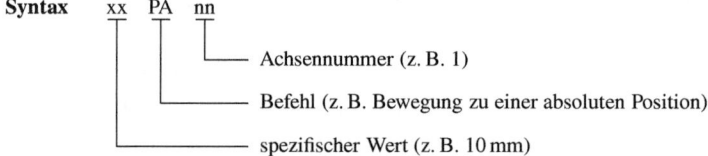

Abb. 13.8 Befehlssyntax zur Ansteuerung des Controllers für die Linearantriebe

den befehlsspezifischen Werten zusammengesetzt werden (s. Abb. 13.8). Die für die Messungen benötigten Befehle zum Verfahren der Linearantriebe sind die Aktivierung (MO = motor on) und Deaktivierung (MF = motor off) der Antriebe, Einstellung der Verfahrgeschwindigkeit (VA = set velocity), Einstellung der Zielposition (PA = move to absolute position) und die aktuelle Positionsabfrage (TP = read actual position).

Durch die Deaktivierung der Linearantriebe nach dem Verfahren wird ein versehentliches Verstellen der Messposition am Bedienfeld des Controllers während der Messung verhindert. Da der Controller eine bestimmte Zeit zur Bearbeitung des Befehls der Positionsabfrage benötigt, wird innerhalb der Programmstruktur eine Wartezeit zwischen dem Senden des Befehls und dem Auslesen des Positionswertes berücksichtigt. Die durch Tests ermittelte Wartezeit beträgt 20 ms. Durch die von LabVIEW benötigte Zeit zur Verarbeitung der erhaltenen Positionswerte und die Ansteuerung von anderen Komponenten des Messplatzes in späteren Messungen ergeben sich Abstände von ca. 2 μm zwischen den einzelnen Messpunkten. Daraus resultieren ca. 10.000 Messpunkte bei einem Verfahrweg von 20 mm.

13.2.5 Ansteuerung des Voice-Coil-Motors

Zur Ansteuerung des Voice-Coil-Motors dient eine spannungsgesteuerte Stromquelle, welche innerhalb eines Arbeitsbereichs von -1 A bis 1 A bei einer Auflösung von 1 mA arbeitet. Die Ansteuerung der Stromquelle erfolgt über einen zweiten analogen Ausgang der I/O-Karte. Der Übertragungsfaktor der Stromquelle beträgt $B_{S1} = 100\,\text{mA}\,\text{V}^{-1}$. Durch die hohe Auflösung des analogen Ausgangssignals ist somit eine Verstellung des Stromes I in 1 mA-Schritten möglich. Mit dem Monitorausgang der Stromquelle kann der zur erzeugten Kraft proportionale Strom I ermittelt werden. Die Spannung am Monitorausgang wird ebenfalls über einen analogen Eingang der I/O-Karte gemessen. Der Übertragungsfaktor des Monitorausgangs beträgt ebenfalls $B_{S2} = 100\,\text{mA}\,\text{V}^{-1}$. In LabVIEW wird durch Multiplikation mit dem Übertragungsfaktor B_{S2} der Strom I und damit der proportionale Kraftwert F_{VCM} des Voice-Coil-Motors ermittelt.

13.2.6 Messdatenspeicherung

Die aufgenommenen Messwerte werden in LabVIEW während den Messungen in einem **Array** zwischengespeichert. Dadurch werden zeitaufwendige Zugriffe auf die Festplatte zur Speicherung der Daten in eine Datei verhindert, welche den Ablauf der jeweiligen Messroutinen verzögert. Nach Beendigung der Messroutine werden die Daten in Tabellenform in einer Textdatei abgespeichert.

Literatur

Ballas RG (2007) Piezoelectric multilayer beam bending actuators: static and dynamic behavior and aspects of sensor integration. Microtechnology and MEMS. Springer, Berlin/Heidelberg

Tränkler HR (2014) Sensortechnik: Handbuch für Praxis und Wissenschaft, VDI-Buch, 2. Aufl. Springer Vieweg, Berlin/Heidelberg

14 Messungen am realen Biegewandler und analytische Berechnungen im Vergleich

14.1 Morphologischer Aufbau des verwendeten Biegewandlers

Die nachfolgend aufgeführten Messungen erfolgen an dem in Abb. 4.9 dargestellten Biegewandler. Es handelt sich hierbei um einen Monomorph in Multilayer-Technologie. Die piezokeramische Komponente setzt sich aus fünf aktiven piezoelektrischen Schichten und den dazwischenliegenden AgPd-Elektroden zusammen, welche mit einer passiven Komponente – bestehend aus einer Trägerschicht und einer thermischen Anpassschicht – kombiniert sind. Des Weiteren verfügt der Biegewandler über eine Gleitschicht am freien Ende, über welche die durch Biegung verursachten Auslenkungen und Kräfte an eine externe Mechanik weitergegeben werden können.

Die verwendete Multilayer-Keramik basiert auf einem speziellen Massensystem, welches der Klasse der Hochleistungs-Singlelayerkeramiken zugeordnet werden kann. Derartige Keramiksysteme zeichnen sich dadurch aus, dass diese bei Ansteuerung mit einer elektrischen Feldstärke von $1\,\text{kV}\,\text{mm}^{-1}$ eine piezoelektrische Ladungskonstanten von $d_{33} > 1000\,\text{pm}\,\text{V}^{-1}$ aufweisen. Die thermische Anpassschicht dient der Kompensation der unterschiedlichen thermischen Ausdehnungskoeffizienten der im Biegewandler verwendeten Materialien. Bei dem thermischen Anpassmaterial handelt es sich um eine Ni-Basis-Legierung vom Typ NiCo 2918. Die Trägerschicht des Biegewandlers besteht aus einem unidirektionalen S2-Glas-Faserverbundmaterial (Schmid 2005).

Die Elektroden sind wechselseitig miteinander verbunden. Hierdurch ist eine wechselnde Polung benachbarter Schichten gewährleistet (Betrieb der piezokeramischen Schichten in elektrischer Parallelschaltung). Die Ansteuerung der einzelnen piezokeramischen Schichten erfolgt derart, dass es zur Ausbildung von *inneren* mechanischen Druckspannungen ($T < 0$) und damit zu Stauchungen ($S < 0$) der einzelnen aktiven Schichten kommt. Abb. 14.1 zeigt den Aufbau des verwendeten Biegewandlers im Querschnitt sowie die elektrische Ansteuerung der einzelnen piezokeramischen Schichten und deren

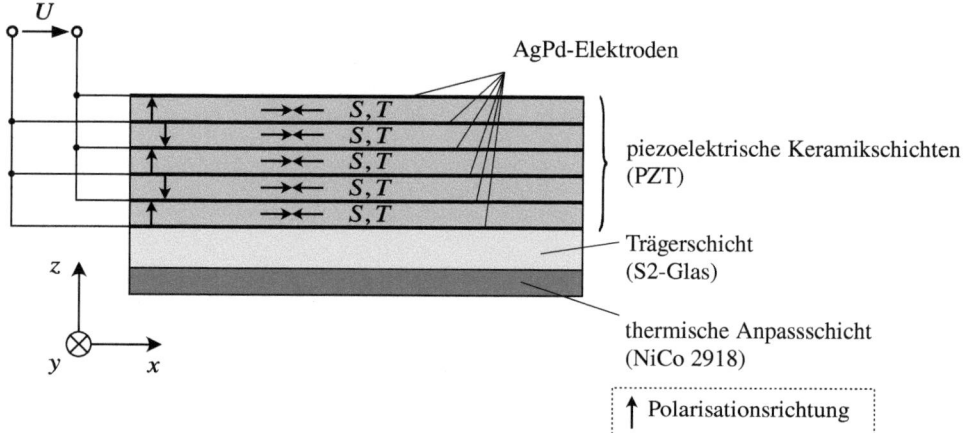

Abb. 14.1 Aufbau des für statische und dynamische Messungen verwendeten Monomorphs in Multilayer-Technologie

Tab. 14.1 Geometrische und materialspezifische Daten des verwendeten Monomorphs in Multilayer-Technologie. (Nach Ballas 2007)

	Schicht i		
	1	2	3–7
	NiCo 2918	S2-Glas	PZT
l_i/mm	19,22	19,22	19,22
b_i/mm	8,00	8,00	8,00
h_i/µm	100	200	5×48
$s^E_{11,i}/10^{-12}\,\mathrm{m^2\,N^{-1}}$	6,369	11,364	14,144
$d_{31,i}/10^{-12}\,\mathrm{m\,V^{-1}}$	–	–	– 350

Polarisationsrichtung. Die (auch zur Berechnung notwendigen) geometrischen und materialspezifischen Eigenschaften sind in Tab. 14.1 zusammengefasst. Die Schichtelektroden werden wegen ihrer geringen Dicke in den Berechnungen nicht berücksichtigt. Durch den Einsatz von Multilayer-Keramiken lässt sich die elektrische Ansteuerspannung – im Gegensatz bei Verwendung von Singlelayer-Keramiken – deutlich reduzieren. Der bei den Messungen verwendete Biegewandler wird in einem Spannungsbereich von 0 V bis 92 V betrieben.

14.2 Statische und quasistatische Messungen

Bei den statischen und quasistatischen Messungen wird der Biegewandler je nach Messaufgabe mit einer elektrischen Gleichspannung oder mit einer sinusförmigen Wechselspannung von ca. 100 mHz angesteuert. Unter die statischen und quasistatischen Messszenarien fallen die Bestimmung des Hystereseverhaltens, die Messung des Biegeverhaltens

14.2 Statische und quasistatische Messungen

sowie die Ermittlung der Kraft-Weg-Kennlinien des Biegewandlers. Im Folgenden werden die einzelnen Messungen detailliert beschrieben und die Messergebnisse den Berechnungsergebnissen gegenübergestellt.

14.2.1 Hysteresemessung und Ermittlung der piezoelektrischen Ladungskonstanten aus dem Hystereseverlauf

Ein wichtiges Charakteristikum eines piezoelektrischen Biegewandlers ist die Auslenkung w seines freien Endes in Abhängigkeit einer sich ändernden elektrischen Ansteuerspannung U bzw. elektrischen Feldstärke E. Für hinreichend niedrige elektrische Spannungen bzw. Feldstärken kommt es aufgrund von Domänenprozessen zu einem nichtlinearen und hysteresebehafteten Zusammenhang zwischen der Auslenkung und der elektrischen Spannung bzw. Feldstärke (vgl. Abschn. 3.5.1). Die Messung der Hysteresekurve wird am Referenz-Nullpunkt (freies Ende des Biegewandlers) durchgeführt. Die freie Einspannlänge beträgt 20 mm. Der Biegewandler wird bei der Messung von einem **Funktionsgenerator** – gefolgt von einer Treiberstufe – angesteuert. Der prinzipielle Messaufbau zur Messung der Hysteresekurve kann Abb. 14.2 entnommen werden. Zur Vermeidung einer unstetigen Auslenkung und dadurch eventuell entstehender unerwünschter Schwingungen wird zur Ansteuerung des Biegewandlers eine sinusförmige Wechselspannung mit einer Frequenz von $f = 100\,\text{mHz}$ gewählt. Um des Weiteren eine Zugbeanspruchung der piezokeramischen Schichten in x-Richtung zu vermeiden, wird der Wechselspannung ein DC-Offset mit dem Betrag der Amplitude überlagert (vgl. Abb. 13.6). Da die zu messenden Ansteuerspannungen oberhalb des Messbereichs der I/O-Karte liegen, wird der Messplatz um eine Spannungsmessbox erweitert, deren Aufgabe darin besteht, den Spannungsbereich bis zu ca. 92 V in den Messbereich der I/O-Karte zu transformieren. Die transformierte Spannung wird über einen der analogen Eingänge der I/O-Karte erfasst. Abb. 14.3 ist der gemessene Hystereseverlauf des Biegewandlers zu entnehmen (Auslenkung w vs. elektrische Feldstärke E).

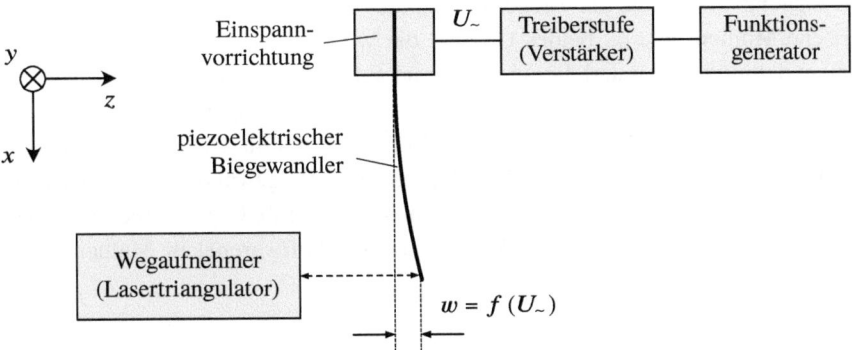

Abb. 14.2 Prinzip der Hysteresemessung am verwendeten Monomorph in Multilayer-Technologie

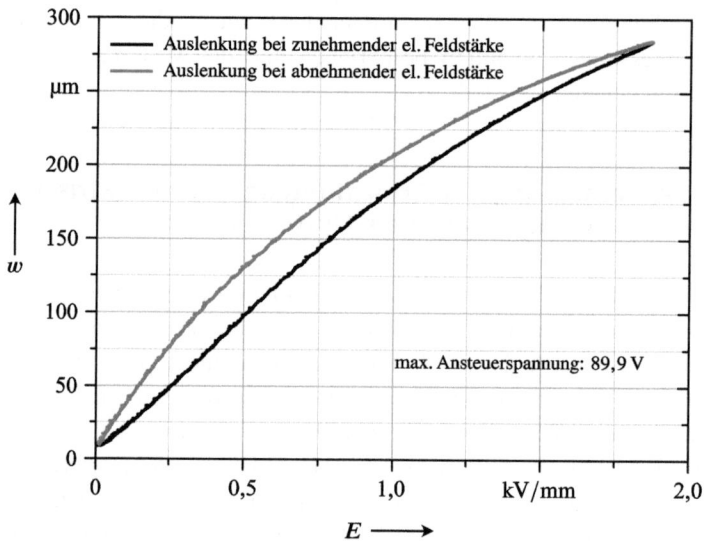

Abb. 14.3 Hysteresekurve gemessen am verwendeten Monomorph in Multilayer-Technologie bei einer maximalen Ansteuerspannung von 89,9 V

Der Hystereseverlauf lässt Rückschlüsse auf die Abhängigkeit der piezoelektrischen Ladungskonstanten d_{31} von der Ansteuerspannung U bzw. der elektrischen Feldstärke E zu. Aus der statischen Kopplungsmatrix $\boldsymbol{M}(x)$ (s. Gl. (8.47)) gewinnen wir mithilfe des Matrixelements $m_{24}(x)$ den allgemeinen Zusammenhang zwischen der Auslenkung $w(x)$ des Biegewandlers und der elektrischen Ansteuerspannung U. Die in Gl. (8.126) angegebene Berechnungsgrundlage wollen wir hier nochmals niederschreiben. Es gilt allgemein:

$$w(x) = \frac{m_{\text{piezo}} l^2}{2C} \left(\frac{x}{l}\right)^2 U \qquad (14.1)$$

Die Gleichung beinhaltet die Biegesteifigkeit C sowie das spannungsbezogene piezoelektrische Moment m_{piezo}, beides Größen, die wir bereits in den Gl. (8.21) und (8.79) allgemein definiert haben und die wir basierend auf dem Schichtaufbau des verwendeten Biegewandlers explizit angeben können. Beide Gleichungen hängen ihrerseits von der Lage der neutralen Faser $\bar{z}$ ab, eine Größe, die wir in Gl. (8.13) definiert haben. Für den insgesamt aus sieben Schichten bestehenden Biegewandler können wir mit den geometrischen und materialspezifischen Parametern aus Tab. 14.1 den rechnerischen Wert für $\bar{z}$ angeben. Eine Auswertung mit dem Mathematik-Softwarepakete Mathematica liefert für die Lage der neutralen Faser:

14.2 Statische und quasistatische Messungen

$$\bar{z} = -\frac{\sum_{i=1}^{7}\frac{h_i^2}{s_{11,i}} - 2\sum_{i=1}^{7}\frac{h_i}{s_{11,i}}\sum_{j=1}^{i}h_j}{2\sum_{i=1}^{7}\frac{h_i}{s_{11,i}}} \quad\Rightarrow\quad \bar{z} = 231{,}4\,\mu\text{m}$$

Für die Biegesteifigkeit C des Schichtverbundes erhalten wir mit dem Wert von $\bar{z}$:

$$C = \frac{b}{3}\sum_{i=1}^{7}\frac{1}{s_{11,i}^E}\left[3h_i\left(\bar{z}-\sum_{j=1}^{i}h_j\right)\left(\bar{z}-\sum_{j=1}^{i-1}h_j\right) + h_i^3\right] \quad\Rightarrow\quad C = 0{,}010\,\text{Nm}^2$$

Das spannungsbezogene piezoelektrische Moment in Gl. (14.1) ergibt sich aus der zugehörigen Definitionsgleichung (8.79). Demnach können wir zunächst schreiben (man beachte die Summationsgrenzen):

$$m_\text{piezo} = \frac{b}{2}\sum_{i=3}^{7}\frac{d_{31,i}}{s_{11,i}^E h_i}\left[2\bar{z}h_i - 2h_i\sum_{j=1}^{i}h_j + h_i^2\right] \qquad (14.2)$$

Die Größen $\bar{z}$ und C sind konstante Größen. Aus Gl. (14.1) wäre eigentlich bei fest gewähltem x ein linearer Zusammenhang zwischen der Auslenkung w und der Ansteuerspannung U zu erwarten. Der hysteresebehaftete Verlauf der Auslenkung in Abhängigkeit der elektrischen Feldstärke und damit der Ansteuerspannung (vgl. Abb. 14.3) lässt auf eine Veränderung der piezoelektrischen Ladungskonstanten $d_{31,i}$ in Gl. (14.2) schließen. Da alle piezokeramischen Schichten des Biegewandlers aus der gleichen PZT-Keramik bestehen, können wir in Gl. (14.2) die piezoelektrische Ladungskonstante $d_{31,i} = d_{31}$ vor das Summenzeichen ziehen. Demnach gilt:

$$m_\text{piezo} = d_{31}\underbrace{\left(\frac{b}{2}\sum_{i=3}^{7}\frac{1}{s_{11,i}^E h_i}\left[2\bar{z}h_i - 2h_i\sum_{j=1}^{i}h_j + h_i^2\right]\right)}_{:=N_\text{piezo}} = d_{31}N_\text{piezo}$$

Die Größe N_piezo entspricht physikalisch einer piezoelektrischen Normalkraft in x-Richtung. In Verbindung mit Gl. (14.1) können wir für die Auslenkung $w(x)$ auch schreiben:

$$w(x) = \frac{d_{31} N_{\text{piezo}} l^2}{2C} \left(\frac{x}{l}\right)^2 U$$

Zur Bestimmung der piezoelektrischen Ladungskonstanten aus dem Hystereseverlauf in Abb. 14.3 wird die Auslenkung $w(x)$ nach der Ansteuerspannung abgeleitet und anschließend nach der Größe d_{31} aufgelöst.

$$d_{31} = \frac{2C}{x^2 N_{\text{piezo}}} \frac{\partial w}{\partial U} \tag{14.3}$$

Anhand der Werte in Tab. 14.1 und mit dem Wert von $\bar{z}$ berechnet sich die piezoelektrische Kraft N_{piezo} zu

$$N_{\text{piezo}} = \frac{b}{2} \sum_{i=3}^{7} \frac{1}{s_{11,i}^E h_i} \left[2\bar{z} h_i - 2h_i \sum_{j=1}^{i} h_j + h_i^2 \right] \quad \Rightarrow \quad N_{\text{piezo}} = 533{,}4 \,\text{kN}.$$

Mit der Biegesteifigkeit $C = 0{,}010\,\text{Nm}^2$ erhalten wir aus Gl. (14.3) für die Messposition $x = 20\,\text{mm}$ die nachfolgende Bestimmungsgleichung für die piezoelektrische Ladungskonstante:

$$d_{31} = -9{,}473 \cdot 10^{-5} \frac{\partial w}{\partial U}$$

Den ersten Differenzialquotienten der Auslenkung nach der Ansteuerspannung gewinnen wir aus der gemessenen Hysteresekurve in Abb. 14.3. Die Abhängigkeit der piezoelektrischen Ladungskonstanten d_{31} von der Ansteuerspannung U ist in Abb. 14.4 dargestellt.

Es sei darauf hingewiesen, dass der Parameter d_{31} in einem Spannungsintervall von 0 V bis 90 V ermittelt wurde. Wählt man ein kleineres Spannungsintervall ergeben sich Hysteresekurven, die mathematisch ähnlich zueinander sind. Dies bedeutet, dass der in Abb. 14.4 dargestellte d_{31}-U-Verlauf nicht einfach auf Hysteresekurven in kleineren Spannungsintervallen übertragbar ist. Der Mittelwert der aus der Messung für ansteigende Spannungen abgeleiteten piezoelektrischen Ladungskonstanten liegt bei ca. $-350\,\text{pm}\,\text{V}^{-1}$ und wird fortan für weitere Berechnungen verwendet. Des Weiteren sind die für die weiteren Betrachtungen wichtigen Berechnungsgrößen nochmals übersichtlich in Tab. 14.2 zusammengefasst.

14.2 Statische und quasistatische Messungen

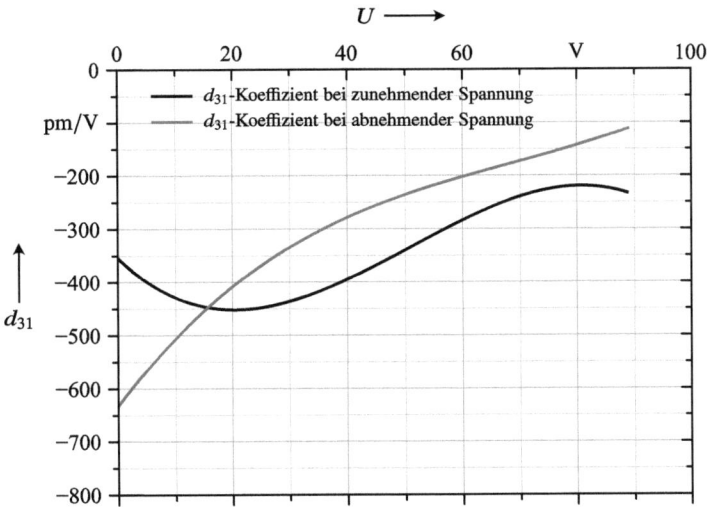

Abb. 14.4 Verlauf der piezoelektrischen Ladungskonstanten d_{31} in Abhängigkeit der elektrischen Ansteuerspannung U abgeleitet aus dem Hystereseverlauf gemessen am verwendeten Monomorph in Multilayer-Technologie

Tab. 14.2 Berechnungsgrößen für die piezoelektrische Ladungskonstante und weitere messtechnische Untersuchungen

$\bar{z} / \mu\text{m}$	C / Nm^2	$m_{\text{piezo}} / \text{Nm V}^{-1}$
231,4	0,010	$187{,}0 \cdot 10^{-6}$

14.2.2 Biegecharakteristik

In diesem Abschnitt werden wir den Biegelinienverlauf bei unterschiedlichen Ansteuerspannungen messtechnisch ermitteln und Berechnungsergebnissen gegenüberstellen. Die Biegelinien werden innerhalb eines Spannungsbereichs von 10 V bis 90 V aufgenommen. Die prinzipielle Messanordnung zur Ermittlung der Biegecharakteristik kann Abb. 14.5 entnommen werden. Der Biegewandler wird mit einer konstanten Spannung angesteuert und dadurch ausgelenkt. Anschließend wird der Lasertriangulator mittig über die Länge des Biegewandlers in x-Richtung mittels eines Linearantriebs verfahren. Die Verfahrgeschwindigkeit des Linearantriebs beträgt für dieses Messszenario $0{,}005 \text{ mm s}^{-1}$, um dafür zu sorgen, den Biegelinienverlauf möglichst hoch aufzulösen (Abstand der Messpunkte 2–3 μm). Die Berechnung des Biegelinienverlaufs erfolgt auch hier anhand der statischen Kopplungsmatrix $M(x)$ (s. Gl. (8.47)). Maßgebend hierfür ist abermals die Matrixkomponente $m_{24}(x)$ aus Gl. (8.126), anhand derer sich die Auslenkung $w(x)$ in Abhängigkeit der Ansteuerspannung U gemäß

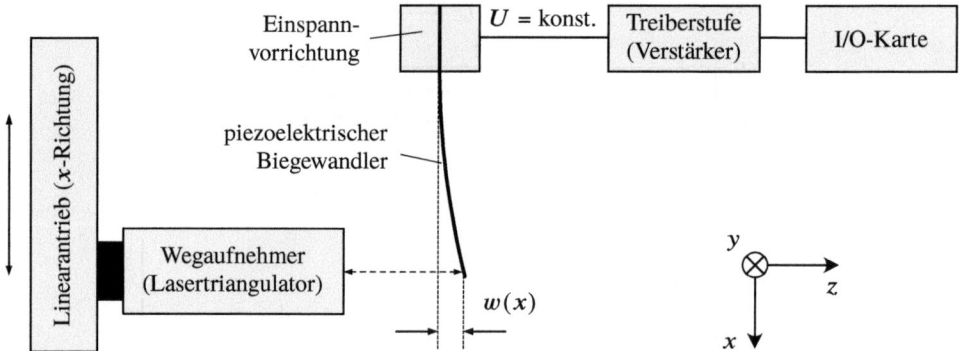

Abb. 14.5 Prinzip der messtechnischen Ermittlung der Biegecharakteristik am verwendeten Monomorph in Multilayer-Technologie

$$w(x) = \frac{m_{\text{piezo}} l^2}{2C} \left(\frac{x}{l}\right)^2 U \qquad (14.4)$$

beschreiben lässt. Die Gleichung impliziert, dass die $w(x)$-x-Charakteristik bei fest vorgegebenen $U \neq 0$ einen parabelförmigen Verlauf aufweist. Die Werte für das spannungsbezogene Moment m_{piezo} und die Biegesteifigkeit C sind Tab. 14.2 zu entnehmen. Die freie Einspannlänge l des Biegewandlers beträgt bei den einzelnen Messungen 19,22 mm. Abb. 14.6 stellt die messtechnisch ermittelten Biegelinien für unterschiedliche Ansteuerspannungen sowie die zugehörigen Berechnungsergebnisse basierend auf der Berechnungsvorschrift (14.4) dar. Die Versuchsabfolge erfolgt bei ansteigender Ansteuerspannung.

Die prozentuale Abweichung der Berechnungsergebnisse von den gemessenen Biegelinienverläufen beträgt ca. 3,9 %. Ein Grund für die Abweichungen ist mitunter in der Einspannvorrichtung für den Biegewandler zu sehen, deren Nachgiebigkeit sich bei zunehmender Biegung stärker bemerkbar macht.

14.2.3 Kraft-Weg-Kennlinien

Grundsätzlich basiert die sich einstellende Auslenkung eines Biegewandlers auf der elektrischen Feldstärke (Ansteuerspannung) und auf der äußeren Beeinflussung durch Kräfte, Momente und Drücke. In diesem Abschnitt widmen wir uns der Untersuchung der Auslenkung w des freien Biegewandlerendes bei gleichzeitiger Beaufschlagung einer der Auslenkung entgegengesetzt wirkenden Kraft F. Als Ergebnis erhalten wir die für Biegewandler typischen Kraft-Weg-Kennlinien. Die Krafteinleitung in negative

14.2 Statische und quasistatische Messungen

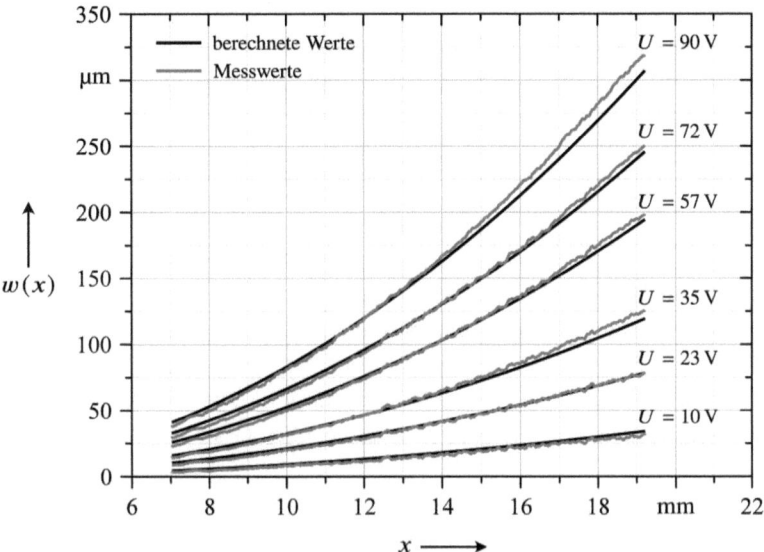

Abb. 14.6 Biegecharakteristik des verwendeten Monomorphs in Multilayer-Technolgie. Dargestellt sind die bei unterschiedlichen Ansteuerspannungen U messtechnisch ermittelten Biegelinien (Auslenkung $w(x)$ vs. Längenkoordinate x) sowie die von der Theorie her zu erwartenden Biegelinienverläufe

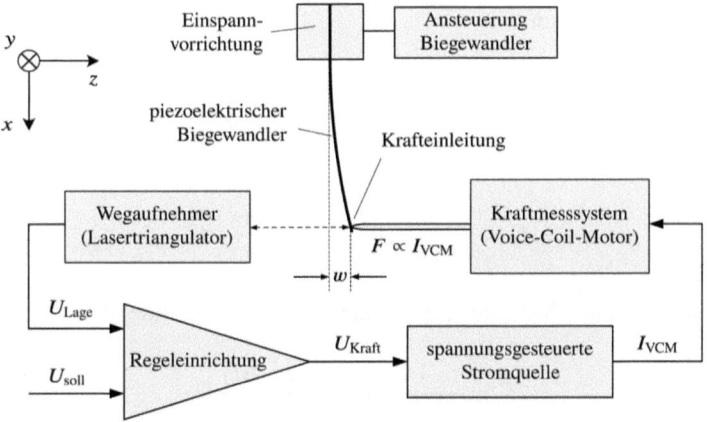

Abb. 14.7 Prinzip der Messung der Kraft-Weg-Kennlinien am verwendeten Monomorph in Multilayer-Technologie

z-Richtung erfolgt mithilfe eines Voice-Coil-Motors (s. Abschn. 13.1). Die prinzipielle Messanordnung zur Ermittlung der Kraft-Weg-Charakterisitik ist in Abb. 14.7 dargestellt.

Der Voice-Coil-Motor wird durch eine Regeleinrichtung und eine ihr nachgelagerte spannungsgesteuerte Stromquelle so lange angesteuert, bis das wegproportionale Spannungssignal des Lasertriangulators U_{Lage} mit der Führungsgröße U_{soll} der Regeleinrichtung übereinstimmt (z. B. $U_{\text{soll}} = 0$ bei $w = 0$). Solange eine Regelabweichung $U_{\text{soll}} - U_{\text{Lage}} \neq 0$ vorliegt, wird ein wegproportionales Spannungssignal U_{Kraft} erzeugt, mit welchen die Stromquelle angesteuert wird. Diese liefert einen der Spannung U_{Kraft} proportionalen Spulenstrom I_{VCM}. Ausgehend vom Spulenstrom erzeugt der Voice-Coil-Motor eine Kraft F, welche direkt proportional zum Spulenstrom ist und sich mit

$$F = K N I_{\text{VCM}}$$

ermitteln lässt. Die Größen K und N sind vom Hersteller angegebene Motor-Parameter. K entspricht der Kraft, die durch eine Stromstärke von 1 A pro Wicklung durch den Voice-Coil-Motor erzeugt wird, N entspricht der Wicklungszahl. Bei dem verwendeten Voice-Coil-Motor betragen $K = 0,019 \, \text{N A}^{-1}$ und $N = 198$, womit sich die Kraft F in Abhängigkeit des Spulenstroms I_{VCM} wie folgt angeben lässt:

$$F = 3{,}762 \, \text{N A}^{-1} I_{\text{VCM}}.$$

Die Berechnung der Kraft-Weg-Kennlinien erfolgt anhand der Matrixelemente $m_{22}(x)$ und $m_{24}(x)$ der statischen Kopplungsmatrix $M(x)$ aus Gl. (8.47). Aus dem linearen Gleichungssystem gewinnen wir

$$w(x) = m_{22}(x) \, F + m_{24}(x) \, U$$

und daraus

$$F = \frac{1}{m_{22}(x)} w(x) - \frac{m_{24}(x)}{m_{22}(x)} U.$$

Für die zugrundeliegende Messstelle am freien Biegewandlerende ($x = l$) gilt somit:

$$F = \frac{1}{m_{22}(l)} w(l) - \frac{m_{24}(l)}{m_{22}(l)} U$$

Mithilfe der Berechnungsvorschriften für die beiden Matrixelemente (s. Gl. (8.124) und (8.126)) gewinnen wir weiterhin

$$m_{22}(l) = \frac{l^3}{3C} \quad \text{sowie} \quad m_{24}(l) = \frac{m_{\text{piezo}} l^2}{2C}$$

14.3 Dynamische Messungen

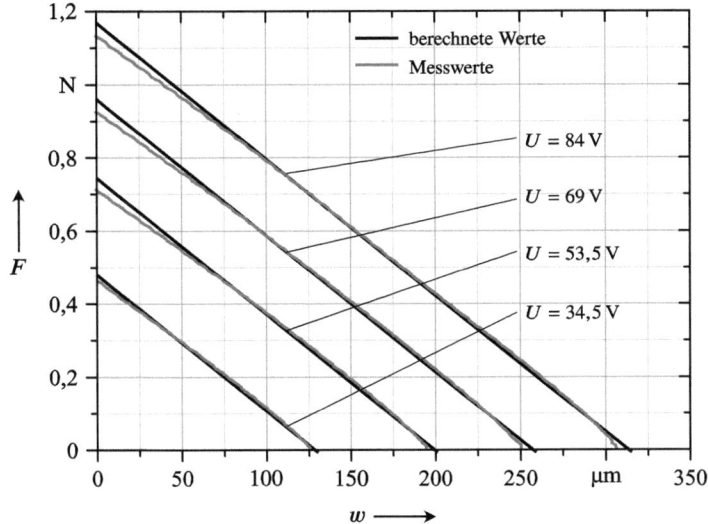

Abb. 14.8 Kraft-Weg-Kennlinien des verwendeten Monomorphs in Multilayer-Technologie. Dargestellt sind die bei unterschiedlichen Ansteuerspannungen U messtechnisch ermittelten Kraft-Weg-Kennlinien (Kraft F vs. Auslenkung w) sowie die von der Theorie her zu erwartenden Berechnungsergebnisse

und erhalten schließlich die Berechnungsgrundlage für die Kraft-Weg-Kennlinien:

$$F = \frac{3C}{l^3} w - \frac{3m_{\text{piezo}}}{2l} U \tag{14.5}$$

Die Werte für die Biegesteifigkeit C und das spannungsbezogene piezoelektrische Moment m_{piezo} sind Tab. 14.2 zu entnehmen. Die freie Einspannlänge beträgt bei den aufgenommenen Kraft-Weg-Kennlinien $l = 20{,}00$ mm. In Abb. 14.8 sind abschließend die messtechnisch ermittelten Kraft-Weg-Charakteristika für verschiedene Ansteuerspannungen sowie die auf Gl. (14.5) basierenden Berechnungsergebnisse dargestellt. Auch hier weisen die Messungen und die Berechnungen eine hervorragende Übereinstimmung auf.

14.3 Dynamische Messungen

Grundlegend für die Beschreibung des dynamischen Verhaltens piezoelektrischer Biegewandler ist die Differenzialgleichung für Biegewellen, welche wir in Kap. 10 auf Basis des Hamilton-Prinzips gewinnen konnten. Bei der Herleitung der Biegewellengleichung haben wir ein besonderes Augenmerk auf die Berücksichtigung dissipativer Kräfte gelegt, welche dem Biegewandler im dynamischen Betrieb Energie entziehen. Die Summe aller inneren und äußeren Reibungskräfte wird mit dem Reibungsbeiwert r zur **äquivalent viskosen Dämpfung** zusammengefasst (Timoshenko 1937).

Eine Berechnung des dynamischen Verhaltens piezoelektrischer Biegewandler setzt somit die Kenntnis des Reibungsbeiwerts r voraus. Eine experimentelle Bestimmung des Reibungsbeiwerts erfolgt auf Basis der in Kap. 11 hergeleiteten Weg-Zeit-Funktion des freien gedämpften Biegeschwingers. Des Weiteren wird ein Augenmerk auf die experimentelle Bestimmung der ersten und zweiten Eigenmode des verwendeten Biegewandlers gelegt und Berechnungen gegenübergestellt, um so die in Kap. 11 gewonnenen theoretischen Aussagen hinsichtlich der Eigenmoden zu untermauern.

Zum Abschluss der Betrachtungen lassen wir den ermittelten Reibungsbeiwert in die schaltungstechnische Darstellung des Biegewandlers einfließen. Der zu erwartende Amplitudenfrequenzgang der Auslenkung bei elektrischer Ansteuerung wird unter Berücksichtigung der beiden ersten Eigenmoden berechnet und die Berechnungsergebnisse dem messtechnisch ermittelten Übertragungsverhalten gegenübergestellt.

14.3.1 Experimentelle Ermittlung des Reibungsbeiwerts

Die Schwingungen eines einmalig angestoßenen, realen physikalischen Systems klingen erfahrungsgemäß mit der Zeit ab. Die Ursache hierfür liegt in dissipativen Kräften (Reibungskräften) begründet, die von innen und außen auf das schwingungsfähige System einwirken. Sie führen dazu, dass die mechanischen Energieformen wie potenzielle und kinetische Energie in thermische Energie überführt werden (Tipler und Mosca 2019). In Abschn. 11.5 haben wir aus der homogenen Differenzialgleichung für die freie gedämpfte Biegeschwingung eines Biegewandlers das zugehörige Weg-Zeit-Gesetz (homogene Lösung)

$$\phi_m^h(t) = \phi_0 e^{-\zeta \omega_m t} \left(\cos\left(\omega_m^d t\right) - \frac{\zeta}{\sqrt{1-\zeta^2}} \sin\left(\omega_m^d t\right) \right) \tag{14.6}$$

mit den Anfangsbedingungen $\phi_m^h(0) = \phi_0$ und $\dot{\phi}_m^h(0) = 0$ gewinnen können (s. Gl. (11.61)). Dabei entsprechen die Größen ϕ_0 der Amplitude zum Zeitpunkt $t = 0$, ζ der Dämpfungskonstanten, ω_m der Eigenkreisfrequenz und ω_m^d der dämpfungsabhängigen Kreisfrequenz (die beiden letzten Größen beziehen sich auf die m-te Eigenmode des Biegeschwingers). Gl. (14.6) repräsentiert den Schwingungsverlauf eines unterkritisch gedämpften Systems ($\zeta < 1$) mit einer Kreisfrequenz $\omega_m^d < \omega_m$ (s. Gl. (11.62)). Infolge der durch Reibung verursachten Energieverluste nimmt die Schwingungsamplitude mit $e^{-\zeta \omega_m t}$ ab (Gerthsen und Meschede 2006). Abb. 14.9 stellt den zeitlichen Verlauf einer **unterkritisch gedämpften Schwingung** anschaulich dar. Die Schwingungsperiode τ_m^d ergibt sich aus der dämpfungsabhängigen Kreisfrequenz ω_m^d. Es gilt:

14.3 Dynamische Messungen

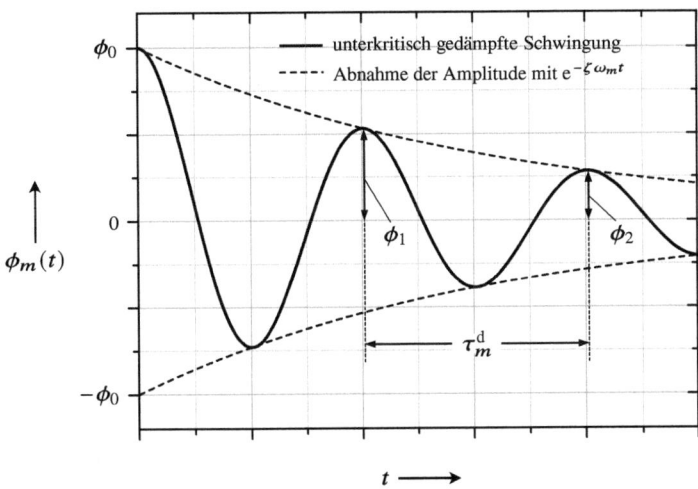

Abb. 14.9 Zeitlicher Amplitudenverlauf einer unterkritisch gedämpften Schwingung mit dämpfungsabhängiger Schwingungsperiode τ_m^d

$$\tau_m^d = \frac{2\pi}{\omega_m^d}$$

Die Dämpfungsrate kann aus dem Verhältnis zweier Amplitudenmaxima ϕ_p und ϕ_{p+q} innerhalb q Schwingungsperioden gemäß

$$\frac{\phi_p}{\phi_{p+q}} = e^{q\zeta\omega_m \tau_m^d} = e^{q\Lambda} \tag{14.7}$$

bestimmt werden (Timoshenko 1937). Die Größe $\zeta\omega_m \tau_m^d$ wird als **logarithmisches Dekrement** Λ bezeichnet. Die Herleitung von Gl. (14.7) ist dem Anhang zu entnehmen. Mithilfe des logarithmischen Dekrements erschließt sich die Möglichkeit, den Reibungsbeiwert einer unterkritisch gedämpften Schwingung experimentell zu ermitteln. Logarithmieren von Gl. (14.7) führt unter Zuhilfenahme der Definition (11.47) zu

$$\ln\left(\frac{\phi_p}{\phi_{p+q}}\right) = q\Lambda = q\frac{r\tau_m^d}{2m},$$

woraus wir schließlich die Berechnungsgrundlage für den Reibungsbeiwert r aus experimentell ermittelten Daten gewinnen:

$$r = \frac{2m}{q\tau_m^d} \ln\left(\frac{\phi_p}{\phi_{p+q}}\right) \tag{14.8}$$

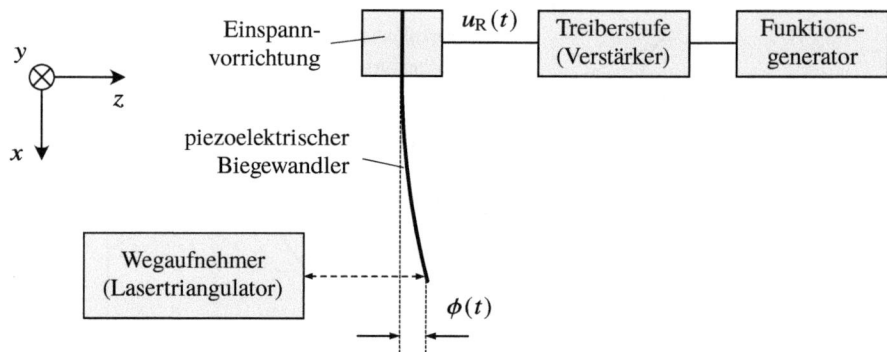

Abb. 14.10 Prinzipielle Messanordnung zur Bestimmung des Reibungsbeiwerts r am verwendeten Monomorph in Multilayer-Technologie

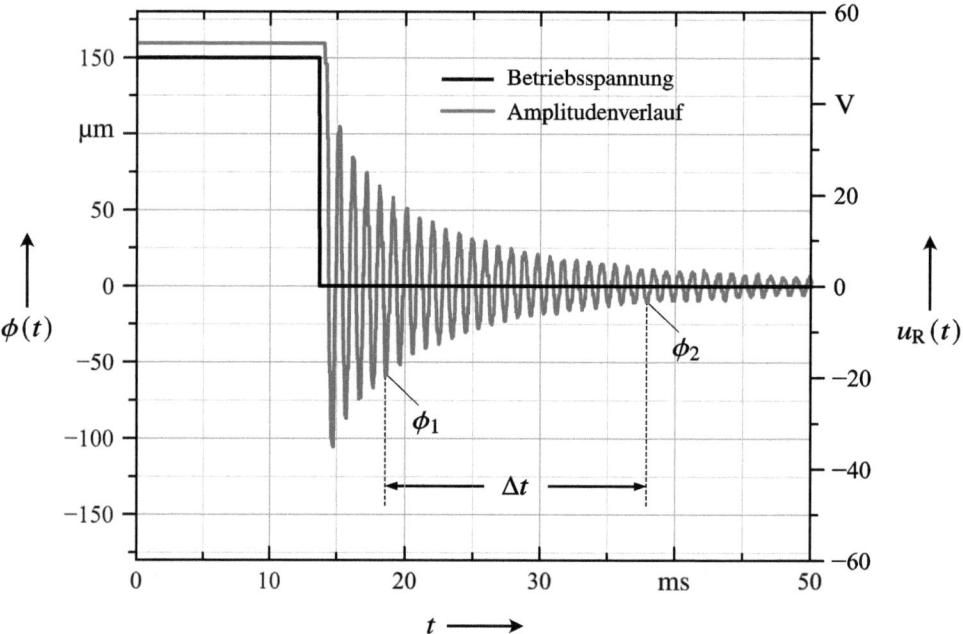

Abb. 14.11 Betriebsspannung $u_R(t)$ und zugehöriger Amplitudenverlauf der Auslenkung $\phi(t)$ gemessen am freien Ende des verwendeten Monomorphs in Multilayer-Technologie

Die experimentelle Bestimmung des Reibungsbeiwerts erfolgt anhand der Messanordnung in Abb. 14.10. Der Biegewandler wird über einen Funktionsgenerator und eine ihm nachgelagerte Treiberstufe mit einem Rechtecksignal $u_R(t)$ der Frequenz $f = 7\,\text{Hz}$ angesteuert. Der maximale Spannungspegel beträgt $U_\text{High} = 50\,\text{V}$, der untere Spannungspegel beträgt $U_\text{Low} = 0\,\text{V}$. Da der Reibungsbeiwert r aus dem zeitlichen Amplitudenverlauf $\phi(t)$ der freien unterkritisch gedämpften Schwingung ermittelt wird, ist die Auslenkungscha-

14.3 Dynamische Messungen

Tab. 14.3 Notwendige Berechnungsgrößen zum (längenbezogenen) Reibungsbeiwert

$\phi_1/\mu m$	$\phi_2/\mu m$	q	τ_1^d/ms	m/g	l/mm
−59,20	−10,45	20	0,973	0,442	17,4

rakteristik des Biegewandlers beim Spannungssprung von U_{High} nach U_{Low} maßgebend. In Abb. 14.11 sind der zeitliche Verlauf des Rechtecksignals und der Amplitudenverlauf des Biegewandlers dargestellt. Zur experimentellen Bestimmung des Reibungsbeiwerts r wählen wir die Amplitudenmaxima $\phi_p = \phi_1$ und $\phi_{p+q} = \phi_2$ (s. Abb. 14.11). In Tab. 14.3 sind die Amplitudenmaxima und weitere notwendige Berechnungsgrößen übersichtlich zusammengefasst. Die Berechnungsgrundlage (14.8) führt in Verbindung mit den in Tab. 14.3 aufgelisteten Werten zu einem Reibungsbeiwert r bzw. längenbezogenem Reibungsbeiwert r_a von

$$r = 0,078\,\mathrm{N\,s\,m^{-1}} \quad \text{bzw.} \quad r_a = 4,528\,\mathrm{N\,s\,m^{-2}}.$$

14.3.2 Erste und zweite Eigenmode

Bei der theoretischen Beschreibung des dynamischen Verhaltens eines einseitig fest eingespannten Biegewandlers in Kap. 11 haben wir uns ausführlich mit dessen ausbreitungsfähigen Eigenmoden beschäftigt. Da die Eigenmoden insbesondere bei der schaltungstechnischen Darstellung eines Biegewandlers in Kap. 12 eine zentrale Rolle einnehmen, ist es notwendig, die von der Theorie zu erwartende Ausprägung der Eigenmoden experimentell zu untermauern. Im folgenden Versuch wollen wir die ersten beiden Eigenmoden des in Abb. 14.1 dargestellten Biegewandlers messtechnisch erfassen und den aus der Theorie folgenden Berechnungsergebnissen gegenüberstellen. In Abb. 14.12 ist die prinzipielle Messanordnung zur experimentellen Bestimmung der Eigenmoden am verwendeten Monomorphs in Multilayer-Technologie dargestellt.

Bei der experimentellen Ermittlung der Eigenmoden ist grundsätzlich darauf zu achten, dass die piezoelektrischen Schichten des Biegewandlers bei der notwendigen Schwingungsanalyse möglichst keine mechanischen Zugspannungen ($T > 0$) erfahren. Zugspannungen können nämlich zu einer irreversiblen Schädigung der piezokeramischen Schichten und damit zum Verlust der Aktorperformance beitragen. Daher wird der Biegewandler nicht mit einer reinen Wechselspannung, sondern mit einer zusätzlichen Offset-Spannung u_{offset} angesteuert, wodurch die piezoelektrischen Schichten eine mechanische Druckspannung erfahren und somit mechanisch vorgespannt sind. Bei Überlagerung mit einer Wechselspannung geringer Amplitude vollführt der Biegewandler um die der

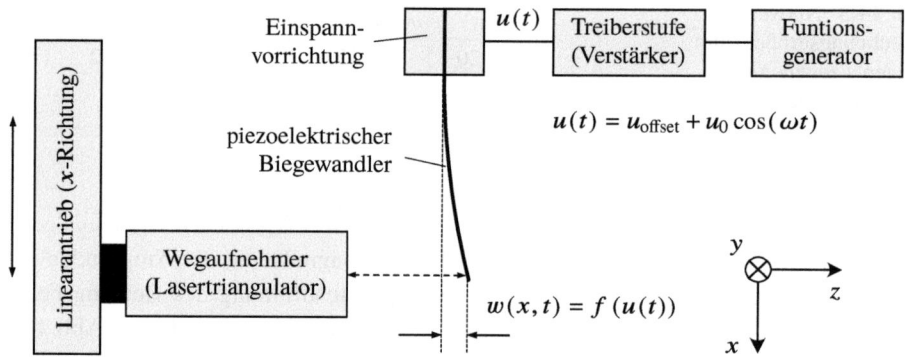

Abb. 14.12 Prinzipielle Messanordnung zur Bestimmung der Eigenmoden am verwendeten Monomorph in Multilayer-Technologie

jeweiligen x-Koordinate entsprechenden statischen Auslenkung $w_{\text{stat}}(x) = f(u_{\text{offset}}) > 0$, wobei die Bedingung

$$w(x,t) > 0 \quad \forall x, t \in \{0 \leq x \leq l \wedge t \geq 0\}$$

eingehalten werden muss. Um dennoch die Eigenmoden bzgl. der Ruhelage ($w = 0$) darzustellen, werden wir zunächst die Biegelinie entlang der x-Achse nach Beaufschlagung mit der Offset-Spannung u_{offset} mit dem Lasertriangulator messtechnisch erfassen. Die aufgenommene Biegelinie dient als Nullpunktreferenz für die spätere Datenauswertung. Danach versetzen wir den Biegewandler mit einer überlagerten Wechselspannung in einen harmonischen Schwingungszustand. Die zeitabhängigen Auslenkungen $w(x,t)$ werden entlang der x-Achse aufgenommen und anschließend deren Differenz zur Nullpunktreferenz ermittelt. Die für die einzelnen Messungen gewählte Offset-Spannung beträgt $u_{\text{offset}} = 45,9\,\text{V}$. In den beiden Abb. 14.13 und 14.14 sind jeweils die *normierte* Auslenkung des Biegewandlers und die zugehörige Eigenmode $W_1(x)$ bzw. $W_2(x)$ dargestellt. Die Berechnung der Eigenmoden basiert auf Gl. (11.30) in Verbindung mit den in Tab. 14.4 aufgelisteten Werten.

Zur messtechnischen Erfassung der beiden ersten Eigenmoden wählen wir die Frequenzen des Wechselspannungssignals zu $f_{M1} = 1,1\,\text{kHz}$ bzw. $f_{M2} = 7,1\,\text{kHz}$. Sie liegen somit etwas unterhalb der natürlichen Frequenzen der jeweiligen Eigenmoden, womit ein Betrieb im Resonanzfall ausgeschlossen ist. Da die dem Funktionsgenerator nachgelagerte Treiberstufe ein frequenzabhängiges Verhalten aufweist, stellen wir die Amplitude des Wechselspannungssignals mithilfe eines Oszilloskops manuell für beide Messungen auf $u_0 = 5\,\text{V}$ ein. Bedingt durch den Messaufbau lässt sich der Lasertriangulator nicht bis zur Einspannstelle $x = 0$ verfahren, weshalb die Messungen ab der Startposition $x_0 = 6,5\,\text{mm}$ erfolgen.

14.3 Dynamische Messungen

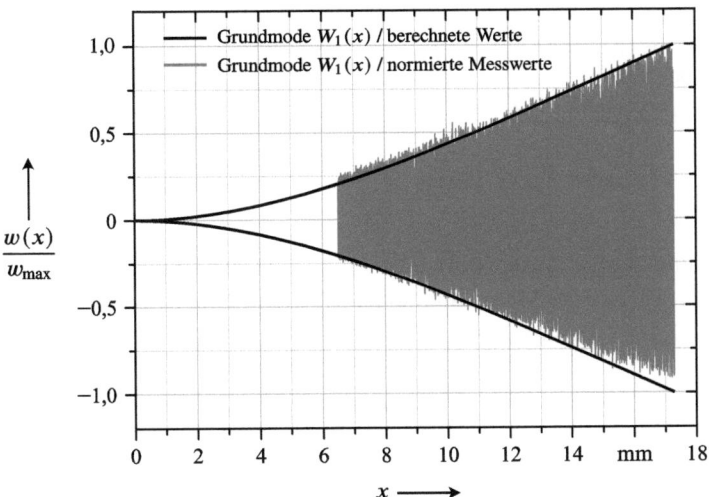

Abb. 14.13 Berechnete Werte für die Grundmode $W_1(x)$ und zugehörige Messwerte in normierter Darstellung ermittelt am verwendeten Monomorph in Multilayer-Technologie

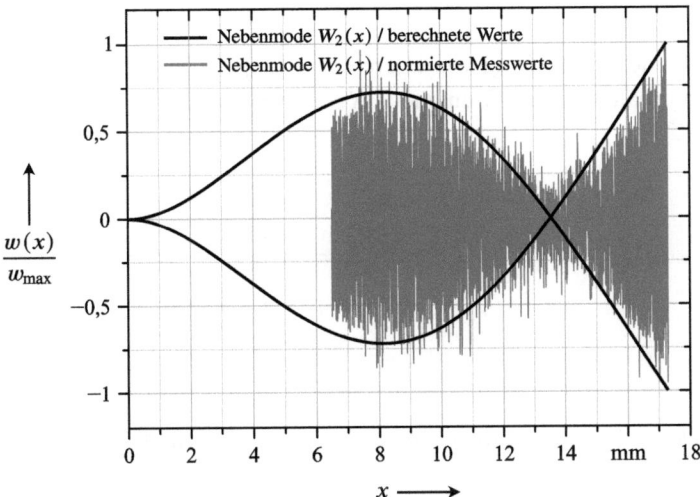

Abb. 14.14 Berechnete Werte für die erste Nebenmode $W_1(x)$ und zugehörige Messwerte in normierter Darstellung ermittelt am verwendeten Monomorph in Multilayer-Technologie

In Kap. 11 haben wir die Abhängigkeit kanonisch konjugierter Größen wie z. B. die Verschiebung (Auslenkung) $w(x, t)$ von unterschiedlichen harmonischen Lastgrößen in einer dynamischen Kopplungsmatrix $\boldsymbol{H}(x)$ zusammengefasst und rechnerisch ermittelt (s. Gl. (11.77)). Im Folgenden werden wir die Maxima der Auslenkung $w(x, t)$ der beiden ersten Eigenmoden bei Ansteuerung mit einem Wechselspannungssignal der Amplitude $u_0 = 5$ V berechnen und den Messergebnissen gegenüberstellen.

Tab. 14.4 Berechnungsgrößen für die erste und zweite Eigenmode eines einseitig fest eingespannten Biegewandlers

l/mm	C/Nm^2	m/g	k_1/m^{-1}	k_2/m^{-1}	f_1/kHz	f_2/kHz
17,30	0,010	0,439	108,38	271,34	1,179	7,392

Die Abhängigkeit der Auslenkung $w(x, t)$ von einer harmonischen Ansteuerspannung $u(t)$ erschließt sich aus der Matrixkomponente $h_{24}(x)$ der dynamischen Kopplungsmatrix $\boldsymbol{H}(x)$ in Gl. (11.116). Demnach gilt zunächst:

$$w(x,t) = m_{\text{piezo}}\, h_{21}(x)\, u_0 \cos(\Omega t - \psi_m)$$

In Verbindung mit der Matrixkomponente $h_{21}(x)$ in Gl. (11.113) ergibt sich schließlich:

$$w(x,t) = -\left(\frac{4 m_{\text{piezo}}}{\mu l^2} \sum_{m=1}^{\infty} W_m \frac{\lambda_M(k_m l)}{\omega_m^2 \sqrt{\left(1-\eta_m^2\right)^2 + (2\zeta \eta_m)^2}}\right) u_0 \cos(\Omega t - \psi_m) \quad (14.9)$$

Da die Maxima der Auslenkung von Interesse sind, spielt der Wechselsignalanteil keine Rolle, und wir erhalten für die Grundmode $X_1(x)$ bei gleichzeitiger Berücksichtigung der Definition (11.47):

$$w_{\max,1}(x) = -\frac{4 m_{\text{piezo}}}{\mu l^2} \frac{W_1(x)\lambda_M(k_1 l)}{\omega_1^2 \sqrt{\left(1-\eta_1^2\right)^2 + \left(2\frac{r_a}{\omega_1 \mu}\eta_1\right)^2}} u_0 \quad (14.10)$$

Den Amplitudenverlauf der zweiten Eigenmode gewinnen wir ebenfalls aus Gl. (14.9). Es gilt demnach:

$$w_{\max,2}(x) = -\frac{4 m_{\text{piezo}}}{\mu l^2} \frac{W_2(x)\lambda_M(k_2 l)}{\omega_2^2 \sqrt{\left(1-\eta_2^2\right)^2 + \left(2\frac{r_a}{\omega_2 \mu}\eta_2\right)^2}} u_0 \quad (14.11)$$

Als Berechnungsgrundlage für das spannungsbezogene piezoelektrische Moment m_{piezo}, die längenbezogene Masse μ, die Eigenkreisfrequenz ω_m, die Eigenmode $W_m(x)$, das

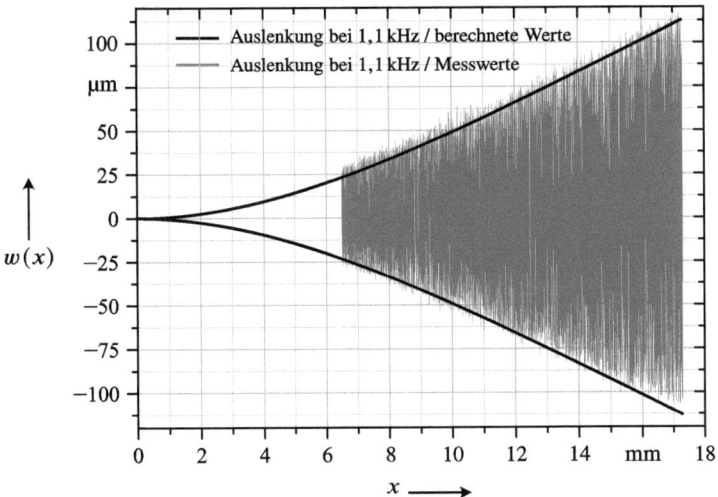

Abb. 14.15 Berechnete und messtechnisch ermittelte Auslenkung $w(x)$ bei $f_{M1} = 1{,}1\,\text{kHz}$ in Abhängigkeit der Längenkoordinate x des verwendeten Monomorphs in Multilayer-Technologie

Frequenzverhältnis η_m und den Faktor $\lambda_M(k_m l)$ dienen die Gl. (8.79), (10.24), (11.27), (11.30), (11.71) und (11.89) sowie die in den Tab. 11.1 und 14.1 aufgelisteten charakteristischen Nullstellen und wandlerspezifischen Parameter und die daraus abgeleiteten Berechnungsgrößen in den beiden Tab. 14.2 und 14.4. Den längenbezogenen Reibungsbeiwert haben wir bereits aus dem Verlauf der freien unterkritisch gedämpften Schwingung ermittelt und beträgt $r_a = 4{,}528\,\text{Ns}\,\text{m}^{-2}$. In den beiden Abb. 14.15 und 14.16 sind die jeweils gemessene Auslenkung des Biegewandlers und die zugehörigen Berechnungsergebnisse auf Basis der beiden Gl. (14.10) und (14.11) für die Grundmode und die zweite Eigenmode dargestellt.

Die von der Theorie her zu erwartende Ausprägung der beiden ersten Eigenmoden eines einseitig fest eingespannten Biegewandlers bei Ansteuerung mit einer Wechselspannung lässt sich experimentell bestätigen. Im letzten Abschnitt wenden wir uns der messtechnischen Ermittlung des Übertragungsverhaltens des Biegewandlers zu. Ziel ist es, das aus Messungen gewonnene Übertragungsverhalten durch die in Kap. 12 gewonnene schaltungstechnische Darstellung piezoelektrischer Biegewandler rechnerisch zu untermauern.

14.3.3 Übertragungsverhaltens

Eine experimentelle Ermittlung des dynamischen Verhaltens von Systemen erfolgt allgemein durch das Aufschalten von sog. *Testfunktionen*. Als Eingangsgröße $x_e(t)$ des Systems wählt man anschauliche und leicht realisierbare **Testfunktionen** wie die **Impulsfunktion**, die **Sprungfunktion**, die **Anstiegsfunktion** oder eine **harmonische Funktion** und nimmt

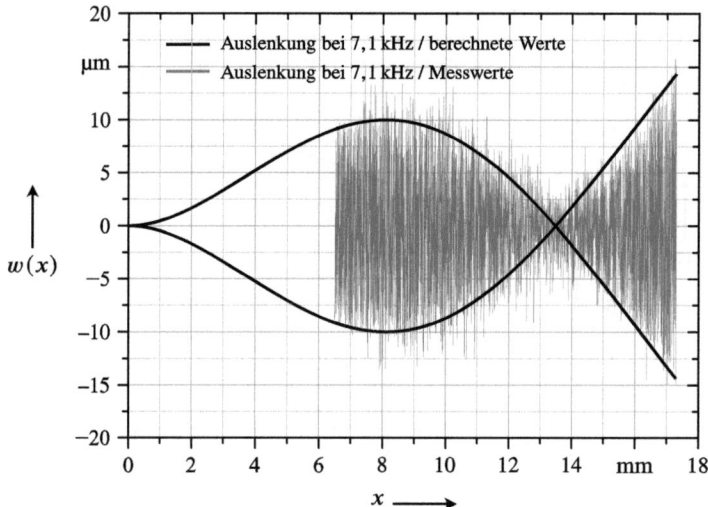

Abb. 14.16 Berechnete und messtechnisch ermittelte Auslenkung $w(x)$ bei $f_{M1} = 7{,}1$ kHz in Abhängigkeit der Längenkoordinate x des verwendeten Monomorphs in Multilayer-Technologie

den zeitlichen Verlauf der Ausgangsgröße $x_a(t)$ auf die gewählte Eingangsgröße $x_e(t)$ auf (s. Abb. 14.17). Der Verlauf der Ausgangsgröße ist kennzeichnend für das Übertragungsverhalten des untersuchten Systems. Welche Testfunktion als Eingangsgröße ausgewählt wird, ist allein eine Frage der Zweckmäßigkeit. Wird ein System mit unterschiedlichen Testfunktionen beaufschlagt, so sind die Aussagen der jeweiligen Antwortfunktionen gleichbedeutend (Lunze 2016; Lutz und Wendt 2021). Zu experimentellen Ermittlung des Übertragungsverhaltens des Biegewandlers wählen wir als Testfunktion eine periodische Funktion (Sinusfunktion). Das Zeitverhalten des Biegewandlers lässt sich eindeutig durch die Zuordnung der Änderung deren Ausgangsgröße zu zeitlich sinusförmigen Änderungen der Eingangsgröße im *eingeschwungenen Zustand* für alle Frequenzen zwischen null und unendlich beschreiben. Wird als Eingangsgröße $x_e(t)$ eine sinusförmige Schwingung mit der Frequenz ω aufgeschaltet, so führt die Ausgangsgröße $x_a(t)$ nach einem Einschwingvorgang im Beharrungszustand ebenfalls eine gleichförmige Schwingung mit derselben Frequenz ω aus. Die Amplitude und Phasenlage der Ausgangsgröße ändern sich jedoch im Allgemeinen. Bildet man für alle Frequenzen $0 < \omega < \infty$ im Beharrungszustand das Verhältnis der Ausgangsgröße zur Eingangsgröße, so erhält man die Übertragungsfunktion $\underline{B}(\omega)$ des Übertragungsgliedes (Ballas et al. 2009):

$$\underline{B}(\omega) = \underline{B} = \frac{\underline{x}_a}{\underline{x}_e}$$

Für die Messung des Übertragungsverhaltens verwenden wir als Testfunktionsgeber einen **Netzwerkanalysator** (s. Abb. 14.18). Die Messkette setzt sich aus der Treiberstufe, dem

14.3 Dynamische Messungen

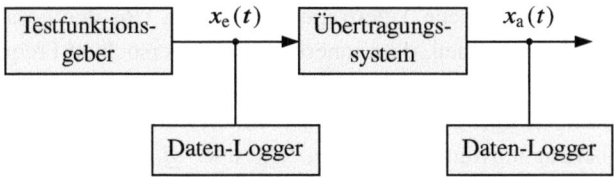

Abb. 14.17 Experimentelle Aufnahme des dynamischen Verhaltens eines Übertragungssystems

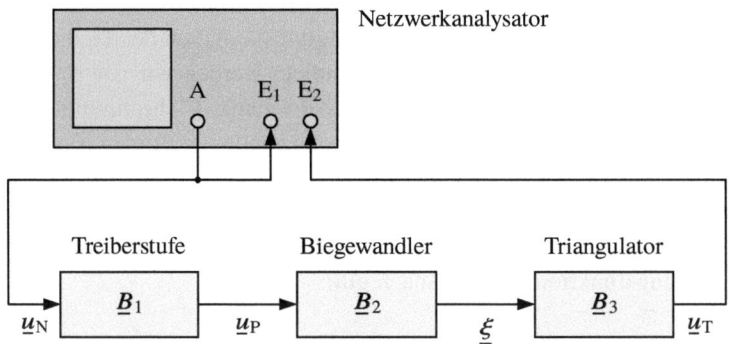

Abb. 14.18 Messkette zur experimentellen Verifizierung der kanonischen schaltungstechnischen Darstellung des einseitig fest eingespannten Monomorphs in Multilayer-Technonologie

Biegewandler und dem Lasertriangulator zusammen. In der Literatur hat sich bei der Analyse und Synthese elektromechanischer Systeme als Koordinate für die komplexe Auslenkung $\underline{w}$ die komplexe Größe $\underline{\xi}$ etabliert, welche wir ebenfalls bei unseren weiteren Ausführungen verwenden werden. Die Messung der Auslenkung $\underline{\xi}$ erfolgt am freien Ende des Biegewandlers ($x = l$). Die freie Einspannlänge des Wandlers beträgt $l = 19{,}2\,\text{mm}$. Der untersuchte Frequenzbereich erstreckt sich von 20 Hz bis 10 kHz. Die Gesamtübertragungsfunktion der Messkette $\underline{B}_0$ setzt sich aus der Übertragungsfunktion der Treiberstufe $\underline{B}_1$, des Biegewandlers $\underline{B}_2$ und des Lasertriangulators $\underline{B}_3$ zusammen. Demnach gilt:

$$\underline{B}_0 = \underline{B}_1 \cdot \underline{B}_2 \cdot \underline{B}_3 \tag{14.12}$$

In Verbindung mit den in Abb. 14.18 dargestellten Ein- und Ausgangsgrößen lässt sich auch schreiben:

$$\underline{B}_0 = \frac{\underline{u}_P}{\underline{u}_N} \cdot \frac{\underline{\xi}}{\underline{u}_P} \cdot \frac{\underline{u}_T}{\underline{\xi}} = \frac{\underline{u}_T}{\underline{u}_N} \tag{14.13}$$

In Abb. 14.19 ist das gemessene Übertragungsverhalten $\underline{B}_0$ der gesamten Messkette dargestellt. Wir können erkennen, dass innerhalb des untersuchten Frequenzbereichs die Grundresonanz und die erste Nebenresonanz auftreten.

Um die Gesamtübertragungsfunktion $\underline{B}_0$ rechnerisch ermitteln zu können, müssen die einzelnen Übertragungsfunktionen $\underline{B}_1$, $\underline{B}_0$ und $\underline{B}_0$ analytisch zugänglich sein. Das Übertragungsverhalten $\underline{B}_3$ des Lasertriangulators ist innerhalb des betrachteten Frequenzbereichs ($f_{\min} = 20\,\text{Hz}$ bis $f_{\max} = 10\,\text{kHz}$) konstant und ergibt sich gemäß den Herstellerangaben zu $\underline{B}_3 = 5 \times 10^3\,\text{Vm}^{-1}$. $\underline{B}_1$ muss zunächst messtechnisch ermittelt werden. Abb. 14.20 zeigt das gemessene Übertragungsverhalten der Treiberstufe.

Die Übertragungsfunktion $\underline{B}_2$ des Biegewandlers werden wir auf Basis der Berechnungsvorschrift (12.105) für die mechanische Admittanz $\underline{h}_1^*$ bestimmen. Da innerhalb des betrachteten Frequenzbereichs zwei Resonanzstellen auftreten (vgl. Abb. 14.19), konzentrieren wir uns bei der Berechnung der mechanischen Admittanz $\underline{h}_1^*$ auf die beiden ersten Eigenmoden $W_1(l)$ sowie $W_2(l)$. Der Zusammenhang zwischen der Auslenkung $\underline{\xi}$ und der Ansteuerspannung $\underline{u} = \underline{u}_\text{P}$ gemäß Gl. (12.97) ist der Schlüssel zur Berechnung für der Übertragungsfunktion $\underline{B}_2$. Demnach gilt:

$$\frac{\underline{\xi}}{\underline{u}_\text{P}} = \frac{\underline{h}_1^*}{\text{j}\omega q^* Y} = \underline{B}_2$$

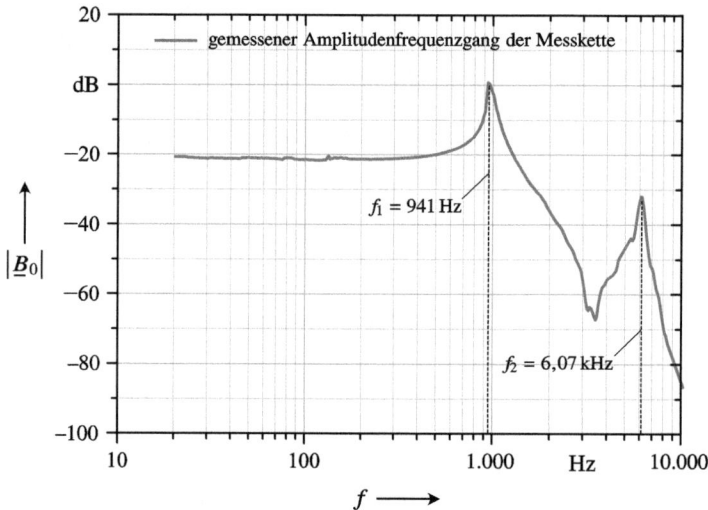

Abb. 14.19 Amplitudenfrequenzgang $|\underline{B}_0|$ der Messkette im Frequenzbereich von 20 Hz bis 10 kHz

14.3 Dynamische Messungen

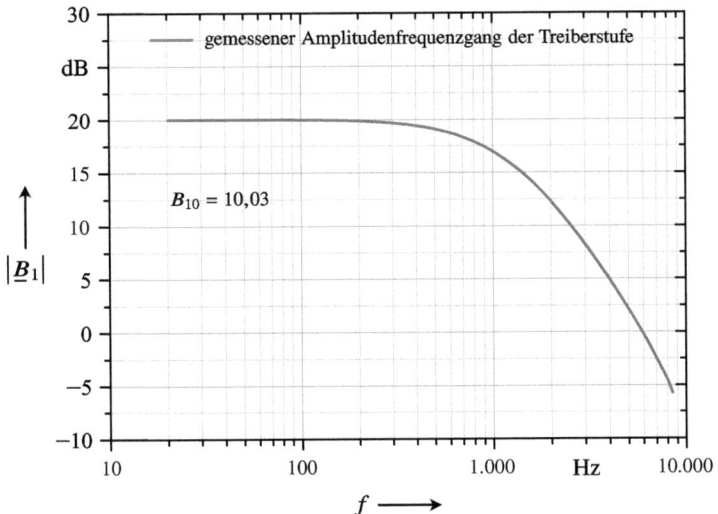

Abb. 14.20 Amplitudenfrequenzgang $|\underline{B}_1|$ der Treiberstufe. Für Frequenzen $f < 300\,\text{Hz}$ ergibt sich ein konstanter Verstärkungsfaktor von $B_{10} = 10{,}03$

Wir setzen nun Gl. (12.105) ein und erhalten:

$$\frac{\underline{\xi}}{\underline{u}_\text{P}} = \frac{1}{j\omega Y} \sum_{m=1}^{2} \frac{W_m(l)\,W_m^{(1)}(l)}{\dfrac{1}{4}\dfrac{(k_m l)^4}{j\omega n_0} + j\omega\dfrac{m}{4} + \dfrac{r}{4}} \tag{14.14}$$

Der Nenner innerhalb der Summe entspricht der mechanischen Impedanz $\underline{z}_m = 1/\underline{h}_m$ der zugehörigen Eigenmode m jeweils bestehend aus den parallelgeschalteten Bauelementen Masse, Reibung und Nachgiebigkeit, für die wir folgende Abkürzungen einführen:

$$m^* = \frac{m}{4}, \quad r^* = \frac{r}{4}, \quad n_m^* = \frac{4 n_0}{(k_m l)^4}. \tag{14.15}$$

In Analogie zu Kap. 12 können wir auch hier zum Zweck der normierten Darstellung der mechanischen Impedanz $\underline{z}_m$ die Kennkreisfrequenz

$$\omega_m = \frac{1}{\sqrt{m^* n_m^*}} = \frac{(k_m l)^2}{l^2}\sqrt{\frac{C}{\mu}}. \tag{14.16}$$

sowie die Resonanzgüte

$$Q_m = \frac{1}{\omega_m n_m^* r^*} = \frac{(k_m l)^2}{rl}\sqrt{C\mu} \qquad (14.17)$$

der zugehörigen Eigenmode W_m als Kenngrößen nutzen. Bei der Berechnung der Kenngrößen fließt die Definition für die translatorische Bezugsnachgiebigkeit n_0 (s. Gl. (12.43)) und die längenbezogene Masse μ mit ein (s.Gl. (10.24)). Gl. (14.14) lässt sich somit zu

$$\frac{\underline{\xi}}{\underline{u}_P} = \frac{1}{Y} \sum_{m=1}^{2} \frac{n_m^* W_m(l) W_m^{(1)}(l)}{\left(1 - \left(\frac{\omega}{\omega_m}\right)^2 + j\frac{\omega}{\omega_m}\frac{1}{Q_m}\right)}$$

umschreiben. Um den komplexwertigen Ausdruck im Nenner loszuwerden, erweitern wir konjugiert komplex und erhalten schließlich:

$$\frac{\underline{\xi}}{\underline{u}_P} = \frac{1}{Y} \sum_{m=1}^{2} \frac{n_m^* W_m(l) W_m^{(1)}(l)}{\left(1 - \left(\frac{\omega}{\omega_m}\right)^2\right)^2 + \left(\frac{\omega}{\omega_m}\frac{1}{Q_m}\right)^2} \left(1 - \left(\frac{\omega}{\omega_m}\right)^2 - j\frac{\omega}{\omega_m}\frac{1}{Q_m}\right)$$

(14.18)

Wir sind nun in der Lage, die Gesamtübertragungsfunktion $\underline{B}_0$ zu berechnen. Damit eine logarithmische Darstellung der Amplitudenfrequenzgänge erfolgen kann, ist es erforderlich, dimensionslose Größen bereitzustellen und die Beträge zu bilden. Aus Gl. (14.12) folgt dann

$$20\log|\underline{B}_0| = 20\log|\underline{B}_1| + 20\log\left|\frac{\underline{\xi}}{\underline{u}_P}\underline{B}_3\right|, \qquad (14.19)$$

wobei Gl. (14.18) für die beiden ersten Eigenmoden auszuwerten und in Gl. (14.19) einzusetzen ist. Als Berechnungsgrundlage für die Kennkreisfrequenz ω_m, die ausbreitungsfähigen Moden W_m und deren Ableitungen, die gyratorischen Wandlerkonstante Y, die Nachgiebigkeit n_m^* und die darin enthaltene translatorische Bezugsnachgiebigkeit n_0 sowie die Resonanzgüte Q_m dienen die Gl. (14.16), (11.30), (12.78), (14.15) und (12.43)

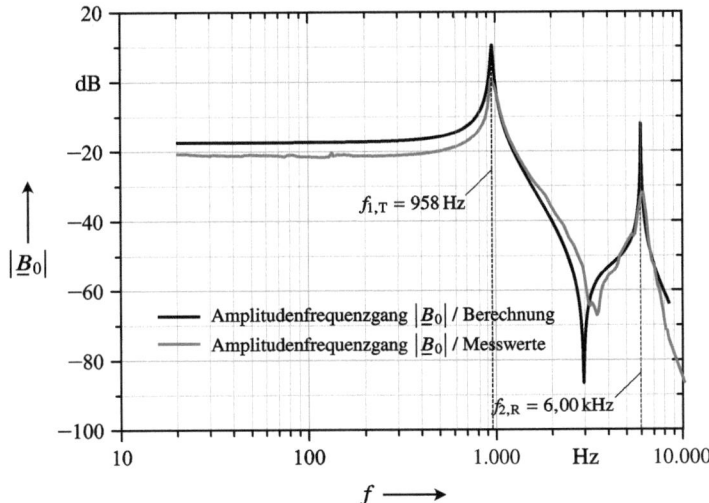

Abb. 14.21 Messtechnich ermittelter und berechneter Amplitudenfrequenzgang $|\underline{B}_0|$ der Messkette auf Basis der kanonischen schaltungstechnischen Darstellung des einseitig eingespannten Monomorphs in Multilayer-Technologie

sowie (14.17). Die charakteristischen Nullstellen ($k_m l$) sowie die wandlerspezifischen Parameter sind den Tab. 11.1 und 14.1 zu entnehmen. Den Reibungsbeiwert haben wir bereits aus dem Verlauf der freien unterkritisch gedämpften Schwingung ermittelt und beträgt $r = 0,078 \, \text{Ns} \, \text{m}^{-1}$. Abb. 14.21 veranschaulicht die gemessene und berechnete Gesamtübertragungsfunktion $\underline{B}_0$ in einem Frequenzbereich von 20 Hz bis 10 kHz.

Die Messungen weisen eine hervorragende Übereinstimmung zu den Berechnungsergebnissen auf. Dies impliziert, dass die in Kap. 12 gewonnene kanonische schaltungstechnische Darstellung eines einseitig eingespannten Biegewandlers verifiziert werden konnte und deren Verwendung bei der Analyse und Synthese elektromechanische Systeme, bei denen einseitig fest eingespannte piezoelektrische Biegewandler eine Rolle spielen, gerechtfertigt werden kann.

Anhang

Logarithmisches Dekrement Die homogene Lösung des Weg-Zeit-Gesetzes eines unterkritisch gedämpften Systems mit den Anfangsbedingungen $\phi_m^h(0) = \phi_0$ und $\dot{\phi}_m^h(0) = 0$ ergibt sich für einen beliebigen Zeitpunkt t zu:

$$\phi_m^h(t) = \phi_0 e^{-\zeta \omega_m t} \left(\cos\left(\omega_m^d t\right) - \frac{\zeta}{\sqrt{1-\zeta^2}} \sin\left(\omega_m^d t\right) \right) \tag{14.20}$$

Nach q Schwingungsperioden mit der Periodendauer τ_m^d einer unterkritisch gedämpften Schwingung erhalten wir:

$$\phi_m^h(t + q\tau_m^d) = \phi_0 e^{-\zeta\omega_m(t+q\tau_m^d)}$$
$$\cdot \left(\cos\left(\omega_m^d\left(t + q\tau_m^d\right)\right) - \frac{\zeta}{\sqrt{1-\zeta^2}}\sin\left(\omega_m^d\left(t + q\tau_m^d\right)\right)\right)$$

Eine Umformung führt zu:

$$\phi_m^h(t + q\tau_m^d) = \phi_0 e^{-\zeta\omega_m t} e^{-q\zeta\omega_m \tau_m^d}$$
$$\cdot \left(\cos\left(\omega_m^d t + q\omega_m^d \tau_m^d\right) - \frac{\zeta}{\sqrt{1-\zeta^2}}\sin\left(\omega_m^d t + q\omega_m^d \tau_m^d\right)\right) \quad (14.21)$$

Wegen

$$\omega_m^d \tau_m^d = 2\pi$$

und der Periodizität der Kosinus- und Sinus-Funktion ergibt sich aus Gl. (14.21)

$$\phi_m^h(t + q\tau_m^d) = \phi_0 e^{-\zeta\omega_m t} e^{-q\zeta\omega_m \tau_m^d} \left(\cos\left(\omega_m^d t\right) + \frac{\zeta}{\sqrt{1-\zeta^2}}\sin\left(\omega_m^d t\right)\right). \quad (14.22)$$

Für das Verhältnis der Auslenkungen im Abstand von q Schwingungsperioden ergibt sich aus den Gl. (14.20) und (14.22):

$$\frac{\phi_m^h(t)}{\phi_m^h(t+q\tau_m^d)} = \frac{\phi_p}{\phi_{p+q}} = e^{q\zeta\omega_m\tau_m^d} = e^{q\Lambda}$$

Literatur

Ballas RG (2007) Piezoelectric multilayer beam bending actuators: static and dynamic behavior and aspects of sensor integration. Microtechnology and MEMS. Springer, Berlin

Ballas RG, Pfeifer G, Werthschützky R (2009) Elektromechanische Systeme der Mikrotechnik und Mechatronik: Dynamischer Entwurf – Grundlagen und Anwendungen, 2. Aufl. Springer, Berlin

Gerthsen C, Meschede D (2006) Physik, Springer-Lehrbuch, 23. Aufl. Springer, Berlin

Lunze J (2016) Regelungstechnik: Systemtheoretische Grundlagen, Analyse und Entwurf einschleifiger Regelungen, Lehrbuch, Bd 1, 11. Aufl. Springer Vieweg, Berlin

Lutz H, Wendt W (2021) Taschenbuch der Regelungstechnik: mit MATLAB und Simulink, 12. Aufl. Europa-Lehrmittel, Haan-Gruiten

Schmid AJ (2005) Aufbau und Charakterisierung von smarten piezokeramischen Multilayer-Biegewandlern mit integrierter Auslenkungs- und Kraftsensorik. Logos Verlag, Berlin

Timoshenko SP (1937) Vibration problems in engineering, 2. Aufl. Van Nostrand, New York

Tipler PA, Mosca G (2019) Physik für Studierende der Naturwissenschaften und Technik, 8. Aufl. Springer Spektrum, Berlin

Glossar

α-Quarz Ein Mineral mit der chemischen Zusammensetzung SiO_2. Der α-Quarz repräsentiert eine auf der Erdoberfläche stabile Modifikation des Siliciumdioxids und ist nach den Feldspaten das zweithäufigste Mineral der Erdkruste.

Additive Hilfsstoffe oder Zusatzstoffe, die Produkten in geringen Mengen zugesetzt werden, um bestimmte Eigenschaften zu erreichen oder zu verbessern.

adiabatischer Prozess Beschreibt einen thermodynamischen Vorgang, bei dem ein System von einem Zustand in einen anderen überführt wird, ohne Wärme mit seiner Umgebung auszutauschen.

Agglomeration Bezeichnet das Anhäufen, in der Verfahrenstechnik die Vergrößerung eines Partikels. Man spricht in diesem Zusammenhang auch von Kornvergrößerung oder Stückigmachen. Es ist eine der vier Prozesshauptgruppen der mechanischen Verfahrenstechnik und beschreibt die Verschiebung der Partikelgrößenverteilung (Körner, Tropfen, Gasblasen) hin zu einem gröberen Größenbereich. Das Feingut entsteht durch Grenzflächenkräfte, die es zu Stücken unregelmäßiger Form und Größe zusammenballt.

Aktivierungsgrad siehe →mechanische Aktivierung.

Amplitudengang Bei linearem Verhalten eines Systems hat das Ausgangssignal dieselbe Frequenz wie das Eingangssignal. Die beiden Signale unterscheiden sich jedoch in der Amplitude und in der Phase. Das Verhältnis der Amplituden von Eingangssignal und Ausgangssignal in Abhängigkeit von der Frequenz ist der Amplitudengang, bisweilen auch Betragsfrequenzgang genannt. Der Unterschied der Phase zwischen Eingangssignal und Ausgangssignal in Abhängigkeit von der Frequenz ist der →Phasengang.

Anion Negativ geladenes Atom oder Molekül. Der Name rührt daher, dass ein Anion von einer Anode, d. h. einer positiv geladenen Elektrode, angezogen wird. Anionen entstehen, wenn Atome oder Moleküle Elektronen aufnehmen.

anisotrop siehe →Anisotropie.

Anisotropie Bezeichnet allgemein die Richtungsabhängigkeit der physikalischen Eigenschaften eines Stoffes, insbesondere in kristallinen Festkörpern (Kristallen), das Gegenteil hiervon ist →Isotropie.

Anstiegsfunktion Bei der Anstiegsfunktion wird das Eingangssignal mit konstanter Geschwindigkeit vergrößert. Die Ausgangsgröße, die bei Aufschaltung der Anstiegsfunktion entsteht, wird Anstiegsantwort genannt.

Array Bezeichnung in der Informatik für eine Datenstruktur-Variante, mit deren Verwendung viele gleichartig strukturierte Daten verarbeitet werden. Der Zugriff auf bestimmte Inhalte des Arrays erfolgt mithilfe von Indizes.

ASCII Abkürzung für American Standard Code for Information Interchange und dient zur Codierung der Zeichen im englischen Alphabet. Mit dem ASCII-Code lassen sich mit 7 Bit alle Zeichen einer Computer-Tastatur für den englischsprachigen Raum codieren.

Bewegungsgleichung Unter einer Bewegungsgleichung versteht man eine mathematische Gleichung, mit der man die räumliche und zeitliche Entwicklung eines physikalischen Systems ermitteln kann, wenn man seinen Anfangszustand und gegebenenfalls die auf das System wirkenden äußeren Einflüsse kennt.

Biegesteifigkeit Die Biegesteifigkeit beschreibt den Widerstand, den eine Probe einem Biegen entgegensetzt. Sie ist im elastischen Verformungsbereich das Produkt aus dem für die Biegung gültigen Elastizitätsmodul E und dem Flächenträgheitsmoment I der Probe.

Boltzmann-Axiom LUDWIG BOLTZMANN, ein österreichischer Physiker und Philosoph, hat darauf hingewiesen, dass die phänomenologische Zerlegung eines Körpers in kleinere (infinitesimale) Volumenelemente alle statischen Gleichgewichtsbedingungen zu berücksichtigen hat. Diese statischen Gleichgewichte müssen folglich nicht bloß die wirkenden inneren Kräfte betreffen, sondern davon unabhängig auch die verschiedenen inneren Momente an den Trennflächen der infinitesimalen Volumina. Alle inneren Momente, alle inneren Scherspannungen, müssen sich in der Summe im Gleichgewicht halten.

Brachistochronenproblem Das von JOHANN BERNOULLI veröffentlichte Brachistochronenproblem untersucht die schnellste Bahn eines reibungsfrei zwischen zwei Punkten in einer vertikalen Ebene gleitenden Massepunktes. Dieses Problem wurde in dieser Arbeit für beliebige dynamische Systeme verallgemeinert und mathematisch formuliert.

Calcitstruktur Namensgeber ist Calcit mit der chemischen Zusammensetzung $CaCO_3$ ein Vertreter der Mineralklasse der Carbonate.

CCD CCD-Sensoren sind lichtempfindliche elektronische Bauelemente, die auf dem inneren Photoeffekt beruhen. CCD ist hierbei die Abkürzung des englischen Charge Coupled Device, das im CCD-Sensor verwendet wird. Ursprünglich wurden 1969 CCDs für die Datenspeicherung entwickelt. Jedoch wurde schnell bemerkt, dass diese Bauelemente lichtempfindlich sind und es vergleichsweise einfach ist, ein zweidimensionales Bild zu erfassen. Bereits 1970 wurde ein derartiger CCD-Sensor gebaut, und durch die folgende Miniaturisierung in der Elektronik wurden schon 1975 die ersten CCDs mit einer für Fernsehkameras ausreichenden Anzahl an Bildpunkten hergestellt. Seit ca. 1983 werden CCD-Sensoren als Bildsensoren in der Astronomie und der Satellitenfernerkundung eingesetzt. Für die Erfindung des CCD-Sensors wurden der kanadische Physiker WILLARD BOYLE und der amerikanische Physiker GEORGE E. SMITH 2009 mit dem Nobelpreis für Physik ausgezeichnet.

Ceylon'scher Magnet Frühere Bezeichnung für →Turmalin.

chemische Reinheit Bezeichnet in der Chemie und Physik den Stoffmengenanteil eines erwünschten Stoffes zum gesamten Stoffgemisch.

Chromstahl Bezeichnet eine Gruppe von Stählen mit maximal 1,2 % Kohlenstoff und mindestens 12 % Chromanteil. Chromstähle sind korrosionsbeständig, passivierbar und säurefest, gelten als rostfrei und rostsicher, und je nach Legierung können sie als Edelstahl oder Automatenstahl eingestuft werden.

Coulomb-Kraft Erfahrungsgemäß gibt es Raumgebiete, in denen elektrisch geladene Körper Kräfte erfahren, die sich weder als Nahwirkungskräfte (Stoß, Reibung u. Ä.), noch als Trägheits- oder Gravitationskräfte erklären lassen. Eine Kraft, die auch dann auftritt, wenn ein geladener Körper ruht, bezeichnet man als elektrische Kraft oder Coulomb-Kraft und man sagt, in dem Gebiet, in dem sie auftritt, herrscht ein elektrisches Feld.

Curie-Temperatur Bezeichnet die nach PIERRE CURIE benannte Temperatur, bei deren Erreichen ferromagnetische oder ferroelektrische Eigenschaften eines Materials vollständig verschwunden sind, sodass sie oberhalb nur noch paramagnetisch oder paraelektrisch sind.

Defektstruktur Bezeichnet das Fehlen eines Teils von Ionen einer Sorte, d. h. die Plätze einer Ionensorte bleiben zu einem bestimmten Bruchteil unbesetzt. Dieser Teil ist oft die Hälfte, kann aber auch ein Viertel oder einen anderen Bruchteil betragen. Die unbesetzten Plätze heißen Fehlstellen und sind im Kristall in regelmäßiger Weise angeordnet.

Depolarisationsfeld Das von einer gleichmäßigen Polarisierung herrührende Feld im Inneren eines Dielektrikums.

Dielektrikum Bezeichnung für eine elektrisch schwach- oder nichtleitende Substanz, in der die vorhandenen Ladungsträger nicht frei beweglich sind. Ein Dielektrikum kann ein Gas, eine Flüssigkeit oder ein Feststoff sein. Der Begriff Dielektrikum findet insbesondere bei bestehenden elektrischen Feldern in einem betrachteten Raumbereich Verwendung.

Differenz- und Flusskoordinaten In einem abstrakten Netzwerk kann unabhängig vom übergeordneten Teilsystem der Signalfluss durch Fluss- und Differenzkoordinaten dargestellt werden.

Dipol-Dipol-Wechselwirkung Bezeichnet die Kräfte, die zwischen Molekülen herrschen, die ein permanentes elektrisches Dipolmoment besitzen. Die Stärke ist von der Entfernung und relativen Orientierung des Dipols abhängig.

direkter piezoelektrischer Effekt Erscheinung, dass sich bei bestimmten dielektrischen Kristallen durch eine elastische Verformung – ohne Einwirken eines elektrischen Feldes – eine Änderung der elektrischen Polarisation und somit eine elektrische Spannung erzeugen lässt.

direkter piezoelektrischer Effekt – longitudinal Bezeichnet den Effekt, dass sich bei Kompression (Dilatation) eines piezoelektrischen Kristalls entlang einer seiner polaren Achsen zwei senkrecht zur polaren Achse liegende Flächen positiv bzw. negativ (und umgekehrt) aufladen.

direkter piezoelektrischer Effekt – transversal Bezeichnet den Effekt, dass sich bei Kompression (Dilatation) eines piezoelektrischen Kristalls senkrecht zu einer seiner polaren Achsen zwei senkrecht zur polaren Achse liegende Flächen positiv bzw. negativ (und umgekehrt) aufladen.

Dispergiermittel Ermöglichen oder stabilisieren das Dispergieren, also die optimale Durchmischung von mindestens zwei eigentlich nicht mischbaren Phasen (Substanzen).

Dissipation Dissipation bezeichnet in der Physik den Vorgang in einem dynamischen System, bei dem z. B. durch Reibung die Energie einer makroskopisch gerichteten Bewegung, die in andere Energieformen umwandelbar ist, in thermische Energie übergeht, d. h. in Energie einer ungeordneten Bewegung der Moleküle, die dann nur noch teilweise umwandelbar ist. Ein solches System heißt dissipativ. Dieser Begriff kommt in den physikalischen Gebieten der Thermodynamik und der Akustik oder allgemein in der Wellenlehre vor. Ein Beispiel für ein dissipatives System ist die gedämpfte Schwingung.

Dotierkationen Die Eigenschaften eines PZT-Werkstoffes lassen sich durch den Einbau von Dotierkationen (Fremdatome) modifizieren. Durch die Wahl der Dotierkationen entstehen sogenannte harte und weiche Keramiken, die sich in ihrer Hysteresekurve unterscheiden.

Eigenfunktion Eigenfunktionen sind in der Mathematik spezielle Funktionen, die bei Anwendung eines Operators das Eigenwertproblem dieses Operators lösen.

Eigenmode Eigenmoden oder Normalmoden sind spezielle Bewegungen eines schwingungsfähigen Systems. Es handelt sich – neben der gleichförmigen Bewegung des ganzen Systems – um diejenigen periodischen Bewegungen, bei denen alle Komponenten des Systems die gleiche Frequenz zeigen, wenn das System nach einer Anregung sich selbst überlassen bleibt. Eine solche Frequenz wird als Eigenfrequenz des Systems bezeichnet, die entsprechende Eigenmode auch als Eigenschwingung. Jede Bewegung des Systems kann als eine Überlagerung von verschiedenen Eigenmoden dargestellt werden.

Eigenwert Eigenwerte charakterisieren wesentliche Eigenschaften linearer Abbildungen, etwa ob ein entsprechendes lineares Gleichungssystem eindeutig lösbar ist oder nicht. In vielen Anwendungen beschreiben Eigenwerte auch physikalische Eigenschaften eines mathematischen Modells. Die Verwendung des Präfixes „Eigen-" für charakteristische Größen in diesem Sinne lässt sich auf eine Veröffentlichung von dem deutschen Mathematiker DAVID HILBERT aus dem Jahre 1904 zurückführen und wird als Germanismus auch in einigen weiteren Sprachen, darunter dem Englischen, verwendet.

Eigenwertproblem Bezeichnet das bei der mathematischen Formulierung des Schwingungsverhaltens von mechanischen oder elektrischen Systemen und der anschließenden

Diskretisierung des Modells auftretende Problem der Bestimmung der Eigenwerte von Matrizen.

Einheitsladung Kleinste, auch als Elementarladung bezeichnete, frei existierende Ladungsmenge. Jede beliebige Ladung kann nur als ganzzahliges Vielfaches der Einheitsladung auftreten.

Elastizitätskoeffizient Bezeichnet einen Materialkennwert aus der Werkstofftechnik, der bei linear-elastischem Verhalten den proportionalen Zusammenhang zwischen Dehnung und Spannung bei der Verformung eines festen Körpers beschreibt.

Elastizitätsmodul Der Elastizitätsmodul, auch E-Modul, Zugmodul, Dehnungsmodul oder Youngscher Modul, ist ein Materialkennwert aus der Werkstofftechnik, der bei linear-elastischem Verhalten den proportionalen Zusammenhang zwischen Spannung und Dehnung bei der Verformung eines festen Körpers beschreibt.

elektrische Feldstärke Maß für die Stärke des elektrischen Feldes, definiert als Quotient aus einer Kraft auf einen in das Feld gebrachten, relativ zum Beobachter ruhenden Träger einer positiven Punktladung mit vernachlässigbar kleiner Masse und der positiven Punktladung als solche.

elektrische Polarisation Physikalische Größe aus der Elektrodynamik, welche das Vektorfeld bezeichnet, das aus einem permanenten oder induzierten Dipolmoment in einem dielektrischen Material resultiert. Dabei ist der Polarisationsvektor definiert als Quotient aus dem im dielektrischen Material vorherrschenden Gesamtdipolmoment und dem Material zugehörigen Raumvolumen.

elektrischer Dipol Anordnung von zwei entgegengesetzt gleichen Ladungen, wobei der Abstand der Ladungen als klein betrachtet werden kann.

elektrisches Dipolmoment Charakterisiert eine räumliche Ladungstrennung und ist ein Maß für die elektrische Stärke eines Dipols und damit dessen Polarität.

elektrisches Feld Physikalisches Feld, welches von felderzeugenden elektrischen Ladungen herrührt und durch die Coulombkraft auf beliebige elektrische Ladungen wirkt. Mathematisch lässt sich das elektrische Feld als Vektorfeld darstellen, welches mittels der räumlichen Verteilung der elektrischen Feldstärke die Richtung und Stärke der Coulombkraft für jeden Raumpunkt beschreibt.

elektromechanischer Kopplungsfaktor Einheitsloses Maß für den Grad des piezoelektrischen Effektes (nicht zu verwechseln mit dem Wirkungsgrad). Der elektromechanische Kopplungsfaktor beschreibt das Vermögen eines piezoelektrischen Materials, aufgenommene elektrische in mechanische Energie umzuwandeln und umgekehrt.

Elektronegativität Empirisches Maß für die Fähigkeit eines Atoms, in einer chemischen Bindung die Bindungselektronen an sich zu ziehen.

Elektronegativitätsdifferenz Entspricht bei einer chemischen Bindung der Differenz der Elektronegativitäten der beteiligten Atome. Je größer die Elektronegativitätsdifferenz ist, umso größer ist der prozentuale Anteil der Ionenbindung.

Elektrostatik Teilgebiet der Physik, das sich mit ruhenden elektrischen Ladungen, Ladungsverteilungen und den elektrischen Feldern geladener Körper befasst.

Elementarzelle Endlicher Bereich einer Kristallstruktur, aus dem sich durch Anwendung von Translationen (Verschiebungen) die gesamte Struktur aufbauen lässt. Handelt es sich um einen kleinsten Bereich mit dieser Eigenschaft, dann spricht man von einer primitiven Elementarzelle, andernfalls von einer zentrierten Zelle.

Emulsion Fein verteiltes Gemisch zweier verschiedener (normalerweise nicht mischbarer) Flüssigkeiten ohne sichtbare Entmischung.

Energieerhaltungssatz Bringt die Erfahrungstatsache zum Ausdruck, dass die Energie eine Erhaltungsgröße ist, dass also die Gesamtenergie eines abgeschlossenen Systems sich nicht mit der Zeit ändert. Energie kann zwischen verschiedenen Energieformen umgewandelt werden. Außerdem kann sie aus einem System heraus oder in ein System hinein transportiert werden, es ist jedoch nicht möglich, Energie zu erzeugen oder zu vernichten. Die Energieerhaltung gilt als wichtiges Prinzip in den Naturwissenschaften.

Erhaltungsgröße Für einige der wichtigsten Größen der Physik gelten sogenannte Erhaltungssätze: Was sie repräsentieren, kann weder erzeugt noch vernichtet werden, sondern der Gesamtwert bleibt zeitlich konstant. Solche Größen heißen Erhaltungsgrößen. Das wichtigste Beispiel ist die Energie: Energie kann weder erzeugt noch vernichtet werden. Wenn sich der Energiegehalt eines Systems erhöht, dann geht dies nur, wenn Energie von außen in das System eingebracht wurde (und die Außenwelt demnach nun weniger Energie besitzt).

Ferroelastizität Beschreibung des Phänomens, dass ein Kristall bei der Abwesenheit einer mechanischen Spannung zwei oder mehrere unterschiedliche Orientierungszustände der spontanen Polarisation aufweist, welche sich unter Anwendung einer hinreichend großen äußeren mechanischen Spannung verändern lassen.

Ferroelektrika Bezeichnung für Stoffe, innerhalb derer sich die Richtung der spontanen Polarisation durch ein äußeres elektrisches Feld ändern lässt. Ferroelektrika nehmen bei den elektronischen Werkstoffen eine herausragende Rolle ein.

ferroelektrischer Einkristall Bezeichnet einen ferroelektrischen, makroskopischen Kristall, dessen Bausteine (Atome, Ionen oder Moleküle) ein durchgehendes einheitliches, homogenes Kristallgitter bilden (Monokristall).

Ferroelektrizität Beschreibung des Phänomens, dass Stoffe mit einem elektrischen Dipolmoment durch das Anlegen eines äußeren elektrischen Feldes die Richtung der spontanen Polarisation ändern.

Ferromagnetismus Bezeichnet eine Form der magnetischen Ordnung in Festkörpern, die vorwiegend in Eisen und den verwandten Metallen Cobalt und Nickel beobachtet wird. Stoffe mit ferromagnetischem Verhalten nennt man *Ferromagnetika*.

Fließverhalten Eine der wichtigsten verarbeitungstechnischen Kenngrößen von Vergussmassen. Eine möglichst genaue, auf den Anwendungsfall bezogene Abstimmung ist unbedingt erforderlich. Die Charakterisierung des Fließverhaltens einer Vergussmasse (oder eines Klebstoffs) erfolgt mittels rheologischen Kenngrößen. Dabei spielt die Viskosität die zentrale Rolle.

freie Enthalpie Gibt den Anteil der Energie an, welcher bei einer Reaktion bei konstanter Temperatur und konstantem Druck Arbeit leisten kann, und liefert Informationen darüber, ob die Reaktion freiwillig abläuft. Eine Messung des absoluten Werts der freien Enthalpie ist nicht möglich, wohl aber die Messung der Änderung der freien Enthalpie im Verlauf der Reaktion, auch als freie Reaktionsenthalpie bezeichnet.

Frequenzgenerator Ein Frequenzgenerator (auch als Funktionsgenerator bezeichnet) ist ein Gerät zum Erzeugen periodischer elektrischer Signale mit unterschiedlichen Kurvenformen, insbesondere Sinus, Rechteck, Sägezahn und Dreieck, mit einstellbarer Frequenz (üblicherweise bis einige MHz) und Amplitude.

Funktional Als Funktional bezeichnet man in der Mathematik in der Regel eine Funktion, deren Definitionsmenge als Teilmenge in einem Vektorraum enthalten ist, während ihre Zielmenge in dem zugehörigen Skalarkörper liegt.

Funktionsgenerator siehe →Frequenzgenerator.

Galliumorthophosphat Chemische Verbindung des Galliums aus der Gruppe der Phosphate. Galliumorthophosphat ($GaPO_4$) zeichnet sich durch eine hohe und von der Temperatur weitgehend unabhängig piezoelektrische Empfindlichkeit aus, weshalb es sich besonders gut für den Bau von ungekühlten Miniaturdruckaufnehmern eignet. Da Galliumorthophosphat im Gegensatz zu Quarz in der Natur nicht vorkommt, kann der Kristall nur synthetisch hergestellt werden.

generalisierte Kräfte Unterschiedlich eingeprägte Lastgröße.

generalisierte Verschiebungen Durch die unterschiedlichen Lastgrößen eingeprägte Verschiebungen.

GPIB GPIB (engl.: *General Purpose Interface Bus*) bezeichnet einen externen parallelen Datenbus, der vorrangig zur Verbindung von Messgeräten und Peripheriegeräten mit einem Computer eingesetzt wird, wobei bis zu 15 Geräte angeschlossen werden können. Die maximale Geschwindigkeit der Standardausführung beträgt $1\,\text{MB}\,\text{s}^{-1}$. Eine andere Bezeichnung ist auch IEEE488.

Granulat Bezeichnung für kleine korn- oder kugelförmige Feststoffkörper, die zusammen als granulare Materie erscheinen. Sand beispielsweise ist ein Granulat, das aus vielen Einzelkörnern besteht.

Granulation Bezeichnet eine Pulverbehandlung, bei der die Primärteilchen des Ausgangspulvers zu sekundären Teilchen (Granulatkörnern) agglomerieren.

Grünkörper Bezeichnet in der Keramikfertigung und bei der Herstellung von Sinterwerkstücken einen ungebrannten oder ungesinterten Rohling, der sich noch leicht bearbeiten lässt.

Gyrator Als Gyrator bezeichnet man in der Elektrotechnik ein Zweitor, das beliebige Impedanzen in ihre dualen Impedanzen transformieren kann. Das heißt, ein Gyrator zeigt bei kapazitiver Ausgangsbelastung ein induktives Eingangsverhalten. Faktisch kann man damit eine Kapazität in eine Induktivität umwandeln und umgekehrt. Ein Gyrator ist ein spezieller Positiv-Impedanzinverter.

Halbleiterlaser Ein Halbleiterlaser (Diodenlaser) ist ein Laser, dessen Lasermedium eine Halbleiterdiode (Laserdiode) ist, bei der die Besetzungsinversion durch einen Injektionsstrom, Elektronenstrahlen, elektrische Impulse mit hoher Feldstärke oder durch optisches Pumpen herbeigeführt wird. Als Halbleitermaterialien finden Verbindungen vom Typ $A_{III}B_V$ (GaAs, GaInP, GaAlAs, GaAlSb u. a.) und $A_{IV}B_{VI}$ (PbS, PbSSe, PbTe u. a.) Verwendung, sog. III-V-Halbleiter. Die Indizes III, IV, V und VI kennzeichnen die Hauptgruppe im Periodensystem.

Halogene Bilden die 7. Hauptgruppe oder nach neuer Gruppierung des Periodensystems die Gruppe 17 im Periodensystem der Elemente, die aus den Elementen Fluor, Chlor, Brom, Iod, dem äußerst seltenen radioaktiven Astat und dem 2010 erstmals künstlich erzeugten, sehr instabilen Tenness besteht.

harmonische Funktion Verwendet man eine Sinusfunktion als Eingangsgröße so bezeichnet man die Antwortfunktion als Sinusantwort. Das Verhältnis von Ausgangsgröße $x_a(j\omega)$ zu Eingangsgröße $x_e(j\omega)$ ist der Frequenzgang. Der Frequenzgang charakterisiert das Verhalten von Regelkreiselementen im Frequenzbereich.

He-Ne-Laser Der He-Ne-Laser bzw. Helium-Neon-Laser ist ein Gaslaser, der meist rotes Licht aussendet. Er wurde 1960 von dem iranischen Physiker ALI JAVAN zusammen mit den beiden amerikanischen Physikern WILLIAM R. BENNETT und DONALD R. HERRIOTT entwickelt. Er war der erste Laser, der Licht im kontinuierlichen Betrieb erzeugt.

Heckmann-Diagramm Das Heckmann-Diagramm bringt physikalische Größen über eine Materialeigenschaft oder einen physikalischen Effekt miteinander in Zusammenhang.

Homogenität Eigenschaft einer Substanz, nur aus einer Phase bzw. aus Material in einem Aggregatzustand zu bestehen.

Hysterese Bezeichnet ein bezogen auf die Eingangsgröße variant verzögertes Verhalten der bewirkten Ausgangsgröße.

I/O-Karte I/O-Karten bzw. Input/Output-Karten sind der entscheidende Faktor, der alle Arten von Computern – von Industrial Embedded PC über Server bis zu Laptops und Desktop PC – in die Lage versetzt, universell für unterschiedliche Zwecke eingesetzt zu werden. Sie ermöglichen es, die entsprechenden Devices gemäß ihrer Aufgabe mit Schnittstellen auszustatten, die die Steuerung von peripheren Geräten unterschiedlicher Bauweise in der Automatisierung, zusätzliche Netzwerkanbindungen oder die Erweiterung der multimedialen Fähigkeiten erlaubt. Daher sind I/O-Erweiterungen für eine Spezialisierung unverzichtbar und können ein bestehendes System um zusätzliche Funktionen erweitern, erlauben das einfache Upgrade bestehender Infrastruktur und dienen der flexiblen Organisation der Infrastruktur.

idealer Transformator Von einem idealen Transformator spricht man, wenn an dem Transformator keine Energieverluste z. B. durch ohmsche Widerstände auftreten oder diese Energieverluste unberücksichtigt bleiben sollen.

IEEE488 siehe →GPIB.

Impulsfunktion Einer Impulsfunktion als Eingangsgröße entspricht physikalisch die Aufschaltung eines Energieimpulses mit der Fläche $x_{e0} \cdot T$, x_{e0} hat die Dimension einer Leistung. Eine Impulsfunktion lässt sich physikalisch exakt nicht realisieren. Aus dem Antwortverhalten bei Anregung mit einem kurzen Impuls hoher Amplitude lassen sich jedoch dynamische Eigenschaften wie Eigenfrequenz und Dämpfung ablesen.

Inertialsystem Unter einem Inertialsystem versteht man ein Bezugssystem, das entweder ruht oder sich geradlinig und gleichförmig bewegt, jedoch keiner Beschleunigung unterliegt.

Inversionszentrum Bei der Symmetrieoperation Inversion wird jeder Punkt (Baustein) durch ein punktförmiges Zentrum (Inversions- oder →Symmetriezentrum) in der Weise in die entgegengesetzte Richtung projiziert, dass Punkt und Gegenpunkt vom Inversionszentrum den gleichen Abstand haben (Punktspiegelung).

ionische Bindung Eine Form der chemischen Bindung basierend auf der elektrostatischen Anziehung positiv und negativ geladener Ionen. Dabei entreißt das elektronegativere Atom dem weniger elektronegativen Partner ein oder mehrere Elektronen, wodurch Ionen entstehen.

Isomorphie Die Isomorphie ist ein Begriff, der die methodische Gleichgestaltigkeit von Theorien oder Modellen beschreibt.

isothermer Prozess Beschreibt in der Thermodynamik einen Prozess, dessen Temperatur konstant gehalten wird.

isotrop siehe →Isotropie.

Isotropie Bezeichnet allgemein die Richtungsunabhängigkeit der Eigenschaften eines Stoffes. Isotropie tritt in erster Linie in Gasen, Flüssigkeiten und amorphen Festkörper in auf.

Joch Bezeichnung für einen unbewickelten Körper aus massivem oder lamelliertem Eisen, durch den sich die Magnetfeldlinien ohne wesentlichen Widerstand schließen. Es wird bei magnetischen Messungen in einem magnetischen Kreis verwendet und bildet dabei den Rückschluss für das zu untersuchende, meist stabförmige magnetische Werkstück.

Kation Positiv geladenes Atom oder Molekül. Der Name rührt daher, dass ein Kation von einer Kathode, d. h. einer negativ geladenen Elektrode angezogen wird. Kationen entstehen, wenn Atome oder Moleküle Elektronen abgeben.

Kennkreisfrequenz siehe →Resonanzfrequenz.

Kirchhoffsche Regeln Die Kirchhoffschen Regeln werden im Rahmen der elektrischen Schaltungstechnik bei der Netzwerkanalyse verwendet. Sie unterteilen sich in zwei grundlegende und zusammenhängende Sätze, den Knotenpunktsatz und den Maschensatz, und beschreiben jeweils den Zusammenhang zwischen mehreren elektrischen Strömen und zwischen mehreren elektrischen Spannungen in elektrischen Netzwerken. Sie wurden 1845 von dem deutschen Physiker GUSTAV ROBERT KIRCHHOFF formuliert.

Koerzitivfeldstärke Elektrische Feldstärke, die aufgewendet werden muss, um die nach dem Polungsprozess verbleibende Polarisation (Remanenz) von ferroelektrischen Substanzen oder Ferroelektrika zu kompensieren. Die Größe der Koerzitivfeldstärke hängt mit der Domänenstruktur des Werkstoffs zusammen und bestimmt den Verlauf der Hystereseschleife.

Koerzitivspannung Bei deren Überschreiten in ferroelektrischen Materialien werden 90°-Domänenwandbewegungen eingeleitet.

Kompensationsverfahren Das Kompensationsverfahren (auch als Kompensationsmessmethode bezeichnet) ist ein vorwiegend in der Strom- und Spannungsmessung angewendetes Messverfahren, bei dem einer zu messenden Größe (z. B. Spannung) eine gleich große Hilfsgröße entgegengesetzt wird. Die Gleichheit der beiden Größen wird durch die Nullanzeige eines hochempfindlichen Messinstruments (Nullinstrument) angezeigt. Der Vorteil des Kompensationsverfahrens ist die geringe Beeinflussung der Messgröße durch die Messung, ein Nachteil jedoch ist die geringe zeitliche Auflösung.

Konfigurationsraum Der Konfigurationsraum ist der Raum der generalisierten Koordinaten eines Systems, z. B. in der klassischen Mechanik alle Ortskoordinaten der Teilchen. Die Dimension des Konfigurationsraums ist die Anzahl der n unabhängigen Freiheitsgrade des Systems.

konservatives System Ein konservatives System ist dadurch gekennzeichnet, dass die totale mechanische Energie erhalten bleibt. Solche Kräfte lassen sich über ein Potenzial definieren.

konzentrierte Bauelemente Konzentrierte Bauelemente lassen sich in ihrem Verhalten vollständig durch die an den Anschlüssen anliegenden Fluss- und Differenzgrößen beschreiben. Sollten in der zu untersuchenden Schaltung nicht konzentrierte Bauelemente vorkommen, so müssen diese durch Ersatzschaltungen konzentrierter Elemente ersetzt werden.

Koordinationspolyeder Räumlich geometrische Anordnung von Anionen um Kationen und umgekehrt. Das Koordinationspolyeder bestimmt letztlich die Kristallstruktur.

Korngrenze Bezeichnung eines zweidimensionalen Gitterfehlers in der Kristallografie. Die Korngrenze trennt in einem Kristall Bereiche (Kristallite oder auch Körner genannt) unterschiedlicher Ausrichtung mit ansonsten gleicher Kristallstruktur.

Korngröße Beschreibt die Größe einzelner Partikel (auch Körner genannt) in einem Gemenge. Die Korn- oder Partikelgrößenverteilung hat wesentlichen Einfluss auf die Stoffeigenschaften in vielen technischen und wissenschaftlichen Bereichen.

Korundstruktur Strukturtyp für bestimmte Verbindungen der allgemeinen Zusammensetzung A_2B_3.

kovalente Bindung Eine Form der chemischen Bindungen und als solche für den festen Zusammenhalt von Atomen in zahlreichen chemischen Verbindungen verantwortlich. Sie entsteht, wenn sich zwei Atome ein gemeinsames Elektronenpaar teilen, wobei jedes der Atome ein Elektron zu diesem Bindungselektronenpaar beisteuert.

Kristall Homogener, anisotroper Festkörper, dessen mikroskopische Struktur durch eine dreidimensional-periodische Wiederholung eines Motivs aus Atomen, Ionen oder Molekülen charakterisiert ist.

Kristallfläche Eine der ebenen Begrenzungsflächen eines Einzelkristalls.

Kristallgitter Regelmäßige dreidimensionale Anordnung von (mathematischen) Punkten.

Kristallite Bezeichnung für kristalline Teile eines Werkstoffes oder eines polykristallinen Gefüges. In der Metallkunde und Petrografie werden Kristallite auch als Korn bezeichnet.

Kristallklasse Eine von 32 Klassen, in die man Kristalle bzw. Kristallgitter gemäß ihren Symmetrieeigenschaften bzw. -elementen einteilen kann. Die den 32 kristallografischen Punktgruppen entsprechenden Kristallklassen ergeben sich durch Symmetrieoperationen an Symmetrieelementen (Drehachse, Spiegelebene, Symmetrie- oder Inversionszentrum und Drehspiegel- oder Drehinversionsachse.

Kristallografie Naturwissenschaftliche Disziplin zur Erforschung der Struktur der Materie im atomaren Bereich, insbesondere zur Bestimmung, Klassifizierung und Interpretation der geometrischen Strukturen von Kristallen.

kristallografische Hauptachse Bezeichnet innerhalb eines Kristalls die Kristallachse höchster Zähligkeit. Die Zähligkeit einer Drehachse gibt in der Kristallografie an, wie oft eine zur Drehachse gehörige Drehung angewandt werden muss, bis eine Drehung um 360° (die einer Drehung um 0° gleichzusetzen ist) resultiert.

kristallografische Phase Beschreibt eine charakteristische Anordnung von Atomen.

Kristallsymmetrie Beschreibung der symmetrischen Eigenschaften von Kristallen. Symmetrieeigenschaften eignen sich speziell für die systematische Klassifizierung von Kristallen.

Kristallsystem Repräsentiert ein symmetriebezogenes dreidimensionales Klassifizierungsschema für kristalline Festkörper.

Kuboktaeder Bezeichnet einen Polyeder mit 14 Seiten (sechs Quadrate und acht regelmäßige Dreiecke), zwölf identischen Ecken und 24 identischen Kanten.

LabVIEW Handelsname eines grafischen Programmiersystems von National Instruments. Das Akronym steht für Laboratory Virtual Instrumentation Engineering Workbench. LabVIEW-Programme werden als Virtuelle Instrumente oder einfach VIs bezeichnet. Sie bestehen aus zwei Komponenten: das Frontpanel enthält die Benutzerschnittstelle, das Blockdiagramm den grafischen Programmcode. Dieser wird nicht von einem Interpreter abgearbeitet, sondern kompiliert. Dadurch ist die Leistung vergleichbar mit anderen Hochsprachen.

Lagrange-Formulierung Der Lagrange-Formalismus ist in der Physik eine 1788 von JOSEPH-LOUIS LAGRANGE eingeführte Formulierung der klassischen Mechanik, in der die Dynamik eines Systems durch eine einzige skalare Funktion, die Lagrange-Funktion, beschrieben wird. Der Formalismus ist (im Gegensatz zur Newtonschen Mechanik, die auf Inertialsysteme festgelegt ist) auch auf beschleunigte Bezugssysteme anwendbar.

Langasit Piezoelektrischer Kristall, der gleichen Kristallklasse wie Quarz zugehörig. Im Gegensatz zu Quarz weist Langasit ($La_3Ga_5SiO_{14}$) keinen →Phasen-übergang bis zum Schmelzpunkt von 1475 °C auf. Daher ist Langasit für Hochtemperatursensor-Anwendungen geradezu prädestiniert, sowohl als Volumenschwinger (BAW, engl.: *bulk acoustic wave*) und Oberflächenwellenschwinger (SAW, engl.: *surface acoustic wave*) als auch für Sensoren, deren Funktionsprinzip auf dem →direkten piezoelektrischen Effekt beruhen.

Laplace-Transformation Die Laplace-Transformation, benannt nach dem französischen Mathematiker, Physiker und Astronom PIERRE-SIMON LAPLACE, ist eine einseitige

Integraltransformation, die eine gegebene Funktion f vom reellen Zeitbereich in eine Funktion F im komplexen Spektralbereich (Frequenzbereich, Bildbereich) überführt. Diese Funktion F wird Laplace-Transformierte oder Spektralfunktion genannt.

Legendre-Transformation Die nach dem französischen Mathematiker ADRIEN-MARIE LEGENDRE benannte Transformation gehört zu den Berührungstransformationen und dient als wichtiges mathematisches Verfahren zur Variablentransformation.

lineare Zustandsgleichung Als Zustandsgleichung wird der funktionale Zusammenhang zwischen thermodynamischen Zustandsgrößen bezeichnet, mit deren Hilfe sich der Zustand eines thermodynamischen Systems beschreiben lässt. Dabei wählt man eine der Zustandsgrößen als Zustandsfunktion und die anderen, von ihr abhängigen Zustandsgrößen als Zustandsvariablen. Zustandsgleichungen werden benötigt, um die Eigenschaften von Fluiden, Fluidgemischen und Feststoffen zu beschreiben. Alle Zustandsgleichungen eines Systems lassen sich in einem thermodynamischen Potenzial zusammenfassen.

linksdrehender Quarzkristall Dreht die Polarisationsebene eines parallel zur kristallografischen Hauptachse einfallenden Lichtstrahls gegen den Uhrzeigersinn.

Lithiumniobat Farbloses, künstliches, kristallines Material, das nicht in Wasser oder organischen Lösungsmitteln aufgelöst werden kann und elektrisch isolierend wirkt. Weiterhin zeichnet sich Lithiumniobat ($LiNbO_3$) durch sehr geringe akustische Verluste aus, weshalb es als Basismaterial für Anwendungen mit akustischen Oberflächenwellen (SAW-devices, engl.: *surface acoustic wave*) sehr beliebt ist.

logarithmisches Dekrement Bezeichnet ein Maß für das Dämpfungsverhalten in frei schwingenden Schwingungssystemen. Das logarithmische Dekrement errechnet sich aus dem natürlichen Logarithmus des Verhältnisses der Amplitude zweier beliebiger Ausschläge gleicher Richtung.

lückenlose Mischbarkeit Beschreibt im Allgemeinen die unbegrenzte Mischbarkeit im festen und flüssigen Zustand. Sowohl in der festen Phase als auch in der flüssigen ist jedes Mischungsverhältnis möglich.

Mahlkörpermühle Dient zur Grob-, Fein- und Feinstzerkleinerung oder Homogenisierung von Mahlgut. Sie besteht aus einem in Rotation versetzten Mahlraum, in dem Mahlgut durch Mahlkörper zerkleinert wird. Somit lässt sie sich verfahrenstechnisch der mechanischen Verfahrenstechnik zuordnen.

makroskopische Raumladungsdichte Entsteht durch Mittelung über alle Ladungen in einem Raumvolumen, wobei sich die gebundenen Ladungen in der Regel kompensieren, sodass die makroskopische Raumladungsdichte aus freien Überschussladungen resultiert.

Maxwell-Gleichungen Beschreiben wie elektrische und magnetische Felder untereinander sowie mit elektrischen Ladungen und elektrischem Strom unter gegebenen Randbedingungen zusammenhängen. Zusammen mit der Lorentzkraft erklären sie alle Phänomene der klassischen Elektrodynamik und bilden daher auch die theoretische Grundlage der Optik und der Elektrotechnik. Benannt sind die Gleichungen nach dem schottischen Physiker JAMES CLERK MAXWELL, der sie von 1861 bis 1864 erarbeitet hat.

mechanische Aktivierung Chemische Reaktionen können durch unterschiedliche externe Einflüsse wie Wärme und Licht sowie durch mechanische Belastungen aktiviert werden. Mechanische Kräfte aktivieren hierbei insbesondere kovalente Bindungen.

mechanische Depolarisation Verringerung bzw. Eliminierung der nutzbaren piezoelektrischen Eigenschaften in polykristallinen Keramiken durch Druckspannungen.

mesomere Grenzstruktur Bezeichnung für eine von mehreren plausibel formulierbaren und einander äquivalenten Strukturformeln einer chemischen (ungesättigten) Verbindung, von denen man annimmt, dass sie alle gemeinsam zu den Eigenschaften der Verbindung beitragen.

mittlere elektrische Feldstärke Räumlicher Mittelwert mikroskopischer Fluktuationen der elektrischen Feldstärke (auf einer Längenskala $\gg 100$ Å) und somit eine Beschreibung, die von der komplizierten mikroskopischen Struktur der Materie absieht.

morphotrope Phasengrenze Bezeichnung der Grenze, die im Blei-Zirkonat-Titanat-System die tetragonale (FT) von der rhomboedrischen (FR) ferroelektrischen Phase trennt.

Morphotropie Erscheinung, nach welcher durch Substitutionsvorgänge die Kristallform einer Substanz einseitig geändert wird.

Netzwerkanalysator Ein Netzwerkanalysator (engl.: *Network Analyzer*) wird in der Elektronik, besonders in der Nachrichtentechnik und der Hochfrequenztechnik eingesetzt, um die Streuparameter (S-Parameter), also die Wellengröße der Reflexion und Transmission an elektrischen Toren als Funktion der Frequenz zu messen. Anwendungen von Netzwerkanalysatoren liegen bei dem Ermitteln der Übertragungseigenschaften von beispielsweise Filtern oder Verstärkern bis hin zur Vermessung komplexer Übertragungsstrecken. Als wesentliche Eigenschaft wird bei einem Netzwerkanalysator das Messobjekt, etwa eine elektronische Baugruppe wie ein Filter, durch im Netzwerkanalysator eingebaute Messgeneratoren (Sender) gespeist und zugleich die dabei auftretenden Signaländerungen durch Messempfänger im Netzwerkanalysator erfasst. Damit lässt sich die Messung von Sende- und Empfangssignal als relative Messung gestalten und die Messwerte zueinander in Relation setzen.

Neukurve Gibt die Abhängigkeit der elektrischen Polarisation von der elektrischen Feldstärke bei erstmaliger Polung wieder und wird daher einmalig durchlaufen.

neutrale Faser Als neutrale Faser, auch Nulllinie genannt, bezeichnet man in der Festigkeitslehre diejenige Faser oder Schicht eines Balkenquerschnitts, deren Länge sich beim Verdrehen bzw. Biegen nicht ändert. Dort verursacht die Beanspruchung keine Zug- oder Druckspannung. Sie verläuft in geraden Balken aus isotropen Materialien durch den geometrischen Schwerpunkt der Querschnittsfläche.

Normalspannung Diejenige Komponente der mechanischen Spannung, die senkrecht zur Oberfläche eines Körpers angreift.

optische Achse Eine in einem optisch anisotropen (doppelbrechenden) Kristall ausgezeichnete Richtung, entlang derer die Lichtgeschwindigkeit für Wellen aller Polarisationsrichtungen gleich ist, also jede Polarisationskomponente eines Lichtstrahls den gleichen Brechungsindex erfährt (nicht zu verwechseln mit der optischen Achse von optischen Systemen).

ORIGIN Handelsname eines Analyse- und Darstellungsprogramms für Daten. Neben der Darstellung von Rohdaten in publikationsfähigen Grafiken in 2D und 3D beherrscht ORIGIN viele gängige Analyseverfahren wie Fits, Fourier-Transformationen und viele mehr. ORIGIN beinhaltet eine Reihe von Funktionen, die auf die Ansprüche von Wissenschaftlern und Ingenieuren ausgerichtet sind. Arbeitsmappen mit mehreren Datenblättern, publikationsreife Grafiken und standardisierte Analysehilfsmittel bieten einen nahtlos integrierten Workspace zum Importieren von Daten, Erstellen und Anpassen von Diagrammen, Untersuchen und Analysieren von Daten. Origin bietet Hilfsmittel zur Datenanalyse, wie komplexe Statistiken, Regression, nicht-lineare Kurvenanpassung, Bild- und Signalverarbeitung sowie Peakanalyse.

Parameterintegral Bezeichnet in der Analysis ein Integral, dessen Integrand von einem Parameter abhängt. Der Wert eines solchen Integrals ist dann eine Funktion des Parameters und es stellt sich unter anderem die Frage, ob diese Funktion stetig oder differenzierbar ist.

Partikelgröße siehe →Korngröße.

Permanentmagnet Ein Permanentmagnet ist ein Magnet aus einem Stück hartmagnetischen Materials, z. B. Legierungen aus Eisen, Cobalt, Nickel oder bestimmten Ferriten. Er hat und behält ein gleichbleibendes Magnetfeld, ohne dass man wie bei Elektromagneten elektrische Leistung aufwenden muss. Dauermagnete besitzen an ihrer Oberfläche je einen oder mehrere Nord- und Südpol(e).

Permittivität Bezeichnet eine Materialeigenschaft elektrisch isolierender, polarer oder unpolarer Stoffe, welche auch Dielektrika genannt werden.

Perowskite Bezeichnen Kristalle mit der Struktur des Perowskits $CaTiO_3$. In dieser Struktur besetzen die (größeren) Ca-Ionen die Ecken des Elementarwürfels, die kleineren Ti-Ionen sein Zentrum und die O-Ionen seine Flächenmittelpunkte. Die Struktur lässt sich auch so beschreiben, dass die größeren Ca-Ionen und die O-Ionen zusammen eine kubisch dichteste Kugelpackung bilden, in der ein Viertel der oktaedrischen Lücken mit Ti besetzt ist. Es existiert eine ganze Reihe von Abwandlungen, in denen die ursprüngliche Struktur verzerrt erscheint. Die hochsymmetrische Perowskitstruktur ist somit der Repräsentant für eine ganze Familie von niedrigen symmetrischen Strukturen und als solcher der Prototyp dieser Strukturen.

Perowskitstruktur Wichtiger Strukturtyp für technisch bedeutende Verbindungen wie Ferroelektrika. Der Begriff Perowskit-Struktur bezieht sich dabei auf eine kubische Kristallstruktur, die im namensgebenden Perowskit jedoch nicht vorliegt.

Phasendiagramm Sammelbezeichnung für Diagramme, die die Phasenzusammensetzung von Ein- und Mehrstoffsystemen in Abhängigkeit von Druck, Volumen, Temperatur, Zusammensetzung oder Entropie wiedergeben.

Phasengang Der Phasengang, auch Phasenfrequenzgang oder Phasenmaß (engl.: *phase response*), wird meistens im Zusammenhang mit dem →Amplitudengang oder Amplitudenfrequenzgang betrachtet.

Phasenübergang Kennzeichnet den Wechsel eines thermodynamischen Systems infolge einer Variation der Zustandsgrößen, wie der Temperatur oder dem Druck, von einer Phase in eine andere.

piezoelektrische Konstante siehe →piezoelektrische Ladungskonstante.

piezoelektrische Ladungskonstante Bezeichnet das Verhältnis aus erzeugter elektrischer Verschiebung (genauer gesagt aus erzeugter Polarisationsänderung) und angelegter mechanischer Spannung.

piezoelektrischer Modul Beschreibt die Reaktion der mechanischen Spannung auf das elektrische Feld.

piezoelektrisches Moment Das durch die piezoelektrischen Eigenschaften des Materials verursachte Moment bei elektrischer Ansteuerung.

Piezoelektrizität Erscheinung, dass bei Quarz und zahlreichen anderen Kristallen, bei denen nicht jeder Gitterbaustein ein Symmetriezentrum des Gesamtgitters ist, bei elastischer Kompression in gewissen Richtungen scheinbare elektrische Oberflächenladungen auftreten.

Plastizität Beschreibt die Fähigkeit von Feststoffen, sich unter einer Krafteinwirkung nach Überschreiten einer Elastizitätsgrenze irreversibel zu verformen oder umzuformen (zu fließen) und diese Form nach der Einwirkung beizubehalten.

polare Achse Bezeichnung für eine Symmetrieachse bei den Kristallformen, die kein Inversionszentrum (Symmetriezentrum) besitzen. Längs einer polaren Achse sind vorderes und hinteres Ende nicht gleichwertig und somit nicht miteinander vertauschbar.

Polarelektrizität Ursprüngliche Bezeichnung für →Piezoelektrizität.

Polarisierbarkeit Kennzeichnet eine Eigenschaft von Molekülen und Atomen und ist ein Maß für die Verschiebbarkeit von positiver relativ zu negativer Ladung im Molekül/Atom beim Anlegen eines äußeren elektrischen Feldes. Da ein elektrisches Dipolmoment induziert wird, spricht man auch von Verschiebungspolarisation.

Polung Bezeichnung für die permanente Änderung der Gitterausrichtung einzelner Domänen in einem ferroelektrischen Material unter Einwirkung starker elektrischer Felder. Das Resultat ist eine remanente Polarisation, die mit einer Dehnung des Materials einhergeht. Das ferroelektrische Material besitzt jetzt piezoelektrische Eigenschaften und verändert beim Anlegen einer elektrischen Spannung seine Dimensionen.

Potenzialbarriere Kennzeichnet einen Raumbereich, in dem ein Potenzial ein lokales Maximum annimmt. Als Potenzial wird dabei eine Funktion bezeichnet, die jedem Punkt im Raum oder jedem Zustand in einem Phasenraum eine potenzielle Energie zuordnet. Raumbereiche, die sich zwischen Potenzialbarrieren befinden und in denen das Potenzial ein lokales Minimum annimmt, werden als Potenzialtöpfe bezeichnet. Ob ein System oder ein Teilchen eine Potenzialbarriere überwinden kann, hängt dabei von seiner Energie, der Höhe und der Form der Barriere ab.

Primärkörner Entstehen, wenn Kristalle in einer Schmelze erstarren, in der sie von umliegenden Kristallen am freien Kornwachstum gehindert werden. Sie erstarren zu einem polykristallinen Gefüge mit meist mikroskopisch kleiner Korngröße.

PSD Ein Position Sensitive Device bzw. Position Sensitive Detector ist ein optischer Positionssensor, der die ein- oder zweidimensionale Position eines Lichtpunktes messen kann.

Puffersystem Bezeichnet ein Stoffgemisch aus einer schwachen Säure und ihrer korrespondierenden Base. Puffersysteme zeichnen sich dadurch aus, dass der pH-Wert bei Zugabe einer Säure oder einer Base gleich bleibt.

Punktladung Bezeichnet die Idealisierung einer Ladung ohne räumliche Ausdehnung, d. h. die Ladung lässt sich als in einem Punkt konzentriert annehmen. Eine Punktladung kann positiv oder negativ geladen sein.

pyroelektrischer Koeffizient Zentraler Parameter eines pyroelektrisch aktiven Materials. Er gibt an, welche Ladungsmenge pro Temperaturänderung und Fläche getrennt werden kann und bestimmt somit Potenzial und Effizienz des Materials in einer möglichen technischen Anwendung.

pyroelektrischer Kristall Kristall mit stark asymmetrischem Aufbau, welcher zu einem Dipolcharakter führt, und der Kristall somit über eine permanente elektrische Polarisation verfügt. Eine Temperaturänderung verursacht eine Änderung der elektrischen Polarisation, die am Kristall mittels Elektroden als Ladungsänderung abgegriffen werden kann. Ein äußeres elektrisches Feld vermag weder den Betrag noch die Richtung der elektrischen Polarisation eines pyroelektrischen Kristalls zu verändern.

Pyroelektrizität Eigenschaft einiger piezoelektrischer Kristalle, auf eine zeitliche Temperaturänderung mit einer Ladungstrennung zu reagieren. An den Oberflächen des Kristalls kann die resultierende Spannung abgegriffen und gemessen werden. Insbesondere in der Sensortechnik wird dieser Effekt ausgenutzt, z. B. für Infrarot-Detektoren, Bewegungsmelder oder Temperatursensoren.

Rayleighsche Dissipationsfunktion Die Rayleighsche Dissipationsfunktion ist ein von Lord RAYLEIGH 1876 eingeführter Ansatz für eine geschwindigkeitsabhängige Reibungskraft in der klassischen Mechanik. Er lässt sich auch im Lagrange-Formalismus der klassischen Mechanik formulieren.

reine Biegung Unter reiner Biegung versteht man einen Zustand, in welchem im Balken ein konstantes und querkraftfreies Biegemoment vorliegt. Der Zustand der reinen Biegung kann im gesamten Balken vorliegen oder nur in Teilbereichen.

Reinheit siehe →chemische Reinheit.

remanente Dehnung Unter dem Einfluss eines elektrischen Gleichfeldes werden die elektrischen Dipole in Feldrichtung ausgerichtet, was gleichzeitig zu einer mechanischen Dehnung eines ferroelektrischen Materials führt. Diese Orientierung (und damit auch Dehnung) bleibt nach Abschalten des elektrischen Gleichfeldes zum großen Teil erhalten (remanente Dehnung).

remanente Polarisation Unter dem Einfluss eines elektrischen Gleichfeldes werden die elektrischen Dipole in Feldrichtung ausgerichtet. Diese Orientierung bleibt auch nach Abschalten des elektrischen Gleichfeldes zum großen Teil erhalten (remanente Polarisation).

Resonanzfrequenz Die Resonanzfrequenz ist die Frequenz, bei der die Amplitude einer erzwungenen Schwingung maximal wird. Hat ein System mehrere Eigenfrequenzen, so hat es mehrere Resonanzfrequenzen, d. h. (lokale) Maxima der erzwungenen Amplitude.

Resonanzgüte Der Gütefaktor, auch Q-Faktor oder Güte, in Bezug zu schwingungsfähigen Systemen auch Kreisgüte, Filtergüte, Schwingkreisgüte oder Resonanzschärfe genannt, ist in der Physik und Technik ein Parameter, der in einem frei schwingenden harmonischen Oszillator (Resonator) das Verhältnis der gespeicherten Energie zu dem thermischen Energieverlust während der folgenden Schwingungsperiode ausdrückt. Der Gütefaktor ist auch ein Kennzeichen für den Energieverlust in Energiespeichern, wie beispielsweise elektrischen Bauelementen wie Spulen und Kondensatoren. Bei einer erzwungenen Schwingung beschreibt der Gütefaktor das Verhältnis der Resonanzfrequenz zu seiner Bandbreite. Eine hohe Güte eines Systems besagt, dass das System die gespeicherte Energie in nur geringem Umfang in thermische Energie umsetzt und die Schwingung nur in geringem Umfang abnimmt. Der Kehrwert des Gütefaktors wird als Verlustfaktor bezeichnet.

Restpolarisation Synonym für →remanente Polarisation.

reversibler Prozess Ein reversibler Prozess ist eine thermodynamische Zustandsänderung von Körpern, die jederzeit wieder umgekehrt ablaufen könnte, ohne dass die Körper oder deren Umgebung dabei bleibende Veränderungen erfahren. Bei idealen reversiblen Prozessen wird keine Entropie erzeugt, die Entropieproduktion ist folglich null.

reziproker piezoelektrischer Effekt Erscheinung, dass sich bei bestimmten dielektrischen Kristallen durch Anlegen eines elektrischen Feldes eine elastische Verformung erzeugen lässt.

reziproker piezoelektrischer Effekt - longitudinal Bezeichnet den Effekt, dass es beim Anlegen einer elektrischen Spannung an einem piezoelektrischen Kristall entlang einer seiner polaren Achsen zu einer Kompression (Dilatation) entlang dieser polaren Achse kommt.

reziproker piezoelektrischer Effekt - transversal Bezeichnet den Effekt, dass es beim Anlegen einer elektrischen Spannung an einem piezoelektrischen Kristall entlang einer seiner polaren Achsen zu einer Kompression (Dilatation) senkrecht zu dieser polaren Achse kommt.

RS-232 RS-232 (engl.: *Recommended Standard 232*) bezeichnet einen Standard für eine serielle Schnittstelle, der in den frühen 1960er Jahren vom US-amerikanischen Standardisierungsgremium Electronic Industries Association (EIA) erarbeitet wurde.

Sauerstoff Chemisches Element (Symbol O) aus der 6. Hauptgruppe und der 8. Periode des Periodensystems der Elemente. Hinsichtlich seines Gewichts ist Sauerstoff das häufigste Element der Erdkruste und der Erdhülle sowie das zweit-häufigste Element der Erde insgesamt.

Schlicker Bezeichnet ein flüssiges, breiiges bis zähflüssiges Wasser-Mineralgemisch (Masse) zur Herstellung von Keramikerzeugnissen.

Schnittkräfte Bezeichnen die beim gedanklichen Freischneiden (Schnittprinzip) auf die Schnittflächen wirkenden Kräfte (Schnittkräfte) und Momente (Schnittmomente). Aus ihnen lassen sich die Spannungen in der gedanklichen Schnittfläche des Festkörpers an dieser Stelle ermitteln.

Schnittlasten Erfahrungsgemäß treten die Lagerreaktionen und die an Körperteilen entstehenden Schnittreaktionen (auch Schnittlasten) als Wechselwirkungen immer paarweise mit entgegengesetzt gleich großen Partnern auf.

Schnittstelle Eine Schnittstelle (engl.: *interface*) ist ganz allgemein die Verbindungsstelle zwischen zwei miteinander in Beziehung stehenden informationsverarbeitenden Systemen oder Systemkomponenten, über die der Austausch von Daten oder Steuerinformationen erfolgt.

Schubspannung siehe →Tangentialspannung.

Seignettesalz Ein Salz der Weinsäure, das in La Rochelle (Frankreich) entdeckt und daher auch Rocheller Salz genannt wird. Veraltete Bezeichnungen sind weinsaures Natronkalium oder Natronweinstein. Die wegen der Anwendung in der Pharmazie (mildes Brechmittel) wichtigen lateinischen Namen sind *Tartarus natronatus*, *Natrokali tartaricum*, *Kalium tartaricum natronatum*.

Sekundärkorn Stellt einen Kornverband (Agglomerat) aus Primärkörnern dar.

Separationsansatz Der Separationsansatz oder Produktansatz dient der Lösung partieller Differenzialgleichungen mit zwei Variablen und ähnelt der Trennung der Variablen für gewöhnliche Differenzialgleichungen.

Siebdruckverfahren Verfahren, mit dem unter Verwendung spezieller Dickschichtpasten Leiterbahnen, Widerstände, Dielektrika und Isolierschichten auf Keramiksubstrate aufgebracht werden.

Silicate Verbindungen aus Sauerstoff, Silicium und Metallen. Zu ihnen gehören zahlreiche Mineralien, die den Großteil des Erdreichs ausmachen.

Silicium Chemisches Element (Symbol Si) aus der 4. Hauptgruppe und der 3. Peri-ode des Periodensystems der Elemente. Silicium ist ein Elementhalbleiter und kommt in freier Form in der Natur nicht vor. Nach Sauerstoff ist Silicium das zweithäufigste Element und tritt im Wesentlichen in Form silicatischer Minerale oder als reines →Siliciumdioxid auf.

Siliciumdioxid Sammelbezeichnung für die Modifikation der Oxide des Siliciums mit der Summenformel SiO_2. Siliciumdioxid bildet stabile, nichtflüchtige, kristalline oder amorphe Phasen mit einem Raumnetz von kovalenten Bindungen. Bei Normdruck bildet Quarz bis zu einer Temperatur von 867 °C eine stabile Modifikation (mit zwei Varianten, α-Quarz bis 573 °C, β-Quarz über 573 °C) und repräsentiert die in der Natur am weitesten verbreitete Form von Siliciumdioxid.

spannungsgesteuerte Stromquelle Bei dieser Art von Stromquelle wird nach Anschluss eines stromleitenden Bauelements ein zur Steuerspannung proportionaler Strom erzeugt, ganz gleich (in weiten Grenzen), welchen Widerstand das Bauelement hat.

Spannungstensor Tensor zweiter Stufe, der die Normalspannungen in Normalenrichtung, sowie tangential wirkende (transversale) Scherspannungen zu einem mathematischen Objekt zusammenfasst.

Spannungsvektor Repräsentiert eine auf ein infinitesimales Flächenelement bezogene Schnittkraft. Die Gesamtheit aller denkbaren Spannungsvektoren in einem materiellen Punkt in einem belasteten Körper beschreiben dessen Spannungszustand.

spezifische Oberfläche Messgröße, die bei körnigen oder teilchenartigen Feststoffen Verwendung findet. Sie bezeichnet die Summe aller Grenzflächen zwischen fester und gasförmiger bzw. fester und flüssiger Phase und bestimmt das Ausmaß der Reaktivität zwischen den jeweiligen Phasen. Mit abnehmender Teilchengröße nimmt deren Oberfläche und damit ihr Reaktionsvermögen (z. B. ihre Beteiligung an Austauschvorgängen) zu.

spontane Deformation Bezeichnung der beim Übergang von der paraelektrischen in die ferroelektrische Phase entstehenden Verzerrung.

spontane Polarisation Auftreten einer elektrischen Polarisation ohne äußeres elektrisches Feld unterhalb einer bestimmten Übergangstemperatur, der sog. Curie-Temperatur.

spontanes Dipolmoment Auftreten eines elektrischen Dipolmoments ohne äußeres elektrisches Feld unterhalb einer bestimmten Übergangstemperatur, der sog. Curie-Temperatur.

Sprungfunktion Die Sprungfunktion ist die wichtigste Testfunktion der Regelungstechnik. Die Eingangsfunktion $x_e(t)$ wird zum Zeitpunkt $t = 0$ sprungförmig von null auf einen Wert $x_{e0} \cdot \sigma(t)$ geändert. $\sigma(t)$ wird Schaltfunktion oder Einheitssprungfunktion genannt. Der zeitliche Verlauf $x_a(t)$ als Ergebnis dieser Anregungsfunktion ist die Sprungantwort.

stationärer Zustand Definiert als ein Gleichgewichtszustand, in dem die intensiven Zustandsvariablen des Systems zeitlich konstant sind. Ist das System homogen, so haben die genannten Variablen überall dieselben Werte, sind also zeitlich und örtlich unveränderlich.

stationäres System Als stationär bezeichnet man ein System, das ohne eine Anregung von außen seinen Zustand nicht mehr ändert.

Steatit Bezeichnet einen keramischer Werkstoff auf der Basis von Magnesiumsilikat. Hergestellt wird er aus Speckstein, Ton und Feldspat. Je nach Zusammensetzung erhält man eine hohe mechanische Festigkeit und elektrische Isolationseigenschaften.

Stöchiometrie Ein grundlegendes mathematisches Hilfsmittel in der Chemie, mit dessen Hilfe aus der qualitativen Kenntnis der Reaktanten (Ausgangsstoffe) und Produkte einer Reaktion die tatsächlichen Mengenverhältnisse (Reaktionsgleichung) und Stoffmengen berechnet werden.

Sublimation Bezeichnung für den Prozess des unmittelbaren Übergangs eines Stoffes vom festen in den gasförmigen Aggregatzustand, ohne sich vorher zu verflüssigen. Es handelt sich um einen rein physikalischen Vorgang, bei dem der Stoff chemisch unverändert bleibt.

Superpositionsprinzip Besagt, dass die Kraft auf eine Ladung Q_1 gegeben ist durch die vektorielle Summe der Coulomb-Kräfte, die alle übrigen Ladungen auf Q_1 ausüben.

Suspension Heterogenes Stoffgemisch aus einer Flüssigkeit und darin fein verteilten Festkörpern (Partikeln).

Symmetrieelement Geometrisches Objekt, wie z. B. eine Linie (Achse), Ebene oder ein Punkt, bezüglich dem eine →Symmetrieoperation ausgeführt wird.

Symmetrieoperation Abbildung, bei der jeder Punkt des Raumes so in einen anderen Raumpunkt überführt wird, dass die Länge jeder Strecke des Raumes invariant bleibt und die räumliche Anordnung des Objekts (Molekül, Kristall) vor und nach der Abbildung ununterscheidbar ist.

Symmetriezentrum Ein im Innern eines Kristalls gelegener Punkt, durch den eine beliebige Gerade gelegt werden kann, mit der Eigenschaft, dass die Entfernungen vom Punkt bis zu den beiden Schnittpunkten der Gerade mit der Kristalloberfläche gleich groß sind.

Tangentialspannung Spannung, die eine an einem Körper tangential angreifende Kraft verursacht.

technische Biegetheorie Führt auf der Grundlage von geeigneten Voraussetzungen und Annahmen zu ausreichend genauen Rechenergebnissen für Stabsysteme unter Biegung. Dazu unterscheiden wir bei der Belastung die gerade und die schiefe Biegung, die reine Biegung und die Querkraftbiegung sowie die Biegung mit und ohne Normalkraft.

Testfunktionen Die Ausgangsgröße $x_a(t)$ kann bei vorgegebenem zeitlichen Verlauf der Eingangsgröße berechnet werden, wenn die Parameter des Übertragungselements bekannt sind. Um eine Vergleichsmöglichkeit zwischen verschiedenen Regelungssystemen oder bei Parametervariation eines Systems zu erhalten, ist es zweckmäßig, die Lösung der Differenzialgleichung für bestimmte Eingangsfunktionen, sog. Testfunktionen zu ermitteln. Man erhält normierte Ausgangsfunktionen, die einen Vergleich erleichtern. Für die praktische Untersuchung empfiehlt sich, die Testfunktion zum Zeitpunkt $t = 0$ als Eingangsgröße aufzuschalten und die Ausgangsgröße aufzuzeichnen. Die Ausgangsgröße geht bei stabilen Systemen von einem stationären Zustand über in den durch die partikuläre Lösung vorgegebenen neuen stationären Zustand. Das dynamische Verhalten ist durch dieses Übergangsverhalten bestimmt.

thermodynamisches Gleichgewicht Zustand eines abgeschlossenen thermodynamischen Systems mit konstanter innerer Energie, Volumen, verallgemeinerten Koordinaten und Teilchenzahl, bei dem entsprechend dem zweiten Hauptsatz der Thermodynamik die Entropie bei jeder infinitesimalen virtuellen Verrückung konstant bleibt und ihren Maximalwert annimmt.

thermodynamisches Potenzial Beschreibt in der Thermodynamik eine Größe, die von ihrem Informationsgehalt her das Verhalten eines thermodynamischen Systems im Gleichgewicht vollständig beschreibt.

thermodynamisches System Ein thermodynamisches System ist ein räumlich abgrenzbares Objekt mit physikalischen Eigenschaften, die sich durch die Gesetze der Thermodynamik beschreiben lassen. Es muss gegenüber seiner Umgebung abgegrenzt, aber nicht isoliert sein. Was zu ihm hinzuzurechnen ist, muss aufgrund der Definition eindeutig und klar feststellbar sein. Die Festlegung der Begrenzungsflächen zur Umgebung, auch Systemgrenzen genannt, ist willkürlich; eine geschickte Wahl der Systemgrenzen kann die Lösung einer thermodynamischen Aufgabe erheblich vereinfachen.

thermogravimetrische Analyse Die thermogravimetrische Analyse (TGA), auch Thermogravimetrie genannt, ist eine analytische Methode bzw. Methode der thermischen Analyse oder Thermoanalytik, bei der die Massenänderung einer Probe in Abhängigkeit von der Temperatur und Zeit gemessen wird.

Tiefquarz Synonym für → α-Quarz.

Toleranzfaktor Indikator für die Stabilität und Verzerrung von Kristallstrukturen.

Transponierte Bezeichnet in der Mathematik diejenige Matrix, die durch Vertauschen der Rollen von Zeilen und Spalten einer gegebenen Matrix entsteht. Anschaulich entsteht die transponierte Matrix durch Spiegelung der Ausgangsmatrix an ihrer Hauptdiagonalen.

Triangulationsverfahren Bezeichnung für eine geometrische Methode der optischen Abstandsmessung durch genaue Winkelmessung innerhalb von Dreiecken. Die Berechnung erfolgt mittels trigonometrischer Funktionen. Vereinfacht könnte man auch sagen, dass von zwei Punkten, deren Abstand bekannt ist, Winkelmessungen zu beliebig anderen Punkten im Raum erfolgen, um deren Lage eindeutig zu bezeichnen.

trigonales Kristallsystem Gehört zu den sieben Kristallsystemen in der Kristallografie. Beim trigonalen (oft auch als rhomboedrisch bezeichneten) Kristallsystem liegt ein schiefwinkliges Koordinatensystem vor. Drei Achsen sind gleich lang, schneiden sich allerdings in unterschiedlichen Winkeln ungleich 90°. Zum trigonalen Kristallsystem zählen z. B. Chrom und → α-Quarz.

Turmalin In vielen Graniten vorkommendes farbiges oder farbloses, z. T. durchsichtiges, glasglänzendes Mineral und Edelstein, chemisch ein bor- und fluorhaltiges Silicat.

unterkritisch gedämpfte Schwingung Ist die Dämpfungskonstante ζ klein genug, sodass immer noch eine Schwingung stattfinden kann, so nennt man die Schwingung unterkritisch gedämpft. Die Amplitude der resultierenden Schwingung nimmt exponentiell ab und die Frequenz ist etwas kleiner als die ursprüngliche Eigenfrequenz.

Valenzelektronenpaar An Bindungen (Valenzen) zwischen Atomen beteiligte Elektronen (Valenzelektronen), welche sich in den äußeren Atomorbitalen aufhalten. Bei der Ausbildung einer kovalenten Bindung befinden sich die Elektronen zwischen zwei Atomen und bilden ein sog. bindendes Elektronenpaar, welches in der Fachliteratur durch einen Strich gekennzeichnet wird. Unter einem Elektronenpaar versteht man zwei Elektronen mit entgegengesetztem Spin, die dasselbe Atom- oder Molekülorbital besetzen. In Molekülen gibt es neben den bindenden Elektronenpaaren auch solche, die nicht an Bindungen teilnehmen. Derartige Elektronenpaare werden als nichtbindende oder freie Elektronenpaare bezeichnet.

Variationsrechnung Die Variationsrechnung ist ein mathematisches Teilgebiet in der Analysis, welches Anwendungen in der theoretischen und der mathematischen Physik hat. Sie wurde um die Mitte des 18. Jahrhunderts insbesondere von LEONHARD EULER und JOSEPH-LOUIS LAGRANGE zu einem Fachgebiet entwickelt.

verallgemeinerte Koordinaten Die generalisierten (oder verallgemeinerten) Koordinaten bilden in der theoretischen und der technischen Mechanik einen minimalen Satz von unabhängigen Koordinaten zur eindeutigen Beschreibung des räumlichen Zustands des betrachteten Systems. Sie werden so gewählt, dass die mathematische Formulierung von Bewegungen, die Zwangsbedingungen unterliegen, möglichst einfach wird.

Verschiebungsfeld Das Verschiebungsfeld eines materiellen Punktes P zum Zeitpunkt t ist definiert als der Vektor von der Position in der Referenzkonfiguration zur Position in der Momentankonfiguration.

Verzerrungstensor Dimensionsloser Tensor zweiter Stufe, der das Verhältnis von Momentankonfiguration zur Ausgangskonfiguration bei der Deformation von kontinuierlichen Körpern und damit Veränderung der gegenseitigen Lagebeziehungen der Materieelemente beschreibt. Diese Änderung (Deformation) der inneren Anordnung korrespondiert mit einer Änderung der äußeren Gestalt des Festkörpers und wird damit beispielsweise als Dehnung, Stauchung, Scherung usw. sichtbar.

Vierpol Ein Vierpol (auch Zweitor genannt) ist ein elektrisches Netzwerk mit zwei Eingangs- und zwei Ausgangsklemmen. Die Theorie der Vierpole beschäftigt sich neben den Übertragungseigenschaften u. a. mit den Eingangs- und Ausgangswiderständen und ihrer Abhängigkeit von der äußeren Beschaltung (Signalquelle, Lastwiderstand).

VISA Abkürzung für Virtual Instrument Software Architecture. Sie bezeichnet eine in der Prüf- und Messindustrie weitverbreitete Anwendungsprogrammierschnittstelle (API) für die Kommunikation mit Messgeräten über einen Computer. VISA ist ein Industriestandard, der von zahlreichen Unternehmen eingeführt wurde.

Voigtsche Notation Die Voigtsche Notation, benannt nach dem Physiker WOLDEMAR VOIGT, ist eine abkürzende mathematische Schreibweise für bestimmte mathematische Funktionen (symmetrische Tensoren), die eine bestimmte Anzahl von Vektoren auf einen Zahlenwert abbilden. Ausgehend von der Indexnotation für Tensoren werden dabei jeweils zwei Indizes nach einer bestimmten Vorschrift zu einem Index „zusammengezogen". Ein Tensor zweiter Stufe hat in Anwendungsfällen oft neun Komponenten, die in einer 3×3-Matrix zusammengefasst werden können.

vollständiges Differenzial Beschreibt die genäherte Änderung des Funktionswerts einer Funktion mit mehreren unabhängigen Variablen, wenn alle unabhängigen Variablen um einen kleinen Wert geändert werden.

wahrer Pfad Derjenige Pfad, der einen festen Anfangspunkt im Konfigurationsraum mit einem ebenfalls festen Endpunkt verbindet, und der von einem mechanischen System tatsächlich durchlaufen wird (d. h. das Wirkungsfunktional wird stationär).

Wandler Wandler (engl.: *Transducer*) ist der Oberbegriff für Baugruppen oder Bauelemente, die eine Energieform in eine andere Energieform umwandeln oder aber den Wert einer physikalischen Größe (z. B. Druck) in einen anderen überführen.

Wellenzahl Die Wellenzahl ist als Quotient aus der Anzahl der auf eine definierte Länge entfallenden Wellenlängen anzusehen und entspricht anschaulich der Anzahl der

Schwingungen, die auf eine Einheitslänge (bei der Kreiswellenzahl k auf die Länge von 2π) entfallen.

Wirkungsfunktional Aus physikalischer Sicht ist mit dem Begriff Wirkung nicht wie im allgemeinen Sprachgebrauch die Auswirkung einer Ursache nach dem Kausalprinzip gemeint, sondern ein mathematisch formuliertes Wirkungsfunktional, das Aufschluss darüber gibt, welche Bahn aus der Menge aller prinzipiell möglichen Bahnen in einem physikalischen System tatsächlich durchlaufen wird.

Wolframcarbid Eine nichtoxidische Keramik bzw. eine intermediäre Kristallphase, die aus den chemischen Elementen Wolfram und Kohlenstoff gebildet wird. Es handelt sich um Einlagerungsmischkristalle. Dabei lagern sich durch Aufkohlen Kohlenstoffatome zwischen den Gitterplätzen des Wolframs ein. Die Reaktion verläuft über W_2C zu WC. Wolframcarbid entsteht auch durch Reduktion von Wolframoxiden mit Kohlenstoff. Daher wird zur Herstellung von Wolfram Wasserstoff als Reduktionsmittel angewandt. Wolframcarbid ist sehr hart und wird daher als Material für Werkzeuge eingesetzt.

Wärmeleitung Beschreibt einen Mechanismus zum Transport von thermischer Energie. Wärme fließt dabei – gemäß dem zweiten Hauptsatz der Thermodynamik – immer nur in Richtung geringerer Temperatur. Dabei geht keine Wärmeenergie verloren und es gilt der Energieerhaltungssatz.

Wärmestrahlung Die Wärmestrahlung ist eine Art der Wärmeübertragung, bei der Wärme durch elektromagnetische Wellen (infrarote Strahlung, infrarotes Licht) übertragen wird. Im Unterschied zur Wärmeleitung und Wärmeströmung kann sich Wärmestrahlung auch im Vakuum ausbreiten. Die wichtigste Quelle für Wärmestrahlung ist die Sonne.

Yttrium-stabilisiertes Zirkoniumoxid Bezeichnung für eine Keramik, bei der die kubische Kristallstruktur von Zirkoniumdioxid durch Zugabe von Yttriumoxid bei Raumtemperatur stabil gemacht wird. Es ist extrem biege- und verschleißfest und hat eine zu Guss oder Stahl vergleichbare Wärmeausdehnung sowie den gleichen E-Modul wie Stahl. Es ist bruchzäh, hoch temperaturbelastbar, elektrisch isolierend, chemisch sehr beständig und biokompatibel.

Zirkoniumsand Ein natürlich vorkommender Sand, der in der Gießerei, in der Keramikfertigung, in feuerfesten Materialien und im Präzisionsfeinguss Verwendung findet.

Zustandsfunktion Gesetzmäßiger Zusammenhang zwischen Zustandsgrößen. Die Form der Zustandsfunktion hängt von der Art des Systems ab und ist der Erfahrung zu entnehmen.

Zustandsgröße siehe →Zustandsvariable.

Zustandsvariable Eine Variable, die charakteristisch für den augenblicklichen Zustand des Systems ist, unabhängig von der Vorgeschichte des Systems, d. h. unabhängig von der Art und Weise, wie der jeweilige Zustand erreicht worden ist.

Äquipotenzialfläche Kennzeichnet die Menge aller Punkte gleichen Potenzials, das heißt gleicher potenzieller Energie eines Probekörpers in einem Potenzialfeld. Diese Fläche steht senkrecht zu den Feldlinien.

Übertragunsfunktion Die Übertragungsfunktion (auch Systemfunktion genannt) beschreibt in der ingenieurwissenschaftlichen Systemtheorie mathematisch die Beziehung zwischen dem Ein- und Ausgangssignal eines linearen dynamischen Systems in einem Bildraum.

äquivalent viskose Dämpfung Das einfachste lineare Dämpfungsmodell ist eine Dämpfungskraft, die proportional zur Geschwindigkeit ist. Dieses Dämpfungsmodell wird als viskose Dämpfung bezeichnet. Die Summe aller inneren und äußeren, geschwindigkeitsabhängigen Reibungskräfte wird zur äquivalent viskosen Dämpfung zusammengefasst.

Stichwortverzeichnis

Symbole

180°-Domäne 49, 51–53
180°-Domänenwand 50
180°-Domänenprozess 54
180°-Umklappen, 48, 53, 55
90°-Domäne 49, 51–53
90°-Domänenwand, 50
90°-Domänenprozess, 54, 60, 63, 64
90°-Umklappen 46, 48, 53, 55
1. Analogie 383

A

α-Quarz 19, 21, 23–27, 29, 30, 33, 56, 133
    Strukturzelle 23–27, 29, 30, 33
Änderung
    innere Energie 187, 233
    Polarisations- 18, 19
    Potenzial- 251
    Temperatur- 18
Äquipotenzialfläche 160, 161, 173
Abbildungslinse 431
ABO_3 37, 38, 44
absolute Temperatur 192
Abszissenachse 424
ABX_3 37
Aceton 74
Achse
    Abszissen- 424
    Dreh- 23
    Haupt- 20, 22, 23
    Kristall- 20
    kristallografische 18
    optische 20
    Ordinaten- 424
    polare 18–20, 22, 23, 26–28, 31, 33
Achtpol 384, 407
    Kopplungs- 384, 385
    mechanischer 414
    Schaltungskonfiguration 385
    Struktur, innere 297
Achtpolstruktur, innere 391
Additionstheorem 356
Additiv 75, 77
Admittanz, mechanische 382, 389, 401, 462
Admittanz-Matrix 357
Adsorbatmolekül 74
Adsorptionsmethode 74
Ag 87
Agglomerat 74, 80
Agglomeration 76
Aggregatzustand 186
    gasförmiger 76
AgPd
    -Elektrode 441
    -Legierung 83
Aktivierung, mechanische 76
Aktivierungsgrad 83
Aktivierungszustand 76
Aktor 90
    Biege- 90, 92
    elektrodynamischer 433
    elektromechanischer 90
    fluidischer 90
    piezoelektrischer 89, 90
    Stapel- 90, 91
    Streifen- 91
    Transversal- 90, 92
    Zylinder- 91, 92
Aluminiumoxid 76

Al_2O_3 80
Al_2O_3 38
Amplitude 370, 460
  komplexe 381
  partikuläre Lösung 356
Amplitudenfrequenzgang 463, 465
Amplitudengang 379, 423, 424
Amplitudenkennlinie 423, 424
Analyse, thermogravimetrische 84
Anfangsbedingung 298, 452, 465
Anfangswert 188, 233
Anion 21, 37
  Sauerstoff- 37–39
Anisotropie 168
Anpassschicht, thermische 94, 441
Ansatz
  Separations- 337, 344, 347, 349
Ansatzfunktion 258
Anstiegsfunktion 459
Arbeit 139, 142, 161, 175, 179, 185, 187, 188
  äußere 234, 331
  differenzielle 244
  elektrische 233
  Endwert- 234, 245, 248, 253, 257, 262, 265, 268, 271, 275, 277, 279
  Ergänzungs- 234
  Formänderungs- 233
  im elektrischen Feld 139
  komplementäre 234
  mechanische 187, 244
  Prinzip 241, 243–245, 249
  Variation 331
  virtuelle 240–242, 245, 249, 301, 316, 326
  volumenbezogene 190
Arbeit, äußere 234, 331
  Wirkungsintegral 332
Arbeitsanteil
  Druck 328
  Flächenkraft 326
  Flächenladungsdichte 327
  Flächenmoment 327
Arbeitsbegriff 240
Arbeitsbereich 57, 58, 60, 63, 64, 438
  linearer 434
Arbeitsdifferenzial 120, 121, 123, 139, 235, 239, 245
Arbeitssatz der Elastostatik 243

Arbeitsvermögen 89, 247
Atom
  Sauerstoff- 21
  Silicium- 21
Atombindung 22
Atomkern 133
Atomposition 73
Auflösung 431, 432, 434, 438
  Positions- 432
Ausdehnungskoeffizient, thermischer 94, 441
Ausgangsgröße, nichtelektrische 89
Ausgangszustand 112
  isotroper 52, 54, 55
  polarisierter 56
  ungepolter 60
  unverformter 111
Auslenkung, remanente 435
Axiom
  Boltzmann- 111
  Newtonsche 296

B

Ba 34
Balken
  biegesteifer 213
  ebener 214, 217, 219, 223, 224, 240, 254, 256, 275, 277, 279, 286, 321
  homogener 386
  mehrschichtiger 223
  verformter 215
Balkenlängsachse 213, 214, 216
Balkenmitte 215
Balkenquerschnitt 213
Balkensegment 329
  ebenes 220
Barium 34
Bariumtitanat 34, 71
$BaTiO_3$ 34–36
Bauelement
  elektrisches 379
  konzentriertes 379, 381, 390
  mechanisches 379
Bedingung
  dynamische 385, 391
  kinematische 385
  Stationaritäts- 310, 312, 313
Bernoullische Hypothese 216, 321

Besetzungsbild
  Matrizen 206
  Matrizen PZ 207
Bessel-Funktion 177
BET-Methode 73, 74
Beugung 73
Beugungsmuster 73
Beugungswinkel 73
Bewegungsgleichung 297, 316, 318
Bewegungsgröße, ist mechanische 417
Bewegungsquelle 383
  ideale 383
Bezugsnachgiebigkeit, translatorische 399, 421, 464
Bezugspotenzial 143, 173, 174
Bezugspunkt 111, 143, 144, 173, 174, 242, 277, 279
  Momenten- 241
Bezugssystem 186, 296
Biegeaktor 90, 92
Biegebeanspruchung 227–230, 287, 289
Biegecharakteristik 448
Biegedehnung 219
Biegelinie, Differenzialgleichung 333
Biegemoment 214–216, 220
  inneres 224, 274, 277, 279, 281
Biegescheibe 91
Biegeschwingung
  freie ungedämpfte 396
  ungedämpfte 338
Biegespannung 221, 223, 224, 287
Biegesteifigkeit 225, 229, 256, 286, 337, 372, 388, 395, 445
  ebenes Schichtsystem 225
  Gesamt- 255, 286
Biegetheorie, technische 216, 218, 224
Biegewandler 91, 92, 435
  piezoelektrischer 420, 422, 425–427, 434
  piezokeramischer 94, 95
Biegewelle
  Differenzialgleichung 333, 337, 451
  komplexwertige Differenzialgleichung 393, 396
Biegewellenleitung 414
Biegung
  Querkraft- 215
  reine 215, 218, 220
Bildbereich 350, 353, 354, 380
Bimorph 93, 94

Bindemittel 76, 78
  organische 84
Binder
  Elektroden- 84
  Folien- 84
Bindersystem 81, 83
Bindung
  Atom- 22
  Elektronenpaar- 22
  elektrovalente 22
  heteropolare 22
  homöopolare 22
  Ionen- 22
  ionische 21
  kovalente 21
Blei 41, 73
Blei-Zirkonat-Titanat 36, 37
Bleihaushalt 86
Bleikation 40, 88
Bleiniobat 36
Bleioxid 84, 85
Bleititanat 37, 39, 41, 42
Bleizirkonat 37, 39, 41, 42
Boltzmann-Axiom 111
Brachistochronenproblem 312
Bragg-Winkel 73

C
$CaCO_3$ 38
Calcitstruktur 38
Calciumtitanat 37
Castigliano, erster Satz 235
$CaTiO_3$ 37
CCD 431
Ceylon'scher Magnet 17
Chromstahl 74, 75
Controller 433, 437
Coulomb-Kraft 133, 134, 140, 142
Coulombsches Gesetz 133–136, 144
CO_2 76, 84
Curie-Temperatur 39, 41, 43, 44, 49, 52, 60, 87, 88

D
d'Alembertsches Prinzip 300, 301, 304, 313, 316, 317
Dämpfung, äquivalent viskose 329

Dämpfungskonstante 348, 352
Dämpfung, äquivalent viskose 329
Darstellung
    kanonische 425–427
    kanonische schaltungsinterne 425–427
    schaltungstechnische 390, 400, 414, 419, 420, 422
    Vierpol- 384, 414
    Zehnpol- 414, 418
Defektstruktur 85
Deformation
    des Kristalls 18
    spontane 41
Dehnung 114, 116, 365
    Biege- 219
    komplexe 408
    mechanische 58, 193, 196, 217, 219, 221, 321, 367, 387
    negative 215
    neutrale Faser 218, 219, 321
    positive 52, 215
    Quer- 92, 218
    remanente 52, 53, 59, 61, 62, 64–66
Dekrement, logarithmisches 465
Depolarisation
    mechanische 55, 57, 65
    remanente 65
Depolarisationsfeld 50, 51
Depolarisationsfeldstärke 50
Depolarisationsvorgang, induzierter 64
Detektor, positionsempfindlicher 431
Dichte
    Enthalpie- 196–198, 200
    Entropie- 190, 191, 197
    Ladungs- 137, 147
Dielektrikum 156–158, 161, 162, 166, 179–181, 191
    anisotropes 169
    Energiedichte 169
    elastisches 190
    isotropes 156, 159, 163–165, 181
Dielektrizitätskonstante 71, 145, 147, 159
Differenzengleichung 393, 394
    rotatorische Geschwindigkeit 392
    translatorische Geschwindigkeit 392
Differenzgröße 381, 382, 389, 400

Differenzial
    Arbeits- 235, 239
    totales 149, 166, 188, 192, 194, 196–198, 201, 237, 246, 271
    unvollständiges 188, 189
    vollständiges 125, 170, 178, 188, 191, 192
Differenzialgleichung
    Biegelinie 333
    Biegewellen 333, 337, 451
    Euler-Lagrange- 308, 313, 316
    homogene 337
    inhomogene 347
    komplexwertige, Biegewellen 393, 396
    Querkraftverlauf 333
Differenziationssatz 338, 396
Differenzkoordinate 379, 383, 384
Dipol, elektrischer 18, 25, 28
Dipol-Dipol-Wechselwirkung 34
Dipolmoment
    elektrisches 25, 28, 35
    Gesamt- 25, 27, 29, 30
    spontanes 34, 41
Dirac-Funktion 360, 362, 402
Dispergiermittel 74, 76, 81
Dissipation 326
Doctor-Blade 82
    -Verfahren 81
Domäne 49, 50, 52, 55, 56, 58–64
    ferroelektrische 49, 56, 87
Domänenkonfiguration 89
Domänenprozess 53, 55–57, 60
    induzierter 60
    irreversibler 61, 63, 65
Domänenschaltprozess 89
Domänenverteilung, makroskopische 57
Domänenwand 49, 89
Domänenwandbeweglichkeit 89
Dosierung 74
Dotierkation 88
Dotierstoff 73
Dotierung 44, 73, 88
Drehachse
    dreizählige 23
    zweizählige 23
Drehnachgiebigkeit 388, 389
Drehsinn, optischer 22
Drehzeiger 380, 381
Druck, Arbeitsanteil 328
Druckübertragung, uniaxiale 79

Druckschlickergießen 77
Druckspannung 18, 31, 45–47, 55, 56, 62–64, 441, 455

E
Edelgas 74
Edukt 76
Effekt, piezoelektrischer
    direkter 18, 19, 24, 26, 35, 42, 45–47, 64, 87, 462
    reziproker 19, 26, 35, 42, 47, 59, 87, 90, 92
Eigenfunktion 344, 347
Eigenmode 342, 346–348, 358, 396, 398, 402, 426, 427, 452, 455, 456, 459, 462–464
Eigenschaft
    elektrischer Fluss 170
    virtuelle Verdrehung 240
    virtuelle Verschiebungen 240
Eigenwert 344, 399
Eigenwertproblem 344
Einheitsladung 23
Einheitsvektor 28, 104, 134, 147, 171, 216
    Normalen- 102
Einheitszelle
    rhomboedrische 41
    tetragonale 65
Einkristall, ferroelektrischer 49, 53
Einschwingvorgang 355, 435, 436
Einspannvorrichtung 431, 435
Einsteinsche Summenkonvention 104, 109, 125, 169, 320
Einwaage 74
Einzelschicht, innere Energie 227
Elastizität, makroskopische 61, 63
Elastizitätskoeffizient 199, 200, 223, 225, 226, 261
Elastizitätsmodul 202, 256
Elastostatik, der Arbeitssatz 243
Elektret 33
Elektrode, AgPd- 441
Elektrodenbinder 84
Elektrodensiebdruck 82
Elektron 133
Elektronegativität 21
Elektronegativitätsdifferenz 21
Elektronenpaarbindung 22
Elektroneutralität 89

Elektrostatik 136
Elementarladung 135, 136
Elementarzelle 40–42, 45, 47, 48, 88
    kubische 37
    tetragonal verzerrte 45, 53–55
Emulsion 73, 75
Endwert 188, 233
    energetisch Konjugierte 234
    Lastgröße 234
Endwertarbeit 234, 245, 248, 253, 257, 262, 265, 268, 271, 275, 277, 279
Energie 154
    Änderung 187, 233
    Einzelschicht 227
    elastische 50, 51
    elektrische 90
    elektrostatische 50, 51
    Formänderungs- 230, 236, 243, 244, 249, 254
    freie 189
    innere 187–189, 231, 236, 237, 245, 253, 257, 260, 272, 273
    kinetische 187, 304, 316, 317, 319, 452
    mechanische 90
    Piezoelektrisches Schichtsystem 229
    potenzielle 142, 143, 173, 175, 187, 246–249, 251, 316, 452
    Teil- 157, 158
    thermische 41, 452
    Wärme- 187
Energieübertragung 188
Energieaustausch 185
Energiebilanz 193
Energiedichte
    anisotropes Dielektrikum 169
    elastische Verformung 106, 111, 118, 125, 190, 226
    elektrisches Feld 153, 154, 164, 165, 177
    elektrostatisches Feld 150, 170, 173, 179, 190, 226
    freie 191, 192
    innere 191–193, 195, 197, 201, 203, 227, 326
    Piezoeletrikum 227
Energieerhaltung 187
Energieerhaltungssatz 139, 140, 187
Energieform 187, 193
    unabhängige 186

Energieinhalt 187
  piezoelektrische Einzelschicht 287
Energiemenge 187
Energiesteller 90
Energietransfer 187
Energieverhältnis 159
Energieverlust 452
Energiewandler 90
  Enthalpie 189
  freie 83, 189
Enthalpiedichte 196–198, 200
  elastische 196
  elektrische 200, 201, 203–205, 319, 326, 333
Entropie 189, 190
Entropiedichte 190, 191, 197
Ergänzungsarbeit 234
Erhaltungsgröße 297
Erregerfrequenz 353
Ersatzschaltung, Zehnpol- 416
Euler-Lagrange-Differenzialgleichung 308, 313, 316
Eulersche Gamma-Funktion 177

F
Faser, neutrale 336
Feinmahlen 76
Feld
  Arbeit 139
  Depolarisations- 50, 51
  elektrisches 26, 33, 36, 42, 44, 45, 47, 50, 53, 54, 56, 62, 172, 179
  elektrostatisches 140, 153, 179
  Energiedichte 153–154, 165, 177
  im Vakuum 136
  inhomogenes 159, 162
  lokales 160
  lokales elektrisches 160
  Polungs- 52, 87
  Spannungs- 42, 107
  Strömungs- 137
  Vektor- 140, 144, 147–149
  Verschiebungs- 112, 113, 180
Feldenergie
  elektrische 230
  potenzielle 143
Feldgleichung der Elektrostatik 144, 149, 150, 163

Feldgröße
  lokale 193
  mittlere 159, 162
Feldstärke
  Depolarisations- 50
  elektrische 26, 34, 58, 60, 62, 91, 136, 181, 193, 365, 367
  lokale 158
  mittlere 158, 159, 161, 191
  Vektor 169
  Koerzitiv- 48, 52, 53, 58, 59, 87, 89
  mittlere 160
  mittlere elektrische 158–159, 161, 191
  Polungs- 36, 88
  Vakuum- 159
Ferroelastizität 53, 54
Ferroelektrikum 35, 39, 45, 50, 56, 71, 72, 75
Ferroelektrizität 34, 53, 54, 71
Ferromagnetismus 34
Fläche
  Äquipotenzial- 160, 161, 173
  geschlossene 137, 139, 145, 146
  Hüll- 163, 171, 172
  Mantel- 161, 162
  Schnitt- 213
Flächenkraft, Arbeitsanteil 326
Flächenladungsdichte 151, 326
  Arbeitsanteil 327
Flächenmoment, Arbeitsanteil 327
Flächennormale 154, 387
Flächennormalenvektor 102, 104–106, 146, 148
Flächenträgheitsmoment, axiales 256, 387
Fließverhalten 77, 78
Fluss, elektrischer 137, 138, 145, 162, 172
  Eigenschaften 170
Flussgröße 381, 382, 389, 400
Flusskoordinate 379, 383, 384
Fokussierlinse 431
Folienbinder 84
Foliengießen 73, 77, 80, 81
Foliengießprozess 81, 82
Foliengießverfahren 71, 77
Formänderungsarbeit 233
Formänderungsenergie 230, 236, 243, 244, 249, 254
  komplementäre 235
Formalismus, Lagrange- 313

Formgebung 77–79
  plastische 75, 77
Formgebungsverfahren 71, 77, 80
Formulierung
  Lagrange- 298
  Newtonsche 313
Fourier-Transformierte 177
Freiheitsgrad 253, 299, 316, 400
Frequenz
  Erreger- 353
  Kennkreis- 425, 463, 464
  natürliche 345, 350, 374, 456
  Orts- 338, 339
  Resonanz- 86, 423
Frequenzbereich 379, 400, 424, 461, 462, 465
Frequenzgang 422
Frequenzgenerator 434
Frequenzverhältnis 424
Führungsgröße 433, 447
Funktion
  harmonische 460
  Stationarität einer 308
Funktional 309, 312, 313, 324
Funktionaltransformation 195
Funktionsgenerator 443

G
Galliumorthophosphat 27
$GaPO_4$ 27
Gas
  Edel- 74
  Inert- 74
Gaußscher Integralsatz 145, 146, 149, 150, 176
Gaußsches Gesetz 145–147, 150, 155, 161,
    163–165, 176, 180, 367, 411
Gefriertrocknung 75, 76
Gesamtbiegesteifigkeit 256, 288
Gesamtdipolmoment 25, 27, 29, 30
Gesamtkapazität 275, 277, 285, 371
Gesamtladung 28, 158, 165, 369
Gesamtpotenzial
  stationärer Wert 248, 252
  Variation 252, 255
Geschwindigkeit
  generalisierte 302, 306, 307
  translatorische 427
  Verfahr- 447
  Winkel- 382, 385, 387, 390

Geschwindigkeitsamplitude, komplexe 397
Geschwindigkeitsdifferenz, rotatorische 410
Geschwindigkeitsquelle 383
Gesetz
  Coulombsches 133–136, 144
  Gaußsches 145–147, 150, 155, 161,
      163–165, 176, 180, 367, 411
  Hooksches 387
  Zirkulations- 145, 147, 150, 161
Gewichtsbedingungen, Kräfte- 109
Gießen
  Druckschlicker- 77
  Folien- 77, 80, 81
  Schlicker- 77, 80
Gießschneide 82
Gießschuh 81
Gießverfahren 77, 80
  Folien- 77
  Schlicker- 77, 80
Gitter, kubisches 41
Gitterlinie
  horizontale 215
  vertikale 215
Gitterparameter 73
Gitterstruktur 52
  tetragonale 59
Gleichgewicht 136
  Kräfte- 385, 391, 393
  Momenten- 110, 385, 391, 394
  statisches 106, 157, 241
  thermodynamisches 186, 189–191
Gleichgewichtsaxiom der Statik 241
Gleichgewichtsbedingung 106, 241, 242, 250
  Kräfte- 106, 108, 242
  Kraft 122
  Momenten- 106, 109, 110, 241, 242, 274,
      277, 279
Gleichgewichtslage 45, 61, 244, 245, 250, 251
  indifferente 252, 253
  instabile 252, 253
  stabile 252, 253, 257
Gleichgewichtszustand 186, 215, 245
Gleichung
  charakteristische 342, 359, 363, 372, 397,
      417
  Lagrange- 308
Gleitschicht 94, 441
Gleitung 115, 116
Grenzstruktur, mesomere 22

Größe
    Differenz- 381, 382, 389, 400
    elektrische 378, 381
    extensive 189, 193
    externe 238
    Führungs- 433, 449
    Fluss- 381, 382, 389, 400
    intensive 189, 193
    interne 238
    komplexe 380
    mechanische 378
    unabhängige 408
Größenpaar, energetisch konjugiertes 231
Gründichte 80
Grünfolie 82
Grünkörper 77, 79, 80, 84
Granulat 75, 77–79
Granulataufbau 78
Granulation 78
Gravitationskraft 107, 133, 142
Grundbauelement
    rotatorisches 385
    translatorisches 386
Grundmode 422, 457, 459
Grundstruktur, elektromechanisches System 377, 378
Gummiform 78, 79
Gyrator 414, 420, 421

H

Hüllfläche 163, 171, 172
Halbleiterlaser 431
Halogen 37
Hamilton-Prinzip 308, 313, 315, 451
    erweitertes 316, 318, 332
Hamiltonsche Mechanik 231
Hauptachse, kristallografische 20, 22, 23
Hauptdiagonale, Spannungsmatrix 105
Hauptträgheitsachse 213
He-Ne-Laser 431
Hebel 380
Heckmann-Diagramm 193, 194
Helmholtz-Potenzial 191
Hilfsenergie 90
Hilfsenergiequelle 90
Hochenergie-Kugelmühle 75, 76

Hochtemperaturanwendung 27
Hochtemperaturbehandlung 83
Hochtemperaturmodifikation 43
Hochtemperaturphase 41
    rhomboedrische 44
    tetragonale 44
Homogenisierungsprozess 74
Homogenität 44, 76
Hooksches Gesetz 221, 387
Hypothese, Bernoullische 321
Hysterese 34, 61
    ferroelastische 60
Hysteresekurve 444
Hysteresemessung 443
Hystereseschleife
    äußere 58
    innere 58

I

I. Art, Lagrange-Gleichung 305
IEEE Standard on Piezoelectricity 124
II. Art, Lagrange-Gleichung 305
Impedanz 86
    elektrische 382
    mechanische 400, 401, 423, 463
Impuls 295–297
Impulsfunktion 459
Impulssatz 297, 301
Indexnotation, Spannungskomponente 105
Indizes
    Matrix- 204
    Tensor- 204
Induktivität 380–382, 389
Inertgas 74
Inertialsystem 296
Integralsatz
    Gaußscher 145, 146, 149, 150, 176
    Stokesscher 147–149, 151
Inversionszentrum, makroskopisches 33
Ion
    Sauerstoff- 21, 23, 26, 27, 31
    Silicium- 21, 23, 26, 27, 31
    Titan- 40
    Zirkonium- 40
Ionenbindung 22
Ionenradius 41, 42
Isomorphie 379, 400

J
Joch 433

K
Kaliumdihydrogenphosphat 34
Kalzinieren 78
Kanalofen 86
Kapazität 86, 272, 380–382
    Gesamt- 273, 275, 283, 369
    translatorisch festgebremste 412, 413, 421
Kapazitätsbelag 273
Karbonat 72, 74, 76
kartesisches Koordinatensystem 28, 103, 147, 213, 214, 216, 247
Kation 21, 73, 88
    Blei- 40, 88
    Dotier- 88
    dreiwertiges 89
    einwertiges 89
    fünfwertiges 89
    Metall- 37
    sechswertiges 89
    Titan- 88
    vierwertiges 89
    Zirkonium- 88
    zweiwertiges 89
Kationengröße 37
Kennkreisfrequenz 423, 463, 464
Keramik, gesinterte 72
Keramikprobe 62
Kettenschaltung 414
Kirchhoffsche Regeln 381
Klassifikation, Zwangsbedingungen 301
Klemmbacke 437
Klemmvorrichtung 433
Knotensatz 381, 387
Koeffizient
    piezoelektrische 36
    pyroelektrischer 18
Koeffizientendeterminante 342
Koerzitivfeldstärke 48, 52, 53, 58, 59, 87, 89
Koerzitivspannung 45–47, 53, 55, 63
Koexistenzbereich 44
Kompensation, Kraft- 433
Kompensationsverfahren 433
Komponente
    Kraft- 118, 241
    Normalspannungs- 105, 107
    Schubspannungs 105
    Schubspannungs- 107
    Spannungs- 105, 107, 108
    Verschiebungs- 114, 119, 120, 290, 291
Konfiguration
    unverformte 112, 113, 119, 216
    verformte 112, 113, 119, 216
Konfigurationsraum 318
Konjugierte
    energetisch 234, 236–238
    kanonisch 237, 370
Konstante, piezoelektrische 27
Kontaktpad 431
Kontaktstift 431
Kontamination 75
Koordinate
    abhängige 300
    Differenz- 379, 383, 384
    Fluss- 379, 383, 384
    generalisierte 300, 304, 316
    kartesische 124, 149
    Netzwerk- 381
    rotatorische 384
    translatorische 384
    unabhängige 300
    verallgemeinerte 298
Koordinatenpaar
    elektrisches 419
    mechanisches 419
Koordinatensystem, kartesisches 28, 103, 147, 213, 214, 216, 247
Koordination, kuboktaedrische 40
Koordinationsgeometrie 38, 39
Koordinationspolyeder 21
Kopplungsachtpol 384, 385
    Schaltungskonfiguration 391
Kopplungsfaktor, elektromechanischer 44, 89, 230, 335, 367, 409
Kopplungsmatrix, statische 238, 254, 260, 261, 264, 270, 283–285, 444, 447, 450
Korn 51
    Primär- 78, 83
    Sekundär- 78, 83
Korngröße 44, 73
Korngrenze 50, 51, 56
Körnung, weiche 78
Körper
    starrer 318
    verformbarer 318

Korundstruktur 38
Kosintern 91
Kräftefreiheit 220, 221, 341, 345, 417
Kräftegleichgewicht 385, 391, 393
Kräftegleichgewichtsbedingung 106, 108, 109, 122, 242
Krümmung, neutrale Faser 218, 219, 223, 226, 230, 256, 262
Kraft 296
    äußere 297
    adhäsive 78
    angewendete 301
    Coulomb- 133, 134, 140, 142
    dissipative 452
    generalisierte 239, 244, 245, 248, 249, 302, 304, 305
    Gravitations- 107, 133, 142
    Komponente- 118
    konservative 142
    nicht-konservative 316
    Normal- 214, 221
    Oberflächen- 185, 325, 326
    Potenzial- 246, 248, 250, 316
    Quer- 214, 218
    Reibungs- 78, 329, 452
    Schnitt- 102, 108, 109
    Volumen- 110, 118, 185
    Wechselwirkungs- 297, 301
    Zentral- 133, 134
    Zentrifugal- 107
    Zwangs- 298, 300–302
Kraft-Weg-Kennlinie 448, 449
Krafteinleitungsstift 433
Kraftkompensation 433
Kraftkomponente 118, 241
Kraftmesssystem 433
Kraftquelle 383, 390, 400, 422
    ideale 383
Kristall 17, 54, 169
    Deformation 18
    ferroelektrischer 50
    piezoelektrischer 19, 27
    pyroelektrischer 18
    rhomboedrischer 44
    tetragonaler 44
Kristallachse 20
Kristallart 18
Kristallfläche 18
Kristallgitter 23, 89

Kristallit 49–51, 53, 55, 56, 89
    tetragonal verzerrter 51
Kristallitgröße 73
Kristallklasse 18, 33
Kristallografie 18, 19, 73
Kristallphysik 33
Kristallstruktur 34
    Perowskit- 37, 38, 40
    PZ 37
Kristallsymmetrie 18, 33, 206
Kristallsystem 19
    trigonales 19
Kuboktaeder 37
Kuboktaederlücke 38, 40
Kugelmühle 74
    Hochenergie- 75, 76
    Trommel- 74, 75
Kurve
    geschlossene 140, 148
    Rand- 148, 149
Kurzschlussnachgiebigkeit, rotatorische 413, 414

L
Längseffekt, piezoelektrischer 91
Läppen 86
Lösung
    Amplitude 356
    homogene 353–355
    partikuläre 355–358, 361
    Phasenwinkel 356
Ladung 133
    Einheits- 23
    elektrische 18, 20, 25, 150
    Elementar- 135, 136
    Gesamt- 28, 156, 163, 367
    gleichnamige 134
    Oberflächen- 52, 327
    Punkt- 135
    ungleichnamige 134
Ladungsbelag 274
Ladungsdichte 137, 147
    Flächen- 151, 326
    makroskopische 158
Ladungsgleichung der Elektrostatik 333
Ladungskonstante, piezoelektrische 19, 199, 200, 226, 261, 441, 446, 447
Ladungsschwerpunkt 41, 42

Ladungsverschiebung, erzeugte 271
Ladungsverteilung 136, 142, 153, 157, 158, 176, 180, 181
Lage, neutrale Faser 220, 222, 225, 255, 261, 444
Lagrange -Formulierung 298
Lagrange-Formalismus 313
Lagrange-Funktion 317, 319, 321, 322
    Wirkungsintegral 324, 325
Lagrange-Gleichung
    I. Art 305
    II. Art 305, 315
Lagrange-Gleichung 302, 308
Laminieren 82, 83
Langasit 27
lapis electricus 17
Laplace
    -Integral 338
    -Transformation 338, 350, 396
    -Transformierte 339, 350
Laser
    Halbleiter- 431
    He-Ne- 431
Laserdiffraktometrie 73
Laserlicht 73
Lasertriangulation 431
Lasertriangulator 431–434, 437, 447, 456
Last
    äußere 106, 213, 262
    eingeprägte 231
    Linien 337
    Linien- 328, 347, 348, 358, 360, 362, 364, 365, 389, 393, 398, 402
    Vereinbarung 232, 358
Lastgröße
    eingeprägte 231, 237, 244, 271, 272, 274, 281
    Endwert 234
    energetisch nicht-korrespondierende 234
    harmonische 357, 365, 370, 457
    korrespondierende 237
    nicht-konservative 316
    nicht-korrespondierende 236
    statische 232
$La_3Ga_5SiO_{14}$ 27
Legendre
    -Transformation 195–197, 201
    -Transformierte 196, 197
Legierung, AgPd- 83

Leibniz
    -Notation 130
    -Regel 129, 167
Leitung, Biegewellen- 414
Leitwert 380
Leitwertmatrix 413
$LiNbO_3$ 27
Linearantrieb 432, 434, 447
    Verfahrgeschwindigkeit 432
    Verfahrweg 432
Linearkombination 238, 258, 263, 266, 268, 275, 278, 280, 340
Linienlast 328, 337, 347, 348, 358, 360, 362, 364, 365, 389, 393, 398, 402
Linse
    Abbildungs- 431
    Fokussier- 431
Lithiumniobat 27
Lyophilisation 76

M

Magnet
    Ceylon'scher 17
    Permanent- 433
Mahlflüssigkeit 74, 76
Mahlgut 74, 75
Mahlkörper 74
Mahlkörpermühle 76
Mahlprozess 76
Mantelfläche 161, 162
Maschensatz 379, 385
Masse 380–382, 400
    längenbezogene 322, 337, 393, 464
Massenpunkt 295, 297, 298, 300, 315–318, 329
Massentransfer 185
Materialgesetz 163, 164
Materialkoeffizient 195
Materialtensor 193, 199, 204, 205
Matrix, Spannungs- 105, 111
Matrixindizes 204
Matrixnotation 204
Matrize 78, 79
Matrizenwand 79
Maxwell-Gleichungen 144
Messbereich 73, 431, 437
Messbereichsanfang 431
Messbereichsende 431
Messung, Hysterese- 443

Metallkationen 37
Methode
    BET- 73, 74
    Röntgen- 73
Mikrodosierung 92
Minimum des Gesamtpotenzials, Prinzip 253
Mischbarkeit, lückenlose 42
Mischkristall, PZT- 44, 85
Mischkristallsystem 37, 42, 88
Mischoxidverfahren 74
Mitgang 401, 419, 425–427
    mechanischer 425
    Reihen- 419
Mitgangsmatrix 357, 401, 407, 414, 417, 421, 425
MKSA-Maßsystem 134
ML 80
MLC 80
Modell, mechanisches 388
Moden 343
Modul, piezoelektrisches 202
Moment
    Biege- 216–218, 222
    piezoelektrisches 96, 227, 325, 367
    ebenes Schichtsystem 226
    spannungsbezogenes 261, 272, 286, 372
    spannungsbezogenes, piezoelektrisches 261, 272, 286, 372
Momentanpol 290
Momentanzustand 112
Momentenbezugspunkt 110, 241
Momentenfreiheit 341, 345, 417
Momentengleichgewicht 110, 385, 391, 394
Momentengleichgewichtsbedingung 106, 109, 110, 241, 242, 274, 277, 279
Monomorph 92, 93
    in Multilayer-Technologie 94, 95, 441–444, 447–449, 454, 457, 460, 461, 465
Morphotropie 44
Multilayer-Technologie 91, 93, 94
Multimorph 93

N

Nabla-Operator 147
Nachgiebigkeit 380, 381, 400, 421, 464
    Dreh- 388, 389
    rotatorische 388, 390
    translatorische 382
Nassaufbereitung 75

Nebenmode 425, 457
Netzebenenschar 73
Netzwerk
    elektrisches 380, 381
    lineares 379
    mechanisches
        rotatorisches 388
        translatorisches 380, 381
    rotatroisches mechanisches 388
Netzwerkanalysator 460
Netzwerkkoordinate 381
Netzwerkmethode 377
Netzwerktheorie 379
Neukurve 57, 435, 436
Newtonsche Formulierung 313
Newtonsches Axiom 296
    drittes 296, 297
    erstes 296
    zweites 296, 297, 382
Nitrat 72, 74, 76
Normaleneinheitsvektor 102
Normalenspannungsvektor 104
Normalenvektor 102, 163
Normalkomponente, lokale 160
Normalkraft 214, 221
    piezoelektrische 445
Normalspannung 45, 53, 102, 103, 105, 107, 109, 221
Normalspannungskomponente 105, 107
Notation
    Leibniz- 130
    Matrix- 204
    Tensor- 204
    Voigtsche 333
Nullstelle, charakteristische 342, 397, 417, 421, 459, 465

O

Oberfläche, spezifische 73, 74
Oberflächenenergie, freie 83
Oberflächenkraft 185, 325, 326
Oberflächenladung 17, 18, 50, 325
Oberflächenlast 103
    äußere 101
Oberstempel 79
Ofen
    Kanal- 84
    Tunnel- 84
Offset-Spannung 435, 436, 455

Oktaeder, Sauerstoff- 40, 41
Oktaederlücke 38, 41
Operator, Variations- 310
Ordinatenachse 424
Orthogonalität 344, 346, 398
Ortsfrequenz 338, 339
Ortsvariable 339
Oxid 72, 74, 76
Oxidkeramik, polykristalline 71
O_2 76

P
Parallelresonanzkreis, mechanischer 400
Parallelschaltung, elektrische 94, 232, 272, 285, 358, 365, 369, 441
Parameter, Gitter- 73
Parameterintegral 167, 177–179
Partialdruck, PbO- 85, 86
Partikelgröße 73, 76
Partikelgrößenverteilung 73, 76
$Pb(Zr_{1-x}Ti_x)O_3$ 37, 42, 88
$PbNb_2O_6$ 36
Pb 73, 84–86
PbO-Partialdruck 85, 86
PbO-Verlust 85
$PbTiO_3$ 37, 39, 41–42, 44, 85, 88
$PbZrO_3$ 37, 39, 42, 44, 85, 88
Permanentmagnet 433
Permittivität 34, 35, 71, 166, 169, 199, 200, 202
  relative 44
Perowskit 37–39
  -Kristallstruktur 37, 38, 40
PE 81
Pfad, wahrer 318
Phase
  ferroelektrisch-kubische 40, 49
  ferroelektrisch-tetragonale 45, 50–53
  ferroelektrische 43
  kristallografische 73, 76
  paraelektrisch-kubische 49–51, 53
  rhomboedrisch-ferroelektrische 40, 43
  rhomboedrische 44
  tetragonal-ferroelektrische 40, 44
  tetragonale 44
  Tieftemperatur- 43
Phasenübergang 27
  paraelektrisch-ferroelektrischer 41
Phasenanalyse 73

Phasendiagramm, PZ 42, 43
Phasengang 379
Phasengrenze, morphotrope 44, 85, 88
Phasenkoexistenzgebiet 44
Phasenlage 460
Phasenwinkel, partikuläre Lösung 356
Piezoelektrikum 27, 34, 36, 192, 226, 230
  einkristallines 36
  innere Energiedichte 227
Piezoelektrizität 17–20, 33, 35, 41, 52
Piktogramm 56
Plastifikator 76, 84
Plastizität 77, 78
Platin 83
Plattenkondensator 151, 153
PMM 81
Polarelektrizität 18
Polarisation
  elektrische 18, 24–28, 30, 41, 47, 50, 163, 365
  remanente 53, 55, 57, 64, 87
  Rest- 52
  spontane 34, 41, 42, 44–50, 52–56
Polarisationsänderung 18, 19
Polarisationsspannung 24
Polarisierbarkeit 89
Polieren 86
Polung 33, 35, 87
  PZ 51
  wechselnde 94, 441
Polungsfeld 52, 87
Polungsfeldstärke 36, 88
Polungsprozess 35, 49, 52, 62–64, 87, 88
Polungsrichtung 36
Polyethylenerephtalat 81
Polymethylmethacrylat 81
Polynom, charakteristisches 350, 353
Polypropylen 81
Polyvinylacetat 76
Positionsauflösung 432
Potenzial 143, 144, 149–151, 179, 247–249, 316, 319
  Bezugs- 173, 174
  elektrisches 142, 173, 174, 176, 326
  Helmholtz- 191
  skalares 305
  thermodynamisches 189, 191–193, 195, 196, 200, 204
  Variation 249, 251

Potenzialänderung 251
Potenzialbarriere 41
Potenzialfunktion 142, 196, 203, 205, 246, 247, 333
Potenzialkraft 246, 248, 250, 316
P 81
Pressen
   heißisostatisches 77
   kaltisostatisches 77, 79
   Trocken- 79
Pressform 78, 79
Pressling 79
Pressverfahren 71, 77, 78
   kaltisostatisches 79
   Trocken 77
Primärkorn 78, 83
Prinzip
   d'Alembertsches 300, 301, 304, 313, 316, 317
   der virtuellen Arbeit 241, 243–245, 249
   Hamilton- 308, 313, 315, 451
   Variations- 326
   vom Minimum des Gesamtpotenzials 253
Prozess
   adiabatischer 191, 192, 233
   Domänen- 53, 55–57, 60
   Foliengieß- 81, 82
   Homogenisierungs- 74
   isothermer 191, 192, 195, 233
   Mahl- 74
   Polungs- 49, 52, 62–64, 87, 88
   reversibler 190
   Sinter- 49, 51, 75, 77, 80, 84, 85
   Trocknungs- 75, 76, 81, 82
Prozessabfolge 73
PS 431
Pt 83
PT_2-Glied 425
Puffersystem 86
Pulver 73, 78
   aggregiertes 77
   gemahlenes 76
   keramisches 78
   rieselfähiges 75
Pulverdiffraktometrie, Röntgen- 73
Pulvergemisch 74
Pulverprobe 73, 74
   eingewogene 74

Punkt, stationärer 309
Punktladung 133
   ruhende 133, 141
Punktmasse 247
Punktsystem 297, 299, 300
   starres 299
Punktverschiebung 292
Pyroelektrizität 17, 18
PZ 45, 56, 71, 76, 192
   -Mischkristall 44
   Kristallstruktur 37
   Phasendiagramm 42, 43
   Polung 51
PZT-Keramik
   akzeptordotierte 89
   donatordotierte 89
   harte 88, 89
   undotierte 88
   weiche 88
PZT-Mischkristall 85

Q
Quarzkristall 19
   linksdrehender 22
Quarzprisma 21, 24
Quelle 150
   Bewegungs- 383
   Geschwindigkeits- 383
   Kraft- 383, 390, 400, 422
   Spannungs- 421
Querdehnung 92, 218
Quereffekt, piezoelektrischer 92
Querkontraktion 216
Querkraft 214, 215, 218
Querkraftbiegung 215
Querkraftverlauf, Differenzialgleichung 333

R
Röntgen-Pulverdiffraktometrie 73
Röntgenbeugung 73
Röntgenmethode 73
Röntgenstrahl 73
Radius, Ionen- 41
Randbedingung 224, 319
Randkurve 148, 149
Rastersondenmikroskop 92

Raumladungsdichte, makroskopische 156, 163
Raumtemperatur 35, 44, 88
Raumwinkel 171, 172
Rayleigh-Funktionen 340, 372, 396
Rayleighsche Dissipationsfunktion 329
Reaktivität 73, 74
Referenzzustand 188, 195
Reflexion, diffuse 437
Regel, Leibniz- 129, 167
Reibung 381
Reibungsadmittanz 380
Reibungsbeiwert 352, 382, 399, 400, 452–455, 465
   längenbezogener 330, 337, 393, 455, 459
Reibungsimpedanz 380
Reibungskoeffizient, geschwindigkeitsunabhängiger 329
Reibungskraft 78, 329, 452
   geschwindigkeitsabhängige 389
   geschwindigkeitsproportionale 329
Reihe, Taylor- 126–128, 217, 251
Reihenmitgang 419
Reinheit
   chemische 44
   der Rohstoffe 73
Resonanzfrequenz 86, 423
Resonanzgüte 423, 464
Restglied 126, 127
Restpolarisation 52
Rollerformgebung 77
Rutil 34

S

Satz von Castigliano, erster 235
Sauerstoff 21, 41
Sauerstoffanion 37–39
Sauerstoffatom 21
Sauerstoffion 21, 23, 26, 27, 31
Sauerstoffoktaeder 40, 41
Schaltungskonfiguration
   Achtpol 385
   Kopplungsachtpol 391
Schema, mechanisches 380, 390, 400
Schereffekt, piezoelektrischer 36
Scherung 117

Schicht
   Gleit- 441
   monomolekulare 74
   Träger- 441
Schicht, monomolekulare 74
Schichtsystem, ebenes
   Biegesteifigkeit 225
   piezoelektrisches Moment 226
Schichtsystem, piezoelektrisches
   Innere Energie 229
Schleifen 86
Schlicker 74, 75, 77, 78
   deagglomerierter 81
   keramischer 75
   verflüssigter 77
   zerstäubter 75
Schlickergießen 77, 80
Schlickergießverfahren 77, 80
Schlickerguss 75
Schlickerkomponenten 82
Schlickerqualität 82
Schmetterlingskurve 58, 59
Schnittebene 101, 104, 105
Schnittfläche 101, 103, 107, 213
Schnittgröße 216
Schnittkraft 102, 108, 109
Schnittlast 213, 214, 220, 274, 279
   negative 213
   positive 213
Schnittufer
   negatives 106, 107, 213
   positives 106, 107, 213
Schubspannung 103, 105
Schubspannungskomponente 105, 107
Schubspannungsvektor 104
Schwindung 77, 81, 83, 86
Schwingung, unterkritisch gedämpfte 452, 453, 459, 465
Seignettesalz 34
Sekundärelektronik 437
Sekundärkorn 78, 83
Senke 150
Sensor, laser-optischer 437
Separationsansatz 337, 344, 347, 349, 396, 398
Siebdruck 82, 87
Siebdruckpaste 82, 87
Siebdruckverfahren 82
Signalverarbeitungsrichtung 377, 378
Silberelektrode 87

Silicate 21
Silicium 21
Siliciumatom 21
Siliciumdioxid 21
Siliciumion 21, 23, 26, 27, 31
Singlelayer-Technologie 93, 94
Sintereigenschaft 73
Sintern 77, 83, 84, 86, 91
Sinterprozess 49, 51, 74, 75, 77, 80, 84, 85
Sintertemperatur 83
SiO_2 21
Spaltenvektor 204, 238
Spannung
    Biege- 221, 223, 224, 287
    Druck- 18, 31, 45–47, 55, 56, 60, 62–64, 441, 455
    Koerzitiv- 45–47, 53, 55, 63
    mechanische 50, 53–55, 57, 60–64, 101, 118, 191–193, 198, 201, 214, 221, 287, 367, 386, 435
    Normal- 45, 53, 102, 103, 105, 107, 109, 221
    Offset- 435, 436, 455
    Polarisations- 24
    Schub- 103, 105
    Tangential- 102, 103
    Zug- 46, 55, 60, 435, 436, 455
Spannungsfeld 42, 107
    ortsabhängiges 107, 118
Spannungskomponente 105, 107, 108
    Indexnotation 105
    mechanische 386
    Vorzeichenkonvention 106
Spannungsmatrix 105, 111
    Hauptdiagonale 105
Spannungsprinzip, von EULER-CAUCHY, 101
Spannungsquelle 421
Spannungssignal, wegproportionales 433
Spannungstensor 101, 106, 111
Spannungsvektor 101, 102, 104
    mittlerer 102
Spannungsverteilung 214
    mechanische 386
Spannungszustand 103, 106
    räumlicher 117
Sprühtrocknung 75, 78
Sprungfunktion 459
Sr 34

Stab, idealer 383, 385
Stanzen 82, 83
Stapelaktor 90, 91
Starrkörper 239, 242
Statik, Gleichgewichtsaxiom 241
Stationarität, einer Funktion 310
Stationaritätsbedingung 310, 312, 313, 333
Stauchung 52, 55, 94, 215, 365, 441
Steatit 74, 75
Steifigkeit 61, 63
Stellglied 90
Stellsignal 89
Stempel
    Ober- 79
    Unter- 78
Stöchiometrie 86
Stokesscher Integralsatz 147–150
Störfunktion 347
Störung 249, 250
Strömungsfeld 137
Streifenaktor 91
Stromquelle
    Übertragungsfaktor 438
    spannungsgesteuerte 433, 434, 438, 449
Strontium 34
Strukturzelle 21
    α-Quarz 22, 25–27, 29–30, 33
    tetragonale 35
Sublimation 78
Substitution 45, 46
Substratfolie 84
Summenkonvention, Einsteinsche 106, 111, 127, 171, 322
Superpositionsprinzip 137, 138, 142, 144, 175, 399, 405
Suspension 75, 77
Symmetrieelement 24
Symmetrieoperation 23
Symmetriezentrum 19, 111, 112, 208
System
    abgeschlossenes 189
    Bezugs- 298
    Elektromechanisches, Grundstruktur 377, 378
    gekoppeltes 298
    Inertial- 296
    konservatives 305, 315
    Kristall- 19

linear elastisches 233, 243–245
Punkt- 299
stationäres 186
thermodynamisches 185
unterkritisch gedämpftes 465

T
Tangentengleichung 197
Tangentialkompomente, lokale 160
Tangentialspannung 102, 103
Tauchspulenantrieb 433
Taylor-Reihe 126–128, 217, 251
Technologie
    Multilayer- 91, 93, 94
    Singlelayer- 93, 94
Teilenergie 157, 158
Teilsystem
    akustisches 378
    rotatorisches 378
    translatorisches 378
Teilvierpol, mechanischer 419
Temperatur 18, 186, 190, 192, 193, 197
    Änderung 18
    absolute 192
    Curie- 39, 41, 43, 44, 49, 52, 60, 87, 88
    Raum- 35, 44, 88
    Sinter- 83
Temperatureffekt 434
Temperaturregime 76
Temperaturstabilität 36
Tensor
    Spannungs- 101, 106, 111
    Verzerrungs- 117, 124, 197
Tensordoppelindizes 204
Tensorindizes 204
Tensornotation 204
Testfunktion 309, 312, 459, 460
Testfunktionsgeber 460
Textur 73
Thermodynamik
    erster Hauptsatz 187, 192, 233, 243
    zweiter Hauptsatz 190
Tiefpass 425
Tiefquarz 19
Tieftemperaturmodifikation 19
Tieftemperaturphase 43
TiO_2 34, 73

Titan 41, 73
Titankation 40, 88
Toleranzfaktor 38, 39, 41
Trägerschicht 94, 441
Transformation
    Laplace- 338, 350, 396
    Legendre- 195–197, 201
Transformationsgleichung 300, 302
Transformator 380, 419
    idealer 384, 385, 414
Transformierte
    Laplace- 339, 350
    Legendre- 196, 197
Translations-Rotations-Wandler 383–385
Transponierte 111
Transversalaktor 90, 92
Treiberstufe 435, 443, 454, 456, 463
Trennsägen 86
Triangulationsverfahren 431
Trimorph 93, 94
Trockenpressen 73, 77, 79
    uniaxiales 77, 78
    zweiseitiges 79
Trockenpressverfahren 71, 77
Trocknung
    Gefrier- 75, 76
    Sprüh- 75, 78
Trocknungsprozess 75, 76, 81, 82
Trocknungszone 81
Trommel-Kugelmühle 74, 75
Tunnelofen 84
Turmalin 17, 18
Turmalinkristall 17, 18

U
Übersetzungsverhältnis 384, 414, 419, 420, 425, 426
Übertragungsfaktor 437
    Stromquelle 438
Übertragungsfunktion 460–462
    komplexe 379
Übertragungsverhalten 379, 459, 460
    gemessenes 462
Übertragunsfunktion
    komplexe 379
Unabhängigkeit, lineare 398
undotierte PZT-Keramik 88
Unterstempel 78

V

Vakuumfeldstärke 159
  lokale 161, 162
Valenzelektronenpaar 22
Variation 180, 309, 310, 313, 315, 317, 318, 323
  Arbeit 331
  Gesamtpotenzial 250, 253
  Potenzial 249, 251
Variationsoperator 310
Variationsprinzip 326
Variationsrechnung 240, 308, 316
Vektor
  dielektrische Verschiebung 164, 169
  Einheits- 104, 134, 147, 171, 216
  elektrische Feldstärke 169
  Flächennormalen- 102, 104–106, 146, 148
  Normalen- 102, 163
  Normalenspannungs- 104
  Schubspannungs- 104
  Spalten- 204, 238
  Spannungs- 101, 102, 104
  Verschiebungs- 112, 113, 118, 217
Vektorfeld 140, 144, 147–149
Verbindung, isomorphe 34
Verdrehung, virtuelle 240, 242–244
  Eigenschaften 240
Vereinbarung, eingeprägte Lastgröße 232, 358
Verfahren
  Doctor-Blade- 81
  Foliengieß- 71
  Formgebungs- 71, 77, 80
  Gieß- 77, 80
  Kompensations- 433
  Mischoxid- 74
  Press- 71, 77, 78
  Siebdruck- 82
  Trockenpress- 71
  von Ritz 257
Verfahrgeschwindigkeit 447
  Linearantrieb 432
Verfahrweg 435
  Linearantrieb 434
Verformung, elastische 225
  Energiedichte 106, 226
Vergleichsfunktion 258, 260, 262
Verhalten

  Fließ 78
  rheologisches 78
  thixotropes 82
Verknüpfung, gyratorische 414
Verlust, PbO- 85
Verrückung 160, 216, 217
  virtuelle 300, 302, 304
Verrückungszustand, virtueller 240
Verschiebung 216
  dielektrische 163, 164, 181, 191–193, 196–198, 201, 324, 367
  an Grenzflächen 333
  komplexe 408
  generalisierte 239, 244, 250
  komplexe dielektrische 408
  Punkt- 292
  virtuelle 240, 242–245, 248, 249, 251, 316, 325
  Eigenschaften 240
Verschiebungsdifferenzial 120
Verschiebungsfeld 112, 113, 180
Verschiebungsfunktion 257–260, 262–264, 267, 270
Verschiebungskomponente 114, 118, 120, 290, 291
Verschiebungsvektor 112, 113, 118, 217
  Dielektrischer 164
  virtueller 242
Verschiebungszustand, räumlicher 111
Verzerrung 112, 115–117, 125, 217
  rhomboedrische 41, 43
  teragonale 42
  tetragonale 41, 43, 44
  Winkel- 115, 116, 123
Verzerrungstensor 117, 124, 197
Verzerrungszustand 108
  räumlicher 111, 117
Vielschichtsystem 222
Vierpol 384, 418
  Wandler- 418, 419
Vierpoldarstellung 384, 414
  reduzierte 419
Voice-Coil-Motor 433, 434, 449
Voigtsche Notation 204, 205, 218, 227, 333
Volumenkraft 107, 110, 118, 185
Vorreaktion 76
Vorsintern 76
Vorzeichenkonvention, Spannungskomponente 106

W

Wärme 186–188
  volumenbezogene 190
Wärmeübertragung 185
Wärmeabfuhr 187
Wärmeaustausch 186, 191, 243
Wärmeenergie 187
Wärmeleitung 187
Wärmemenge 187
Wärmereservoir 185
Wärmestrahlung 187
Wandler 379
  Biege- 91, 92
  elektrischer 378
  elektrodynamischer 90
  elektromechanischer 87, 90
  Energie- 90
  magnetischer 378
  piezoelektrischer 90, 418
  Translations-Rotations- 383–385
Wandlerelement 377
Wandlerkonstante 378, 412, 413, 419, 464
Wandlervierpol 418, 419
Wandlungsmechanismus 377
Wechselwirkung
  elektrische 185
  mechanische 185
Wechselwirkungskraft 297, 301
Wegmessverfahren, optisches 431
Wellenzahl 338, 340, 396
Wert, stationärer
  Gesamtpotenzial 246, 250
Widerstand 380–382
Wiederholgenauigkeit 432
Winkel
  Beugungs- 73
  Bragg- 73
  Raum- 171, 172
Winkelgeschwindigkeit 380, 383, 385, 388
Winkelverzerrung 115, 116, 123
Wirbelfluss 148, 149
Wirklast, eingeprägte 236, 238, 260, 262, 265, 268, 271
Wirkungsfunktional 317
Wirkungsintegral
  äußere Arbeit 334
  Lagrange-Funktion 326, 327
Wolframcarbid 76, 77

Z

Zahlenebene, komplexe 380
Zehnpol-Darstellung 414, 418
Zehnpol-Ersatzschaltung 416
Zehnpolmatrix 415
Zeigerdiagramm 380
Zeitfunktion
  kausale 338
  komplexe 380, 381
Zentralkraft 133, 134
Zentrifugalkraft 107
Zirkonium 41, 73
Zirkoniumdioxid 76
Zirkoniumion 40
Zirkoniumkation 88
Zirkoniumoxid
  Yttrium-stabilisiertes 74, 75
Zirkoniumsand 85
Zirkulation 148
Zirkulationsgesetz 145, 147, 150, 161, 163, 164
Zirkulationssatz 161
Zitrat 72
ZrO_2 73
Zugspannung 46, 55, 60, 435, 436, 455
Zustandsänderung
  adiabatische 195, 200, 201, 203
  isotherme 200, 201, 203
Zustandsfunktion 125, 170
Zustandsgleichung 408
  lineare 193, 195, 200
Zustandsgröße 186–188, 191, 199
  abhängige 194, 196
  additive 189
  extensive 190, 193, 197
  intensive 190, 193
  kanonisch konjugierte 198, 201
  konjugiert abhängige 201
  unabhängige 186, 192, 193, 195, 196, 200–202
Zustandsvariable 125, 170, 186, 195
Zwangsbedingung 298
  holonome 300, 315
  Klassifikation 299
  rheonome 299
  skleronome 299
Zwangskraft 298, 300–302
Zweitor 379
Zylinderaktor 93, 94
Zylinderstruktur, piezokeramische 82

MIX
Papier aus verantwortungsvollen Quellen
Paper from responsible sources
FSC® C105338

If you have any concerns about our products,
you can contact us on
ProductSafety@springernature.com

In case Publisher is established outside the EU,
the EU authorized representative is:
**Springer Nature Customer Service Center GmbH
Europaplatz 3, 69115 Heidelberg, Germany**

Printed by Libri Plureos GmbH
in Hamburg, Germany